Peter Kriwy · Christiane Gross (Hrsg.)

Klein aber fein!

VS RESEARCH

Forschung und Entwicklung in der Analytischen Soziologie

Herausgegeben von
Prof. Dr. Monika Jungbauer-Gans, Christian-Albrechts-Universität Kiel

Die Reihe nimmt die Forderung der Analytischen Soziologie auf, dass sich die soziologische Theoriediskussion stärker auf erklärende soziale Mechanismen konzentrieren sollte. Die Analytische Soziologie sucht nach präzisen, handlungstheoretisch fundierten Erklärungen für soziale Phänomene. Dabei soll eine Balance zwischen einer abstrahierenden und einer realitätsgerechten Theoriebildung gehalten werden. Im Vordergrund der Reihe steht nicht die Theorieentwicklung und -diskussion, sondern die empirische Umsetzung, die sich den skizzierten theoretischen Grundsätzen verpflichtet fühlt. Der handlungstheoretischen Fundierung widerspricht nicht, dass auch Makrophänomene und insbesondere die Wechselwirkungen zwischen Strukturen und Individuen untersucht werden. Die Reihe bietet in Folge dessen ein Forum für NachwuchswissenschaftlerInnen, welche die theoretischen Überlegungen der Analytischen Soziologie konsequent in empirischen Untersuchungen umsetzen.

Peter Kriwy
Christiane Gross (Hrsg.)

Klein aber fein!

Quantitative empirische
Sozialforschung
mit kleinen Fallzahlen

Mit einem Geleitwort von
Prof. Dr. Monika Jungbauer-Gans

VS RESEARCH

Bibliografische Information der Deutschen Nationalbibliothek
Die Deutsche Nationalbibliothek verzeichnet diese Publikation in der
Deutschen Nationalbibliografie; detaillierte bibliografische Daten sind im Internet über
<http://dnb.d-nb.de> abrufbar.

1. Auflage 2009

Alle Rechte vorbehalten
© VS Verlag für Sozialwissenschaften | GWV Fachverlage GmbH, Wiesbaden 2009

Lektorat: Christina M. Brian / Britta Göhrisch-Radmacher

VS Verlag für Sozialwissenschaften ist Teil der Fachverlagsgruppe
Springer Science+Business Media.
www.vs-verlag.de

Das Werk einschließlich aller seiner Teile ist urheberrechtlich geschützt. Jede Verwertung außerhalb der engen Grenzen des Urheberrechtsgesetzes ist ohne Zustimmung des Verlags unzulässig und strafbar. Das gilt insbesondere für Vervielfältigungen, Übersetzungen, Mikroverfilmungen und die Einspeicherung und Verarbeitung in elektronischen Systemen.

Die Wiedergabe von Gebrauchsnamen, Handelsnamen, Warenbezeichnungen usw. in diesem Werk berechtigt auch ohne besondere Kennzeichnung nicht zu der Annahme, dass solche Namen im Sinne der Warenzeichen- und Markenschutz-Gesetzgebung als frei zu betrachten wären und daher von jedermann benutzt werden dürften.

Umschlaggestaltung: KünkelLopka Medienentwicklung, Heidelberg
Gedruckt auf säurefreiem und chlorfrei gebleichtem Papier
Printed in Germany

ISBN 978-3-531-16526-4

Geleitwort

Mit dem Band „Klein aber fein!" setzen Peter Kriwy und Christiane Gross die Reihe „Forschung und Entwicklung in der Analytischen Soziologie" fort. Sie rücken mit dieser Zusammenstellung ein Thema in den Vordergrund, das lange ein Schattendasein geführt hat. So ist das Streben der quantitativ-empirischen Sozialforschung gemäß den Lehrsätzen der Stichproben- und Testtheorie an möglichst hohen bzw. für differenzierte statistische Verfahren ausreichenden Fallzahlen orientiert, während Studien mit kleinen Fallzahlen dem Generalverdacht verzerrter Auswahl ausgesetzt sind.

Die versammelten Texte sind insofern der Analytischen Soziologie verpflichtet, als sie soziale Mechanismen als Grundlage der Erklärung von Handeln und sozialen Phänomenen betrachten. Diese Auffassung ist bei den Praxisbeispielen im zweiten Teil des Bandes offensichtlicher als bei den methodologischen Texten im ersten Teil. Der angemessene methodologische Umgang mit den Problemen kleiner Fallzahlen ist jedoch eine zwingende Voraussetzung, den herrschenden Vorurteilen zu begegnen und – nicht zuletzt durch die Verbreitung und Weiterentwicklung von Erhebungs- und insbesondere von Auswertungsmethoden – Möglichkeiten aufzuzeigen, die Resultate dieser Studien stärker in den Prozess wissenschaftlicher Diskussion einzubeziehen. Mit diesem Band wird gleichzeitig ein Beitrag geleistet zur Integration von Theorie und Forschungsmethodik. Die Restriktionen, die durch kleine Fallzahlen entstehen, lassen eine theoretische Beschäftigung mit den untersuchten sozialen Prozessen und eine Beschränkung auf zentrale soziale Mechanismen sinnvoll erscheinen, die wiederum einen Rückbezug und eine Abstraktion der Forschungsresultate auf theoretische Überlegungen erleichtern.

Prof. Dr. Monika Jungbauer-Gans

Inhaltsverzeichnis

Christiane Gross und Peter Kriwy
  Kleine Fallzahlen in der empirischen Sozialforschung 9

Nicole J. Saam
  Computersimulationsmodelle für kleine und kleinste Fallzahlen 23

Andreas Broscheid
  Bayesianische Ansätze zur Analyse kleiner Fallzahlen 43

Antje Buche und Johann Carstensen
  Qualitative Comparative Analysis: Ein Überblick 65

Ben Jann
  Diagnostik von Regressionsschätzungen bei kleinen Stichproben
  (mit einem Exkurs zu logistischer Regression) 93

Simone Wagner
  Datenerhebung bei Spezialpopulationen am Beispiel der Teilnehmer
  lokaler Austauschnetzwerke 127

Jochen Groß und Christina Börensen
  Wie valide sind Verhaltensmessungen mittels Vignetten? Ein
  methodischer Vergleich von faktoriellem Survey und Verhaltensbeobachtung 149

Katrin Auspurg, Martin Abraham und Thomas Hinz
  Die Methodik des Faktoriellen Surveys in einer Paarbefragung 179

Natascha Nisic und Katrin Auspurg
  Faktorieller Survey und klassische Bevölkerungsumfrage im
  Vergleich – Validität, Grenzen und Möglichkeiten beider Ansätze 211

Martin Abraham und Thess Schönholzer
  Pendeln oder Umziehen? Entscheidungen über unterschiedliche
  Mobilitätsformen in Paarhaushalten 247

Andreas Broscheid
  Ist das neunte amerikanische Berufungsgericht liberaler als die
  anderen Bundesberufungsgerichte? 269

Frank Arndt
  Wie weit kommt man mit einem Fall? Die Simulation internationaler
  Verhandlungen am Beispiel der Amsterdamer Regierungskonferenz
  1996. 293

Andreas Techen
  Freundschafts- und Ratgebernetzwerke unter Studienanfängern 323

Werner Georg, Carsten Sauer und Thomas Wöhler
  Studentische Fachkulturen und Lebensstile – Reproduktion oder
  Sozialisation? 349

Heiko Rauhut, Ivar Krumpal und Mandy Beuer
  Rechtfertigungen und Bagatelldelikte: Ein experimenteller Test 373

Ben Jann
  Sozialer Status und Hup-Verhalten. Ein Feldexperiment zum Zusammenhang zwischen Status und Aggression im Strassenverkehr 397

  AutorInnen- und HerausgeberInneninformationen 411

Kleine Fallzahlen in der empirischen Sozialforschung

Christiane Gross und Peter Kriwy

Die Einleitung zum vorliegenden Sammelband soll dazu dienen, Antworten auf folgende Fragen zu liefern: Welche Rolle spielen Fallzahlen bei der Teststärkenanalyse (Abschnitt 1)? Was sind die Besonderheiten beim Umgang (Datenerhebung, -analyse, -interpretation und nicht zu vergessen die Theoriearbeit) mit kleinen Fallzahlen (Abschnitt 2)? Was ist überhaupt „ein Fall" (Abschnitt 3)? Abschließend gehen wir auf den Aufbau dieses Bandes ein (Abschnitt 4).[1]

1 Teststärkenanalyse – das Stiefkind der Inferenzstatistik

Für die Durchführung qualitativer Studien, die nicht das Ziel generalisierbarer Aussagen anstreben, sind kleine Fallzahlen unproblematisch (viel problematischer erscheinen hier große Datenmengen, die mit qualitativen Auswertungsmethoden nicht mehr handhabbar sind). In der quantitativen Sozialforschung leidet die inferenzstatistische Generalisierbarkeit von Aussagen bei kleinen Fallzahlen unter einer geringen Teststärke (power). Während dem so genannten Fehler erster Art (α-Fehler, Irrtumswahrscheinlichkeit) viel Aufmerksamkeit geschenkt wird, steht die Teststärke $(1-\beta)$[2] oft auf der Schattenseite statistischer Analyse, wenngleich eine diffuse Ahnung vorherrscht, dass es schwierig ist, mit kleinen Fallzahlen zu signifikanten Ergebnissen zu gelangen. Zur Vergegenwärtigung des Prinzips des Hypothesentests sei Abbildung 1 dienlich. In einem ersten Schritt wird die Unterscheidung getroffen, ob die Nullhypothese wahr oder falsch ist. Die beiden Pfeile gegen den Uhrzeigersinn beschreiben dabei den Fehler erster und zweiter Art bzw. ihre Wahrscheinlichkeit: Wird die Nullhypothese zu Unrecht verworfen, wird der Fehler erster Art begangen (α-Fehler); wird die Nullhypothese fälschlicherweise beibehalten, spricht man vom Fehler zweiter Art (β-Fehler). Die Pfeile im Uhrzeigersinn visualisieren Konfidenzniveau und Teststärke: Nimmt man die Nullhypothese an, wenn sie wahr ist, beschreibt dies

---

[1] Unser Dank gilt Monika Jungbauer-Gans, Thomas Hinz und Christian Ganser für wertvolle Hinweise zu einer früheren Version der Einleitung. Zudem möchten wir uns bei Johann Carstensen für die Unterstützung beim Layouten des Sammelbandes bedanken.

[2] In der mathematischen Statistik wird die Teststärke (Power) teils mit β (statt „$1-\beta$") notiert (siehe Buchner et al. 1996), was Verwirrung stiften kann.

das so genannten Konfidenz- oder Vertrauensniveau (1–α); die Teststärke bezieht sich auf die Wahrscheinlichkeit, die Nullhypothese richtigerweise abzulehnen. Oder etwas laxer formuliert: Die Teststärke beschreibt die Fähigkeit bzw. Wahrscheinlichkeit, einen signifikanten Zusammenhang zu finden unter der Voraussetzung, dass es einen solchen in der Population tatsächlich gibt.

Abbildung 1: Fehler erster und zweiter Art

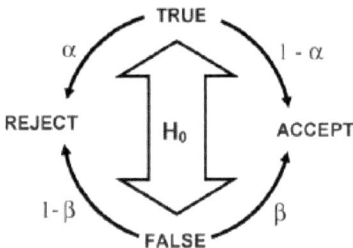

Quelle: Araujo und Frøyland (2007: 306)
Anmerkung: Pfeile im Uhrzeigersinn: Konfidenzniveau (1–α) und Teststärke (1–β); Pfeile gegen Uhrzeigersinn: Fehler erster Art (α) und Fehler zweiter Art (β) (ebd.)

Je größer die Fallzahl nun ist, desto genauer ist die Schätzung (bzw. desto kleiner sind die Standardfehler), und folglich, desto größer ist die Teststärke. Um den Standardfehler zu halbieren muss die Fallzahl bekanntlich vervierfacht werden ($\sqrt{n}$-Gesetz). Zudem muss die Fallzahl umso größer sein, wenn ein hohes Signifikanzniveau gewählt wird, also der Fehler 1. Art sehr gering gehalten werden soll. Ein weiterer Faktor, der sich auf die Teststärke auswirkt, ist die Effektgröße. Teststärke, α-Fehler, Fallzahl und Effektgröße sind jeweils eine Funktion der restlichen drei Parameter, sodass bei Bekanntheit von drei Parametern der vierte berechnet werden kann (Cohen 1988: 14; Beispiele für Software zur Berechnung der jeweiligen Größen siehe Seo et al. 2006 oder Erdfelder et al. 2004; bzw. in den gängigen Software-Paketen implementiert). Da die entsprechende Formel vom Testverfahren abhängt, wird an dieser Stelle nicht näher auf die einzelnen Zusammenhänge eingegangen. Bei sehr großen Effekten genügt schon eine sehr geringe Fallzahl, um zu signifikanten Zusammenhängen zu gelangen.

Das Problem der Nichtthematisierung von Teststärken erscheint dann virulent, wenn Ergebnisse von Studien verglichen werden, deren Design von vornherein eine sehr unterschiedliche Teststärke hervorbringt. Daher können unterschiedliche Ergebnisse derart, dass Forscherteam A die Nullhypothese ablehnt, während Forscherteam B die Nullhypothese beibehält, möglicherweise allein auf unterschiedliche Teststärken zurückgeführt werden. Wenn überhaupt methodologische Aspekte zur Erklärung angeführt werden, wird in diesen Situationen die Fallzahl verantwortlich gemacht, die zwar der Haupteinflussfaktor auf die Teststärke ist, dennoch von ihr unterschieden werden sollte. Selbstverständlich können signifikante, entgegengesetzte Effekte (positiv versus negativer Effekt in zwei Studien) nicht auf unterschiedliche Teststärken zurückgeführt werden.

Sedlmeier und Gigerenzer (1989) untersuchen, ob Studien über statistische Teststärke tatsächlich einen Effekt auf die Teststärke zukünftiger Studien haben. Dabei beziehen sie sich auf Arbeiten, die nach der Pionierarbeit von Cohen (1962) zu statistischer Teststärke in dem gleichen Journal publiziert wurden, in dem sowohl Cohens Artikel erschienen ist, als auch Cohen selbst als Gutachter tätig war. Sie finden für das Jahr 1960 einen Median der Teststärken von 0,46, während die Studien des Jahres 1984 lediglich einen Median von 0,37 besitzen. Den Rückgang der Teststärke führen sie auf die Korrektur des α-Fehlers zurück. Nur zwei der 64 Studien erwähnen die statistische Power und in keiner der Studien wurde sie berechnet (ebd.). Nichtsignifikanz wurde generell als Bestätigung der Nullhypothese interpretiert, selbst dann, wenn die Power im Median lediglich 0,25 betrug.[3]

Wenn im Vorfeld einer Erhebung auf Basis der gewünschten Teststärke (meist etwa bei 80–90%), dem angesetzten Signifikanzniveau (α-Fehler), der Effektgröße in der Population und des verwendeten Datenanalyseverfahrens die benötigte Fallzahl bestimmt werden soll (einführend hierzu Lachin 1981), stößt man möglicherweise auf zwei Probleme: Zum einen ist die Effektgröße in der Population in der Regel nicht bekannt und kann vor Beginn der Datenerhebung möglicherweise nur ungenau geschätzt werden;[4] man muss also – im besten Fall – auf Vorwissen zurückgreifen, worauf wir später noch genauer eingehen werden (*post-hoc* lässt sich die Effektgröße in der Population unkompliziert anhand der Effektgröße im Sample schätzen). Zum anderen gibt es Untersuchungsobjekte deren Fallzahl auf eine natürliche Grenze stößt, beispielsweise die Anzahl der EU-Staaten oder die Anzahl der Bundesländer. Bei manchen inhaltlichen Frage-

---

3 Sedlmeier und Gigerenzer (1989) geben dennoch zu verstehen, dass die Teststärkenanalyse nur dann Sinn macht, wenn man ein Hypothesentesten in der Tradition von Neyman und Pearson verfolgt, währenddessen der Ansatz von Fisher oder Bayes nicht mit der Logik der Teststärkenanalyse vereinbar ist (zu der Kontroverse zwischen Neyman und Pearson versus Fisher siehe etwa Lenhard 2006).

4 Hierin liegt insofern Manipulationspotenzial, als beispielsweise in klinischen Studien das Verwerfen der Nullhypothese, je nachdem ob man den positiven Effekt eines Medikaments belegen oder das Vorhandensein von Nebenwirkungen verwerfen möchte, auf jeweils unterschiedliche Forschungsinteressen stößt. Demnach kann je nach vorliegendem Interesse die Effektgröße über- oder unterschätzt werden, um eine Fallzahl zu generieren, die die gewünschte Power gewährleistet.

stellungen kommt man an kleinen Fallzahlen – von finanziellen Restriktionen bei der Datenerhebung völlig abgesehen – also praktisch nicht vorbei. In diesen Fällen lässt sich natürlich noch argumentieren, wozu man noch inferenzstatistische Generalisierbarkeit benötigt, wenn schon die gesamte Population bzw. Grundgesamtheit, auf die rückgeschlossen werden soll, im Sample enthalten ist (also eine Vollerhebung mit Sample=Grundgesamtheit vorliegt). Dennoch streben einige ForscherInnen auch in diesen Fällen das Ziel an, über eine sehr begrenzte Anzahl von Fällen, die noch dazu die Grundgesamtheit bilden, signifikante Unterschiede auszumachen. Inwiefern inferenzstatistische Verfahren bei Vollerhebungen Sinn machen, beantwortet Behnke (2005) auf methodische und inhaltliche Art und Weise. Methodisch gesehen kann ein solches Vorgehen „nur dann gerechtfertigt werden, wenn die Daten der Vollerhebung analog zur Stichprobenziehung als Ergebnis eines stochastischen Datengenerierungsprozesses aufgefasst werden können" (Behnke 2005: O-1). Inhaltlich „hängt [es] von der Aussage ab, die man formulieren möchte, ob ein Signifikanztests angemessen ist, d. h. es muss für jeden Fall einzeln entschieden werden, inwieweit die Durchführung eines Signifikanztests als sinnvoll betrachtet werden kann" (ebd.).

2 Methodische Besonderheiten und die Rolle des Vorwissens

Was sind nun die Besonderheiten, die im Umgang mit kleinen Fallzahlen berücksichtigt werden sollen? Erstens möchten wir auf methodische Aspekte und zweitens auf die Rolle von theoretischer Arbeit und Vorwissen eingehen.

Zu erstens: Die Datenanalyse mit kleinen Fallzahlen erfordert insofern eine „hohe Modellierungskunst", als schon eine relativ kleine Verletzung der Modellannahmen zu großen Verzerrungen der Ergebnisse führen kann. *Jann* zeigt in seinem Beitrag zur Regressionsdiagnostik mit kleinen Fallzahlen sehr anschaulich und anwendungsorientiert, wie man (a) Verletzungen der Modellannahmen formal und graphisch diagnostizieren kann und bietet (b) Lösungsstrategien zum Umgang hiermit an. Dabei verfällt er nicht in blinden „Methodizismus", sondern betont insbesondere die Bedeutung der Theoriearbeit bei der Lösung methodischer Probleme.

Wagner setzt schon in einem früheren Stadium des Forschungsprozesses an und zeigt auf, wie sich die Datenerhebungsstrategien bei Spezialpopulationen optimieren lassen. Während sich die Teilnahmebereitschaft etwa bei Bevölkerungsumfragen „lediglich" auf die Höhe des Rücklaufs auswirkt, liegt die Schwierigkeit bei seltenen Populationen darin, überhaupt einige Fälle zusammenzubekommen. *Wagner* leitet aus ihren eigenen Erfahrungen mit der Befragung von Teilnehmern lokaler Austauschnetze generelle Handlungsempfehlungen ab.

Kleine Fallzahlen in der empirischen Sozialforschung

Bei nicht-experimentellen Studien ist es ratsam, auf mögliche zusätzliche Einflüsse zu kontrollieren, indem man entsprechende Kovariaten in ein multivariates Modell integriert. Nach einer Daumenregel sollten pro Kovariaten mindestens fünf Fälle vorhanden sein. Zudem sollten kategoriale Variablen oder Dummies pro Ausprägung ein paar Fälle vorweisen, bzw. benötigt man natürlich auch Varianz auf der abhängigen und den unabhängigen Variablen. Eine elegante Art, diese Anforderungen zu erfüllen, stellt das Experiment dar. Durch randomisierte Zuteilung der Probanden auf eine gleich stark besetzte Versuchs- und Kontrollgruppe, erhält man nicht nur „optimale Varianz" bei der interessierenden Kovariaten, sondern verteilt zusätzlich die Störgrößen zufällig, so dass sie im Modell nicht mehr berücksichtigt werden müssen und man dadurch zu einem sparsamen Modell gelangt, dass schon mit wenigen Fällen auskommt (ohne Probleme mit den Freiheitsgraden zu bekommen). Experimente liefern damit ein sehr mächtiges Instrumentarium kausaler Analyse, wenngleich sie sich aufgrund der Randomisierung nicht für jeden Forschungsgegenstand eignen. Wenn diese Experimente noch dazu sehr kreativ konzipiert sind – wie das auf die Beiträge von *Jann* sowie *Rauhut, Krumpal und Beuer* zutrifft – steht dem Erkenntnisgewinn bei gleichzeitigem Lesevergnügen nichts mehr im Wege. *Jann* liefert mit seinem Praxisbeitrag zum Hupverhalten bei Hindernissen (stehende Fahrzeuge bei grüner Ampel) einen Beitrag zur Aggressionsforschung. Während sich die bisherige „Hupforschung" entweder auf den Aggressor oder den blockierten Verkehrsteilnehmer konzentriert hat, betrachtet *Jann* beide Verkehrsteilnehmer, da es sich schließlich um eine soziale Interaktion zwischen den beiden Akteuren handele. Er zeigt u. a. auf, dass aggressives Verhalten vielmehr durch Statusinkonsistenz gefördert wird, als – wie bisher angenommen – gegenüber Personen mit niedrigerem Status gezeigt wird. *Rauhut et al.* setzen Instrumente der Survey Methodologie zum Test der Neutralisationstheorie ein, die davon ausgeht, dass sich gelernte Rechtfertigungsstrategien für abweichendes Verhalten (so genannte Neutralisierungstechniken) positiv auf abweichendes Verhalten auswirken. Indem die Fragenreihenfolge zu Neutralisierungstechniken und Verhalten experimentell variiert wird, kann getestet werden, ob Priming von Neutralisierung (Rechtfertigung) tatsächlich delinquentes Verhalten im Bagatellbereich fördert.

Zu zweitens: Eine weitere Strategie im Umgang mit kleinen Fallzahlen liegt in der Einbindung von Vorwissen und nicht zuletzt natürlich auch Theoriearbeit in den Forschungsprozess. Besonders deutlich wird dies in den Beiträgen von *Broscheid* zu Bayesianischer Analyse und dem Beitrag von *Buche und Carstensen* zu Qualitative Comparative Analysis (QCA). *Broscheid* zeigt in einer formal-mathematischen Darstellung, die in ihren Grundideen auch für Nichtökonometriker verständlich ist, die Vor- und Nachteile der Datenanalyse mittels Verfahren des Bayesianischen Paradigmas auf. Vorwissen geht bei Bayesianischen

Verfahren insofern in die Analyse mit ein, als eine A-priori-Verteilung angenommen wird, die auf Vorwissen beruht. Seine methodologischen Ausführungen im ersten Teil des Bandes ergänzt *Broscheid* um ein Anwendungsbeispiel im Praxisteil, bei dem er speziell auf die politische Einstellung amerikanischer Berufungsgerichte eingeht. Der Beitrag von *Buche und Carstensen* stellt die Grundzüge von QCA dar. Im Gegensatz zu einer eher variablenorientierten Vorgehensweise steht bei QCA das Fallwissen im Vordergrund. Dies ist deswegen in Bezug auf die Rolle des Vorwissens von besonderem Interesse, da bei der QCA auf der einen Seite fallbasiertes Wissen und Theorie und auf der anderen Seite methodische Analyse in einem zirkulären iterativen Prozess ineinander greifen und somit weder eindeutig deduktiver noch induktiver Logik zuordenbar sind. Die Stärken von QCA erscheinen gerade in dem Bereich mittlerer bzw. kleiner Fallzahlen. Die Beiträge von *Broscheid* sowie *Buche und Carstensen* zeigen demnach auf sehr unterschiedliche Weise die Möglichkeit auf, wie Vorwissen direkt in den Analyseprozess mit einfließen kann und bieten Alternativen zu den konventionellen Regressionsverfahren, die bei kleinen Fallzahlen an ihre Grenzen stoßen.

3 Was ist „ein Fall"?

Die Frage danach, was überhaupt „ein Fall" ist, ist nicht halb so banal, wie sie auf den ersten Blick erscheinen mag. Ragin (2005a) hat eigens zu dem Thema „What is a case?" einen gesamten Sammelband herausgegeben. Wir möchten darauf Antworten auf zweierlei Arten geben: Eine fällt eher technisch-methodisch aus und orientiert sich an den Beiträgen in diesem Band; die zweite ist dagegen mehr konzeptueller Art und der Einleitung von Ragin (2005b) entlehnt.

Aus „technisch-methodischer" Sicht sind Fälle unterschiedlichster Couleur denkbar. Dieser Sammelband zeigt dabei einige interessante Beispiele auf: Der Faktorielle Survey bzw. die Vignettenanalyse hat sich im Laufe der 1990er Jahre auch in der deutschsprachigen Soziologie als vorteilhaftes Erhebungsverfahren zur Einstellungsmessung etabliert. Wenn einer Person zahlreiche Vignetten zur Beurteilung vorgelegt werden, entstehen dabei zwangsläufig Fallzahlen auf (mindestens) zwei Ebenen: Der Vignetten- und der Befragtenebene. Daraus folgt einerseits eine sehr erfreuliche „Fallexplosion" (Anzahl der Vignetten mal Anzahl der Befragten), andererseits die Notwendigkeit elaborierte Analyseverfahren anzuwenden, um der verschachtelten Mehrebenenstruktur gerecht zu werden. Zusätzlich zu diesen beiden Fallebenen führen die Beiträge von *Auspurg, Abraham und Hinz*, *Nisic und Auspurg* sowie *Abraham und Schönholzer* auch noch eine dritte Ebene ein: die Paarebene. Damit prüfen sie nicht nur erstmalig, ob der Faktorielle Survey als Analyseinstrument für Paarbefragungen überhaupt geeignet ist, sondern testen gleichzeitig Hypothesen der Verhandlungstheorie. Dies ist insofern bemerkenswert, als bislang Vignettenstudien über eine reine Einstellungsmessung kaum hinausgingen. Die drei Beiträge arbeiten zwar jeweils mit dem gleichen Datensatz, fokussieren dabei jedoch sehr unterschiedliche Fragestellungen. Im Rahmen des Beitrags von *Auspurg et al.* wird die Methodik des Faktoriellen Surveys als Paarbefragung vorgestellt und auf familiensoziologische Fragestellungen angewendet. *Abraham und Schönholzer* untersuchen die Fragestellung, wann Paare sich eher für einen Umzug und wann fürs Pendeln entscheiden. Inwiefern die im Rahmen des Faktoriellen Surveys generierten Ergebnisse einer externen Validierung durch eine Bevölkerungsumfrage standhalten, untersuchen *Nisic und Auspurg*. Ebenso setzen *Groß und Börensen* den Faktoriellen Survey einer externen Validierung aus – allerdings mit Experimenten, die tatsächliches Verhalten messen. Beide Formen der Validierung – mit Bevölkerungsumfragen (*Nisic und Auspurg*) wie auch via Experiment (*Groß und Börensen*) – ergänzen sich bestens in ihren jeweiligen Stärken und Schwächen und bieten daher ein sehr abgerundetes Bild zur Prüfung der externen Validität des Faktoriellen Surveys.

Die Frage, welche Rolle Fälle bei sozialwissenschaftlichen Computersimulationen spielen, wurde bislang überhaupt nicht gestellt. Der Beitrag von *Saam* ist daher umso interessanter, weil die Bedeutung von Fallzahlen in diesem Bereich herausgearbeitet wird. *Saam* zeigt u. a. auf, wie im Rahmen dynamisch modellierter Gedankenexperimente (z. B. Axelrods „Computerturniere") die Fallzahl selbst bestimmt werden kann. Ein Simulationsdurchlauf beschreibt dabei einen dyadischen, von vorangegangenen Ergebnissen abhängigen Entscheidungsprozess. Dieses und weitere Beispiele werden als Teil eines Gesamtkonzepts der Fallkonzeptionen bei Computersimulationen präsentiert. Analog zu der Diagnose einflussreicher Datenpunkte in der Regressionsanalyse (siehe *Jann* in diesem Band) beschreibt *Saam* die Verwendung von Sensitivitätsanalysen in der Computersimulation. Der Praxisbeitrag von *Arndt* – ebenfalls unter Anwendung von Computersimulationen – stellt dabei mit n=1 einen Extremfall der Arbeit mit kleinen Fallzahlen dar. Was auf den ersten Blick von „konventionellen Quantis" für einen Scherz gehalten werden könnte, entpuppt sich als eine interessante Abhandlung darüber, wie trotz nur einem beobachteten Fall (der zugegebenermaßen auf einzelne Verhandlungsgegenstände disaggregiert wird), inferenzstatistische Methoden Anwendung finden und die Ergebnisse auf Robustheit geprüft werden können. Beide Beiträge – von *Saam* und *Arndt* – liefern u. E. eine sehr schöne Ergänzung zu der konventionellen quantitativ-statistischen Sichtweise auf Fallzahlen.

Weniger die Fälle selbst, sondern vielmehr die Relationen zwischen Fällen stehen im Vordergrund des Beitrags von *Techen*. Wenn man zusätzlich zu den

Informationen über die Fälle selbst auch noch Informationen über die Relationen zwischen den Fällen erhebt und diese beiden Informationsebenen auch noch im Paneldesign vorliegen – so wie das bei *Techen* der Fall ist – lässt sich sicherlich von einer ganz besonderen Datenqualität sprechen. Nicht umsonst greifen aktuelle Netzwerkanalyse-Lehrbücher noch auf die Daten der „Newcomb Fraternities" aus den Jahren 1954-1956 zurück (Trappmann et al. 2005). *Techen* untersucht ebenfalls die Entstehung von Freundschaftsnetzwerken unter Studienanfängerinnen und -anfängern, schafft es allerdings – im Gegensatz zu Newcomb – nicht nur die untersuchten Studierenden in einer natürlich Umgebung zu belassen, sondern auch die Fallzahl deutlich zu erweitern und Varianz in das Geschlecht der Untersuchungsobjekte zu bekommen (Newcomb hatte sich auf zwei mal 17 männliche Studierenden beschränkt, die alle in dem gleichen Wohnheim wohnen mussten).

Wie sich Relationen zu anderen Personen auf die Bildung des eigenen Lebensstils auswirken können, zeigen *Georg, Sauer und Wöhler* auf. Sie untersuchen eine genuin soziologische Fragestellung, indem sie überprüfen, ob der Lebensstil von Studierenden eher durch die familiale oder studienfachspezifische Sozialisation bestimmt wird. Nicht zuletzt zeigen sie damit, dass sich die Methode des Online-Surveys, die von ihnen verwendet wurde, als brauchbares Instrument in der Umfrageforschung etablieren konnte.

Anhand der Beiträge konnten Fälle unterschiedlichster Art auf unterschiedlichen Analyseebenen präsentiert werden: Neben dem konventionellen Fall (ein befragtes bzw. beobachtetes Individuum) wurden Vignetten, befragte Paare, Gedankenexperimente oder Verhandlungsgegenstände in dynamischer Modellierung und Individuen bzw. Relationen zwischen Individuen zu mehreren Zeitpunkten als Fälle beschrieben.

Die konzeptuelle Art, die Frage „was ist ein Fall?" zu beantworten, steht noch aus. Ragin (2005b) entwickelte ein Schema, um die Antworten auf diese Frage einzuordnen (siehe Tabelle 1).

Tabelle 1: Fallkonzeptionen nach Ragin (2005b)

Verständnis von Fällen	Fallkonzeptionen	
	spezifisch	allgemein
als empirische Einheiten	1. Fälle werden gefunden	2. Fälle sind Objekte
als theoretische Konstrukte	3. Fälle werden gemacht	4. Fälle sind Konventionen

Quelle: in Anlehnung an Ragin (2005b: 9)

Die *erste* Dichotomie, die das Verständnis von Fällen in empirische Einheiten versus theoretische Konstrukte separiert, lässt sich ebenfalls mit den philosophischen Positionen des Realismus und Nominalismus beschreiben. Während Nominalisten davon ausgehen, dass Fälle theoretische Konstrukte sind, die in erster Linie den Interessen der Forscherin bzw. des Forschers dienen; gehen Realisten von dem Vorliegen bzw. der „Entdeckbarkeit" von Fällen aus (Ragin 2005b). Inwiefern diese Dichotomie bzgl. einer Forschungspraxis sinnvoll ist, die theoretische Konstrukte operationalisiert, sei vorerst dahingestellt. Die *zweite* Dichotomie stellt eine spezifische Fallkonzeption (eher qualitative Forschung) einer allgemeinen/generellen Sichtweise (eher quantitative Forschung) gegenüber. Hierbei versteht man unter speziellen Fällen solche, die beispielsweise erst im Forschungsprozess entwickelt werden (z. B. die „autoritäre Persönlichkeit"), während generelle Fälle (z. B. Individuen, Familien, Firmen) entlang des Forschungsprozesses konstant bleiben. Dass eine spezifische Fallkonzeption nicht zwangsläufig mit qualitativen Analysemethoden einhergehen muss, belegt der Beitrag von Georg et al., der mittels quantitativen Analyseverfahren einzelne Lebensstile herausarbeitet.

Obiges Schema generiert nach Ragin (2005b) vier Idealtypen, wie sie in Reinform in der Forschungspraxis erwartungsgemäß eher selten vorkommen. Weitaus häufiger seien dagegen diverse denkbare Mischformen. Etwa wenn eine Forscherin bzw. ein Forscher eine konventionelle empirische Einheit als Fall verwendet (Typ 2; siehe Tabelle 1), jedoch aus Unzufriedenheit neue theoretische Konstrukte und Fälle definiert (Typ 3). Wenngleich dieses Schema deutlich von der Forschungspraxis abstrahiert, so liefert es dennoch ein analytisches Instrumentarium, um die unterschiedlichen Sichtweisen auf Fälle an sich bzw. empirische Forschung im Allgemeinen beschreiben zu können.

4   Aufbau des Sammelbandes

Der Aufbau des Buches weicht von der Darstellung der Thematik in dieser Einleitung ab und wird daher an dieser Stelle erläutert. Wir skizzieren dazu nochmals die Fragestellung der Beiträge, um den Zugang für LeserInnen zu erleichtern, die gezielt Texte zu bestimmten Methoden oder inhaltlichen Themen suchen. Der Sammelband ist inhaltlich in zwei Bereiche untergliedert. Der erste Teil umfasst methodische Grundlagen für das Erheben und Analysieren kleiner Datensätze während sich der zweite Teil den Praxisbeiträgen widmet.

Der erste Beitrag von *Nicole J. Saam* behandelt das Thema Computersimulation. Die Autorin gibt einen Einblick in die Methode und deren theoriebasierte Umsetzung. Die einzelnen Stufen von der Datenerhebung und Analyse bis hin zu Ergebnisinterpretation von Simulationsstudien werden hier erläutert und hinsichtlich der Relevanz von Fallzahlen bei Computersimulationen diskutiert. Der

Beitrag ist auch für Personen, die keine oder wenig Erfahrung in der Computersimulation vorweisen, gut verständlich.

Im Anschluss stellt *Andreas Broscheid* die Grundzüge des bayesianischen Ansatzes vor, der gerade bei kleinen Fallzahlen, wenn die Anwendung konventioneller Regressionsverfahren an ihre Grenzen stößt, geeignet ist. Hierzu werden die Grundlagen vermittelt und die Ergebnisqualität diskutiert. Zudem wird auf geeignete Software verwiesen.

Mit dem daraufhin folgenden Beitrag von *Antje Buche und Johann Carstensen* wird eine in der deutschsprachigen Soziologie noch weitgehend unbekannte Analysestrategie vorgestellt: „Qualitative Comparative Analysis" (QCA). Während die übliche quantitative Statistik mit linearer Algebra arbeitet, nutzt QCA Prinzipien der formal-logischen Minimierung auf der Basis boolescher Algebra. Varianten wie Crisp-Set und Fuzzy-Set QCA werden ebenso vorgestellt wie die Diskussion um begrenzte empirische Vielfalt.

Ben Jann befasst sich mit der Diagnostik von Regressionsschätzungen bei kleinen Stichproben. Ein Schwerpunkt liegt in seinem Beitrag auf dem Einfluss von Extremwerten von Schätzungen der linearen sowie logistischen Regression. Anhand von Beispielen werden sowohl graphische als auch formale Möglichkeiten der Diagnostik einflussreicher Datenpunkte vorgestellt.

Simone Wagner stellt anschließend eine Telefonbefragung bei Spezialpopulationen am Beispiel der Teilnehmer lokaler Austauschnetzwerke vor. Der Umgang mit schwer abgrenzbaren Grundgesamtheiten sowie eingeschränkter Kooperationsbereitschaft der Befragten wird hierbei vertieft thematisiert. Zudem leitet die Autorin Handlungsempfehlungen zur Durchführung von Erhebungen bei Spezialpopulationen ab.

Jochen Groß und Christina Börensen behandeln im nächsten Abschnitt die Validität von Verhaltensmessungen mittels Vignettenanalyse. Die Ergebnisse eines faktoriellen Surveys zu abweichendem Verhalten im Straßenverkehr werden hierbei mit geeigneten Beobachtungsdaten konfrontiert. Die Effektrichtungen in beiden Erhebungen bleiben konstant, auch wenn Schwankungen der Effektstärken zu beobachten sind.

Der Beitrag von *Katrin Auspurg, Martin Abraham und Thomas Hinz* thematisiert die Eignung der Vignettenanalyse bei Paarbefragungen. Hierbei wird die Umzugsentscheidung in Partnerschaften untersucht. Die theoretische Grundlage bildet die Verhandlungstheorie, aus der Hypothesen zum familialen Entscheidungsprozess abgeleitet und getestet werden.

Der zweite Teil des Buches beinhaltet Praxisbeiträge zu Studien mit kleinen Fallzahlen. Der Beitrag von *Natascha Nisic* und *Katrin Auspurg* arbeitet mit demselben Faktoriellen Survey zur Mobilitätsbereitschaft von Paarhaushalten und vergleicht die Resultate mit Ergebnissen des Sozioökonomischen Panels

(SOEP). Die Ergebnisse der Vignetten-Studie sind ähnlich zu den Bestimmungsfaktoren tatsächlicher Umzüge, die mit dem SOEP ermittelt werden.

Der darauf folgende Beitrag von *Martin Abraham und Thess Schönholzer* rundet das Thema Vignettenanalyse ab und beschäftigt sich mit spieltheoretischen Überlegungen zu Mobilitätsentscheidungen von Paaren und deren Test mittels Vignettenanalyse. Monetäre und nichtmonetäre Kosten sowie Beschäftigungsaussichten werden als wesentliche Determinanten der Umzugsentscheidung betrachtet. Geschlechtsspezifische Unterschiede stützen hierbei die Norm des „männlichen Pendlers".

Als Ergänzung zu seinem einführenden Kapitel zum bayesianischen Ansatz stellt *Andreas Broscheid* ein Praxisbeispiel vor, das sich mit der Frage nach der Liberalität eines amerikanischen Berufungsgerichts (neunter Kreis) beschäftigt, das vom konservativen Lager als linksgerichtet bezeichnet wird. Den Ergebnissen zu Folge hat die politische Einstellung der Richter bzw. der PräsidentInnen und SenatorInnen, die sie ernannten, allerdings einen geringen Einfluss auf ihr Entscheidungsverhalten.

Frank Arndt simuliert internationale Verhandlungen am Beispiel der Amsterdamer Regierungskonferenz 1996, was – wie bereits angesprochen – der Fallzahl eins entspricht. Er vergleicht das Prognosepotenzial unterschiedlicher tausch- und verhandlungstheoretischer Modelle hinsichtlich ihrer empirischen Evidenz. Neben der Vorstellung der Ergebnisse wird zudem die interne wie externe Validität diskutiert.

Andreas Techen untersucht ein komplettes Freundschafts- und Ratgebernetzwerk unter Studienanfängern und stellt Veränderungen der Netzwerkeingebundenheit in den ersten Studienwochen der Studierenden vor. Die theoretischen Grundlagen liefern Strukturtheorien zwischenmenschlicher Beziehungen, Ansätze zur Entstehung von Freundschaften sowie Konzepte des Sozialkapitals.

Im folgenden Beitrag von *Werner Georg, Carsten Sauer und Thomas Wöhler* werden studentische Fachkulturen und Lebensstile auf Datenbasis einer Online-Befragung untersucht und der Frage nachgegangen, welchen Einfluss familiale und universitäre Sozialisation auf die studentischen Lebensstile ausüben. Gruppenzugehörigkeiten werden ihren Ergebnissen zufolge weniger von der sozialen Herkunft als vom Geschlecht und der fachspezifischen Sozialisation bestimmt.

Heiko Rauhut, Ivar Krumpal und Mandy Beuer beschäftigen sich mit Rechtfertigungen verschiedener Delikte (Schwarzfahren, Diebstahl und Körperverletzung) und stellen einen geeigneten experimentellen Test vor. Hierbei wurde die Fragereihenfolge von Rechtfertigungen und Verhaltensneigung variiert. Rechtfertigungen bei Alltagsdelikten haben einen geringeren Effekt auf abweichendes

Verhalten als dies in bisherigen Studien mit schwerwiegenderen Delikten der Fall war.

Der letzte Beitrag des Sammelbandes stammt von *Ben Jann*, der ein Feldexperiment zum Zusammenhang zwischen Status und Aggression im Straßenverkehr vorstellt. In diesem Experiment wird das Hup-Verhalten aufgrund eines bei Grünlicht den Verkehr blockierenden Fahrzeugs untersucht. Die Aggression in dieser Situation nimmt mit zunehmender sozialer Distanz, gemessen an der Marke der betreffenden Autos, zu.

Die ausgewählten Beiträge bieten einen vielseitigen Überblick zum quantitativen Arbeiten mit kleinen Fallzahlen. Die methodischen Beiträge des ersten Teils liefern sowohl eine vielseitige Einführung in die Bedeutung kleiner Fallzahlen bei unterschiedlichen Analysestrategien, als auch anwendungsorientierte Hilfestellungen. Zudem möchten wir die herausragende Bedeutung der Theoriearbeit und der Integration des theoretischen und empirischen Vorwissens betonen. Die Praxisbeispiele des zweiten Teils liefern zusätzlich anschauliche Beispiele für Studien mit kleinen Fallzahlen, deren Besonderheiten hinsichtlich ihrer Fallkonzeption eingangs vorgestellt wurden.

5 Literatur

Arauja, Pedro/Frøyland, Livar, 2007: Statistical power and analytical quantification, in: Journal of Chromatography B 847, 305–308.

Behnke, Joachim, 2005: Lassen sich Signifikanztests auf Vollerhebungen anwenden? Einige essayistische Anmerkungen, in: Politische Vierteljahresschrift 46(1): O-1–O-15.

Buchner, Axel/Erdfelder, Edgar/Faul, Franz, 1996: Teststärkeanalysen [Power analyses], in: Erdfelder, Edgar/Mausfeld, Rainer/Meiser, Thorsten/Rudinger, Georg (Hrsg.), Handbuch Quantitative Methoden. Weinheim: Psychologie Verlags Union, 123–136.

Cohen, Jacob, 1962: The statistical power of abnormal – social psychological research: A review, in: Journal of Abnormal and Social Psychology 65, 145–153.

Cohen, Jacob, 1988: Statistical Power Analysis for the Behavioral Sciences. 2nd edition, Hillsdale, NJ: Lawrence Erlbaum Associates.

Erdfelder, Edgar/Buchner, Axel/Faul, Franz/Brandt, Martin, 2004: GPOWER: Teststärkeanalysen leicht gemacht, in: Erdfelder, Edgar/Funke, Joachim (Hrsg.), Allgemeine Psychologie und deduktivistische Methodologie. Göttingen: Vandenhoeck & Ruprecht, 148–166.

Lachin, John M., 1981: Introduction to Sample Size Determination and Power Analysis for Clinical Trials, in: Controlled Clinical Trials 2, 93–113.

Lenhard, Johannes, 2006: Models and Statistical Inference: The Controversy between Fisher and Neyman–Pearson, in: The British Journal of Philosophy and Science 57, 69–91.

Ragin, Charles (Hrsg.), 2005a: What is a case? Exploring the Foundations of Social Inquiry. 9th edition. u.a. Cambridge, New York, Melbourne: Cambridge University Press.

Ragin, Charles, 2005b: Introduction: Cases of "What is a case?", in: Ragin, Charles (Hrsg.), What is a case? Exploring the Foundations of Social Inquiry. 9th edition. u.a. Cambridge, New York, Melbourne: Cambridge University Press, 1–17.

Sedlmeier, Peter/Gigerenzer, Gerd, 1989: Do Studies of Statistical Power have an Effect on the Power of Studies?, in: Psychological Bulletin 105(2), 309–316.

Seo, Jinwook/Gordish-Dressman, Heather/Hoffman, Eric P., 2006: An interactive power analysis tool for microarray hypothesis testing and generation, in: Bioinformatics 22(7): 808–814.

Trappmann, Mark/Hummell, Hans J./Sodeur, Wolfgang, 2005: Strukturanalyse sozialer Netzwerke. Konzepte, Modelle, Methoden. Wiesbaden: VS Verlag.

Computersimulationsmodelle für kleine und kleinste Fallzahlen

Nicole J. Saam

Zusammenfassung
Im Gegensatz zu statistischen Modellen erzeugen Computersimulationsmodelle Daten und Fälle. Kleine und kleinste (empirische) Fallzahlen stellen daher unter Umständen kein ernsthaftes Problem für Simulationsstudien dar. Der vorliegende Beitrag erörtert zunächst, worin das Problem kleiner Fallzahlen für Computersimulationsmodelle besteht. Er stellt sodann Modellierungsstrategien vor, die in der Computersimulation angewendet werden, um die interne Validität von Modellen zu kleinen und kleinsten Fallzahlen zu verbessern. Abschließend werden Sensitivitätsanalysen als funktionale Äquivalente der Computersimulation für graphische und formale Instrumente vorgestellt, mit denen in der Regressionsdiagnostik einflussreiche oder atypische Datenpunkte analysiert und transparent gemacht werden.

1 Einleitung

Während das Standardproblem kleiner Stichproben in der Statistik weitgehend bekannt ist und oft thematisiert wird, findet man keine Darstellungen zu dieser Problematik für die Methode der Computersimulation. Dies liegt zum einen daran, dass das Problem kleiner Stichproben für viele Simulationsmodelle nicht existiert. Der Schluss von einer Stichprobe auf die Grundgesamtheit ist beispielsweise für Weltmodelle (mit Fallzahl $n=1$) ebenso irrelevant wie für Gedankenexperimente.

Der vorliegende Beitrag erörtert daher zunächst, worin das Problem kleiner Fallzahlen für Computersimulationsmodelle besteht – und worin nicht – und stellt anschließend Strategien vor, die in der Computersimulation angewendet werden, um die interne Validität von Modellen zu kleinen und kleinsten Fallzahlen zu verbessern. Diese Strategien bestehen im Wesentlichen in der Anwendung von Modellierungsstrategien, die zu einer indirekten Erhöhung der Fallzahlen führen. Können diese Modellierungsstrategien nicht oder nur unzureichend eingesetzt werden, dann kann man Sensitivitätsanalysen durchführen, um Probleme aus kleinen Fallzahlen zu diagnostizieren und ihren Einfluss transparent zu machen.

Im Folgenden wird zunächst anhand bekannter Beispiele von Simulationsstudien illustriert, wie man sich Computersimulationsmodelle zu kleinen Fallzahlen vorstellen kann. Es wird erläutert, welche Probleme mit der Entwicklung dieser Modelle aufgrund der kleinen Fallzahlen verbunden sind, und welche Modellierungsstrategien in diesen Studien angewendet wurden, um zu einer indirekten Erhöhung der Fallzahlen zu gelangen (Kap. 2). Anschließend werden die Arbeitsschritte bei der Entwicklung eines theoriebasierten Computersimulationsmodells zu einer empirischen Forschungsfrage sukzessive daraufhin untersucht, welche besonderen Herausforderungen sich bei der Modellierung kleiner Fallzahlen stellen. Es werden Maßnahmen vorgestellt, die im jeweiligen Arbeitsschritt erwogen werden können (Kap. 3). Einen Überblick über die Modellierungsstrategien, die zu einer indirekten Erhöhung der Fallzahlen führen, gibt das folgende Kapitel 4. Kapitel 5 stellt Sensitivitätsanalysen als funktionale Äquivalente der Computersimulation für graphische und formale Instrumente vor, mit denen in der Regressionsdiagnostik einflussreiche oder atypische Datenpunkte analysiert und transparent gemacht werden. Abschließend werden die besonderen Merkmale der Methode der Computersimulation in der Analyse von wissenschaftlichen Forschungsfragen zu kleinen und kleinsten Fallzahlen zusammengefasst und in eine Empfehlung umgewandelt.

2 Was sind kleine Fallzahlen in der Computersimulation?

In der empirischen Sozialforschung bezieht sich eine Aussage über kleine Fallzahlen in der Regel auf eine Stichprobe oder eine Grundgesamtheit, zu der man nur in Bezug auf wenige Fälle über empirische Daten verfügt. Eigentlich möchte man statistische Verfahren anwenden, um Aussagen über diese Daten und das soziale Phänomen ableiten zu können, die diese Daten widerspiegeln. Man weiß aber, dass die Anzahl der Daten eigentlich eine Grenze unterschreitet, so dass die Anwendung dieser statistischen Verfahren zu verzerrten Schätzwerten und im schlimmsten Fall zu nicht validen Ergebnissen führt.

Für die Methode der Computersimulation beschreibt diese Problematik nur eine von zwei Seiten des Umgangs mit kleinen Fallzahlen. Computersimulationsmodelle können nicht nur Stichproben oder Grundgesamtheiten abbilden, zu denen man nur in Bezug auf wenige Fälle über empirische Daten verfügt. Sie können auch – unabhängig von empirischen Beobachtungen – Daten erzeugen, die sich auf Fragestellungen mit geringen Fallzahlen beziehen. Computersimulationsmodelle gestatten die Erforschung kleiner und kleinster Fallzahlen, im Minimalfall der Fallzahl $n=1$. Zur Illustration seien zwei klassische Simulationsstudien aufgeführt, die als Beispiele für kleine Fallzahlen zu klassifizieren sind.

2.1 Computersimulation als empirische Sozialforschung

Bei den Weltmodellen des Club of Rome (Forrester 1971; Meadows 1972; Meadows et al. 1992) handelt es sich um Makrosimulationsmodelle für die Fallzahl $n=1$. Es gibt nur eine empirische Realisation der Welt, die wir beobachten können, nämlich diejenige, in der wir leben. Die Aufgabenstellung der Weltmodelle – „die Ursachen und inneren Zusammenhänge der sich immer stärker abzeichnenden kritischen Menschheitsprobleme zu ergründen" (Pestel in Meadows 1972: 9) – bezog sich auf diese *eine* Welt. Die modellierten Elemente dieser Welt, wie Bevölkerungszahl, Industriekapital, landwirtschaftlich genutzte Fläche oder Umweltverschmutzung etc. beschreiben Aggregatgrößen, die empirisch für einen Zeitpunkt nur *ein* Mal für diese Welt vorliegen. Damit scheiden statistische Verfahren zur Parameterschätzung für das Simulationsmodell aus. Die Regionalisierung des Modells ist eine Maßnahme, auf die Meadows und Kollegen zum Teil zurückgriffen um die Fallzahlen zu erhöhen, auf deren Basis sie ihre Parameter bestimmten. Beispielsweise wurde der Zusammenhang zwischen dem Stahlverbrauch und der Entwicklung zu höherem Wohlstand durch die Verbrauchsdaten für Stahl pro Kopf für sechzehn Staaten verschiedener Entwicklungsniveaus rekonstruiert (Meadows 1972: 95-98). Für die Validierung der Simulationsergebnisse liegt nur eine sehr begrenzte Anzahl an beobachteten Vergleichswerten vor. Die Dynamisierung der Weltmodelle kann man nicht nur als eine simulationstechnische Notwendigkeit für die Vorhersage von Wachstumsszenarien beurteilen, sondern auch als eine geschickte Strategie, mit Hilfe derer die Anzahl der Vergleichswerte zwischen empirischen und simulierten Aggregatdaten erhöht werden kann. Selbstverständlich handelt es sich dabei immer noch um Messwerte dieser *einen* beobachtbaren Welt, und Messwerte zu nachfolgenden Zeitpunkten, z. B. die Bevölkerungsgröße, ist mit hoher Wahrscheinlichkeit abhängig von Messwerten zu vorhergehenden Zeitpunkten. Insofern die Art dieser Abhängigkeit jedoch von Aggregatgröße zu Aggregatgröße unterschiedlich sein kann, sind Informationen über die zeitliche Entwicklung von Messgrößen hilfreich: Sie verringern Probleme bei der Kalibrierung und Validierung von Modellen für die Fallzahl $n=1$.

2.2 Computersimulation als Gedankenexperiment

Beim iterierten Gefangenendilemma handelt es sich um ein stilisiertes, dyadisches Interaktionssystem mit Hilfe dessen Vertreter der Rational Choice-Theorie die Entstehung von Kooperation in einer Welt von Egoisten ohne zentralen Herrschaftsstab analysieren. Jeweils zwei Spieler treten mit ihrer Strategie gegeneinander an, wobei sie sich einer Spielstruktur gegenübersehen, in der Defektion die dominante Strategie wäre, wenn sich die Spieler nie mehr wieder begegnen würden. In seinem ersten klassischen Simulationsexperiment ließ Axelrod (1987) die ihm zugesandten Strategien in einem Turnier gegeneinander antreten. Axelrod verfügte nicht über empirische Daten darüber, welcher Spieler mit welcher Strategie letztendlich als Sieger hervorgeht, wenn jeder Spieler gegen jeden anderen antritt. Er brauchte auch nicht über diese empirischen Daten verfügen, denn die Fragestellung war nicht empirisch formuliert. Stattdessen wies sie die Form eines Gedankenexperiments auf: wer würde als Sieger hervorgehen, wenn jeder Spieler konsequent seine Strategie spielt? Hier genügte also ein experimentelles Design, in dem wechselnde Spieler gegeneinander antreten. Alle zu untersuchenden Daten wurden also durch das mikroanalytische Simulationsmodell erzeugt. Nur oberflächlich betrachtet handelt es sich bei dieser Fragestellung um kleine Fallzahlen. Zwar liegt das kleinste denkbare Interaktionssystem mit nur zwei Spielern vor, und die Fallzahl könnte sowohl mit $n=1$ für die Dyade als auch mit $n=2$ für die Anzahl der Akteure in der Dyade angegeben werden. Es interessierte jedoch nicht das Spielergebnis aus einer Dyade, sondern der Spielausgang aller möglichen Kombinationen von Spielern in Dyaden. In Computersimulationsexperimenten können die Spieler nicht nur beliebig lange gegeneinander antreten, die Spiele können auch beliebig oft wiederholt werden. Axelrod schreibt, dass jedes Spiel aus zweihundert Zügen bestand, und dass er das gesamte Turnier fünfmal durchführen ließ, „um eine stabilere Schätzung der Punktzahlen für jedes Paar von Spielern zu erhalten" (Axelrod 1987: 28). In dieser Computersimulationsstudie kann man den Turniercharakter des Designs der Studie und die Wiederholung des Turniers als eine raffinierte Idee zur Steigerung der Fallzahlen interpretieren. Mehrere der eingereichten Strategien hatten stochastische Elemente. Außerdem musste jede Strategie gegen die Strategie RANDOM spielen, eine Strategie, in der der Spieler zufällig und mit jeweils gleicher Wahrscheinlichkeit kooperiert und defektiert. Der Spielausgang gegen Strategien mit Zufallszügen variiert von Spiel zu Spiel. Erst im Mittel einer hinreichend großen Anzahl an Wiederholungen eines solchen Spiels bleibt das Ergebnis stabil. Die Anzahl der Wiederholungen wird experimentell so lange erhöht, bis einzelne extreme Spielausgänge sich gegenseitig so ausgleichen, dass der aus allen Spielausgängen zu einem Paar von Spielern gebildete Mittelwert sich durch eine weitere Erhöhung der Anzahl der Wiederholungen nicht mehr verändert. Am Ende beeindruckt Axelrod mit der Aussage „insgesamt gab es 120 000 Züge, also 240 000 einzelne Entscheidungen" (Axelrod 1987: 28). Mit der Verschiebung des theoretischen Blickwinkels von den Spielern und ihren Strategien zu den Entscheidungen bedient sich Axelrod einer weiteren Maßnahme, mit der man die Fallzahl (zum Teil spektakulär) erhöhen kann. Im Grunde genommen argumentiert er damit nämlich, dass sich die bekanntermaßen als siegreich aus dem Turnier hervorgetretene Strategie TIT FOR TAT im Mittel von 240 000 Entscheidungen als siegreich erwiesen hat.

Die beiden ausführlich beschriebenen Beispiele sollen illustrieren, dass das Problem kleiner Fallzahlen in Computersimulationsexperimenten nicht vorschnell an die Anzahl der modellierten Akteure oder der modellierten sozialen Systeme gekoppelt werden sollte. Computersimulationsmodelle als Gedankenexperimente bieten eine Fülle an Möglichkeiten der Generierung von Daten (und Fällen). Bei Computersimulationsmodellen als empirische Sozialforschung treten dagegen hartnäckigere Probleme für kleine Fallzahlen auf.

2.3 Computersimulation als theoriebasierte empirische Sozialforschung

In diesem Zusammenhang sei ein weiterer Unterschied zwischen statistischen Analysen und Computersimulationen erläutert, der für Studien zu kleinen Fallzahlen relevant ist: Man simuliert nicht den empirischen Fall selbst, sondern die Theorie, die sich auf den Fall bezieht, wird als Code implementiert und sie reproduziert die Daten zum Fall, bis auf die Startwerte, mit denen man das Modell initialisiert. Beispielsweise simuliert Arndt (in diesem Band) die Verhandlungen, die zum Vertrag von Amsterdam geführt haben. Diese Verhandlungen haben empirisch nur ein Mal stattgefunden. Insofern handelt es sich um eine Studie zur Fallzahl $n=1$. Dennoch erhält Arndt nicht *ein* simuliertes Verhandlungsendergebnis, das er mit dem empirischen Verhandlungsendergebnis vergleichen könnte. Er erhält zahlreiche theoretisch mögliche Verhandlungsergebnisse: eine Wahrscheinlichkeitsverteilung für das simulierte Verhandlungsergebnis. Er erhält also simulierte Daten für viel mehr Fälle ($m>>n$) als empirisch vorliegen ($n=1$). Die Ursache hierfür ist in der modellierten Verhandlungstheorie zu suchen. Diese Theorie enthält oft – so auch in der Studie von Arndt – stochastische Elemente: Die Entscheidung, im Laufe der Verhandlung eine Konzession zu machen, hängt von der Risikobereitschaft der miteinander verhandelnden Koalitionen von Mitgliedsstaaten ab. Derjenige Akteur gibt nach, der für sich das größere Risiko annimmt, also eine geringere Risikobereitschaft hat. Um zu erkennen, ob man selbst oder die gegnerische Koalition eine höhere Risikobereitschaft hat, muss jede Koalition ihre eigene Risikobereitschaft mit der der gegnerischen Koalition vergleichen. Hierzu wäre es erforderlich, dass man die gegnerische Risikobereitschaft kennt. Da es plausibel ist, dass gegnerische Koalitionen ihre Risikobereitschaft voreinander verbergen, nimmt Arndt an, dass die Koalitionen in Bezug auf die Risikobereitschaft des Gegners über unvollständige Information verfügen. Koalitionen können nur Erwartungen über die Risikobereitschaft des Gegners bilden. Die Erwartungsbildung wird mit einem Zufallsprozess modelliert (der hier nicht im Detail beschrieben werden kann). Aufgrund dieses Zufallsprozesses sind in jeder Entscheidungssituation, in der ein Konzessionsschritt erwogen wird, verschiedene Entscheidungen möglich. Man simuliert daher die Verhandlungen, die zum Vertrag von Amsterdam geführt haben, nicht ein Mal, sondern so oft ($m>>n$), dass man eine Verteilung für die Verhandlungsausgänge erhält. Arndt erhält als Simulationsergebnis daher zunächst Häufigkeitsverteilungen für Verhandlungsendergebnisse. Im Arbeitsschritt der Validierung des Simulationsmodells steht er daher vor der Aufgabe, simulierte Daten für die Fallzahl von $m>>n$ mit empirischen Daten für die Fallzahl $n=1$ zu validieren. Dies kann man z. B. dadurch, dass man für die Verteilung Maße der zentralen Tendenz bestimmt, sowie qualitative Merkmale wie Eingipfligkeit etc. Sagt das Simulationsmodell eine eingipflige Verteilung mit einem klar erkennbaren Modus (die Verhandlungspositionen sind als ordinales Skalenniveau gegeben) für die m simulierten Fälle vorher, so interpretiert man den Modus als die tatsächliche Vorhersage für den empirischen Fall. Dahinter verbirgt sich die implizite Annahme, dass der theoretisch wahrscheinlichste Fall empirisch auftreten wird. Das muss tatsächlich nicht so sein, wird aber standardgemäß in Simulationsstudien angenommen, die ein theoriebasiertes Computersimulationsmodell zu einer empirischen Forschungsfrage zur Fallzahl $n=1$ entwickeln. Sobald man über kleine empirische Fallzahlen mit $n>1$ verfügt, können die Verteilungsmerkmale für n Fälle mit den Verteilungsmerkmalen für die simulierten m Fälle verglichen werden.

Sozialwissenschftliche Computersimulationsmodelle enthalten häufig stochastische Elemente, oftmals sogar mehrere. Das liegt daran, dass man Theorien, die deterministisch formuliert sind, vielfach mathematisch-analytisch behandeln kann, so dass es keiner Simulationsstudie bedarf. Theorien, die – auf makro- oder mikroanalytischer Ebene –stochastische Elemente enthalten, sind oftmals nicht analytisch lösbar. Dann greift man auf die Methode der Computersimulation zurück. Untersuchen diese Simulationsstudien empirische Phänomene, bei denen Daten nur zu wenigen Fällen vorliegen, dann beschränken sich die Probleme aufgrund kleiner Fallzahlen auf den Vergleich der empirischen mit den simulierten Daten. Die Simulationsexperimente selbst sind nicht durch kleine Fallzahlen gekennzeichnet.

2.4 Problematiken kleiner Fallzahlen in der Computersimulation

Die zur Illustration vorgestellten Beispiele werden nun genutzt, um das Problem der kleinen Fallzahlen in der Computersimulation zu systematisieren. Hier sollen vier bedeutende Problematiken unterschieden werden: (a) Die Anzahl der simulierten Fälle ist klein. Die Ergebnisse bleiben nicht stabil, wenn man die Anzahl der simulierten Fälle erhöht. (b) Die Anzahl der empirischen Fälle auf die sich die Forschungsfrage bezieht ist klein, oder man verfügt nur für wenige empirische Fälle über empirische Daten. Die Anzahl der Variablen für einen Vergleich zwischen simulierten und empirischen Daten ist klein. Die empirische Gültigkeit des Simulationsmodells ist fraglich. (c) Die Anzahl der empirischen Fälle auf die sich die Forschungsfrage bezieht ist groß. Die Anzahl der Variablen für einen Vergleich zwischen simulierten und empirischen Daten ist klein. Die empirische Gültigkeit des Simulationsmodells ist fraglich. (d) Die Anzahl der empirischen Daten für die Schätzung der Parameterwerte des Simulationsmodells ist klein und stammt aus einer Stichprobe. Die Parameterwerte können verzerrt sein. Es ist fraglich, ob das Simulationsmodell für den „wahren Wert" der Parameter dieselben Ergebnisse vorhersagen würde wie für die verzerrten Werte.

Um darzustellen, für welche Typen von Computersimulationsmodellen diese Problematiken gelten und für welche nicht, wird eine Typologie entwickelt, die auf die gängigen Unterscheidungen zwischen nomothetischer und idiographischer Wissenschaft einerseits und theoriebasierter bzw. datenbasierter Forschung andererseits zurückgreift.

Abbildung 1: Typologie von Computersimulationsmodellen

	nomothetisch	idiographisch
theoriebasiert (Gedankenexperiment)	*abstract social models*;[1] Beispiel: Axelrod 1987	*abstract single case models*[2]
datenbasiert (Empirische Sozialforschung)	*empirically grounded models*; Beispiel: Arndt (in diesem Band)	*history friendly models*; Beispiel: Meadows 1972

---

1   Die englischsprachigen Typbezeichnungen, die sich auf theoriebasierte Forschung beziehen, habe ich in leichter Variation einer Typologie von Nigel Gilbert entwickelt, die dieser auf dem EPOS Workshop Epistemological Perspectives on Simulation am 5./6. Oktober 2006 an der Universität Brescia/Italien vorgestellt hat. Den Typ des *empirically grounded model* habe ich aus diesem Vortrag übernommen. Er ist nicht mit dem Konzept der *Grounded Theory* aus der qualitativen Sozialforschung (Glaser/Strauss 1967) zu verwechseln. Das Konzept der *history friendly models* wurde von Malerba et al. (1999) eingeführt.

2   Der als *abstract single case models* bezeichnete Typ von Simulationsmodellen, der idiographische Wissenschaft mit einem primär oder ausschließlich theoriebasierten Vorgehen verbindet, lässt sich in der Praxis kaum beobachten. Der nahe liegende Weg theoriebasierte Simulationsmodelle für die Analyse eines Einzelfalls zu spezifizieren – und damit überhaupt erst lauffähig zu machen – besteht darin, empirische/historische Daten zu berücksichtigen.

Die Problematik (a) gilt für alle Computersimulationsmodelle. Im Rahmen nomothetischer Wissenschaft entwickelte primär oder ausschließlich theoriebasierte Computersimulationsmodelle (*abstract social models*) bearbeiten eine Fragestellung für unendlich viele, hypothetische Fälle. Die Anzahl empirischer Fälle spielt eine untergeordnete Rolle. Es ist lediglich darauf zu achten, dass zumindest so viele Fälle simuliert werden, dass man stabile Mittelwerte als Ergebnis für unendlich viele, hypothetische Fälle vorhersagen kann. Da diese Modelle nicht datenbasiert sind und keine empirische Gültigkeit beanspruchen, ist nur die unter (a) beschriebene Problematik relevant. Dasselbe gilt für im Rahmen idiographischer Wissenschaft entwickelte primär oder ausschließlich theoriebasierte Computersimulationsmodelle (*abstract single case models*), die eine Fragestellung für einen Fall bearbeiten, und keine empirische Gültigkeit beanspruchen.

Im Rahmen nomothetischer Wissenschaft entwickelte primär oder ausschließlich datenbasierte Computersimulationsmodelle (*empirically grounded models*) überprüfen eine Fragestellung für eine gegebene Anzahl empirischer Fälle, bei denen es sich um eine Stichprobe oder die Grundgesamtheit handeln kann. Hier sind alle vier Problematiken relevant.

Im Rahmen idiographischer Wissenschaft entwickelte primär oder ausschließlich datenbasierte Computersimulationsmodelle (*history friendly models*) bearbeiten eine Fragestellung für einen empirischen Fall. Daher ist für sie die unter (c) beschriebene Problematik nicht relevant.

Damit ergibt sich folgende zusammenfassende Übersicht über die Relevanz von Problemen bei kleinen Fallzahlen in der Computersimulation (vgl. Tabelle1): Relevant sind für *abstract social models* und *single case models* die Problematik (a), für *empirically grounded models* die Problematiken (a), (b), (c) und (d), und für *history friendly models* die Problematiken (a), (b) und (d).

Tabelle 1: Problematiken kleiner Fallzahlen in der Computersimulation

	Problematik			
	(a)	(b)	(c)	(d)
abstract social models	x			
abstract single case models	x			
empirically grounded models	x	x	x	x
history friendly models	x	x		x

Computersimulationsmodelle für kleine und kleinste Fallzahlen

Im folgenden möchte ich von *Modellen zu kleinen und kleinsten Fallzahlen* sprechen, wenn sie sich auf eine Forschungsfrage zu sozialen Gebilden beziehen, von denen wir nur wenige empirische Fälle beobachten können, oder zu der wir nur für wenige empirische Fälle über empirische Daten verfügen. Eine *direkte* Erhöhung der Fallzahlen wäre nur möglich, wenn man Daten für mehr empirische Fälle erhebt, die sich diesem sozialen Gebilde zuordnen lassen. Als *indirekte* Erhöhung der Fallzahlen seien im folgenden alle Modellierungsstrategien bezeichnet, die aus welchen Gründen immer, diesen Weg nicht beschreiten, und stattdessen die Anzahl der simulierten Fälle, die Anzahl der Variablen für einen Vergleich zwischen simulierten und empirischen Daten oder die Anzahl der empirischen Daten für die Schätzung der Parameterwerte des Simulationsmodells vergrößern.

3 Arbeitsschritte bei der Entwicklung von Computersimulationsmodellen zu kleinen Fallzahlen

Im folgenden Abschnitt wird angenommen, dass ein theoriebasiertes Computersimulationsmodell zu einer empirischen Forschungsfrage aus der Sozialwissenschaft entwickelt wird. Die Arbeitsschritte lassen sich in fünf Phasen untergliedern: Problemformulierung, Modellkonstruktion, Formalisierung, Simulation und Ergebnisinterpretation (Saam 2005).

Man kann in der Phase der *Problemformulierung* – mit den Teilschritten Problembeschreibung, Definition des Modellziels, Definition der Grenzen des Modells – die weitreichendsten Entscheidungen treffen um Probleme zu vermeiden oder zu verringern, die sich aus kleinen Fallzahlen ergeben. Wenn die ursprüngliche Forschungsfrage erkennen lässt, dass nur eine kleine Fallzahl vorliegt, besteht eine Möglichkeit darin, die *theoriegeleitete Fragestellung* so zu *verschieben*, dass die Fallzahl steigt. Wenn es für die Problembeschreibung und das Modellziel beispielsweise von nachrangiger Bedeutung ist, ob man Kommunikationsakte einzelnen modellierten Akteuren zurechnet oder alle Kommunikationsakte betrachtet, so kann die Fallzahl durch geschickte Verschiebung der theoretischen Blickrichtung erhöht werden, ohne dass sich die Aussagekraft in Bezug auf das zu analysierende Problem verändert. Man betrachtet dann m Kommunikationsakte statt n Akteure ($n<m$). Dieser Argumentationsstrategie bediente sich Axelrod im obigen Beispiel.

Eine bedeutende Variante dieses Vorgehens besteht in der *Mikrofundierung von Makromodellen*: statt Aggregatgrößen zu modellieren werden die Akteure, deren Handlungen die makrosoziologischen Größen erst hervorbringen, direkt modelliert. Die Mikrofundierung ist ein aufwendiger Schritt mit weitreichenden Konsequenzen für die theoretische Tragweite: die neu einzuführenden mikrosoziologischen theoretischen Konzepte und Annahmen können inkommensurabel sein mit den Konzepten des ursprünglich intendierten makrosoziologischen Theorieansatzes. Mikro- und Makroebene sind in theoretisch konsistenter Weise miteinander zu verbinden. Alternativ kann man auf die Modellierung der Makroebene ganz verzichten und vollständig auf ein Mikromodell übergehen. In der Regel ist damit eine weitreichende Überarbeitung der Problemformulierung verbunden.

Wenn die ursprüngliche Forschungsfrage erkennen lässt, dass nur eine kleine Fallzahl vorliegt, besteht alternativ die Möglichkeit von der Reproduktion empirischer Daten auf die *Reproduktion stilisierter Fakten* durch das Simulationsmodell auszuweichen. Dieses Vorgehen wird von Windrum et al. (2007: 4.4) als indirekte Kalibrierung bezeichnet. Da diese Maßnahme nicht nur Konsequenzen für die Kalibrierung hat, sondern bereits für die Definition des Modellziels, wird sie schon in der Phase der Problemformulierung vorgestellt und nicht erst in der Phase der Simulation i.e.S., in der die Modellkalibrierung vorgenommen wird. Stilisierte Fakten sind breit gestützte, nicht notwendig universelle Generalisierungen empirischer Beobachtungen, die wesentliche, zu erklärende Charakteristika eines Phänomens beschreiben. Sie geben qualitative Eigenschaften dieses Phänomens wieder und sollen die statistischen Eigenschaften der Daten wiederspiegeln (Harvey und Jaeger 1993). Bisher wird das Konzept der stilisierten Fakten hauptsächlich in den Wirtschaftswissenschaften angewendet. Deswegen sei hier auch ein wirtschaftswissenschaftliches Beispiel angeführt: stilisierte Fakten zum Konjunkturzyklus. Die Phasenlänge und Dauer eines Konjunkturzyklus zeigt eine bemerkenswerte Variabilität. Lässt man aber einige Ausreißer (z. B. die Weltwirtschaftskrise zu Beginn der 30iger Jahre) beiseite, dann werden wesentliche Übereinstimmungen offensichtlich: Aufschwünge dauern zwischen eineinhalb und drei Jahren, ihre Amplitude ist um so größer, je länger der Aufschwung dauert; Abschwünge dauern ein bis zwei Jahre; die Zykluslänge (Periode) beträgt zwischen zweieinhalb und fünf Jahren bei Dreivierteln aller untersuchten Zeitreihen. Auf stilisierte Fakten auszuweichen bedeutet, dass man in der Phase der Problemformulierung eine Menge stilisierter Fakten festlegt, die man mit dem Simulationsmodell reproduzierten und dadurch erklären will. Für die Kalibrierung der Parameter werden später nicht empirische Daten herangezogen, sondern erneut stilisierte Fakten genutzt, um die Wertebereiche der Parameter einzuschränken. Wenn man auf diese Weise von der Reproduktion empirischer Daten auf die Reproduktion stilisierter Fakten ausweicht, kann man im Simulationsmodell selbst eine beliebig hohe Anzahl an Fällen modellieren.

Die Phase der *Modellkonstruktion* umfasst Arbeitsschritte, die aus jeder theoriegeleiteten empirischen Studie bekannt sind – Theorieauswahl, sowie die Bestimmung, Operationalisierung und Erhebung der Variablen und Parameter.

Kleine Fallzahlen sind hier insbesondere bei der Erhebung der empirischen Daten für die Parameter von Bedeutung. Sinkt die Anzahl der Fälle unter die für verschiedene statistische Verfahren notwendige Minimalzahl, so können keine statistischen Schätzungen der Parameterwerte vorgenommen werden. Für kleine Fallzahlen ist daher die Kalibrierung von Parameterwerten die gängige Vorgehensweise, die allerdings erst in der Phase der Simulation i.e.S. erfolgen kann, wenn ein erstes lauffähiges Simulationsmodell existiert. Aufgrund der geringen methodologischen Anforderungen an die Kalibrierung müssen Abstriche an die Verlässlichkeit der aus dem Simulationsmodell insgesamt abgeleiteten Schlussfolgerungen hingenommen werden.

Eine Maßnahme zur Vergrößerung der Fallzahlen um die Schätzung von Parameterwerten zu ermöglichen besteht in der *Regionalisierung* von Simulationsmodellen. So können beispielsweise für Modelle, die Nationalstaaten abbilden, empirische Daten auf Ebene der Nationalstaaten erhoben werden, gegebenenfalls aber auch auf Ebene der Bundesländer oder Provinzen oder sogar der Gemeinden. Zu beachten ist, dass einzelne Parameter nicht unabhängig vom Gesamtmodell regionalisiert werden können.

Die Phase der *Formalisierung* – mit den Arbeitsschritten Auswahl des Simulationsansatzes, Auswahl der Simulationssoftware und Programmiersprache, Formalisierung des verbalen Modells, Programmierung – ist vergleichsweise am wenigsten von den Problemen betroffen, die mit kleinen Fallzahlen verbunden sind. Von den gängigen Simulationsansätzen sind insbesondere Makrosimulation und Multiagentensysteme zur Simulation kleiner Stichproben geeignet, während Mikrosimulation, Mehrebenensimulation, zelluläre Automaten und neuronale Netze höhere Anforderungen an die Fallzahl stellen (Gilbert und Troitzsch 2005). Einzelne Entscheidungen zur Vergrößerung der Fallzahlen, die in der vorhergehenden Phase getroffen wurden, haben eine Auswirkung auf den zu wählenden Simulationsansatz.

Die Regionalisierung und die Mikrofundierung erfordern einen Wechsel von einem Makro- zu einem Mehrebenensimulationsansatz. Auch ein Multiagentensystem ist denkbar. Man sollte zwischen einer Regionalisierung i.w.S. und einer Regionalisierung i.e.S. unterscheiden: Erfolgt die Regionalisierung nur auf der Ebene der Parameter, dann fließen die regionalen Messwerte in aggregierter Weise in *einen* Parameterwert der entsprechenden Einflussgröße im Makromodell ein. Die Regionen werden nicht einzeln im Modell repräsentiert. Dies sei als Regionalisierung i.w.S. bezeichnet. Bei einer Regionalisierung i.e.S. wird jede einzelne Region im Modell abgebildet, ebenso die Interaktion zwischen den Regionen und die Aggregationsregeln. Nur diese Form der Regionalisierung erfordert einen Mehrebenen- oder Multiagentensimulationsansatz. Regionalisierung i.w.S. kann auch mit einem Makrosimulationsansatz implementiert werden. Dasselbe gilt für die Mikrofundierung.

In der eigentlichen Phase der *Simulation* i.e.S., die gekennzeichnet ist durch die Arbeitsschritte Modellkalibrierung, Modelloptimierung, Test und Validierung, Sensitivitätsanalyse und Modellexperimente, stellen kleine Fallzahlen eine große Herausforderung dar. Wie bereits oben dargestellt müssen durch kleine Stichproben nicht schätzbare Parameterwerte in dieser Phase kalibriert werden. Dies geschieht noch vor der Modelloptimierung, indem Werte für die Parameter mehr oder weniger systematisch variiert werden, bis sich die Werte für die Variablen, auf die sich diese Parameter beziehen, in einem sinnvollen Wertebereich bewegen. Die anschließenden Schritte der Modelloptimierung und -validierung sind entscheidend von der Anzahl der Werte abhängig, die für einen Vergleich von simulierten zu empirischen Daten zur Verfügung stehen. Verschiedene Modellierungsstrategien, die im Rahmen der Entwicklung von Computersimulationsmodellen auch theoretisch begründet sein können, lassen sich als Maßnahmen interpretieren, die indirekt zu einer Erhöhung der Fallzahlen führen.

Sehr gängig ist die *Dynamisierung* von Computersimulationsmodellen. Dadurch wird die Entwicklung einer Variablen im Zeitverlauf modelliert. Gelingt die Erhebung der entsprechenden empirischen Werte im Zeitverlauf, so erhöht sich die Anzahl der Vergleichswerte für die Modelloptimierung und -validierung. Der Modellierungszeitraum kann so lange beliebig in die Vergangenheit des zu simulierenden sozialen Systems verlängert werden, wie empirische Daten zugänglich sind. Je länger die zur Verfügung stehende empirische Zeitreihe ist, desto härter sind die Anforderungen, die an die Reproduktion durch das Simulationsmodell gestellt werden. Dies umso mehr, als die Dynamisierung einer Variablen nicht unabhängig von der Dynamisierung aller Variablen des Modells erfolgen kann. Wenn, dann sind alle Variablen zu dynamisieren, so dass für jede Variable eine empirische Zeitreihe als Referenzwert für die Modelloptimierung und -validierung zur Verfügung steht.

Im Rahmen der Dynamisierung besteht eine weitere Möglichkeit zur Vergrößerung der Anzahl der Messwerte: die *Verkürzung des Realzeitäquivalents* für einen simulierten Zeitschritt. In datenbasierten Simulationsmodellen wird die Zeit in der Regel in diskreten Schritten modelliert, wobei zunächst offen bleibt, wie lange ein simulierter Zeitschritt in der Realität dauern würde. Ein simulierter Zeitschritt kann die Dynamik während eines Jahres erfassen. Er kann aber auch verkürzt werden und sich auf ein Quartal, einen Monat, eine Woche, einen Tag etc. beziehen. Es hängt von der Verfügbarkeit von empirischen Daten und von der Forschungsfrage ab, wie das Realzeitäquivalent festgelegt wird. Bei entsprechender Verfügbarkeit von Daten kann das Realzeitäquivalent verkürzt und die Anzahl der simulierten Zeitschritte vergrößert werden.

Für den Simulationsansatz der *Mikrosimulationsmodelle* stellen kleine Fallzahlen von Simulationsläufen in der Phase der Simulation i.e.S. eine große Herausforderung dar. Mikrosimulationsmodelle enthalten viele stochastische Prozesse, die die Übergangswahrscheinlichkeiten der Individuen von einem interessierenden Zustand, z. B. Erwerbstätigkeit, zum anderen, z. B. Arbeitslosigkeit, modellieren. Die Laufzeit eines Simulationslaufes ist daher sehr lange. Selbst mit den aktuellsten, Sozialwissenschaftlern zur Verfügung stehenden Rechnern, ist man daher gezwungen, eine Auswahl von Simulationsläufen für die aufwendigen – weil viele Simulationsläufe erfordernden – Arbeitsschritte der Modellkalibrierung und Modelloptimierung, des Tests und der Validierung, sowie für die Sensitivitätsanalyse und die Modellexperimente zu treffen. Wegen der langen Laufzeiten von Mikrosimulationsmodellen können nur geringe Fallzahlen, d. h. wenige Läufe, simuliert werden. Hier ergibt sich dann das Problem, dass die Ergebnisse aus diesen wenigen Simulationsläufen verzerrt sein könnten. Um dieses Problem zu vermeiden, müssen mit Monte-Carlo-Methoden Konfidenzintervalle aus einer großen Zahl von parametergleichen Läufen mit verschiedenen Zufallszahlengeneratoren-Startwerten geschätzt werden.

Sensitivitätsanalysen sind das funktionale Äquivalent in der Computersimulation für graphische und formale Instrumente, mit denen in der Regressionsdiagnostik einflussreiche oder atypische Datenpunkte analysiert und transparent gemacht werden (siehe auch Jann in diesem Band). Während in der Regressionsdiagnostik Probleme dadurch entstehen, dass Extremwerte in kleinen Datensätzen enthalten sind und diese Schätzungen verzerren, bestehen die Probleme bei Computersimulationsmodellen auch dann, wenn die Extremwerte bedingt durch die kleinen Fallzahlen in den empirischen Vergleichswerten fehlen. Die Ergebnisse von Computersimulationsmodellen sind nicht notwendigerweise robust gegenüber Veränderungen in den Parameterwerten. Oft ist das Gegenteil der Fall. Als Qualitätskriterium für Simulationsmodelle gilt trotz aller Grenzen, die durch die Theorie nichtlinearer dynamischer Systeme aufgezeigt wurden (Aniščenko 2007), die Robustheit der Simulationsmodelle gegenüber kleinen Veränderungen in den Parameterwerten. Solche kleinen Veränderungen sind bei geschätzten Parameterwerten aus kleinen Stichproben leicht möglich, wenn sie zufällig keine Extremwerte enthalten oder durch Zufall mehr Extremwerte berücksichtigen als in der Grundgesamtheit vorhanden sind. Solche kleinen Veränderungen sind andererseits im Rahmen der Ungenauigkeit kalibrierter Parameter möglich. Sensitivitätsanalysen zeigen, in welchem Rahmen die Simulationsergebnisse gegenüber Veränderungen einzelner Parameterwerte robust bleiben bzw. wann sich die Ergebnisse wie ändern (vgl. Kap. 5).

Kleine Fallzahlen stellen für das optimierte und getestete Simulationsmodell (Basismodell) dasselbe Problem dar wie für Modellexperimente. Letztlich müssen alle *Ergebnisinterpretationen* im Hinblick auf die Fallzahlen vorsichtig abwägend vorgenommen werden.

Dieser Abschnitt sollte verdeutlichen, in welchen Phasen der Entwicklung eines theoriebasierten Computersimulationsmodells zu einer empirischen Forschungsfrage man welche Maßnahmen ergreifen kann, um Probleme bei kleinen und kleinsten Fallzahlen zu verringern und die interne Validität der Modelle zu verbessern. Auch wenn die Maßnahmen hier quasi-chronologisch beschrieben wurden, bedeutet dies nicht, dass man sich erst im jeweiligen Schritt dazu Gedanken machen muss. Es bedeutet nur, dass man die Maßnahme in aller Regel in diesem Schritt implementieren muss. Gedanklich sollte man alle diese Schritte durchgehen, bevor man mit der Modellkonstruktion beginnt: Würde man beispielsweise tatsächlich erst in der Phase der Simulation i.e.S. die Dynamisierung beschließen, so müsste man nicht nur den Programmcode nochmals umschreiben, sondern auch die Daten noch einmal nach erheben, die man in der Phase der Modellkonstruktion schon erhoben hatte.

4 Modellierungsstrategien für kleine Fallzahlen

Für kleine Fallzahlen gibt es mithin zahlreiche Modellierungsstrategien in der Computersimulation. Die einfachste Modellierungsstrategie besteht darin, das Simulationsmodell beliebig viele Fälle generieren zu lassen. Die Merkmale, durch die sich die Fälle auszeichnen, können zufällig variiert werden. Die Simulation jedes einzelnen Falls kann beliebig oft wiederholt werden. Diese Strategie kommt zum Zug, wenn man Computersimulation als Gedankenexperiment anwendet. Beispielsweise sind empirisch arbeitende Organisationssoziologen vielfach mit dem Problem geringer Fallzahlen konfrontiert. Simulierte Daten können empirische „ersetzen", wo es auf lange Sicht hin unrealistisch ist, empirische Daten zu erheben. McPherson (2000) beschreibt, dass ihm zur empirischen Analyse der Effekte von Homophilie und Wettbewerb auf den Bestand und Wandel von Freiwilligenorganisationen nur zwei Datensätze zur Verfügung standen, die jeweils einen Zeitraum von fünfzehn Jahren abdeckten. Um die Effekte verschiedener Parameter zu überprüfen, insbesondere auch über einen längeren Zeitraum, reichten diese Daten nicht aus. Es sei auf lange Zeit unrealistisch zu hoffen, dass das Geld für die Erhebungen dieser Daten bereitgestellt würde. So generierte er als Ersatz für die nicht vorhandenen empirischen Daten ein Modell, das wesentliche theoretische Annahmen umsetzt, die aus seiner jahrzehntelangen Forschung zu diesem Themengebiet erwuchsen. Die so simulierten Daten unterzog er multiplen Regressionsanalysen, um diejenigen Hypothesen zu „testen", die er gerne an empirischen Daten getestet hätte, und um neue Hypothesen zu generieren.

Folgende Modellierungsstrategien zur direkten oder indirekten Vergrößerung der Fallzahlen für den Vergleich simulierter mit empirischen Daten im Rahmen der Validierung können genannt werden, wenn Computersimulation als Methode der theoriebasierten empirischen Sozialforschung eingesetzt wird:

- die Verschiebung der theoriegeleiteten Fragestellung auf Konzepte, zu denen sich höhere Fallzahlen erheben und simulieren lassen (z. B. nicht Anzahl der Individuen, sondern Anzahl der Kommunikationsakte);
- die Reproduktion stilisierter Fakten anstelle der Reproduktion empirischer Fälle (Stilisierung);
- die Modellierung des interessierenden sozialen Phänomens über mehrere Zeitschritte (Dynamisierung),
- die Vergrößerung der Anzahl der Zeitschritte, mit der die Vergangenheit des interessierenden sozialen Phänomens simuliert wird (Verlängerung des Vergangenheitsbezugs);
- die Verkürzung des Realzeitäquivalents eines simulierten Zeitschritts (z. B. Tages-, Wochen-, Monats-, Quartals- statt Jahresdaten);
- die Kalibrierung des Modells mit Hilfe der Daten aus mehreren Regionen oder Subregionen (Regionalisierung i.w.S); die Modellierung jeder einzelnen Region, sowie der Interaktionen zwischen den Regionen und der Aggregationsregeln (Regionalisierung i.e.S.);
- die Modellierung jedes einzelnen Akteurs, sowie der Interaktionen der Akteure, die die makrosoziologischen Merkmale des interessierenden sozialen Phänomens hervorbringen (Mikrofundierung).

Zu beachten ist, dass durch die *indirekte* Erhöhung der Fallzahlen keine voneinander unabhängigen Fälle generiert werden können. Ein Beispiel hierfür wären die Kommunikationsakte einer Dyade. Sollen die auf diese Weise gewonnenen Fälle über die Bestimmung eines Simulationsergebnisses hinaus statistisch ausgewertet werden, so ist die spezifische Datenstruktur (typischerweise eine Mehrebenenstruktur) zu berücksichtigen.

Können alle diese Modellierungsstrategien nicht oder nur unzureichend eingesetzt werden, dann kann man Sensitivitätsanalysen durchführen, um Probleme aus kleinen Fallzahlen zu diagnostizieren und ihren Einfluss transparent zu machen.

5 Diagnostik für kleine Fallzahlen

Sensitivitätsanalysen werden durchgeführt, nachdem das Simulationsmodell optimiert und validiert wurde (Liebl 1995: 214). Als Sensitivitätsanalysen werden alle methodischen Vorgehensweisen bezeichnet, die überprüfen, wie robust die Ergebnisse von Simulationsexperimenten (auch Modelloutput) in Bezug auf Änderungen des Modellinputs sind. Die Ergebnisse von Simulationsexperimenten sollen robust sein, was bedeutet, dass sie innerhalb eines zu definierenden Intervalls bleiben, auch wenn man die Modelleingaben in gewissem Umfang verändert. Sensitivitätsanalysen sind bisher weitgehend unstandardisierte Verfahren: es existieren beispielsweise keine Standards für Konfidenzintervalle oder Signifikanzen (Chattoe et al. 2000).

Eine Sensitivitätsanalyse ist für jede Simulationsstudie durchzuführen, unabhängig davon, ob sich die wissenschaftliche Fragestellung auf kleine oder große Fallzahlen bezieht. Hier werden nur die wichtigsten Varianten von Sensitivitätsanalysen besprochen, die speziell bei Vorliegen kleiner Fallzahlen relevant sind. Kleine Fallzahlen haben Konsequenzen für das Modellinput und das Modelloutput. Die wichtigsten von kleinen Fallzahlen betroffenen Inputgrößen sind die Modellparameter sowie die Startwerte der Modellvariablen. Parameterwerte können aus kleinen, verzerrten Stichproben geschätzt sein. Die Modellvariablen können aus kleinen, verzerrten Stichproben initialisiert sein. Das Output umfasst je nach Fragestellung die Werte einer oder mehrerer Modellvariablen nach dem letzten Simulations(zeit)schritt oder die Entwicklung einer oder mehrerer Modellvariablen während eines gesamten Simulationslaufs.

5.1 Sensitivity testing

Wurden die Modellparameter nur auf Basis weniger Fälle festgelegt, also nicht mit Hilfe statistischer Verfahren geschätzt, sondern als Mittelwert aus wenigen Fällen gebildet oder wurden sie nur kalibriert, so ist die Wahrscheinlichkeit hoch, dass der „wahre Wert" des Parameters vom implementierten Wert abweicht. Man darf erwarten, dass die Abweichung bei kleinen Grundgesamtheiten, deren Fälle man vollständig zur Bestimmung der Parameterwerte herangezogen hat, geringer ist als bei kleinen Stichproben aus größeren Grundgesamtheiten. Man wird in beiden Fällen jeden Parameterwert – unter Konstanthalten aller anderen Parameterwerte – systematisch innerhalb eines festzulegenden Wertebereichs variieren und überprüfen, ob und wenn ja, wie stark sich das Simulationsergebnis ändert (*sensitivity testing*). Als Maßzahlen kann man Elastizitätskoeffizienten berechnen, die die relative Änderung einer Outputvariablen y aufgrund einer relativen Änderung eines Inputparameters β ausweisen. Bei stochastischen Modellen ist der Elastizitätskoeffizient jeweils aus dem Mittelwert zahlreicher Simulationsläufe zu berechnen. Ein hoher Elastizitätskoeffizient zeigt an, dass das Ergebnis wenig robust ist gegenüber Änderungen der Modellparameter.

Simulationsmodelle enthalten häufig viele Parameter, so dass dieses Verfahren grundsätzlich für alle Modellparameter, deren Werten kleine Fallzahlen zugrunde liegen, sowie für alle Kombinationen von Veränderungen von Parameterwerten zu wiederholen ist. Dasselbe gilt, wenn die Startwerte der Modellvariablen aus kleinen Stichproben stammen. Berücksichtigt man die Vielzahl der Kombinationen von Änderungen in Parameter- und Startwerten der Variablen, sowie die Stochastizität der meisten Simulationsmodelle, dann erkennt man, dass Sensitivitätsanalysen immens aufwendig sind, weshalb sie meist nur partiell, oft überhaupt nicht durchgeführt werden. Man wird also (fast) nie einen vollständigen Überblick über die Veränderung der Simulationsergebnisse bei Variation der Parameter erhalten.

Interessiert man sich aufgrund der Fragestellung für die ganze Entwicklung einer oder mehrerer Modellvariablen während eines Simulationslaufs, so kann als Koeffizient die mittlere Abweichung berechnet werden. Alternativ kann man qualitativ unterschiedliche Verlaufsdynamiken von Outputvariablen identifizieren und überprüfen, ob ein auftretender Verlaufstyp robust ist gegenüber Veränderungen in den Werten einer Inputvariablen oder eines Parameters oder nicht. Bei stochastischen Modellen ist entsprechend zu überprüfen, ob sich die Häufigkeitsverteilung der Verlaufstypen ändert, wenn man die Werte einer Inputvariablen oder eines Parameters ändert. Auch hier muss die Sensitivitätsanalyse die Robustheit für eine Vielzahl möglicher Kombinationen von Änderungen überprüfen.

Werden durch das Simulationsmodell stilisierte Fakten anstelle empirischer Fälle reproduziert, so ist bei der Sensitivitätsanalyse zusätzlich die Robustheit des Modelloutputs in Bezug auf die Variation von Zufallsverteilungen (z. B. Gleichverteilung statt Normalverteilung) oder die Variation der Charakteristika einer spezifischen Verteilung (z. B. der Erwartungswert oder die Varianz einer Normalverteilung) zu überprüfen.

Erweist sich das Simulationsergebnis insgesamt als robust gegenüber Variationen der Parameterwerte und der Startwerte der Variablen, dann untermauert dies die interne Validität der Ergebnisse. Trotz kleiner Fallzahlen sind keine Einschränkungen der Schlussfolgerungen aus dem Modell vorzunehmen. Oft wird das Simulationsergebnis robust in Bezug auf einige Parameter sein, und nicht robust in Bezug auf andere. Die Sensitivitätsanalyse hat dann klare Hinweise gegeben, welche Parameter und Startwerte von Variablen entscheidend sind für die Simulationsergebnisse. Diesen Parametern und Variablen sollte dann besondere Aufmerksamkeit geschenkt werden. Liegen ihren Werten kleine Fallzahlen zugrunde, dann sollte man sofort oder in Folgestudien versuchen, die Datenbasis für sie zu verbessern. Ist dies (vorläufig) nicht möglich, dann sollte man die Schlussfolgerungen aus dem Modell kritisch kommentieren und auf mögliche Probleme aus kleinen Fallzahlen verweisen. Dabei kann man erläutern, welche Veränderungen in den Ergebnissen die Sensitivitätsanalyse vorhersagt, wenn in den Fallzahlen mehr oder weniger Extremwerte enthalten wären, als in der Studie, die man gerade durchgeführt hat.

5.2 Stress testing

Sensitivity testing bezeichnet eine von zwei konventionellen quantitativen Vorgehensweisen der Sensitivitätsanalyse, die unter dem Begriff *"tuning by hand"* zusammengefasst werden. Bratley et al. (1987: 9) nennen als zweite Vorgehensweise *stress testing*. Das Simulationsmodell wird „unter Stress gesetzt", indem ausgewählte Parameter auf extreme Werte gesetzt werden. Man überprüft dann, ob sich das Modell auf verständliche Weise „aufbläst" oder ob es zu unrealistischen Entwicklungen bis zu Zusammenbrüchen kommt. Auf diese Weise kann die Wirkung von Extremwerten direkt überprüft werden. Diese Vorgehensweise kann ergänzend zur obigen angewendet werden. Bei der Interpretation der Ergebnisse ist zu beachten, dass wir vielfach nur beschränktes Wissen darüber haben, wie die uns interessierenden sozialen Phänomene sich verändern, wenn wir sie in vergleichbarer Weise „unter Stress setzen" würden.

5.3 Zusammenfassung und Ausblick

Während das aus der Statistik bekannte Standardproblem kleiner Stichproben für viele Simulationsmodelle nicht existiert, z. B. für Weltmodelle und Gedankenexperimente, treten bei Computersimulationsmodellen als empirische Sozialforschung Probleme bei Studien zu kleinen Fallzahlen auf. Die obigen Ausführungen haben jedoch vermittelt, dass kleine Fallzahlen in der Computersimulation nicht notwendigerweise negative Konsequenzen für die interne Validität der Ergebnisse haben müssen. Es gibt eine Vielzahl von Möglichkeiten, die man anwenden kann, um unter Kombination einer allgemeinen Theorie und spezifischer Daten sicherzustellen, dass die im Modell variierten Inputvariablen und Parameter für die Variation des Modelloutput verantwortlich sind. Nicht übertragen lassen sich diese Modellierungsstrategien auf die Sicherstellung der externen Validität: Die Möglichkeit der Generalisierung der experimentellen Resultate auf andere Personen, Organisationen oder Staaten und Situationen kann hierdurch nicht beeinflusst werden.

Anders formuliert: Bezieht sich eine sozialwissenschaftliche Studie auf eine Stichprobe oder eine Grundgesamtheit, zu der man nur in Bezug auf wenige Fälle über empirische Daten verfügt – im Minimalfall $n=1$ – so empfiehlt sich die Methode der Computersimulation als quantitative Methode der Wahl, weil sie aufgrund der oben beschriebenen Modellierungsstrategien über ein umfangreiches Instrumentarium zur Steigerung der internen Komplexität der abgebildeten Fälle verfügt, welches sich positiv auf die interne Validität auswirkt, es sei denn, man kann die zusätzlich nötig werdenden empirischen Daten zu diesen wenigen Fällen nicht (nach-)erheben.

6 Literatur

Aniščenko, Vadim S., 2007: Nonlinear dynamics of chaotic and stochastic systems. Tutorial and modern developments. 2. Aufl. Berlin: Springer.

Axelrod, Robert, 1987: Die Evolution der Kooperation. München: Oldenbourg.

Bratley, Paul/Fox, Bennett L./Schrage, Linus E., 1987: A Guide to Simulation. 2. Aufl. Berlin: Springer.

Chattoe, Edmund/Saam, Nicole J./Möhring, Michael, 2000: Sensitivity analysis in the social sciences: problems and prospects, in: Gilbert, G. Nigel/Mueller, Ulrich/ Suleiman, Ramzi/Troitzsch, Klaus G. (Hrsg.), Social Science Microsimulation: Tools for Modeling, Parameter Optimization, and Sensitivity Analysis. Heidelberg: Physica, 243–273.

Forrester, Jay, 1971: World dynamics. Cambridge, Mass.: Wright-Allen Pr.

Gilbert, Nigel/Troitzsch, Klaus G., 2005: Simulation for the social scientist. 2. erw. Aufl. Maidenhead: Open University Press.

Glaser, Barney G./Strauss, Anselm L., 1967: The discovery of grounded theory: Strategies for qualitative research. Chicago: Aldine.

Harvey, Andrew C./Jaeger, A., 1993: Detrending, stylized facts and the business cycle, in: Journal of Applied Econometrics 8, 231–247.

Liebl, Franz, 1995: Simulation: Problemorientierte Einführung. 2. überarb. Aufl. München: Oldenbourg.

Malerba, Franco/Nelson, Richard R./Orsenigo, Luigi/Winter, Sidney G., 1999: History friendly models of industry evolution: The computer industry, in: Industrial and Corporate Change 8, 3–41.

McPherson, J. Miller, 2000: Modeling Change in Fields of Organizations. Some Simulation Results, in: Ilgen, Daniel R./Hulin, Charles L. (Hrsg.), Computational Modeling of Behavior in Organizations. Washington, DC: American Psychological Association, 221–234.

Meadows, Dennis L., 1972: Grenzen des Wachstums. Bericht des Club of Rome zur Lage der Menschheit. Stuttgart: Deutsche Verlags-Anstalt.

Meadows, Donella H./Meadows, Dennis L./Randers, J., 1992: Die neuen Grenzen des Wachstums. Die Lage der Menschheit: Bedrohung und Zukunftschancen. Stuttgart: Deutsche Verlags-Anstalt.

Saam, Nicole J., 2005: Computersimulation, in: Kühl, Stefan/Strodtholz, Petra/ Taffertshofer, Andreas (Hrsg.), Quantitative Methoden der Organisationsforschung. Wiesbaden: Verlag für Sozialwissenschaften, 167–189.

Windrum, Paul/Fagiolo, Giorgio/Moneta, Alessio, 2007: Empirical Validation of Agent-Based Models: Alternatives and Prospects, in: Journal of Artificial Societies and Social Simulation 10. http://jasss.soc.surrey.ac.uk/10/2/8.html

Bayesianische Ansätze zur Analyse kleiner Fallzahlen

Andreas Broscheid

Zusammenfassung
Die statistische Analyse von Datensätzen mit kleinen Fallzahlen ist häufig problematisch, da die Komplexität der schätzbaren Modelle zu gering ist, die Daten oft nicht auf einer Zufallsstichprobe basieren und qualitative Beobachtungen häufig eine größere Rolle in der Analyse spielen als bei großen Datensätzen. Dieses Kapitel argumentiert, dass der bayesianische Ansatz Lösungsmöglichkeiten für diese Probleme bietet. Die Grundlagen des bayesianischen Ansatzes werden dargelegt, die praktische Schätzung bayesianischer Modelle erläutert, auf Software zur bayesianischen Schätzung hingewiesen und die Vor- und Nachteile des Ansatzes diskutiert.

1 Einleitung

Statistische Studien kleiner Datensätze stoßen häufig auf drei Arten methodologischer Probleme: Zum einen ermöglichen geringe Freiheitsgrade und die Unmöglichkeit, sich auf asymptotische Ergebnisse zu verlassen, lediglich die Schätzung vergleichsweise einfacher Modelle. Zweitens sind kleine Datensätze oft das Ergebnis kleiner Grundgesamtheiten; kleine Datensätze sind deshalb oft keine Stichproben größerer Populationen und die Anwendung gängiger inferenzstatistischer Methoden ist deshalb nur schwer zu begründen, selbst wenn die Daten stochastisch sind. Drittens spielen in Studien mit kleinen Beobachtungszahlen detaillierte qualitative Daten eine wichtigere Rolle als bei Studien großer Beobachtungszahlen. In der Tat sind in „kleinen" Studien quantitative Daten oft das Nebenprodukt qualitativer Beobachtungen. Die Trennung qualitativer und quantitativer Ergebnisse, die von herkömmlichen statistischen Methoden oft vorgenommen wird, macht deshalb nur wenig Sinn, da sie möglicherweise zentrale Informationen ignoriert (siehe hierzu auch Buche und Carstensen in diesem Band).

In diesem Beitrag stelle ich die Behauptung auf, dass bayesianische Analyseansätze helfen können, diese Probleme zu lösen. Zu Beginn des Beitrags stelle ich die Grundlagen des bayesianischen Ansatzes vor und unterscheide sie von den Grundlagen des statistischen Ansatzes, den ich grob vereinfachend als *klassische Statistik* bezeichne. Darauf folgend bespreche ich die soeben genannten drei Probleme kleiner Fallzahlen im Detail und weise auf die Lösungsstrategien des bayesianischen Ansatzes hin. Der folgende Abschnitt zeigt abrisshaft, wie bayesianische Modelle geschätzt werden, welche Annahmen die Untersuchenden machen müssen, und welche Software dazu verwendet werden kann. Das Kapitel schließt mit einer Diskussion der Chancen und Gefahren der bayesianischen Analyse.

Das vorliegende Kapitel spricht ganz bewusst vom bayesianischen *Ansatz* und nicht von der bayesianischen *Methode*, da es sich bei der bayesianischen Statistik nicht um eine einzelne Methode handelt, sondern um eine Vielzahl statistischer Modelle, die mit Hilfe der bayesianischen Umkehrwahrscheinlichkeit geschätzt werden. Dementsprechend kann hier auch keine hinreichende Einführung gegeben werden, mit der bayesianische Modelle erlernt werden können. Vielmehr sollen hier die Grundlagen des bayesianischen Ansatzes erläutert und das Verständnis bayesianischer Veröffentlichungen erleichtert werden. Zudem hoffe ich, Interesse am bayesianischen Ansatz zu erwecken und damit zum Studium und zur Anwendung desselbigen beizutragen. Die technischen Aspekte der vorliegenden Diskussion basieren zum großen Teil auf drei einführenden Monographien (Gelman et al. 1995; Gill 2002; Lee 1997), die sich entweder an Sozialwissenschaftler(innen) richten oder die Sozialwissenschaften berücksichtigen und somit zum Eigenstudium hervorragend geeignet sind.

2 Inferenzstatistische Ansätze

Im Folgenden unterscheide ich zwei inferenzstatistische Ansätze – den klassischen und den bayesianischen Ansatz. Dies ist eine massive Vereinfachung, die so manchen Statistiker erzürnen mag (beispielsweise ignoriere ich die Unterschiede zwischen den Fisher und Neyman-Pearson folgenden Versionen des Signifkanztests, siehe etwa Hogben 1970, Gill 1999), die mir hier aber als Übersicht brauchbar erscheint. Eine detailliertere Zusammenfassung des Stands der Dings kann bei Efron (1986, 1998) gefunden werden. Mit dem Begriff der klassischen Statistik bezeichne ich den inferenzstatistischen Ansatz, der sich im 20. Jahrhundert als dominant erwiesen hat und durch Personen wie Fisher, Neyman und Pearson sowie durch den Maximum-Likelihood Ansatz, Signifikanztests, Konfidenzintervalle und ähnliches gekennzeichnet ist (Efron 1986).

Der Begriff des bayesianischen Ansatzes ist nicht ganz so unbestimmt wie der der „klassischen" Statistik, obwohl ich auch hier einige Vereinfachungen vornehmen muss. So gehen die theoretischen Grundlagen (nicht ganz überraschend) auf Sir Thomas Bayes zurück, sind also älter als die des klassischen Ansatzes. Der bayesianische Ansatz, wie er hier beschrieben wird, stammt allerdings aus der zweiten Hälfte des 20. Jahrhunderts, da die Entwicklung leistungsfähiger Computertechnologie die Schätzung vieler bayesianischer Modelle erst ermöglicht hat. In den Sozialwissenschaften wurde der bayesianische Ansatz vor allem während der letzten zehn Jahre einem breiteren Publikum nahe gebracht, wobei unter anderen Personen wie Andrew Gelman, Simon Jackman, Andrew Martin und Bruce Western mit einführenden Veröffentlichungen und Computerprogrammen eine führende Rolle gespielt haben (Gelman et al. 1995; Jackman 2004; Martin und Quinn 2006; Western und Jackman 1994).

Aus klassischer Sicht ist es die Aufgabe der Inferenzstatistik, Schlüsse von einer Zufallsstichprobe auf eine Grundgesamtheit zu ziehen. Dabei spielt die Wahrscheinlichkeitsanalyse von Stichprobenstatistiken, die Charakteristika der Stichprobendaten zusammenfassen, eine zentrale Rolle. Auf Grundlage einer Hypothese über einen der Stichprobenstatistik entsprechenden Populationsparameters wird dabei die Wahrscheinlichkeit der beobachteten Stichprobenstatistik (oder eines Intervals, in das die beobachtete Statistik fällt) bestimmt und damit ein Schluss auf die Grundgesamtheit gezogen. Ein Beispiel eines solchen Verfahrens ist der T-Test, der Differenzen zwischen Durchschnitten in zwei Bevölkerungen bestimmt. Dabei wird in der Regel die (Null-)Hypothese zugrundegelegt, dass die Bevölkerungsstatistik – in diesem Fall die Differenz zwischen den beiden Durchschnitten – Null ist, und die in der Stichprobe beobachtete Differenz (die Stichprobenstatistik) lediglich das Resultat der Zufallsstichprobenziehung ist. Unter der Annahme, dass die Null-Hypothese wahr ist, wird die Wahrscheinlichkeit bestimmt, mit der eine Zufallsstichprobe zu einer Differenz zwischen Durchschnitten führt, die gleich der beobachteten ist *oder größer*. Ist diese Wahrscheinlichkeit gering (in der Regel wird –0,05 als Richtwert gewählt), so wird die Nullhypothese verworfen (Bakan 1966).

Symbolisch lässt sich die Grundlage des klassischen statistischen Inferenztests als die konditionale Datenwahrscheinlichkeit, unter Annahme hypothetischer Populationsparameter, darstellen: $P(X|\theta)$, wobei X die beobachteten Daten symbolisiert und durch die Stichprobenstatistik – etwa die beobachtete Differenz der Durchschnitte – ersetzt werden kann, und θ den Populationsparameter (oder den Vektor der Populationsparameter) darstellt, der dem Hypothesentest oder anderen Analysen zugrundeliegt. In der Maximum-Likelihood-Analyse wird der Populationsparameter(vektor) θ bestimmt, der die konditionale Datenwahrscheinlichkeit $P(X|\theta)$ maximiert. Bei diesem Vorgehen ist zu beachten, dass keine direkten Aussagen über die Wahrscheinlichkeit von θ gemacht werden. Vielmehr werden Hypothesen über verschiedene Werte von θ akzeptiert oder verworfen aufgrund der Wahrscheinlichkeit, mit der die beobachteten Daten unter Annahme von θ beobachtet werden können (King 1989).

Die zentrale Rolle der konditionalen Datenwahrscheinlichkeit ist in der klassischen Statistik mit einer Wahrscheinlichkeitskonzeption verbunden, die auf der Wiederholbarkeit von stochastischen Ereignissen aufbaut. Diese Wahrscheinlichkeitskonzeption folgt einer *frequentistischen* Interpretation von Wahrscheinlichkeit, nach der die Wahrscheinlichkeit eines Ereignisses von dessen relativer Häufigkeit *bei unendlicher Wiederholung des zu ihm führenden Wahrscheinlichkeitsprozesses* abhängt (Gill 2002: 4). Die Wahrscheinlichkeit eines bestimmten Stichprobenmittelwerts entspricht demnach der Proportion dieses Mittelwerts in einer hypothetischen, unendlichen Reihe von Stichprobenziehungen und Mittelwertsmessungen. An diesem Beispiel ist ersichtlich, dass sich die frequentistische Wahrscheinlichkeitsdefinition besonders gut auf Daten anwenden lässt, die auf einer Stichprobenziehung beruhen, da diese prinzipiell wiederholbar sind. Die frequentistische Definition ist allerdings problematisch, wenn sie auf einmalige Ereignisse bezogen wird, da diese nicht hypothetisch wiederholt werden können.

Im Gegensatz zur klassischen inferenziellen Statistik, die, wie wir gesehen haben, die Datenwahrscheinlichkeit zur Grundlage der Analyse macht, ist das Ziel der bayesianischen Statistik, die Wahrscheinlichkeitsverteilung der Populationsparameter, die im Interesse der Analyse stehen, zu schätzen; es geht also darum, $P(\theta|X)$ zu ermitteln. Dazu wird die bayesianische Umkehrformel verwendet:

$$P(\theta|X) = \frac{P(X|\theta)P(\theta)}{\int P(X|\theta)P(\theta)d\theta}.$$

$P(X|\theta)$ ist die oben schon besprochene konditionale Datenwahrscheinlichkeit. $P(\theta)$ ist die sogenannte *A-priori-Wahrscheinlichkeit* und wird von den Untersuchenden als Annahme gesetzt, wobei die zu analysierenden Daten nicht in Betracht gezogen werden. Vielmehr werden bestehende Forschungsergebnisse qualitativer oder quantitativer Art, Literaturanalysen, Unwissenheit, oder andere Kriterien zur Bestimmung der A-priori-Wahrscheinlichkeit zugrunde gelegt. Die resultierende Umkehrwahrscheinlichkeit $P(\theta|X)$ wird dementsprechend als *A-posteriori-Wahrscheinlichkeit* bezeichnet.

Die A-priori-Wahrscheinlichkeit drückt das persönliche bzw. professionelle Wissen oder Unwissen der Untersuchenden aus, nicht notwendigerweise die relative Häufigkeit verschiedener Ereignisse.[1] Dementsprechend beruht die baye-

---

1 Sollte die A-priori-Wahrscheinlichkeit auf vorhergehender frequentistischer Forschung beruhen, so ist es natürlich möglich, dass diese Wahrscheinlichkeit klassisch konzeptionalisiert werden

sianische Statistik auf einer Wahrscheinlichkeitsdefinition, die nicht auf relativer Häufigkeit beruht, sondern auf der subjektiven Unsicherheit über das Geschehen oder Vorkommen eines Ereignisses, die mathematisch in der Form einer Wahrscheinlichkeit ausgedrückt wird. Diese Wahrscheinlichkeitsdefinition ist weiter und flexibler als die frequentistische Definition, was die Schätzung statistischer Modelle ermöglicht, die unter dem klassischen Ansatz nicht oder nur mit Einschränkungen schätzbar sind. Andererseits führt die Verwendung subjektiver A-priori-Wahrscheinlichkeiten unter Umständen Voreingenommenheiten der einzelnen Untersuchenden bzw. der Forschungsgemeinschaft in die statistische Analyse ein, was zu einer Verfälschung der Forschungsergebnisse führen kann – im Extremfall dominieren die A-priori-Wahrscheinlichkeiten die Datenanalyse, die dann nur noch die Vorannahmen der Untersuchenden (scheinbar) bestätigt.

3 Probleme klassischer Analysen kleiner Datensätze

Deskriptive und inferenzstatistische Analysen kleiner Datensätze müssen sich häufig methodologischen Problemen stellen, die in Analysen großer Datensätze entweder leichter lösbar sind oder nicht so sehr ins Gewicht fallen. Probleme inferenzstatistischer Natur sind auf den ersten Blick besonders häufig: Mit großen Fallzahlen lassen sich Parameterverteilungen oft asymptotisch bestimmen, selbst wenn die Verteilung der Bevölkerungsdaten nicht bekannt ist; dies ist bei kleinen Stichproben nicht möglich. Kleine Datensätze beruhen häufig nicht auf Zufallsstichproben; im Extremfall haben wir es mit Vollerhebungen zu tun, bei denen frequentistische Schlüsse auf eine Grundgesamtheit nur schwer begründbar sind. Wenn der Datensatz nicht auf einer Stichprobe beruht, kann eine Untersuchung rein deskriptiver Natur durchgeführt werden. Dennoch schränken kleine Datensätze solche Untersuchungen dadurch ein, dass geringe Freiheitsgrade die Unterscheidung verschiedener Einflussfaktoren unmöglich machen und im Extremfall zum Ausschluss wichtiger Kontrollvariablen führen. Im Folgenden argumentiere ich, dass es unter einem baycsianischen Ansatz einfacher ist, diese Probleme zu lösen oder zu umgehen.

3.1 Parameterverteilungen lassen sich nicht asymptotisch ermitteln

Asymptotische Aussagen sind unerlässlich in der klassischen Inferenzstatistik. So besagt etwa der zentrale Grenzwertsatz, dass die Stichprobenverteilung des

---

kann; der bayesianische Ansatz beschränkt sich aber nicht auf solche Wahrscheinlichkeitsaussagen, sondern akzeptiert jede A-priori-Wahrscheinlichkeit, die Unsicherheit der Untersuchenden über θ in Wahrscheinlichkeitsform ausdrückt.

Durchschnitts asymptotisch normalverteilt ist. Auf dem zentralen Grenzwertsatz beruhen hingegen häufig verwandte inferenzstatistische Methoden, beispielsweise T-Tests oder die Ermittlung der Signifikanz von OLS-Schätzern. Die Verteilung von Maximum-Likelihood-Schätzern ist asymptotisch normal, solange die so genannten Regularitätsbedingungen erfüllt sind. Im Prinzip sind solch gängige Analysemethoden also nicht durchführbar mit kleinen Datensätzen.

Unter dieser Betrachtungsweise hängt die Definition der Größe eines Datensatzes von der gewählten Analysemethode ab. So ist etwa eine Stichprobengröße von 50 Beobachtungen meist groß genug für einen T-Test, aber zu klein für eine Probit Maximum-Likelihood-Schätzung. Dabei ist es besonders problematisch, dass die Stichprobengröße, bei der asymptotische Schlussfolgerungen gerechtfertigt sind, oft unbekannt ist. Eine mögliche Lösung ist aus klassischer Sicht die Simulation der Schätzwertverteilungen, etwa mit Bootstrapping. Allerdings beruhen Bootstrapping-Verfahren und ähnliche Methoden auf der Ziehung von Unterstichproben aus der vorhandenen Stichprobe, was bei kleinen Fallzahlen zu Problemen mit Freiheitsgraden führen kann.

Der bayesianische Ansatz ersetzt Asymptotik durch explizite Annahmen über die Form der Daten- und Parameterverteilungen, was durch die Verwendung des subjektiven Wahrscheinlichkeitsansatzes ermöglicht wird. Objektive Erkenntnisse über Parameter- und Schätzerverteilungen in großen Datensätzen werden somit durch Annahmen über entsprechende Verteilungen in kleinen Datensätzen ersetzt, die auf verschiedenen Grundlagen beruhen können: Literaturanalyse, Ergebnissen vorhergehender Untersuchungen, Intuition der Untersuchenden, usw. Zu diesen Grundlagen können bei großen Stichproben natürlich auch Erkenntnisse über die asymptotische Struktur der Verteilungen verwandt werden.

3.2 *Datenerhebung beruht nicht auf einer Zufallsstichprobe*

Kleine Datensätze sind häufig das Ergebnis zweier Bedingungen: Entweder ist die Grundgesamtheit der Fälle, über die Erkenntnisse geschlossen werden sollen, klein, und/oder die Datenerhebung ist schwierig, kostenintensiv, oder kann nicht vollständig von den Untersuchenden kontrolliert werden (so etwa in schriftlichen Umfragen, die von den Befragten per Post zurückgeschickt werden müssen). Aus diesem Grunde beruhen kleine Datensätze oft nicht auf Zufallsstichproben. Vielmehr ist die Stichprobenziehung häufig eine Auswahl leicht beobachtbarer oder theoretisch wichtiger Fälle, oder sie ist das Resultat eines Erhebungsprozesses, der zwar stochastisch ist, aber in dem es unmöglich ist, die Wahrscheinlichkeit zu bestimmen, mit der einzelne Elemente der Grundgesamtheit ausgewählt werden. Aus frequentistischer Sicht ist es unmöglich, von solchen Daten auf Grundgesamtheiten zu schließen (Western und Jackman 1994).

Ein Extremfall von Nichtzufallsdaten ist eine Vollerhebung – die Beobachtungen aller Elemente der Grundgesamtheit. Aus stichprobentheoretischer Sicht ist die inferenzstatistische Analyse solcher Daten sinnlos, da sie die Grundgesamtheit messen und somit Rückschlüsse von den Daten auf die Grundgesamtheit trivial sind. Dennoch sollten solche Daten auch inferenzstatistisch analysiert werden, da Stichprobenziehung lediglich eine mehrerer Quellen der Stochastizität von Daten ist. Daneben führen Messfehler, Kodierungsfehler, und Fehler bei der Dateneingabe zu stochastischen Abweichungen von (hypothetischen) wahren Beobachtungen. Zusätzlich kann menschliches Verhalten grundsätzlich als zufallsbedingt angesehen werden: Menschen sind demnach keine Automaten, die Einflussfaktoren deterministisch in Verhalten umwandeln; vielmehr sind ihre Handlungen nicht immer vollständig erklärbar. Gemäß dieser Betrachtungsweise analysiert die nomothetische sozialwissenschaftliche Forschung lediglich die Gemeinsamkeiten sozialen Verhaltens, wobei die individuellen Eigenheiten des Verhaltens Einzelner als stochastische Variationen oder Fehler registriert werden und inferenzstatistische Analysen notwendig machen (Broscheid und Gschwend 2005).

Die frequentistische Inferenzstatistik ist nur schwer auf die Analyse von Nichtzufallsstichproben anzuwenden, da sie die Wahrscheinlichkeit eines Ereignisses als dessen relative Häufigkeit *bei unendlichfacher Wiederholung des Prozesses, der zu dem Ereignis führt*, definiert (Bayarri und Berger 2004). Zufallsstichproben können leicht als prinzipiell unendlich wiederholbare Ereignisse konzipiert werden; Nichtzufallsstichproben sind demgegenüber nicht wiederholbar, da bei ihnen die Wahrscheinlichkeit, mit der ein Element der Grundgesamtheit in die Stichprobe gelangt, unbekannt ist. Streng argumentiert sind deshalb Wahrscheinlichkeitsaussagen über Nichtzufallsstichproben aus frequentistischer Sicht bedeutungslos.

Aus bayesianischer Sicht ist es prinzipiell möglich, Nichtzufallsstichproben inferenzstatistisch zu analysieren, da die zugrundeliegende subjektive Wahrscheinlichkeitsdefinition nicht auf der Wiederholbarkeit der zugrundeliegenden stochastischen Prozesse beruht. Solange die Beobachtungen unabhängig voneinander und gleichförmig verteilt sind (oder wenn alle ungleichförmigen Verteilungen und Abhängigkeiten zwischen Beobachtungen explizit modelliert sind), kann die bayesianische Datenanalyse im Prinzip durchgeführt werden.

3.3 Qualitative und quantitative Daten sind gleichermaßen wichtig

Kleine Datensätze sind oft problematisch, da sie allzu simple statistische Modelle erzwingen. Bei kleinen Datensätzen ist es beispielsweise oft nicht möglich, alle wichtigen Kontrollvariablen in eine Analyse einzubeziehen, da dies zu negativen Freiheitsgraden führt. Bei kleinen Datensätzen ist es zudem wahrscheinlicher als in großen Datensätzen, dass unabhängige Variablen miteinander korrelieren, was es unmöglich macht, die unterschiedlichen Effekte der korrelierenden Variablen zu unterscheiden. Obwohl häufig qualitative Daten vorhanden sind, die auf Unterschiede zwischen den Variablen hinweisen, ist es mit herkömmlichen inferenzstatistischen Methoden unmöglich, diese Informationen in die quantitative Analyse einzubeziehen.

Eine Möglichkeit, die Problemen kleiner Freiheitsgrade zu umgehen, ist die Kontrolle unabhängiger Variablen, die nicht im zentralen Interesse einer Studie sind, durch sorgfältige Fallauswahl, wie dies in der qualitativen Politikforschung häufig geschieht (Achen 2002). Aus frequentistischer Sicht ist diese Vorgehensweise problematisch, da der resultierende Datensatz keine Zufallsstichprobe darstellt. Aus bayesianischer Sicht ist dies, wie oben erläutert, allerdings kein prinzipielles Problem.

Eine weitere Möglichkeit, qualitative Kenntnisse in die quantitative Analyse einzubeziehen, bietet der bayesianische Ansatz über die Verwendung von A-priori-Wahrscheinlichkeiten. So ist es etwa möglich, durch informative A-priori-Verteilungen multiple Regressionen mit multikollinearen unabhängigen Variablen zu schätzen (Western und Jackman 1994). Wie noch zu erläutern sein wird, liegt das Problem einer solchen Vorgehensweise darin, dass voreingenommene Untersuchende mit geschickt gewählten A-priori-Verteilungen ihre Analyseergebnisse manipulieren können. Die Verwendung informativer A-priori-Verteilungen sollte deshalb auf einer genauen (und transparent präsentierten) qualitativen Analyse des Problembereichs beruhen.

4 Die Bayesianische Schätzung und Interpretation statistischer Modelle

4.1 Die analytische Bestimmung bayesianischer Umkehrwahrscheinlichkeiten

Nehmen wir einmal an, dass von 20 Studierenden, die einen Kurs absolviert haben, 17 daraufhin einen Eignungstest bestehen. Wie hoch ist der allgemeine Anteil von Studierenden *solch eines Kurses*, die den folgenden Test bestehen? Und wie hoch ist die Wahrscheinlichkeit, mit der der Kurs die Erfolgsrate erhöht hat? Beide Fragen sind inferenzieller Natur, das heißt, sie beziehen sich auf allgemeine Schlüsse, die auf der Grundlage der beobachteten Studierenden gezogen werden sollen. Dabei wird in Betracht gezogen, dass die beobachteten Studierenden einerseits nur eine Stichprobe der Gesamtheit betroffener Studierender darstellen (die zudem zufällig ausgewählt sein sollte), andererseits die Erfolgsquote nur fehlerhaft die Fähigkeit der Studierenden misst, den Eignungstest zu bestehen (so können einige Studierende etwa zufällig „einen schlechten Tag" gehabt haben). Die erste Frage zielt auf eine Punktschätzung ab; um die zweite Frage dagegen zu beantworten, bedarf es einer Intervallschätzung.

Proportionen werden üblicherweise mit binomialen Verteilungen analysiert. Die Wahrscheinlichkeit, dass $r = 17$ von $N = 20$ Studierenden den Eignungstest bestehen, ist demnach

$$P(r|N,\pi) = \binom{N}{r}\pi^N(1-\pi)^{N-r},$$

wobei π die allgemeine (und a priori unbekannte) Populationswahrscheinlichkeit ist, mit der Studierende, die den Kurs belegt haben, den folgenden Test bestehen. In der klassischen Statistik wird als Punktschätzer dieser Erfolgswahrscheinlichkeit nach der Maximum-Likelihood-Methode der Wert von π gewählt, der $P(r|N,\pi)$ maximiert – also $\frac{17}{20} = 0{,}85$ im vorliegenden Beispiel. Ein Intervallschätzer von π ist aus klassischer Perspektive allerdings nicht ermittelbar. Zwar lässt sich ein Konfidenzintervall möglicher beobachtbarer Proportionen berechnen, aber dieses ist ein Intervall *beobachtbarer* Proportionen, unter Annahme der einen Bevölkerungsproportion $\pi = 0{,}85$, kein Intervall verschiedener möglicher *Bevölkerungs*proportionen.

Eine andere Möglichkeit, einem klassischen Ansatz folgend der zweiten genannten Frage nachzugehen ist ein Signifikanztest. Angenommen, 80% derjenigen, die den Eignungstest ohne vorherigen Kurs nehmen, bestehen den Test. Dann lässt sich die Wahrscheinlichkeit $P(r \geq 17|N = 20, \pi = 0{,}8)$ ermitteln – also die Wahrscheinlichkeit, dass mindestens 17 von 20 Studierenden den Test bestehen unter der Annahme, dass der Kurs die Erfolgsrate nicht erhöht. Liegt diese Wahrscheinlichkeit unter einem Schwellenwert (in den Sozialwissenschaften üblicherweise 0,05), dann wird geschlossen, dass der beobachtete Kurserfolg nicht auf zufälligen Abweichungen vom Bevölkerungsmittel beruht. Bei dieser Analysemethode wird wieder ein fixer hypothetischer Wert für π angenommen, aber nicht die Wahrscheinlichkeitsverteilung von π ermittelt.

Im bayesianischen Ansatz steht die Schätzung der Verteilung von π im Mittelpunkt, und diese Schätzung ermöglicht dann die Beantwortung der Frage, mit welcher Wahrscheinlichkeit der Kurs die Erfolgsaussichten der Studierenden erhöht. Der erste Schritt der bayesianischen Schätzung ist dem der klassischen Schätzung identisch: Die Bestimmung der Datenwahrscheinlichkeit $P(X|\theta)$, in unserem Fall $P(r|\pi, N)$.

Der nächste Schritt ist die Wahl einer angemessenen A-priori-Wahrscheinlichkeitsverteilung des Populationsparameters θ: $P(\theta)$ (im Beispiel ist der Parameter π, und die Wahrscheinlichkeit ist deshalb $P(\pi)$). Die A-priori-Wahrscheinlichkeit muss den Definitionsbereich von θ in Betracht ziehen und zudem den Wissensstand der Untersuchenden wiedergeben. Da der Definitionsbereich einer Proportion $[0,1]$ ist, wird für die A-priori-Wahrscheinlichkeit häufig eine Beta(A,B)-Verteilung gewählt. Die Form dieser Verteilung wird durch zwei Parameterwerte bestimmt, deren Wahl das Vorwissen beschreibt. Beta(1,1), beispielsweise, entspricht der Gleichverteilung auf [0,1]; mit anderen Worten gibt die Beta(1,1)-Verteilung Unwissen wieder – alle möglichen Werte von π sind gleichermaßen wahrscheinlich.

Aus mathematischer Sicht ist die Beta(1,1)-Verteilung bequem, da ihre Dichte konstant 1 ist. Deshalb vereinfacht sich die bayesianische Umkehrformel zu:

$$P(\pi|N,r) = \frac{P(r|\pi,N)}{\int P(r|\pi,N)d\pi} = \frac{\binom{N}{r}\pi^N(1-\pi)^{N-r}}{\int \binom{N}{r}\pi^N(1-\pi)^{N-r}d\pi}$$

Der dritte Schritt der bayesianischen Schätzung besteht darin, das im Nenner stehende Integral zu bestimmen. Dies ist dadurch vereinfacht, dass bei gegebenen Daten der Wert dieses Integrals konstant ist. Daraus folgt, dass der Zähler der Umkehrformel proportional zu der Umkehrwahrscheinlichkeit ist: $P(X|\theta)P(\theta) \propto P(\theta|X)$. In anderen Worten, die Funktionskurve von $P(X|\theta)P(\theta)$ verläuft parallel zu $P(\theta|X)$, aber ihr Integral hat nicht den Wert $1 - P(X|\theta)P(\theta)$ ist also keine Wahrscheinlichkeitsfunktion.

Die Tatsache, dass $P(X|\theta)P(\theta)$ proportional zur zu ermittelnden Umkehrwahrscheinlichkeit ist, bedeutet, dass lediglich eine Konstante gefunden werden muss, die das Integral $\int P(X|\theta)P(\theta)d\pi$ normiert, also mit diesem multipliziert den Wert 1 ergibt (Gill 2002: 65f.). Im vorliegenden Beispiel lässt sich dies noch weiter vereinfachen, da

$$\binom{N}{r} \Big/ \int \binom{N}{r} \pi^N (1-\pi)^{N-r} d\pi$$

bei gegebenen Daten konstant ist. Deshalb ist $\pi^N(1-\pi)^{N-r} \propto P(\pi|N,r)$, und die Komplettierung der Umkehrwahrscheinlichkeit besteht darin, die Konstante zu finden, die $\pi^N(1-\pi)^{N-r}$ normiert. Ein Blick auf die Beta(A,B)-Formel zeigt,[2] dass sich $\pi^N(1-\pi)^{N-r}$ mit der Multiplikation einer Konstanten zu einer Beta(r+1,N-r+1)-Verteilung ergänzen lässt (Gelman et al. 1995: 29).

Die geschätzte Verteilung von π ist also Beta(18, 4) wenn eine Gleichverteilung als A-priori-Verteilung gesetzt wird. Damit lassen sich die Wahrscheinlichkeiten verschiedener Intervalle von π schätzen. So ist beispielsweise die Wahrscheinlichkeit, dass π größer als 0,8 ist, demnach gerundet 0,63.[3] Mit einer Wahrscheinlichkeit von 0,95 liegt die geschätzte Proportion der Studierenden, die nach Teilnahme am Kurs den Test bestehen, zwischen (gerundet) 0,67 und 0,93. Der Durchschnitt der Beta(A,B)-Verteilung ist mit $\frac{A}{(A+B)}$ gegeben, und die Varianz mit $\frac{(AB)}{(A+B)^2(A+B+1)}$; der Modus gleicht $\frac{A-1}{A+B-2}$ (Gelman et al. 1995: 477). Im vorliegenden Beispiel bedeutet dies eine durchschnittliche Erfolgsrate für Kursteilnehmer von 0,82, mit einer Standardabweichung von 0,08; der Modus der Verteilung ist 0,85.

Zusätzlich zum binomialen Modell gibt es eine ganze Reihe statistischer Modelle, die sich im bayesianischen Ansatz analytisch bestimmen lassen. Gelman et al. (1995: 71 ff.) schlagen beispielsweise ein (univariates) lineares Modell einer normalverteilten Variablen vor (also die Grundlage eines linearen Regressionsmodells); dabei nehmen sie an, dass die A-priori-Verteilung des Durchschnitts eine Normalverteilung ist (wobei diese Verteilung vom Wert der Varianz abhängt) und dass die A-priori-Verteilung der Varianz eine skalierte inverse Chi-Quadrat-Verteilung ist:

$$\sigma^2 \sim Inv-\chi^2(v,\sigma_0^2), \; \mu \,|\, \sigma^2 \sim N\left(\mu_0, \frac{\sigma^2}{\kappa}\right)$$

---

2   Die Formel ist $Beta(A,B) = \frac{\Gamma(A+B)}{\Gamma(A)\Gamma(B)} p^{A-1}(1-p)^{B-1}$, wobei Γ die Gammafunktion bezeichnet und $p \in [0,1]$ ist.

3   In R (http://cran.r-project.org/) lässt sich die Beta-Verteilung mit den Befehlen „pbeta()" und „qbeta()" analysieren.

Dabei gibt μ_0 die Annahme über den Mittelwert der A-priori-Verteilung des Durchschnitts wieder, und κ gibt die (Un)Sicherheit wieder, mit der diese A-priori-Verteilung Aussagen über μ macht – man kann κ als die Zahl der Beobachtungen interpretieren, auf der die A-priori-Verteilung beruht. Die Varianz der A-priori-Verteilung von μ beruht auf σ^2, dessen Verteilung nicht so intuitiv erklärt werden kann. Die skalierte negative Chi-Quadratverteilung ist eine Verteilung, die hauptsächlich in der bayesianischen Statistik Verwendung findet – eben vielfach als A-priori-Verteilung für Varianzen. Sowohl σ_0^2 (der Skalierungsparameter) als auch v (der Freiheitsgrad der Verteilung) beeinflussen den Mittelwert und die Varianz der Verteilung. Auf dieser Grundlage ist es möglich, A-priori-Annahmen der Untersuchenden sowie ihr Vertrauen in diese Vorannahmen in der Verteilung auszudrücken (mehr dazu bei Lee 1997: 51).

Auf dieser Grundlage berechnen Gelman et al. Formeln für die a-posteriori-Wahrscheinlichkeitsverteilungen von μ und σ^2. Die Verteilung für μ ist eine Normalverteilung:

$$P(\mu | \sigma^2, X) = N\left(\frac{\frac{\kappa}{\sigma^2}\mu_0 + \frac{N}{\sigma^2}\bar{x}}{\frac{\kappa}{\sigma^2} + \frac{N}{\sigma^2}}, \frac{1}{\frac{\kappa}{\sigma^2} + \frac{N}{\sigma^2}}\right),$$

wobei $\bar{x}$ der Datendurchschnitt und N die Zahl der Beobachtungen ist. Der Durchschnitt der A-posteriori-Verteilung ist also ein gewichtetes Mittel des A-priori-Durchschnitts und des beobachteten Durchschnitts, wobei die Gewichtung durch die Zahl der tatsächlichen Beobachtungen und durch κ, die angenommene A-priori-Beobachtungszahl, gegeben ist.

4.2 Die numerische Schätzung bayesianischer Modelle

Wie letztes Beispiel eines Modells normalverteilter Daten zeigt, können analytische Lösungen bayesianischer Schätzmodelle sehr kompliziert sein, vor allem, wenn die Schätzung mehrere Parameter beinhaltet. Und in der Tat lassen sich viele komplexere Modelle nicht analytisch schätzen. Glücklicherweise können bayesianische Modelle aber vergleichsweise einfach durch Markov-Ketten-Monte-Carlo-Simulationsmethoden numerisch ermittelt werden. Ohne allzusehr ins Detail zu gehen, erlauben es Monte-Carlo-Methoden, Integrale beliebiger Funktionen, selbst mehrdimensionale Integrale, numerisch zu ermitteln. Um beispielsweise das Integral der Funktion $P(X|\theta)P(\theta)$ zu bestimmen, werden per Zufallsgenerator Werte aus dem Definitionsbereich der Funktion gezogen, wobei die Wahrscheinlichkeit, mit der die verschiedenen Werte gezogen werden, durch die gegebene Funktion bestimmt ist (Gill 2002: 239ff., gibt einen leicht zugänglichen Überblick über verschiedene Methoden, Integrale numerisch zu simulieren). Unter anderem erlaubt das solchermaßen numerisch ermittelte Integral in der bayesianischen Analyse in vielen Fällen die Bestimmung der Normierungskonstanten, mit der die Umkehrformel, wie oben beschrieben, komplettiert werden kann. Zudem lassen sich Mittelwerte der Verteilung, Konfidenzintervalle (in der bayesianischen Statistik Höchstwahrscheinlichkeitsintervalle genannt), und andere Statistiken numerisch bestimmen.

Zur numerischen Schätzung mehrdimensionaler bayesianischer Modelle haben sich solche Monte-Carlo-Methoden durchgesetzt, in denen sukzessive Simulationsschritte Markov-Ketten bilden, also schwach miteinander korrelieren. Vor allem wird Gebrauch von einer Familie von Markov-Ketten-Methoden gemacht, die als Metropolis-Hastings-Methoden bezeichnet werden (Gill 2002: 301ff.). Ein Beispiel einer solchen Methode, die sich besonders leicht schematisch darstellen lässt, ist der Gibbs-Sampler. Angenommen, ein bayesianisches Modell hat zum Ziel, die A-posteriori-Wahrscheinlichkeitsverteilung dreier Populationsparameter zu schätzen, die als α, β und γ bezeichnet werden. Der Gibbs-Sampler beginnt dann damit, dass beliebige Startwerte für die drei Parameter gewählt werden. Daraufhin wird jeweils ein Zufallswert von den A-posteriori-Verteilungen der einzelnen Parameter gezogen (der hochgestellte Index bezeichnet die erste Runde des Simulationsvorgangs):

$$\alpha^1 \sim P(\alpha|\beta,\gamma,X)$$
$$\beta^1 \sim P(\beta|\alpha,\gamma,X)$$
$$\gamma^1 \sim P(\gamma|\alpha,\beta,X)$$

Die A-posteriori-Parameterverteilungen sind durch die Startwerte der jeweils anderen Parameter bestimmt. In der zweiten Runde der Simulation wird der Vorgang wiederholt, wobei die Parameterverteilungen jetzt durch die Werte der jeweils anderen Parameter bedingt sind, die in der ersten Runde gezogen wurden:

$$\alpha^2 \sim P(\alpha|\beta^1,\gamma^1,X)$$
$$\beta^2 \sim P(\beta|\alpha^1,\gamma^1,X)$$
$$\gamma^2 \sim P(\gamma|\alpha^1,\beta^1,X)$$

Es lässt sich zeigen, dass dieser Prozess, wenn er nur oft genug wiederholt wird (in der Regel mehrere 10.000 Runden; die ersten 4.000-6.000 Runden werden verworfen, da der Sampler einige Runden braucht, um von den Startwerten auf die Zielfunktion zu konvergieren), unter relativ allgemeinen Bedingungen die A-posteriori-Wahrscheinlichkeitsverteilung numerisch beschreibt. Auf dieser Grundlage können dann die A-posteriori-Verteilungen der Parameter durch Mittelwerte, Varianzen, Quantile und Ähnliches beschrieben werden.

4.3 Zusammenfassung bayesianischer Schätzergebnisse

In der klassischen Statistik werden Schätzergebnisse hauptsächlich durch Maximum-Likelihood-Schätzer, Standardfehler und die Ergebnisse von Signifikanztests zusammengefasst. In der bayesianischen Statistik werden Intervalle von Parameterwerten stärker betont, zudem sind Signifikanztests selten, da sie nur schwierig mit dem bayesianischen Ansatz zu vereinbaren sind.

Als Punktschätzer werden in der bayesianischen Statistik üblicherweise die Durchschnitte der Parameterverteilungen angegeben. Dies ist eine nicht allzu glückliche Norm, da bei schiefen Verteilungen der Median ein angebrachteres Mittelmaß darstellt. Zudem ist es möglich, den Modus – also den Wert mit der höchsten A-posteriori-Wahrscheinlichkeit – anzugeben (was bei einigen Modellen dem Punktschätzer der Maximum-Likelihood-Methode entspricht).

Die besondere Stärke bayesianischer Schätzungen zeigt sich in der Darstellung von Intervallschätzungen. So hat es sich beispielsweise eingebürgert, die 0,025- und 0,975-Quantile der A-posteriori-Verteilung anzugeben, wobei deren mittlere 95% beschrieben werden. Eine weitere Möglichkeit ist die Bestimmung des sogenannten Höchstdichteintervalls (HDI) bzw. der Höchstdichteregion (HDR – nicht unbedingt ein Intervall), also der Region des Definitionsbereichs mit der Wahrscheinlichkeit 0,95 und der Eigenschaft, dass die Dichte der Werte im Intervall höher ist als die Dichte der Werte außerhalb des Intervalls. Neben der Bestimmung von HDIs oder HDRs sind Intervalle von Werten, die durch substantiell bedeutungsvolle Vergleichswerte definiert werden, von besonderem Interesse, wie es im obigen Beispiel des Vergleichs von Erfolgsraten unter Kursteilnehmern und Nichtteilnehmern beschrieben wird.

Es gibt verschiedene bayesianische Maße, um die Gesamtqualität eines Modells, vor allem im Vergleich mit alternativen Modellen, zu beschreiben. Das intuitiv bestverständliche Maß ist dabei der sogenannte Bayesfaktor, der in gewisser Weise dem Likelihood-Quotienten-Test ähnelt, da er die resultierenden Datenwahrscheinlichkeiten zweier bayesianischer Modelle vergleicht. Wir bezeichnen die *konditionale* Datenwahrscheinlichkeit des ersten Modells mit $P_1(X|\theta_1)$ und die des zweiten Modells mit $P_2(X|\theta_2)$ (das heißt, dass die beiden

Modelle sich in der Form der Wahrscheinlichkeitsverteilung und der Zahl und Form der Populationsparameter unterscheiden können). Der Bayes-Faktor wird dann mit der folgenden Formel ermittelt (Gelman et al. 1995: 175):

$$BF = \frac{\int P_1(X|\theta_1)P(\theta_1)d\theta_1}{\int P_2(X|\theta_2)P(\theta_2)d\theta_2}$$

Ist der Bayes-Faktor größer als 1, so heißt das, dass die Daten Modell 1 mehr unterstützen als Modell 2; mit anderen Worten, Modell 1 ist Modell 2 vorzuziehen. Ein Bayes-Faktor unter 1 weist dagegen darauf hin, dass Modell 2 im Ganzen besser ist als Modell 1.

Der Bayes-Faktor hat den Vorteil, dass er intuitiv leicht fassbar ist. Zudem ist er auf Modelle mit beliebigen konditionalen Wahrscheinlichkeitsverteilungen anwendbar; diese müssen nicht verschachtelt (*nested*) sein. Er ist allerdings aus zwei Gründen problematisch: Zum einen ist seine Skala nicht linear. Ist Modell 1 besser, so kann der Bayes-Faktor prinzipiell jeden Wert über 1 annehmen; ist Modell 2 dagegen besser, so ist der Bayes-Faktor auf das Intervall zwischen 0 und 1 beschränkt. Die Interpretation von Werten wie 0,95 oder 2,3 ist nicht direkt ersichtlich. Ein weiteres Problem besteht darin, dass der Bayes-Faktor durch die Wahl der A-priori-Wahrscheinlichkeiten beeinflusst werden kann (Clarke 2000). Zum einen mag man argumentieren, dass dies eben im bayesianischen Ansatz Teil der Modellbildung ist. Clarke (2000) zeigt aber, dass der Bayes-Faktor in bestimmten Fällen durch die A-priori-Parametervarianzen und Unterschiede in der Zahl der Parameter beeinflusst werden kann – ein Artifakt, dass nur schwer vorhersehbar ist. Gelman et al. (1995: 176) weisen darauf hin, dass der Bayes-Faktor nicht ermittelbar sein kann, wenn als A-priori-Verteilung eine uneigentliche Verteilung (etwa eine Konstante, siehe unten) verwandt wird.

Alternativ zum Bayes-Faktor gibt es Maße der allgemeinen Modellgültigkeit, die auf der *Deviance* eines Modells basiert. Ein Beispiel ist das DIC (*Deviance Information Criterion*), das zwei Faktoren berücksichtigt: Zum einen die Log-Likelihood eines Modells, also eine Funktion der Datenwahrscheinlichkeit, die angibt, in welchem Maße ein Modell die Datenwahrscheinlichkeit erhöht. Zum anderen wird die Log-Likelihood durch ein Maß der Modellkomplexität korrigiert. Da komplexere Modelle zwangsweise besser an die zu analysierenden Daten angepasst sind (was man etwa daran sieht, dass beim klassischen linearen Regressionsmodell die Hinzunahme weiterer unabhängiger Variablen den Anteil erklärter Varianz erhöht), würden ohne Korrektur komplexere Modelle immer vom DIC „bevorzugt", selbst wenn die zusätzliche Komplexität die Datenwahrscheinlichkeit nur minimal erhöhte. DIC-Werte sind immer negativ; Modelle mit kleineren (d. h. „negativeren") Werten sind solchen mit höheren Werten zu bevorzugen (Broscheid 2006; Spiegelhalter, et al. 2002).

4.4 Die Wahl der A-priori-Wahrscheinlichkeit

Die Wahl der A-priori-Wahrscheinlichkeit ist von nicht zu unterschätzender Bedeutung bei bayesianischen Modellen mit kleinen Fallzahlen. Bei einer großen Beobachtungszahl haben A-priori-Wahrscheinlichkeiten eine geringe Bedeutung, da die Schätzergebnisse von den Daten *dominiert* werden – verschiedene A-priori-Wahrscheinlichkeiten führen in solchen Fällen zu verschwindend geringen Unterschieden im Schätzergebnis. Nicht so bei kleinen Datensätzen: Dort ist es sehr wohl möglich, dass unterschiedliche A-priori-Wahrscheinlichkeiten substantiell unterschiedliche Schätzergebnisse bedingen. Deshalb sollte die Auswahl einer A-priori-Wahrscheinlichkeit bei kleinen Fallzahlen sorgfältig begründet werden; zudem ist es oft empfehlenswert, Ergebnisse mit verschiedenen A-priori-Wahrscheinlichkeiten zu vergleichen.

A-priori-Wahrscheinlichkeiten geben prinzipiell den Wissensstand der Untersuchenden wieder bzw. simulieren einen Wissensstand, von dem aus die Daten zu bewerten sind. Eine häufig verwandte Gruppe von A-priori-Wahrscheinlichkeiten drückt dementsprechend a priori Unwissen über die Verteilung der Populationsparameter aus – dies sind so genannte *nichtinformative A-priori-Wahrscheinlichkeiten*. Ist der Definitionsbereich des zu untersuchenden Parameters endlich und kontinuierlich, so kann etwa eine Gleichverteilung verwandt werden – alle möglichen Parameterwerte sind also a priori gleichermaßen wahrscheinlich. Mathematisch ist die Gleichverteilung eine bequeme Lösung, da sie für alle Parameterwerte konstant ist und deshalb aus der Umkehrwahrscheinlichkeitsformel herausgekürzt werden kann.

Ist der Definitionsbereich des Parameters nicht endlich, so kann die A-priori-Wahrscheinlichkeit strenggenommen nicht gleichverteilt sein, da das Integral einer Gleichverteilung auf einem unendlichen Definitionsbereich unendlich ist – die Verteilung beschreibt also keine Wahrscheinlichkeit. Dennoch wird in vielen Modellanwendungen a priori Unwissenheit auch bei unendlichen Definitionsbereichen durch eine konstante A-priori-"Wahrscheinlichkeit" ausgedrückt – mit einer *unechten A-priori-Verteilung*. In einigen Fällen stellt sich heraus, dass die Umkehrformel selbst mit unechten A-priori-Verteilungen eine echte A-priori-Wahrscheinlichkeit beschreibt. So lässt sich beispielsweise das normalverteilte Modell aus Abschnitt 4.1 mit gleichverteilten unechten A-priori-Verteilungen vereinfachen, indem die gemeinsame A-priori-Verteilung für μ und σ^2 mit einer beliebigen Konstanten (etwa *1*) beschrieben wird. Das Ergebnis ist dann folgendermaßen (wobei die Daten hier mit dem Datendurchschnitt $\bar{x}$ zusammengefasst werden und die Normalverteilung mit dem griechischen Buchstaben ϕ symbolisiert wird):

$$P(\mu|\bar{x}) = \frac{\phi(\bar{x}|\mu)l}{\int \phi(\bar{x}|\mu)d\mu} \propto \phi(\bar{x}|\mu)$$

Die A-posteriori-Verteilung ist also eine echte Normalverteilung, und die bayesianische Analyse re-interpretiert in diesem Fall einfach die Ergebnisse der Maximum-Likelihood-Schätzung (Gill 2002).

Gleichverteilte (echte wie unechte) A-priori-Verteilungen sind unter anderem dadurch beliebt, dass sie die Subjektivität der bayesianischen Analyse zu vermindern scheinen (Berger 2006). Zudem sind die Ergebnisse in der Regel einfach zu bestimmen, und klassische wie bayesianische Untersuchungen können Einigkeit über substantielle Ergebnisse erzielen. Um unechte Wahrscheinlichkeiten zu umgehen, werden anstatt gleichverteilter Wahrscheinlichkeiten in der Regel normalverteilte A-priori-Wahrscheinlichkeiten mit großer Varianz angenommen. Obwohl diese Wahrscheinlichkeiten nicht gleichverteilt sind, so nähern sie sich der Gleichverteilung an und haben ein endliches Integral.

Dennoch ist der Einsatz unechter gleichverteilter A-priori-Verteilungen nicht unproblematisch. Vor allem bei kleinen Datensätzen geben gleichverteilte A-priori-Wahrscheinlichkeiten weniger Vorwissen an, als die Untersuchenden und die Forschungsgemeinschaft besitzen. In anderen Worten, wertvolle Information, die in die Forschung einfließen sollte, wird ignoriert. Bei großen Datensätzen ist dies kein großes Problem, da die Daten die A-priori-Wahrscheinlichkeiten dominieren – die Wahl der A-priori-Wahrscheinlichkeit beeinflusst die Schätzergebnisse nur in geringem Maße. Bei kleinen Datensätzen kann Vorwissen allerdings eine wichtige Rolle spielen und die Schätzergebnisse substantiell beeinflussen. Zudem ist es fraglich, ob gleichverteilte Wahrscheinlichkeiten tatsächlich adäquat Unwissen wiedergeben. Wenn man eine gleichverteilte Variable (etwa eine Proportion, gleichverteilt auf dem Intervall $[0,1]$) durch eine Funktion transformiert (indem man etwa die logistische Funktion der Variablen errechnet), so ist die Ergebnisvariable nicht gleichverteilt (Gill 2002: 121). Am Logitbeispiel ist direkt ersichtlich, dass beide Versionen der Variablen den gleichen Informationsgrad über den mit der Verteilung beschriebenen Faktor wiedergeben; allerdings ist die eine Variable gleichverteilt und die andere nicht.

Aus diesen Gründen bieten sich informative A-priori-Annahmen gerade in der Forschung mit kleinen Fallzahlen an. Ein mathematisch besonders einfach anwendbarer Sonderfall ist die Wahl von A-priori-Wahrscheinlichkeiten, deren Verteilungsformen denen der A-posteriori-Wahrscheinlichkeiten gleichen. Solche A-priori-Verteilungen werden als *konjugate Verteilungen bezeichnet*. So haben wir schon gesehen, dass eine Beta(1,1) A-priori-Verteilung im binomialen Modell zu einer Beta(r+1,N-r+1) A-posteriori-Verteilung führt. Gill (2002: 66-68) zeigt, dass allgemein im binomialen Modell eine Beta(A,B) A-priori-Verteilung eine Beta(r+A,N-r+B) A-posteriori-Verteilung produziert. In dem in Abschnitt 4.1 beschriebenen normalen Modell stellt sich ebenfalls heraus, dass A-priori- und A-posteriori-Verteilungen der gleichen Klasse von Verteilungen angehören.

Konjugate A-priori-Verteilungen waren in der bayesianischen Statistik vor allem vor der weiten Verbreitung leistungsfähiger Computertechnologie von großer Bedeutung, da sie die analytische Schätzung bayesianischer Modelle vereinfachen. Allerdings können sie nicht in allen Fällen das Vorwissen der Untersuchenden wiedergeben. Mit der Durchsetzung von MCMC-Simulationen in der bayesianischen Schätzung ist der Gebrauch konjugater A-priori-Verteilungen zurückgegangen.

Eine interessante Variante informativer A-priori-Wahrscheinlichkeiten sind sogenannte *eruierte (elicited) A-priori-Annahmen*. Diese A-priori-Wahrscheinlichkeiten werden auf der Basis von Expertenbefragungen ermittelt, die dann in ein statistisches Modell umgesetzt werden (Gill 2002: 128ff.). Ein Beispiel solchermaßen eruierter A-priori-Wahrscheinlichkeiten wird von Bedrick, et al. (1997) angewandt, um A-priori-Wahrscheinlichkeiten für ein multivariates binomiales Modell zu erhalten, das die Überlebenschancen verschiedener Traumapatienten schätzt. Dafür wird eine Befragung von Ärzten durchgeführt, die die Überlebenschancen verschiedener hypothetischer Trauma-Patienten schätzen müssen. Mit diesen Ergebnissen werden dann die A-priori-Wahrscheinlichkeiten errechnet, mit der die verschiedenen Patientencharakteristika die Überlebenschancen beeinflussen, und diese werden dann für ein bayesianisches Modell verwandt, dass die Überlebenschancen einer Stichprobe von 300 Traumapatienten untersucht.

Die Bestimmung eruierter A-priori-Wahrscheinlichkeiten mag für viele Forschungsprojekte zu aufwendig sein. Eine Alternative ist die explizite und ausführliche Begründung der gewählten A-priori-Verteilungen aufgrund bestehender Forschungsergebnisse qualitativer und quantitativer Art, vor allem wenn die A-priori-Wahrscheinlichkeit informativ ist. Eine reizvolle Variante dieses Vorgehens ist der Vergleich von Schätzergebnissen, die auf verschiedenen A-priori-Annahmen beruhen. So lässt sich etwa modellieren, ob skeptische Untersuchende durch die Datenanalyse von einer Hypothese überzeugt werden können, oder ob die Datenanalyse lediglich die Vorannahmen enthusiastischer Untersuchender bestärkt (Gill 2002: 131).

4.5 Software für bayesianische Analysen

Bayesianische Analysemethoden werden zwar nicht von gängigen kommerziellen Statistikprogrammen wie SPSS oder Stata durchgeführt, dennoch ist im Laufe des letzten Jahrzehnts Software entwickelt worden, die bayesianische Analysen auch solchen Sozialwissenschaftlern ermöglicht, die keine oder nur geringe Programmierkenntnisse besitzen. Seit 1989 entwickelt die Biostatistics Unit des britischen Medical Research Councils an der Cambridge University das Programm BUGS (was für "*B*ayesian inference *U*sing *G*ibbs *S*ampling" steht), das kostenfrei in verschiedenen Versionen (so etwa einer Version für MS-Windows) erhältlich ist (http://www.mrc-bsu.cam.ac.uk/bugs/). BUGS erlaubt die relativ einfache Schätzung einer recht großen Auswahl der gängigen statistischen Modelle, ohne dass Umkehrwahrscheinlichkeiten von den Forschenden ausgeschrieben werden müssten. Zudem ist es einfach, Ergebniszusammenfassungen und graphische Verlaufsbeschreibungen der Simulation zu erhalten; der DIC wird auch routinemäßig ermittelt. BUGS kann auch von verschiedenen anderen Statistikprogrammen aufgerufen werden, etwa von Stata, SAS oder R.

Ein Statistikprogramm, das weiter anwendbar ist als BUGS und die Schätzung einer Vielzahl bayesianischer Modelle ermöglicht, ist das ebenfalls frei erhältliche (und unter der GNU GPL-Lizenz verteilte) Programm R (http://www.r-project.org/). Die Flexibilität des Programms geht auf Kosten einer leichten Anwendbarkeit. Dennoch lassen sich die Grundlagen von R recht schnell erlernen, und einfache bayesianische Modelle lassen sich durch verschiedene von Anwendern geschriebene Software-Pakete schätzen (Kerman und Gelman 2006). Besonders hervorzuheben ist dabei MCMCpack, das die Markov-Ketten-Monte-Carlo-Simulation verschiedener vorprogrammierter oder von den Anwender(innen) definierter bayesianischer Modelle ermöglicht (Martin und Quinn 2006).

5 Zusammenfassung: Chancen und Kritik

Der bayesianische Ansatz bietet eine Reihe von Vorteilen für Analysen kleiner Datensätze, die hier zusammengefasst werden sollen. Gleichzeitig sollen aber auch die mit dem Ansatz verbundenen problematischen Seiten aufgezeigt werden.

Eine der wichtigsten Errungenschaften des bayesianischen Ansatzes für Studien mit kleinen Fallzahlen ist neben der Möglichkeit, komplexere Modelle überhaupt zu schätzen, die Einbeziehung existierender Forschungsergebnisse in die Analyse. Dies bedeutet, dass statistische Ergebnisse nicht isoliert betrachtet werden (können), sondern in den Zusammenhang bestehender Forschung gestellt werden. Dies geschieht im Forschungsprozess natürlich informell durch die Literaturanalyse; im bayesianischen Ansatz kann diese aber formal in die statistische Schätzung durch die Bestimmung von A-priori-Wahrscheinlichkeiten integriert werden. Zusätzlich bedeutet dies auch, dass die Trennung zwischen qualitativer und quantitativer Forschungen zumindest teilweise überwunden werden kann (Buckley 2004).

Die Integration existierender Forschungsergebnisse durch A-priori-Annahmen erleichtert zudem die Kumulation von Forschungsergebnissen, was gerade für Studien mit kleinen Fallzahlen unabdingbar ist. Die A-posteriori-Verteilung einer bestehenden Studie kann beispielsweise als A-priori-Verteilung einer Folgestudie verwandt werden – die Ergebnisse dieses Vorgehens gleichen denen einer Studie, in der die beiden Datensätze gemeinsam analysiert werden. (Gill 2002: 71f.). Die Meta-Analyse verschiedener Studien lässt sich im bayesianischen Ansatz als hierarchisches Modell schätzen (Gelman et al. 1995: 148ff.).

Die Kumulation bestehender Forschung durch informative A-priori-Wahrscheinlichkeiten birgt allerdings auch Gefahren. Da bei kleinen Datensätzen die A-priori-Annahmen die A-posteriori-Wahrscheinlichkeiten stärker beeinflussen, besteht die Möglichkeit, dass bei sukzessiver Verwendung von A-posteriori-Verteilungen als A-priori-Verteilungen der Einfluss der neuen Daten auf das Schätzungsergebnis verschwindend gering ist. Grundsätzlich ist dies kein Problem, wenn die aufeinander folgenden Studien einfach neue vergleichbare Informationen des gleichen Phänomens hinzufügen – dann nämlich steuern spätere Studien lediglich vergleichsweise weniger Information zum bestehenden Wissensstand bei. Allerdings kann die Dominanz informativer A-priori-Verteilungen problematisch werden, wenn vorhergehende Studien, die diese Verteilungen bestimmen, entweder ähnlich tendentiös sind oder neue Daten in der Tat auf neue Entwicklungen hinweisen, die in bestehenden Studien noch nicht beobachtet worden sind. Aus diesem Grund sollten die Ergebnisse informativer A-priori-Verteilungen immer mit solchen nicht-informativer oder alternativer informativer A-priori-Verteilungen verglichen werden.

Im Ganzen bietet der bayesianische Analyseansatz die Möglichkeit, größere Komplexität in Studien mit kleinen Fallzahlen einzuführen, als es im klassischen Ansatz oft möglich ist. Zudem erleichtert der bayesianische Ansatz die Rechtfertigung inferenzieller Studien mit Datensätzen, die keine Zufallsstichprobe einer Grundgesamtheit darstellen – ein theoretisches Problem, mit dem viele Studien schwer beobachtbarer Phänomene oder kleiner Grundgesamtheiten konfrontiert werden. Mehr noch als die klassische Inferenzstatistik verbietet es der bayesianische Ansatz allerdings, die statistische Methodik als *Black Box* zu betrachten, die von Statistikprogrammen bestellt wird, ohne dass die Untersuchenden die einzelnen Analyseschritte verstehen müssten. Obwohl computergesteuerte Anwendungen die Schätzung bayesianischer Methoden auch „normalsterblichen" Sozialwissenschaftlerinnen und -wissenschaftlern ermöglichen, so kann kein Computerprogramm den Untersuchenden die individuelle Bestimmung von A-priori-Verteilungen u.ä. ersparen. Allerdings ist das Erlernen bayesianischer Methoden für Anwender ohne Programmierkenntnisse nicht sonderlich schwer, und dieses Kapitel hofft, dazu einen Anstoß gegeben zu haben.

6 Literatur

Achen, Christopher H., 2002: An Agenda for the New Political Methodology: Microfoundations and ART, in: Annual Review of Political Science 5, 423–450.
Bakan, David, 1966: The Test of Significance in Psychological Research, in: Psychological Bulletin 66, 423–437.
Bayarri, M. J./Berger, James O., 2004: The Interplay of Bayesian and Frequentist Analysis, in: Statistical Science 19, 58–80.
Bedrick, Edward J./Christensen, Ronald/Johnson, Wesley, 1997: Bayesian Binomial Regression: Predicting Survival at a Trauma Center, in: The American Statistician 51, 211–218.
Berger, James O., 2006: The Case of Objective Bayesian Analysis, in: Bayesian Analysis 1, 385–402.
Broscheid, Andreas, 2006: Bayesianische Datenanalyse, in: Behnke, Joachim/Gschwend, Thomas/Schindler, Delia/Schnapp, Kai-Uwe (Hrsg.), Methoden der Politikwissenschaft. Neuere qualitative und quantitative Analyseverfahren. Baden-Baden: Nomos, 47–57.
Broscheid, Andreas/Gschwend, Thomas, 2005: Zur statistischen Analyse von Vollerhebungen, in: Politische Vierteljahresschrift 46, 16–26.
Buckley, Jack, 2004: Simple Bayesian inference for qualitative Political Research, in: Political Analysis 12, 386–399.
Clarke, Kevin A., 2000: The Effect of Priors on Approximate Bayes Factors from MCMC Output, Manuskript.
Efron, Bradley, 1986: Why Isn't Everyone a Bayesian?, in: The American Statistician 40, 1–5.
Efron, Bradley, 1998: R.A. Fisher in the 21st Century, in: Statistical Science 13, 95–114.
Gelman, Andrew/Carlin, John B./Stern, Hal S./Rubin, Donald B., 1995. Bayesian Data Analysis. London: Chapman & Hall.
Gill, Jeff, 1999: The Insignificance of Null Hypothesis Significance Testing, in: Political Research Quarterly 52, 647–674.
Gill, Jeff, 2002: Bayesian Methods for the Social and Behavioral Sciences. Boca Raton: Chapman & Hall/CRC.
Hogben, Lancelot, 1970: Significance as Interpreted by the School of R. A. Fisher, in: Morrison, Denton E./Henkel, Ramon E. (Hrsg.), The Significance Test Controversy – A Reader. Chicago: Aldine.

Jackman, Simon, 2004: Bayesian analysis for political research, in: American Review of Political Science 7, 483–505.
Kerman, Jouni/Gelman, Andrew, 2006: Bayesian Data Analysis Using R, in: R News 6, 21–24.
King, Gary, 1989: Unifying Political Methodology. The Likelihood Theory of Statistical Inference. Cambridge: Cambridge University Press.
Lee, Peter M., 1997: Bayesian Statistics: An Introduction. London: Arnold.
Martin, Andrew D./Quinn, Kevin M., 2006: MCMCpack, in: http://mcmcpack.wustl.edu/wiki/index.php/Main_Page.
Spiegelhalter, David J./Best, Nicola G./Carlin, Bradley P./van der Linde, Angelika, 2002: Bayesian measures of model complexity and fit, in: Journal of the Royal Statistical Society B 64, 583–639.
Western, Bruce/Jackman, Simon, 1994: Bayesian Inference for Comparative Research, in: American Political Science Review 88, 412–423.

Qualitative Comparative Analysis: Ein Überblick

Antje Buche und Johann Carstensen

Zusammenfassung[1]
Der Beitrag gibt einen Überblick über die Forschungsmethode „Qualitative Comparative Analysis" (QCA). Sie ermöglicht vergleichende Sozialforschung im Bereich mittlerer Fallzahlen durch Anwendung formal-logischer Minimierung, die auf der Basis boolescher Algebra durchgeführt wird. Dabei lässt sie sich weder der qualitativ-vergleichenden, noch der quantitativ-statistischen Methodologie eindeutig zuordnen. Sie wird hier als umfassende Forschungsstrategie mit eigenen methodologischen Grundlagen behandelt. Neben der Crisp-Set QCA, die mit dichotomen Bedingungen und Outcomes arbeitet, wird die Fuzzy-Set QCA vorgestellt, bei der unscharfe Mitgliedswerte mithilfe von Fuzzy-Logic kalibriert werden können. Außerdem geht dieser Beitrag gesondert auf einige Probleme der Methode, vornehmlich das Problem der begrenzten empirischen Vielfalt, und Strategien zum Umgang mit ihnen ein.

1 Einführung in Qualitative Comparative Analysis

QCA ist eine Forschungsstrategie[2], die vergleichende Sozialforschung in Bereichen mittlerer Fallzahlen durch die Anwendung formal-logischer Minimierung ermöglicht. Maßgeblich entwickelt wurde sie durch den amerikanischen Sozialwissenschaftler Charles C. Ragin, ausgehend von seinem Werk „The Comparative Method" (Ragin 1987). Aufgrund ihrer besonderen Eignung findet sie speziell im Makrobereich empirischer Sozialforschung Anwendung. Sie lässt sich dabei keiner der beiden dominierenden Traditionen in der empirischen Sozialforschung, weder der historisch-qualitativen noch der statistisch-quantitativen, eindeutig zuordnen. Um sie dennoch methodologisch verorten zu können, muss auf die Besonderheiten der beiden traditionellen Strategien eingegangen werden. Im Zuge dessen wird es nötig sein, die verhärteten Fronten der beiden Forschungstraditionen aufzuweichen und durch QCA einen möglichen Mittelweg zu be-

---

[1] Die Autoren danken Jonas Buche, sowie den Herausgebern Christiane Gross und Peter Kriwy für wertvolle Hinweise und tatkräftige Unterstützung.
[2] Zur Trennung von QCA als Analyseinstrument und als Forschungsstrategie: Wagemann und Schneider 2007: 2f.

schreiten. QCA lebt weniger davon, die Überlegenheit einer Forschungsstrategie gegenüber der anderen herauszustellen, sondern deren jeweilige Vorteile zu einem neuen Ansatz zu vereinen.

Sozialwissenschaftliche Erklärungen sind, je nach Forschungsparadigma, entweder deterministisch oder probabilistisch. Auf Korrelationen basierende Forschung zielt darauf ab, einen möglichst großen Anteil der Varianz in der abhängigen Variable des zugrunde liegenden Samples zu erklären. Das Konzept geht gleichzeitig davon aus, dass u. a. Messfehler eine vollständige Erklärung aller Varianz unmöglich machen. Daher kann letztendlich immer nur eine Vorhersagewahrscheinlichkeit der Effekte von unabhängigen auf die abhängige Variable resultieren. Fallbasierte Methoden erzeugen dagegen deterministische Erklärungen. Es wird nicht davon ausgegangen, dass ein Teil der Varianz erklärt wird, angestrebt wird vielmehr eine vollständige Erklärung der wirksamen Mechanismen, die einem Phänomen zugrunde liegen. Diese Vorstellung wird insbesondere von quantitativ arbeitenden Kritikern oft als utopisch oder anmaßend abgewiesen.[3] Dem voraus geht die Frage, inwiefern generalisiertes Wissen überhaupt möglich und generierbar ist. Diese wissenschaftlich grundlegenden Modelle sind epistemologisch geschlossen und stehen einander diametral gegenüber. Noch 1983 schreiben Ragin und Zaret dazu:

> „Is there a middle ground between their [Duerkheims und Webers] positions that might contain a resolution of their methodological differences? We think not. [...] But different aspects of the two comparative strategies can be combined in complementary ways to improve the quality of comparative work. This, however, presupposes due appreciation of the unique strength of each strategy." (Ragin und Zaret 1983: 749).

Dieses Zitat macht Ragins ursprüngliche Absicht deutlich, weder der einen, noch der anderen Strategie ihre Berechtigung abzusprechen, sondern lediglich mit verbreiteten Missverständnissen von Vertretern beider Richtungen aufzuräumen um aus der Verbindung zweier Potentiale einen Vorteil zu schöpfen.

QCA ist in mehrfacher Hinsicht ein Versuch, einen solchen Vorteil zu erwirtschaften. Oft wird Sie als Methode zur Analyse mittlerer Fallzahlen angepriesen. Die höchste Güte bietet QCA laut Ragin (2007a:14) bei Fallzahlen mit mittlerem N (5-50 Fälle), was aber eine Verwendung bei größeren Datenmengen nicht kategorisch ausschließt. Nur bei sehr kleinen Fallzahlen ist die Nutzung von klassischen qualitativen Datenanalyseverfahren vorzuziehen. Wie oben bereits angedeutet, ist das Fallzahlargument durchaus eine wichtige Trennung von Forschungsstrategien, welches besonders im Englischen durch Bezeichnungen

---

3   Eine ausführlichere Diskussion dieses Problems liefert Ragin 1997: 37ff.

wie ‚*large N-study'* eine gewisse Bedeutung erhält. Qualitativ vergleichende Ansätze scheitern durch ihren Anspruch, die Fälle in ihrer ganzen Breite wahrzunehmen, an der übermäßigen Komplexität solcher Daten bei mittleren N. Für die Statistik wiederum sind solche Fallzahlen gerade bei multivariaten Verfahren ungünstig.[4] Hier ergibt sich zusätzlich das Problem, dass mit der Einführung von mehreren unabhängigen Variablen die Ansprüche an die Größe des Samples umso höher werden. Hinzu kommt gerade bei Aggregatdaten das Problem der Multikollinearität. Dies führt dazu, dass besonders Untersuchungen von Phänomenen auf der makrosozialen Ebene oft methodisch unzureichend durchgeführt werden. Entweder wird die unpassende Datenlage als nicht veränderbar akzeptiert, oder die Forschungsfrage wird der Methode zuliebe angepasst und die Untersuchungseinheiten neu definiert. Die Vorteile von QCA sollten allerdings nicht allein auf das Fallzahlenargument reduziert werden.

Den Unterbau der QCA bilden Daten qualitativer Natur, deren Auswertung, wie bei qualitativen Analysen üblich, in einen iterativen Prozess eingebettet ist, der nicht mit der Auswertung der Daten abgeschlossen ist. Dabei werden die Daten auf ihre Zugehörigkeit zu Mengen[5] mit der Absicht untersucht, das zu erklärende Phänomen (Outcome) als das Ereignis verschiedener Kombinationen von Merkmalsbedingungen zu modellieren.[6] Ziel ist es dann, die sich als notwendig und/oder hinreichend erwiesenen Bedingungen für ein Outcome zu extrahieren.

Obwohl QCA hohe Anforderungen an die Einzelfallkenntnis der Forscher stellt, ist sie kein fallbasierter, sondern ein fallorientierter Ansatz (Berg-Schlosser und Quenter 1996). Deutlich wird dies durch die besondere Sicht auf die Fälle, die einerseits standardisiert, andererseits weit entfernt von einer variablenbasierten Perspektive ist. In QCA werden Fälle immer als Konfigurationen betrachtet, die durch ihre Merkmalskombination definiert sind. Trotzdem stehen die Bedingungen nicht, wie in der Statistik die Variablen, im Vordergrund. Zentral ist die Konfiguration als Repräsentant einer Gruppe von Fällen mit denselben Bedingungen und demselben Outcome. Dies ist bezeichnend für formal-logische Methoden und rückt QCA nahe an die qualitativ-historischen Methoden vergleichender Sozialforschung.

QCA basiert grundsätzlich auf Mills Methoden der Differenz und der Übereinstimmung (Mill 1865), die ebenfalls ein formal-logisches Vorgehen bei Fall-

---

4   Einen Überblick zu dieser Problematik bietet Broscheid (Teil 1 in diesem Band).
5   In QCA werden die Explanans nicht, wie in der quantitativen Analyse üblich, als Variablen, sondern als Bedingungen bzw. Mengen bezeichnet. Diesen Begrifflichkeiten wird im weiteren Text Folge geleistet.
6   Ragin verwendet hier synonym den Begriff der kausalen Komplexität. Für eine weitergehende Beschäftigung empfiehlt sich Ragin (1987: Kapitel 2) und Ragin (2007a).

vergleichen enthalten. Kurz zusammengefasst erklärt die Methode der Differenz Varianz im Explanandum durch einen Unterschied in den Merkmalsausprägungen der Fälle. Unterscheidet sich allein ein Merkmal bei zwei Fällen mit unterschiedlichem Outcome und alle anderen Merkmale stimmen überein, so kann dieses Merkmal als kausale Ursache für die Varianz angesehen werden. Für die Methode der Übereinstimmung gilt, wenn sich für zwei Fälle mit gleichem Outcome alle untersuchten Merkmale bis auf eines unterscheiden, wird diese alleinige Übereinstimmung als Ursache für die Übereinstimmung im Outcome angenommen. Wie Lieberson (2005) jedoch zeigt, sind diese Methoden mit massiven Problemen verbunden, unter anderem deshalb, weil Interaktionen zwischen Bedingungen oder deren Zusammenwirken nicht berücksichtigt werden können. Im Vergleich zwischen QCA und der quantitativen Methodologie muss diesbezüglich zwischen der ursprünglichen, von Durkheim geprägten, und der modernen Statistik unterschieden werden. Durkheim widerspricht in seiner Auffassung von Kausalität heute weit verbreiteten Standpunkten, da nur die univariate Statistik für ihn die Kriterien von Wissenschaftlichkeit erfüllt (vgl. Ragin und Zaret 1983). Dies schließt Interaktionseffekte von vornherein aus. Sie kommen jedoch dem in QCA verinnerlichten Prinzip der *Konjunkturalität* noch am nächsten. In QCA ist das Zusammenwirken mehrerer Bedingungen zentraler Bestandteil einer Untersuchung, was auch eine Abkehr von den Wurzeln in Mills Methoden darstellt. Eine weitere Besonderheit der QCA-Perspektive auf Kausalität ist die *Äquifinalität*. Demnach können unterschiedliche Bedingungen unabhängig voneinander zum Outcome führen. Es kann sich also z. B. folgende Lösungsformel ergeben:

$$A + BC \rightarrow Y$$

Y ist das Outcome und kann entweder durch Bedingung A oder durch Bedingung B in Kombination mit Bedingung C hervorgerufen werden. Diese Eigenschaft widerspricht besonders den multivariaten statistischen Verfahren, die ein additives, lineares Modell postulieren.

QCA unterscheidet sich also nicht nur hinsichtlich der Fallzahlen von den verbreiteten Forschungsstrategien. Es müssen vielmehr epistemologische, methodologische und forschungspraktische Unterscheidungen getroffen werden. Ganz besonders die Konzeption der einzelnen Fälle und Konfigurationen, sowie das Verständnis von Kausalität mit den Möglichkeiten der Äquifinalität und der Konjunkturalität, machen QCA grundsätzlich zu einem eigenständigen Forschungsansatz. Bisher unerwähnt geblieben ist auch die Möglichkeit asymmetrischer Kausalität, d. h. die Möglichkeit, dass für das Auftreten des Outcomes eine andere Erklärung ermittelt wird, als für dessen Ausbleiben (vgl. Wagemann und Schneider 2007). Dieser Umstand wird im Abschnitt über die Analyse negativer Outcomes näher beleuchtet.

Qualitative Comparative Analysis: Ein Überblick

Im Übrigen handelt es sich bei QCA nicht nur um ein einzelnes Verfahren, sondern vielmehr um eine ganze „Familie von Techniken" (Schneider und Wagemann 2007: 20), eingebettet in eine umfassende Forschungsstrategie. So gibt es neben der ursprünglich entwickelten Variante der Crisp-Set QCA (csQCA) zwei bekannte Weiterentwicklungen. Diese waren vor allem deshalb nötig, da in der csQCA ausschließlich binäre Mengen zur Anwendung kommen. Als Antwort auf den Vorwurf, dass eine solche Datengrundlage nicht mit der sozialwissenschaftlichen Realität zu vereinbaren wäre, wurden dann zum einen die Multi Value QCA (mvQCA) und zum anderen die Fuzzy-Set QCA (fsQCA) entwickelt. Da fsQCA einige Vorteile gegenüber mvQCA besitzt (vgl. Ragin 2007a) und dementsprechend auch häufiger zur Anwendung kommt, soll nur dieses Verfahren neben der csQCA im Folgenden beschrieben werden. Eine gute Einführung in mvQCA bietet Cronqvist (2005, 2007).

2 Crisp-Set QCA

Für die Auswertung der Fälle bedient sich QCA eines auf boolescher Algebra beruhenden Datenanalyseverfahrens. Bevor dieses Verfahren im Einzelnen beschrieben werden kann, ist es notwendig einige Begriffe und Regeln einzuführen.

2.1 Notwendige und hinreichende Bedingungen

Ziel der QCA ist es Bedingungen zu extrahieren, die hinreichend und/oder notwendig für das Auftreten des Outcomes sind. Deshalb ist es unabdingbar, hier eine kurze Einführung zu geben. Für eine intensivere Auseinandersetzung mit dem Thema siehe Schneider und Wagemann (2007).

Als *notwendig* kann eine Bedingung dann angesehen werden, wenn sie in jedem Fall, in dem das Outcome vorliegt, ebenfalls auftritt. Es darf also kein Fall vorliegen, in dem das Outcome ohne die Bedingung auftritt. Andererseits muss aber die Bedingung das Outcome nicht zwangsläufig nach sich ziehen. Somit kann die Analyse auf jene Fälle beschränkt werden, in denen das Outcome auch tatsächlich auftritt. Daraus ergibt sich folgende Vierfeldertafel:

Abbildung 1: Restriktion für notwendige Bedingungen

	1	nicht erlaubt	erlaubt
Y	0	erlaubt (aber irrelevant)	erlaubt (aber irrelevant)
		0	1
		X	

Eine Bedingung ist genau dann *hinreichend*, wenn sie für jeden in der Studie vorliegenden Fall zum Outcome führt. Tritt die Bedingung auf, ohne aber das Outcome nach sich zu ziehen, kann diese nicht als hinreichend angesehen werden. Dabei ist es nicht von Belang, ob das Outcome auch ohne die Bedingung auftreten kann. Dies bedeutet, dass zur Analyse hinreichender Bedingungen genau jene Fälle untersucht werden müssen, in denen die jeweilige Bedingung vorliegt. Schematisch lässt sich diese wie folgt darstellen:

Abbildung 2: Restriktion für hinreichende Bedingungen

	1	nicht erlaubt	erlaubt
Y	0	erlaubt (aber irrelevant)	nicht erlaubt
		0	1
		X	

2.2 Boolesche Algebra und Wahrheitstafel

Die boolesche Algebra bietet das Grundgerüst für QCA. Im Falle der Nutzung von binären Daten (csQCA), gibt es zwei Zustände, die ein Merkmal annehmen kann. Dies ist einerseits die Mitgliedschaft oder Anwesenheit, die mit dem Wert ‚1' einhergeht und andererseits die Nicht-Mitgliedschaft bzw. Abwesenheit, bei welcher der Bedingung der Wert ‚0' zugeordnet wird. Dementsprechend müssen alle Daten in der csQCA dichotom sein bzw. entsprechend transformiert werden. Diese Daten lassen sich in einer Wahrheitstafel darstellen und mit Hilfe der nachfolgenden Operationen analysieren (Ragin 1987).

2.2.1 Boolesche Addition

Die boolesche Addition entspricht dem logischen ODER bzw. der Vereinigungsmenge in der Mengenlehre und lässt sich formal ausdrücken als:

$$A + B = \max(A;B) = Y$$

In Worten: Wenn A gleich 1 oder B gleich 1 dann Y gleich 1. Dies bedeutet, dass wenn mindestens eine der Bedingungen präsent ist, auch das Outcome vorliegen muss. Da es sich um logische, nicht arithmetische Terme handelt, nimmt Y nicht etwa den Wert 2 an, wenn sowohl A als auch B die Ausprägung 1 annehmen.

2.2.2 Boolesche Multiplikation

Die Boolesche Multiplikation ist gleichzusetzen mit dem logischen UND bzw. der Schnittmenge von Mengen. Sie folgt also der genau entgegen gesetzten Logik der Addition und wird formal dargestellt als:

$$A * B = AB = \min(A;B) = Y$$

In Worten: Wenn A gleich 1 und B gleich 1 dann Y gleich 1. In diesem Fall ist das Outcome also nur dann präsent, wenn alle Bedingungen vorliegen. Sobald eine Bedingung abwesend ist, gilt dies auch für das Outcome.

2.2.3 Boolesche Negation

Die boolesche Negation bezeichnet das Gegenereignis zur Mengenmitgliedschaft und wird in der Regel mit dem entsprechenden Kleinbuchstaben ausgedrückt. Sie lässt sich formal folgendermaßen ausdrücken:

$$a = 1 - A$$

In Worten: Mitgliedschaft in Menge ‚Nicht-A' ist gleich 1 – Mitgliedschaft in Menge ‚A'. Zur Berechnung können die De Morganschen Regeln angewendet werden. Nach der ersten Regel werden alle Elemente, die den Wahrheitswert 1 annehmen zu 0, bzw. von 0 zu 1, umkodiert. Die zweite Regel besagt, dass das logische UND in ein logisches ODER, und vice versa, transformiert werden muss.

2.2.4 Wahrheitstafel

Wie bereits erwähnt, werden die Daten bei QCA in einer Wahrheitstafel dargestellt. Diese beinhaltet in den Zeilen alle 2^k logisch möglichen Kombinationen, wobei k für die Anzahl vorliegender Bedingungen steht. Dabei ist für die Zeilenanzahl erst einmal unerheblich, ob diese hypothetischen Kombinationen in der Realität vorliegen. Deshalb wird in der Analyse nicht von Fällen, sondern von Konfigurationen gesprochen, um die Zeilen zu beschreiben. Die Spalten einer Wahrheitstafel enthalten die Bedingungen, das Outcome und in der Regel die Anzahl der tatsächlich vorhandenen Fälle. Um eine gute Auswertung zu ermöglichen, ist es notwendig, dass die Anzahl der tatsächlich untersuchten Fälle die der möglichen Konfigurationen überschreiten.

Es gibt zwei Möglichkeiten eine Wahrheitstafel zu analysieren. Die erste nennt sich „bottom-up" und versucht, kausal relevante Bedingungen für das Outcome zu finden, indem sie von einer einzelnen Bedingung ausgeht und diese untersucht. Erst wenn die Annahme einer einzelnen kausalen Bedingung empirisch widerlegt wurde, wendet sich das Verfahren Kombinationen von Bedingungen zu. Das zweite Verfahren wird als Quine-McClusky Algorithmus bezeichnet (Ragin 1987 spricht von „Boolean Minimization") und verfährt genau in entgegen gesetzter Weise. Ausgehend von der Rohformel (maximale Komplexität) wird versucht, diese mit Hilfe der Vereinfachungsregeln für boolesche Ausdrücke so zu minimieren, dass am Ende Ausdrücke entstehen, die den gleichen logischen Wahrheitsgehalt wie die ursprünglichen Terme aufweisen, aber weit weniger komplex sind. Auch wenn der Quine-McClusky Algorithmus, im Gegensatz zum „bottom-up"-Verfahren, lediglich hinreichende Bedingungen untersucht, ist es jener, der hier im Folgenden näher erläutert werden soll. Dies liegt zum einen daran, dass das „bottom-up" – Verfahren bei einer höheren Anzahl von Bedingungen schnell zu komplex werden kann und zum anderen, dass sich auch die computergestützte QCA auf den Quine-McClusky Algorithmus bezieht. Einen Überblick über das „bottom-up"-Verfahren liefern Schneider und Wagemann (2007).

Eine sinnvolle Analyse mit QCA beinhaltet stets die Untersuchung von notwendigen und hinreichenden Bedingungen, so dass bei der Nutzung des Quine-McClusky Algorithmus separat nach notwendigen Bedingungen zu suchen ist. Diese Analyse sollte der Analyse hinreichender Bedingungen voran gestellt werden, da notwendige Bedingungen während der Prüfung auf hinreichende Bedingungen möglicherweise eliminiert werden.

2.3 Analyse von Wahrheitstafeln: Der Quine-McClusky Algorithmus[7]

Am Anfang des zweistufigen Verfahrens stehen Formeln mit einem maximalen Komplexitätsgrad. Diese werden auch als primitive Ausdrücke (*primitive expressions*) bezeichnet und entsprechen genau den Zeilen einer Wahrheitstafel, die zum Outcome führen (Outcome nimmt den Wert ‚1' an).

In Tabelle 1 sind dies die ersten vier Zeilen und es ergibt sich folgender Ausdruck:

$$AbC + aBc + ABc + ABC \rightarrow S$$

Im ersten Schritt werden diese Ausdrücke vereinfacht, indem logisch redundante Merkmale gestrichen werden. Ein Merkmal ist dann redundant, wenn sich zwei Zeilen nur genau hinsichtlich dieses Merkmals unterscheiden aber dennoch das gleiche Outcome liefern. In unserem Beispiel wären dies folgende Terme:

AbC und ABC → AC

aBc und ABc → Bc

ABc und ABC → AB

Tabelle 1: Hypothetische Wahrheitstafel mit drei Bedingungen für einen erfolgreichen Streik

Bedingungen			Outcome	Anzahl der Fälle
A	B	C	S	N
1	0	1	1	6
0	1	0	1	5
1	1	0	1	2
1	1	1	1	3
1	0	0	0	9
0	0	1	0	6
0	1	1	0	3
0	0	0	0	4

A = Boomender Produktmarkt   C = Gefüllte Streikkasse
B = Gefahr von Sympathiestreiks   S = Erfolg

Die so entstandenen Ausdrücke bezeichnet man als Hauptimplikanten (*prime implicants*), da sie die entsprechenden primitiven Ausdrücke implizieren. Im

---

7 Das im Folgenden verwendete Beispiel zur Veranschaulichung der Analyse entstammt Ragin (1987: 96ff.).

zweiten Schritt erfolgt die Eliminierung der logisch redundanten Hauptimplikanten mittels der Hauptimplikationentabelle. Dabei gilt, dass Hauptimplikanten dann redundant sind, wenn alle primitiven Ausdrücke auch ohne sie abgebildet werden können.

Tabelle 2: Hauptimplikationentabelle der hypothetischen Streikdaten

		Primitive Ausdrücke			
		AbC	aBc	ABc	ABC
	AC	x			x
Hauptimplikanten	Bc		x	x	
	AB			x	x

Wie hier deutlich zu sehen ist, können die primitiven Ausdrücke auch ohne die Hauptimplikante AB abgebildet werden. Somit ergibt sich eine logisch minimale Lösung mit demselben Wahrheitsgehalt wie die Ausgangslösung:

$$AC + Bc \rightarrow S \text{ (logisch minimale Lösung)}$$
$$AC + Bc + AB \rightarrow S \text{ (Hauptimplikanten)}$$
$$AbC + aBc + ABc + ABC \rightarrow S \text{ (primitive Ausdrücke)}$$

Die hier gefundene logisch minimale Lösung beinhaltet zwei hinreichende Bedingungen und ist nun folgendermaßen zu interpretieren. Für einen erfolgreichen Streik bedarf es entweder eines boomenden Marktes für das produzierte Produkt UND einer gut gefüllten Streikkasse oder der Gefahr von Sympathiestreiks verbunden mit einer leeren Streikkasse. Ragin (1987: 97) erklärt die zweite Bedingung damit, dass die Bedrohung von Sympathiestreiks möglicherweise nur dann ernst genommen wird, wenn die streikenden Arbeiter der Unterstützung auch wirklich bedürfen.

Allgemein gilt, dass es nicht immer eineindeutig ist, welche und wie viele Hauptimplikanten gestrichen werden sollen. Dann obliegt es den Forschern, dies je nach Zielsetzung und Forschungsfrage zu entscheiden.

2.4 Analyse negativen Outcomes

Ein großer Vorteil der Anwendung von QCA besteht in der Möglichkeit, das Gegenereignis unabhängig vom Ereignis erklären zu können (vgl. Schneider und Wagemann 2007: 123). Dies muss keinesfalls trivial sein, da sozialwissenschaftliche Prozesse nicht selten asymmetrischer Natur sind. Dies bedeutet, dass eine negierte hinreichende Bedingung nicht zwangsläufig auch das Gegenereignis des Outcomes nach sich zieht.

In Anlehnung an das vorangegangene Beispiel stellt sich also die Frage, welche Bedingungen dazu führen, dass ein Streik nicht erfolgreich verläuft. Im vorliegenden Fall ist es möglich, die De Morganschen Regeln mit folgendem Ergebnis anzuwenden:

$$(a + c)(b + C) = ab + aC + cb \rightarrow s$$

Hier wird die eben beschriebene Problematik deutlich, denn die so erhaltenen Bedingungen für das Scheitern eines Streiks entsprechen nicht dem genauen Gegenteil der Ursachen für dessen Gelingen.

Dasselbe Ergebnis erhält man durch die Anwendung des Quine-McClusky Algorithmus, indem jene Zeilen untersucht werden, die das Gegenereignis des Outcomes aufweisen. Auch wenn es aufwendiger ist, gibt es bestimmte Situationen, in denen ausschließlich dieses Verfahren angewendet werden kann, da es, im Gegensatz zu den De Morganschen Regeln, valide Ergebnisse hervor bringt. Dies ist unter anderem bei dem Problem der begrenzten empirischen Vielfalt der Fall. Eine detailliertere Beschreibung findet sich bei Schneider und Wagemann (2007).

3 Umgang mit Problemen in der Empirie

Bisher wurden die Grundlagen der Analyse von Wahrheitstafeln und der logischen Minimierung betrachtet. In der Praxis stellen sich allerdings Probleme, die mit den Gegebenheiten des Untersuchungsbereiches zusammenhängen. QCA findet besonders in der makrosozialen Forschung Anwendung, in der es durch die Empirie diktierte Beschränkungen gibt, die wir mit einem solchen Ansatz zur Analyse kausaler Zusammenhänge nicht ohne weiteres lösen können. Der hier vorgestellte Forschungsansatz bietet jedoch den Vorteil einer expliziten Reflexion dieser methodologischen Unzulänglichkeiten.

3.1 Begrenzte empirische Vielfalt

Obwohl QCA im Gegensatz zu quantitativen Methoden einen Ansatz darstellt, der besonders im Hinblick auf geringe Fallzahlen seine Vorzüge aufweist, ist in gewisser Weise das Problem begrenzter empirischer Vielfalt auch mit diesem Thema verwandt. Der Begriff bezeichnet den Umstand, dass in einer Wahrheitstafel einige Zeilen nicht durch Fälle repräsentiert sind, für bestimmte Konfigurationen also keine Daten vorliegen.

Für diese so genannten logischen Rudimente gibt es drei mögliche Ursachen (vgl. ausführlich Schneider und Wagemann 2007: 102 f.).

- Die Konfiguration tritt in der Empirie nicht auf und kann logisch nicht auftreten.
- Die Konfiguration tritt in der Empirie nicht auf, könnte aber logisch auftreten.
- Die Konfiguration tritt in der Empirie auf und wurde durch die Erhebung nicht erfasst.

Je nachdem, ob nun ein positives oder negatives Outcome angenommen wird, können daraus sehr unterschiedliche Lösungsformeln resultieren. Es ergibt sich von selbst, dass dieses Problem umso größer ist, je mehr Zeilen der Wahrheitstafeln ohne empirische Werte sind.

Das eigentliche Problem fängt bei der Frage an, wie mit diesen Konfigurationen umgegangen werden soll. Abhängig davon, welcher der eben geschilderten Fälle zutrifft, kann auch die Herangehensweise an das Problem der begrenzten empirischer Vielfalt variieren. Im letzten Fall z. B. sollte eine komplette Respezifikation des Forschungsmodells in Betracht gezogen werden.

Es gibt mehrere Strategien, diesem Problem zu begegnen (Schneider und Wagemann 2007: 106f.):

- Das Gebot der maximalen Sparsamkeit. Bei diesem Vorgehen wird es einem Computeralgorithmus überlassen, alle möglichen Outcome-Kombinationen für nicht besetzte Zeilen zu simulieren und am Ende diejenige auszugeben, welche, gemessen an der Länge der Lösungsformel, am einfachsten ist. Dieses Vorgehen ist allerdings fragwürdig, da es rein methodizistisch und ohne theoretische Reflexion funktioniert.
- Der konservative Ansatz. Hier werden die Konfigurationen ohne empirische Werte mit ‚0' codiert. Sie werden somit für die Analyse nicht in Betracht gezogen, da bei der Minimierung von Wahrheitstafeln nur Konfigurationen mit dem Outcome ‚1' betrachtet werden.
- Das Gedankenexperiment. Dieses Vorgehen beruht auf einer Vervollständigung der Wahrheitstafel auf der Basis theoretischer Überlegungen. Den Geboten wissenschaftlicher Standards entsprechend, muss ein solches Gedankenexperiment natürlich gut dokumentiert und somit nachvollziehbar gemacht werden.

Ragin (2003) schlägt außerdem vor, zielgerichtete Erwartungen (*directional expectations*), die mit Gedankenexperimenten kombiniert werden können, zu verwenden. Zielgerichtete Erwartungen sind Vorannahmen, die anhand theoretischer Argumente über die vermutliche Wirkungsrichtung der Bedingungen entwickelt werden. Die Form dieser Erwartungen ist folgende: die Anwesenheit der Bedingung X, und nicht seine Abwesenheit, sollte mit dem Auftreten des Outcomes verknüpft werden.

Es gelte die Voraussetzung, das empirische Datum ABCd ➔ Y liegt vor und die Annahme, dass D, wenn es überhaupt kausal relevant ist, zu Y führen muss. Ist die Konfiguration ABCD ein logisches Rudiment, kann durch die Vorannahme, D führe zum Outcome, ABCD ➔ Y als hypothetischer Fall angenommen werden. Durch logische Minimierung wird dann aus ABCd + ABCD ➔ Y die minimale Lösungsformel ABC ➔ Y. Schneider und Wagemann (2007: 108) weisen jedoch auf die Möglichkeit hin, dass durch das Zusammenwirken zweier Bedingungen, die sonst beide positiv auf Y wirken, ein Umkehreffekt entstehen kann und durch solche Annahmen falsche Schlüsse gezogen werden können. Zielgerichtete Erwartungen sind somit kritisch zu beurteilen.

Es gibt also kein Patentrezept zur Lösung dieses nicht unbedeutenden Problems in QCA. Welcher Lösungsweg am geeignetsten ist, liegt im Ermessen des Wissenschaftlers und ist auch von Fragen des Forschungsstils abhängig.

Es muss noch betont werden, dass das Problem begrenzter empirischer Vielfalt kein spezifisches Problem dieser Methode ist. Das Phänomen an sich ist für jede Forschungsstrategie von Bedeutung, wird jedoch nur selten thematisiert (Schneider 2006a). Die explizite Auseinandersetzung mit dem Thema in QCA hat demnach einen besonders hohen wissenschaftlichen Wert.

3.2 Widersprüchliche Zeilen

Wenn in der Wahrheitstafel für eine Konfiguration unterschiedliche Outcomes vorliegen, werden diese als widersprüchliche Zeilen bezeichnet. Dies ist eine Situation, die uns in der Praxis vor einige Probleme stellen kann. Die Konfiguration einfach auszuschließen, würde einen Verlust an Daten und somit eine mangelhafte Lösung bedeuten. Es gibt sechs Möglichkeiten, widersprüchlichen Zeilen zu begegnen (vgl. ausführlich Schneider und Wagemann 2007: 116f.):

- Respezifikation des Modells hinsichtlich der berücksichtigten Bedingungen
- Respezifikation der Fallauswahl durch begründeten Ausschluss/ Hinzunahme
- Verbesserte Messung des Outcomes
- Codierung der widersprüchlichen Zeilen mit dem Outcomewert 0
- Codierung der widersprüchlichen Zeilen mit dem Outcomewert 1
- Codierung der widersprüchlichen Zeilen mit dem Outcome ‚don't care' (-)

Ähnlich der ersten Strategie für den Umgang mit logischen Rudimenten, wird bei der Codierung mit ‚don't care' ein Computeralgorithmus verwendet, der das Outcome so definiert, dass die Minimierung zu einer möglichst einfachen und ausreichend komplexen Lösung führt.

Auch wenn die ersten drei Methoden eher zu bevorzugen sind, sollten sie doch mit Vorsicht angewendet werden. Der Verdacht der Datenmanipulation liegt nahe, wenn eine Respezifikation ohne ausreichend fundierte theoretische Argumente oder ganz ohne Dokumentation vorgenommen wird. Eine rein der Datenlage geschuldete Veränderung der Messung widerspricht den Standards wissenschaftlicher Forschung. Wenn gewissenhaft durchgeführt, wird hierbei die Zirkularität des Forschungsprozesses in QCA deutlich; das Vorgehen ist nicht linear deduktiv oder induktiv, sondern entwickelt sich, ähnlich einem hermeneutischen Zirkel, mit fortschreitender Erkenntnis weiter.

4 Maßzahlen der Konsistenz und der Abdeckung in csQCA

Wie zu Anfang erwähnt, gibt es in QCA nicht nur deterministische Elemente. Im Folgenden sollen zwei Maßzahlen vorgestellt werden, welche die minimale Lösung einer Analyse auf die Menge der tatsächlich vorhandenen Fälle beziehen. Diese Aussage über die Güte der Analyse weicht vom formal-logischen Erklärungsmuster der Crisp-Set QCA ab, da hier Aussagen über Häufigkeiten getroffen werden. Ursprünglich stammen sie aus der fsQCA und entfalten erst dort ihre gesamte Aussagekraft, können jedoch auch im ersten Fall hilfreich sein. Diese Verschiebung in Richtung probabilistische Methoden bedeutet jedoch keine absolute Ab- oder Zuwendung zu einer Seite. Man spricht, um die Mittelposition zu verdeutlichen, auch von ‚possibilistischen' Maßen (Schneider und Wagemann 2007: 92). Kurz formuliert, bedeuten die Koeffizienten somit eine Angabe für die Abweichung von einer perfekten Erklärung.

Konsistenz und Abdeckung müssen in csQCA für hinreichende und notwendige Bedingungen getrennt errechnet werden. Außerdem sollte vor der Berechnung der Abdeckung immer die Konsistenz ermittelt werden. Es erscheint schließlich wenig sinnvoll, eine Aussage über die Abdeckung einer Erklärung zu machen, bevor man weiß, inwieweit sie überhaupt eine Teilmenge des Outcomes, also eine zutreffende Erklärung ist (Ragin 2006: 299).

Qualitative Comparative Analysis: Ein Überblick 79

4.1 Hinreichende Bedingungen

Die Konsistenz gibt an, wie viele Fälle durch die Lösungsformel korrekt beschrieben sind. Die Formel für die Konsistenz bei hinreichenden Bedingungen ergibt sich wie folgt:

$$X = \frac{\text{Anzahl Fälle mit X = 1 und Y = 1}}{\text{Anzahl Fälle mit X = 1}}$$

In der Wahrheitstafel aus Tabelle 1 stimmen die ersten vier Zeilen mit der Lösungsformel AC + Bc ➜ S überein. Da diese Konfigurationen ein positives Outcome aufweisen, ergibt sich ein Konsistenzkoeffizient von 1. Die Aussage, dass AC + Bc hinreichende Bedingungen für das Auftreten von S sind, ist zu 100% konsistent.

Tabelle 3: Veränderte Wahrheitstafel aus Tabelle 1

Bedingungen			Outcome	Anzahl der Fälle
A	B	C	S	N
1	0	1	1	6
0	1	0	1	5
1	1	0	1	2
1	1	1	**0**	3
1	0	0	0	9
0	0	1	0	6
0	1	1	0	3
0	0	0	0	4

A = Boomender Produktmarkt   C = Gefüllte Streikkasse
B = Gefahr von Sympathiestreiks   S = Erfolg

Angenommen, für die Konfiguration in der vierten Zeile (ABC) läge ein negatives Outcome vor. AC ist erfüllt, ein positives Outcome bleibt aber aus. Daraus ergibt sich, dass von 16 Fällen, die durch die Lösungsformel beschrieben werden, nur in 13 ein positives Outcome auftritt, drei Fälle also falsch beschrieben werden. Die Konsistenz beträgt somit 13/16 = 0,81. Die Aussage, dass AC + Bc hinreichende Bedingungen für das Auftreten von S sind, ist zu 81% konsistent mit den empirischen Daten in der Wahrheitstafel.

Ist nun eine Lösung, die eine Konsistenz von 100% bietet, einer Lösung vorzuziehen, deren Konsistenz knapp darunter liegt? Dies stößt eine Diskussion an, die an die Ausreißerproblematik in der Statistik erinnert. Liegt bereits eine hohe Konsistenz vor und könnte durch eine modifizierte Lösungsformel etwas verbessert werden, obliegt es den Forschern zu entscheiden, inwiefern der abweichende Fall oder die abweichenden Fälle Sonderfälle darstellen und vielleicht in getrennten Einzelfallstudien untersucht werden sollten (Schneider und Wagemann 2007: 90). Hier klingt erneut der iterative Charakter der QCA an, in der weder rein induktiv, noch rein deduktiv gearbeitet wird, sondern eine ständige Rekonzeptualisierung auf der Basis gewonnener Erkenntnisse vorgenommen wird.

Die Abdeckung ist der Konsistenz sehr ähnlich. Auch sie setzt die ermittelte Lösung ins Verhältnis zur Quantität der vorliegenden Fälle. Die Abdeckung beschreibt das Verhältnis der durch die Lösungsformel erklärten Einzelfälle zur Gesamtzahl der Fälle. Konfigurationen mit negativem Outcome werden nicht berücksichtigt. Hierfür ergibt sich folgende Formel:

$$X = \frac{\text{Anzahl Fälle mit } X = 1 \text{ und } Y = 1}{\text{Anzahl Fälle mit } Y = 1}$$

Die ersten drei Zeilen der manipulierten Wahrheitstafel aus Tabelle 3 werden durch die Lösungsformel AC + Bc ➔ S richtig beschrieben. Da die vierte Zeile ein negatives Outcome aufweist, wird sie für die Berechnung der Abdeckung nicht hinzugezogen. Es ergibt sich also eine Abdeckung von 100% bei 81% Konsistenz.

Für den Fall, dass, wie hier, mehrere alternative Lösungspfade (AC oder Bc) zum Outcome führen können, gibt es zwei Arten, die Abdeckung zu berechnen. Die *Rohabdeckung* oder *raw-coverage* stellt die Frage, wie hoch die Erklärungskraft des Modells wäre, wenn nur der eine Pfad als Lösungsterm verwendet würde. Die *alleinige Abdeckung* oder *unique-coverage* fragt danach, wie überflüssig ein Pfad ist, also wie viele Fälle er erklärt, die nicht schon durch andere Pfade erklärt werden (Schneider und Wagemann 2007: 91). Für die Rohabdeckung wird nun die Berechnung der oben genannten Abdeckungsformel für jeden Term einzeln durchgeführt. Für die alleinige Abdeckung eines Terms wird von der Abdeckung für die gesamte Lösungsformel die Rohabdeckung aller anderen Terme abgezogen. Gibt es keine Überschneidung der Lösungsterme, sind die Ergebnisse für beide Arten der Abdeckung gleich. Werden Konfigurationen jedoch von mehreren Termen gleichermaßen erklärt, weichen Rohabdeckung und alleinige Abdeckung voneinander ab.

4.2 Notwendige Bedingungen

Wie bereits geschildert, ist X dann eine hinreichende Bedingung für Y, wenn X eine Teilmenge von Y ist. Bei notwendigen Bedingungen verhält es sich genau andersherum: Y muss eine Teilmenge der Bedingung X sein, damit X zu einer notwendigen Bedingung für Y wird. Die Frage, zu welchem Grad X eine Teilmenge von Y ist, wird durch das Konsistenzmaß für hinreichende Bedingungen beantwortet. Demnach müssen sich die Verfahren für hinreichende und notwendige Bedingungen diametral gegenüberstehen (Schneider und Wagemann 2007: 94). So ergibt sich, dass die Formel zur Berechnung der Konsistenz notwendiger Bedingungen identisch mit der Formel für die Abdeckung hinreichender Bedingungen ist:

$$X = \frac{\text{Anzahl Fälle mit } X = 1 \text{ und } Y = 1}{\text{Anzahl Fälle mit } Y = 1}$$

Genauso verhält es sich mit der Abdeckung. Die Formel für die Abdeckung notwendiger Bedingungen ist identisch mit der Formel für die Konsistenz hinreichender Bedingungen:

$$X = \frac{\text{Anzahl Fälle mit } X = 1 \text{ und } Y = 1}{\text{Anzahl Fälle mit } X = 1}$$

Obwohl die mathematischen Verfahren zur Ermittlung der Maßzahlen identisch sind, ist ihre Interpretation verschieden und muss unabhängig voneinander vorgenommen werden (Schneider und Wagemann 2007: 97).

Es sind allerdings nicht alle notwendigen Bedingungen auch von Bedeutung. Sie können, trotz 100%iger Konsistenz, auch trivial sein. Eine notwendige Bedingung ist dann trivial, wenn sie zwar immer auftritt wenn das Outcome vorliegt, jedoch auch (fast) immer, wenn das Outcome nicht vorliegt. Nach Ragin (2006) wird eine notwendige Bedingung X dann als trivial angesehen, wenn die durch X beschriebene Menge sehr viel größer ist, als die durch das Outcome Y beschriebene Menge. Ein Beispiel hierfür ist das Vorhandensein von Arbeitsteilung als Bedingung für die Entstehung eines sozialen Wohlfahrtsstaates. Für diesen Fall bietet das Verhältnis zwischen Konsistenz und Abdeckung eine gute Kontrolle. Haben wir eine hohe Konsistenz, jedoch eine geringe Abdeckung, liegt eine triviale Bedingung vor.

5 Fuzzy- Set QCA

Fuzzy-Set QCA wurde entwickelt, da u.U. eine Diskrepanz zwischen dem Zwang der dichotomisierten Kalibrierung (csQCA) und den vorliegenden Daten besteht. Diese Erweiterung ermöglicht verschiedene Abstufungen zwischen den Merkmalen Mitgliedschaft und Nicht-Mitgliedschaft. Einleuchtend scheint dies beispielsweise bei der Zugehörigkeit von Ländern zur Menge der Wohlfahrtsstaaten. So gibt es sicher eine Reihe von Ländern, die sich weder dem einen Extrempunkt (volle Mitgliedschaft in der Menge der Wohlfahrtsstaaten) noch dem anderen (keine Mitgliedschaft) zuordnen lassen. Betrachtet man Deutschland und Schweden, würde man sicher beide Länder der Menge der Wohlfahrtsstaaten zuordnen, doch möglicherweise in unterschiedlicher Abstufung, da es zwischen ihnen qualitative Unterschiede bei einzelnen Bedingungen, wie etwa der Kranken- oder der Arbeitslosenversicherung, und folglich auch in der Mitgliedschaft gibt. Solchen Abstufungen kann mit Fuzzy-Set QCA Rechnung getragen werden, was bedeutet, dass sowohl die Bedingungen als auch das Outcome als unscharfe Mengen dargestellt werden.

Da die Abgrenzung von fuzzy Mengen zu ihrer Umwelt nicht trennscharf ist, sind sie (außer in den Extrempunkten ‚0' und ‚1') nie nur Mitglied in einer Menge. So ist ein Land mit einem Mitgliedswert von 0,75 in der Menge Wohlfahrtsstaat eben auch zu 0,25 Mitglied in der Menge Nicht-Wohlfahrtsstaat. Der Wert 0,5 markiert den Übergangs- bzw. Indifferenzpunkt (*cross over point*) und dient neben den beiden Extrempunkten als qualitativer Anker, wobei bei einem Übersteigen des Ankers von partieller Mitgliedschaft und bei einem Unterschreiten von partieller Nicht-Mitgliedschaft gesprochen werden kann.

Zu beachten ist hier, dass diese Werte nicht als Wahrscheinlichkeiten für eine Vollmitgliedschaft in einer Menge zu interpretieren sind, sondern laut Ragin (2007b: 13f.) der Zuordnung eines ‚*Wahrheitswertes*' über die Aussage einer Mitgliedschaft entsprechen. Ragin (2007b: 14) verdeutlicht dies an folgendem Beispiel:

> „For example, the *truth value* of the statement "beer is a deadly poison" is perhaps about .05--that is, this statement is almost but not completely out of the set of truth statements, and beer is consumed freely, without concern, by millions and millions of people every day. However, these same millions would be quite unlikely to consume a liquid that has a .05 *probability* of being a deadly poison, with death the outcome, on average, in one in twenty trials." [Hervorhebungen im Original]

Da es möglich ist, csQCA in fsQCA Daten zu transformieren und umgekehrt, stellt csQCA letztlich nur einen Sonderfall von fsQCA dar, in der die Anzahl der gewählten Abstufungen gleich Null ist (vgl. Pennings 2003: 91f.).

5.1 Kalibrierung

Die Kalibrierung ist das zentrale Element der fsQCA, denn hier zeigt sich der qualitative Unterbau. Die möglichen Abstufungen zwischen den beiden Randwerten sind in fsQCA wählbar (sowohl Anzahl der Abstufungen als auch Abstände) und können somit je nach Bedarf festgelegt werden. Dabei ist es nicht vonnöten, dass jeder unscharfe Mitgliedswert empirisch nachweisbar ist. Es gilt jedoch, dass jede Erhöhung des Differenzierungsgrades theoretisch begründbar und empirisch belegt sein muss (Schneider 2006b: 5f.).[8] Nach Ragin (2007b: 10) sollte die Vergabe der Mitgliedswerte vor allem auf einem breiten Wissen über sozialwissenschaftliche Prozesse, einer konsensualen wissenschaftlichen Grundlage und dem bereits erworbenen spezifischen Fachwissen der Forscher basieren. Wichtig ist zudem, dass die Vergabekriterien ausdrücklich dargelegt werden, systematisch angewandt und transparent gehalten werden. Dies gilt sowohl dann, wenn auf keine Datengrundlage zurückgegriffen kann, als auch, wenn bereits intervallskalierte Daten vorliegen. Von einer rein mechanischen Übertragung der intervallskalierten Werte muss strikt abgeraten werden, da die Vergabe der unscharfen Mitgliedswerte immer im Forschungskontext und somit theoriegeleitet erfolgen muss.

Ragin (2007) beschreibt zwei unterschiedliche Methoden um Daten sinnvoll zu kalibrieren. Dies ist zum einen die direkte Methode, bei der die drei Anker volle Mitgliedschaft, keine Mitgliedschaft und der Indifferenzpunkt genutzt werden. Dabei werden zuerst die fuzzy Werte für diese drei Eigenschaften und dann die Abweichung der numerischen Daten vom Übergangspunkt bestimmt. Die indirekte Methode hingegen nimmt zuerst eine Gruppierung der Fälle in Bezug auf ihre Mitgliedschaft in der Zielmenge vor, so z. B. mit den Kategorien: ‚in der Zielmenge', ‚wahrscheinlich in der Zielmenge', ‚möglicherweise in der Zielmenge' usw. (Für eine detaillierte Beschreibung siehe Ragin 2007: 14ff.)

Zwei Ergänzungen sollen noch gemacht werden. Zum einen weisen Schneider und Wagemann (2007) darauf hin, dass die Kalibrierung zwar mit großer Sorgfalt durchgeführt werden sollte, dass die Analyseergebnisse in der Praxis aber relativ robust gegenüber geringfügigen Veränderungen eines unscharfen Wertes sind. Zum anderen ergänzen sie, dass die Verwendung des Indifferenzpunktes als Vergabewert eher ungeeignet sei. Denn dieser bedeutet nichts anderes, als dass Unklarheit bezüglich der Mit- bzw. Nicht-Mitgliedschaft besteht. Letztlich besagt eine Vergabe dieses Wertes nur, dass man sich eine Entscheidung ersparen will. Zudem hat die Vergabe des Übergangswertes auch einen nachteiligen Einfluss auf die spätere Fuzzy-Set Analyse und sollte somit vermieden werden (Schneider und Wagemann 2007:183, 191f.).

Abschließend und zusammenfassend lassen sich die von Schneider (2006b: 6) entwickelten vier Kriterien anführen, die für eine analytisch sinnvolle Kalibrierung und somit für eine hohe Inhaltsvalidität unabdingbar sind:

---

8   Zu beachten ist hier auch das Problem der begrenzten empirischen Vielfalt, das mit steigender Anzahl der Abstufung zunimmt.

- Definition der relevanten Population, aus der die untersuchten Fälle stammen
- Auf die Forschungsfrage zugeschnittene, explizit aufgeführte Bestimmung der in der Analyse verwendeten Konzepte, die durch unscharfe Mengen repräsentiert werden sollen
- Entscheidung über die Anzahl der Abstufungen innerhalb der fuzzy Skala
- Auswahl der verschiedenen empirischen Informationsquellen, die der Vergabe der unscharfen Werte zugrunde liegen

5.2 Erweiterung für notwendige und hinreichende Bedingungen und Boolesche Operatoren

Wie schon in der csQCA stellen notwendige und hinreichende Bedingungen auch in der fsQCA geeignete Mittel zur Interpretation der Ergebnisse dar.

Als notwendig gilt dann jene Bedingung, bei welcher der Mitgliedschaftswert in der Outcomemenge über alle untersuchten Fälle konsistent kleiner oder gleich dem Mitgliedschaftswert der Bedingung ist. Hinreichend ist eine Bedingung entsprechend dann, wenn der fuzzy Wert des Outcomes über alle Fälle konsistent größer oder gleich dem Wert der Bedingung wäre. Eine detaillierte Herleitung dieses Sachverhalts findet sich bei Schneider und Wagemann (2007: 199ff.).

Die in der Crisp-Set QCA verwendeten booleschen Operatoren lassen sich ohne Probleme auf die fsQCA übertragen.

Addition:	A + B	= max	(A;B)	= max	(0,2;0,7) = 0,7
Multiplikation:	A * B	= min	(A;B)	= min	(0,2;0,7) = 0,2
Negation:	a	= 1 − A	= 1 − 0.2	= 0,8	

5.3 Konsistenz und Abdeckung bei Fuzzy-Set QCA

Analog zu den bereits behandelten Verfahren zur Berechnung der Konsistenz und Abdeckung in der Crisp-Set QCA funktionieren die Verfahren in der Fuzzy-Set QCA. Wie bereits erwähnt, ist eine hinreichende Bedingung in der Fuzzy-Set Terminologie definiert durch $X_i \leq Y_i$. In Worten heißt das, dass der Wert von X für alle Fälle kleiner oder gleich dem Wert des Outcomes Y ist. Wie in den Crisp-Set Verfahren soll nun ein possibilistisches Maß die Möglichkeit einer Abweichung von einer perfekten Lösung zulassen. Für Fuzzy-Set QCA kommt hier allerdings noch der Faktor der Mitgliedschaftswerte hinzu. Je nachdem, wie weit ein Wert für X über dem Wert für Y liegt, soll er auch unterschiedlich gewichtet werden.

Das Maß für die *Konsistenz hinreichender Bedingungen* soll den Wert 1 annehmen, wenn alle Fälle ein niedrigeres X aufweisen als Y. In einem Scatterplot (Abbildung 3) ausgedrückt, bedeutet das, dass alle Fälle oberhalb der Hauptdiagonalen liegen müssen. Liegt dies vor, ist die hinreichende Bedingung zu 100% konsistent. Eine Formalisierung für dieses Vorgehen schlägt sich in folgender Formel nieder (Ragin 2006: 297):

$$\text{Konsistenz für } (X_i \leq Y_i) = \frac{\sum(\min(X_i, Y_i))}{\sum(X_i)}$$

Für die Fälle, in denen X kleiner oder gleich Y ist, wird der Zähler um den gleichen Betrag erhöht wie der Nenner. Ist X aber größer als Y und der Fall somit mit unserer Lösung nicht konsistent, wird der Zähler um weniger erhöht als der Nenner, was zu einem Konsistenzmaß kleiner 1 führt. Die Distanz zwischen X_i und Y_i wird in diesen Fällen mit berücksichtigt. Es ergibt sich also ein Maß, das bei perfekt konsistenten Lösungen den Wert 1 annimmt, und in welches die Höhe der Abweichungen für inkonsistente Fälle einfließt.

Abbildung 3: Scatterplot für hinreichende Bedingungen in fsQCA

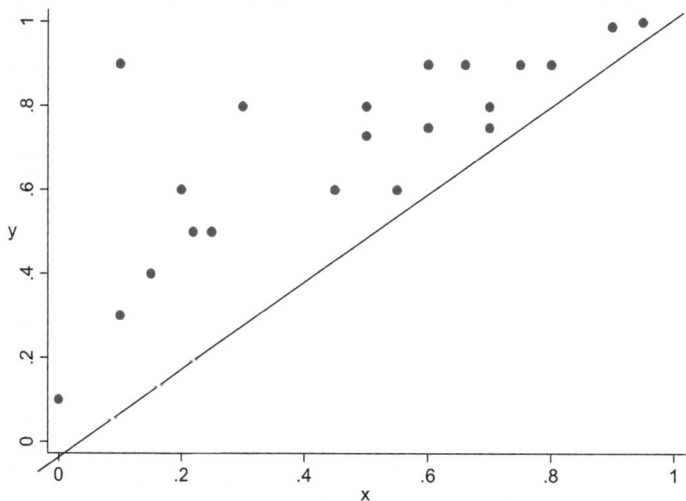

Auch hier verhält es sich für *notwendige Bedingungen* genau umgekehrt, es gilt $Y_i \leq X_i$. Um eine notwendige Bedingung für Y zu sein, muss also jeder Wert für

das Outcome Y unter dem Wert für die Bedingung X liegen. Die Formel dafür sieht dementsprechend wie folgt aus:

$$\text{Konsistenz für } (Y_i \leq X_i) = \frac{\sum (\min(X_i, Y_i))}{\sum (Y_i)}$$

Analog zur Funktionsweise der Abdeckungsmaße in der Crisp-Set-QCA sind selbige auch für Fuzzy-Sets implementiert. Auch hier kann dem Prinzip der Äquifinalität Rechnung getragen werden, indem durch Rohabdeckung und alleinige Abdeckung die jeweilige empirische Bedeutung und die Überschneidung der einzelnen zum Output führenden Pfade ermittelt wird (Ragin 2006: 304). Genau wie für die Konsistenz werden auch hier die Mitgliedswerte für die Bedingungen in die Berechnung mit einbezogen. Die Formel für die Rohabdeckung hinreichender Bedingungen lautet:

$$\text{Abdeckung für } (X_i \leq Y_i) = \frac{\sum (\min(X_i, Y_i))}{\sum (Y_i)}$$

Soll die *Gesamtabdeckung* für alle zum Outcome führenden Pfade gemeinsam errechnet werden, so wird die Mitgliedschaft aller Fälle in dem durch logisches ODER verbundenen Gesamtausdruck (z. B. A + BC + dE) berechnet und für X eingesetzt (Schneider und Wagemann 2007: 209f.).

Die alleinige Abdeckung ergibt sich durch die Subtraktion der Rohabdeckungen aller Pfade, außer dem Interessierenden, von der Gesamtabdeckung. Auch hier kann es für die Addition der alleinigen Abdeckungen zu Differenzen zur Gesamtabdeckung kommen. In dem Fall zeigt diese Abweichung die Überschneidung der Pfade an, also inwieweit sich Konfigurationen durch beide Pfade erklären lassen.

Natürlich gilt das spiegelbildliche Verhältnis von Konsistenz zu Abdeckung bei hinreichenden und notwendigen Bedingungen ebenfalls. Die Formel für die Abdeckung notwendiger Bedingungen für Fuzzy-Sets lautet wie die Formel für die Konsistenz hinreichender Bedingungen:

$$\text{Abdeckung für } (Y_i \leq X_i) = \frac{\sum (\min(X_i, Y_i))}{\sum (X_i)}$$

5.4 Fuzzy-Wahrheitstafel-Algorithmus

Dieser von Ragin (2005) entwickelte Algorithmus ermöglicht es, auch unscharfe Mitgliedswerte mithilfe einer Wahrheitstafel darzustellen und somit auf altbekannte Algorithmen zu deren Minimierung zurückgreifen zu können.

Durch die unscharfen Merkmalsbedingungen wird ein multidimensionaler Vektorraum mit 2^k Ecken aufgespannt. Diese Ecken entsprechen den Zeilen einer Wahrheitstafel und werden als Idealtypen bezeichnet, da sie nur die Ausprägungen ‚volle Mitgliedschaft' oder ‚Nicht-Mitgliedschaft' besitzen (vgl. Ragin 2005: 8).

Mithilfe der fuzzy Algebra ist es nun möglich, die Position eines Falles im Vektorraum zu bestimmen. Betrachtet man einen Fall mit den Werten A=0,2; B=0,7 und C=0,4, so kann man seine jeweilige Mitgliedschaft in den Ecken des Raumes mithilfe der booleschen Multiplikation bestimmen. Für die Ecke ABC ergibt sich dann beispielsweise eine Mitgliedschaft des Falls von 0,2, da ABC = min (0,2; 0,7; 0,4) = 0,2. Auf diese Weise lassen sich für einen Fall sämtliche Mitgliedschaften in den Ecken des Vektorraumes berechnen.

Für jeden Fall gibt es stets eine Ecke, in welcher der Mitgliedswert eines Falles größer als der Indifferenzpunkt ist. Im Beispiel wäre dies die Ecke aBc mit einem Wert von 0,6.[9] Es existiert jedoch eine Einschränkung auf die im Vorfeld bereits hingewiesen wurde. Ist einer Bedingung der fuzzy Wert von 0,5 zugeordnet, gibt es mehrere Ecken, in denen der entsprechende Fall gleich dem Übergangspunkt ist, aber keine mit einem Mitgliedswert größer als 0,5. Somit ist der Fall nicht eindeutig zuzuordnen und muss für die Analyse entfallen (vgl. Ragin 2005: 8ff.).

Um nun mit der Analyse der Wahrheitstafel beginnen zu können, muss erst einmal untersucht werden, welche Zeilen der Wahrheitstafel (Idealtypen) empirische Relevanz besitzen. Dazu ist es vonnöten, die notwendige Mindestanzahl von Fällen je Zeile zu definieren. Diese Entscheidung obliegt den Forschern und ist von analysespezifischen Charakteristika, wie etwa der Zahl der Kausalbedingungen oder aber der Präzision in der Kalibrierung der unscharfen Mengen, abhängig (Schneider 2006b: 13). Laut Schneider (2006b) sollte bei kleinen bis mittleren Fallzahlen mindestens ein Fall pro Eigenschaftsraumecke vorliegen. Die auf diesem Wege reduzierte Wahrheitstafel wird nun auf hinreichende Bedingungen untersucht. Dies geschieht mithilfe des Konsistenzmaßes. Auch hier gilt, dass die Forscher selbst entscheiden, welche Grenze sie hinsichtlich der Konsistenz wählen. Da es der Definition einer hinreichenden Bedingung entspricht, dass sie das Outcome zwangsläufig nach sich zieht, ist es in diesem Schritt möglich, jenen Zeilen der Wahrheitstafel den Outcomewert 1 zuzuord-

---

9   aBc = min [(1-0,2);0,7;(1-0,4)] = min (0,8; 0,7; 0,6) = 0,6

nen. Die anderen Zeilen werden entsprechend mit dem Wert 0 kodiert. Logische Rudimente werden entweder nicht weiter aufgeführt oder mit einem Fragezeichen kodiert. Die auf diesem Wege entstandene Wahrheitstafel gleicht nun der einer csQCA. Dabei muss jedoch berücksichtigt werden, dass der Outcomewert von 1 hier nicht für eine ‚Vorliegen des Outcomes', sondern für eine ‚ausreichend konsistente hinreichende Bedingung für das Outcome' steht (Schneider und Wagemann 2007: 223). Nichtsdestotrotz kann mit der vorliegenden Wahrheitstafel nun auf die gleiche Weise verfahren werden wie bei der csQCA.

6 Software

QCA eignet sich durch die einfache Implementierung von formal-logischen Algorithmen sehr gut für den rechnergestützten Einsatz. Es existieren verschiedene Softwarepakete, mit denen QCA-Analysen durchgeführt werden können. Natürlich ist aber auch hier dieselbe Vorsicht geboten, die bei aller wissenschaftlicher Software angezeigt ist. Auch mit QCA lassen sich viele unsinnige Ergebnisse produzieren. Gerade bei dieser Methode ist es besonders wichtig, durch die Arbeit am Computer den theoretischen Kontext und den Blick für die Konfigurationen als Gesamtheiten nicht aus den Augen zu verlieren.

Welche Software für den Anwender die richtige ist, hängt auch von persönlichen Präferenzen ab. Es sei nur jedem empfohlen, die verschiedenen Programme selbst auszuprobieren und den eigenen Favoriten ausfindig zu machen. Die Links zu jeder Software und dazugehörigen Handbüchern finden sich unter www.compasss.org.

Unter den Softwarepaketen für QCA sind zuerst die von Ragin selbst entwickelten Programme *QCA* und *fsQCA* (Ragin et al. 2006) zu erwähnen. Während der Vorgänger QCA nur Crisp-Set QCA beherrscht, ist fsQCA in der Lage, sowohl Crisp-Set als auch Fuzzy-Set Analysen durchzuführen. Aktuell arbeiten die Entwickler von fsQCA an einer neuen Version, die Verbesserungen bezüglich der Geschwindigkeit, der Anzahl implementierter Algorithmen und der Anzahl der zu untersuchenden Bedingungen bieten soll.

Unter der Leitung von Lasse Cronqvist wurde am politikwissenschaftlichen Bereich der Universität Marburg die Software *Tosmana* (Cronqvist 2006) entwickelt. Ein wesentlicher Unterschied zu den anderen Paketen ist die Möglichkeit zur mvQCA.

Auch für die Statistiksoftware R existiert ein QCA-Paket (Duşa 2006a). Es kann entweder nur als Kommandozeilenversion oder auch mit einer grafischen Benutzeroberfläche integriert werden. Mit dem Paket kommen einige Beispieldatensätze, die erste Gehversuche vereinfachen. Ein großes Manko des Pakets ist die durch den Algorithmus (Quine-McClusky) und dessen Speicheranforderungen resultierende Beschränkung der analysierbaren Bedingungen. Die Grenze liegt bei acht bis neun Bedingungen (Duşa 2006b: 13). Der Vorteil dieses Paketes ist der relativ große und stetig wachsende Bekanntheits- und Verbreitungsgrad von R, die freie Verfügbarkeit und die Einsetzbarkeit auf vielen Betriebssystemen.

Einen anderen Ansatz verfolgen die Entwickler von *BOOM II* (BOOlean Minimization) (Fišer und Jan 2003). Das Nachfolgeprojekt von *Espresso*, einem mittlerweile nicht mehr weiterverfolgten Softwareprojekt zur rechnergestützten QCA, ersetzt das übliche Minimieren von oben nach unten durch ein bottom-up Verfahren, in dem vom einfachsten Ausdruck aus Stück für Stück Bedingungen hinzugefügt werden, bis eine minimale Lösung gefunden ist. Eine weitere Überarbeitung sorgt dafür, dass eine noch größere Anzahl an Bedingungen untersucht werden kann. Die Funktionalität dieses Ansatzes ist jedoch noch nicht völlig geklärt (Duşa 2007: 3f.).

7 Zusammenfassung und Ausblick

Betrachtet man QCA als separaten Forschungsansatz, hat er genau dort seine Stärken, wo qualitativen und quantitativen Methoden oftmals die Hände gebunden sind. So bietet er besonders bei mittleren Fallzahlen gute Analysemöglichkeiten, ein Bereich, dessen Analyse bislang eher mit Schwierigkeiten verbunden war. Dort ist es vor allem die Symbiose aus beiden Richtungen, namentlich der qualitative Unterbau mit der Analyse auf notwendige und hinreichende Bedingungen und das standardisierte, auf einem Algorithmus basierende, Analyseverfahren. Zudem bietet QCA einen guten Umgang mit dem Problem der begrenzten empirischen Vielfalt, da man hier, im Gegensatz zu vielen anderen Verfahren, explizit darauf gestoßen wird und eine Reihe von Lösungsstrategien für ebendieses Problem zur Verfügung stehen. Eine weitere positive Eigenschaft zeigt sich in der Möglichkeit, das Nichtauftreten des Outcomes separat zu analysieren. Dies trägt der Tatsache Rechnung, dass die zu untersuchenden Strukturen sozialwissenschaftlicher Phänomene oftmals asymmetrischer Natur sind. Darüber hinaus bietet fsQCA mit der Aufhebung der Notwendigkeit zur Dichotomisierung ein Forschungsinstrument, welches bei der Analyse einer Vielzahl von sozialwissenschaftlichen Fragestellungen zur Anwendung kommen kann. Doch bleibt zu erwähnen, dass eine der größten Stärken von QCA, die Möglichkeit der Untersuchungen von mittleren N, auch bedeutet, dass es als Mittel für die Analyse großer aber auch kleiner Fallzahlen nur bedingt geeignet ist. Dies ist zum einen dem Umstand geschuldet, dass eine Fallvertrautheit, wie sie bei QCA unumgänglich ist, bei großen Fallzahlen schwer zu realisieren ist. Zum anderen verliert QCA bei kleinen Ns viele seiner Vorteile. So nimmt mit sinkender Fallzahl das Problem der begrenzten empirischen Vielfalt zu und viele Merkmalsbedingungen werden nur noch durch wenige Fälle repräsentiert. Letztlich lebt QCA von der Umsichtigkeit der Forscher, sowohl was den Bereich der Fallauswahl, der Kalibrierung und den dort notwendigen Dokumentationsprozessen, als auch den Umgang mit begrenzter empirischer Vielfalt und der daraus möglicherweise resultierenden Notwendigkeit der Respezifikation angeht.

Neben der Weiterentwicklung grafischer Präsentationsmöglichkeiten[10] ist ein potentielles zukünftiges Arbeitsfeld die Weiterentwicklung der sogenannten two-step QCA. Grundsätzlich kann mit QCA eine Vielzahl an Bedingungen auf ihre Kausalwirkung für das Outcome untersucht werden. Dies scheitert aber in der Praxis sowohl am Problem der begrenzten empirischen Vielfalt, als auch an den oftmals überkomplexen Ergebnissen. Dieses Problem versucht two-step QCA anzugehen, indem zwischen kausal nahen und fernen Bedingungen differenziert wird. Letztere können als strukturelle Faktoren gewertet werden. Die kausal fernen Bedingungen werden zuerst in einer separaten Analyse auf ihre Bedeutung hin untersucht. Im zweiten Schritt werden die aus der ersten Analyse bekannten relevanten Bedingungen jeweils mit den kausal nahen Faktoren zusammen analysiert. Dieses Vorgehen erinnert an Mehrebenenmodelle und soll, neben der Überkomplexität und der empirischen Vielfalt, auch die theoretische Aussagefähigkeit von QCA verbessern. Der Ansatz eines two-step Modells findet sich bei Wagemann und Schneider (2003).

8 Literatur

Berg-Schlosser, Dirk; Quenter, Sven (1996): Makro-quantitative vs. Makro-qualitative Methoden in der Politikwissenschaft – Vorzüge und Mängel komparativer Verfahrensweisen am Beispiel der Sozialstaatstheorie. In: *Politische Vierteljahresschrift 37, Heft 1*: 100–118.

Cronqvist, Lasse (2005): Introduction to Multi-Value Qualitative Comparative Analysis (MVQCA). www.tosmana.net/resources/introduction_to_mvqca.pdf (abgerufen am 22.05.2008).

Cronqvist, Lasse (2006): Tosmana Tool for SmallN Analysis [Version 1.255]. Marburg. http://www.tosmana.net (abgerufen am 09.06.2008).

Cronqvist, Lasse (2007): Konfigurationelle Analyse mit Multi-Value QCA als Methode der Vergleichenden Politikwissenschaft mit einem Fallbeispiel aus der Vergleichenden Parteienforschung (Erfolg Grüner Parteien in den achtziger Jahren). Inauguraldissertation zur Erlangung des Grades eines Doktors der Philosophie dem Fachbe-

---

10 Eine ausführlichere Diskussion des Problems der grafischen Präsentation von QCA-Studien findet sich bei Duşa (2006b).

reich Gesellschaftswissenschaften und Philosophie der Philipps-Universität Marburg. www.archiv.ub.uni-marburg.de/diss/z2007/0620/pdf/cronqvist.pdf (abgerufen am 22.05.2008).

Duşa, Adrian (2006a): QCAGUI Package for R. Bucharest. http://cran.r-project.org/web/packages/QCAGUI/index.html (abgerufen am 09.06.2008).

Duşa, Adrian (2006b): User manual for the QCA(GUI) package in R. http://www.compasss.org/DusaUserManualQCA(GUI).pdf (abgerufen am 09.06.2008).

Duşa, Adrian (2007): A mathematical approach to the boolean minimization problem. Compasss Working Papers 2007-46.

Fišer, Patrick; Jan, Hlavička (2003): BOOM — a Heuristic Boolean Minimizer. In: *Comput Inform* 22, 19–51.

Lieberson, Stanley (2005[1992]): Small N's and big conclusions: an examination of the reasoning in comparative studies based on a small number of cases. In: Ragin, Charles C.; Becker, Howard S. (Hrsg.): What is a case? Exploring the Foundations of Social Inquiry. Cambridge University Press: 105–118.

Mill, John Stuart (1865): Of the Four Methods of Experimental Inquiry. In: Mill, John Stuart: System of Logic, Ratiocinative and Inductive, Vol. 1, Book 3, Chap VIII, Sixth Edition: 427–450.

Pennings, Paul (2003): The Methodology of the Fuzzy-Set Logic. In: Pickel, Susanne et al. (Hrsg.): Vergleichende politikwissenschaftliche Methoden. Neue Entwicklungen und Diskussionen. Wiesbaden: Westdeutscher Verlag: 87–103.

Ragin, Charles C. (1987): The Comparative Method. Moving beyond Qualitative and Quantitative Strategies. Berkeley, Los Angeles, London: Universityof California Press.

Ragin, Charles C. (1997): Turning the tables: How case-oriented research challenges variable-oriented research. In: *Comparative Social Research 16*: 27–42.

Ragin, Charles C. (2003): Recent advances in fuzzy-set methods and their application to policy questions. Compasss Working Papers 2003-9.

Ragin, Charles C. (2005): From Fuzzy Sets to Crisp Truth Tables. Compasss Working Papers 2004-28.

Ragin, Charles C. (2006): Set Relations in Social Research: Evaluating Their Consistency and Coverage. In: *Political Analysis 14*: 291–310.

Ragin, Charles C. (2007a): Vorwort. In: Schneider, Carsten Q.; Wagemann, Claudius (2007): Qualitative Comparative Analysis (QCA) und Fuzzy Sets. Ein Lehrbuch für Anwender und jene, die es werden wollen. Opladen, Farmington Hills: Verlag Barbara Budrich.

Ragin, Charles C. (2007b): Fuzzy Sets: Calibration Versus Measurement. Compasss Working Papers 2007-44.

Ragin, Charles C.; Zaret, David (1983): Theory and Method in Comparative Research: Two Strategies. In: *Social Forces, 61:3:* 731–754.

Ragin, Charles C.; Kriss A. Drass; Sean Davey (2006): Fuzzy-Set/Qualitative Comparative Analysis 2.0. Tucson, Arizona: Department of Sociology, University of Arizona.

Schneider, Carsten Q. (2006a): Qualitative Comparative Analysis und Fuzzy Sets. In: Behnke et al. (Hrsg.): Methoden der Politikwissenschaft. Neuere qualitative und quantitative Analyseverfahren. Baden Baden: Nomos: 273–285.

Schneider, Carsten Q. (2006b): Qualitative Comparative Analysis und Fuzzy Sets. In: Behnke et al. (Hrsg.): Methoden der Politikwissenschaft. Neuere qualitative und quantitative Analyseverfahren. Baden Baden: Nomos: 273–285. Onlineanhang II, Version 19.9.2006.

Schneider, Carsten Q.; Wagemann, Claudius (2007): Qualitative Comparative Analysis (QCA) und Fuzzy Sets. Ein Lehrbuch für Anwender und jene, die es werden wollen. Opladen, Farmington Hills: Verlag Barbara Budrich.

Wagemann, Claudius; Schneider, Carsten Q. (2003): Fuzzy-Set Qualitative Comparative Analysis (fs/QCA): Ein Zwei-Stufen-Modul. In: Pickel, Susanne et al. (Hrsg.): Vergleichende politikwissenschaftliche Methoden. Neue Entwicklungen und Diskussionen. Wiesbaden: Westdeutscher Verlag: 105–133.

Wagemann, Claudius; Schneider, Carsten Q. (2007): Standards of Good Practice in Qualitative Comparative Analysis (QCA) and Fuzzy-Sets. Compasss Working Paper 2007-51.

Diagnostik von Regressionsschätzungen bei kleinen Stichproben (mit einem Exkurs zu logistischer Regression)

Ben Jann

> We are usually happier about asserting a regression relation if the relation is still apparent after a few observations (any ones) have been deleted – that is, we are happier if the regression relation seems to permeate all the observations and does not derive largely from one or two (Anscombe 1973: 18).

> An apparently wild (or otherwise anomalous) observation is a signal that says: „Here is something from which we may learn a lesson, perhaps of a kind not anticipated beforehand, and perhaps more important than the main object of the study" (Kruskal 1960: 1).

Zusammenfassung:[1]
Wie alle anderen statistischen Verfahren konzentriert sich auch die Methode der Regression nur auf die Analyse ausgewählter Aspekte vorliegenden Datenmaterials. Entsprechend sind zu gegebenen Regressionsergebnissen ganz unterschiedliche Datenkonstellationen denkbar, wovon aber für die Interpretation der Ergebnisse nicht alle unproblematisch sind. So besteht besonders bei kleinen Stichproben die Gefahr, dass die Regressionsschätzung entscheidend von einzelnen Extremwerten abhängt, was die Verlässlichkeit der daraus abgeleiteten Schlussfolgerungen beeinträchtigt. In diesem Beitrag werden deshalb anhand von Beispielen einige einfache grafische und formale Instrumente zur Diagnose einflussreicher Datenpunkte in der linearen und logistischen Regression vorgestellt, die im Prozess der Datenanalyse standardmäßig angewendet werden sollten. Weiterhin werden nach Identifikation „atypischer" Datenpunkte zu verfolgende Analysestrategien diskutiert.

---

1 Dieser Beitrag ist eine gekürzte, um den Exkurs zu logistischer Regression erweiterte Fassung des Artikels „Diagnostik von Regressionsschätzungen bei kleinen Stichproben", erschienen in: Andreas Diekmann (Hg.) 2006: Methoden der Sozialforschung. Sonderheft 44 der Kölner Zeitschrift für Soziologie und Sozialpsychologie. Wiesbaden: VS Verlag für Sozialwissenschaften, S. 421–452.

1 Viele Wege führen nach Rom

Die Methode der Regression ist zweifelsohne eines der am häufigsten verwendeten Verfahren zur statistischen Behandlung von sozialwissenschaftlichen Fragestellungen. Trotz der sehr günstigen allgemeinen Eigenschaften und der unumstrittenen Nützlichkeit des Verfahrens ist es aber keineswegs so, dass eine Regressionsschätzung vorliegendes Datenmaterial umfassend beschreiben würde. Viele Eigenschaften der Daten bleiben verborgen und können an den üblicherweise im Rahmen einer Regressionsanalyse berechneten Zahlen nicht abgelesen werden. Entsprechend sind zu gegebenen Regressionsergebnissen ganz unterschiedliche Datenkonstellationen denkbar.

Ein eindrückliches Beispiel hierfür liefert Anscombe (1973): Die Daten, die den vier Diagrammen in Abbildung 1 zu Grunde liegen, führen jeweils zu den gleichen Schätzergebnissen. Die Regressionsgerade lautet in allen Diagrammen $Y = 3.0 + 0.5X$ und eine ganze Reihe weiterer Kennwerte ist jeweils praktisch identisch: Die Mittelwerte und Standardabweichungen der Variablen sind gleich ($\bar{X} = 9.0$, $s_X = 3.32$, $\bar{Y} = 7.5$, $s_Y = 2.03$) und in allen vier Fällen werden 67 % der Varianz der abhängigen Variablen erklärt. Zudem ergeben sich für die Regressionsparameter immer die gleichen Standardfehler (ca. 1.125 und 0.118), das heißt, auch die inferenzstatistischen Schlüsse (Hypothesentests über den Einfluss von X auf Y), die man aus den Ergebnissen ziehen würde, sind identisch.

Abbildung 1: Anscombes Quartet

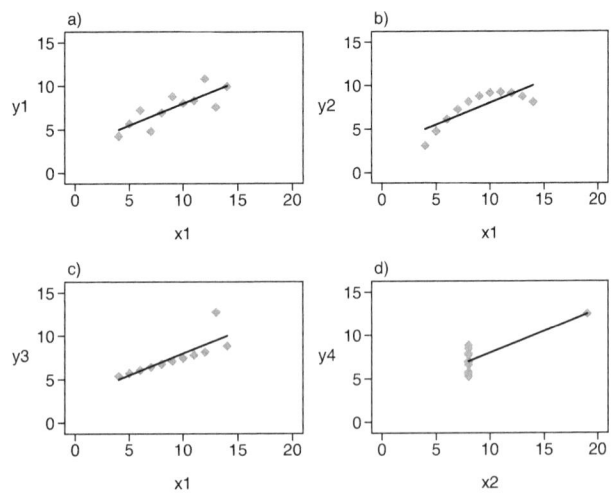

Weder an den normalerweise in Publikationen angegebenen Kennzahlen zu einer Regressionsschätzung noch anhand der Standardausgabe eines Statistikprogramms sind die vier Fälle also unterscheidbar. Dennoch würde man wohl nur von den Daten in Diagramm a) vorbehaltlos behaupten, dass sie durch die Regressionsgleichung adäquat beschrieben werden. Die Daten in Diagramm b) beruhen offensichtlich auf einem nichtlinearen Zusammenhang, in Diagramm c) gibt es einen einzelnen Datenpunkt der von einem sonst sehr deutlichen Zusammenhang abweicht und in Diagramm d) wird eine Regressionsschätzung überhaupt erst durch den Datenpunkt am rechten Rand der Abbildung ermöglicht. Ohne diesen Punkt wäre die Varianz der X-Variablen gleich null und somit die Steigung der Regressionsgeraden nicht bestimmbar.

Das Beispiel von Anscombe verdeutlicht die Notwendigkeit, die einer Regressionsschätzung zu Grunde liegenden Daten etwas genauer unter die Lupe zu nehmen und somit „Regressionsdiagnostik" zu betreiben. Einerseits werden bei der Schätzung von Regressionsmodellen verschiedene Annahmen getroffen, die mehr oder weniger stark verletzt sein können (in Abbildung 1b, zum Beispiel, wird die Annahme eines linearen Zusammenhangs zwischen Y und X verletzt), andererseits kann sich das Problem stellen, dass einzelne Messwerte in auffälliger Weise vom Rest der Daten abweichen (wie in Abbildung 1c) und unter Umständen einen sehr starken Einfluss auf die Ergebnisse der Regressionsschätzung nehmen (Abbildung 1d), was die Gültigkeit der Ergebnisse zumindest in Frage stellt.

Besonders in kleinen bis moderaten Stichproben können die Resultate einer Regression ganz entscheidend von einzelnen Extremwerten abhängen und die Daten sollten standardmäßig bezüglich des Vorliegens einer solchen Situation evaluiert werden. Ich werde deshalb in diesem Beitrag einige einfache grafische und formale Instrumente zur Diagnose von atypischen Datenkonstellationen vorstellen, wobei das Schwergewicht auf der Identifikation einflussreicher Datenpunkte liegen wird.[2] Nach einer kurzen Übersicht zur Notation werden im zweiten Abschnitt einige Plots zur grafischen Veranschaulichung der Datenstruktur vorgestellt. Abschnitt 3 befasst sich mit den wichtigsten Maßzahlen zur Diagnose von Ausreißern und einflussreichen Fällen und Abschnitt 4 enthält einen Exkurs zur Ausreißerdiagnose in der logistischen Regression. Abschnitt 5 fasst kurz zusammen und diskutiert sinnvolle Analysestrategien.

---

2 Die wichtigsten Grundlagenwerke zu diesem Thema sind Belsley et al. (1980), Cook und Weisberg (1982a) und Chatterjee und Hadi (1988); zugängliche Einführungen liefern Fox (1991) und Bollen und Jackman (1990). In deutscher Sprache finden sich entsprechende Abschnitte z. B. in Brüderl (2000) oder Kohler und Kreuter (2001).

Grundlegendes Modell und Notation: Im Folgenden wird i. d. R. von einem multiplen linearen Regressionsmodell

$$\mathbf{y} = \mathbf{X}\boldsymbol{\beta} + \boldsymbol{\varepsilon} \quad \text{mit} \quad E(\boldsymbol{\varepsilon}) = \mathbf{0}, \quad E(\boldsymbol{\varepsilon}\boldsymbol{\varepsilon}') = \sigma^2 \mathbf{I} \tag{1}$$

ausgegangen, wobei $\mathbf{y}$ ein $n \times 1$ Vektor der Werte der abhängigen Variablen, $\mathbf{x}$ eine $n \times k$ Matrix der Werte der Regressoren (inklusive Konstante), $\boldsymbol{\beta}$ ein $k \times 1$ Vektor der unbekannten Koeffizienten und $\boldsymbol{\varepsilon}$ ein $n \times 1$ Vektor der unbekannten Fehler ist. Es gelten die üblichen Annahmen (vgl. z. B. Cook und Weisberg 1999; Fox 1997; Greene 2003; Wooldridge 2003), insbesondere dass der Erwartungswert der Fehler gleich null ist und die Fehler unabhängig sind und konstante Varianz σ^2 aufweisen. Der Parametervektor $\boldsymbol{\beta}$ wird auf Grundlage der Kleinste-Quadrate-Methode (OLS) geschätzt als

$$\hat{\boldsymbol{\beta}} = \left(\mathbf{X}'\mathbf{X}\right)^{-1} \mathbf{X}'\mathbf{y} \tag{2}$$

und die Residuen (die geschätzten Fehler) ergeben sich als

$$\hat{\boldsymbol{\varepsilon}} = \mathbf{y} - \hat{\mathbf{y}} = \mathbf{y} - \mathbf{X}\hat{\boldsymbol{\beta}} \tag{3}$$

Die Kovarianz-Matrix der OLS-Koeffizienten schließlich wird berechnet als

$$Cov(\hat{\boldsymbol{\beta}}) = \hat{\sigma}^2 \left(\mathbf{X}'\mathbf{X}\right)^{-1} \tag{4}$$

wobei

$$\hat{\sigma}^2 = \frac{\hat{\boldsymbol{\varepsilon}}'\hat{\boldsymbol{\varepsilon}}}{n-k} \tag{5}$$

ein Schätzer für die Fehlervarianz ist.

2 Grafische Beurteilung der Daten

Einen guten ersten Überblick über die Beschaffenheit des Datenmaterials kann man sich meistens mit Hilfe von Grafiken verschaffen. Grafiken liefern zwar keine exakten Kennwerte, können aber sehr viel Information verdichten und auf einen Blick erfassbar machen. Im Falle einer bivariaten Regression kann zum Beispiel bereits ein einfaches Streudiagramm zwischen *X* und *Y* viele Eigenschaften der Daten wie etwa das Vorhandensein von Ausreißern oder auch Nichtlinearität oder Heteroskedastizität offen legen.

Die Streudiagramme in Abbildung 2 zeigen ein extremes Beispiel für einen Ausreißer. Die Daten stammen aus einer Studie von Dalton (2004), in der es darum geht, die länderspezifischen Unterschiede in der Mitgliedschaftsquote in Umweltorganisationen zu erklären. Bei den Mitgliedschaftsquoten handelt es sich um aggregierte Werte aus dem World Values Survey (1999 bis 2002, je nach Land). Dalton untersuchte unter anderem, inwieweit der Zulauf von Umweltorganisationen vom Wohlstand eines Landes (gemessen am kaufkraftbereinigten Pro-Kopf-Einkommen) und vom Grad der Demokratisierung (gemessen mit einem Indikator für die Pressefreiheit) abhängt. Klar erkennbar ist der Ausreißer Holland mit einer phänomenalen Mitgliederquote von rund 45 % und es stellt sich die Frage, inwieweit Holland überhaupt mit den übrigen Ländern verglichen werden kann. Es handelt sich offensichtlich um einen Spezialfall (oder um einen „Messfehler" z. B. aufgrund eines nicht vergleichbaren Messinstruments).[3] Auffällig ist zudem in Diagramm a) der Datenpunkt für Luxemburg, bei dem es sich um einen – allerdings weniger dramatischen – Ausreißer bezüglich der X-Achse, also des Pro-Kopf-Einkommens, handelt.

Neben bivariaten Streudiagrammen können viele weitere Grafiken zur Beurteilung von Regressionsschätzungen verwendet werden (eine sehr ausführliche Übersicht gibt Schnell 1994). Beispiele sind Streudiagramme der Residuen gegen die Vorhersagewerte zur Ermittlung von Heteroskedastizität und Histogramme oder Normal-Quantil-Plots der Residuen zur Beurteilung der Normalitätsannahme. Zur Diagnose von Ausreißern und einflussreichen Datenpunkten sind vor allem zwei Plots von Bedeutung und sollen deshalb hier genauer besprochen werden: partielle Regressionsplots und partielle Residuenplots.

---

[3] Dalton (2004) berichtet denn auch sämtliche Resultate jeweils unter Einschluss wie auch unter Ausschluss von Holland.

Abbildung 2: Mitgliedschaft in Umweltgruppen in Abhängigkeit von Wohlstand und Demokratieniveau (die gestrichelte Linie entspricht der Regressionsgerade unter Ausschluss von NLD)

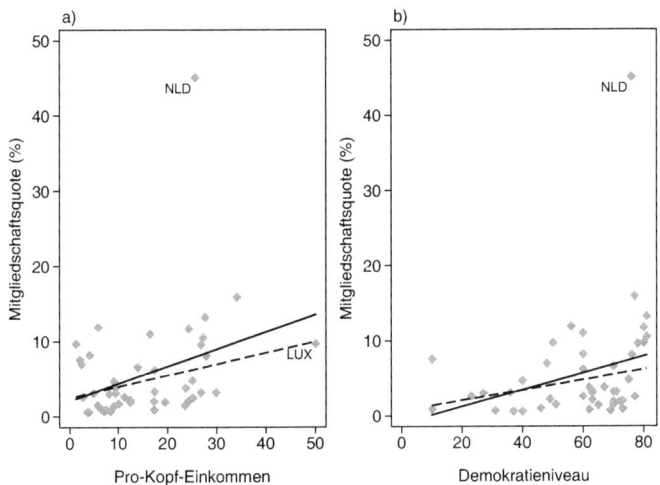

Quelle: Daten aus Dalton (2004), eigene Berechnungen

2.1 Partielle Regressionsplots

Für Modelle mit mehreren unabhängigen Variablen können Streudiagramme zwischen Y und den unabhängigen Variablen ein irreführendes Bild vermitteln, weil sie nur die bivariaten Zusammenhänge widerspiegeln, nicht jedoch die partiellen Einflüsse der Regressoren. Als Ergänzung sollte hier die Verwendung von partiellen Regressionsplots (*partial regression plot*; auch *added variable plot* oder *partial regression leverage plot*) in Betracht gezogen werden.

Ein partieller Regressionsplot für die Variable X_j in einem multiplen Regressionsmodell (1) wird erstellt, indem die Residuen einer Regression von Y auf $X_{\ell \neq j}$, das heißt auf alle anderen Regressoren *außer* X_j, gegen die Residuen einer Regression von X_j auf $X_{\ell \neq j}$ abgetragen werden. Es werden also zwei Modelle

$$\mathbf{y} = \mathbf{X}_{(-j)}\boldsymbol{\alpha} + \boldsymbol{\upsilon} \quad \text{und} \quad \mathbf{x}_j = \mathbf{X}_{(-j)}\boldsymbol{\gamma} + \boldsymbol{\nu}$$

geschätzt und dann deren Residuen $\hat{\mathbf{u}}$ und $\hat{\mathbf{v}}$ in einem Streudiagramm abgebildet ($\mathbf{X}_{(-j)}$ bezeichnet die Matrix der Werte der Regressoren ausschließlich X_j). Dies ist sinnvoll, da der Steigungskoeffizient des Modells

$$\hat{\mathbf{u}} = b_0 + b_1 \hat{\mathbf{v}} + \mathbf{e} \qquad (6)$$

gerade dem Koeffizienten für X_j in der multiplen Regression entspricht, also $\hat{b}_1 = \hat{\beta}_1$. Zudem gilt $\hat{\mathbf{e}} = \hat{\boldsymbol{\varepsilon}}$, das heißt, die Residuen von (6) sind identisch mit den Residuen aus der multiplen Regression (1). Von der Struktur her ist ein partieller Regressionsplot also immer noch ein einfaches Streudiagramm zwischen Y und X_j, außer dass die beiden Variablen um den Teil, der durch die anderen Regressoren $X_{\ell \neq j}$ erklärt wird, bereinigt wurden: Anstatt der ursprünglichen Y- und X_j-Werte werden die korrigierten Werte

$$\hat{\mathbf{u}} = \mathbf{y} - \mathbf{X}_{(-j)}\hat{\boldsymbol{\alpha}} \quad \text{und} \quad \hat{\mathbf{v}} = \mathbf{x}_j - \mathbf{X}_{(-j)}\hat{\boldsymbol{\gamma}}$$

verwendet.

Abbildung 3 zeigt die partiellen Regressionsplots für die Daten von Dalton (2004), wenn die Mitgliedschaftsquote in Umweltgruppen simultan auf das Pro-Kopf-Einkommen und das Demokratieniveau regressiert wird. Die Ergebnisse der Modellschätzung sind

$$\hat{Y} = \underset{(0.135)}{0.183} \cdot \text{Pro-Kopf-Einkommen} + \underset{(0.078)}{0.037} \cdot \text{Demokratieniveau} + \underset{(3.627)}{0.596}$$

(Standardfehler in Klammern, $N = 46$, $R^2 = 0.12$). Auffallend bei der Betrachtung von Abbildung 3 ist erstens, dass die Steigung der Geraden im Plot für das Demokratieniveau (Diagramm b) im Vergleich mit dem bivariaten Streudiagramm deutlich abgenommen hat (diese Aussage ist hier allerdings nur möglich, da die Skalierung der Achsen im Vergleich zum bivariaten Streudiagramm etwa gleich geblieben ist): Unter Kontrolle des Pro-Kopf-Einkommens (BIP) ist der Einfluss auf die Mitgliedschaftsquote praktisch null. Zweitens treten in Diagramm b) zwei Ausreißer bezüglich der X-Achse stärker hervor. Es handelt sich um die zwei Länder in der Stichprobe, die die geringste Pressefreiheit aufweisen: Vietnam (VNM) und Weißrussland (BLR).

Abbildung 3: Partielle Regressionsplots für die Mitgliedschaft in Umweltgruppen in Abhängigkeit von Wohlstand und Demokratieniveau

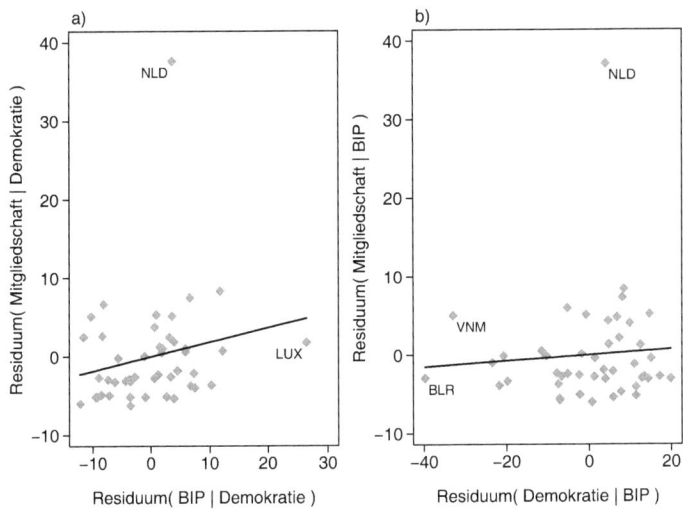

Quelle: Daten aus Dalton (2004), eigene Berechnungen

2.2 Partielle Residuenplots

Als Alternative und Ergänzung zu den partiellen Regressionsplots können auch partielle Residuenplots (*partial residual plot*; auch *component-plus-residual plot*) berechnet werden, wobei sich diese allerdings etwas weniger gut zur Identifikation von einflussreichen Datenpunkten eignen. Ihre Stärke liegt darin, dass sie nicht-lineare Zusammenhänge relativ gut sichtbar machen.[4] Die Bezeichnung *partial residual* bzw. *component-plus-residual* kommt daher, dass den Residuen der durch die Variable X_j erklärte Teil der Differenz $X_j - \overline{Y}$ wieder beigefügt wird, also

$$\mathbf{p}_j = \hat{\boldsymbol{\varepsilon}} + \hat{\beta}_j \mathbf{x}_j \tag{7}$$

Diese „partiellen" Residuen werden dann gegen die Werte von X_j abgetragen. Auch hier entspricht die Steigung der Regressionsgeraden in der Grafik gerade

---

4 Eine Variation des partiellen Residuenplots, die nichtlineare Zusammenhänge u. U. noch stärker verdeutlicht, wurde von Mallows (1986) vorgeschlagen (*augmented partial residual plot*).

wieder dem Koeffizienten $\hat{\beta}_j$ im multiplen Modell. Zur Verdeutlichung der Zusammenhangsform wird häufig eine Lowess-Kurve (*locally weighted scatterplot smoother*, Cleveland 1979; zur Berechnung siehe z. B. Schnell 1994: 112f. oder Fox 1991: 85ff.; zu Alternativen vgl. z. B. Fox 2000) eingetragen.

Abbildung 4 zeigt die partiellen Residuenplots für die Daten von Dalton (2004). Eingezeichnet ist jeweils eine Lowess-Kurve unter Berücksichtigung aller Datenpunkte (gestrichelt) und eine Lowess-Kurve unter Ausschluss von Holland (gepunktet). Bezüglich des Pro-Kopf-Einkommens (Diagramm a) zeichnet sich ein eher U-förmiger Zusammenhang ab, wobei Luxemburg (ganz rechts) nicht ins Bild passt; im Plot für das Demokratieniveau (Diagramm b) verläuft die Lowess-Kurve bis zu Skalenwert 70 praktisch horizontal und steigt danach stark an. Es liegen also für beide Zusammenhänge Hinweise auf Nichtlinearitäten vor. Die Fallzahlen sind allerdings klein und die beobachteten Muster könnten rein durch Zufall zustande gekommen sein. Eine Anpassung des Modells (z. B. Modellierung eines parabolischen Effekts für das Pro-Kopf-Einkommen) wäre deshalb nur bei Vorliegen stichhaltiger theoretischer Argumente für die gewählten Zusammenhangsformen zu empfehlen.

Abbildung 4: Partielle Residuenplots für die Mitgliedschaft in Umweltgruppen

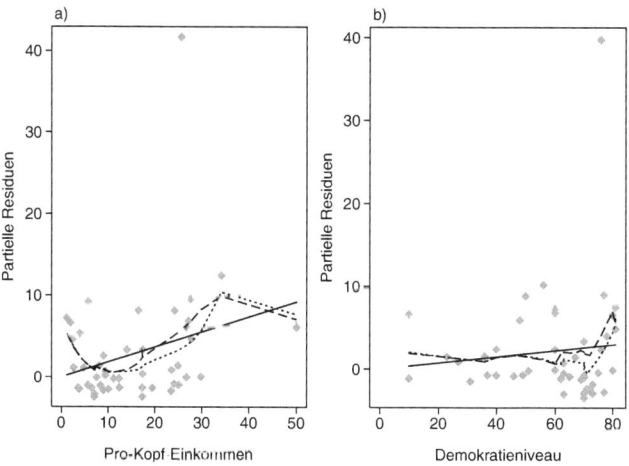

Quelle: Daten aus Dalton (2004), eigene Berechnungen.

3 Formale Identifikation einflussreicher Datenpunkte

Ausreißer werden klassischerweise als Datenpunkte definiert, die vom Großteil der anderen Punkte stark abweichen (vgl. z. B. Beckman und Cook 1983; Barnett und Lewis 1995). Nicht jeder Ausreißer ist aber unbedingt ein Problem bei der Schätzung eines Regressionsmodells. Es geht also nicht einfach darum zu ermitteln, ob gewisse Fälle beispielsweise unüblich große oder kleine Y-Werte aufweisen. Vielmehr ist das Ziel, diejenigen Punkte zu identifizieren, die einen besonderen Einfluss auf die Regressionsergebnisse ausüben. Belsley et al. (1980: 11) definieren solche Fälle wie folgt:

> „An influential observation is one which, either individually or together with several other observations, has a demonstrably larger impact on the calculated values of the various estimates (coefficients, standard errors, t-values, etc.) than is the case for most of the other observations."

Ein offensichtlicher Ansatz zur Bestimmung des Einflusses von Beobachtungen, der diese Definition sehr direkt umsetzt, liegt in der Messung der Veränderung der Schätzresultate, wenn ein Punkt (oder eine Gruppe von Punkten) aus der Datenmatrix gelöscht wird. Der Ausschluss eines Datenpunktes kann sich dabei auf unterschiedliche Kennzahlen der Regressionsschätzung auswirken: „The question 'Influence on what?' is, therefore, an important one" (Chatterjee und Hadi 1986: 380). Entsprechend findet sich in der Literatur eine ganze Reihe von Maßzahlen, die den Einfluss auf unterschiedliche Zielgrößen operationalisieren oder unterschiedlich standardisiert sind. Die meisten dieser Maßzahlen lassen sich jedoch als Funktion zweier zentraler Elemente verstehen: der Abweichung eines Punkts bezüglich des Vorhersagewertes der abhängigen Variablen sowie der relativen Lage des Punkts bezüglich der Werte der unabhängigen Variablen und somit der „Hebelwirkung" auf die Regressionsfunktion. Für die Bestimmung des Einflusses eines Datenpunktes ist also wohl von Bedeutung, inwieweit es sich um einen Ausreißer bezüglich der Y-Werte handelt (*fit-outlier*), jedoch auch, ob der Datenpunkt extreme X-Werte aufweist (*factor-outlier*).

3.1 Leverage

Die Leverage h_i („Hebelwirkung") erfasst den potentiellen Einfluss eines Datenpunktes $(Y_i, \mathbf{x}_i)$ auf die Vorhersagewerte $\hat{Y}$. Gegeben sei wiederum ein lineares Regressionsmodell

$$\mathbf{y} = \mathbf{X}\boldsymbol{\beta} + \boldsymbol{\varepsilon}$$

Diagnostik von Regressionsschätzungen bei kleinen Stichproben 103

Durch Einsetzen des OLS-Parameterschätzer $\hat{\boldsymbol{\beta}} = (\mathbf{X}'\mathbf{X})^{-1}\mathbf{X}'\mathbf{y}$ erhält man die Vorhersagewerte für Y:

$$\hat{\mathbf{y}} = \mathbf{X}\hat{\boldsymbol{\beta}} = \mathbf{X}(\mathbf{X}'\mathbf{X})^{-1}\mathbf{X}'\mathbf{y}$$

Man erkennt, dass die Vorhersagewerte von Y als Funktion der beobachteten Y-Werte verstanden werden können, was durch die folgende Formulierung verdeutlicht wird:

$$\hat{\mathbf{y}} = \mathbf{H}\mathbf{y} \quad \text{mit} \quad \mathbf{H} = \mathbf{X}(\mathbf{X}'\mathbf{X})^{-1}\mathbf{X}' \tag{8}$$

Die $n \times n$ Matrix $\mathbf{H}$ wird als „hat matrix" bezeichnet weil sie die Y-Werte in die $\hat{Y}$-Werte überführt (Hoaglin und Welsch 1978; Chatterjee und Hadi 1986 hingegen sprechen von einer „Prädiktionsmatrix"). Als Projektionsmatrix ist $\mathbf{H}$ symmetrisch und idempotent, das heißt $\mathbf{H}' = \mathbf{H}$ und $\mathbf{H}^2 = \mathbf{H}$, und es gilt

$$h_{ii} = h_{ii}^2 + \sum_{j \neq i} h_{ij}^2 = \sum_{j=1}^{n} h_{ij}^2 \quad \text{mit } h_{ii} \in [0,1]$$

Ein Diagonalelement $h_i = h_{ii}$ lässt sich somit als ein zusammenfassendes Maß für den potentiellen Einfluss von $(Y_i, \mathbf{x}_i)$ auf die Vorhersagewerte interpretieren und wird Leverage (Hebelwirkung) oder „Hut-Wert" (*hat value*) genannt.

Wie man an (8) erkennt, ist h_i lediglich eine Funktion der beobachteten X-Werte und hat mit den Werten der abhängigen Variablen nichts zu tun. Tatsächlich kann h_i als relative (quadratische) Distanz zwischen $\mathbf{x}_i$ und $\bar{\mathbf{x}}$, dem Vektor der Mittelwerte der Regressoren, verstanden werden, was durch die Berechnungsformel für h_i im Falle eines einfachen Regressionsmodells mit nur einem Regressor verdeutlicht wird:

$$h_i = \frac{1}{n} + \frac{(X_i - \bar{X})^2}{\sum_{j=1}^{n}(X_j - \bar{X})^2}$$

Für Modelle mit mehreren Regressoren lässt sich dies allgemein formulieren als

$$h_i = \frac{1}{n} + \frac{MD_i^2}{n-1}$$

mit MD_i als der Mahalanobis-Distanz der X_i-Werte vom Vektor der Mittelwerte, also

$$MD_i^2 = (\mathbf{x}_i - \overline{\mathbf{x}})' Cov(X)^{-1} (\mathbf{x}_i - \overline{\mathbf{x}})'$$

(vgl. z. B. Weisberg 1985: 112; $Cov(X)$ ist die Kovarianz-Matrix der X-Variablen). Extremwerte auf den unabhängigen Variablen führen somit zu hoher Leverage.

Zur Identifikation von Datenpunkten mit beachtenswerter Leverage wird i. d. R. der Schwellenwert $h_i > 2k/n$ verwendet (die Schranke entspricht dem zweifachen Durchschnitt der h_i, da $\sum_{i=1}^{n} h_i = k$, vgl. Hoaglin und Welsch 1978; siehe auch Belsley et al. 1980: 17). Hohe Leverage wirkt sich indes aber nur dann auf die Schätzer für die Regressionsparameter aus, wenn zusätzlich Y_i selbst „aus der Reihe tanzt", das heißt, bei der Leverage handelt es sich nur um ein Maß für den potentiellen Einfluss. Dies wird in Abbildung 5 veranschaulicht. Für den markierten Punkt in den Diagrammen a) und b) besteht jeweils eine sehr hohe Leverage ($h_i = 0.82$), nur in Diagramm b) hat der Punkt aber auch einen starken Einfluss auf die Lage der Regressionsgeraden. Wird der Punkt bei der Berechnung weggelassen, verläuft die Regressionsgerade viel flacher (gestrichelte Linie).

Abbildung 5: Leverage und Einfluss

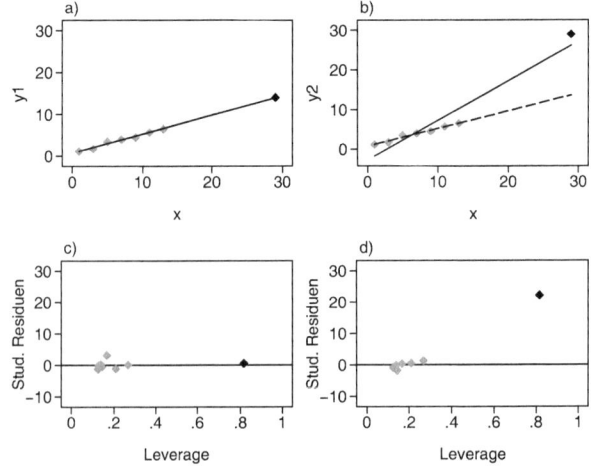

3.2 Residuen

Um Datenpunkte zu identifizieren, die einen starken Einfluss auf die Lage der Regressionsgeraden ausüben, muss also neben der Leverage auch noch berücksichtigt werden, inwieweit es sich bei den korrespondierenden Y-Werten um „Ausreißer" handelt, wofür die Residuen

$$\hat{\boldsymbol{\varepsilon}} = \mathbf{y} - \hat{\mathbf{y}} = [\mathbf{I} - \mathbf{H}]\mathbf{y}$$

herangezogen werden können. Man muss dabei aber bedenken, dass hohe Leverage zu tendenziell kleineren Residuen führt. Große Hebelwirkung hat ja gerade zur Folge, dass die Regressionsgerade näher an den entsprechenden Datenpunkt „herangezogen" wird. Auch wenn für die Fehler ε_i Homoskedastizität besteht, also $Var(\varepsilon_i) = \sigma^2$, lässt sich zeigen, dass die Residuen $\hat{\varepsilon}_i = Y_i - \hat{Y}_i$ unterschiedliche Varianzen aufweisen, nämlich $Var(\hat{\varepsilon}_i) = \sigma^2(1 - h_i)$ (vgl. z. B. Cook und Weisberg 1982a: 10ff.). Hohe Leverage führt also aufgrund der Hebelwirkung zu geringerer Residualvarianz und es liegt nahe, die Residuen mit Hilfe ihrer geschätzten Varianz zu standardisieren, also

$$\hat{\varepsilon}'_i = \frac{\hat{\varepsilon}_i}{\hat{\sigma}\sqrt{1 - h_i}} \qquad (9)$$

Allerdings sind $\hat{\sigma}$ und $\hat{\varepsilon}_i$ nicht unabhängig voneinander, so dass die so genannten studentisierten Residuen i. d. R. vorgezogen werden.[5] Diese sind definiert als

$$\hat{\varepsilon}^*_i = \frac{\hat{\varepsilon}_i}{\hat{\sigma}_{(-i)}\sqrt{1 - h_i}} \qquad (10)$$

wobei $\hat{\sigma}_{(-i)}$ den Schätzer für σ unter Ausschluss von Fall i bezeichnet.[6] Für $\hat{\sigma}_{(-i)}$ kann die folgende Berechnungsformel hergeleitet werden

---

[5] Das Attribut „studentisiert" (*studentized*) geht zurück auf William Sealey Gosset (1867–1937), der unter dem Pseudonym „Student" publizierte.

[6] Bezüglich der Benennung von $\hat{\varepsilon}'_i$ und $\hat{\varepsilon}^*_i$ herrscht ein ziemliches Durcheinander. Während einige Autoren im ersten Fall von den „standardisierten" Residuen sprechen, wenden Cook und andere auch hier den Begriff „Studentized residuals" oder genauer „internally Studentized residuals" an (z. B. Cook und Weisberg 1982a; Beckman und Cook 1983; Weisberg 1985). Für $\hat{\varepsilon}^*_i$ findet man neben dem Begriff „studentized residual" (Belsley et al. 1980; Velleman und Welsch 1981; Fox 1991) auch „externally Studentized residual" (Cook und Weisberg 1982a), „cross-

$$\hat{\sigma}_{(-i)} = \frac{(n-k)\hat{\sigma}^2}{n-k-1} - \frac{\hat{\varepsilon}_i^2}{(n-k-1)(1-h_i)} \qquad (11)$$

Die studentisierten Residuen $\hat{\varepsilon}_i^*$ entsprechen somit lediglich einer monotonen Transformation der standardisierten Residuen $\hat{\varepsilon}_i'$ (Atkinson 1981). Sie haben jedoch den Vorteil, dass sie große Abweichungen stärker hervorheben und unter den Standardannahmen der linearen Regression einer t-Verteilung mit $n-k-1$ Freiheitsgraden folgen. Als Schwelle zur Identifikation von beachtenswerten Residuen wird i. d. R. $|\hat{\varepsilon}_i^*| > 2$ empfohlen. Unter Normalbedingungen befinden sich ca. 5 % der Datenpunkte in diesem Bereich.

3.3 Einfluss auf die Koeffizienten und Vorhersagewerte

Erst durch die gemeinsame Betrachtung der Leverage h_i und der studentisierten Residuen $\hat{\varepsilon}_i^*$, beispielsweise wenn die beiden Größen in einem Streudiagramm gegeneinander abgetragen werden, können Datenpunkte identifiziert werden, die einen großen Einfluss auf die Regressionsschätzung ausüben.[7] In Abbildung 5 ist dies exemplarisch veranschaulicht: nur in Diagramm b) hat der markierte Punkt einen starken Einfluss auf die Lage der Regressionsgeraden, da er im Plot mit den Residuen und der Leverage auf beiden Achsen hohe Werte aufweist (Diagramm d). Am Vergleich der Diagramme b) und d) erkennt man zudem sehr schön die Beziehung zwischen den unstandardisierten und den studentisierten oder standardisierten Residuen: Der markierte Punkt liegt aufgrund der hohen Leverage kaum weiter weg von der Regressionsgerade als andere Punkte, das studentisierte Residuum, bei dem um den Einfluss der Leverage korrigiert wird, ist jedoch sehr groß.

---

validatory residual" (Atkinson 1981) oder „jackknifed residual" (Rousseeuw und Leroy 1987). In SPSS wird $\hat{\varepsilon}_i'$ als „Studentized residual" (SRESID) und $\hat{\varepsilon}_i^*$ als „Studentized deleted residual" (SDRESID) bezeichnet. Der Begriff „Standardized residual" (ZRESID) bezieht sich in SPSS auf den Ausdruck $\hat{\varepsilon}_i / \hat{\sigma}$.

7 Eine andere Darstellungsform mit ähnlichem Informationsgehalt ist der L-R-Plot (*leverage residual plot*), bei dem h_i gegen $\hat{\varepsilon}_i^2 /(n-k)\hat{\sigma}^2$ abgetragen wird (Gray 1986, 1989a).

Abbildung 6: Studentisierte Residuen und Leverage für das Modell zur Erklärung länderspezifischen Mitgliederquote in Umweltgruppen

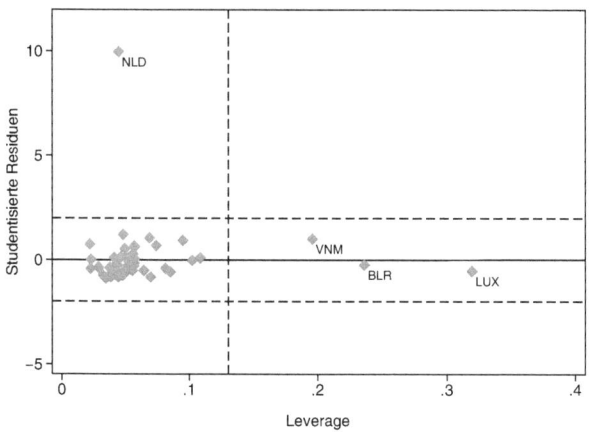

Abbildung 6 zeigt ferner ein Streudiagramm der Leverage und studentisierten Residuen für die in Abbildung 2 vorgestellten Daten (es handelt sich um die h_i- und $\hat{\varepsilon}_i^*$-Werte, die man bei einer Regression der Mitgliedschaftsquoten in Umweltgruppen auf das Pro-Kopf-Einkommen und das Demokratieniveau erhält). Zusätzlich sind als gestrichelte Linien die oben angegebenen Schwellenwerte eingetragen ($\hat{\varepsilon}_i^* = \pm 2$ und $h = 2k/n = 2 \cdot 3/46 = 0.13$). Man kann erkennen, dass der massive Y-Ausreißer Holland (NLD) für die Lage der Regressionsparameter gar nicht unbedingt ein so gravierendes Problem darstellt, da er eine relativ geringe Leverage hat. Weiterhin ist das im bivariaten Streudiagramm für den Regressor „Pro-Kopf-Einkommen" identifizierte Luxemburg (LUX) zwar ein Punkt mit hoher Leverage, der tatsächliche Einfluss ist aber ebenfalls gering aufgrund des kleinen Residuums. Weitere, allerdings ebenfalls eher problemlose Extremwerte bezüglich der Leverage sind Vietnam (VNM) und Weißrussland (BLR).

3.3.1 Gesamteinfluss

Man kann nun versuchen, das Zusammenspiel von Leverage und studentisierten Residuen mit Hilfe einer einzigen Maßzahl für den Gesamteinfluss eines Datenpunktes auf die Regressionsschätzung auszudrücken. Die am häufigsten verwendeten derartigen Statistiken sind Cooks D (Cook 1977) und die Maßzahl *DFFITS* (Belsley et al. 1980). Cooks D wurde als Maß für die Veränderung im geschätzten Parametervektor entwickelt, wenn eine Beobachtung i aus dem Datensatz eliminiert wird, und ist definiert als

$$D_i = \frac{(\hat{\boldsymbol{\beta}}_{(-i)} - \hat{\boldsymbol{\beta}})' \mathbf{X}'\mathbf{X}(\hat{\boldsymbol{\beta}}_{(-i)} - \hat{\boldsymbol{\beta}})}{k\sigma^2}, \quad i = 1,\ldots,n$$

wobei $\hat{\boldsymbol{\beta}}_{(-i)}$ den Parameterschätzer unter Ausschluss des Datenpunktes i symbolisiert. Alternativ lässt sich D_i auch als Veränderung in den Vorhersagewerten interpretieren, wenn Punkt i bei der Schätzung weggelassen wird, also

$$D_i = \frac{(\hat{\mathbf{y}}_{(-i)} - \hat{\mathbf{y}})'(\hat{\mathbf{y}}_{(-i)} - \hat{\mathbf{y}})}{k\sigma^2}$$

mit $\hat{\mathbf{y}}_{(-i)}$ als Vektor der Vorhersagewerte bei Verwendung der Schätzers $\hat{\boldsymbol{\beta}}_{(-i)}$, also $\hat{\mathbf{y}}_{(-i)} = \mathbf{X}\hat{\boldsymbol{\beta}}_{(-i)}$. Die Maßzahl kann aber auch einfach als Funktion der Leverage h_i und des standardisierten Residuums $\hat{\varepsilon}'_i$ formuliert werden:

$$D_i = \frac{\hat{\varepsilon}'^2_i}{k} \cdot \frac{h_i}{1-h_i} = \frac{1}{k} \cdot \frac{\hat{\varepsilon}^2_i}{\hat{\sigma}^2(1-h_i)} \cdot \frac{h_i}{1-h_i} \tag{12}$$

Die Maßzahl *DFFITS* hat einen leicht anderen Fokus. Sie misst die (standardisierte) Veränderung des Vorhersagewertes Y_i, wenn Punkt i für die Schätzung des Parametervektors weggelassen wird, und ist definiert als

$$DFFITS_i = \frac{\hat{Y}_i - \hat{Y}_{i(-i)}}{\hat{\sigma}_{(-i)}\sqrt{h_i}} = \frac{\mathbf{x}_i(\hat{\boldsymbol{\beta}} - \hat{\boldsymbol{\beta}}_{(-i)})}{\hat{\sigma}_{(-i)}\sqrt{h_i}}, \quad i = 1,\ldots,n$$

Auch diese Statistik lässt sich mit Hilfe der Leverage und der Residuen ausdrücken, nämlich

$$DFFITS_i = \hat{\varepsilon}^*_i \sqrt{\frac{h_i}{1-h_i}} = \frac{\hat{\varepsilon}_i}{\hat{\sigma}\sqrt{1-h_i}} \sqrt{\frac{h_i}{1-h_i}} \tag{13}$$

Aus (12) und (13) folgt zudem

Diagnostik von Regressionsschätzungen bei kleinen Stichproben 109

$$D_i = \frac{1}{k}\left(DFFITS_i \frac{\hat{\sigma}_{(-i)}}{\hat{\sigma}}\right)^2$$

Die beiden Maße sind also trotz der unterschiedlichen Ausgangslage sehr ähnlich. Es sollte folglich nicht eine bedeutende Rolle spielen, welche der Statistiken man verwendet. Der einzige substantielle Unterschied ist, dass bei DFFITS das studentisierte Residuum verwendet wird, bei Cooks D jedoch das standardisierte, was DFFITS etwas sinnvoller erscheinen lässt (vgl. auch Bollen und Jackman 1990: 266). Als kritische Bereiche werden i. d. R. $|DFFITS| > 2\sqrt{k/n}$ und folglich $D > 4/n$ vorgeschlagen.

Tabelle 1: Ausreißer im Modell zur länderspezifischen Mitgliederquote in Umweltgruppen

Land	Stud. Residuen	Leverage	Cooks D	DFFITS	COVR.	DFBETAS BIP	DN
ZWE	0.101	0.109	0.000	0.035	1.203	0.004	−0.025
BLR	−0.239	0.236	0.006	−0.133	1.399	−0.065	0.123
LUX	−0.534	0.319	0.045	−0.366	1.545	−0.336	0.159
VNM	1.016	0.196	0.084	0.501	1.241	0.147	−0.423
NLD	9.977	0.045	0.473	2.161	0.029	0.725	0.466
Schwelle	±2.000	0.130	0.087	±0.511	±0.196	±0.295	±0.295

Quelle: Daten aus Dalton (2004), eigene Berechnungen.
Anmerkungen: In der Tabelle sind alle Punkte enthalten, die für mindestens eine der aufgeführten Statistiken im kritischen Bereich liegen. Die nach den im Text angegebenen Regeln berechneten kritischen Werte sind im Fuß der Tabelle aufgeführt. *BIP:* Pro-Kopf-Einkommen; *DN:* Demokratieniveau.

Tabelle 1 zeigt die Einflussstatistiken für einige Fälle aus dem Beispiel von Dalton (2004).[8] Von den im Plot mit den studentisierten Residuen und der Leverage

---

8 Um eine Übersicht zu gewinnen kann es häufig auch nützlich sein, Streudiagramme der Einflussstatistiken zu erstellen, worauf hier aus Platzgründen verzichtet wird. Es bieten sich beispielsweise sog. Indexplots an, in denen Cooks D oder DFFITS gegen eine Laufnummer abgetragen wird. Beliebt sind auch auch Grafiken, die verschiedene Masse gleichzeitig einbeziehen, wie z. B ein Streudiagramm der Leverage und Residuen (vgl. Abbildung 6), bei dem die Grösse der Punkte proportional Cooks D skaliert wird (für eine weitere Variante siehe Gray 1989b).

identifizierten Punkten (Abbildung 6) übersteigt nur Holland die kritischen Werte für Cooks D und *DFFITS* aufgrund des enormen Residuums. Die Leverage-Extremwerte Luxemburg, Vietnam und Weißrussland jedoch liegen relativ gut im linearen Trend der übrigen Daten, haben also kleine Residuen, und werden durch die beiden Maße nicht als einflussreiche Datenpunkte identifiziert (wobei allerdings Vietnam den kritischen Wert fast erreicht).

3.3.2 Einfluss auf individuelle Koeffizienten

Die Maße Cooks D und *DFFITS* drücken den Einfluss eines Datenpunktes auf den Schätzer des gesamten Parametervektors aus. Häufig möchte man jedoch wissen, wie stark sich die individuellen Koeffizienten in Abhängigkeit von einzelnen Datenpunkten verändern. Zur Bestimmungen des Einflusses eines Datenpunktes i auf den Schätzer für einen Koeffizienten β_j ist die Differenz $\hat{\beta}_j - \hat{\beta}_{j(-i)}$ maßgebend. Belsley et al. (1980) schlagen die folgende Statistik vor:

$$DFBETAS_{ij} = \frac{\hat{\beta}_j - \hat{\beta}_{j(-i)}}{SE_{(-i)}(\hat{\beta}_j)} \qquad (14)$$

wobei mit $SE_{(-i)}(\hat{\beta}_j)$ der Standardfehler von $\hat{\beta}_j$ unter Ausschluss von Punkt i gemeint ist (zu den genauen Berechnungsformeln siehe Belsley et al. 1980 oder Chatterjee und Hadi 1986). Die Ergebnisse, die mit der *DFBETAS*-Statistik gewonnen werden, sind relativ unübersichtlich, da für jeden Datenpunkt k Werte zu berechnen sind. Zur Betrachtung der Werte können deshalb Streudiagramme sehr nützlich sein. Als Kriterium für beachtenswerte Punkte geben Belsley et al. (1980) den Bereich $|DFBETAS| > 2/\sqrt{n}$ an. Bollen und Jackman (1990) schlagen alternativ den Bereich $|DFBETAS| > 1$ vor: so werden Punkte identifiziert, die den Parameterschätzer um mehr als einen Standardfehler verändern.

Wie oben angesprochen, werden Vietnam, Luxemburg und Weißrussland im Beispiel von Dalton trotz ihrer großen Leverage-Werte durch die Statistiken für den Gesamteinfluss nicht als beachtenswerte Punkte identifiziert. Die Betrachtung der *DFBETAS*-Werte gibt hier ein differenzierteres Bild (Tabelle 1). Zwar erscheint Weißrussland auch bezüglich der einzelnen Koeffizienten als nicht besonders bedeutend, Luxemburg und Vietnam jedoch nehmen je auf einen Koeffizienten spürbar vermindernden Einfluss. Wird Luxemburg weggelassen, erhöht sich der Effekt des Pro-Kopf-Einkommens; bei Ausschluss von Vietnam steigt der Einfluss des Demokratieniveaus. Den stärksten Einfluss auf beide Koeffizienten hat jedoch, kaum überraschend, der Ausreißer Holland.

3.4 Einfluss auf die Präzision der Schätzung

Die bisher besprochenen Maße beziehen sich auf den Einfluss auf den Koeffizientenvektor der Regressionsschätzung bzw. die Vorhersagewerte. Einzelne Datenpunkte können aber auch einen bedeutenden Einfluss auf die Größe der Standardfehler der Parameterschätzer, das heißt auf die Präzision der Modellschätzung haben. Eine Maßzahl, die die relative Veränderung des (quadrierten) Volumens des gemeinsamen Konfidenzraumes aller Parameter bei Ausschluss der Beobachtung i approximiert und somit als Maß für den Einfluss auf die Schätzgenauigkeit dienen kann, wurde von Belsley et al. (1980) definiert als

$$COVRATIO_i = \frac{\det\left[\hat{\sigma}^2_{(-i)}(\mathbf{X}'_{(-i)}\mathbf{X}_{(-i)})^{-1}\right]}{\det\left[\hat{\sigma}^2(\mathbf{X}'\mathbf{X})^{-1}\right]}$$

das heißt, als der Quotient aus der Determinanten der Kovarianz-Matrix des Modells ohne Punkt i und des vollen Modells. Mit Hilfe von (10) und (11) lässt sich auch hier zeigen, dass die Maßzahl als eine Funktion der Leverage und Residuen dargestellt werden kann, nämlich

$$COVRATIO_i = \left(\frac{\hat{\sigma}^2_{(-i)}}{\hat{\sigma}^2}\right)^k \cdot \frac{1}{1-h_i} = 1 \left/ \left(\frac{n-k-1+\hat{\varepsilon}^{*2}_i}{n-k}\right)^k (1-h_i) \right. \qquad (15)$$

Wert 1 für COVRATIO bedeutet, dass kein Einfluss auf die Standardfehler besteht. Werte größer 1 weisen darauf hin, dass sich der Datenpunkt positiv auf die Schätzgenauigkeit auswirkt (Verkleinerung des Konfidenzraumes im Vergleich mit dem Modell ohne den Datenpunkt). Dies ist zum Beispiel für Punkte mit hoher Leverage h_i und kleinem studentisiertem Residuum $\hat{\varepsilon}^*_i$ der Fall. Werte kleiner 1 bedeuten, dass sich der Konfidenzraum durch Hinzunahme des Datenpunktes vergrössert, das heißt, die Schätzung wird ungenauer (z. B. bei kleinem h_i und großem $\hat{\varepsilon}^*_i$). Gemäß Belsley et al. (1980) sind Punkte mit $|COVRATIO - 1| > 3k/n$ beachtenswert.

Tabelle 2: Übersicht über die Maßzahlen zur Identifikation einflussreicher Daten

Maß	kritischer Bereich	Verfügbarkeit[a]
Potentieller Einfluss (Leverage): $$h_i = \mathbf{x}_i'(\mathbf{X'X})^{-1}\mathbf{x}_i$$	$h_i > 2k/n$	SPSS: LEVER (Leverage values) Stata: leverage, hat (Leverage)
Standardisierte Residuen: $$\hat{\varepsilon}_i' = \frac{\hat{\varepsilon}_i}{\hat{\sigma}\sqrt{1-h_i}}$$	$\lvert\hat{\varepsilon}_i'\rvert > 2$	SPSS: SRESID (Studentized residuals) Stata: rstandard (Standardized residuals)
Studentisierte Residuen: $$\hat{\varepsilon}_i^* = \frac{\hat{\varepsilon}_i}{\hat{\sigma}_{(-i)}\sqrt{1-h_i}}$$	$\lvert\hat{\varepsilon}_i^*\rvert > 2$	SPSS: SDRESID (Studentized deleted residuals) Stata: rstudent (Studentized residuals)
Gesamteinfluss auf die Koeffizienten: $$D_i = \frac{\hat{\varepsilon}_i'^2}{k} \cdot \frac{h_i}{1-h_i}$$	$D_i > 4/n$	SPSS: COOK (Cook's Distance) Stata: cooksd (Cook's distance)
$$DFFITS_i = \hat{\varepsilon}_i^* \sqrt{\frac{h_i}{1-h_i}}$$	$\lvert DFFITS_i \rvert > 2\sqrt{k/n}$	SPSS: SDFIT (Standardized DfFit) Stata: dfits (DFITS)
Einfluss auf einzelne Koeffizienten: $$DFBETAS_{ij} = \frac{\hat{\beta}_j - \hat{\beta}_{j(-i)}}{SE_{(-i)}(\hat{\beta}_j)}$$	$\lvert DFBETAS_{ij} \rvert > 2/\sqrt{n}$	SPSS: SDBETA (Standardized DfBeta(s)) Stata: dfbeta() (DFBETA)
Einfluss auf die Präzision: $$COVRATIO_i = \left(\frac{\hat{\sigma}_{(-i)}^2}{\hat{\sigma}^2}\right)^k \cdot \frac{1}{1-h_i}$$	$\lvert COVRATIO_i - 1 \rvert > 3k/n$	SPSS: COVRATIO (Covariance Ratio) Stata: covratio (COVRATIO)

[a] Angegeben ist die jeweilige Bezeichnung in der Befehlssyntax sowie in Klammern die Beschriftung in den Dialogfeldern. Die Maßzahlen können in SPSS mit Hilfe der SAVE-Option im REGRESSION-Befehl gespeichert werden. In Stata werden die Maßzahlen mit dem predict-Befehl berechnet.

Tabelle 1 zeigt die fünf Fälle im Beispiel von Dalton, die diese Schwelle überschreiten. Es handelt sich einerseits um die vier bereits bezüglich der anderen Maßzahlen besprochenen Punkte: Das große Residuum von Holland führt zu einer massiven Verschlechterung der Präzision der Modellschätzung (durch Ausschluss von Holland fällt der Standardfehler des Modells, also $\hat{\sigma}$, um fast 50 % von 6.9 auf 3.8; entsprechend halbieren sich auch die Standardfehler der einzelnen Koeffizienten beinahe). Für Luxemburg, Weißrussland und Vietnam ist die Situation gerade entgegengesetzt. Es handelt sich um Punkte mit eher kleinen Residuen dafür aber hoher Leverage. Sie wirken sich somit positiv auf die Schätzgenauigkeit aus. Der fünfte identifizierte Punkt ist Zimbabwe, ein Punkt, der praktisch auf der Regressionsfläche liegt. Das geringe Residuum in Kombination mit einer relativ hohen Leverage (Zimbabwe hat nach Luxemburg, Weißrussland und Vietnam die vierthöchste Leverage) führt hier ebenfalls zu dem günstigen Einfluss auf die Präzision der Regressionsschätzung.

3.5 Übersicht und weitere Ansätze

Tabelle 2 fasst die besprochenen Maßzahlen nochmals zusammen und gibt zudem Hinweise zur ihrer Verfügbarkeit in den häufig verwendeten Statistikprogrammen SPSS und Stata. In der Literatur werden noch weitere Einflussmaße und Varianten vorgeschlagen (z. B. Andrews und Pregibon 1978; Draper und John 1981; Welsch 1982; vgl. auch etwa die Übersichten in Hocking 1983 und Chatterjee und Hadi 1986), eine Analyse der hier besprochenen Größen in Verbindung mit den grafischen Methoden sollte aber normalerweise ausreichen. Wenn es jedoch darum geht, die optimale Zusammenhangsform mit Hilfe von Transformationen der Variablen zu finden, können zusätzliche Statistiken von Nutzen sein, die den Einfluss einzelner Datenpunkte auf die Transformation quantifizieren (vgl. z. B. Atkinson 1982, 1986; Cook und Wang 1983; Carroll und Ruppert 1987). Ferner beschränken sich die hier besprochenen Methoden auf die lineare Regression. Für entsprechende Instrumente im Rahmen der logistischen Regression siehe den Exkurs im nächsten Abschnitt bzw. die Einführungen in Hosmer und Lemeshow (2000) und Menard (2002) sowie den Grundlagentext von Pregibon (1981) oder für multinomiale Modelle Lesaffre und Albert (1989). Zur Regressionsdiagnostik in der Ereignisanalyse siehe z. B. Hosmer und Lemeshow (1999).

Ein weiterer Aspekt, der bisher ausgeklammert wurde, betrifft das Problem, dass sich einflussreiche Datenpunkte gegenseitig „verdecken" können. Die besprochenen Maße beziehen sich alle auf den Effekt auf die Regressionsergebnisse, wenn ein einzelner Datenpunkt eliminiert wird. Es kann aber auch sein, dass multiple Ausreißer in Gruppen auftreten und durch die klassischen Diagnosemaße aufgrund des so genannten Maskierungseffektes nicht erkannt werden (die Eliminierung eines einzelnen Punktes der Gruppe ändert nicht viel an den Regressionsergebnissen, weil die restlichen Punkte ihren Einfluss weiterhin ausüben). Die besprochenen Maße wie z. B. Cooks D lassen sich zwar relativ problemlos generalisieren für die Betrachtung des simultanen Einflusses mehrerer Beobachtungen (vgl. z. B. Cook und Weisberg 1982b: 347ff.). Dies ist allerdings meistens relativ nutzlos für die Identifikation von einflussreichen Gruppen, weil es sehr viele Möglichkeiten zur Gruppierung der Daten gibt. Verschiedene Ansätze mit dem Problem umzugehen wurden vorgeschlagen (vgl. etwa Gray und Ling 1984; Rousseeuw und van Zomeren 1990; Ritschard und Antille 1992; Crawford et al. 1995; Pena und Yohai 1995; Peña und Prieto 2001), können aber hier nicht erörtert werden. Glücklicherweise erkennt man multiple Ausreißer meistens auch relativ gut anhand von Scatterplots und partiellen Regressionsplots.

Abbildung 7: Streudiagramm zwischen Arbeitslosenquote und Sozialkapital (a) und partieller Regressionsplot unter Kontrolle der Sprachregion (b)

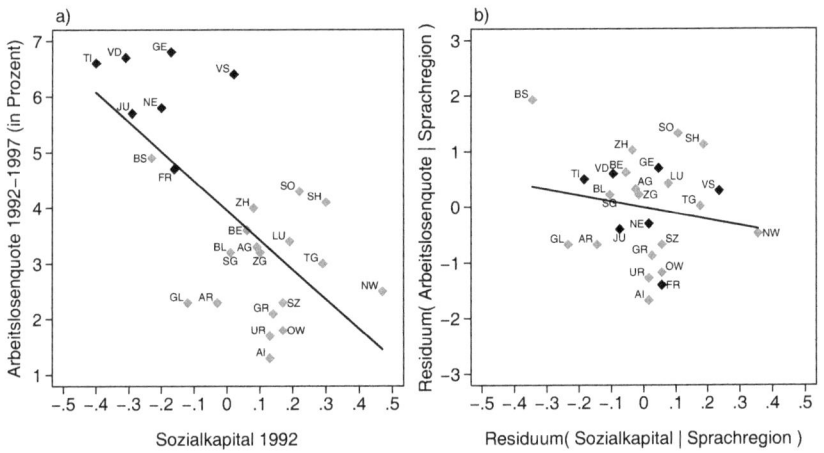

Quelle: Daten aus Freitag (2000), eigene Berechnungen.

Ein Beispiel für multiple Ausreißer findet sich in einer Arbeit von Freitag (2000). Freitag untersuchte den Zusammenhang zwischen Sozialkapital und Arbeitslosenquoten in Schweizer Kantonen. Die empirischen Ergebnisse deuten auf einen – gemäß Theorie erwarteten – starken negativen Zusammenhang: Je höher das Sozialkapital in einem Kanton, desto geringer die Arbeitslosenquote (Abbildung 7a).

Bei genauerer Betrachtung des Streudiagramms erkennt man jedoch, dass der Zusammenhang hauptsächlich durch den Unterschied zwischen zwei Klumpen von Datenpunkten zustande kommt. Die beiden Klumpen repräsentieren nun gerade die Kantone der (überwiegend) „lateinischen" Schweiz (FR, GE, JU, NE, TI, VD, VS) und der Deutschschweiz (einzige Ausnahme ist Basel-Stadt). Die Annahme liegt also nahe, dass ein klassisches Drittvariablenproblem vorliegt und nicht das Sozialkapital eine Auswirkung auf die Arbeitslosenquote hat, sondern beide Variablen durch gemeinsame, mit der Sprachregion zusammenhängende Faktoren bedingt sind. Wird das Modell durch Aufnahme eines Indikators für die Sprachregion erweitert, verschwindet denn auch der Zusammenhang zwischen Sozialkapital und Arbeitslosenquote fast vollständig, wie man am partiellen Regressionsplot unter Kontrolle der Sprachregion (Abbildung 7b) erkennen kann (bzw. in beiden Sprachregionen ist der Effekt des Sozialkapitals praktisch null). Zur Verteidigung von Freitag (2000) muss allerdings gesagt werden, dass mit der Sprach-Dummy eigentlich nicht viel erklärt wird. Es ist lediglich ein Hinweis darauf, dass weitere, mit dem sprachkulturellen Hintergrund zusammenhängende Faktoren von Bedeutung sind.

4 Exkurs: Ausreißerdiagnostik bei der logistischen Regression

Die Methoden der Regressionsdiagnostik können mit gewissen Modifikationen auch auf die logistische Regression übertragen werden. Exemplarisch gehe ich hier kurz auf die Identifikation einflussreicher Daten ein. Zu einer ausführlicheren Behandlung siehe beispielsweise Fox (1997: 457ff.), Hosmer und Lemeshow (2000: 167ff.) oder Menard (2002: 67ff.).

Bei der logistischen Regression ist die abhängige Variable eine dichotome Variable mit den Werten 1 und 0. Ein Beispiel ist der Erwerbsstatus einer Person mit den Ausprägungen „erwerbstätig" (1) und „nicht erwerbstätig" (0). Mittels einer logistischen Funktion wird nun in Abhängigkeit einer Reihe von Prädiktoren die Wahrscheinlichkeit modelliert, dass die Variable den Wert 1 annimmt, also

$$P_i = \Pr(Y_i = 1 \mid \mathbf{x}_i) = \frac{1}{1+\exp(-\mathbf{x}_i\boldsymbol{\beta})} \quad \text{bzw.} \quad \ln\left(\frac{P_i}{1-P_i}\right) = \mathbf{x}_i\boldsymbol{\beta} \qquad (16)$$

Zur Schätzung des Parametervektors β und der Interpretation der Ergebnisse siehe zum Beispiel Long (1997).

Wie bei der linearen Regression können auch bei der logistischen Regression die Residuen herangezogen werden, um stark vom Modell abweichende Datenpunkte zu identifizieren. Die Residuen werden aus der Differenz zwischen den beobachteten Werten und den durch das Modell vorhergesagten Wahrscheinlichkeiten gebildet, also $Y_i - \hat{P}_i$ mit $\hat{P}_i = 1/[1+\exp(-\mathbf{x}_i\hat{\boldsymbol{\beta}})]$. Da diese Differenzen aufgrund der dichotomen Natur der abhängigen Variablen heteroskedastisch sind, werden sie standardisiert zu

$$r_i = \frac{Y_i - \hat{P}_i}{\sqrt{\hat{P}_i(1-\hat{P}_i)}} \qquad (17)$$

Man spricht von den „Pearson-Residuen" oder manchmal auch den „standarisierten" oder „normalisierten Residuen" („ZRESID" in SPSS; „residuals" in Stata).[9] Ähnlich wie bei der linearen Regression wird die Residualvarianz zudem durch die Leverage eines Datenpunktes beeinflusst, so dass ein weiterer Standardisierungsschritt notwendig ist, um vergleichbare Größen zu erhalten. Die entsprechenden „standardisierten Pearson-Residuen" („rstandard" in Stata) sind definiert als

$$r_i^S = \frac{r_i}{\sqrt{1-h_i}} \qquad (18)$$

mit h_i als der Leverage (SPSS stellt unter der Bezeichnung „SRESID" analoge „studentisierte Residuen" zur Verfügung, die auf der Devianz des Modells beruhen; vgl. z. B. Fox 1997: 460). Die Leverage wird etwas anders berechnet als bei der linearen Regression, was hier aber nicht näher besprochen werden soll (die theoretischen Grundlagen dazu finden sich in Pregibon 1981).

Wie bei der Regression sind große Residuen allein nicht unbedingt ein Problem, sondern erst das gemeinsame Auftreten mit hoher Leverage führt zu einer maßgeblichen Beeinflussung der Modellschätzung. Ein in Analogie zu Cooks D vorgeschlagenes Maß, das beide Größen in Betracht zieht und den

---

9 Die angegebene Formel für die Pearson-Residuen bezieht sich auf die Situation, in der für jede Beobachtung ein eigenes Kovariatenmuster vorliegt. Im Falle wiederholter Kovariatenmuster wird üblicherweise (jedoch nicht in SPSS) eine leicht abgewandelte Formel verwendet (siehe z. B. Hosmer und Lemeshow 2000: 167ff.).

Einfluss eines Datenpunktes auf den Parameterschätzer $\hat{\beta}$ approximiert, ist Pregibons Delta-Beta-Einflussstatistik

$$D_i = \frac{r_i^2 h_i}{(1-h_i)^2} = \frac{(r_i^S)^2 h_i}{1-h_i} \qquad (19)$$

(dbeta in Stata; in SPSS wird $D_i(1-h_i)$ als COOK zur Verfügung gestellt). Ein hoher Wert für D_i weist auf einen starken Einfluss des entsprechenden Datenpunktes hin.

Als Beispiel betrachte man die folgenden Ergebnisse zur Frage, ob man schon einmal fremdgegangen sei. Die Daten stammen aus einer Online-Umfrage aus dem Jahr 2007, bei der es um die Evaluierung verschiedener Techniken zur Befragung zu heiklen Themen ging (zu den Details der Studie siehe Coutts und Jann 2008). Die Schätzwerte für die Parameter des logistischen Modells betragen

$$\ln\left(\frac{\hat{P}}{1-\hat{P}}\right) = \underset{(0.213)}{-0.064}\cdot \text{männlich} + \underset{(0.007)}{0.034}\cdot \text{Alter} - \underset{(0.207)}{0.113}\cdot \text{Abitur} + \underset{(0.081)}{0.258}\cdot \text{Extraversion} - \underset{(0.513)}{3.467}$$

(Standardfehler in Klammern, $N = 578$). Das Alter und der Grad an Extravertiertheit haben einen stark positiven Effekt auf die Wahrscheinlichkeit, schon mal fremdgegangen zu sein. Vom Geschlecht und der Bildung scheinen keine systematischen Effekte auszugehen.

Abbildung 8 zeigt die Werte der Einflussstatistik D für das Modell. Die Punkte sind unterschiedlich eingefärbt abhängig davon, ob Wert 1 (schon mal fremdgegangen) oder 0 (noch nie fremdgegangen) beobachtet wurde.[10] Punkt 464 hebt sich mit einem deutlich erhöhten D-Wert stark vom Rest der Daten ab. Eine Betrachtung der Rohdaten fördert zu Tage, dass es sich um einen Fall mit mittlerem Grad an Extravertiertheit und einem Alter von 107 (!) Jahren handelt. Bei dem Alter, das aus der Differenz zwischen dem Befragungsjahr (2007) und Geburtsjahrgang gebildet wurde, scheint es sich um einen Fehler zu handeln. Alter 107 erklärt sich dadurch, dass für den Jahrgang bei fehlender Angabe automatisch Wert 0 abgespeichert wurde, was allerdings schon bei der Datenbereinigung hätte entdeckt werden sollen.

---

10 Das erkennbare Muster mit tendenziell mit $\hat{P}$ abnehmenden bzw. zunehmenden Einflusswerten für Beobachtungen mit $Y = 1$ bzw. $Y = 0$ ist typisch für die logistische Regression.

Abbildung 8: Einflussstatistiken für die logistische Regression zur Erklärung der Untreue

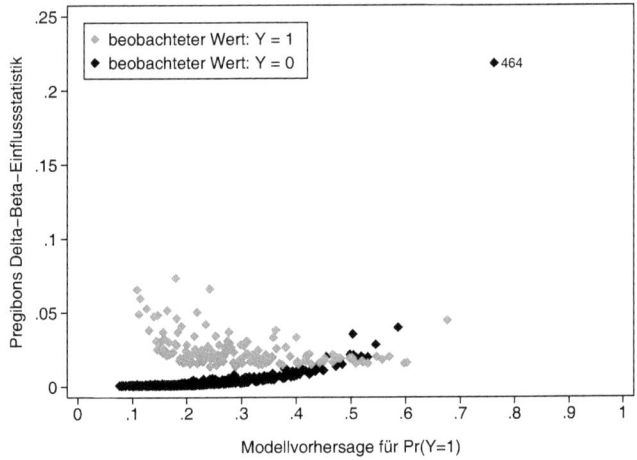

Quelle: Daten aus Coutts und Jann (2008), eigene Berechnungen.

5 Diskussion

Wie alle statistischen Verfahren, die zum Ziel haben, gegebene Daten auf eine überschaubare Menge an Kennzahlen zu reduzieren, erfassen auch Regressionsschätzungen nur einen Teil der Eigenschaften und spiegeln die Daten nicht immer in angemessener Weise wider. Insbesondere in kleinen Stichproben besteht die Gefahr, dass die gewonnenen Resultate durch einige wenige Beobachtungen dominiert werden, was Zweifel an der Verlässlichkeit einer Regressionsschätzung und den daraus abgeleiteten Schlussfolgerungen aufkommen lassen kann.

Die in diesem Beitrag vorgestellten grafischen und formalen Instrumente sind einfach zu berechnen und stehen in den üblichen Statistikprogrammen mehrheitlich zur Verfügung. Sie sollten zumindest bei kleinen bis mittleren Stichproben, in denen einzelne „atypische" Beobachtungen einen besonders starken Einfluss ausüben können, im Prozess der Datenanalyse standardmäßig angewendet werden. Es bleibt jedoch darauf hinzuweisen, dass durchaus auch bei großen Stichproben übermäßig einflussreiche Datenpunkte auftreten können. Diese Gefahr besteht besonders bei komplexen Modellen mit vielen Parametern und z. B. Interaktionseffekten. Auch bei größeren Stichproben lassen sich die Instrumente also unter Umständen gewinnbringend einsetzen.

Diagnostik von Regressionsschätzungen bei kleinen Stichproben 119

Trotz der Wichtigkeit der Regressionsdiagnostik sollte man bei der Interpretation der diagnostischen Ergebnisse auch eine gewisse Großzügigkeit walten lassen. Bei kleineren Stichproben ist die Wahrscheinlichkeit groß, dass vermeintlich systematische Muster entstehen, die in Wahrheit aber nur auf Zufall beruhen (der Mensch ist bekanntlich anfällig dafür, in Zufallsprozessen eine Systematik zu erkennen; vgl. Schnell 1994: 213f., Bar-Hillel und Wagenaar 1991). Bei kleineren Unregelmäßigkeiten besteht sicherlich kein Anlass zu Besorgnis und man muss aufpassen, dass man die Daten nicht „überinterpretiert". Erst deutliche Abweichungen bedürfen einer genaueren Betrachtung. Im Allgemeinen sind auch die Faustregeln zur Identifikation bedeutender Datenpunkte ziemlich sensitiv, das heißt, selbst unter normalen Bedingungen ist zu erwarten, dass ein Teil der Punkte im kritischen Bereich liegt.

Es stellt sich schließlich noch die Frage, was zu tun ist, wenn Ausreißer und einflussreiche Datenpunkte identifiziert worden sind.

1. Die Ausreißer sollten einer detaillierten Betrachtung unterzogen werden. Ratsam ist beispielsweise, für alle Punkte, die auf mindestens einer der Einfluß-Maßzahlen extreme Werte erzielen, die Y- und X-Werte sowie die Ausreißerstatistiken zu tabellieren. Man sollte sich auch nicht scheuen, das Rohdatenmaterial nochmals zu sichten, da Ausreißer unter Umständen auf Übertragungsfehler zurückzuführen sind oder die Rohdaten zusätzliche Informationen enthalten, die die Ausreißer erklären können. Im Beispiel mit der logistischen Regression (Abschnitt 4) konnte so für die kritische Beobachtung Nr. 464 ausfindig gemacht werden, dass ein Codierungsfehler vorlag.
2. Ausreißer, bei denen es sich um offensichtliche Messfehler handelt, können getrost eliminiert bzw., falls möglich, korrigiert werden. Bei dem Ausschluss von Messfehlern sollte man allerdings nicht voreilig handeln, da die Klassifizierung als fehlerhafte Beobachtung nicht immer eindeutig ist und der Ausschluss von gültigen Daten unter Umständen zu Fehlschlüssen führen kann. Eine berühmte Kontroverse um den Einbezug von vermeintlich fehlerhaftem Datenmaterial bezieht sich auf eine Studie von Jasso (1985), in der die Entwicklung der ehelichen Koitusfrequenz in Abhängigkeit der Ehedauer untersucht wurde. Kahn und Udry (1986) warfen Jasso vor, vier Fälle mit Wert 88 (!) für die monatliche Koitusfrequenz, bei denen es sich um fehlcodierte fehlende Werte handle (der Code für fehlende Werte war 99), übersehen zu haben und dass dadurch ihre Regressionsschätzungen substantiell verzerrt seien. Zwar mag Jasso (1986) damit Recht haben, dass durch Ausschluss der höchsten Werte und die damit verbundene Stutzung der beobachteten Häufigkeitsverteilung ebenfalls eine Verzerrung der Regressi-

onsresultate herbeigeführt werden könne, ihre verteidigenden Argumente für die Gültigkeit der vier in Frage stehenden Werte (z. B. „... a figure of '88' represents a mean weakly figure of 22, which, in turn, represents three daily plus a weekly lagniappe ...", S. 741) klingen allerdings nicht sonderlich überzeugend.[11] Jasso hätte zumindest auf das Vorhandensein der Extremwerte hinweisen müssen.

3. Allgemein empfiehlt es sich einige „robuste" Modelle zu schätzen, bei denen Ausreißer und einflussreiche Punkte ausgeschlossen werden. Ziel dieses Verfahrens kann allerdings nicht sein, einfach die Ausreißer wegzulassen und Modellschätzungen ohne die fraglichen Datenpunkte zu berichten. Oftmals geben ja gerade die unüblichen Datenpunkte wichtige Hinweise über die zu untersuchenden Sachverhalte und es wäre fahrlässig, diese Punkte zu ignorieren. Überdies kann die Entscheidung, welche Ausreißer im Detail auszuschließen sind, eine höchst subjektive Angelegenheit sein (dies demonstrieren z. B. Collett und Lewis 1976), und es lassen sich durch den gezielten Ausschluss von Punkten, „die nicht ins Bild passen", fast beliebige Resultate erzielen. Oder allgemeiner: Eliminiert man alle Befunde, die gegen eine bestimmte Vorstellung (z. B. eine spezifische Theorie) sprechen, wird man die Vorstellung auch eher bestätigen können. Der endgültige Ausschluss einzelner Fälle ist somit nicht zu empfehlen bzw. sollte ggf. genau dokumentiert und stichhaltig begründet werden.

Der Zweck von Modellschätzung unter Ausschluss von Ausreißern ist vielmehr zu ermitteln, inwieweit sich die Regressionsergebnisse tatsächlich inhaltlich verändern. Bleiben die Schätzergebnisse im Großen und Ganzen stabil, ist man auf der sicheren Seite und kann davon ausgehen, dass von den Ausreißern keine grundlegende Verzerrung ausgeht. Sind die Schätzergebnisse jedoch stark abhängig von geringen Änderungen der Daten, dann sollte dies bei der Interpretation der Resultate verdeutlicht werden. Auf Ergebnisse instabiler Modelle ist kein Verlass und sie sollten in Folgestudien mit neuen Daten überprüft werden.

Eine Alternative zur Schätzung von Modellen unter Ausschluss von Ausreißern wird manchmal auch in der Anwendung von Methoden der robusten Regression gesehen. Dazu ist zu bemerken, dass mit der klassischen robusten Regression, die auf der Anwendung von Gewichtungsfunktionen beruht (sog. *M*-Schätzer wie z. B. die Median-Regression; vgl. Huber 1981, 1996,

---

11 Zudem ist Jassos Behauptung, dass ihre Schätzungen auch bei tatsächlicher Fehlerhaftigkeit der vier Werte erwartungstreu seien, falsch. Jasso macht geltend, dass gemäss statistischer Theorie die Schätzer auch dann unverzerrt sind, wenn die abhängige Variable mit *zufälligen* Messfehlern behaftet ist. Die Definition eines Zufallsfehlers in dieser Theorie ist jedoch nicht kompatibel mit der vorliegenden Situation.

Hampel et al. 1986, sowie einführend Berk 1990), das Ziel verfolgt wird, im Falle von nicht normalverteilten Fehlern eine größere Effizienz zu erreichen als mit der OLS-Regression. Die Verfahren sind somit zwar robust gegen Y-Ausreißer, jedoch nicht gegen Datenpunkte mit hoher Leverage (X-Ausreißer). Man spricht in diesem Zusammenhang davon, dass diese Schätzer genau gleich wie die OLS-Regression einen tiefen „Breakdown-Point" haben: durch die willkürliche Platzierung eines einzigen (!) Datenpunktes kann die Regressionsschätzung beliebig stark verändert werden. Zur Begrenzung des Einflusses von Punkten mit hoher Leverage wurden zwar so genannte Bounded-Influence- bzw. Generalized-M-Schätzer (z. B. Welsch 1980; Krasker und Welsch 1982) oder High-Breakdown-Schätzer (Rousseeuw 1984; Rousseeuw und Leroy 1987) vorgeschlagen (für Übersichten siehe auch Davies 1993, Chave und Thomson 2003 und Lawrence 2003); diese Schätzer sind aber leider bis jetzt noch kaum praxistauglich.

4. Ausreißer und einflussreiche Datenpunkte können schließlich darauf hinweisen, dass ein Modell falsch spezifiziert ist und zum Beispiel wichtige zusätzliche Regressoren oder Interaktionseffekte übersehen oder eine unpassende Zusammenhangsform modelliert wurde (ein illustratives Beispiel gibt etwa Gray 1989a). Insbesondere das Vorliegen ganzer Cluster von Ausreißern weist auf das Vorhandensein starker Dritteinflüsse hin (vgl. dazu das Beispiel zum Zusammenhang zwischen Sozialkapital und Arbeitslosenquoten in Abschnitt 3.5).

Man kann also versuchen das Zusammenhangsmodell neu zu spezifizieren, wobei dies möglichst theoriegeleitet geschehen sollte. Eine rein explorative Anpassung des Modells an die Daten ist nicht zu empfehlen, weil man so mit großer Wahrscheinlichkeit Eigenschaften modelliert, die zwar in der spezifischen Stichprobe erkennbar sind, jedoch in der Grundgesamtheit kein Gegenüber finden. So kann beispielsweise die passende Zusammenhangsform ebenfalls hauptsächlich von einigen wenigen einflussreichen Datenpunkten abhängen (vgl. die Literaturhinweise in Abschnitt 3.5). Oft besteht ferner das Problem, dass zwar Ausreißer relativ deutliche Hinweise über mögliche weitere Einflussfaktoren geben, entsprechende Daten aber nicht zur Verfügung stehen oder sich die Faktoren auf Phänomene beziehen, die in der Stichprobe zu selten auftreten, um noch statistisch behandelt werden zu können. In beiden Fällen wird man zur Klärung der genauen Zusammenhänge auf Folgestudien angewiesen sein.

6 Literatur

Andrews, David F., und Daryl Pregibon, 1978: Finding the Outliers that Matter. Journal of the Royal Statistical Society (Series B) 40, 85–93.
Anscombe, F. J., 1973: Graphs in Statistical Analysis. The American Statistician 27, 17–21.
Atkinson, A. C., 1981: Two Graphical Displays for Outlying and Influential Observations in Regression. Biometrika 68, 13–20.
Atkinson, A. C., 1982: Regression Diagnostics, Transformations and Constructed Variables. Journal of the Royal Statistical Society (Series B) 44, 1–36.
Atkinson, A. C., 1986: Diagnostic Tests for Transformations. Technometrics 28: 29–37.
Bar-Hillel, Maya, und Willem A. Wagenaar, 1991: The Perception of Randomness. Advances in Applied Mathematics 12, 428–454.
Barnett, Vic, und Toby Lewis, 1995: Outliers in Statistical Data, 3. Aufl. New York: John Wiley & Sons.
Beckman, R. J., und R. D. Cook, 1983: Outlier..........s. Technometrics 25, 119–149.
Belsley, David A., Edwin Kuh und Roy E. Welsch, 1980: Regression Diagnostics: Identifying Influential Data and Sources of Collinearity. New York: John Wiley & Sons.
Berk, Richard A., 1990: A Primer on Robust Regression. S. 292–324 in: John Fox und J. Scott Long (Hg.): Modern Methods of Data Analysis. Newbury Park, CA: Sage.
Bollen, Kenneth A., und Robert W. Jackman, 1990: Regression Diagnostics: An Expository Treatment of Outliers and Influential Cases. S. 257–291 in: John Fox und J. Scott Long (Hg.): Modern Methods of Data Analysis. Newbury Park, CA: Sage.
Brüderl, Josef, 2000: Regressionsverfahren in der Bevölkerungswissenschaft. S. 589–642 in: Ulrich Mueller, Bernhard Nauck und Andreas Diekmann (Hg.): Handbuch der Demographie, Band 1. Berlin: Springer.
Carroll, R. J., und D. Ruppert, 1987: Diagnostics and Robust Estimation When Transforming the Regression Model and the Response. Technometrics 29, 287–299.
Chatterjee, Samprit, und Ali S. Hadi, 1986: Influentual Observations, High Leverage Points, and Outliers in Linear Regression. Statistical Science 1, 379–393.
Chatterjee, Samprit, und Ali S. Hadi, 1988: Sensitivity Analysis in Linear Regression. New York: John Wiley & Sons.
Chave, Alan D., und David J. Thomson, 2003: A Bounded Influence Regression Estimator Based on the Statistics of the Hat Matrix. Applied Statistics 52, 307–322.
Cleveland, William S., 1979: Robust Locally Weighted Regression and Smoothing Scatterplots. Journal of the American Statistical Association 74, 829–836.
Collett, D., und T. Lewis, 1976: The Subjective Nature of Outlier Rejection Procedures. Applied Statistics 25, 228–237.
Cook, R. D., und P. C. Wang, 1983: Transformations and Influential Cases in Regression. Technometrics 25, 337–343.
Cook, R. Dennis, 1977: Detection of Influential Observation in Linear Regression. Technometrics 19, 15–18.
Cook, R. Dennis, und Sanford Weisberg, 1982a: Residuals and Influence in Regression. New York: Chapman and Hall.
Cook, R. Dennis, und Sanford Weisberg, 1982b: Criticism and Influence Analysis in Regression. Sociological Methodology 13, 313–361.

Cook, R. Dennis, und Sanford Weisberg, 1999: Applied Regression Including Computing and Graphics. New York: John Wiley & Sons.
Coutts, Elisabeth, und Ben Jann, 2008: Sensitive Questions in Online Surveys: Experimental Results for the Randomized Response Technique (RRT) and the Unmatched Count Technique (UCT). ETH Zurich Sociology Working Paper No. 3. Erhältlich unter http://ideas.repec.org/p/ets/wpaper/3.html.
Crawford, Kelly D., Daniel J. Vasicek und Roger L. Wainwright, 1995: Detecting Multiple Outliers in Regression Data Using Genetic Algorithms. Proceedings of the 1995 ACM symposium on applied computing, February 26–28, 1995, Nashville, Tennessee, United States.
Dalton, Russell J., 2004: The Greening of the Globe?: Cross-national Levels of Environmental Group Membership. University of California.
Davies, P. L., 1993: Aspects of Robust Linear Regression. The Annals of Statistics 21, 1843–1899.
Draper, N. R., und J. A. John, 1981: Influential Observations and Outliers in Regression. Technometrics 23, 21–26.
Fox, John, 1991: Regression Diagnostics. Newbury Park, CA: Sage.
Fox, John, 1997: Applied Regression Analysis, Linear Models, and Related Methods. Thousand Oaks, CA: Sage.
Fox, John, 2000: Nonparametric Simple Regression. Smoothing Scatterplots. Thousand Oaks, CA: Sage.
Freitag, Markus, 2000: Soziales Kapital und Arbeitslosigkeit. Eine empirische Analyse zu den Schweizer Kantonen. Zeitschrift für Soziologie 29, 186–201.
Gray, J. Brian, 1986: A Simple Graphic for Assessing Influence in Regression. Journal of Statistical Computation and Simulation 24, 121–134.
Gray, J. Brian, 1989a: On the Use of Regression Diagnostics. The Statistician 38, 97–105.
Gray, J. Brian, 1989b: The Four-Measure Influence Plot. Computational Statistics & Data Analysis 8, 135–225.
Gray, J. Brian, und Robert F. Ling, 1984: K-Clustering as a Detection Tool for Influential Subsets in Regression. Technometrics 26, 305–318.
Greene, William H., 2003: Econometric Analysis, 5. Aufl. Upper Saddle River, NJ: Pearson Education.
Hampel, Frank R., Elvezio M. Ronchetti, Peter J. Rousseeuw und Werner A. Stahel, 1986: Robust Statistics. The Approach Based on Influence Functions. New York: John Wiley & Sons.
Hoaglin, David C., und Roy E. Welsch, 1978: The Hat Matrix in Regression and ANOVA. The American Statistician 32, 17–22.
Hocking, R. R., 1983: Developments in Linear Regression Methodology: 1959–1982. Technometrics 25, 219–230.
Hosmer, David W., Jr., und Stanley Lemeshow, 1999: Applied Survival Analysis. Regression Modeling of Time to Event Data. New York: John Wiley & Sons.
Hosmer, David W., Jr., und Stanley Lemeshow, 2000: Applied Logistic Regression, 2. Aufl. New York: John Wiley & Sons.
Huber, Peter J., 1981: Robust Statistics. New York: John Wiley & Sons.

Huber, Peter J., 1996: Robust Statistical Procedures, 2. Aufl. Philadelphia: Society for Industrial and Applied Mathematics.

Jasso, Guillermina, 1985: Marital Coital Frequency and the Passage of Time: Estimating the Separate Effects of Spouses' Ages and Marital Duration, Birth and Marriage Cohorts, and Period Influences. American Sociological Review 50, 224–241.

Jasso, Guillermina, 1986: Is It Outlier Deletion or Is It Sample Truncation? Notes on Science and Sexuality. American Sociological Review 51, 738–742.

Kahn, Joan R., und J. Richard Udry, 1986: Mariatl Coital Frequency: Unnoticed Outliers and Unspecified Interactions Lead to Erroneous Conclusions. American Sociological Review 51, 734–737.

Kohler, Ulrich, und Frauke Kreuter, 2001: Datenanalyse mit Stata. Allgemeine Konzepte der Datenanalyse und ihre praktische Anwendung. München: Oldenbourg.

Krasker, William S., und Roy E. Welsch, 1982: Efficient Bounded-Influence Regression Estimation. Journal of the American Statistical Association 77, 595–604.

Kruskal, William H., 1960: Some Remarks on Wild Observations. Technometrics 2: 1–3.

Lawrence, David E., 2003: Cluster-Based Bounded Influence Regression. Blacksburg, Virginia: Virginia Polytechnic Institute and State University.

Lesaffre, E., und A. Albert, 1989: Multiple-Group Logistic Regression Diagnostics. Applied Statistics 38, 425–440.

Long, J. Scott, 1997: Regression Models for Categorical and Limited Dependent Variables. Thousand Oaks, CA: Sage.

Mallows, C. L., 1986: Augmented Partial Residuals. Technometrics 28, 313–319.

Menard, Scott, 2002: Applied Logistic Regression Analysis, 2. Aufl. Newbury Park, CA: Sage.

Peña, Daniel, und Francisco J. Prieto, 2001: Multivariate Outlier Detection and Robust Covariance Matrix Estimation. Technometrics 43, 286–310.

Pena, Daniel, und Victor J. Yohai, 1995: The Detection of Influential Subsets in Linear Regression by using an Influence Matrix. Journal of the Royal Statistical Society (Series B) 57, 145–156.

Pregibon, Daryl, 1981: Logistic Regression Diagnostics. The Annals of Statistics 9, 705–724.

Ritschard, Gilbert, und Gerard Antille, 1992: A Robust Look at the Use of Regression Diagnostics. The Statistician 41, 41–53.

Rousseeuw, Peter J., 1984: Least Median of Squares Regression. Journal of the American Statistical Association 79, 871–880.

Rousseeuw, Peter J., und Annick M. Leroy, 1987: Robust Regression and Outlier Detection. New York: John Wiley & Sons.

Rousseeuw, Peter J., und Bert C. van Zomeren, 1990: Unmasking Multivariate Outliers and Leverage Points. Journal of the American Statistical Association 85, 633–639.

Schnell, Rainer, 1994: Graphisch gestützte Datenanalyse. München: Oldenbourg.

Velleman, Paul F., und Roy E. Welsch, 1981: Efficient Computing of Regression Diagnostics. The American Statistician 35, 234–242.

Venables, William N., und Brian D. Ripley, 2002: Modern Applied Statistics With S, 4. Aufl. New York: Springer.

Weisberg, Sanford, 1985: Applied Linear Regression, 2. Aufl. New York: John Wiley & Sons.

Welsch, Roy E., 1980: Regression Sensitivity Analysis and Bounded-Influence Estimation. S. 153–167 in: Jan Kmenta und James Bernard Ramsey (Hg.): Evaluation of Econometric Models. New York: Academic Press.

Welsch, Roy E., 1982: Influence Functions and Regression Diagnostics. S. 149–169 in: Robert L. Launer und Andrew F. Siegel (Hg.): Modern Data Analysis. New York: Academic Press.

Wooldridge, Jeffrey M., 2003: Introductory Econometrics. A Modern Approach, 2. Aufl. Mason, Ohio: Thomson, South-Western.

Datenerhebung bei Spezialpopulationen am Beispiel der Teilnehmer lokaler Austauschnetzwerke

Simone Wagner

Zusammenfassung[1]
Telefonbefragungen sind in der Umfrageforschung inzwischen verbreiteter Standard und werden sogar für Mobiltelefone propagiert. Befunde zur Eignung der Telefonbefragung für Spezialpopulationen gibt es dagegen kaum. Häufig gilt das Interesse sozialwissenschaftlicher Untersuchungen jedoch gerade speziellen oder seltenen Populationen. Einige Besonderheiten dieser Populationen stellen Herausforderungen an die Sampling-Methode, den Feldzugang und die Wahl der Erhebungsform. Denn diese Gruppierungen sind oftmals durch eine relativ kleine Grundgesamtheit gekennzeichnet, die zum Teil nicht eindeutig definiert und häufig nur mangelhaft dokumentiert ist. Ist die Stellung der zu untersuchenden Population in der Gesellschaft darüber hinaus heikel, muss außerdem mit eingeschränkter Kooperationsbereitschaft der Befragten gerechnet werden. An Hand eines ausgewählten Beispiels zu lokalen Austauschnetzwerken setzt sich dieser Beitrag mit typischen methodischen Problemen bei derartigen Populationen auseinander, zeigt Techniken zur Sicherung des Feldzugangs auf und legt die Vorteilhaftigkeit der telefonischen Befragung für die gewählte Population dar. Abschließend werden einige Gestaltungsempfehlungen zur Erhebung von Spezialpopulationen abgeleitet.

1   Einleitung

Spezialpopulationen mit ihrer oftmals relativ kleinen, teilweise nicht eindeutig definierten und häufig nur mangelhaft dokumentierten Grundgesamtheit stellen besondere Herausforderungen an Untersuchungsdesign und Erhebungsmethode sozialwissenschaftlicher Studien. Nicht zuletzt gestaltet sich bei diesen Gruppierungen der Feldzugang mitunter problematisch und teilweise muss mit eingeschränkter Kooperationsbereitschaft der Befragten gerechnet werden. Zur Erfassung von Spezialpopulationen muss daher auf spezielle Verfahren zurückgegriffen werden. Ist die Grundgesamtheit nicht klar umrissen und existieren keine

---

1   Die Autorin dankt Thomas Hinz, Aja Tauschinsky sowie Rolf Porst für Hinweise und Anregungen.

oder keine durchgängigen Teilnehmerlisten zur interessierenden Gruppierung – was bei seltenen Populationen häufig der Fall ist – bietet sich das Schneeballverfahren an, um ein geeignetes Sample aufzubauen. Die Befragten werden hierbei am Ende ihrer Befragung gebeten, die Kontaktdaten von ihnen bekannten, der Gruppierung ebenfalls angehörigen Personen zu benennen, damit diese im Anschluss in einer zweiten Welle befragt werden können. Auf die gleiche Weise kommt man über Empfehlungen von der zweiten zur dritten Welle usw., sodass das Sample allmählich anwächst. Eine Zufallsstichprobe kann auf diesem Weg zwar nicht mehr realisiert werden, doch ist zumindest eine erste Annäherung an die interessierende Spezialpopulation möglich (Goodman 1961; Heckathorn 1997).

Auch der vorliegende Beitrag setzt sich mit typischen methodischen Problemen seltener Populationen auseinander und skizziert am Beispiel der lokalen Austauschnetzwerke eine mögliche Herangehensweise zu ihrer Untersuchung. Diese Zusammenschlüsse weisen eine relativ kleine, teilweise nicht eindeutig definierte und zum Teil nur mangelhaft dokumentierte Grundgesamtheit auf, mitunter gestaltet sich der Feldzugang problematisch und teilweise muss sogar mit eingeschränkter Kooperationsbereitschaft der Befragten gerechnet werden.

In diesem Beitrag werden zunächst die Spezialpopulation der Tauschringe und ihre Teilnehmer eingeführt und auf ihre Besonderheiten eingegangen (Abschnitt 2). Der nachfolgende Abschnitt legt die gewählte Sampling-Methode für diese seltene Population dar und erläutert die Vorgehensweise zur Felderschließung (Abschnitt 3). Daran anschließend wird auf das angewandte Datenerhebungsverfahren der telefonischen Befragung eingegangen (Abschnitt 4). Bevor in einer abschließenden Zusammenfassung noch einmal kritisch über den Einsatz von Telefonbefragungen bei Spezialpopulationen reflektiert wird (Abschnitt 6), werden im fünften Abschnitt die Rücklaufquoten, die Ursachen für die Ausfälle sowie der Item-Non-Response der Studie dokumentiert (Abschnitt 5).

2 Tauschringe als Spezialpopulation

Spezielle oder seltene Populationen bilden den Gegenstand vieler sozialwissenschaftlicher Untersuchungen. Überwiegend handelt es sich bei Spezialpopulationen um kleine Gruppen, deren Angehörige ein spezifisches soziales Problem bzw. Bedürfnis oder ein relativ seltenes, von ihnen geteiltes Merkmal verbindet. Typische Beispiele stellen ethnische Minderheiten, Einwanderungsgruppen, Drogenkonsumenten, Personen mit Behinderungen/seltenen Krankheiten oder auch Strafgefangene dar (Fuchs 2000: 65; Heckathorn 2002: 12; MacKellar et al. 1996; Salganik und Heckathorn 2004). Aufgrund ihrer Eigenschaften sind diese

seltenen Populationen für empirische Untersuchungen eine große Herausforderung.
Dieser Beitrag setzt sich mit den methodischen Problemen bei der Untersuchung der Spezialpopulation der Teilnehmer von Tauschringen auseinander. Organisierte Tauschsysteme blicken auf eine lange Vergangenheit zurück und wurden in den verschiedenartigsten Kontexten mit den unterschiedlichsten Zielsetzungen gegründet. Nach ihrer Blüte in der Weltwirtschaftskrise der 1920er und 1930er Jahre erlebten die Tauschringexperimente in Gestalt der Local Exchange und Trading Systems (LETS) während einer wirtschaftlichen Rezessionsphase Anfang der 1980er Jahre im kanadischen Comox Valley ihre Renaissance. Mit Hilfe dieser Tauschsysteme sollten die negativen Folgen hoher Arbeitslosigkeit abgefedert und die lahmende lokale Ökonomie angekurbelt werden (Hoeben 2003; Williams 1995). In den frühen 1990er Jahren nahm diese Tauschringbewegung schließlich auch in Deutschland ihren Einzug und es folgte ein regelrechter Tauschringgründungsboom. Diese netzwerkartig aufgebauten Handelsorganisationen versuchen, ihren Teilnehmern einen bedürfnisgerechten Austausch ohne Berücksichtigung ihrer aktuellen finanziellen Situation zu ermöglichen (Hoeben 2003: 1). In diesen Komplementärökonomien können Personen, die nicht über ausreichende Geldbestände verfügen, mit Hilfe einer Parallelwährung ihre wirtschaftlichen Engpässe zumindest ein Stück weit ausgleichen (Caldwell 2000; Meier 2001; North 1999; Williams 1996). Gehandelt wird mit „Batzen", „Talenten" oder anderen lokalen Verrechnungseinheiten, wobei die Namensgebung vielfältig ist und häufig einen Rückbezug auf kulturelle, soziale oder geographische Besonderheiten der Region herstellt. „Geld" existiert in diesen Arrangements jedoch nur im virtuellen Sinn – der Austausch erfolgt ausschließlich „bargeldlos" über Buchungen auf den Verrechnungskonten der Teilnehmer. Meist wird in dieser besonderen Form des Tauschrings auch vom ökonomischen Preisbildungsmechanismus abgesehen und stattdessen jede Leistung unabhängig von ihrem Marktwert mit Hilfe einer Zeitwährung gleich bewertet und entlohnt (Bebbington 2000; Kuhn 2002; Pieper 2002; Meier 2001; Pacione 1997; 1998).

Das Tauschgeschehen kann man sich in diesen Netzwerken folgendermaßen vorstellen:

Teilnehmer A fragt bei Teilnehmer B eine Stunde Hemden bügeln nach. Während Teilnehmer B für seine Tätigkeit 20 Punkte gutgeschrieben bekommt, verringert sich Teilnehmer A's Kontostand um diese 20 Punkte. In der Folge kann Teilnehmer B nun mit seinem erworbenen Guthaben auch von anderen Teilnehmern Leistungen in Anspruch nehmen. Dieses fiktive Beispiel ließe sich beliebig fortführen und tatsächlich bildet sich im realen Tauschgeschehen eine derartige Kette multilateraler, indirekter Tauschbeziehungen aus.

Gab es 1995 knapp 60 solcher Tauschringe in Deutschland, konnten Ende 1996 bereits 114 und 2002 etwa 350 Zusammenschlüsse verzeichnet werden (Meier 2001; Täubner 2002). Gegenwärtig existieren weiterhin etwa 350 aktive Tauschringe. Meist handelt es sich um relativ kleine Zusammenschlüsse mit durchschnittlich 80 – 100 Teilnehmern, sodass deutschlandweit hochgerechnet etwa 35.000 Personen in Tauschringen organisiert sind. Zweifelsohne handelt es sich bei den deutschen Tauschringen somit nur um ein gesellschaftliches Randphänomen.[2] Doch weist das Modell „Tauschring" trotz seiner geringen Reichweite in Deutschland in die Zukunft, da es privaten Haushalten im sich wandelnden Sozialstaat eine zusätzliche Versorgungsoption bietet. Zudem berührt das Phänomen verschiedene klassische soziologische Fragen. Da diese kleinen, in sich geschlossenen Wirtschaftssysteme prinzipiell ähnlichen Gesetzmäßigkeiten wie der formale Markt gehorchen und vielfältige Probleme des sozialen Miteinanders – beispielsweise Gefährdungen durch Trittbrettfahrerverhalten und Opportunismus – im kleinen Rahmen widerspiegeln, bieten sie mitunter für die Wirtschafts- und Organisationssoziologie vielfältige Anknüpfungspunkte. So ist aus dieser Perspektive vor allem von Interesse, welche Ursachen die Entstehung und Verbreitung der Tauschringe in Deutschland parallel zur formalen Ökonomie forcierten, wie sie ihren langfristigen Fortbestand sicherstellen und welche wirtschafts- und sozialpolitische Bedeutung ihnen zukommt.[3]

Die empirische Untersuchung der Tauschringe geht jedoch mit einigen Schwierigkeiten einher. Wie bei anderen Spezialpopulationen wirft die empirische Bestimmung der Tauschringe erhebliche Probleme auf. Zwar ist ihre Grundgesamtheit klar definiert, aufgrund einiger organisatorischer Besonderheiten bleibt die Abgrenzung ihrer Grundgesamtheit dennoch schwierig. Sie unterliegen im Gegensatz zu Unternehmensgründungen keiner offiziellen Meldepflicht und nur sehr wenige Initiativen sind als Vereine organisiert (Meier 2001). Auch auf Ebene der Tauschringe selbst gibt es keine zentrale Koordinationsstelle, die alle Systeme erfasst. Ein offizielles Verzeichnis aller deutschen Tauschringe, geschweige denn eine durchgängige Liste aller Tauschringteilnehmer Deutschlands existiert nicht.[4] Leider sind auch die Teilnehmerlisten der

---

2 Auch die Tauschaktivität der befragten Teilnehmer ist mit einem Durchschnitt von drei getätigten Tauschgeschäften im Monat und einem Zeitaufwand von monatlich nur vier Stunden sehr gering.

3 Dieser Beitrag entstand im Rahmen des von der Deutschen Forschungsgemeinschaft DFG geförderten Projekts „Lokale Austauschnetzwerke" (Hi 680/3-1). Hintergrundinformationen unter http://www.uni-konstanz.de/hinz/ Austausch.

4 Einige Aktivisten der Tauschringe haben meist unabhängig voneinander versucht, eine Adressliste der deutschen Tauschringe zusammen zu stellen. Diese im Internet veröffentlichten Listen sind von unterschiedlicher Aktualität und Qualität. Insbesondere sehr kurzlebige Tauschringe werden in diesen Listen unterrepräsentiert sein, da sie noch kaum Bekanntheit erlangen konnten.

einzelnen Tauschsysteme häufig schlecht gepflegt oder veraltet und die Teilnehmerdaten nicht auf dem aktuellen Stand (Frey et al. 1990: 64; Kalton 2001; Schlagenhauf 1977; Sudman 1976).

Für die empirische Erfassung der Tauschringteilnehmer ist es außerdem problematisch, dass die Tauschringe in gesellschaftlichen Grauzonen angesiedelt sind. Die Aktivität in Tauschringen ist dem informellen Sektor zugeordnet und ihre Stellung in der Arbeitsmarkt- und Sozialpolitik sowie ihre Vereinbarkeit mit der gültigen Steuer- und Sozialabgabengesetzgebung nicht eindeutig geklärt. Auch die Übergänge dieser informellen Aktivität zur Schwarzarbeit gestalten sich fließend. Die Teilnehmer laufen daher Gefahr, aufgrund ihrer Aktivität in diesen Arrangements Probleme wegen Steuerhinterziehung und Schwarzarbeit zu bekommen. Für Arbeitslose und Sozialhilfe-Empfänger kann eine Beteiligung in den Systemen sogar zu ungewollten Kürzungen ihrer Unterstützungsleistungen führen. Aufgrund dieses prekären Status haben die Teilnehmer ein hohes Interesse an der Wahrung ihrer Anonymität. Im Extremfall kann das gesuchte Merkmal daher „sozial unsichtbar" werden (Fuchs 2000: 65; Mecatti 2004).[5] Aufgrund ihres sensiblen Status in der Gesellschaft ist zudem nicht mit einer vollen Kooperationsbereitschaft der Mitglieder zu rechnen. Diese Tendenz wird durch die strukturellen Eigenschaften der Zusammenschlüsse zusätzlich verschärft – diese kleinen, relativ dicht geknüpften Netzwerke weisen einen hohen Grad an sozialer Schließung auf, der Außenstehenden den Zugang erschwert.[6]

Bei einer empirischen Untersuchung der Tauschringe sollten diese Besonderheiten berücksichtigt werden. Die Untersuchung seltener Populationen dominieren bislang drei Verfahren: das eingangs erwähnte Schneeballverfahren (Goodman 1961), das key informant sampling (Deaux und Callaghan 1985)[7] sowie das targeted sampling (Watters und Biernacki 1989).[8] An dieser Stelle werden die spezifischen Probleme bei der Gewinnung eines brauchbaren Sam-

---

Hier einige Listen zu deutschen Tauschsystemen aus dem Internet: http:// www. tauschringadressen.de; http://www.tauschring.de/d0402add.htm; http://www.tauschkreise.de/ taurde.htm;

5   Angehörige einer Population, die sich durch deviantes Verhalten auszeichnet, werden eher in versteckten Subkulturen aktiv sein, sodass das gesuchte Merkmal der Öffentlichkeit verborgen bleibt.

6   Am Beispiel der Mafia wird diese negative Kehrseite des Sozialkapitals besonders deutlich (Coleman 1990; Granovetter 1985).

7   Dieses Verfahren soll Antwortverzerrungen – vor allem der Abgabe sozial erwünschter Antworten – vorbeugen, indem nicht die Angehörigen der interessierenden Population, sondern Kenner der spezifischen Gruppierung zu den typischen Verhaltensmustern der Populationsmitglieder befragt werden.

8   Bei diesem zweistufigen Verfahren wird in einem ersten Forschungsschritt eine Auswahlliste zur interessierenden Population erstellt. Im Anschluss erfolgt eine Listenauswahl, welche detaillierten Sampling-Anweisungen folgt.

ples und der Sicherstellung des Feldzugangs bei den Tauschringen dargestellt und ihre methodische Behandlung aufgezeigt.

3 Sampling und Feldzugang bei den lokalen Austauschnetzwerken

Wie bei anderen seltenen Populationen stellten auch bei den lokalen Austauschnetzwerken Feldzugang und Sampling eine methodische Herausforderung dar. Da keine Mitgliederliste existiert, die alle Tauschringteilnehmer in Deutschland aufführt, konnte keine landesweite Zufallsstichprobe aus allen deutschen Tauschringteilnehmern realisiert werden und die Studie musste auf einzelne regionale Samples ausweichen. Nachdem die Untersuchung jedoch überwiegend auf die Überprüfung von Zusammenhangshypothesen abzielt, erweist sich diese Vorgehensweise vom methodischen Standpunkt her als gerechtfertigt. Zudem ermöglicht die Fokussierung auf lokale Samples, dass die Strukturen und Besonderheiten der einzelnen Systeme berücksichtigt werden können, was bei einer Zufallsstichprobe einzelner Tauschringteilnehmer nicht möglich gewesen wäre.

Da für die Zusammenstellung der Samples die Variation von sozialen Kontexten zentral war, erfolgte eine bewusste, theoriegeleitete Auswahl einzelner Tauschringe. Größe und Region der Tauschsysteme stehen in unmittelbarem, inhaltlichen Zusammenhang mit Aspekten zur Absicherung von Transaktionen und wurden als Auswahlkriterien festgesetzt. Zusätzlich spielt für die Untersuchung der Beitrittsmotivationen der Teilnehmer die ökonomische Lage der Region eine entscheidende Rolle. Als größter Tauschring Deutschlands war der Münchner Zusammenschluss für die Studie von besonderem Interesse. Um weiterhin Stadt-Land-Effekte kontrollieren zu können, wurden ländlichere Systeme des Münchner Umlands als Sample gewählt. Die wirtschaftsstrukturellen Einflüsse wurden mit einem ostdeutschen Tauschsystem als weiteres Sample berücksichtigt. Gegenüber dem Münchner Raum kennzeichnet die ostdeutsche Region erhöhte Arbeitslosigkeit und ein geringeres Wirtschaftswachstum. Die Zusammensetzung der drei realisierten Samples ist in Tabelle 1 dargestellt.

Aufgrund der geringen Größe der einzelnen Tauschringe und ihrer entsprechend kleinen Grundgesamtheit wurde eine Vollerhebung der einzelnen ausgewählten Systeme angestrebt. Da die Teilnehmerlisten der einzelnen Systeme zum Teil nur mangelhaft gepflegt und dokumentiert und dadurch viele Adressangaben und Telefonnummern fehlerhaft waren oder die gelisteten Personen nicht mehr aktiv am System teilnahmen, kam es dennoch zu Ausfällen.[9] Insgesamt wurden knapp 500 Tauschringteilnehmer (N = 491) gemäß den Untersuchungszielen der

---

9 Eine genaue Dokumentation der Response Rates und der Ursachen für Ausfälle folgt in Abschnitt 5.

Studie zu ihren Beitrittsmotivationen und ihrem Transaktionsmanagement befragt.

Tabelle 1: Tauschring Samples

Sample	Tauschringname	Auswahlkriterium
München	LETS Tauschnetz München	Größe
Umland	LETS Haar-Vaterstetten-Zorneding	ländliche Region
	Tauschring 5-Seen-Land	ländliche Region
	Tauschring Würmtal	ländliche Region
Ost	Batzen Tauschring – Leipzig e.V.	schlechte Wirtschaftslage

Die Felderschließung erfolgte in allen fünf Tauschringen über Schlüsselpersonen. Hierbei handelte es sich um Leiter oder Gründer der Tauschringe, welche die Teilnehmerlisten mit den relevanten Kontaktdaten[10] verwalten und über ihre Herausgabe verfügen. Der Feldzugang erwies sich durchaus als problematisch. Die ungeklärte Stellung der Systeme und ihre Nähe zur Schattenwirtschaft schränkten die Bereitschaft der Tauschringleiter/-gründer zur Teilnahme an der Studie ein. Zudem erschwerten Datenschutzbedenken dieser Schlüsselpersonen in Bezug auf die Kontaktdaten ihrer Teilnehmer den Zugang zu den Systemen – sie mussten über die Köpfe der Teilnehmer hinweg über die Weitergabe der Adressen entscheiden. Sie von der Studie zu überzeugen, erforderte daher erhebliche vertrauensbildende Maßnahmen. Um möglichst große Transparenz über die geplante Befragung zu schaffen, wurde ein Eingangstelefonat mit diesen Schlüsselpersonen geführt, das sie ausführlich über Ziele und Nutzen der Studie informierte. Außerdem verwies dieses Gespräch auf die Bedeutung der Teilnahme ihres Tauschrings für den Fortgang der Studie und sicherte ihnen einen vertraulichen Umgang mit den Kontaktdaten der Teilnehmer zu. Auf Wunsch wurde diesen Ansprechpartnern eine schriftliche Kurzbeschreibung der Studie zugeschickt, um die Glaubwürdigkeit der Studie zu untermauern und die Entscheidung über die Herausgabe der Teilnehmerlisten positiv zu beeinflussen. Zusätzlich wurden Tauschringtreffen des Münchner Tauschrings und der Tauschringe des Münchner Umlands besucht, um die Koordinatoren dort persönlich auf die Studie anzusprechen und so zusätzlich ihr Vertrauen und ihre Unterstützung zu

---

10 In den Teilnehmerlisten sind alle Teilnehmer mit den relevanten Kontaktdaten (Adressangabe, Telefonnummer und ggf. E-Mailadresse) verzeichnet.

gewinnen.[11] Konnten die Schlüsselpersonen schließlich von der Studie überzeugt und ihr Vertrauen gewonnen werden, war der Zugang zu den Systemen relativ gesichert. Einerseits haben diese Personen die Entscheidungsbefugnis über die Herausgabe der Teilnehmerlisten und andererseits sind sie in großem Umfang an der Meinungsbildung im Tauschring beteiligt und können dementsprechend ihre Teilnehmer motivieren, die Befragung zu unterstützen.

Erklärten sich die Koordinatoren bereit, die Studie zu unterstützen, gaben sie die Mitgliederliste mit den relevanten Kontaktdaten der Teilnehmer frei und übersandten sie per Post. Gleichzeitig wurde die Befragung in einem Artikel in der Tauschringzeitung[12] schriftlich angekündigt, um die Teilnahmebereitschaft und die Datenqualität zu steigern. Zum einen demonstrierte dieses Anschreiben die Authentizität der Befragung. Zum anderen konnten darin bereits wesentliche Informationen vor der Befragung mitgeteilt werden, die ansonsten Bestandteil der Eingangssequenz wären. Mitunter konnten die Tauschringteilnehmer aus der Ankündigung die Ziele und Themen der Befragung entnehmen, sodass der mit unerwarteten Befragungen verbundene Überraschungseffekt reduziert und der Einstieg ins Interview erleichtert wurde. Außerdem konnten sie bereits vor der eigentlichen Befragung die Vor- und Nachteile ihrer Teilnahme abwägen (Dillman 1978: 245; Frey et al. 1990: 121, Link und Mokadad 2005, Hembroff et al. 2005).

Mit Hilfe des beschriebenen Designs konnte der Zugang zu den Tauschringen des Münchner Umlands und zum ostdeutschen Tauschring erschlossen werden. Beim Münchner Tauschring dagegen konnte der Feldzugang wegen massiver Datenschutzbedenken und Vorbehalte der Koordinatoren nicht auf diese Weise hergestellt werden. Die geplante Vollerhebung des Systems konnte nicht umgesetzt werden, da die Koordinatoren die Herausgabe ihrer Teilnehmerlisten verweigerten. Um die Teilnehmer des Münchner Tauschsystems dennoch in die Untersuchung einbeziehen zu können, musste eine Alternative gesucht werden. Die Gewinnung möglicher Probanden erfolgte durch ihre direkte Ansprache am Rande von Tauschringtreffen. In diesen kurzen Einführungsgesprächen wurden die Teilnehmer – wie bei den in den Tauschringzeitungen geschalteten Ankündigungsanschreiben – auf die Studie und ihre Zielsetzungen hingewiesen und ihre Mithilfe erbeten. Gegebenenfalls wurden ihre Kontaktdaten erfragt und das Interview konnte in diesem Gespräch sofort terminiert werden. Mit dieser Vorgehensweise konnten immerhin 220 Probanden und somit fast ein Drittel der 776 zu befragenden Tauschringteilnehmer für die Erhebung gewonnen werden. Um

---

11 Aufgrund der Entfernung musste in Ostdeutschland von diesem persönlichen Gespräch zur Vertrauensbildung abgesehen werden.

12 Die Tauschringzeitung wird jedem Teilnehmer zugestellt und berichtet neben einer Auflistung der aktuellen Angebote über Neuigkeiten des Tauschrings.

den Selektivitätsbias zu minimieren, wonach nur Personen erfasst werden, die an Treffen interessiert sind, dagegen Teilnehmer, denen die gemeinschaftlichen Aspekte der Tauschringe unwichtig sind, vernachlässigt werden, wurden Probanden bei unterschiedlichsten internen Veranstaltungen, z. B. im Tauschcafe, auf Stadtteiltreffen, dem Sommerfest und Weihnachtsmarkt sowie der Teilnehmervollversammlung und dem verpflichtenden Jahresabgleich der Tauschhefte, rekrutiert.

4 Die Telefonbefragung bei den lokalen Austauschnetzwerken

Während noch vor wenigen Jahren das *persönliche face-to-face Interview* den Forschungsprozess dominierte, verlagerte sich das Gewicht in den letzten Jahren zunehmend in Richtung *telefonische Befragung*. Nicht zuletzt der geringe organisatorische Aufwand und die hohe Qualität der erhobenen Daten sind wesentliche Gründe, weshalb Telefonbefragungen in der empirischen Sozialforschung zunehmend zum Einsatz kommen (de Leeuv und van der Zouven 1988; Hippler und Schwarz 1990: 441; van der Vaart et al. 2006).[13] Obwohl sich diese Erhebungsform bei allgemeinen Umfragen schon lange bewährt hat – sogar die Daten repräsentativer Bevölkerungsumfragen werden telefonisch erhoben[14] – gibt es bisher wenige Befunde zur Eignung der Telefonbefragung bei Spezialpopulationen.

Doch gerade für die Untersuchung der Tauschringe erscheint das Telefoninterview besonders geeignet. Mittels Telefon lässt sich die Befragung dieser geographisch weit gestreuten Population[15] problemlos und kostengünstig abwickeln (Fuchs 1994: 31ff; Frey, et al. 1990: 28). Gegenüber dem face-to-face Interview kann die Privatsphäre der Befragten besser gewahrt bleiben, was für die Untersuchung der Tauschringe, deren Teilnehmer Datenschutzbedenken hegen, von Vorteil ist (Frey et al. 1990: 51). Auch Probleme der Reaktivität können zu einem gewissen Umfang abgefedert werden. Dieser Aspekt gewinnt bei der Befragung der Tauschringteilnehmer an besonderer Relevanz, da der Empfehlung nicht nachgekommen werden konnte, die Datenerhebung zur Minimierung der

---

13 Die Kehrseite dieser Entwicklung ist, dass viele Nummern nicht mehr im Telefonbuch eingetragen sind und Einpersonenhaushalte häufig nicht mehr über einen Festnetzanschluss verfügen und Mobil-Telefonnummern meist nicht in Telefonverzeichnissen erfasst sind (Callegaro und Poggio 2004).

14 Beispielsweise die repräsentative Erhebung zur Arbeitsmarktentwicklung in Deutschland „Arbeitsmarkt in Deutschland" des Statistischen Bundesamts.

15 Die drei ausgewählten Samples sind in drei verschiedenen Regionen angesiedelt und selbst innerhalb der Samples sind teilweise relativ große Distanzen zwischen den Probanden zu überwinden (bis zu 70 Kilometer).

Interviewereffekte auf verschiedene Personen zu verteilen (Diekmann 2007; Groves und Kahn 1979).[16] Des Weiteren zeichnet sich das Telefoninterview bei der Spezialpopulation der Tauschringteilnehmer gegenüber einer schriftlichen Befragung durch gute Rücklaufquoten und geringe Item-Non-Response aus, da der Interviewer sein Gegenüber am Telefon zum Durchhalten motivieren und durch sensibles Nachfragen seine Antwortbereitschaft erheblich steigern konnte (Frey et al.1990: 41f; Fuchs 1994: 68). Gerade aufgrund der kleinen Grundgesamtheit der Tauschringteilnehmer sind hohe Ausschöpfungsquoten und geringe Antwortverweigerungen für die Datenqualität wichtig. Letztlich spricht für die Telefonbefragung bei den Tauschringteilnehmern, dass die Erhebungssituation gegenüber der schriftlichen Befragung kontrollierter ist und komplexere Fragestellungen realisiert werden können, da der Interviewer gegebenenfalls unterstützend eingreifen kann (Rogers 1976). So war beispielsweise eine detaillierte und spezifische Abfrage der individuellen Beitrittsmotivationen am Telefon möglich.

Trotz der genannten Vorteile der telefonischen Befragung für die Untersuchung der Spezialpopulation der Tauschringteilnehmer gibt es methodische Einschränkungen. Beim Design der Befragung mussten die besondere Interviewsituation am Telefon und die Eigenheiten des Feldes berücksichtigt werden. So wurde das Interview auf eine durchschnittliche Dauer von 30 Minuten begrenzt, um die Konzentrationsfähigkeit und Geduld der Tauschringteilnehmer nicht übermäßig zu strapazieren und hohe Item-Non-Response- und Abbruchquoten zu vermeiden (Brückner 1985: 69; Cockerham et al. 1990: 405; Kirschenhofer-Bozenhardt und Kaplitza 1982: 95; Thomas und Purdon 1994).

Besondere Aufmerksamkeit galt außerdem einer gelungenen Eingangssequenz, da es in den ersten 30 Sekunden des Kontakts zu den meisten Verweigerungen kommt (De Leeuw und Hox 2004; Fuchs 1994: 67ff; Frey et al. 1990: 121f). Aufgrund der Ankündigung der Studie in den Tauschringzeitungen konnte keine Terminierung der Telefonate erfolgen und nicht mit Sicherheit davon ausgegangen werden, dass die Teilnehmer die Ankündigung überhaupt gelesen haben. Daher wurden dem Befragten in der Eingangssequenz alle wesentlichen Informationen zur Studie kurz und präzise mitgeteilt. Neben der persönlichen

---

16 Bei der Felderschließung spielten der persönliche Kontakt zu den Tauschringleitern/-gründern und ihr Vertrauen eine herausragende Rolle. Die Herausgabe der Listen erfolgte aufgrund von Datenschutzbedenken dieser Schlüsselpersonen nur unter der Maßgabe, dass die Befragung persönlich durchgeführt wird und die Teilnehmerdaten nicht an Dritte weitergegeben werden. Da für eine erfolgreiche Umsetzung der Befragung das gewonnene Vertrauen unter keinen Umständen verletzt werden durfte, musste die gesamte Befragung daher unter in Kaufnahme größerer Interviewereffekte von einer Person durchgeführt werden. Um möglichen aus dieser einseitigen Belastung resultierenden Ermüdungseffekten des Interviewers zu begegnen, wurde die Interviewphase auf maximal vier Stunden pro Tag begrenzt.

Vorstellung (Name, Universität) wurden Ziel und Zweck der Studie genannt und dem Befragten ein vertraulicher Umgang mit seinen Daten zugesichert.

Außerdem wurde die Befragung mit leichten, themenzentrierten Fragen zur Teilnahmedauer sowie zum persönlichen Angebots- und Nachfrageverhalten im Tauschring begonnen, um das Interesse an der Befragung zu wecken und eine vertrauensvolle Atmosphäre zu schaffen (Dillman 1978: 219f; Fuchs 1994; Wüst 1998). Auch im weiteren Fragebogen wurde auf eine abwechslungsreiche Anordnung der einzelnen Blöcke und Fragen geachtet, um vorzeitigen Abbrüchen wegen Ermüdung oder Verwirrung vorzubeugen. Insgesamt gliedert sich der Fragebogen in sechs thematische aufeinander abgestimmte Blöcke. Der erste Teil erfasst das Angebots- und Nachfrageverhalten sowie das Engagement innerhalb des Tauschrings. Im zweiten Teil widmet sich der Fragebogen den Beitrittsmotivationen. Der dritte Abschnitt befasst sich mit der Gestaltung der Transaktionen und generiert zusätzlich Daten zum egozentrierten Netzwerk der Teilnehmer. Daran anschließend setzt sich der vierte Teil mit dem Solidaritäts- und Zugehörigkeitsempfinden auseinander. Im fünften Abschnitt wird das Opportunismuspozenzial der einzelnen Transaktionen erhoben und abschließend die Teilnehmerdemographie erfasst.

Entsprechend der Situation am Telefon, die sich ausschließlich auf eine akustische Übermittlung der Inhalte beschränkt und Möglichkeiten der visuellen Unterstützung entbehrt, wurde darauf geachtet, dass die Fragetexte nicht zu lang und dem Befragten nicht zu viele Antwortalternativen präsentiert wurden (Frey et al. 1990: 114, Fuchs 1994; Groves und Kahn 1979). Auf relativ differenzierte Antwortschemata mit sieben oder zehn Stufen wurde bei der Befragung der Tauschringteilnehmer verzichtet. Stattdessen wurde überwiegend mit vierstufigen Rating-Skalen gearbeitet, damit die ausschließlich verbal erklärte Skala für den Befragten überschaubar und verständlich blieb und er nicht durch einen häufigen Wechsel der Darbietungsform überfordert wurde (Frey und Oishi 1995: 103; Fuchs 1994: 102; Wüst 1998: 29). Da die spezifischen Fragestellungen der Studie auf eine eindeutige Festlegung des Befragten abzielten und bei Telefonbefragungen häufiger eine Tendenz zur Mitte beobachtet wurde, verzichtete die Tauschringstudie auf die Vorgabe einer Mittelkategorie (Pilshofer 2001). Nur in Ausnahmefällen wurde auf eine „Graukategorie" ausgewichen, die dem Befragten zwar nicht vorgelesen wurde, aber genutzt werden konnte, wenn sie der Interviewte explizit vorgab (Wüst 1998: 24).[17] Um eine kognitive Überforderung der Tauschringteilnehmer zu vermeiden, wurde außerdem die Einordnung von Items in eine Rangordnung auf drei Items beschränkt. Damit die Teilnehmer für die Beantwortung von Fragen nicht auf Unterlagen zurückgreifen mussten, wur-

---

17 Diese Antwortoption kann daher dem Bias zur Mitte entgegen wirken.

de weiterhin eine sehr detaillierte und spezifische Abfrage von Daten vermieden. Das Suchen und Holen von Unterlagen wirkt sich bei telefonischen Befragungen negativ auf den Erhebungsprozess aus. Außerdem übersteigen zu detaillierte Fragestellungen das Erinnerungsvermögen der Befragten und führen zu schlechter Datenqualität (Schach 1987: 25). Daher wurde beispielsweise von einer genauen Abfrage des Tauschringkontostands abgesehen und stattdessen nur erfasst, ob sich das Konto der Tauschringwährung des Teilnehmers tendenziell im positiven oder negativen Bereich befindet.

Aus der Fragestellung der Studie ergibt sich, dass die relationale und strukturelle Einbettung von großer inhaltlicher Relevanz ist. Für die Befragung bedeutete das, dass zusätzlich zu den speziellen Indikatoren zur Messung von Reputationseffekten und Informationsaktivität die ego-zentrierten Netzwerke der Teilnehmer erfasst wurden. Obwohl die telefonische Erhebung von Netzwerken in der Methodenforschung kritisiert wird, zeigen einige Studien, dass die Daten am Telefon valider als im face-to-face Interview ausfallen und relativ reliabel sind (Ferligoj et al. 2005). Wesentlich ist, dass die Relationsfragen, welche die Beziehungen der Alteri untereinander erfassen, nicht zu komplex sind und die Anonymitätsanforderungen nicht verletzt werden. Gerade bei den Tauschringen, in denen jeder jeden kennt, können diese leicht beeinträchtigt werden. Aufgrund von Reputationseffekten, deren Entstehung durch die strukturellen Eigenschaften der Tauschringe – insbesondere durch ihre relativ geringe Größe sowie die Prozesse der sozialen Schließung – begünstigt wird, kann auch die Kooperationsbereitschaft zukünftig befragter Teilnehmer beeinträchtigt werden. Um den Anonymitätsanforderungen gerecht zu werden und die Komplexität zu reduzieren, wurden die Befragten daher gebeten, entweder die Namen ihrer Bekannten aufzuschreiben und durchzunummerieren, sodass im Interview lediglich die Nummern mitgeteilt werden mussten oder die Initialen ihrer Bekannten zu nennen. Bei dieser Methode musste die Beantwortung der Fragen aufmerksam verfolgt und Inkonsistenzen im Antwortverhalten sofort angesprochen werden, um Fehler aufgrund von Verwechslungen zu vermeiden.

Auch das Stellen heikler Fragen musste wegen der strukturellen Eigenheiten der Tauschringe sorgsam abgewogen werden. Unangenehme, als heikel wahrgenommene Aspekte verbreiten sich innerhalb der Tauschringe rasch. Sollte die Frage vom Probanden als zu sensibel beurteilt werden, ist neben einer hohen Item-Non-Response des Interviewten zugleich mit einer hohen Unit-Non-Response bei zukünftigen Interviews zu rechnen, d. h. die Bereitschaft der Teilnehmer an der Befragung teilzunehmen, sollte im Zeitverlauf der Befragung sinken. Die demographischen Angaben, welche für die Befragten sensible Themen anschneiden, beispielsweise Fragen nach ihrer Parteipräferenz oder dem Bezug von Sozialhilfe, wurden wie bei allen Befragungen gegen Ende geschaltet.

Datenerhebung bei Spezialpopulationen

Während diese Endplatzierung in Befragungen allgemein darauf zurückzuführen ist, dass derartige Angaben für die Befragten meist nur von geringem Interesse sind, wurde sie bei der Befragung der Tauschringteilnehmer vor allem gewählt, weil zu diesem fortgeschrittenen Befragungszeitpunkt bereits eine Vertrauensbasis geschaffen war und somit die Antwortbereitschaft des Befragten höher sein sollte (Frey 1989: 155). Auf die äußerst sensible Frage nach dem Einkommen wurde dennoch gänzlich verzichtet, obwohl diese Angabe für die Ermittlung der individuellen Beitrittsmotivationen hilfreich gewesen wäre. Stattdessen wurde diese Information durch drei Fragen angenähert: *Wie viele Stunden arbeiten Sie monatlich im Tauschring? Welchen Gegenwert würden Sie für die im Tauschring eingesetzte Zeit in Ihrem Beruf erzielen können?* und *Wie viel Prozent machen Ihre Tauschringeinnahmen an Ihrem monatlichen Haushaltseinkommen aus?* Diese Fragen sollten Rückschlüsse auf das Einkommen der Personen ermöglichen. Um Ausstrahlungseffekte zu vermeiden, wurden die Fragen in voneinander unabhängigen Frageblöcken geschaltet. Da es sich jedoch um zum Teil komplizierte Berechnungen handelte, die im Kopf überschlagen werden mussten, war die Item-Non-Response-Rate dennoch relativ hoch (Diekmann 2007).

5 Response Rates

Die Erhebung der Tauschringe gliederte sich in drei Phasen. Die erste Phase erstreckte sich von April bis Juni 2004. In dieser Zeit wurden die terminierten Interviews mit den Teilnehmern des Münchner Tauschrings realisiert. In unmittelbarem Anschluss folgten von Juni bis August die Interviews mit den Tauschringen des Münchner Umlands. Zeitlich versetzt startete im April 2005 die dritte Phase mit den Interviews der Teilnehmer des ostdeutschen Tauschrings. Der zeitliche Abstand zwischen der zweiten und dritten Erhebungsphase liegt in Schwierigkeiten begründet, ein kooperierendes Tauschsystem in Ostdeutschland für die Befragung gewinnen zu können.

Insgesamt wurden 491 Interviews geführt, was einer Rücklaufquote von 63% entspricht. In den einzelnen Systemen konnten Rücklaufquoten zwischen 52% und 83% realisiert werden (Details siehe Tabelle 2). Die Interviewphasen fanden überwiegend morgens zwischen 8.00 und 10.00 Uhr sowie abends zwischen 17.00 und 21.00 Uhr statt, um auch die berufstätigen Teilnehmer in der Befragung berücksichtigen zu können. Durchschnittlich waren knapp drei Kontaktversuche für die Realisierung eines Interviews nötig. Die extrem hohe Ausschöpfung beim Münchner Tauschring resultiert aus dem speziellen Stichprobenverfahren und ist somit nicht vergleichbar. Während bei den anderen Systemen basierend auf den Teilnehmerlisten eine Vollerhebung angestrebt wurde, mussten beim Münchner Tauschring wegen Datenschutzbedenken die Probanden durch persönliche Ansprache gewonnen werden. Durch die persönliche Terminierung der Interviews waren die Teilnehmer erwartungsgemäß besser zu erreichen, die Verweigerungsquoten geringer und die Kontaktangaben aktueller. Die Rücklaufquoten der verbleibenden Systeme schwanken um bis zu acht Prozentpunkte.

Tabelle 2: Rücklaufquoten und Ursachen für Ausfälle nach Tauschring in %

Tauschringname	Rücklauf	keine Erreichbarkeit	falsche Adressangabe	Inaktivität	Verweigerung	N
München	83%	15%	1%	0%	1%	220
Haar/Umgebung	60%	26%	3%	9%	2%	80
5-Seen-Land	58%	24%	5%	11%	2%	189
Würmtal	57%	26%	2%	12%	3%	58
Leipzig	52%	30%	11%	4%	3%	229
Insgesamt	63%	24%	5%	6%	2%	776

Hauptursache für die Ausfälle war die Schwierigkeit, die Teilnehmer zu erreichen. Trotz siebenmaligem Kontaktversuch konnte mit 24% der Tauschringteilnehmer kein Interview geführt werden. Viele Ausfälle gehen auf mangelhaft gepflegte Adresslisten zurück. Bei 11% der Tauschringteilnehmer waren entweder die Adressangaben falsch oder die Personen nahmen nicht mehr oder nicht mehr aktiv am Tauschring teil. Lediglich 2% der Tauschringteilnehmer verweigerten ihre Teilnahme an der Studie. Zu Abbrüchen während des Interviews kam es nicht. Der geringe Prozentsatz an Verweigerungen und die durchgängig hohe Kooperationsbereitschaft während des Interviews sprechen dafür, dass sich die Telefonbefragung bei der Spezialpopulation der Tauschringteilnehmer zur Datengewinnung gut eignet.

Neben der Unit-Non-Response stellt die Antwortverweigerung ausgewählter Fragen ein zweites Problem dar, das die Datenqualität mindert und zu vermeiden ist. Insbesondere die Netzwerkfragen wiesen in dieser Studie leicht erhöhte Item Non-Response-Rates von 6% auf. Nannten die Befragten jedoch die Angehörigen ihres Netzwerks (Beantwortung der Namensgeneratoren), dann beantworteten sie auch die daran anschließenden Relationsfragen (Namensinterpretatoren). Überwiegend dürften die Ausfälle bei den Netzwerkfragen durch Anonymitätsbedenken motiviert sein. Durch das gewählte Verfahren der Durchnummerierung bzw. Nennung der Initialen war eine Identifizierung der Personen zwar unmöglich, doch konnten die Vorbehalte einiger Befragter nicht beseitigt werden und anderen war dieses Verfahren zu umständlich oder zu anstrengend.

Wie erwartet, kam es ferner bei sensiblen und schwierigen Fragen zu gehäuften Ausfällen. 14% der Teilnehmer beantworteten die Frage nach dem Gegenwert ihrer im Tauschring eingesetzten Zeit am Arbeitsmarkt nicht. Einige Ausfälle lassen sich sicher auf die komplexe Fragestellung, die dem Befragten einige Rechenoperationen abverlangt, zurückführen.[18] Mit erhöhten Ausfällen war außerdem die Abfrage der Parteipräferenz verbunden. So verweigerten 8% der Befragten ihre Antwort auf diese Frage. Ausschließlich die Befragten westdeutscher Tauschringe verweigerten die Beantwortung. Wird jedoch zusätzlich die Ausweichkategorie „keine Partei"[19] in die Betrachtung mit eingeschlossen, ändert sich diese Tendenz signifikant. Während sich 23% der Teilnehmer westdeutscher Tauschringe für diese quasi *Non-Attitudes* Kategorie entschieden, waren es im ostdeutschen Tauschsystem 36% der Befragten.

Tabelle 3: Item-Non-Response nach Tauschringen in %

Tauschringname	Netzwerk	Gegenwert	Parteipräferenz	keine Partei (Non Attitudes)	N
München	7%	7%	6%	21%	182
Haar/Umgebung	4%	0%	13%	29%	48
5-Seen-Land	3%	5%	14%	20%	109
Würmtal	3%	0%	21%	30%	33
Leipzig	8%	42%	0%	36%	119
insgesamt	**6%**	**14%**	**8%**	**26%**	**491**

Um die erzielte Datenqualität der Studie besser einschätzen zu können, wurde die Item-Non-Response der Tauschringteilnehmer bei der Abfrage der Parteipräferenz schließlich mit der dazugehörigen Item-Non-Response der bevölkerungs-

---

18 Interessant bleibt dennoch der starke Ost-West-Unterschied im Antwortverhalten. Während nur 5% der Befragten westdeutscher Tauschringe die Frage unbeantwortet ließen, waren es bei den ostdeutschen Teilnehmern 42%. Diese beachtliche Differenz von 37 Prozentpunkten erklärt sich möglicherweise dadurch, dass die Teilnehmer des ostdeutschen Tauschsystems ihren Wert am Arbeitsmarkt aufgrund der höheren Arbeitslosigkeit nicht mehr einschätzen konnten, oder die Beteiligung in den ostdeutschen Systemen so gering ist, dass die Probanden keine Einschätzung ihrer Leistungen vornehmen konnten. Möglicherweise reagierten Befragte aus Ostdeutschland auch aufgrund ihrer Erfahrungen mit der ehemaligen DDR auf heikle Fragen sensibler.

19 Diese Antwortoption enthält die Kategorien: „würde nicht wählen" und „weiß nicht".

repräsentativen Befragung des Allbus aus dem Jahr 2004 verglichen.[20] Es zeigen sich bei beiden Befragungen nur geringfügige Abweichungen bei der Item-Non-Response. Zwar war die Verweigerungsquote bei der Frage nach der Parteipräferenz bei der Befragung der Tauschringteilnehmer um 3 Prozentpunkte höher als bei der Allbus-Befragung. Dafür fällt bei der Befragung der Tauschringteilnehmer der Anteil „Meinungsloser" geringer aus. Während bei der Allbus-Befragung 32% die Non-Attitudes-Kategorie wählten, entschieden sich von den Tauschringteilnehmern nur 26% für diese Kategorie

Tabelle 4: Item-Non-Response: Vergleich Tauschring und Allbus 2004

	Antwortverweigerung bei Frage nach Parteipräferenz	Wahl der Antwortoption „keine Partei" (Non Attitudes)	N
Tauschring	8%	26%	491
Allbus	5%	32%	2762

Bei insgesamt 73 Fragen fiel die Anzahl nicht beantworteter Items vergleichsweise gering aus. Dieses Ergebnis spricht dafür, dass bei entsprechendem Design der Studie und sorgfältiger Aufbereitung des Fragebogens eine telefonische Befragung zur Untersuchung der Spezialpopulation „Tauschringteilnehmer" geeignet ist. Vergleicht man die Ausschöpfungsquoten mit der Rücklaufquote einer schriftlichen Befragung von Teilnehmern deutscher Tauschringe aus dem Jahr 1998, die bei 53% liegt (Meier 2001), lässt sich die Vorteilhaftigkeit der gewählten Erhebungsmethode nachweisen. Zudem konnten gegenüber dieser schriftlichen Befragung, die lediglich 20 Fragen umfasste, mit dem gewählten Design der Telefonbefragung deutlich mehr und komplexere Informationen erhoben werden.

---

20 Da ein Großteil der Interviews bereits von April bis September 2004 geführt wurde, wurde die Allbus-Befragung des Jahres 2004 als Referenz gewählt. Das seit 1980 laufende ALLBUS- Programm wird über die GESIS (Gesellschaft sozialwissenschaftlicher Infrastruktureinrichtungen) finanziert. Es wird von dem ZUMA (Zentrum für Umfragen, Methoden und Analysen e.V., Mannheim) und dem Zentralarchiv für Empirische Sozialforschung (Köln) in Zusammenarbeit mit dem ALLBUS- Ausschuss realisiert. Die Daten sind beim Zentralarchiv für Empirische Sozialforschung (Köln) erhältlich. Die vorgenannten Institutionen und Personen tragen keine Verantwortung für die Verwendung der Daten in diesem Beitrag.

6 Telefonbefragungen als Trend für Spezialpopulationen?

Spezialpopulationen weisen die unterschiedlichsten Merkmale und Eigenheiten auf und sind in äußerst unterschiedlicher Gestalt anzutreffen. Insbesondere für die Wahl der Untersuchungsmethode hat die extreme Bandbreite seltener Populationen Konsequenzen. Im Gegensatz zu bevölkerungsrepräsentativen Studien sollte bei Spezialpopulationen immer fallweise entsprechend ihrer spezifischen Eigenschaften entschieden werden. Felderschließung, Sampling-Methode und Datenerhebungsverfahren müssen den Anforderungen der jeweiligen Population angepasst werden. Ein Patentrezept, das auf alle Spezialpopulationen gleichermaßen anwendbar ist, existiert nicht. Wie die Untersuchung der Tauschringteilnehmer zeigt, sollte das Design den spezifischen Belangen der Spezialpopulation angepasst werden. Oft ist es sinnvoll, verschiedene Verfahren zu kombinieren, um möglichst gute Ergebnisse zu erzielen. So erfolgte die Vorabinformation zur Studie aufgrund der Besonderheiten der einzelnen Tauschsysteme entweder auf persönlichem Weg durch direkte Ansprache oder unpersönlich durch eine schriftliche Ankündigung. Aufgrund des meist prekären Status von Spezialpopulationen ist es zudem besonders wichtig, das Vertrauen ihrer Teilnehmer zu gewinnen, damit diese bereit sind, die Studie zu unterstützen. Hierfür bietet sich häufig die gezielte Kontaktaufnahme und ein persönliches/telefonisches Gespräch mit Leitern und/oder Meinungsführern der Gruppierung an, da diese Personen in großem Umfang an der Meinungsbildung innerhalb der Gruppierung beteiligt sind. Konnten die Meinungsführer davon überzeugt werden, die Studie zu unterstützen, können sie meist die Teilnehmer ihrer Gruppierung dazu bewegen, sich an der Befragung zu beteiligen.

Obwohl bereits unterschiedliche Sampling-Methoden für Spezialpopulationen in der Methodenliteratur vorgestellt und empirisch an unterschiedlichen Beispielen getestet wurden, wurde die telefonische Befragung als Datenerhebungsverfahren für Spezialpopulationen bislang vernachlässigt. Bisher wurde bei Spezialpopulationen meist ein persönliches face-to-face Interview oder eine schriftliche Befragung durchgeführt. Für bestimmte Spezialpopulationen bietet die telefonische Befragung jedoch eine durchaus gangbare Alternative. Daher wurde für die Untersuchung der Spezialpopulation der Tauschringteilnehmer diese Erhebungsmethode gewählt. Mit diesem Verfahren konnten die geographisch weit gestreuten Samples kostengünstig realisiert, die notwendige Anonymität gewahrt und das Feld dennoch ausreichend kontrolliert werden. Die erzielten Ergebnisse unterstützen die Argumentation: Die relativ hohe Rücklaufquote, die extrem geringe Verweigerungsquote sowie die geringe Item-Non-Response-Rate sprechen für das gewählte Design zur Datengewinnung. Trotz dieser positiven Befunde sollte dennoch die telefonische Erreichbarkeit der Gruppierung geklärt sein. Die Teilnehmer müssen einen festen Wohnsitz haben, über einen

Telefonanschluss verfügen und es dürfen keine sprachlichen Barrieren die Verständigung am Telefon behindern. Bei der Untersuchung der Tauschringe waren diese Kriterien allesamt erfüllt. Sogar der Anteil von Befragten mit Sprachschwierigkeiten belief sich auf Null. Außerdem sollten Erhebungsdesign und Sampling-Methode aufeinander abgestimmt sein. Idealerweise sollten für die telefonische Befragung von seltenen Gruppierungen relativ gepflegte Teilnehmerlisten mit den relevanten Kontaktdaten der Mitglieder vorliegen. Um an weitere, in diesen Verzeichnissen nicht gelistete Teilnehmer zu gelangen oder das Feld ohne solcher Teilnehmerlisten sukzessive erschließen zu können, kann auf die Nominationstechnik, welche denselben Regeln wie das häufig bei schriftlichen Befragungen angewandte Schneeballverfahren folgt,[21] oder diverse Screening-Verfahren zurückgegriffen werden.

Tabelle 5: Datenerhebung bei Spezialpopulationen

Fallweise Anpassung an Anforderungen der jeweiligen Spezialpopulation erforderlich!	
Felderschließung	Relevanz vertrauensbildender Maßnahmen
	Relevanz von Schlüsselpersonen
	• gezielte Kontaktaufnahme mit Schlüsselperson
	• persönliches Informationsgespräch mit Schlüsselperson
Sampling	chain referral sampling, z. B.
	• Schneeballverfahren
	• Nominationsverfahren
	Screening Verfahren
	key informant sampling
	targeted sampling
Datenerhebungsverfahren	Abstimmung des Erhebungsdesigns auf gewählte Sampling-Methode

Wie sich zeigt, gibt es kein Standardrezept für die Untersuchung von Spezialpopulationen. Sie bleiben für sozialwissenschaftliche Forschungsvorhaben eine Herausforderung. Telefonbefragungen können, sofern sie mit den Anforderungen der untersuchten Spezialpopulation zusammenpassen, jedoch eine gute Option zur Datengewinnung sein. Es muss nicht immer das face-to-face Interview sein, das Einblick in neue Felder eröffnet, oder die schriftliche Befragung, die sich als anonymste Form bei Gruppierungen mit sensiblen Status anbietet. Auch telefoni-

---

21 Bei der Nominationstechnik werden am Ende des Telefoninterviews die Befragten gebeten, die telefonischen Kontaktdaten von ihnen bekannten, der Gruppierung zugehörigen Personen zu benennen, damit auch diese im Anschluss befragt werden können.

sche Surveys können, wie diese Studie zeigt, einen angemessenen Zugang zu Spezialpopulationen bieten.

7 Literatur

Bebbington, Jahn, 2000: Local Exchange Trading Systems (LETS): An Introduction and Evaluation of the Challenges to Accounting, Draft 14.5.2000

Brückner, Erika, 1985: Telefonische Umfragen – Methodischer Fortschritt oder erhebungsökonomische Ersatzstrategie? in: Kaase, Max/ Küchler, Manfred (Hrsg.), Herausforderungen der empirischen Sozialforschung. Mannheim: ZUMA, 66–70.

Caldwell, Caron, 2000: Why do People Join Local Exchange Trading Systems? in: International Journal of Community Currency Research 4, http://www.le.ac.uk/ulmc/ijccr/vol4-6/4no1.htm

Callegaro, Mario/Poggio, Teresio, 2004: Where can I call you? The "mobile (phone) revolution" and its impact on survey research and coverage error: A discussion of the Italian case. Proceedings ISA RC33 Sixth International Conference on Logic and Methodology: "Recent Developments and Applications in Social Research Methodology", Amsterdam.

Cockerham, William C./Kunz, Gerhardt/Lüschen, Günther, 1990: Sozialforschung per Telefon: BRD und USA im Vergleich – Zur Akzeptanz und Handlungspraxis einer neuen Methode in der Umfrageforschung, in: Forschungsgruppe Telekommunikation (Hrsg.), Telefon und Gesellschaft. Band 2, Berlin: Spiess, 400–412.

Coleman, James S., 1990: Foundations of Social Theory, Cambridge: Harvard University Press.

De Leeuw, Edith/Hox, Joop J., 2004: I am not Selling Anything: 29 Experiments in telephone Introductions, in: International Journal of Public Opinion Research 16, 464–473.

De Leeuw, Edith/van der Zouwen, Johannes, 1988: Data Quality in Telephone and Face to Face Surveys: A Comparative Metaanalysis, in: Groves, Robert M./Biemer, Paul P./Lyberg, Lars E./Massey, James T./Nicholls, William L./Waksberg, Joseph (Hrsg.), Telephone Survey Methodology, New York: John Wiley & Sons, 283–300.

Diekmann, Andreas, 2007: Empirische Sozialforschung. Methoden, Techniken und Anwendung, Hamburg: Reinbeck.

Dillman, Don A., 1978: Mail and Telephone Survey. The Total Design Methode, New York: John Wiley & Sons.

Dillman, Don A./Gallegos, J.G./Frey, James H., 1976: Reducing Refusal Rates for Telephone Interviews, in POQ, 40, 66–78.

Ferligoj, Anuska/Kogovsek, Tina/Hlebec, Valentina, 2005: Reliability and Validity of Social Support Measurement Instruments. Presentation at First EASR Conference, Barcelona, July 2005.

Frey, James H., 1989: Survey Research, Newbury Park: Sage.

Frey, James H./Kunz, Gerhard/Lüschen, Günther (1990): Telefonumfragen in der Sozialforschung. Methoden, Techniken, Befragungspraxis. Opladen: Westdeutscher Verlag.

Frey, James H./Oishi, Sabine M., 1995: How to conduct Interviews by Telephone and in Person, Thousands Oaks: Sage.

Fuchs, Marek, 1994: Umfrageforschung mit Telefon und Computer: Einführung in die computergestützte telefonische Befragung, Weinheim: Beltz.

Fuchs, Marek, 2000: Befragung einer seltenen Population. Das Schneeball Verfahren in einer CATI-Studie, in: Volker Hüfken (Hrsg.), Methoden in Telefonumfragen, Darmstadt: Westdeutscher Verlag, 65–88.

Goodman, L.A., 1961: Snowball Sampling, in Annals of Mathematical Statistics 32: 148–170.

Granovetter, Mark S., 1985: Economic Action and Social Structure: The Problem of Embeddedness, in American Journal of Sociology 91, 481–510.

Groves, Robert M./Kahn, Robert L.,1979: Survey by Telephone and Personal Interview Surveys, in Public Opinion Quarterly, 43, 190–205.

Heckathorn, Douglas, D., 1997: Respondent-Driven Sampling: A new approach to the Study of Hidden Populations, in Social Problems 44, 174–199.

Heckathorn, Douglas, D., 2002: Respondent-Driven Sampling II: Deriving Valid Population Estimates from Chain-Referral Samples of Hidden Populations, in Social Problems 49, 11–34.

Hembroff, Larry A./Rusz, Debra/Rafferty, Ann/McGee, Harry/Ehrlich, Nathaniel, 2005: The Cost-Effectiveness of Alternative Advance Mailings in a Telephone Survey, in Public Opinion Quarterly 69, 232–245.

Hippler, Hans J./Schwarz, Norbert, 1990: Die Telefonbefragung im Vergleich mit anderen Befragungsarten, in Forschungsgruppe Telekommunikation (Hrsg.), Telefon und Gesellschaft, Band 2, Berlin: Spiess, 437–447.

Hoeben, Corine, 2003: LETS be a Community. Community in Local Exchange Trading Systems. Groningen: ICS Dissertation Series.

Kalton, Graham, 2001: Practical Methods for Sampling rare and mobile Populations. Proceeding of the Annual Meeting of the American Statistical Association, August 2001.

Kirschenhofer-Bozenhardt A./Kaplitza, G., 1982: Der Fragebogen, in Holm, Kurt (Hrsg.), Die Befragung, München: Franke, 92–126.

Kuhn, Norbert, 2002: Tauschringe – Möglichkeiten und Grenzen einer „geldlosen" Wirtschaft. Marburg: Marburger Beiträge zum Genossenschaftswesen 39.

Link, Michael W./Mokdad, Ali, 2005: Advance Letters as a Means of Improving Respondent Cooperation in Random Digit Dial Studies, in Public Opinion Quarterly 69, 572–587.

MacKellar, Duncan A./Valleroy, Linda/Karon, John M./Lemp, George F./Janssen Robert S.,1996: The young men's survey: Methods for estimation HIV seroprevalence and risk factors among young men who have sex with men. in Public Health Reports 111, Supplement, 138–144.

Mecatti, Fulvia, 2004: Center Sampling: A Strategy for Surveying Difficult-to-Sample Populations. Proceeding of Statistics Canada Symposium 2004.

Meier, Daniela, 2001: Tauschringe als besondere Bewertungssysteme in der Schattenwirtschaft. Eine theoretische und empirische Analyse, Berlin: Duncker & Humblot.

North, Peter, 1999: Explorations in Heterotopia: Local Exchange Trading Schemes (LETS) and the Micropolitics of Money and Livelihood, in Environment and Planning D: Society and Space, 17, 69–86.

Pacione, Michael, 1997: Local Exchange Trading Systems – A Rural Response to the Globalization of Capitalism?, in Journal of Rural Studies, 13, 415–427.

Pacione, Michael, 1998: Toward a Community Economy – An Examination of Local Exchange Trading Systems in West Glasgow, in Urban Geography, 19, 211–231.

Pieper, Niklas, 2002: Die rechtliche Struktur bargeldloser Verrechnungssysteme unter besonderer Berücksichtigung von Barter-Clubs und LET-Systemen. Berlin: Weißensee Verlag.

Pilshofer, Birgit, 2001: Wie erstelle ich einen Fragebogen. Ein Leitfaden für die Praxis. Graz: Wissenschaftsladen Graz.

Rogers Theresa F., 1976: Interviews by Telephone and in Person: Quality of Responses and Field Performance, in POQ 40, 51–65.

Salganik, Matthew J./Heckathorn, Douglas D., 2004: Sampling and Estimation in Hidden Populations Using Respondent-Driven Sampling, in Sociological Methodology 34: 193–239.

Schach, Siegfried, 1987: Methodische Aspekte der telefonischen Bevölkerungsbefragung – Allgemeine Überlegungen und Ergebnisse einer empirischen Untersuchung, Universität Dortmund. FB Statistik, Forschungsbericht Nr. 87/7. Dortmund.

Schlagenhauf, Karl, 1977: Sportvereine in der Bundesrepublik Deutschland. Schorndorf: Hofmann.

Sudman, Seymour, 1976: Applied Sampling. New York: Academic Press.

Täubner, Mischa 2002 Vom Stamme Nimm und Gib, in: Die Zeit 28.

Thomas, Roger/Purdon, Susan, 1994: Telephone Methods for social surveys. Social Research Update. Guildford: University of Surrey (http://www.soc.surrey.ac.uk/sru/SRU8.html).

Van der Vaart, Wander/Ongena, Yfke/Hoogendoorn, Adriaan/Dijkstra, Wil, 2006: Do Interviewers' Voice Characteristics Influence Cooperation Rates in Telephone Surveys? in International Journal of Public Opinion Research 18: 488–499.

Watters, John K./Biernacki, Patrick, 1989: Targeted sampling: Options for the study of hidden populations, in Social Problems 36: 416–430.

Williams, Colin C., 1995: The emergence of local currencies, in: Town and Country Planning 64, 329–332.

Williams, Colin C., 1996: Local exchange and trading systems: a new source of work and credit for the poor and unemployed?, in Environment and Planning A, 1395–1415.

Wüst, Andreas, 1998: Die allgemeine Bevölkerungsumfrage als Telefonumfrage, in ZUMA Arbeitsbericht.

Wie valide sind Verhaltensmessungen mittels Vignetten?

Ein methodischer Vergleich von faktoriellem Survey und Verhaltensbeobachtung

Jochen Groß und Christina Börensen

Zusammenfassung[1]

Faktorielle Surveys stellen der Idee ihrer Begründer zufolge ein alternatives Instrument zur Messung von Einstellungen und Normen dar. Insbesondere durch die Eigenschaft, dabei gezielt experimentelle Stimuli setzen zu können, verspricht man sich Vorteile gegenüber anderen Verfahren der Einstellungsmessung. In jüngerer Zeit werden faktorielle Surveys verstärkt zur Modellierung von hypothetischen Entscheidungssituationen benutzt. Die methodischen Erkenntnisse zur Validität der Ergebnisse solcher Modellierungen sind bislang allerdings sehr unbefriedigend. Die vorliegende Studie vergleicht vor diesem Hintergrund die Ergebnisse eines faktoriellen Surveys mit denen einer Beobachtung am Beispiel einer Situation abweichenden Verhaltens im Straßenverkehr. Der Vergleich zeigt große Abweichungen der im faktoriellen Survey berichteten Handlungsabsichten von den Beobachtungen tatsächlichen Verhaltens. Jedoch ist auch festzustellen, dass die variierten, vermutlich einflussreichen Faktoren sowohl im Rahmen der Vignettenstudie als auch bei der Beobachtung zumindest dieselbe Effektrichtung auf die geäußerten Verhaltensabsichten beziehungsweise das beobachtete Verhalten aufweisen.

1 Einleitung

Faktoriclle Surveys haben in jüngster Zeit in der empirischen Sozialforschung wieder verstärkt Anwendung gefunden. Dies ist sicher nicht zuletzt auf die erweiterten technischen Möglichkeiten zurückzuführen, die erstens die Vignettenkonstruktion erheblich erleichtern, zweitens die Datenerhebung durch den Ein-

---

1 Die Autoren bedanken sich sehr herzlich für hilfreiche Anregungen zu früheren Versionen dieses Beitrages bei Norman Braun, Christian Ganser und Thomas Wimmer sowie den beiden Herausgebern.

satz von Online-Umfragen einfacher gestaltbar machen sowie drittens durch die zunehmende Verbreitung von Mehrebenenmodellen in einschlägigen Statistikpaketen eine informationsreiche und der Datenstruktur angemessene Auswertung ermöglicht wird.

Interessant an dieser Entwicklung ist insbesondere, dass faktorielle Surveys nicht nur für die Messung von Einstellungen und Normen herangezogen werden, sondern auch verstärkt Verhalten mittels Vignettenstudien erfasst werden soll. Vor dem Hintergrund der theoretischen Grundlagen faktorieller Surveys sowie fundierter methodologischer Erkenntnisse, wonach Verhalten mit prospektiven Befragungen kaum valide gemessen werden kann, erstaunt diese Verlagerung des Einsatzgebietes. Umso mehr überrascht, dass es bisher an empirischen Überprüfungen der Möglichkeiten der Verhaltenserfassung mittels Vignetten mangelt.

Dieser Forschungslücke soll hier begegnet werden, indem wir Ergebnisse einer Online-Vignettenstudie zum abweichenden Verhalten von Fußgängern im Straßenverkehr entsprechenden Verhaltensbeobachtungen gegenüberstellen. Zunächst werden wir im zweiten Abschnitt auf die zwei im Folgenden im Mittelpunkt stehenden Instrumente zur Verhaltensmessung eingehen: den faktoriellen Survey und die wissenschaftliche Beobachtung. Im dritten Abschnitt werden zum einen jüngere Anwendungsfälle faktorieller Surveys zur Verhaltensmessung aufgegriffen und diskutiert und zum anderen wird auf eine ähnlich gelagerte Studie von Eifler und Bentrup (2004; Eifler 2007) eingegangen. Daran anschließend wird unsere Untersuchung vorgestellt, wobei insbesondere methodische Aspekte der Durchführung des Vergleichs beider Instrumente zur Verhaltensmessung im Vordergrund stehen (Abschnitt 4). Die Ergebnisse des Methodenvergleichs werden im fünften Abschnitt präsentiert. Abschließend fassen wir die Befunde zusammen und gehen auf notwendige Forschung für die Zukunft ein (Abschnitt 6).

2 Messung von Verhalten in der empirischen Sozialforschung

Ein zentrales Anliegen der empirischen Sozialforschung ist die Erfassung individueller Handlungen. Zumeist wird Verhalten ebenso wie Einstellungen über Befragungen erfasst, etwa durch Retrospektivfragen zu vergangenem Handeln. Zentral hierbei ist, dass die in einer Interviewsituation berichtete Handlung von einer tatsächlichen Handlung unterschieden werden muss (vgl. Schnell et al. 2005: 328). Dennoch wird der retrospektiven Erfassung von tatsächlichen Handlungen – zumindest wenn sie nicht länger zurückliegen – eine hohe Reliabilität und

Validität zugesprochen.[2] Beispielhaft für eine solche Verhaltensmessung können *exit polls*, also Befragungen von Wählern am Wahltag direkt nach dem Urnengang zur Ermittlung des tatsächlichen Wahlverhaltens, angeführt werden. Auf den Ergebnissen dieser Wahlausgangsbefragungen beruhen die in den Medien berichteten 18 Uhr-Prognosen, die auch im Zeitverlauf und über verschiedene Wahlen hinweg sehr genaue Vorhersagen des endgültigen Wahlergebnisses erlauben (vgl. Hilmer und Hofrichter 2001). Ein weiteres Beispiel für eine sehr valide Messung via Befragung ist die Erfassung des Verhaltens mit Hilfe von Tagebüchern. Hier müssen die Befragten über ihre Tätigkeiten detailliert Buch führen (z. B. eingesetzt im Rahmen der Zeitbudgeterhebung; vgl. Holz 2005).

Die prospektive Erfassung von Verhalten ist hingegen deutlich schwieriger, wie beispielhaft an der Sonntagsfrage („Welche Partei würden Sie wählen, wenn am nächsten Sonntag Bundestagswahl wäre?") illustriert werden kann. Hier zeigen Analysen deutlich die zunehmende Diskrepanz zwischen dem späteren tatsächlichen Wahlausgang und der zeitlichen Distanz zur Wahl: Je weiter entfernt, oder anders ausgedrückt, je hypothetischer die Situation für die eine Verhaltensabsicht erfragt wird, desto größer die Abweichung vom später gezeigten Verhalten (vgl. Falter und Schumann 1989; Ohr und Rattinger 1993). Labaw (1982: 95f.) formuliert eine Reihe von Annahmen, die zu treffen sind, möchte man mit Befragungen prospektiv Handlungen messen. Unter anderem müsse man unterstellen, dass die Befragten das in der Frage beschriebene Problem beziehungsweise die Situation analysieren können, außerdem in der Lage sind, darüber zu sprechen, und auch bereit sind, dies zu tun. Weiterhin muss angenommen werden, dass die Probanden sich in die hypothetische Lage der skizzierten Situation versetzen können und sich in dieser Situation mögliche Handlungsalternativen samt ihrer Konsequenzen vorstellen können. Schnell et al. (2005: 330) ziehen aus Labaws Befunden den Schluss, dass man auf Fragen nach Handlungs*absichten* weitgehend verzichten sollte. Auch Finch (1987) weist im Kontext faktorieller Surveys darauf hin, dass der Zusammenhang zwischen dem selbstberichteten wahrscheinlichen Verhalten und dem tatsächlichen unbekannt sei.

Dennoch werden in jüngerer Zeit verstärkt Vignettenstudien zur Verhaltensmessung eingesetzt, wobei hypothetische Entscheidungssituationen beschrieben werden, in denen die Befragten eine Handlungsabsicht angeben sollen (vgl. Abschnitt 3). Vor dem Hintergrund der Ausführungen von Labaw

---

2 Bislang wurden eine Vielzahl von Einflussfaktoren auf die Reliabilität und Validität retrospektiver Angaben in Surveys herausgearbeitet. Neben der erwähnten Zeitspanne, die zwischen dem erfassten Handeln und der Befragung liegt, ist insbesondere die Zentralität des Ereignisses relevant (für Befunde vgl. bspw. Becker 2001; Bradburn et al. 1987; Klein und Fischer-Kerli 2000; Schwarz et al. 1994; Sudman und Bradburn 1973).

(1982: 95f.) könnte man argumentieren, dass ein wesentlicher Vorteil der Vignetten auf der Präsentation konkreter Situationsbeschreibungen beruht. Diese ermöglichen es dem Befragten, sich in die beschriebenen Situationen hineinzudenken und somit werden folglich eher die Annahmen, dass der Befragte sich die Situation richtig vorstellt und die entsprechenden Handlungsoptionen kennt, erfüllt als in standardisierten Befragungen, die bezüglich der Situationsvorstellung eine größere kognitive Leistung des Probanden erfordern. Ob diese Argumentation auch empirisch bestätigt werden kann und Vignetten eine valide Verhaltensmessung erlauben, wird im Weiteren durch die Gegenüberstellung von Ergebnissen eines faktoriellen Surveys mit tatsächlichen Verhaltensbeobachtungen untersucht.

2.1 Der faktorielle Survey

In einem faktoriellen Survey werden jedem Probanden mehrere Objekt- oder Situationsbeschreibungen (Vignetten) vorgelegt, zu denen er sich in jeweils vorher festgelegter Form äußern soll. Es werden dazu Kombinationen von möglicherweise einflussreichen Dimensionen gebildet, die sich jeweils in den Ausprägungen (Levels) dieser Variablen unterscheiden (vgl. z. B. Beck und Opp 2001: 283ff.). Die grundsätzliche Idee beruht auf der Kombination faktorieller experimenteller Designs mit der Methode der Befragung größerer Stichproben (vgl. Rossi und Anderson 1982: 15). Die faktorielle Versuchsanordnung bei Experimenten testet mehrere Stimuli gleichzeitig in ihrem Einfluss auf die abhängige Variable, wobei diese zudem in unterschiedlichen Ausprägungen in den Versuchsplan integriert werden. Sollen beispielsweise zwei unterschiedliche Stimuli in jeweils zwei Intensitätsstufen getestet werden, so werden alle vier möglichen Kombinationen gebildet und entsprechend an vier Experimentalgruppen getestet (vgl. Zimmermann 1972: 152ff.). In einem faktoriellen Survey wird dieses Prinzip in der oben beschriebenen Weise auf Befragungen angewandt.

Bei der Konstruktion von Vignetten für einen faktoriellen Survey sollten verschiedene Aspekte bedacht werden, zu denen in der einschlägigen Literatur unterschiedliche Vorschläge vorliegen. Die sich an diese Faktoren anschließenden methodischen Auseinandersetzungen werden im Weiteren nicht vertieft, da diese speziellen Probleme die grundsätzlich angelegte Fragestellung nach der Anwendungsmöglichkeit faktorieller Surveys zur Verhaltensmessung nicht berühren.

Grundsätzlich sind für einen faktoriellen Survey die folgenden Arbeitsschritte durchzuführen. Zunächst müssen Dimensionen gefunden werden, von denen ein Einfluss auf die zu untersuchende abhängige Variable angenommen wird (vgl. Jasso 2006). Der Anzahl von Dimensionen sind allerdings Grenzen gesetzt, da mit steigender Anzahl von Variablen die Komplexität der Vignetten steigt und eine Überforderung der Versuchspersonen wahrscheinlicher wird. Beck und Opp (2001: 287) raten zu nicht mehr als sechs Dimensionen, häufig wurde jedoch auch mit acht Dimensionen gearbeitet (vgl. z. B. Carlson 1999; Jasso 1988; Rossi und Anderson 1982). Smith (1986) hat sogar auf zehn Dimensionen zurückgegriffen. Nach Auswahl der Dimensionen müssen in ähnlicher Weise die relevanten Ausprägungen dieser Variablen ausgewählt werden. Durch Kombination aller möglichen Variablenausprägungen kommt man schließlich zum vollen faktoriellen Sample (Vignettenuniversum). An dieser Stelle ist zu entscheiden, ob dieses gesamt zum Einsatz kommt, oder welche unrealistischen oder auch besonders seltenen Kombinationen möglicherweise entfernt werden. Auch bezüglich dieser Frage gibt es methodische Kontroversen (vgl. Faia 1980; Rossi 1979), wenngleich Konsens darüber vorherrscht, dass mit dem Entfernen von einzelnen Vignetten aus dem faktoriellen Sample behutsam umgegangen werden muss. Weiterhin ist festzulegen, wie viele Vignetten einem Untersuchungsteilnehmer zur Bewertung vorgelegt werden. Generell ist zu entscheiden, ob alle Vignetten bewertet werden sollen und diese folglich so auf Sets für die Teilnehmer verteilt werden müssen, dass jede einzelne Vignette häufig genug bewertet wird, oder aber ob aus den möglichen Vignetten bereits eine Auswahl getroffen wird, so dass überhaupt nicht alle Vignetten bewertet werden. Diese kann zufällig vorgenommen werden oder aber experimentell mit der Methode der Fraktionalisierung, welche grundsätzlich zu bevorzugen ist (vgl. zu Einzelheiten Steiner und Atzmüller 2006: 121f.). Schließlich müssen aus den gewählten Vignetten Sets angemessener Größe gebildet werden, die dann den Probanden zur Bewertung vorgelegt werden. Wiederum ist eine zufällige Auswahl der Vignetten für die einzelnen Untersuchungsteilnehmer möglich oder aber ein experimentelles Design zur Vignettensetbildung, die so genannte Konfundierung. Auch auf dieser Stufe ist Letzteres sinnvoll, da nur so garantiert wird, dass die Vermischungsstrukturen der Effekte dem Forscher von vornherein bekannt sind und in der statistischen Analyse berücksichtigt werden können (vgl. ebd.: 126f.). Meist wird jedoch aus Gründen der Einfachheit eine randomisierte Vignettensetbildung durch Ziehen ohne Zurücklegen vorgenommen. Die Größe eines Sets von Vignetten, das einem Befragten schließlich vorgelegt werden soll, hängt von vielen Faktoren ab, wie etwa dem Umstand, ob der faktorielle Survey Teil einer umfangreicheren Befragung ist oder nicht. Gleichwohl werden auch bezüglich der Zahl von Vignetten, die den Befragten zur Bewertung vorgelegt werden sollen, unterschiedliche Empfehlungen ausgesprochen. So halten Beck und Opp (2001: 290f.) zehn bis 20 Vignetten pro Befragten in den meisten Fällen für sinnvoll; Rossi und Anderson (1982: 41) gehen davon aus, dass auch eine

Zahl von 50 bis 60 Vignetten für die meisten Befragten zumindest in einer face-to-face-Situation gut zu bewältigen sind.

2.2 Die Beobachtung

Die wissenschaftliche Beobachtung wird in der quantitativ ausgerichteten Sozialforschung heutzutage eher selten eingesetzt, was auch daran abgelesen werden kann, dass neben allgemeinen Ausführungen zur Methode in Lehrbüchern die wichtigsten Anwendungen bereits aus den sechziger und siebziger Jahren des zwanzigsten Jahrhunderts stammen. Im Bereich der qualitativen Forschung wurde die Beobachtung als Erhebungsmethode jedoch wiederentdeckt (vgl. Atteslander 2003: 82, 87). Aufgrund der in jüngerer Zeit eher seltenen Verwendung der Beobachtung wird im Folgenden auch diese Methode detaillierter dargestellt.

Die direkte wissenschaftliche Beobachtung[3] ähnelt grundsätzlich der naiven Alltagsbeobachtung. Jahoda et al. (1967) formulieren deshalb Kriterien, um eine wissenschaftliche von einer alltäglichen Beobachtung abzugrenzen:

„(...) die Beobachtung [wird] insoweit zu einem wissenschaftlichen Verfahren (...), als sie a) einem bestimmten Forschungszweck dient, b) systematisch geplant und nicht dem Zufall überlassen wird, c) systematisch aufgezeichnet und auf allgemeinere Urteile bezogen wird, nicht aber eine Sammlung von Merkwürdigkeiten darstellt und d) wiederholten Prüfungen und Kontrollen hinsichtlich der Gültigkeit, Zuverlässigkeit und Genauigkeit unterworfen wird, gerade so wie alle anderen wissenschaftlichen Beweise" (Jahoda et al. 1967: 77).

Im Gegensatz zum Interview bietet die Beobachtung den Vorteil, dass tatsächliches Verhalten direkt aufgezeichnet werden kann und der Forscher sich nicht auf die eventuell verzerrten Angaben von Befragten verlassen muss. Des Weiteren können Sachverhalte erhoben werden, die von den untersuchten Personen als Selbstverständlichkeiten betrachtet werden, weshalb sie ihnen nicht ohne Weiteres bewusst sind und in einem Interview schlecht erfasst werden können. Schließlich können Beobachtungen zur Erforschung von Personen eingesetzt werden, bei denen die Durchführung einer Befragung nicht oder nur eingeschränkt möglich wäre, wie z. B. bei Kindern (vgl. Friedrichs und Lüdtke 1971: 18f.; für ein Beispiel Niemann 1989).

Allgemein lassen sich die verschiedenen Beobachtungsformen nach den Kriterien Grad der Teilnahme am Beobachtungsfeld, Grad der Offenheit der Beobachtung, Feld- oder Laborbeobachtung, Grad der Strukturierung der Beobachtung sowie Fremd- oder Selbstbeobachtung unterscheiden (vgl. Diekmann

---

3 Für die Unterscheidung von direkter und indirekter Beobachtung vgl. König (1967: 125).

2007: 563). Letzteres dient lediglich der Vollständigkeit, die Selbstbeobachtung oder Introspektion genügt nicht den Anforderungen an eine wissenschaftliche Beobachtung wie beispielsweise der intersubjektiven Nachprüfbarkeit, so dass eine wissenschaftliche Beobachtung immer eine Fremdbeobachtung sein wird (vgl. ebd.: 568). Die einzelnen Formen sollen hier nicht näher expliziert werden, sondern nur knapp auf die hier zur Anwendung kommende Form der nichtteilnehmenden, offenen, strukturierten Feldbeobachtung von Fremden eingegangen werden.

Analog zum Sprachgebrauch bei Friedrichs (1990: 283) sehen wir eine nicht-teilnehmende Beobachtung durch das Nicht-Eingreifen des Forschers in das beobachtete Geschehen charakterisiert, auch wenn sich hier in der einschlägigen Literatur durchaus eine Diskussion anschließt (vgl. Atteslander 2003: 102; Weidmann 1974: 13ff.). Die durchgeführte Beobachtung ist als nicht-teilnehmend zu kategorisieren, da die Forscher sich zwar im Feld bewegen, sich jedoch vollständig auf die Beobachtung konzentrieren. In Bezug auf den Grad der Offenheit ist ebenfalls festzustellen, dass eine dichotome Klassifizierung zwischen offener und verdeckter Beobachtung wenig sinnvoll erscheint. In unserem Fall ist die durchgeführte Beobachtung insofern als offen zu bezeichnen, als die Forscher im Feld anwesend waren – ohne jedoch die Beobachteten direkt über die Forschung zu informieren. Gleichwohl wurde, wie üblicherweise bei verdeckten Beobachtungen, weder die Beobachtung verheimlicht, noch die konkrete Forschungsabsicht verschleiert, auch die Übernahme einer Rolle im Feld war nicht notwendig. Schließlich wurde ein hoch standardisiertes Beobachtungsschema zur Aufzeichnung des Gesehenen verwendet, das insbesondere eine hohe Vergleichbarkeit der Daten mit den Vignetten erlaubt. Jede beobachtete Situation musste klassifiziert und entsprechende Handlungen der Beobachtungseinheiten mussten in das Schema eingetragen werden. Die Funktionalität des Schemas wurde im Rahmen eines Pretests mit verschiedenen Beobachtern getestet, um auch die Vergleichbarkeit zwischen verschiedenen Beobachtern zu kontrollieren.

3 Messung von Verhalten mit faktoriellen Surveys

Entgegen der ursprünglichen Idee von Rossi, der im Rahmen seiner Dissertation das Instrument des faktoriellen Surveys zur Einschätzung des sozialen Status von Haushalten entwickelte und damit insbesondere untersuchen wollte, welche Objekteigenschaften in welchem Ausmaß für soziale Einstellungen relevant sind (vgl. Alves und Rossi 1978; Rossi 1979; Rossi und Anderson 1982; Rossi und Nock 1982), werden Vignetten in jüngerer Zeit auch herangezogen, um Entscheidungssituationen zu modellieren. Ziel dieser neueren Studien ist es zumeist, spieltheoretische Vorhersagen experimentell zu testen (etwa Barerra und Buskens 2007; Buskens und Weesie 2000; Jann 2003; Rooks et al. 2000; Seyde 2006a, 2006b; Vieth 2003, 2004).[4] Unterstellt werden muss bei dieser Verwendung des faktoriellen Surveys, dass mittels Vignetten entsprechende Entscheidungssituationen gut abgebildet werden können und die Probanden sich in realen Situationen analog verhalten würden.

Einzig Eifler und Bentrup (2004) haben sich nach unserem Kenntnisstand bisher mit der Frage nach der externen Validität von Verhaltensmessungen mit faktoriellen Surveys beschäftigt (vgl. auch Eifler 2007). Da unsere Studie an das Vorgehen und die Befunde von Eifler und Bentrup anschließen, werden wir deren Analyse detaillierter nachzeichnen. Sie vergleichen in ihrer Studie die Antworten auf Fragen nach dem Verhalten der Versuchspersonen in vier verschiedenen Situationen zu abweichendem und unterstützendem Handeln mit den Ergebnissen einer nicht-teilnehmenden strukturierten Beobachtung dieses Verhaltens. Dabei wurden Situationen ausgewählt, von denen Eifler und Bentrup annahmen, dass die Versuchspersonen (Studierende) diese mit hoher Wahrscheinlichkeit schon einmal erlebt haben und die darüber hinaus einer direkten Beobachtung leicht zugänglich sind.[5]

Im Gegensatz zu üblichen Vignettenstudien (vgl. Abschnitt 2.1) wurde den 150 Probanden in dieser Untersuchung nur jeweils eine Vignette zu jeder der vier gewählten Situationen vorgelegt, bei denen sie angeben sollten, wie sie sich verhalten würden. Unterstützend zur besseren Vorstellung der jeweiligen Situationen wurden einer Gruppe der Probanden die vier Situationen durch kurze Filme illustriert.[6] Die Antworten der beiden Gruppen wurden schließlich mit den Daten strukturierter Beobachtungen der vier Situationen verglichen.[7]

In allen vier Situationen unterschieden sich die Antworten auf die Frage nach dem Verhalten im faktoriellen Survey signifikant von den Ergebnissen der

---

4 Außerhalb der genannten spieltheoretischen Anwendungen kommt der faktorielle Survey auch im Rahmen der Messung von Verhaltensabsichten zum Einsatz. Auspurg und Abraham (2007) sowie Auspurg et al. (in diesem Band) untersuchen beispielsweise Umzugsneigungen in Abhängigkeit von variierenden strukturellen Rahmenbedingungen.

5 Die Situationen waren: Verhalten eines Fahrradfahrers sowie eines Fußgängers an einer roten Ampel, Zustellung eines verlorenen Briefes und schließlich das Aufhalten einer Türe für nachfolgende Personen (vgl. Eifler und Bentrup 2004: 6).

6 Eifler (2007) fokussiert vor allem die Frage nach dem Einfluss visueller Stimuli auf die externe Validität von faktoriellen Surveys. Da diese Fragestellung nicht im Zentrum unseres Interesses steht, beziehen wir uns vornehmlich auf Eifler und Bentrup (2004), deren Analysen auf derselben Datenbasis wie die von Eifler (2007) beruhen.

7 Die Situationen „rote Fahrradampel", „rote Fußgängerampel" und „Tür aufhalten" konnten dabei direkt ohne Manipulation durch die Forscher beobachtet werden, für die Situation „Zustellung eines verlorenen Briefes" wurde eine nicht-experimentelle Variante der Lost-Letter-Technik (vgl. Milgram et al. 1965) angewandt, bei der nur gemessen wurde, wie viele Briefe zugestellt oder der Absenderin, einer wissenschaftlichen Angestellten, zurückgebracht wurden.

strukturierten Beobachtung. Besonders groß ist dieser Unterschied bei den beiden Situationen des hilfreichen Verhaltens. Hier ergaben sich Unterschiede von bis zu 40 Prozentpunkten zwischen den Verhaltensangaben im faktoriellen Survey und dem tatsächlich beobachteten Verhalten. Wesentliche Differenzen zwischen den beiden Gruppen, von denen eine die ausformulierten Situationsbeschreibungen und die andere das Filmmaterial gezeigt bekam, konnten nicht gefunden werden. Auch bei den Verhaltensangaben aus dem Bereich des abweichenden Verhaltens fanden Eifler und Bentrup signifikante Abweichungen zwischen berichtetem und tatsächlichem Verhalten, wenngleich hier die Unterschiede mit maximal 13 Prozentpunkten Differenz deutlich geringer ausfallen.

Besonders interessant an diesen Differenzen ist, dass die erste Vermutung des Einflusses sozialer Erwünschtheit im Rahmen der Befragung sich nur in den Situationen zu hilfsbereitem Verhalten zeigt. Hier wird in den Vignetten konsistent eine größere Hilfsbereitschaft angegeben, als sie beobachtet werden konnte. Anders jedoch in den Situationen zu abweichendem Verhalten: Hier könnte man vermuten, dass das real gezeigte abweichende Verhalten öfter vorkommt. Das Gegenteil ist jedoch der Fall. In den Vignetten wird häufiger abweichendes Verhalten berichtet, als Eifler und Bentrup es beobachteten.

Allein diese, faktorielle Surveys wenig stützende und zudem kontraintuitiven Befunde zum abweichenden Verhalten im Hinblick auf den Effekt sozialer Erwünschtheit legen weiteren Forschungsbedarf nahe. Doch ebenso muss festgehalten werden, dass die Studie von Eifler und Bentrup (2004) Defizite aufweist. Zum einen erscheint die nicht vorhandene Ausdifferenzierung der Studie nach befragtenspezifischen Merkmalen ungenügend. Zum anderen werden die zentralen Vorteile dieses Erhebungsinstruments nicht genutzt, da für jede Situation jeweils nur eine einzige Vignette vorgelegt wurde. Dies macht eine Verfeinerung notwendig. Hierbei erscheint insbesondere die Frage relevant, inwiefern der Effekt von Einflussfaktoren auf das abweichende Verhalten in der Beobachtungsstudie und dem faktoriellen Survey variieren. Dies ist relevant, da die erwähnten Verhaltensabsichten erfassenden Vignettenstudien zumeist nicht das Ziel der Schätzung von Populationsparametern verfolgen, sondern Zusammenhangshypothesen überprüfen. Interessant ist demnach, ob die Einflussfaktoren im Vergleich der beiden Erhebungsinstrumente dieselbe Wirkungsrichtung aufweisen.

Im Folgenden wird ein Ausschnitt der Studie von Eifler und Bentrup repliziert. Dabei greifen wir auf eine Situation zum abweichenden Verhalten zurück, in der die Differenzen zwischen berichtetem und tatsächlichem Verhalten am geringsten ausgefallen sind. Über die bereits vorliegende Studie gehen wir jedoch hinaus. Zum einen differenzieren wir die Situation entsprechend obiger Überlegung weiter aus und zum anderen lassen wir die Probanden im Gegensatz zu Eifler und Bentrup und analog zum üblichen Vorgehen mehrere Vignetten mit jeweils variierenden Markmalen zu der untersuchten Situation bewerten. Ein weiterer Grund für den Rückgriff auf eine Situation abweichenden Verhaltens liegt darin, dass bereits in früheren Arbeiten im Rahmen der Devianzforschung mit Vignettenstudien gearbeitet wurde (vgl. etwa Kamat und Kanekar 1990).

4 Methodische Konzeption des Instrumentenvergleichs

4.1 Konstruktion und Durchführung des faktoriellen Surveys

Als Situation, die in den Vignetten bewertet werden sollte, wurde aus den oben genannten Gründen auf eine alltägliche und damit möglichst gut zu beobachtende Situation abweichenden Verhaltens im Straßenverkehr zurückgegriffen, die bereits Eifler und Bentrup (2004) in ihrer Studie herangezogen haben. Die Autorinnen verwendeten folgende Vignette: „Sie sind zu Fuß in Richtung Universität unterwegs und gelangen an eine Fußgängerampel. Außer Ihnen ist niemand an dieser Ampel, und es nähern sich keine Autos. Die Ampel ist rot" (ebd.: 7).

Bereits in dieser Vignette, die den Probanden vorgelegt wurde, sind einige mögliche Variablen enthalten, die allerdings nur in jeweils einer Ausprägung in die Studie integriert wurden. Zudem konnten schnell weitere Randbedingungen gefunden werden, die das Verhalten eines Fußgängers an einer roten Ampel beeinflussen können. Da die Erfassung der Bedingungen für das Überqueren einer roten Ampel als Fußgänger hier nicht das eigentliche Untersuchungsziel ist, wird auf eine theoretische Fundierung der einzelnen Einflussfaktoren verzichtet. Als weitere Dimensionen neben der Anzahl der an der Ampel stehenden Personen und der Verkehrslage wurden die Anwesenheit eines Kindes an der entsprechenden Ampel und Angaben zum Verhalten der anwesenden Personen berücksichtigt. Die Dimensionen wurden immer mit Blick auf die Möglichkeit der Beobachtung eben dieser Situationen mit allen Merkmalskombinationen konstruiert. Deswegen wurde beispielsweise auf die Abbildung der Anwesenheit der Polizei oder die Berücksichtigung von Eile der jeweiligen Person in den Vignetten verzichtet, da es nicht möglich erschien diese Situationen häufig genug zu beobachten.

Tabelle 1: Vignettendimensionen und deren Ausprägungen

Dimension	Ausprägungen
Anzahl anderer anwesender Personen	Alleine
	Eine andere Person wartet auf Grün
	Eine andere Person überquert die Straße bei Rot
	Mehrere andere Personen warten auf Grün
	Mehrere andere Personen überqueren die Straße bei Rot
	Einige andere Personen warten auf Grün, einige überqueren die Straße bei Rot
	Mehrere andere Personen warten auf Grün, Kind anwesend
	Einige andere Personen warten auf Grün, einige überqueren die Straße bei Rot, Kind anwesend
Stärke des Verkehrsaufkommens	Es ist kein Auto zu sehen
	In einiger Entfernung nähern sich Autos

Beispiel für eine Vignette:
„Du musst auf dem Weg zur Uni eine Straße überqueren. Die Ampel dort zeigt für Fußgänger Rot. Außer dir stehen einige andere Personen an der Ampel, die alle auf Grün warten. Unter ihnen ist auch ein Kind. Es kommt kein Auto.
Wie verhältst du dich?
o Ich gehe bei Rot über die Straße.
o Ich warte auf Grün und gehe dann über die Straße."

Tabelle 1 liefert einen Überblick über die variierenden Dimensionen in den Situationsbeschreibungen sowie die berücksichtigten Ausprägungen dieser Dimensionen. Anzumerken ist, dass aufgrund der angenommenen Schwierigkeit, Situationen zu beobachten, in denen nur ein Kind, aber keine anderen Personen anwesend sind, diese Dimension nur in Kombination mit den Situationen, in denen mehrere Personen anwesend sind, zugelassen wurden. Darüber hinaus ist die Vorbildfunktion, die ein Befragter dem anwesenden Kind gegenüber einnehmen kann, nur dann sinnvoll, wenn das Kind sich unter den Wartenden befindet und nicht etwa selbst die Straße bei Rot überquert. Daher kommt die Situation „Kind anwesend" im endgültigen Design nur in Vignetten der Situationen „alle warten" sowie „einige warten, einige gehen bei Rot" vor, wobei diese Vignetten für die

Auswertung als gleichwertig wie die übrigen Situationen betrachtet werden. Daraus resultieren insgesamt 16 verschiedene Vignetten. Dieser relativ kleine Vignettenpool bietet den Vorteil, dass den Probanden jeweils alle Vignetten vorgelegt werden konnten. Dies ermöglicht die Berechnung aller möglichen Effekte, da keine Vermischungen dieser auftreten können (vgl. dazu Steiner und Atzmüller 2006: 125).[8]

Ziel der Studie war es, möglichst ähnliche Populationen miteinander zu vergleichen. Dazu wurden sowohl der faktorielle Survey als auch die Beobachtung an derselben Universität durchgeführt. Für den faktoriellen Survey wurde auf eine Online-Erhebung zurückgegriffen, da erstens unser Interesse nicht auf inferenzstatistische Schlüsse gerichtet ist, sondern auf den Test, ob sich – wie vermutet – beobachtetes von berichtetem Verhalten unterscheidet, zweitens Studierende über eine sehr gute Internetanbindung verfügen (vgl. dazu bspw. Forschungsgruppe Wahlen Online 2007) und drittens so die Erhebung kostengünstig durchgeführt werden konnte. Problematisch an diesem Vorgehen erscheint jedoch, dass von Selbstselektionsprozessen bei der Rekrutierung der Probanden für die Online-Befragung auszugehen ist (vgl. dazu bspw. überblicksartig Couper und Coutts 2006). Da im Rahmen dieser Untersuchung insbesondere interessant erscheint, ob die Richtung der Einflussfaktoren auf das in hypothetischen Situationen angegebene Verhalten mit dem tatsächlichen korrespondiert, erscheint dieses Vorgehen aus unserer Sicht vertretbar.

Der Fragebogen umfasste neben den 16 Vignetten für die Probanden, deren Reihenfolge für jeden Teilnehmer neu zufällig zusammengestellt wurde, einen Frageblock zu soziodemographischen Angaben, der – anders als üblich – zu Beginn der Befragung auszufüllen war. Hintergrund ist, dass die Möglichkeit bestand, die Befragung vor der Beantwortung aller Vignetten abzubrechen. Die bis zum Abbruch bewerteten Vignetten sollten jedoch trotzdem für die Auswertung und zum Vergleich von Abbrechern mit vollständigen Ausfüllern zur Verfügung stehen, für welche die soziodemographischen Angaben unverzichtbar waren, weshalb diese Vorgehensweise gewählt wurde. Ebenfalls als Besonder-

---

8   Da die Verhaltensmessung mit Vignetten im Anschluss an die Skripttheorie Abelsons (1976) besonders dann gute Ergebnisse liefern soll, wenn die Situation möglichst eindeutig beschrieben ist, wurde im Vorfeld außerdem entschieden, dass die Befragten zufällig in zwei Gruppen aufgeteilt würden. Die Befragten der ersten Gruppe sollten alle Vignetten mit dem Hinweis erhalten, sie wollten „eine Straße" überqueren, der zweiten Gruppe dagegen wurden alle Vignetten mit der Beschreibung einer bestimmten Straße, die zu überqueren sei, vorgelegt. Diese sollte diejenige sein, an der auch beobachtet wurde. Es müssten sich daher die Ergebnisse der Beobachtung mit denen der zweiten Befragtengruppe besonders gut decken, sofern die Übertragung der Skripttheorie auf Vignettenstudien richtig sein sollte. Da die Befunde zwischen diesen Gruppen sich allerdings im Hinblick auf die interessierende Fragestellung nicht unterscheiden, wird im Folgenden auf eine getrennte Betrachtung der Gruppen verzichtet.

heit dieser Befragung ist die Tatsache zu werten, dass das Design es nicht ermöglichte, vorherige Bewertungen einzelner Vignetten noch einmal zu ändern.[9] Der Fragebogen wurde auf einer selbst programmierten Homepage umgesetzt. Die Rekrutierung der Probanden erfolgte über das Versenden des Links zur Befragungshomepage und der Bitte um Teilnahme über verschiedene Emailverteiler von Studierendenvertretungen an der Universität Tübingen. Da die einzelnen Institute der Universität teilweise nicht in der Innenstadt angesiedelt sind, in der die Beobachtung stattgefunden hat, wurden nur Fachschaften von Instituten angeschrieben, deren Veranstaltungen zumindest überwiegend in Nähe des Beobachtungsfeldes abgehalten werden. Weiterhin wurden bei der Online-Befragung das Studienfach sowie der genaue Studienort erfasst. Diese Maßnahmen sollten die Vergleichbarkeit der gewonnen Daten zusätzlich erhöhen.

Aufgrund des angewendeten Schneeballverfahrens zur Stichprobenziehung ist keine Kontrolle des Rücklaufs möglich. Nach zwei Wochen wurde die Homepage insgesamt 271 mal aufgerufen, davon haben 228 Personen den Fragebogen komplett ausgefüllt (84,1 %), 24 Studierende haben nicht teilgenommen (8,9 %), die restlichen 19 Probanden haben nur Teile des Fragebogens beantwortet. Die Auswertung hat zudem gezeigt, dass zehn Teilnehmer entweder nicht in Tübingen studieren oder ein Fach studieren, das keine Veranstaltung in der Innenstadt anbietet. Diese Fälle sowie die unvollständigen Fragebögen[10] wurden ausgeschlossen, weshalb folglich 218 Fragebögen ausgewertet wurden. Diese sind auch Grundlage des in Tabelle 2 dargestellten Überblicks über wesentliche soziodemographische Kennzahlen der Befragungsteilnehmer.

---

9   Jasso (2006) empfiehlt bei faktoriellen Surveys, dass Bewertungen der betreffenden Vignetten während der Bearbeitungszeit durch die Befragten modifizierbar bleiben.
10 Aufgrund der geringen Anzahl unvollständiger Fragebögen wurden sie für die vorliegende Analyse nicht verwendet. Dennoch wurden die folgenden Analysen unter zusätzlicher Berücksichtigung der unvollständigen Fragebögen durchgeführt. Die präsentierten Ergebnisse bleiben davon unberührt.

Tabelle 2: Soziodemographische Merkmale der Befragungsteilnehmer

	Männlich	Weiblich	Gesamt
Medizin	45 (20,6 %)	65 (29,9 %)	110 (50,5 %)
Politikwissenschaften	28 (12,8 %)	21 (9,7 %)	49 (22,5 %)
Sonstige Fächer	24 (11,0 %)	35 (16,0 %)	59 (27,0 %)
Gesamt	97 (44,4 %)	121 (55,6 %)	218 (100 %)
Durchschnittsalter	23,6 Jahre	22,5 Jahre	23,0 Jahre
Durchschnittliche Semesteranzahl	5,4	5,2	5,3

Auffällig ist hier insbesondere der hohe Anteil an Medizinstudierenden. Dies resultiert möglicherweise aus der Rekrutierungsstrategie. So konnte weder kontrolliert werden, welche der angeschriebenen Fachschaften der Bitte um Weiterleitung der Teilnahmeaufforderung nachkamen, noch wie viele Personen auf den einzelnen Verteilern eingetragen sind. Diese deutliche Überrepräsentation von Medizinstudierenden könnte durchaus Einfluss auf die Ergebnisse nehmen. Zwar zeigt sich in einem Gesamtmodell mit Berücksichtigung von Dummys für die einzelnen Studierendengruppen, dass die Mediziner signifikant seltener angaben bei Rot über die Straße zu gehen, getrennte Analysen für die einzelnen Gruppen reproduzieren jedoch im Wesentlichen die im Weiteren berichteten Effekte. Deswegen ist davon auszugehen, dass die Überrepräsentation von Medizinstudierenden in der Stichprobe keine wesentlichen Probleme verursacht.

Interessant ist weiterhin das berichtete Verhalten in Abhängigkeit der jeweiligen Situation. Dies wird in Tabelle 3 dargestellt. Zusätzlich zu den Anteilswerten in der Stichprobe werden die 95-Prozent-Konfidenzintervalle berichtet. Dies trägt der Überlegung Rechnung, dass wir nicht alle für die Entscheidung relevanten Einflussfaktoren kontrollieren können (etwa Eile) und diese somit möglicherweise in die Angabe einer Verhaltensabsicht mit einfließt. Wir gehen davon aus, dass diese weiteren Einflüsse als unkorreliert mit dem Störterm betrachtet werden können und im Weiteren deshalb die Grenzen der Konfidenzintervalle beim Vergleich zwischen Vignetten- und Beobachtungsergebnis herangezogen werden können. Über alle Situationen zeigt sich, dass in mehr als der Hälfte der Situationen (52,7 %) die Probanden angegeben haben bei Rot über die Ampel zu gehen. Dies variiert nach Situation beträchtlich, so berichteten 76,4 Prozent, dass sie die Straße bei Rot überqueren würden, wenn sie alleine an der Straße wären, jedoch nur 49,5 Prozent würden dies tun, wenn alle anderen anwesenden Personen warten würden. Wenig überraschend ist der deutliche Einfluss der Anwesenheit eines Kindes. In Situationsbeschreibungen ohne anwesendes Kind geben 59,2 Prozent (95-%-Konfidenzintervall: 55,9-62,4 %) an, die Straße bei Rot zu überqueren, bei Anwesenheit eines Kindes sinkt dieser Anteil auf 10,0 Prozent (8,0-12,0 %).

Tabelle 3: Verhaltensabsicht an der Fußgängerampel in Abhängigkeit der Situation (Angaben in Prozent, 95-Prozent-Konfidenzintervall in Klammern)

	Wartet auf Grün	Geht bei Rot
Allein	23,6 [19,6; 27,6]	76,4 [72,4; 80,4]
Eine/r wartet auf Grün	41,5 [36,9; 46,2]	58,5 [53,8; 63,1]
Eine/r geht bei Rot	29,6 [25,3; 33,9]	70,4 [66,1; 74,7]
Alle warten auf Grün	50,5 [45,7; 55,2]	49,5 [44,8; 54,3]
Einige warten, einige gehen bei Rot	31,2 [26,8; 35,6]	68,8 [64,4; 73,2]
Alle gehen bei Rot	22,2 [18,3; 26,2]	77,8 [73,8; 81,7]
Mehrere andere Personen warten auf Grün, Kind anwesend	91,7 [89,1; 94,3]	8,3 [5,7; 10,9]
Einige andere Personen warten auf Grün, einige überqueren die Straße bei Rot, Kind anwesend	88,3 [85,3; 91,3]	11,7 [8,7; 14,7]
Gesamt	47,3 [45,7; 49,0]	52,7 [51,0; 54,3]

4.2 Konstruktion und Durchführung der Beobachtung

Wesentlich bei der Planung der Studie war, dass Beobachtung und Vignetten möglichst gut übereinstimmten, weshalb die Situationsbeschreibungen so ausgewählt wurden, dass nur Dimensionen berücksichtigt wurden, die sich relativ leicht beobachten lassen. Neben den 16 verschiedenen Vignettensituationen, die im Rahmen der Beobachtung immer in ein Schema klassifiziert werden mussten, wurde jeweils das Geschlecht des beobachteten Probanden mit erfasst sowie das Alter. Letzteres konnte im Rahmen der Beobachtung nur geschätzt werden. Von Interesse war hier jedoch eigentlich, ob es sich um einen Studierenden handelt oder nicht. Wir sind approximativ davon ausgegangen, dass man frühestens mit 18 Jahren ein Studium aufnehmen kann und es mit circa 30 Jahren abgeschlossen hat. Personen, deren Alter offensichtlich in dieser Spanne liegt, sollten als Studierende eingestuft werden. Daneben wurden die Kategorien „unter 18 Jahren", „zwischen 31 und 65 Jahren" sowie „über 65 Jahre" als weitere grobe Einteilung für das Beobachtungsschema vorgesehen. Da die Alterseinstufung allein noch keine ausreichende Sicherheit bietet, um sagen zu können, ob eine beobachtete Person studiert, wurde zum anderen die Ampel, an der beobachtet werden sollte, so gewählt, dass dort hauptsächlich Studierende die Straße überqueren, da sich in der Umgebung ausschließlich Universitätsgebäude befinden.[11]

An der entsprechenden Ampel wurden im Anschluss verschiedene Beobachtungsschemata getestet und verglichen. Dabei stellte sich eine Variante als besonders praktisch heraus, in die die benötigten Informationen kompakt auf zwei Seiten als Strichliste in eine Tabelle eingetragen werden konnten. In den Spalten standen dabei die verschiedenen Situationen, in den Zeilen die Personenmerkmale Geschlecht und Alter.

Im Pretest wurde außerdem festgestellt, dass die Situationen mit anwesendem Kind an dieser Ampel nur ausgesprochen selten beobachtet werden konnten. Aus diesem Grund wurde in einem Feldexperiment ein Kind mit an die Ampel gebracht, um das Verhalten der Personen in den abgefragten Situationen mit Kind untersuchen zu können. Hierzu konnten zwei Kinder im Alter von vier und acht Jahren aus dem Bekanntenkreis gewonnen werden, die jeweils eine Zeit lang in Umgebung der Ampel in Begleitung spazieren gingen und sie von Zeit zu Zeit bei Grün überquerten.[12]

Insgesamt wurde an vier Tagen beobachtet. Dabei wurde an drei Tagen morgens, mittags und nachmittags jeweils eine Stunde lang beobachtet und aufgezeichnet. Am vierten Erhebungstag wurde nur nachmittags beobachtet. Alle Beobachtungstage liegen im Oktober 2006, also kurz vor und zu Beginn des Wintersemesters, jeweils an einem Dienstag oder Mittwoch. Es wurde bewusst

---

11 Aus methodischer Sicht problematisch an dem hier angestrebten Instrumentenvergleich erscheint neben den bereits angesprochenen vermuteten Selbstselektionseffekten im Rahmen der Online-Erhebung grundsätzlich der Versuch zwei verschiedene Populationen miteinander zu vergleichen. Unser Bemühen war es, die zu vergleichenden Populationen möglichst homogen zu halten, weshalb etwa bewusst auf eine Variation des Beobachtungspunktes verzichtet wurde. Zudem erscheint es zumindest ebenso problematisch dieselbe Population zu ihrem abweichen Verhalten im Straßenverkehr zu beobachten und zu befragen. Bei einem solchen Vorgehen sind erhebliche Ausstrahlungseffekte entweder des tatsächlich gezeigten Verhaltens auf die Befragung oder der gegebenen Antworten auf das danach gezeigte Verhalten zu erwarten. Dieses Vorgehen erscheint unserer Auffassung nach deshalb keineswegs Erfolg versprechender als die hier gewählte Variante, in welcher sich die beiden Populationen unterscheiden.

12 Es hat sich im Rahmen des Pretests gezeigt, dass alle als möglicherweise einflussreich identifizierten Dimensionen gut beobachtbar und häufig genug auftreten und insofern keine weiteren systematischen Manipulationen über die Situation eines anwesendes Kindes hinaus notwendig gewesen wären. Andere denkbare Einflussfaktoren wie etwa die Eile der Personen hätten auch nicht systematisch manipuliert werden können.

keine Zufallsauswahl aus allen Wochentagen gezogen, da zum einen am Wochenende kaum Studierende in der Nähe der Universität unterwegs sind und zum anderen auch an Montagen sowie Freitagen weniger Pflichtveranstaltungen stattfinden, so dass an diesen Tagen mit einer Verzerrung der Ergebnisse durch besonders fleißige Studierende zu rechnen ist. Auch die Uhrzeiten für die Beobachtung wurden nach dem durchschnittlichen Stundenplan eines Studierenden ausgewählt. So wurde die morgendliche Beobachtung jeweils gegen 10 Uhr begonnen, die nachmittägliche dagegen endete spätestens gegen 17:30 Uhr, wobei die Zahl der so spät beobachteten Studierenden bereits sehr gering ist. Die meisten Personen wurden jeweils mittags zwischen 12 und 14 Uhr beobachtet.

Die Beobachtung erfolgte nicht verdeckt, allerdings nahmen die wenigsten Personen Notiz von den Beobachtern. Da die Ampel direkt vor einem Universitätsgebäude installiert ist, konnten sich die Beobachter während der Beobachtungszeiten für ihre Aufzeichnungen auf eine dort befindliche Bank setzen. Diese Bank befindet sich zwar in Sichtweite der Ampel, dennoch ist sie so weit von ihr entfernt, dass die Anwesenheit der Beobachter vermutlich kaum auffiel und die wenigsten eine Verbindung zwischen den Aufzeichnungen auf dem mitgebrachten Block und den Personen an der Ampel hergestellt haben werden.

Zur Zählweise ist zu sagen, dass bei der endgültigen Beobachtung nur Personen gezählt wurden, die offensichtlich allein unterwegs waren und nicht in einer Gruppe. Im Verlauf des Pretests war festgestellt worden, dass viele Personen nicht alleine an die Ampel kommen, sondern in einer Gruppe mit anderen. Obwohl aus den Vignettentexten nicht hervorging, ob man mit Bekannten gemeinsam an die Ampel gelangt, ist davon auszugehen, dass die meisten aufgrund der Situationsbeschreibungen in den Vignetten annahmen, sie seien allein unterwegs. Dem musste in der Beobachtung Rechnung getragen werden, denn das Verhalten anderer Personen, mit denen man gemeinsam an eine rote Ampel kommt, ist vermutlich ein weiterer Einflussfaktor bei der Entscheidung, ob man selbst über die rote Ampel geht oder nicht.[13] Aus diesem Grund wurden schließlich nur die Aktionen derjenigen Personen gezählt, die nicht sichtbar in einer Gruppe an die Ampel kamen. Bei der Einordnung der Situation in das Beobachtungsschema dagegen wurden anwesende Gruppen selbstverständlich miteinbezogen. Tabelle 4 liefert einen deskriptiven Überblick über die Geschlechts- und Altersverteilung der beobachteten Personen.

---

13 Entsprechende Verhaltensweisen sind auch unter dem Begriff Herdenverhalten bekannt (vgl. dazu in anderen inhaltlichen Zusammenhängen Anderson und Holt 1997; Chamley 2004; Kennedy 2002; Smith und Sørensen 2000).

Tabelle 4: Soziodemographische Merkmale der beobachteten Personen

	Männlich	Weiblich	Gesamt
Unter 18 Jahren	1 (0,1 %)	0 (0,0 %)	1 (0,1 %)
18-30 Jahre (Studierende)	345 (42,2 %)	392 (47,9 %)	737 (90,1 %)
31-65 Jahre	44 (5,4 %)	25 (3,1%)	69 (8,5 %)
Über 65 Jahre	5 (0,6 %)	6 (0,7 %)	11 (1,3 %)
Gesamt	395 (48,3 %)	423 (51,7 %)	818 (100,0 %)

Für die weiteren Analysen werden nur die 737 Personen, die gemäß den obigen Überlegungen in die Alterskategorie von Studierenden passen, herangezogen.[14] Bevor die Ergebnisse der multivariaten Analysen präsentiert werden, sind in Tabelle 5 die deskriptiven Befunde der Beobachtung hinsichtlich des Verhaltens an der Fußgängerampel in Abhängigkeit der Situation dargestellt.

Tabelle 5 ist zu entnehmen, dass entgegen dem berichteten Verhalten tatsächlich mehr als die Hälfte der Beobachteten auf ein grünes Ampelsignal wartet (57,2 %). Dies ist deshalb besonders erstaunlich, da man im Rahmen der Befragung aufgrund sozialer Erwünschtheit am ehesten den gegenteiligen Befund erwartet hätte. Die unterschiedlichen Situationen wirken sich auf das gezeigte Verhalten ähnlich aus wie die berichteten Verhaltensabsichten im faktoriellen Survey. So zeigen nur 31,3 Prozent ein deviantes Verhalten, wenn alle anderen auf ein grünes Signal warten, während 87,7 Prozent die Ampel bei Rot überqueren, wenn alle anderen anwesenden Personen dies ebenfalls getan haben. Ebenfalls bemerkenswert ist der deskriptive Befund zu Situationen, in denen ein Kind anwesend ist. Hier wurde ein Anteil von 14,9 Prozent (95-%-Konfidenzintervall: 6,6-23,2 %) beobachtet, der die Straße bei Rot und Anwesenheit eines Kindes überquerte. In dieser Situation liegt der Anteil bei den Vignetten niedriger, was im Hinblick auf die Wirkung sozialer Erwünschtheit auch vermutet werden konnte. Allerdings überlappen sich hier die Konfidenzintervalle von Beobachtung und Vignetten deutlich, weshalb dieser Befund nicht überbetont werden sollte.

---

14 Auch unter Berücksichtigung aller 818 Fälle bleiben die im nächsten Abschnitt berichteten Effekte erhalten.

Wie valide sind Verhaltensmessungen mittels Vignetten? 167

Tabelle 5: Beobachtetes Verhalten an der Fußgängerampel in Abhängigkeit der Situation (Angaben in Prozent, 95-Prozent-Konfidenzintervall in Klammern)

	Wartet auf Grün	Geht bei Rot
Allein	37,0 [28,2; 45,8]	63,0 [54,2; 71,8]
Eine/r wartet auf Grün	61,8 [50,7; 73,0]	38,2 [27,0; 49,3]
Eine/r geht bei Rot	39,7 [27,8; 51,6]	60,3 [48,4; 72,2]
Alle warten auf Grün	68,7 [63,2; 74,2]	31,3 [25,7; 36,7]
Einige warten, einige gehen bei Rot	61,1 [53,2; 69,0]	38,9 [31,0; 46,8]
Alle gehen bei Rot	12,3 [3,5; 21,1]	87,7 [78,9; 96,5]
Mehrere andere Personen warten auf Grün, Kind anwesend	83,3 [73,6; 93,0]	16,7 [7,0; 26,4]
Einige andere Personen warten auf Grün, einige überqueren die Straße bei Rot, Kind anwesend	93,0 [77,4; 100]	7,1 [0; 22,6]
Gesamt	57,2 [53,8; 60,6]	42,8 [39,4; 46,2]

5 Die externe Validität der Verhaltensmessung mittels faktorieller Surveys

Im Folgenden werden die Befunde des faktoriellen Surveys hinsichtlich der geäußerten Verhaltensabsichten in den einzelnen Situationen mit dem beobachteten Verhalten in den jeweiligen Situationen verglichen. Hierzu wurden Logitmodelle geschätzt, in denen zum einen die Verhaltensabsicht und zum anderen das tatsächlich gezeigte Verhalten als abhängige Variable betrachtet werden. Das Überqueren der Straße bei rot zeigender Fußgängerampel wird dabei jeweils als Ereignis (1) gewertet. Als unabhängige Variablen werden die verschiedenen Situationen (jeweils Dummy-Variablen mit 1 für die entsprechende Situation) sowie das Geschlecht in die Modelle einbezogen. Zu berücksichtigen ist, dass die präsentierten Modelle nicht direkt miteinander verglichen werden können, da diese zum einen auf unterschiedlichen Stichproben beruhen und zum anderen für den faktoriellen Survey entsprechend der hierarchischen Datenstruktur (16 Vignettenantworten pro Proband) eine Mehrebenenanalyse durchgeführt wurde, für die Beobachtungsdaten jedoch nicht.[15]

Bei der Mehrebenenanalyse wird der Tatsache Rechnung getragen, dass die Antworten der Befragten zu den einzelnen Vignetten jeweils ein befragtenspezifisches Muster aufweisen könnten. Im vorliegenden Fall wurde ein *random-intercept*-Modell mit einem variablen Achsenabschnitt geschätzt. Das bedeutet, dass die Einflussstärke der einzelnen Variablen als jeweils gleich angenommen wird, dass aber für jeden Befragten ein eigener Achsenabschnitt und damit jeweils ein eigenes Wahrscheinlichkeitsniveau als Ausgangspunkt zugelassen wird. Die Interpretation der Koeffizienten eines Mehrebenenmodells erfolgt daher analog zu der einer normalen Regression. Darüber hinaus lässt sich aber die Schwankungsbreite des variablen Achsenabschnitts an seiner Standardabweichung $\sigma(U_{0j})$ ablesen. Der Parameter ρ, der so genannte *residual intraclass correlation coeffficent*, gibt außerdem Auskunft über den Anteil der unerklärten Varianz, der auf die Befragtenebene im Gegensatz zur Vignettenebene zurückgeht.[16]

Betrachtet man zunächst die logistische *random-intercept*-Regression (Modell 1) mit den Ergebnissen des faktoriellen Surveys, so ist zu erkennen, dass alle Situationen in Relation zur Referenzkategorie „allein" bis auf die Situation „alle gehen bei Rot" einen negativen Einfluss auf die Wahrscheinlichkeit haben, die Ampel selbst bei Rot zu überqueren. Allerdings unterscheidet sich der angezeigte positive Effekt nicht signifikant von der Referenzkategorie und entspricht in der Richtung auch der intuitiven Erwartung. Analog hierzu hätte man annehmen können, dass es wahrscheinlicher ist, die Straße bei Rot zu überqueren, wenn bereits eine Person vorausgegangen ist, als wenn man alleine an die Ampel gelangt. Dies ist jedoch nicht der Fall. Auffällig sind insbesondere die beiden Situationen, in denen ein Kind anwesend ist. Dies hat eine enorme Auswirkung auf das Antwortverhalten. Auch der Geschlechtseffekt ist signifikant und zeigt an, dass Frauen seltener eine Straße bei Rot überqueren als Männer.

---

15 Die Berechnungen wurden mit Daten durchgeführt, die nicht auf Zufallsstichproben beruhen. Streng genommen sind demnach Parameterschätzungen und Signifikanztests nicht zulässig. Wir sind jedoch der Auffassung, dass die durchgeführten Analysen dennoch aufschlussreich sind, da die Signifikanztests zumindest approximativ die Stärke des Einflusses bei der jeweiligen Population anzeigen und wir insbesondere die Richtung der Effekte betrachten.

16 Auf eine detailliertere Erläuterung der Mehrebenenmodelle wird an dieser Stelle verzichtet. Diese werden eingehend etwa bei Hox (2002), Rabe-Hesketh und Skrondal (2005) sowie Snijders und Bosker (1999) behandelt. Spezielle Hinweise zur Analyse von Daten, die mit faktoriellen Surveys gewonnen wurden liefern Hox et al. (1991). Auch auf eine Erläuterung der logistischen Regression wird hier verzichtet (vgl. dazu bspw. Andreß et al. 1997; Long und Freese 2006; Menard 2002).

Tabelle 6: Gegenüberstellung der multivariaten Regressionsmodelle des faktoriellen Surveys mit den Beobachtungsdaten (AV: Aktion bei roter Fußgängerampel – über die Straße gehen = 1)

	Modell 1 (Vignetten)	Modell 2 (Beobachtung)
Konstante	4,346***	1,094***
	(,367)	(,242)
Situation (Referenz: alleine)		
Einer wartet	-1,884***	-1,033**
	(,231)	(,341)
Einer geht	-,682**	,008
	(,231)	(,339)
Alle warten	-2,717***	-1,445***
	(,237)	(,255)
Einige warten, einige gehen	-,854***	-,942**
	(,230)	(,277)
Alle gehen	,170	1,595**
	(,238)	(-,489)
Alle warten, Kind anwesend	-7,687***	-2,079***
	(,365)	(,414)
Einige warten, einige gehen, Kind anwesend	-6,957***	-2,805**
	(,333)	(,1,072)
Autos nähern sich	-2,216***	-,353
	(,137)	(,188)
Geschlecht (1 = weiblich)	-1,066**	-,886***
	(,402)	(,169)
σ(U_{0j})	2,964	–
ρ	,728***	–
Fälle	3.488	737
Gruppen	218	–

Anmerkungen: Modell 1: Logistisches random-intercept-Modell, Modell 2: Logistische Regression; * = sign. auf dem 5 %-Niveau, ** = sign. auf dem 1 %-Niveau, *** = sign. auf dem 0,1 %-Niveau; in Klammern jeweils die Standardfehler

Modell 2 enthält die Befunde zu der durchgeführten Beobachtung.[17] Hinsichtlich der Richtung der Effekte decken sich diese weitgehend mit den bereits aus dem

---

17 Zur Kontrolle auf den möglichen Einfluss der Beobachtungszeit und des -tages wurden zusätzlich entsprechende Modelle geschätzt, die hier nicht berichtet werden. Dabei zeigen sich zwar signifikante Einflüsse sowohl der Mittagszeit als auch des vierten Beobachtungstages (jeweils erhöhte Wahrscheinlichkeit die Straße bei Rot zu überqueren), jedoch bleiben dabei Richtung und auch Signifikanzen der hier präsentierten Koeffizienten stabil – auch die Höhen verändern

faktoriellen Survey berichteten. Es zeigen sich jedoch drei wesentliche Unterschiede. Zum einen betrifft dies die Situation, in der bereits eine andere Person zuvor die Straße bei Rot überquert hat. Hier wurde – kontrainuitiv – im faktoriellen Survey ein signifikant negativer Effekt gefunden. Bei der Beobachtung hingegen ist der Effekt positiv, unterscheidet sich jedoch nicht signifikant von der Referenzsituation (alleine an der Ampel). Die zweite Auffälligkeit betrifft die Situation, in der alle an der Fußgängerampel anwesenden Personen die Straße bei Rot überqueren. Hier konnte ein positiver Effekt erwartet werden, der in Modell 1 hinsichtlich der Richtung bestätigt werden konnte, jedoch nicht signifikant ist. Bei der Beobachtung hingegen zeigt sich hier ein stark positiver Effekt. Am überraschendsten ist der unterschiedliche Effekt sich nähernder Autos. Während in den Vignetten dieser Umstand die Wahrscheinlichkeit die Straße bei Rot zu überqueren signifikant verringert, zeigt sich bei der Beobachtung kein signifikanter Einfluss. Vermutet werden könnte bezüglich dieser Differenz, dass die Situation in den Vignetten anders wahrgenommen wurde als sie sich möglicherweise in der Beobachtungssituation dargestellt hat. Die Befragten gingen möglicherweise in den Vignettensituation von näheren (und vielleicht auch sich schneller nähernden) Fahrzeugen aus, als dies real der Fall war – zudem bestand natürlich hinsichtlich der Geschwindigkeit und der Entfernung der Autos in der Beobachtungssituation eine Varianz, auch wenn durch klare Beobachtungsanweisungen versucht wurde diese möglichst gering zu halten.

Die in Tabelle 6 berichteten Ergebnisse können nicht direkt miteinander verglichen werden, weshalb bisher nur die Einflussrichtung der unabhängigen Variablen betrachtet wurden. Im Folgenden werden daher einige Wahrscheinlichkeiten berichtet, welche die Unterschiede in den beiden Teilstudien veranschaulichen.[18]

Bezieht man sich zunächst auf die Referenzsituation (ein Mann alleine an der Ampel, kein Auto ist sichtbar) und vergleicht die mit den Modellen vorhergesagten Wahrscheinlichkeitswerte miteinander, so ergeben sich bereits deutliche Divergenzen. Während bei den Vignetten die Wahrscheinlichkeit bei Rot über die Straße zu gehen 98,7 Prozent beträgt (95-%-Konfidenzintervall: 97,4-

---

sich nur unwesentlich. Der Einfluss der Tageszeit überrascht nicht, zumal hier wegen Operationalisierungsschwierigkeiten in der Beobachtungssituation explizit die Eile der Personen nicht beachtet wurde. Es ist plausibel anzunehmen, dass man in der Mittagszeit eher in Eile ist, um von einer Veranstaltung zur anderen oder zum Mittagessen zu gehen als am Abend oder Morgen.

18 Der Vergleich von geschätzten Wahrscheinlichkeiten aus Modellen auf Grundlage unterschiedlicher Stichproben ist problematisch. Deshalb wurden zusätzlich die geschätzten Wahrscheinlichkeiten in der jeweiligen Situation die Ampel bei Rot zu überqueren aus der Vignettenstudie mit dem beobachteten Verhalten in den jeweiligen Situationen verglichen. Da sich die Befunde nicht wesentlich unterscheiden, werden im Text nur die jeweils geschätzten Wahrscheinlichkeiten miteinander verglichen.

99,4 %),[19] liegt die Wahrscheinlichkeit bei der Beobachtung bei 74,9 Prozent (65,0-82,7 %). Nimmt man für den Vergleich die Situation, in der alle warten und ein Kind anwesend, jedoch kein Auto zu sehen ist, so zeigt sich bei Männern eine Differenz von 24 Prozentpunkten zwischen faktoriellem Survey (3,4 % [1,6; 7,0]) und Beobachtung (27,2 % [15,3; 43,5]), wobei entsprechend der Vermutung die Vignettenangaben in Richtung sozialer Erwünschtheit verzerrt sind. Hier zeigt sich auch der Tabelle 6 zu entnehmende beachtliche Einfluss der Anwesenheit eines Kindes auf die Auftrittswahrscheinlichkeit devianten Verhaltens in dieser Situation. Dieser hat zwar in beiden Modellen betragsmäßig den größten Einfluss, allerdings ist ebenfalls erkennbar, dass der Effekt im Survey deutlich extremer ausfällt als in der Beobachtung. Im Vergleich der berechneten vorhergesagten Wahrscheinlichkeiten zeigen sich jedoch noch deutlich größere Differenzen zwischen Survey und Beobachtung: Der größte Unterschied ergibt sich für eine Frau in der Situation, in der einige Personen warten und einige andere die Straße bei Rot überqueren, wenn sich keine Autos nähern. Hier liegt die Wahrscheinlichkeit bei Rot die Ampel zu überqueren im faktoriellen Survey um fast 60 Prozentpunkte höher als bei der Beobachtung. In allen anderen Vergleichssituationen zeigen sich ebenfalls erhebliche Differenzen, wobei die zuvor berichteten 24 Prozentpunkte noch zu den geringeren zählen.

Einschränkend muss jedoch hier berücksichtigt werden, dass die Varianz des *random intercept* in Modell 1 relativ groß ist. Seine Standardabweichung liegt bei 2,96, einem relativ hohen Wert verglichen mit der Konstante von 4,35. Für einen Befragten mit relativ niedriger Wahrscheinlichkeit bei Rot über die Straße zu gehen, liegt der Logit in der Referenzkategorie etwa zwei Standardabweichungen unter dem durchschnittlichen Achsenabschnitt (vgl. Snijders und Bosker 1999: 50) bei -1,57, was einer Wahrscheinlichkeit von 17,2 Prozent entspricht. Für einen anderen Befragten mit insgesamt hohen Wahrscheinlichkeiten, die Straße bei Rot zu überqueren, liegt der Logit circa zwei Standardabweichungen über der Konstante bei 10,27 und die Wahrscheinlichkeit bei 100 Prozent. Die Unterschiede zwischen den einzelnen Befragten in ihrem grundsätzlichen Antwortverhalten sind also immens.

Nun wird noch ein Blick auf die Größe der Differenzen zwischen der Referenzkategorie und den übrigen Situationen geworfen. Schließlich könnte es sein, dass der faktorielle Survey die Effekte der einzelnen unabhängigen Variablen richtig messen konnte, das allgemeine Niveau der Wahrscheinlichkeiten aber nach oben verzerrt ist. Allerdings spricht auch dieser Vergleich nicht für die Verwendung von faktoriellen Surveys zur Verhaltensmessung. Die Unterschiede zwi-

---

19 Angemerkt werden muss hierzu, dass bei logistischen Regressionen insbesondere Schätzungen von Wahrscheinlichkeiten in den Randbereichen aufgrund von Ungenauigkeiten mit Vorsicht zu interpretieren sind.

schen der Referenzkategorie und den übrigen Situationen sind beim Vergleich der beiden Erhebungsmethoden ebenfalls ungleich groß. Die meisten Differenzen sind beim faktoriellen Survey um bis zu 20 Prozentpunkte größer oder kleiner als bei der Beobachtung. Einige Unterschiede betragen mehr als 40 Prozentpunkte, nur wenige liegen unter fünf Prozentpunkten. Damit ändert diese Betrachtung nichts daran, dass der faktorielle Survey eher schlechte Schätzungen für das tatsächliche Verhalten von Personen in den untersuchten Situationen produziert.

Es ist festzuhalten, dass der Vergleich der Erhebungsmethoden faktorieller Survey und Beobachtung in fast allen Bedingungen große Unterschiede zwischen den Ergebnissen hervorgebracht hat. So werden durch den faktoriellen Survey beinahe alle Wahrscheinlichkeiten für das Überqueren einer Straße bei roter Ampelphase in Situationen ohne anwesendes Kind deutlich überschätzt. Wartet dagegen ein Kind an der Ampel, so sind die geschätzten Wahrscheinlichkeiten dafür die Straße bei Rot zu überqueren, beim faktoriellen Survey durchweg niedriger als bei der Beobachtung. Diesen Befunden zufolge erscheint demnach die Verwendung faktorieller Surveys zur Messung von Verhalten keine Alternative zur Beobachtung zu sein und Vignettenstudien scheinen entsprechend der methodologischen Befunde zu Erhebungen von hypothetischem Verhalten in Befragungssituationen wenig valide zu sein. Gleichwohl muss gesagt werden, dass sich – trotz beträchtlicher Niveauunterschiede – die Einflussrichtungen der jeweiligen Situationen auf die Wahrscheinlichkeit des Auftretens abweichenden Verhaltens in beiden Teilstudien fast durchgehend entsprochen haben (vgl. zu einem analogen Befund zur vergleichbaren Wirkung von Einflussfaktoren in faktoriellen Surveys mit Umfragedaten Nisic und Auspurg in diesem Band).

6 Zusammenfassung und Ausblick

Nachdem bereits Eifler und Bentrup (2004) sowie Eifler (2007) in ihrer empirischen Überprüfung, ob die Vignettenanalyse eine geeignete Methode zur Messung von Verhalten ist, zu dem Schluss gelangt waren, dass der faktorielle Survey in dieser Hinsicht bedeutende Schwächen aufweist, wurde auch in der vorliegenden Untersuchung festgestellt, dass die Messung von tatsächlichem Verhalten mit dem faktoriellen Survey offenbar kaum möglich ist. Gleichwohl ist festzuhalten, dass die Einflussfaktoren auf das untersuchte Verhalten bei der Beobachtungsstudie und im faktoriellen Survey weitgehend dieselbe Tendenz aufweisen – ein Befund, der die Ergebnisse von Nisic und Auspurg (in diesem Band) stützt.

Dabei scheinen zwei Gründe für falsche Angaben in den Vignetten eine Rolle gespielt zu haben, die im Allgemeinen von Bedeutung sind, wenn in einer Befragung Verhalten erhoben wird. Zum einen liegt bei den beschriebenen Situationen mit anwesendem Kind offensichtlich eine Verzerrung aufgrund sozialer Erwünschtheit vor, die allerdings schwächer ausgefallen ist als erwartet. Aufgrund der studentischen Befragungspopulation muss auch in Betracht gezogen werden, dass die Angaben zu den Situationen ohne Kind ebenfalls durch soziale Erwünschtheit verzerrt sind, da hier eventuell das Überqueren einer Straße bei Rot als erwünscht betrachtet wird. Zum anderen deuten die Ergebnisse darauf hin, dass die Befragten sich über ihr tatsächliches Verhalten nicht im Klaren sind. So sprechen die enorm hohen Wahrscheinlichkeiten für das Überqueren einer Straße bei roter Ampelphase im Survey dafür, dass die befragten Personen zumindest zum Teil tatsächlich annahmen, sie würden in den genannten Situationen meistens bei Rot über die Straße gehen. Es kann nicht davon ausgegangen werden, dass die extremen Antworttendenzen allein durch soziale Erwünschtheit zustande gekommen sind. Welcher Aspekt allerdings den größeren Einfluss hat, ist eine weitere Frage für zukünftige Forschungsvorhaben.

Es stellt sich außerdem die Frage, ob die hier erzielten Ergebnisse aus dem Bereich des abweichenden Verhaltens auch auf andere Gebiete übertragen werden können. Schließlich suchen nicht nur Forscher, die sich mit abweichendem Verhalten beschäftigen, Alternativen zur Verhaltensbeobachtung, da diese in der Regel sehr aufwändig in der Durchführung und teilweise überhaupt nicht möglich ist. Eifler und Bentrup (2004) haben bereits gezeigt, dass die Vignettenanalyse sich nicht zur Messung des Hilfeverhaltens eignet, da die Antworten durch soziale Erwünschtheit verfälscht werden. Bei der vorliegenden Untersuchung scheint dieses Problem ebenfalls verstärkt auf die Ergebnisse zu wirken, allerdings verbunden mit falschen Erinnerungen seitens der Befragten. Leider bleibt aufgrund dieser Vermischung zweier Effekte unklar, ob der faktorielle Survey für Verhaltensmessungen auf Gebieten, in denen soziale Erwünschtheit keine großen Schwierigkeiten bereiten sollte, eventuell geeignet ist. Weitere Forschungen sind daher an dieser Stelle unabdingbar, auch wenn sich eine Tendenz dahingehend ausmachen lässt, dass Befragungen zu Verhalten grundsätzlich wenig valide zu sein scheinen.

Eine abschließende Untersuchung der Fragestellung kann die hier präsentierte Studie etwa aufgrund der willkürlichen Stichproben nicht liefern. Die betrachteten Populationen von faktoriellem Survey und Beobachtung waren trotz des Versuchs der Befragung und Beobachtung möglichst ähnlicher Personen nicht identisch. Darüber hinaus zeigt sich bei einem Vergleich der Verteilungsmerkmale in unserer Stichprobe des faktoriellen Surveys mit Kennzahlen der Universität Tübingen eine deutliche Überrepräsentanz von Medizinern. Wir konnten zwar feststellen, dass das Antwortverhalten in der Vignettenstudie über

Studierende verschiedener Fächergruppen hinweg relativ einheitlich ausfällt, jedoch können wir dies nicht für das beobachtete Verhalten prüfen. So wäre es durchaus vorstellbar, dass sich das tatsächliche Verhalten in diesen Gruppen unterscheidet. Zudem konnte nur eine annähernde Übereinstimmung der beiden Populationen hinsichtlich des Alters gewährleistet werden, sämtliche andere – möglicherweise das Verhalten beeinflussende Merkmale – konnten nicht kontrolliert werden. Als besonders problematisch muss darüber hinaus angesehen werden, dass die vermutlich zentrale Einflussdimension „Eile" aus forschungspraktischen Gründen nicht in die Untersuchung aufgenommen werden konnte. Möglicherweise hätten bei Berücksichtigung dieser Dimension die Ergebnisse von faktoriellem Survey und Beobachtung besser übereingestimmt, als dies so der Fall war. Weitere Untersuchungen mit Vignetten, in denen alle relevanten Variablen vorkommen, könnten hier Aufschluss geben.

Es wäre daher wünschenswert, wenn zukünftig sowohl andere Forschungsgegenstände untersucht werden würden als auch ausgereiftere methodische Designs zur Anwendung kommen würden. Dadurch würde die empirische Basis zur Validität der Verhaltensmessung mittels faktorieller Surveys deutlich verbreitert. Dies ist sinnvoll, da die Messung tatsächlichen Verhaltens in relevanten Entscheidungssituationen kaum möglich erscheint. Hier wäre die Erforschung spezifischer Bedingungen, unter denen bessere oder schlechtere Validitätsbefunde generiert werden können, von zentralem Interesse.

7   Literatur

Abelson, Robert P., 1976: Script Processing in Attitude Formation and Decision Making, in: Carroll, John S./Payne, John W. (Hrsg.), Cognition and Social Behavior. Hillsdale, New Jersey: Lawrence Erlbaum, 33–45.

Alves, Wayne M./Rossi, Peter H., 1978: Who Should Get What? Fairness Judgments of the Distribution of Earnings, in: American Journal of Sociology 84, 541–564.

Anderson, Lisa R./Holt, Charles A., 1997: Information Cascades in the Laboratory, in: American Economic Review 87, 847–862.

Andreß, Hans-Jürgen/Hagenaars, Jacques A./Kühnel, Steffen, 1997: Analyse von Tabellen und kategorialen Daten. Berlin u. a.: Springer.

Atteslander, Peter, 2003: Methoden der empirischen Sozialforschung. 10. Aufl. Berlin, New York: Walter de Gruyter.

Auspurg, Katrin/Abraham, Martin, 2007: Die Umzugsentscheidung von Paaren als Verhandlungsproblem. Eine quasiexperimentelle Überprüfung des Bargaining-Modells, in: Kölner Zeitschrift für Soziologie und Sozialpsychologie 59, 318–339.

Barerra, Davide/Buskens, Vincent, 2007: Imitation and Learning under Uncertainty. A Vignette Experiment, in: International Sociology 22, 367–396.

Beck, Michael/Opp, Karl-Dieter, 2001: Der faktorielle Survey und die Messung von Normen, in: Kölner Zeitschrift für Soziologie und Sozialpsychologie 53, 283–306.

Becker, Rolf, 2001: Reliabilität von retrospektiven Berufsverlaufsdaten. Ein Vergleich zwischen der Privatwirtschaft und dem öffentlichen Dienst anhand von Paneldaten, in: ZUMA-Nachrichten 25, 29–56.

Bradburn, Norman M./Rips, Lance J./Shevell, Steven K., 1987: Answering Autobiographical Questions: The Impact of Memory and Inference on Surveys, in: Science 236, 157–161.

Buskens, Vincent/Weesie, Jeroen, 2000: An Experiment on the Effects of Embeddedness in Trust Situations: Buying a Used Car, in: Rationality and Society 12, 227–253.

Carlson, Bonnie E., 1999: Student Judgments about Dating Violence: A Factorial Vignette Analysis, in: Research in Higher Education 40, 201–220.

Chamley, Christophe, 2004: Rational Herds. Economic Models of Social Learning. Cambridge: Cambridge University Press.

Couper, Mick P./Coutts, Elisabeth, 2006: Online-Befragung. Probleme und Chancen verschiedener Arten von Online-Erhebungen, in: Diekmann, Andreas (Hrsg.), Methoden der Sozialforschung, Sonderheft 44 der Kölner Zeitschrift für Soziologie und Sozialpsychologie. Wiesbaden: VS Verlag für Sozialwissenschaften, 217–243.

Diekmann, Andreas, 2007: Empirische Sozialforschung. Grundlagen, Methoden, Anwendungen. 18. Aufl. Reinbek bei Hamburg: Rowohlt.

Eifler, Stefanie, 2007: Evaluating the Validity of Self-Reported Deviant Behavior Using Vignette Analyses, in: Quality & Quantity 41, 303–318.

Eifler, Stefanie/Bentrup, Christina, 2004: Zur Validität von Selbstberichten abweichenden und hilfreichen Verhaltens mit der Vignettenanalyse. Bielefelder Arbeiten zur Sozialpsychologie 208, in: http://wwwedit.uni-bielefeld.de/soz/pdf/Bazs208.pdf (Zugriff am 05.04.2007).

Faia, Michael A., 1980: The Vagaries of the Vignette World. A Comment on Alves and Rossi, in: American Journal of Sociology 85, 951–954.

Falter, Jürgen/Schumann, Siegfried, 1989: Methodische Probleme von Wahlforschung und Wahlprognose, in: Aus Politik und Zeitgeschichte B43, 3–14.

Finch, Janet, 1987: The Vignette Technique in Survey Research, in: Sociology 21, 105–114.

Forschungsgruppe Wahlen Online, 2007: Internet-Strukturdaten, in: http://www.forschungsgruppe.de/Studien/Internet-Strukturdaten/ (Zugriff am 12.07.2007).

Friedrichs, Jürgen, 1990: Methoden empirischer Sozialforschung. 14. Aufl. Opladen: Westdeutscher Verlag.

Friedrichs, Jürgen/Lüdtke, Hartmut, 1971: Teilnehmende Beobachtung. Zur Grundlegung einer sozialwissenschaftlichen Methode empirischer Feldforschung. Weinheim u. a.: Julius Beltz.

Hilmer, Richard/Hofrichter, Jürgen, 2001: Wahltagsbefragungen in den neunziger Jahren. Überblick und Bilanz, in: Klingemann, Hans-Dieter/Kaase, Max (Hrsg.), Wahlen und Wähler. Analysen aus Anlass der Bundestagswahl 1998. Wiesbaden: Westdeutscher Verlag.

Holz, Erlend, 2005: Die Mikrodaten der Zeitbudgeterhebungen 2001/2002 und 1991/92 als Scientific- und Public-Use-Files, in: ZUMA-Nachrichten 57, 155–156.

Hox, Joop, 2002: Multilevel Analysis. Techniques and Applications. Mahwah: Lawrence Erlbaum Associates.
Hox, Joop/Kreft, Ita G. G./Hermkens, Piet L. J., 1991: The Analysis of Factorial Surveys, in: Sociological Methods & Research 19, 493–510.
Jahoda, Maria/Deutsch, Morton/Cook, Stuart W., 1967: Beobachtungsverfahren, in: König, René (Hrsg.), Beobachtung und Experiment in der Sozialforschung. Köln, Berlin: Kiepenheuer & Witsch, 77–96.
Jann, Ben, 2003: Lohngerechtigkeit und Geschlechterdiskriminierung: Experimentelle Evidenz. Arbeitspapier (Zürich: ETH Zürich), in: http://www.socio.ethz.ch/people/jannb/wp/lohngerecht.pdf (Zugriff am 02.11.2006).
Jasso, Guillermina, 1988: Whom Shall We Welcome? Elite Judgments of the Criteria for the Selection of Immigrants, in: American Sociological Review 53, 919–932.
Jasso, Guillermina, 2006: Factorial-Survey Methods for Studying Beliefs and Judgments, in: Sociological Methods & Research 34, 334–423.
Kamat, Sanjyot S./Kanekar, Suresh, 1990: Predictions of and Recommendation for Honest Behavior, in: Journal of Social Psychology 130, 597–607.
Kennedy, Robert, 2002: Strategy Fads and Competitive Convergence. An Empirical Test For Herd Behavior in Prime-Time Television Programming, in: Journal of Industrial Economics 50, 57–84.
Klein, Thomas/Fischer-Kerli, David, 2000: Die Zuverlässigkeit retrospektiv erhobener Lebensverlaufsdaten. Analysen zur Partnerschaftsbiographie des Familiensurvey, in: Zeitschrift für Soziologie 29, 294–312.
König, René, 1967: Die Beobachtung, in: König, René (Hrsg.), Handbuch der empirischen Sozialforschung. Band 1. Stuttgart: Ferdinand Enke, 107–135.
Labaw, Patricia J., 1982: Advanced Questionnaire Design. Cambridge: Abt Books.
Long, Scott J./Freese, Jeremy, 2006: Regression Models for Categorical Dependent Variables Using Stata. College Station: Stata Press.
Menard, Scott W., 2002: Applied Logistic Regression Analysis. 2. Aufl. Thousands Oaks: Sage.
Milgram, Stanley/Mann, Leon/Harter, Susan, 1965: The Lost-Letter Technique. A Tool of Social Research, in: Public Opinion Quarterly 29, 437–438.
Niemann, Mechthild, 1989: Felduntersuchungen an Freizeitorten von Berliner Jugendlichen, in: Aster, Reiner/Merkens, Hans/Repp, Michael (Hrsg.), Teilnehmende Beobachtung. Werkstattberichte und methodologische Reflexionen. Frankfurt am Main u. a.: Campus.
Ohr, Dieter/Rattinger, Hans, 1993: Zur Beziehung zwischen in der Vorwahlzeit erhobenen Wahlabsichten und Wahlergebnissen, in: Gabriel, Oscar W./Troitzsch, Klaus G. (Hrsg.), Wahlen in Zeiten des Umbruchs. Empirische und methodologische Beiträge zur Sozialwissenschaft. Band.12. Frankfurt am Main: Peter Lang, 3–25.
Rabe-Hesketh, Sophia/Skrondal, Anders, 2005: Multilevel and Longitudinal Modeling Using Stata. College Station: Stata Press.
Rooks, Gerrit/Raub, Werner/Selten, Robert/Tazelaar, Frits, 2000: How Inter-Firm Cooperation Depends on Social Embeddedness. A Vignette Study, in: Acta Sociologica 43: 123–137.

Rossi, Peter H., 1979: Vignette Analysis: Uncovering the Normative Structure of Complex Judgments, in: Merton, Robert K./Coleman, James S./Rossi, Peter H. (Hrsg.), Qualitative and Quantitative Social Research. Papers in Honor of Paul F. Lazarsfeld. New York: Free Press, 176–186.

Rossi, Peter H./Anderson, Andy B., 1982: The Factorial Survey Approach. An Introduction, in: Rossi, Peter H./Nock, Steven L. (Hrsg.), Measuring Social Judgments. The Factorial Survey Approach. Beverly Hills u. a.: Sage, 15–67.

Rossi, Peter H./Nock, Steven L. (Hrsg.), 1982: Measuring Social Judgments. The Factorial Survey Approach. Beverly Hills u. a.: Sage.

Schwarz, Norbert/Hippler, Hans-Jürgen/Noelle-Neumann, Elisabeth, 1994: Retrospective Reports. The Impact of Response Formats, in: Schwarz, Norbert/Sudman, Seymour (Hrsg.), Autobiographical Memory and the Validity of Retrospective Reports. New York: Springer, 187–199.

Smith, Tom W., 1986: A Study of Non-Response and Negative Values on the Factorial Vignettes on Welfare. GSS Methodological Report 44. Chicago: NORC.

Schnell, Rainer/Hill, Paul/Esser, Elke, 2005: Methoden der empirischen Sozialforschung. 7. Aufl. München, Wien: Oldenbourg.

Seyde, Christian, 2006a: Beiträge und Sanktionen in Kollektivgutsituationen. Ein faktorieller Survey. Arbeitsbericht Nr. 43 (Leipzig: Instituts für Soziologie der Universität Leipzig), in: http://www2.uni-leipzig.de/~sozio/content/site/a_berichte/43.pdf (Zugriff am 05.04.2007).

Seyde, Christian, 2006b: Vertrauen und Sanktionen in der Entwicklungszusammenarbeit. Ein faktorieller Survey. Arbeitsbericht Nr. 44 (Leipzig: Institut für Soziologie der Universität Leipzig), in: http://www2.uni-leipzig.de/~sozio/content/site/a_berichte /44.pdf (Zugriff am 05.04.2007).

Smith, Lones/Sørensen, Peter, 2000: Pathological Outcomes of Observational Learning, in: Econometrica 68, 371–398.

Snijders, Tom A. B./Bosker, Roel J., 1999: Multilevel Analysis. An Introduction to Basic and Advanced Multilevel Modeling. London u. a.: Sage.

Steiner, Peter M./Atzmüller, Christiane, 2006: Experimentelle Vignettendesigns in faktoriellen Surveys, in: Kölner Zeitschrift für Soziologie und Sozialpsychologie 58, 117–146.

Sudman, Seymour/Bradburn, Norman M., 1973: Effects of Time and Memory Factors on Response in Surveys, in: Journal of the American Statistical Association 68, 805–815.

Vieth, Manuela, 2003. Sanktionen in sozialen Dilemmata. Eine spieltheoretische Untersuchung mit Hilfe eines faktoriellen Online-Surveys. Arbeitsbericht Nr. 37. Leipzig: Institut für Soziologie der Universität Leipzig.

Vieth, Manuela 2004: Reziprozität im Gefangenendilemma. Eine spieltheoretische Untersuchung mit Hilfe eines faktoriellen Online-Surveys. Arbeitsbericht Nr. 40. Leipzig: Institut für Soziologie der Universität Leipzig.

Weidmann, Angelika, 1974: Die Feldbeobachtung, in: von Koolwijk, Jürgen/Wieken-Mayser, Maria (Hrsg.): Techniken der empirischen Sozialforschung. 3. Band. Erhebungsmethoden: Beobachtung und Analyse von Kommunikation. München, Wien: Oldenbourg, 9–26.

Zimmermann, Ekkart, 1972: Das Experiment in den Sozialwissenschaften. Stuttgart: Teubner.

Die Methodik des Faktoriellen Surveys in einer Paarbefragung

Katrin Auspurg, Martin Abraham und Thomas Hinz

Zusammenfassung:
Vorliegender Beitrag demonstriert anhand einer familiensoziologischen Anwendung, wie sich mit einer Vignettenbefragung bereits mit wenigen Paaren theoretische Hypothesen testen und Beschränkungen der herkömmlichen Surveyforschung überwinden lassen. Inhaltlich geht es um eine Überprüfung der Verhandlungstheorie, einem theoretisch besonders gehaltvollen Konzept für die Analyse familialer Entscheidungsprozesse. Nach einer knappen Darlegung der Theorie werden die Schwierigkeiten ihrer Überprüfung mit herkömmlichen Surveydaten benannt. Im Zentrum steht aber die alternative Umsetzung mit einem Faktoriellen Survey-Design, genauer einer Vignettenbefragung zu Umzugsentscheidungen in Partnerschaften. Es werden die einzelnen praktischen Schritte von der Vignettenkonstruktion bis hin zur Datenauswertung beschrieben, um dann das Analysepotenzial mit beispielhaften Hypothesentests zu belegen. Nach unserem Fazit bietet das Verfahren – trotz seiner abschließend diskutierten Grenzen – gerade auch der Familiensoziologie eine wertvolle zusätzliche Option.

1 Einleitung

Während bei Experimenten einige Probanden für Hypothesentests ausreichen, aber jeweils nur wenige Stimuli simultan zu variieren und damit auch nur wenige Hypothesen prüfbar sind, erfordern Umfragedaten zur Drittvariablenkontrolle hohe Fallzahlen und lassen die gleichzeitige Untersuchung mehrerer Hypothesen zu. Das quasi-experimentelle Design des Faktoriellen Surveys versucht hier einen Mittelweg zu gehen: Statt einzelner Items bewerten die Probanden hypothetische Objekt- oder Situationsbeschreibungen. Indem in diesen ‚Vignetten' einzelne Merkmalsausprägungen experimentell variiert werden, lässt sich ihr isolierter Einfluss auf die abgefragten Urteile oder Entscheidungen bestimmen. Bereits mit relativ wenigen Befragten sind hinreichende Fallzahlen für komplexe Hypothesenprüfungen realisierbar.

Die Methodik und Vorteile des Verfahrens, aber auch seine Schwächen werden im vorliegenden Beitrag anhand einer familiensoziologischen Anwendung zur empirischen Überprüfung der Verhandlungstheorie demonstriert. Bargaining-Modelle gelten als viel versprechende Konzepte, um das Zusammenspiel gemeinsamer wie individueller Interessen zwischen Ehe- und Lebenspartnern zu analysieren. Kernpunkt ist die Annahme, dass familiale Entscheidungen und Verteilungen von Haushaltsressourcen die relative Verhandlungsmacht der Partner widerspiegeln. Diese Verhandlungsmacht bestimmt sich nach der generellen (finanziellen und emotionalen) Unabhängigkeit von der Beziehung, für welche insbesondere die individuellen Erwerbschancen bedeutsam sind. Obwohl sich das damit gewonnene Analysepotenzial theoretisch für viele familiensoziologische Fragestellungen bewährt hat, mangelt es nach wie vor an empirischen Untersuchungen. Der Grund ist, dass Daten zum Umgang mit Machtveränderungen in Partnerschaften kaum vorliegen. Lediglich *einen* der beiden Partner betreffende Verbesserungen der (Erwerbs-)Optionen und die darauf folgenden Reaktionen sind selten beobachtbar. Die empirische Prüfung wird zusätzlich dadurch erschwert, dass theoretisch interessierende Konstellationen, wie solche mit einem Einkommensvorsprung von Frauen, wenig auftreten.

Gerade hier bietet das Design eines Faktoriellen Surveys einen innovativen Ausweg. Mittels Vignetten lassen sich gezielt Situationen simulieren, welche eine Veränderung der Erwerbskonstellationen und Machtverhältnisse in Paarhaushalten bedeuten. Konkret kann dies durch die Vorgabe unterschiedlicher Anreize zu einem Haushaltsumzug geschehen. Die beobachteten Reaktionen der Befragten eröffnen dann Antworten auf unsere Forschungsfragen: Antizipieren die Akteure tatsächlich die mit Umzügen verbundenen Veränderungen ihrer relativen Verhandlungsmacht? Reagieren sie entsprechend mit einer geringeren Umzugsneigung? Zeigt sich ein höheres Konfliktpotenzial wenn sich die Verhandlungsmacht zwischen den Partnern verschiebt? Und ist das Entscheidungsverhalten tatsächlich so geschlechtneutral, wie von der Verhandlungstheorie prognostiziert?

Unser Beitrag ist wie folgt aufgebaut: Kapitel 2 skizziert knapp die Relevanz des Forschungsthemas und die Annahmen der Verhandlungstheorie. Im Fokus steht mit Kapitel 3 jedoch die empirische Umsetzung. Ausgehend von den Problemen herkömmlicher Surveyforschung legen wir die Potenziale eines Faktoriellen Surveys dar und demonstrieren seine praktische Umsetzung anhand unserer Paarbefragung. In diesem Zusammenhang konkretisieren wir auch unsere Forschungshypothesen. Das Analysepotenzial der gewonnenen Mehrebenendaten wird dann beispielhaft in Kapitel 4 demonstriert, dabei finden sich überwiegend stützende Befunde für die Verhandlungstheorie. Der Beitrag schließt mit einer Diskussion der Grenzen und Erweiterungen der Methode (Kapitel 5).

2 Relevanz und theoretischer Hintergrund

Wir verfolgen zwei Forschungsziele: (1) Inhaltlich streben wir eine Erklärung von Umzugsentscheidungen in Partnerschaften an, (2) theoretisch eine Überprüfung der Verhandlungstheorie.

Der erste Aspekt erhält seine Bedeutung aufgrund der in modernen Gesellschaften gestiegenen Mobilitätserfordernisse (dazu Haas 2000; Schneider et al. 2002). Speziell in hochqualifizierten Tätigkeiten zählt eine hohe geographische Mobilitätsbereitschaft inzwischen zu den Schlüsselqualifikationen. Da sich zudem in den letzten Jahrzehnten die Bildungsqualifikationen und das Ausmaß der Erwerbsbeteiligung von Frauen und Männern stärker angeglichen haben (Blossfeld et al. 2001: 54; für entsprechende Statistiken Solga und Wimbauer 2005: 9f.), sind in Partnerschaften bzw. Familien nun häufiger gleich *zwei* Berufskarrieren räumlich zu koordinieren.

Den wenigen verfügbaren empirischen Studien zufolge besteht eine Lösung dieses ‚Standortdilemmas' in einer Wahl alternativer Mobilitätsformen wie Tages- und Wochenendpendeln (zu entsprechenden Statistiken Kalter 1994; Ott und Gerlinger 1992; Schneider et al. 2002). Entscheiden sich Paare dagegen für einen Umzug, scheint dieser in der Regel die Karriere des Mannes statt diejenige der Frau zu fördern. So finden international Studien, dass die gemeinsame Haushaltsmobilität für Frauen nicht zu den beruflichen Besserstellungen führt, die sie für ihre männlichen Partner bewirkt (vgl. z. B. Boyle et al. 2001; Shihadeh 1991; Cooke 2003; für den deutschen Arbeitsmarkt: Jürges 1998a; Büchel 2000).[1] Frauen kommt also anscheinend häufiger die Rolle des – trotz eigener Karriereverluste – mitziehenden Partners zu (so genannter ‚tied mover', vgl. Mincer 1978). Wie Umzugsentscheidungen im Hauhalt getroffen werden, ist daher nicht zuletzt aus einer ungleichheits- und arbeitsmarktsoziologischen Perspektive relevant.

Ein geeignetes analytisches Konzept bieten verhandlungstheoretische bzw. Bargaining-Modelle. Diese versuchen, neben den gemeinsamen ebenso die individuellen – und damit möglicherweise diskrepanten – Interessen zwischen den Ehe- und Lebenspartnern in den Griff zu bekommen (zu diesen insbesondere Ott 1992; für eine Übertragung auf Migrationsentscheidungen Lundberg und Pollack 2003; Kalter 1998; Auspurg und Abraham 2007). Grundlegend ist die Annahme, dass die Akteure stets eine Maximierung ihres eigenen Nutzens anstreben, wozu

---

1 Während allein stehende Frauen ähnlich wie Männer von beruflichen Umzügen profitieren, führen Haushaltsumzüge bei Frauen regelmäßig zu verringerten Einkommen, erhöhten Arbeitslosigkeitsrisiken und/oder der Annahme qualifikationsinadäquater Beschäftigungen, während Männer sich auch hierdurch langfristig besser stellen (für Deutschland: Jürges 1998a; Büchel 2000).

der gegenseitige Austausch von Ressourcen und Arbeitsleistungen eine gewinnbringende Strategie darstellen kann. Etwa können die Partner durch Spezialisierung auf ihre jeweiligen Kompetenzen und arbeitsteilige Organisation ihres Haushalts profitieren. Partnerschaften werden entsprechend als Austauschverhältnisse begriffen, die nur so lange aufrechterhalten werden, wie sie einem Vergleich mit ihrer besten Alternative standhalten (einem Leben als Single oder in einer alternativen Partnerschaft). In welchem Umfang welche Ressourcen[2] getauscht werden, müssen die Partner immer wieder neu aushandeln. Die zentrale Idee ist nun, dass sich diese Verhandlungsergebnisse nach dem ‚Prinzip des geringsten Interesses' bestimmen: Je besser die externen Alternativen eines Partners zur bestehenden Beziehung sind, umso weniger ist er (oder sie) auf die Beziehung angewiesen und umso härter kann dieser Partner verhandeln (bzw. umso mehr Macht kommt ihm in der Beziehung zu; vgl. England und Farkas 1986; Hill und Kopp 2004: 233ff.; Nauck 1989; ähnlich bereits Blood und Wolfe 1960). Externe Alternativen zur Partnerschaft bestimmen somit nicht nur das ‚ob' einer Trennung, sondern legen zugleich die partnerschafts*internen* Ressourcenverteilungen fest. Als zentral für die Unabhängigkeit gelten dabei in modernen Gesellschaften insbesondere die individuellen Erwerbschancen.[3]

Das mit diesem Konzept gewonnene Analysepotenzial erstreckt sich theoretisch über die gestiegene Ausbildungs- und Erwerbsbeteiligung von Frauen, die sinkenden Fertilitätsraten (Ott 1998: 87f.; für eine empirische Anwendung: Kohlmann und Kopp 1997) und häusliche Arbeitsteilung (z. B. Bernasco und Giesen 2000; Brines 1994, 1993) bis hin zur Erklärung der hier interessierenden Umzugsentscheidungen (Lundberg und Pollack 2003; Kalter 1998). Die Bereicherung besteht insbesondere in der Erkenntnis, dass – entgegen den Annahmen der ‚New Home Economics' – familiale Entscheidungen nicht unbedingt zum ‚Optimum' für den gesamten Hauhalt führen, sondern im Gegenteil die Struktur eines Dilemmas annehmen können (eine Lösung, mit der sich beide Partner insgesamt besser stellen, wird nicht erreicht). Wir demonstrieren dies nachfolgend für Umzugsentscheidungen anhand einer abstrakteren, spieltheoretischen Modellierung, wie sie von Ott ursprünglich zur Analyse der familialen Abeitsteilung vorgeschlagen wurde (Ott 1992, 1998).

Abbildung 1a veranschaulicht dieses Verhandlungsspiel. Auf den beiden Achsen sind die individuellen Nutzen der Akteure – Mann m und Frau f – abge-

---

2 Diese können von materiellen Gütern bis hin zu immateriellen Dienstleistungen (z. B. Hausarbeiten und psychischer Unterstützung) reichen.
3 Die bei einer Spezialisierung auf Hausarbeiten gewonnenen Fähigkeiten werden aufgrund ihrer geringen Verwertungsmöglichkeiten auf dem Arbeitsmarkt und zugleich besseren Möglichkeiten zur Substitution (Beschäftigung einer Haushaltshilfe, Nutzung von Fertigprodukten etc.) als wertlosere Verhandlungsressource angesehen (Ott 1993: 48; Bernasco und Giesen 2000).

tragen. Der Verhandlungsspielraum ist durch die maximal erreichbaren Nutzenkombinationen des Hauhalts begrenzt, die auf der Kurve U abgetragen sind. Die minimal akzeptablen Ergebnisse stellen jeweils die Nutzenlevel dar, welche die Akteure außerhalb der Beziehung erreichen können. Diese so genannten ‚Drohpunkte' sind in der Grafik mit D_f bzw. D_m bezeichnet. Alle darüber liegenden Punkte auf U repräsentieren kollektiv effiziente Verhandlungslösungen.[4] Wie kommt nun die Umzugsentscheidung ins Spiel? Angenommen, die Partner überlegen, ob sie aufgrund einer höheren Verdienstmöglichkeit für einen der Partner (hier den Mann m) an einen anderen Ort umziehen. Dort wird dann erneut über die Ressourcen- und Aufgabenverteilung verhandelt. Da der Umzug zu einem Haushaltsgewinn führt, verschiebt sich die Nutzenkurve nach außen (U_1 → U_2; vgl. *Abbildung 1b*).

Abbildung 1:

a: *Statische Verhandlungssituation*   b: *Veränderung der Verhandlungssituation durch den Umzug*

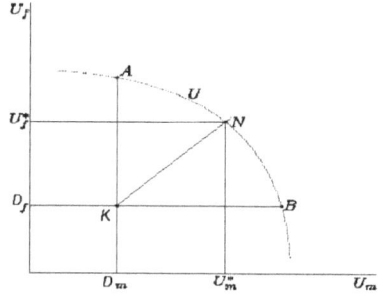
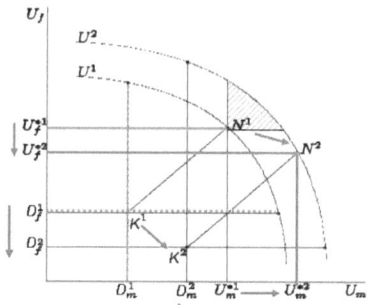

Damit existieren Lösungen, bei denen sich beide Partner gegenüber ihrem ursprünglichen Status quo verbessern können (in der Grafik durch den schraffierten Bereich angezeigt). Für den Akteur m, der durch den Umzug seine Verdienstkapazitäten verbessert, resultiert zugleich ein höherer Drohpunkt (D_{m2} > D_{m1}). Anders für die mitziehende Partnerin: Für sie ergibt sich mit Aufgabe ihrer Erwerbstätigkeit eine höhere Abhängigkeit von der Beziehung, ihr Drohpunkt

---

4   Zumeist wird bei einem kooperativen Verhandlungsspiel die sogenannte Nash-Lösung angenommen, die durch den Punkt N gekennzeichnet ist und das Produkt der individuellen Zugewinne ($[U_m - D_m] \times [U_f - D_f]$) maximiert. Für die hier vorgetragene Argumentation sind die Herleitung der Gleichgewichtspunkte und weitere Einzelheiten unerheblich. Für allgemeine spieltheoretische Grundlagen: Harsanyi 1977; Rubinstein 1982; für Übertragungen auf Umzugsentscheidungen: Lundberg und Pollack 2003; Kalter 1998.

sinkt ($D_{f2} < D_{f1}$). Kommt es wie in der Grafik dargestellt zu einem Absinken ihres Nutzenniveaus unter das Ausgangsniveau ($U_{f2} < U_{f1}$) und antizipiert sie diese Entwicklung, wird sie sich gegen den Umzug entscheiden.

Gerade beruflich induzierte Umzüge lassen ein solches Dilemma plausibel erscheinen. Denn während sich der ‚mover' durch den Umzug per definitionem besser stellt, sind für seine mitziehende Partnerin aufgrund des erzwungenen Arbeitsplatzwechsels zumindest vorübergehende Einbußen an Beschäftigungs- und Gehaltsaussichten zu erwarten (schließlich ist es unwahrscheinlich, dass sich beide Partner am gleichen Ort besser stellen, vgl. Mincer 1978). Zusätzlich verstärken umzugsbedingte Verluste an Sozialkontakten die Abhängigkeit vom Partner – auch in dieser Hinsicht dürfte der mover aufgrund seiner beruflichen Kontakte im Vorteil sein.

Zwar sind *ex ante* Absprachen über die Regelung von Rechten und Pflichten (und ebenso die Aufteilung des ‚Umzugsgewinns') am neuen Ort denkbar. Aufgrund der geringen Möglichkeiten zu *bindenden* Vereinbarungen in privaten Partnerschaften sind solche Zusagen aber allesamt als wenig verlässlich einzuschätzen – gerade die einseitige Verschiebung der Verhandlungsmacht bietet dem mover einen Anreiz zum Vertragsbruch (Ott 1989; Abraham 2006a; ausführlicher zu diesen und den folgenden Annahmen zudem Auspurg und Abraham 2007). Zudem würde der tied mover bei einer Auflösung der Beziehung auf seinen Umzugsverlusten ‚sitzen bleiben'. Aufgrund dieser Risiken ist davon auszugehen, dass es selbst in einer prinzipiell profitablen Austauschbeziehung und bei einem Gewinn für den Haushalt als gesamten *(1) bei stark asymmetrischen Verschiebungen der Verhandlungsmacht zu einer Zurückweisung gemeinsamer (Umzugs-)Optionen durch beide Partner kommt.*

Diese Annahme ist direkt für den tied mover ersichtlich. Unterstellt man aber dem mover ein grundsätzliches Interesse am Zusammenbleiben mit dem Partner, gilt sie gleichfalls für ihn – schließlich wird er mit den Umzugsverhandlungen nicht die Beziehung aufs Spiel setzen wollen (Kalter 1998; Auspurg und Abraham 2007). Dennoch sind Diskrepanzen zwischen den Partnern zu erwarten – die Vertrauensprobleme und das Risiko der Trennung lassen stets *(2) eine stärkere Gewichtung eigener Optionen gegenüber denen des Partners erwarten.* Hinzu kommt, dass bereits der Umzugsanreiz eine attraktive externe Option darstellt, welche das Verhandlungsgleichgewicht destabilisieren kann (oder im Extremfall zur Trennung führt), womit sich als dritte generelle Hypothesen formulieren lässt: *(3) Einseitige Besserstellungen erhöhen die Divergenz der Umzugsneigungen bzw. das ‚Konfliktpotenzial' in der Beziehung.*

Umzugsentscheidungen in Doppelverdienerhaushalten stellen somit nicht nur einen geeigneten Erklärungsgegenstand, sondern zugleich ein viel versprechendes Testfeld für verhandlungstheoretische Annahmen dar. Die Möglichkeiten der empirischen Umsetzung werden im Folgenden betrachtet.

3 Methodische Umsetzung

Die Potenziale eines Faktoriellen Surveys werden insbesondere in Kontrastierung zu den Problemen herkömmlicher Surveyforschung deutlich, wie sie der folgende Abschnitt (3.1) zusammenfasst. Hieran anschließend skizzieren wir zunächst allgemein das Verfahren (Abschnitt 3.2), um danach ausführlich die einzelnen praktischen Schritte anhand unseres Anwendungsbeispiels zu veranschaulichen (Abschnitt 3.3).

3.1 Grenzen herkömmlicher Umzugsforschung

Zunächst erscheint es nahe liegend, zur Prüfung der aus der Verhandlungstheorie abgeleiteten Hypothesen auf bestehende Surveydaten zurückzugreifen, um mit diesen die Auswirkungen von Umzügen auf die haushaltsinternen Ressourcenverteilungen und Konflikte zu analysieren. Allerdings wären hierzu Längsschnittbeobachtungen erforderlich, um zunächst die Umzüge und danach deren Folgen beobachten zu können, was die Verfügbarkeit geeigneten Datenmaterials schon einmal erheblich einschränkt. Hinzu kommt, dass aufgrund der Seltenheit beruflicher Haushaltsumzüge nur sehr große Datensätze (wie das Sozio-ökonomische Panel bzw. SOEP) für belastbare quantitative Auswertungen in Frage kommen. Die alternative Idee, Reaktionen auf Umzugs*anreize* zu beobachten, scheitert daran, dass letztere in den gängigen Datensätzen gar nicht enthalten sind.[5] Ähnlich fehlen Daten dazu, inwieweit differente Standortpräferenzen zu Konflikten oder Trennungen von Haushalten geführt haben.

So bleibt insbesondere die Frage offen, ob das eingangs erwähnte Phänomen weiblicher tied movers allein darauf zurückzuführen ist, dass Frauen aufgrund ihrer differenten Arbeitsmarktpositionen weniger attraktive berufliche Umzugsanreize erhalten, oder diesen dann nur weniger Gewicht in den familialen Entscheidungen zukommt. Ob sich der Verhandlungsprozess so geschlechtsneutral gestaltet, wie von den Bargaining-Modellen angenommen, ist umstritten und ohne hinreichende Beobachtung von Konstellationen mit einem Verdienst- und damit Machtvorsprung von Frauen kaum zu beantworten – die fehlende Varianz (bzw. Seltenheit von weiblichen Hauptverdienerinnen) setzt den empiri-

---

5   Es sind maximal Umzüge, nicht aber die verhinderten ‚mover' bzw. ‚tied stayers' erfasst (also Personen, die dem gemeinsamen Haushalt zuliebe auf einen Umzug verzichten).

schen Analysen hier doch erhebliche Grenzen.[6] Auf diese Probleme herkömmlicher Surveydaten geht ausführlicher der Beitrag von Nisic und Auspurg in diesem Band ein. Wir stellen im nächsten Abschnitt das quasi-experimentelle Design eines Faktoriellen Surveys als eine alternative Herangehensweise vor.

3.2 Methodik Faktorieller Surveys

Die Grundidee der auch als Vignettenanalyse bezeichneten Faktoriellen Surveys besteht darin, den Befragten statt einzelner Items komplexe Situations- oder Objektbeschreibungen zur Bewertung vorzulegen (für eine detaillierte Beschreibung Beck und Opp 2001; Jasso 2006; Rossi und Anderson 1982). Indem in diesen ‚Vignetten' einzelne Merkmalsausprägungen experimentell variiert werden, lässt sich ihr jeweiliger Einfluss auf die abgefragten Urteile oder Entscheidungen bestimmen und damit das Gewicht von Faktoren isolieren, die in der Realität oftmals konfundiert sind (wie etwa das Geschlecht der Akteure und ihre Arbeitsmarktpositionen). Weitere Vorteile bestehen darin, dass sich empirisch seltene Konstellationen simulieren lassen, wie in unserem Fall solche mit einem Options- und folglich Machtzugewinn der Frau.[7] Ebenso wird die aufwändige Rekrutierung von umziehenden Paaren umgehbar. Gegenüber vorliegenden Surveys, in denen die Umzugsbereitschaft lediglich mit einer abstrakten Frage erhoben wird, besteht der wesentliche Vorzug zudem in einer differenzierteren und plastischeren Vorgabe der Umzugsanreize (vgl. Bielby und Bielby 1992: 1250). Gerade dies erleichtert die Operationalisierung theoretisch relevanter Variablen. Der Preis besteht darin, dass sich lediglich geäußerte Handlungsbereitschaften, nicht aber tatsächliches Verhalten beobachten lässt. Wir kommen auf diesen Punkt im abschließenden Fazit zurück.

---

6   Verhandlungstheoretische und allgemein ökonomische Ansätze machen für die Geschlechtsunterschiede allein die unterschiedliche Position von Frauen und Männern auf dem Arbeitsmarkt verantwortlich (vgl. Mincer 1978; DaVanzo 1981). Konkurrierende rollentheoretische Erklärungen unterstellen dagegen eine Orientierung an geschlechtsspezifischen Haushaltsrollen. Aufgrund der männlichen ‚Versorgerrolle' seien die beruflichen Belange von Frauen – zumindest bei traditionell eingestellten Paaren – bei (Umzugs-)Entscheidungen *stets* nachrangig, also selbst dann, wenn ihre Optionen besser sind als die des männlichen Partners (vgl. Bielby und Bielby 1992; Jürges 1998b).

7   Kritisch gesehen wird daran allerdings, dass diese von den Befragten als unplausibel betrachtet werden (vgl. zu diesem Kritikpunkt insbesondere Faia 1980) und sich somit negativ auf die Kooperation der Befragten auswirken könnten, etwa in Form von Befragungsabbrüchen oder Response-Sets. Grundsätzliche empirische Aussagen dazu stehen noch aus, werden aktuell aber in einem von der Deutschen Forschungsgemeinschaft geförderten Projekt erarbeitet (http://www.uni-konstanz.de/hinz/?cont=faktorieller_survey&lang=de). Zumindest in unserem Fall finden sich für derartige methodische Probleme keine Hinweise – mehr dazu unten in Abschnitt 4.1.

Haben sich Vignetten inzwischen gut in der Norm- und Werteforschung etabliert, ist ihr Einsatz für spiel- und verhandlungstheoretische sowie familiensoziologische Fragestellungen bislang selten (Ausnahmen bilden allerdings Vieth 2004; Seyde 2004). Zumindest in Ergänzung zur üblichen Surveyforschung scheinen sie aber gerade auch hier viel versprechende Wege der Theorienüberprüfung zu eröffnen (allgemein zu Experimenten in der Familiensoziologie Abraham 2006b). Dies soll im Folgenden anhand unseres Anwendungsbeispiels, einer Vignettenstudie zu Umzugsentscheidungen in Partnerschaften, demonstriert werden.

3.3 Vignetten zu Umzugsentscheidungen in Partnerschaften

Wie dargelegt, gehen mit Fernumzügen in der Regel eine Reihe von Veränderungen einher, die sich als Verschiebungen der relativen Verhandlungsmacht der Akteure deuten lassen. Genau hier setzt die Grundidee unserer Studie an: In Vignetten vorgegebene Umzugsanreize werden zur Operationalisierung verhandlungstheoretisch relevanter Größen genutzt, um dann systematisch die Reaktionen der Befragten auf diese Veränderungen zu erheben. Der exakte Aufbau der Vignetten, die Hypothesen und die Stichprobe werden in den folgenden Abschnitten beschrieben.

3.3.1 Aufbau der Vignetten

Als Befragtenstichprobe berücksichtigen wir ausschließlich den theoretisch besonders interessanten Fall von Doppelverdiener-Paaren. Um das mit den Umzugsentscheidungen verbundene Konfliktpotenzial möglichst valide erheben zu können, werden zudem *beide* Partner persönlich und mit einem ‚spiegelbildlichen' Set von Vignetten befragt: Einer der Partner (im Folgenden als ‚Ego' bezeichnet) erhält als Stimulus in den Vignetten ein überregionales Stellenangebot, sein Partner oder seine Partnerin (‚Alter') die gleiche Situationsbeschreibung aus der Perspektive des Mitziehenden.

Die konstante Vorgabe besteht in der Aufforderung sich vorzustellen, man selbst (bzw. der/die Partner/in) erhalte ein attraktives Stellenangebot an einem anderen Wohnort mit vergleichbaren Lebens- und Freizeitbedingungen. Die variablen Dimensionen nutzen wir dann für eine möglichst direkte Operationalisierung der Veränderung von ‚exit options' bzw. der Verhandlungsmacht (für ein Beispiel *Abbildung 2*). Eine unterschiedlich starke Verbesserung der Optionen von Ego geben wir zunächst mit folgenden zwei Dimensionen vor: (1) seinem prozentualen Einkommenszugewinn bei einer Stellenannahme, gemessen an seinem derzeitigen tatsächlichen Gehalt (30 bis 70% mehr Einkommen) und (2) seinen bei dieser Stelle bestehenden Aufstiegschancen (keine/einige/viele). Ähnlich greifen wir für die Operationalisierung der Verhandlungsmacht von Alter auf seine Erwerbsoptionen zurück. Im Einzelnen variieren wir (1) seine generellen Aussichten, am Zielort eine neue Stelle zu finden (gering/mittelmäßig/gut) und (2) sein dortiges Verdienstniveau im Vergleich zum aktuellen Arbeitsmarkt (niedriger/gleich/höher).[8]

Abbildung 2: Beispielvignette für Ego (variierte Dimensionen unterstrichen)[a]

Stellen Sie sich vor, ...

*Das **Ihnen** am neuen Ort angebotene Gehalt beträgt Netto Euro 2.500, -. Die neue Stelle beinhaltet für Sie langfristig keine Aufstiegschancen. Wenn Sie nicht umziehen sondern pendeln, würde ein einfacher Arbeitsweg für Sie 1 1/2 Stunden dauern, wobei Sie auf ein Auto angewiesen wären.*

*Die Chancen **Ihrer Partnerin**, am neuen Ort eine Stelle zu finden, sind gering und die Verdienstmöglichkeiten Ihrer Partnerin sind im Vergleich zum hiesigen Arbeitsmarkt dort höher.*

*Wie gerne würden **Sie selbst** die Stelle annehmen und **pendeln**?*

| sehr ungerne | | | | | | | | | sehr gerne |

*Wie gerne würden **Sie selbst** die Stelle annehmen und **umziehen**?*

| sehr ungerne | | | | | | | | | sehr gerne |

*Wie wahrscheinlich ist es, dass Sie sich in dieser Situation **gemeinsam** mit Ihrer Partnerin für einen **Umzug** entscheiden?*

| sehr unwahrscheinlich | | | | | | | | | sehr wahrscheinlich |

[a] Bei Alter lautet der spiegelbildliche Text: „… das Ihrem Partner angebotene Gehalt beträgt Netto 2.500 Euro,- …. Ihre eigenen Chancen, …". Nur jeweils die erste Vignette wurde als Fließtext präsentiert. Bei den übrigen neun wurden die Merkmale tabellarisch dargestellt, was die Bewertungsaufgabe erleichtern sollte.

---

8 Von einer Vorgabe der direkten Einkommenssteigerungen analog zu den Vorgaben für Ego haben wir bewusst abgesehen, um bei den Befragten nicht den Eindruck einer ‚Rechenaufgabe' entstehen zu lassen und Verzerrungen durch ein sozial erwünschtes Antwortverhalten vorzubeugen.

Schließlich nehmen wir zwei weitere variable Dimensionen – die Entfernung des Zielorts (Pendelzeit von 0,75 bis 3 Stunden) und seine verkehrstechnische Anbindung (gut mit öffentlichen Verkehrsmitteln/nur mit dem Auto erreichbar) – in die Vignetten auf. Die Alternative ‚Pendeln' stellt wie bereits angedeutet eine plausible und empirisch häufige Alternative zu Umzügen dar, und sollte daher mitunter den Realitätsgehalt unserer Vignetten erhöhen. Zudem eröffnen sich zusätzliche Spielräume für die Mobilitätsforschung (siehe dazu den Beitrag von Abraham und Schönholzer in diesem Band). *Tabelle 1* zeigt die verwendeten Vignettendimensionen und ihre Ausprägungen.

Tabelle 1: Vignettendimensionen und Ausprägungen

Dimensionen	Ausprägungen					
	1	2	3	4	5	Total
Dimensionen für EGO						
Nettoeinkommen	plus 30%	plus 40%	plus 50%	plus 60%	plus 70%	5
Aufstiegschancen	keine	einige	viele			3
Einfacher Arbeitsweg	¾ Std.	1 Std.	1½ Std.	2 Std.	3 Std.	5
Verkehrsmittel	ÖV	Auto				2
Dimensionen für ALTER						
Chance auf Stelle	gering	mittelmäßig	gut			3
Verdienstmöglichkeiten	niedriger	vergleichbar	höher			3
Vignettenuniversum						1350

Durch die zufällige Verteilung von Fragebogenversionen auf Befragte ergibt sich zudem automatisch eine Variation im Geschlecht von Ego und Alter: Bei etwa der Hälfte der Paare kommt dem Mann die Position von Ego zu (und der Frau die von Alter), bei den übrigen Paaren verhält es sich genau umgekehrt. Gerade diese experimentelle Unabhängigkeit erlaubt es uns, die Geschlechtsneutralität des hypothetischen Entscheidungsverhaltens zu prüfen.

Zur Erhebung der abhängigen Variablen werden die Befragten jeweils um eine dreifache Bewertung auf 11-stufigen Rating-Skalen gebeten (vgl. ebenfalls *Abbildung 2*): (1) Zunächst um eine Einschätzung ihrer Bereitschaft, an den neuen Ort umzuziehen (was zugleich die Annahme der Stelle durch Ego impliziert). (2) Ähnlich wird ihre Pendelbereitschaft erhoben.[9] (3) Mit der dritten Antwortskala wird die Wahrscheinlichkeit eines *gemeinsamen* Umzugs erfragt. Die Antwortdifferenzen zwischen den Partnern eines Paares geben Aufschluss über das mit den Umzugsanreizen verbundene Konfliktpotenzial. Zusätzliche Analysepotenziale sind aber ebenso durch Abgleiche zwischen den Antworten eines Befragten zu gewinnen, etwa könnte die Divergenz zwischen der eigenen Umzugsneigung und der gemeinsamen Umzugswahrscheinlichkeit als Indikator für das (subjektive) Durchsetzungspotenzial genutzt werden (je geringer die Differenz, desto höher die Durchsetzungskraft und umso geringer die für das Zusammenbleiben erforderliche Kompromissbereitschaft). Gerade dieser Gewinn an zusätzlichen Auswertungsmöglichkeiten ließ die umfangreiche Bewertung jeder Vignetten auf gleich drei Skalen gerechtfertigt erscheinen.

3.3.2 Hypothesen

Welche Hypothesen lassen sich nun aus der in Kapitel 2 vorgestellten Verhandlungstheorie ableiten? Bevor wir auf weitere methodische Details eingehen, wollen wir beispielhaft Annahmen für die Beschäftigungsmerkmale ableiten. Relativ trivial ist die Vermutung, dass gute eigene Erwerbsaussichten zu höheren Umzugsneigungen bei Ego wie Alter führen. Die theoretisch spannendere Frage ist, wie mit den Optionen des Partners umgegangen wird. Nach der Verhandlungstheorie sollten sie ebenfalls entscheidungsrelevant sein – nur bei hinreichend guten Optionen ist von einem Mitzug des Partners auszugehen. Zugleich begründen das Risiko der Trennung sowie die Problematik interner Ressourcenverteilungen jedoch ein Vertrauensproblem, inwieweit von den Gewinnzuwächsen des Partners profitiert werden kann. Daher sollte der eigenen Situation immer eine höhere Bedeutung beigemessen werden als der des Partners, empirisch stets ein stärkerer Einfluss *eigener* Optionen gegenüber denen des Partners beobachtbar sein. Es ergeben sich die folgenden Hypothesen: *Für die Umzugsneigungen sind die Erwerbsaussichten des Partners relevant (H_{1a}); den eigenen Optionen kommt jedoch stets ein stärkerer Einfluss zu als denen des Partners (H_{1b}).*

Die Differenzen in der Umzugsneigung der beiden Partner wollen wir im Folgenden als das ‚Konfliktpotenzial' bezeichnen. Es sollte sich gemäß des Bargaining-Modells mit einer Zunahme der Erwerbsoptionen eines Partners (damit seinen ‚exit options' bzw. seiner Verhandlungsmacht) verstärken: *Einseitige Verbesserungen der Erwerbsoptionen erhöhen das Konfliktpotenzial (H_{2a}).* Dis-

---

9 Ein Abgleich der beiden Skalen ermöglicht dann eine Aussage darüber, wie hoch das grundsätzliche Interesse an dem Stellenangebot ist. Wurde auf beiden Skalen der Wert null angekreuzt, kommt unabhängig von der Mobilitätsform ein Stellenwechsel nicht in Betracht.

kutiert werden in der verhandlungstheoretischen Literatur zudem verschiedene vertrauensbildende Maßnahmen, mittels derer sich Glaubwürdigkeitsprobleme und Konflikte in privaten Partnerschaften abmildern lassen. Bei diesen handelt es sich allesamt um Faktoren, welche die *beidseitige* Bindung an die Beziehung verstärken und/oder die Absicherung des schlechter gestellten Partners verbessern (ausführlicher dazu: Abraham 2006a; Ott 1993). Beide Funktionen erfüllt zunächst ein gesetzlicher Ehevertrag,[10] die Austrittsschwelle aus der Beziehung wird aber ebenso durch gemeinsame Investitionen wie Immobilien oder Kinder erhöht (dazu Abraham 2003; Brüderl und Kalter 2001). Und schließlich ist anzunehmen, dass das Vertrauen in den Partner, damit in die Verbindlichkeit von Absprachen und in den Fortbestand der Beziehung, umso größer ist, je länger sich die Partner bereits kennen: *Das Konfliktpotenzial ist geringer, wenn die Partner verheiratet sind oder gemeinsame Immobilien besitzen als wenn dies nicht der Fall ist (H_{2b}); und es ist zudem umso geringer, je länger sich die Partner bereits kennen (H_{2c}).*

Mit unserer letzten Hypothese wollen wir schließlich die besondere Stärke des Faktoriellen Survey-Designs in Form einer zufälligen Verteilung der Umzugsanreize ausnutzen, welche statistisch eine Unabhängigkeit der Vignettenmerkmale vom Geschlecht der Befragten bewirkt. Wie in Kapitel 2 dargestellt, geht die Verhandlungstheorie von einem grundsätzlich geschlechtsneutralen Entscheidungsprozess aus – es ist unerheblich, ob der Umzug stärker die Karriere des Mannes oder die der Frau befördert. Anders sehen dies soziologische Sozialisations- und Rollentheorien, welche aufgrund geschlechtsspezifischer Rollenerwartungen eine *prinzipielle* Vorrangigkeit der Berufsbelange des Mannes postulieren, selbst wenn diese nicht durch seine bessere Arbeitsmarktstellung gerechtfertigt ist (speziell im Hinblick auf Umzugsentscheidungen: Bielby und Bielby 1992; Bird und Bird 1985; einen Überblick hierzu bietet zudem Jürges 2006). Aufgrund der differenten Arbeitsmarktpositionen von Frauen und Männern sind diese beiden Aspekte mit herkömmlichen Surveydaten allerdings kaum zu trennen.[11] Getestet werden soll daher die Annahme: *Der Einfluss der Beschäftigungsmerkmale von Ego wie Alter unterscheidet sich nicht zwischen weiblichen und männlichen Befragten (H_3).*

---

10 Die im Trennungsfalle fällig werdenden Anwalts- und Unterhaltskosten verringern das Trennungsrisiko und stellen den Partner mit Erwerbsaufgabe, hier also den tied mover, bei Trennungen besser. Beides stärkt zugleich seine Verhandlungsmacht während der Beziehung.

11 Die Arbeitsmarktpositionen von Frauen sind mit generell geringeren Gewinnerwartungen bei beruflichen Umzügen und zugleich geringeren Verlusterwartungen bei ungeplanten Stellenwechseln verbunden, was sie von Haus aus für die Rolle des tied movers prädestiniert (Mincer 1978; für entsprechende Argumente siehe auch Jürges 2005).

3.3.3 Befragungsmodus und Vignettenstichprobe

Jedem Befragten wurden zehn Vignetten zur Bewertung vorgelegt. Um die ohnehin komplexe Bewertungsaufgabe (drei Skalen) nicht weiter zu erschweren und die Effekte sozial erwünschten Antwortverhaltens gering zu halten, versetzen wir die Respondenten bei allen Vignetten konstant immer nur in die Situation von Ego oder in die von Alter (diese Positionen variieren somit nur *zwischen*, nicht *innerhalb* von Befragten). Den Einkommensgewinn geben wir als prozentuale Hochrechnung des vorab erfragten, tatsächlichen Einkommens von Ego vor.[12] Nicht zuletzt dies führte zur Wahl computergestützter Interviews (CAPI). Die Anwesenheit eines Interviewers diente dabei neben der Assisistenz bei technischen oder Verständnisproblemen zur Vermeidung von Absprachen unter den Partnern. Diese erschienen gerade für eine verlässliche Erhebung des Konfliktpotenzials als problematisch. Die spiegelbildliche Zuweisung von Befragungssituationen wurde technisch in einer Programmierung als separate Fragebögen gelöst, was eine Vorab-Festlegung der jeweiligen Vignetten erforderte.[13]

Zu entscheiden war damit, wie viele unterschiedliche Vignetten bzw. Fragebogenversionen eingesetzt werden. Das ‚Vignettenuniversum' sämtlicher Vignetten bzw. Merkmalskombinationen errechnet sich als kartesisches Produkt aller Dimensionen (zu solchen praktischen Details Beck und Opp 2001). Der in unserem Fall resultierende Umfang von 1350 unterschiedlichen Vignetten legt die Beschränkung auf eine Auswahl nahe. Die dadurch aufgeworfene Frage, wie viele unterschiedliche Vignetten eingesetzt werden, ist eng mit dem Problem verbunden, von wie vielen Personen jeweils dieselben Vignetten beurteilt bzw. wie viele Fragebogenversionen (‚Vignettendecks') gebildet werden sollen. Im Hinblick auf die Robustheit und Zuverlässigkeit von Schätzungen ist es einerseits günstig, möglichst viele unterschiedliche Vignetten beurteilen zu lassen. Andererseits steigt die Effizienz von Schätzungen aber ebenso mit der Menge an Urteilen pro einzelner Vignette (zu diesen und weiteren statistischen Details Dülmer 2007).

---

12 Die Vorgabe eines konkreten Euro-Betrags (statt des Gewinns in Prozent) sollte den Realitätsgehalt der Situationen erhöhen. Um plastischere Vorstellungen zu ermöglichen, wurden zudem jeweils separate Versionen für Frauen und Männer erstellt, d. h. männliche und weibliche Ansprachen in den Vignetten gewählt.

13 Die bei computerassistierten Befragungen ebenfalls denkbare Alternative einer Zufallsgenerierung von Vignetten während der Befragung schied aufgrund dieser Besonderheit unseres Designs aus. Als Software wurde auf das Programm ‚EQUIP' zurückgegriffen. Wir bedanken uns an dieser Stelle nochmals herzlich bei dem Unternehmen EQUIP für die Bereitstellung sowie insbesondere bei Torsten Koch und Christian Lutsch für die umfangreiche und fortdauernde technische Assistenz während der gesamten Befragungszeit.

Zu wählen ist zudem ein Verfahren für die Auswahl der Vignetten. In soziologischen Anwendungen sind bislang Zufallsstichproben vorherrschend. Die Alternative besteht in einer bewussten, ‚fraktionalisierten' Auswahl (Dülmer 2007; Steiner und Atzmüller 2006). Diese versucht das Universum bestmöglich abzubilden, was bedeutet, zum einen die Unkorreliertheit (,Orthogonalität') der Dimensionen und zum anderen eine maximale Varianz an Ausprägungen beizubehalten (was unter dem Begriff der ‚Balanciertheit' geführt wird). Die Erfüllung beider Kriterien zugleich bewirkt Schätzungen mit höchster Präzision bzw. ‚Effizienz'. Praktisch ermöglicht sie, bereits mit kleinen Fallzahlen verlässliche Hypothesentests durchzuführen (statistisch gesprochen erhöht sich die ‚Power' von Signifikanztests, d. h. es sind schwächere Zusammenhänge identifizierbar (Steiner und Atzmüller 2006; Dülmer 2007).[14]

Insgesamt führten diese methodischen Abwägungen letztlich zur Wahl einer fraktionalisierten Auswahl von 200 unterschiedlichen Vignetten, damit der Bildung von 20 verschiedenen ‚Decks' à zehn Vignetten. Bei der angestrebten Fallzahl von 160 Paaren würde dann jede Vignette im Schnitt von acht Paaren bewertet werden. Ausschlaggebender war aber, dass bei einer Fraktionalisierung bereits 200 Vignetten aus unserem Universum für eine effiziente Schätzung sämtlicher Haupteffekte und Interaktionen erster Ordnung ausreichen (so genanntes 'resolution V-Design', vgl. Kuhfeld et al. 1994).[15] Bei einer Zufallsstichprobe sind dagegen bei kleinen Stichprobengrößen – ‚so es der Zufall will' – möglicherweise Dimensionen untereinander oder mit Interaktionen korreliert, womit aber gerade eine Stärke des Vignettenverfahrens wieder verloren geht (für entsprechende Statistiken Dülmer 2007).

3.3.4 Eingesetzter Rahmenfragebogen und Befragtenstichprobe

Zur Erhebung von Befragtenmerkmalen wurden zwei Rahmenfragebögen eingesetzt: zum einen ein Haushaltsfragebogen für Aspekte der Institutionalisierung und Organisation der Partnerschaft (wie der Beziehungsdauer, dem Vorliegen einer Ehe, finanziellen Regelungen), zum anderen wurden in den Personenbögen

---

14 Nachteil des Verfahrens ist, dass die Signifikanztests nicht mehr stichprobentheoretisch motiviert sind. Allerdings erlauben Zufallsstichproben auch lediglich den Schluss von der Vignettenstichprobe auf das Vignettenuniversum – sagen also allein aus, dass sich das Urteilsverhalten ebenso gezeigt hätte, wenn den Befragten statt einer Stichprobe das komplette Vignettenuniversum vorgelegt worden wäre. Die Bildung fraktionalisierter Stichproben lässt sich inzwischen mittels geeigneter Computer-Algorithmen selbst bei umfangreichen Universen wie dem vorliegenden relativ problemlos bewerkstelligen. Die hier verwendeten Makros der Statistik-Software SAS maximieren die so genannte D-Effizienz (Kuhfeld 2005: 597ff.; Kuhfeld et al. 1994).

15 Die für bestimmte Effizienzwerte erforderlichen Fallzahlen lassen sich mit den verwendeten SAS-Algorithmen in einem ‚trial and error'-Verfahren ermitteln. Im vorliegenden Fall wurde eine D-Effizienz von 94,92 erreicht.

neben den Vignetten Fragen zur tatsächlichen Erwerbssituation, den Geschlechtsrolleneinstellungen und der Hausarbeitsteilung gestellt. Zusätzlich wurden einschlägige Kontrollvariablen der Mobilitätsforschung erhoben, wie die Ortsverbundenheit und Zufriedenheit mit der Wohnsituation.

In die Auswertung gehen gut 160 Doppelverdienerpaare ein, die im Zeitraum Juni bis August 2007 in der Schweiz und in Deutschland mit diesem Design befragt wurden.[16] Um zu gewährleisten, dass unsere Vorgaben tatsächlich ein Standortdilemma induzieren, wurden nur zusammenwohnende Paare berücksichtigt. Weitere Ausschlussfaktoren waren – aufgrund ihrer bekannten mobilitätshemmenden Wirkung – das Vorhandensein von Kindern unter 16 Jahren im Haushalt und eine Tätigkeit als Selbständige. Aus demselben Grund wurde eine Altersspanne von etwa 25 bis 45 Jahren vorgegeben. Die Rekrutierung der so spezifizierten Paare geschah in der Schweiz über Absolventennetzwerke der Universität Bern, in Deutschland erfolgte die Kontaktanbahnung über Teilnehmer eines Lehr-Forschungsseminars an der Universität Konstanz.[17]

Bislang sollte deutlich geworden sein, dass die Entwicklung eines Vignettenfragebogens doch mit erheblichem Aufwand verbunden ist, speziell in der hier gewählten Form einer Paarbefragung. Die Mühen des Designs machen sich jedoch u. E. durch die vielfältigeren Auswertungsmöglichkeiten bei bereits verhältnismäßig wenig Befragten bezahlt – ein Aspekt der gerade dann ins Gewicht fällt, wenn wie hier *beide* Partner aus speziellen Partnerschaften befragt werden sollen. Das Potenzial der Daten wollen wir im nächsten Kapitel exemplarisch vorstellen.

---

16 Die Anzahl an befragten Paaren liegt mit insgesamt 183 leicht darüber. Bei den hier nicht weiter berücksichtigten 17 Paaren handelt es sich um solche, bei denen die Erfüllung der Selektionskriterien nicht sichergestellt ist, etwa da nur einer der beiden Partner zumindest Teilzeit erwerbstätig ist oder Angaben zur Erwerbszeit fehlen. Sie wurden daher grundsätzlich von unseren Berechnungen ausgeschlossen.

17 Diese Teilnehmer wurden zugleich als Interviewer eingesetzt, waren aber selbst von dem Sample ausgeschlossen (wie allgemein Studierende aufgrund der Vorgabe von Doppelverdienern). In Bern wurden die Interviews von den studentischen Hilfskräften geführt. In beiden Fällen liegt keine Zufalsstichprobe vor. Da wir jedoch keine deskriptiven Aussagen zu den Umzugsabsichten (oder gar dem Umzugsverhalten) anstreben, sondern allein eine Testung kausaler Zusammenhänge, erscheint dies vertretbar. Wir bedanken uns an dieser Stelle nochmals herzlich bei allen Studierenden und Hilfskräften für ihre Mithilfe in diesem Projekt.

4 Ergebnisse

4.1 Deskriptive Befunde

Bevor wir zur Hypothesenprüfung kommen, sind einige deskriptive Befunde von Interesse. Zunächst ist erwähnenswert, dass die Vignetten unseren 332 Befragten (166 Paare) zumindest gemessen an ihren Antwortquoten keine besonderen Schwierigkeiten bereitet haben.

Tabelle 2: Deskriptive Übersicht über die verwendeten Befragtenmerkmale

	N	Min	Max	Mean	SD
Individuelle Merkmale					
Geschlecht (1=Weiblich)	332	0	1	0,5	-
Alter	326	21	48	30,8	4,6
Wohndauer [Jahre]	330	0	45	19,8	12,0
Einkommen	331	400	6.041	2.280	1.127
Akademiker (1=Ja)	332	0	1	0,5	-
Befristetes Beschäftigungsverh. (1=Ja)	332	0	1	0,2	-
Arbeitsplatz wird als sicher empfunden (1=Ja)	331	0	1	0,7	-
Freundeskreis mind. 30 km entfernt (1=Ja)	331	0	1	0,4	-
Haushaltsmerkmale					
Wohnort in der Schweiz (1=Ja)	166	0	1	0,4	-
Wohneigentum (1=Ja)	166	0	1	0,2	-
Verheiratet (1=Ja)	166	0	1	0,3	-
Dauer des Zusammenwohnens [Monate]	165	1	316	52	50
Gemitteltes Einkommen [Euro]	165	850	5.225	2.284	958
Einkommensdifferenz [Euro]	165	0	3.564	884	795
Gemitteltes Alter	160	24	46	31	4
Altersdifferenz	160	0	12	2,8	2,3

Von den insgesamt 3320 (332 Befragte mal 10) Urteilen fehlen uns bei allen Skalen allein 12 Angaben (0,36%), wobei sich diese auf insgesamt zehn Befragte (3,01%) verteilen.[18] Gerade dass diese Missings im Vergleich zu den übrigen, ‚gewöhnlichen' Items nicht überdurchschnittlich hoch ausfallen (siehe Tabelle 2

---

18 Allerdings sind diese Antwortquoten nur bedingt verallgemeinerbar, aufgrund unserer Sampling-Methode dürfte es sich vor allem im deutschen Subsample bei den Befragten oftmals um Bekannte der Interviewer gehandelt haben, damit einen Personenkreis mit überdurchschnittlicher Kooperationsbereitschaft. Dass die Missings in der Schweiz bei einem von den Interviewern nicht steuerbaren Sampling ebenfalls niedrig ausfallen, kann jedoch als Beleg für die Bewährung des Instruments gewertet werden.

sowie Abbildungen 3), lässt sich als ein Indiz für die grundsätzliche Eignung des Designs bei Paarbefragungen werten.[19]

Abbildung 3:
a) Umzugsbereitschaft von Ego (in Prozent; N=1654 Urteile/166 Befragte)

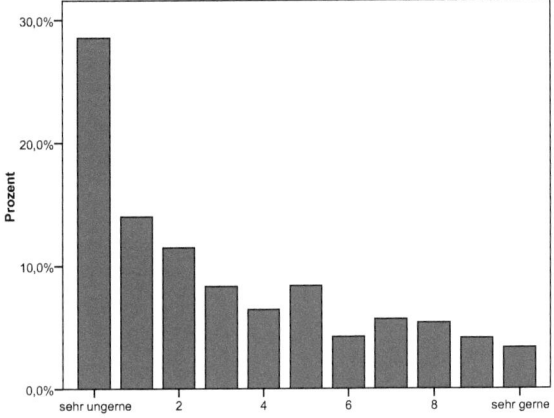

b) Umzugsbereitschaft von Alter (in Prozent; N=1654 Urteile/166 Befragte)

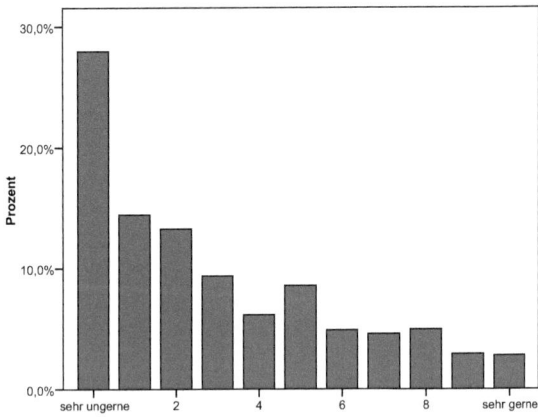

---

19 Die Quoten fehlender Werte liegen bei den Items der Rahmenfragebögen zwischen null und gut 0,8 Prozent.

Eine der Schwierigkeiten beim Entwurf von Vignetten besteht darin, eine hinreichende Varianz im Antwortverhalten zu erzielen. Im vorliegenden Fall ist dies weitgehend geglückt, wenngleich jeweils eine deutliche Häufung auf den – eine geringe Mobilitätsbereitschaft messenden – Skalen-Endpunkten vorliegt (siehe *Abbildungen 3a und 3b*). Die *mittleren* Umzugsneigungen liegen auf den von null bis zehn reichenden Skalen entsprechend im unteren Bereich bei Werten von 3,08 (Ego; SD = 3,06) bzw. 2,92 (Alter; SD = 2,91).[20]

Für unsere Hypothesentests interessieren allerdings weniger die absoluten Umzugsneigungen, als vielmehr deren Einflussfaktoren. Bevor wir zu diesen Ergebnissen kommen, behandelt der folgende Abschnitt die Besonderheiten der Datenstruktur und deren Implikationen für die statistischen Auswertungen.

4.2 Datenstruktur und statistische Modelle

Die Besonderheit besteht darin, dass jedem Befragten üblicherweise nicht nur eine, sondern mehrere Vignetten zur Beurteilung vorgelegt werden (in unserem Fall sind es zehn). In der Folge sind die einzelnen Vignettenurteile nicht mehr unabhängig voneinander: Aufgrund von unbeobachteter Heterogenität weisen beispielsweise einzelne Befragte eine grundsätzlich höhere oder niedrigere Umzugsbereitschaft auf als andere. Statistisch führt dies zu einer Korrelation ihrer Fehlerterme in Regressionsschätzungen, damit inkorrekten Berechnungen der Standardfehler und Signifikanzniveaus (vgl. zu diesem Problem speziell bei Faktoriellen Surveys Hox et al. 1991). Eine Lösung besteht in der Verwendung von Mehrebenenansätzen, welche diese Datenstruktur mittels Aufnahme eines individuenspezifischen Terms explizit zu modellieren versuchen.[21] Die Schätzgleichung der von uns verwendeten ‚Random-Intercept-Modelle' lautet:

$$Y_{ij} = \beta_0 + \beta X_{ij} + \gamma Z_j + \nu_j + \varepsilon_{ij}; \quad i = 1, \ldots, N; \ j = 1, \ldots, M$$

Y_{ij} ist das Urteil von Person j zu Vignette i. β_0 stellt als Achsenabschnittsparameter das mittlere Urteil aller Befragten dar; X_{ij} ist ein Vektor mit den N Vignettenvariablen, Z_j ein Vektor mit M Befragtenmerkmalen. ν_j ist der befragtenspezifische Fehlerterm. Im Gegensatz zu den verwandten ‚Fixed-Effects-Modellen' wird dieser bei Random-Intercept-Modellen nicht als ein fester Effekt, sondern

---

20 Für die gemeinsame Umzugswahrscheinlichkeit sehen die Verteilungen sehr ähnlich aus, weshalb wir von eigenen Darstellungen absehen. Die Pendelbereitschaften sind für die hier angestrebten Hypothesentests kaum von Interesse. Sie werden detailliert im Beitrag von Abraham und Schönholzer in diesem Band analysiert und daher hier und im Folgenden ausgeblendet.

21 Alternativ lassen sich Regressionsschätzungen mit robusten Standardfehlern berechnen. Zu dieser so genannten ‚Huber-White-Korrektur' siehe z. B. Wooldridge 2003: 258ff.

als Zufallsvariable und damit als ein weiterer, befragtenspezifischer Fehlerterm aufgefasst. Dies ist erforderlich, um die Befragtenmerkmale Z_j schätzen zu können: Da diese für alle Vignettenurteile eines Befragten konstant sind, würden sie andernfalls vollständig in die Konstante eingehen und wären somit nicht isolierbar. Es wird also ein gemeinsamer, zufälliger Effekt für alle zu *einer* Person gehörenden Beobachtungen geschätzt, welcher – vereinfacht gesprochen – die unbeobachtete und damit schätztechnisch problematische Heterogenität im Urteilsverhalten der Befragten modelliert (für nähere statistische Einzelheiten zu Mehrebenenansätzen z. B. Engel 1998; Snijders und Bosker 1999).

Vorteil dieses Ansatzes ist insbesondere, dass sich ebenso Interaktionsterme zwischen Befragten- und Vignettenmerkmalen schätzen lassen (so genannte ‚cross level interactions'; formal Erweiterung der Gleichung um den zusätzlichen Term $+ \delta Z_j X_{ij}$). Sind diese signifikant, bestehen Unterschiede im Urteilsverhalten der betrachteten Subgruppen von Befragten. In unserem Falle bedeuten sie also, dass die Vignettenmerkmale X_i die Umzugsneigung von Befragten mit und ohne Merkmal Z_j different beeinflussen, was beispielsweise zur Prüfung der Geschlechtsunterschiede genutzt werden kann. Mit einem Likelihood-Ratio (LR) Test ist dann feststellbar, ob *insgesamt* Unterschiede im Urteilsverhalten bestehen (geprüft wird die Nullhypothese, dass die Interaktionseffekte *allesamt* null sind, also keinerlei Interaktionen der Vignetten- mit den getesteten Befragtenmerkmalen vorliegen).[22]

Eine weitere Folge der wiederholten Bewertungen durch einzelne Personen ist, dass möglicherweise zensierte Beobachtungen auftreten: Haben Personen bereits einen der Skalen-Endpunkte angekreuzt und werden dann mit einer noch ‚extremeren' Vignette konfrontiert (also beispielsweise einem noch attraktiveren Jobangebot), können sie ihr Urteil nicht mehr hinreichend abstufen. Im vorliegenden Fall wurde dieses Problem durch die Möglichkeit zur Korrektur vorangegangener Bewertungen abgemildert. Dennoch empfiehlt es sich, zumindest Kontrollrechnungen mit einschlägigen Verfahren für derart zensierte Beobachtungen, wie z. B. Tobit-Modellen, anzustellen (zu diesen z. B. Wooldridge 2003: 565ff.; Greene 2003: Kap. 22.3).[23]

---

22 Die Testlogik besteht darin, die durch die Interaktionsterme herbeigeführte Verbesserung der Modellgüte zu prüfen. Exakter wird getestet, ob ihre *gemeinsame* Aufnahme in das Modell zu einem signifikanten Anstieg der Likelihood führt (siehe dazu z. B. Wooldridge 2003: 558f.).

23 Alternativ wird in Vignettenstudien zur Vermeidung von Zensierungen mit offenen Antwortskalen, so genannten Magnitude-Skalen gearbeitet (z. B. Jasso und Webster 1999; Liebig und Mau 2005). Treten wie in unserem Fall bei der abhängigen Variablen starke Häufungen auf dem Wert null vor, kommen aufgrund der ganzzahligen, positiven Struktur ebenso Zähldatenmodelle in Frage (etwa Poisson- oder Negativ-Binomial-Regressionen, siehe dazu z. B. Long 1997).

4.3 Multivariate Ergebnisse und Hypothesenprüfung

Die für unsere Hypothesen relevanten Regressionsschätzungen präsentiert *Tabelle 3* (aufgrund von fehlenden Werten reduzieren sich die Fallzahlen dort auf bis zu 159 Paare).[24] Wenden wir uns zunächst den in den ersten beiden Spalten aufgeführten Modellen für Ego und Alter zu. Die Koeffizienten geben hier jeweils an, um wie viele Skalenpunkte sich die vom Modell vorhergesagte Umzugsneigung im Durchschnitt verändert, wenn die Ausprägung einer Dummy-Variablen vom Wert null auf den Wert eins wechselt oder sich metrische Variablen um eine Einheit erhöhen. Beispielsweise erhöhen also Einkommensgewinne von zehn Prozent für Ego die Umzugsneigung im Mittel um 0,31 (Ego) bzw. 0,24 (Alter) Skalenpunkte. Die Beschäftigungsmerkmale sind durchweg hochsignifikant und zeigen die erwarteten Effekte: So führen nicht nur eigene Aufstiegschancen zu einer höheren Umzugsneigung von Ego, sondern zugleich gute Beschäftigungs- und Verdienstaussichten für Alter. Ähnlich wird die Umzugsneigung von Alter positiv durch *beidseitig* gute Erwerbsoptionen am Zielort beeinflusst. Unsere erste Teilhypothese, dass sich die Akteure neben den eigenen Optionen an denen des Partners orientieren, findet somit vorläufige Bestätigung (H_{1a}). Ein Abgleich der beiden Modelle zeigt zudem, dass die Befragten wie erwartet jeweils eine höhere Gewichtung ‚eigener' Beschäftigungsmerkmale vornehmen (H_{1b}): So sind die Koeffizientenwerte für den Einkommensgewinn und die Aufstiegschancen von Ego für seine Umzugsneigung höher als für die von Alter; und beeinflussen umgekehrt die Beschäftigungs- und Verdienstaussichten von Alter seine Umzugsneigung etwas stärker als die von Ego.[25]

---

24 Wir zeigen die anschaulicher zu interpretierenden linearen Modelle, da Kontrollrechnungen mit ordinalen logistischen Regressionen (und ebenso Tobit- und Zähldatenmodellen) zu keinen inhaltlich anderen Ergebnissen führen (es ergeben sich lediglich vereinzelte, geringfügige Änderungen der Signifikanzschwellen).

25 Ein LR-Test weist die zwischen diesen beiden Modellen bestehenden Unterschiede in den Effektstärken insgesamt als hochsignifikant aus (Schätzung als gemeinsames Modell [ohne Befragtenmerkmale] mit Interaktionstermen zwischen dem Status als Ego vs. Alter und den Beschäftigungsmerkmalen; Prüfung der gemeinsamen Signifikanz dieser Interaktionsterme: Chi² [7] = 68,98; p = 0,000). Einzeln geprüft sind die Unterschiede für mittelmäßige und gute Beschäftigungsaussichten sowie höhere Verdienstaussichten für Alter signifikant.

Tabelle 3: Random-Intercept Modelle der Umzugsneigungen und des Konfliktpotenzials

	Umzugsneigung Ego	Umzugsneigung Alter	Konfliktpotenzial
Vignettenmerkmale			
Einkommensgewinn [10 Prozent]	0,308**	0,239**	0,137***
Aufstiegschancen (Ref.: Keine)			
- Einige	0,732**	0,411*	-0,068
- Viele	1,031**	0,699**	0,300*
Pendelzeit (Stunden)	0,028	-0,070	-0,034
Nur mit dem Auto erreichbar (Ref.: Auch öffentl.)	-0,091	-0,071	-0,056
Beschäftigungsauss. Alter am Zielort (Ref.: Gering)			
- Mittelmäßig	0,426*	0,889**	0,023
- Gut	1,115**	2,225**	0,384**
Verdienstaussichten Alter am Zielort (Ref.: Niedriger)			
- Gleich	0,588**	0,602**	0,064
- Höher	0,899**	1,575**	0,466***
Befragtenmerkmale			
Weibliche Befragte	-0,561	-0,174	
Alter	-0,044	-0,075*	
Wohndauer [10 Jahre]	-0,240	-0,075	
Einkommen [1000,- Euro]	0,204	0,202	
Akademiker	0,422	0,102	
Befristetes Beschäftigungsverhältnis	0,028	0,871+	
Arbeitsplatz wird als sicher empfunden	-0,732	-0,330	
Freundeskreis mind. 30 km entfernt	0,313	0,203	
Wohnort in der Schweiz (Ref.: In Dtl.)	-0,164	-0,274	0,444
Wohneigentum	-1,461*	-0,803*	-0,235
Verheiratet			-0,121
Dauer des Zusammenwohnens [Monate]			-0,006*
Gemitteltes Einkommen [1000,- Euro]			-0,326+
Einkommensdifferenz [1000,- Euro]			0,123
Gemitteltes Alter			0,015
Altersdifferenz			0,003
Konstante	3,149*	2,904	1,843+
Anzahl Fälle[a]	1596 (160 Paare)	1615 (162 Paare)	1582 (159 Paare)
Varianzkomponenten			
- Befragten- bzw. Paarebene (σ_v)	2,040**	1,689**	1,078***
- Vignettenebene (σ_ε)	1,971	1,923	1,984

Random-Intercept-Modelle (Maximum-Likelihood-Schätzung) mit den abhängigen Variablen „Umzugsneigung" (Ratingskala von 0 „sehr ungerne" bis 10 „sehr gerne") sowie dem „Konfliktpotenzial" (absolute Differenz der beiden Umzugsneigungen, berechnet pro Paar).
[a] Aufgrund von fehlenden Werten reduzieren sich die Fallzahlen auf 160 bzw. 162 Paare.
Signifikant für: p<0.001(***), p<0.01(**), p<0.05(*), p<0.1 (+) bei zweiseitigem Test.

Aufgrund der zufälligen Verteilung der Vignettendecks auf die Befragten sollten keine Korrelationen zwischen Befragten- und Vignettenmerkmalen bestehen.[26] Die Koeffizienten für die Vignettenvariablen messen dann – wie in anderen Experimenten – den *reinen* Einfluss dieser Stimuli. Dies bedeutet zugleich, dass sich mit dem Einbezug von Befragtenmerkmalen nichts an den bislang berichteten Ergebnissen ändert, sie können daher gleich in einem gemeinsamen Schätzmodell präsentiert werden. Ihre Funktion besteht in den ersten beiden Modellen darin, Aufschluss über die generelle Plausibilität des Antwortverhaltens der Befragten zu gewinnen. Diese scheint grundsätzlich gegeben, da sich klassische Befunde der Mobilitätsforschung, wie die ‚bremsende' Wirkung von Wohneigentum, replizieren. Wir belassen es bei diesem knappen Hinweis, da dem Abgleich mit herkömmlichen Survey-Befunden ein eigener Beitrag gewidmet ist (Nisic und Auspurg in diesem Band).

Bei dem in der dritten Spalte aufgeführten Modell handelt es sich bei der abhängigen Variablen ‚Konfliktpotenzial' um die absolute Differenz zwischen den Umzugsneigungen von Ego und Alter – jeweils für einzelne Paare berechnet. Ein Wert von null bedeutet, dass beide Partner eines Paares in ihrer Umzugsneigung perfekt übereinstimmen; ein Wert von zehn zeigt dagegen eine maximale Differenz an. Aufgrund der Verwendung des absoluten Betrags ist es unerheblich, ob Ego oder Alter in diesem Falle die höhere Umzugsneigung besitzt, was die Interpretation hinsichtlich der Hypothesen erleichtert. Eine erste Vermutung lautete, dass gute Aussichten eines Partners am Zielort das Konfliktpotenzial erhöhen (aufgrund ihrer Relevanz als zukünftige ‚Drohpunkte', vgl. H_{2a}), was sich partiell bestätigt: Gute Optionen für Ego oder Alter erweisen sich zwar nur vereinzelt als signifikant, dann aber immer in der vorhergesagten – den Konflikt verstärkenden – Wirkung.[27] Genauer betrachtet führen ausschließlich die extremen Ausprägungen der Vignettenvariablen zu einer signifikanten Erhöhung des Konfliktpotenzials, inhaltlich also die Situationen, in denen sich (mindestens) ein Partner durch den Umzug *besser* stellen kann (statt seine bestehenden Beschäftigungs- und Verdienstaussichten beizubehalten oder aufzugeben). Ähnlich bestätigt sich die angenommene, Vertrauen bildende und damit Konflikt entschärfende Wirkung von Partnerschaftsmerkmalen (wie sie im unteren Teil der Tabelle

---

26 Was zur Kontrolle durchgeführte Korrelationsanalysen bestätigen. Dieser Aspekt ist wichtig, da gerade hierin eine Stärke des Verfahrens liegt: Es lassen sich alle Befragten unabhängig von ihrer realen beruflichen und privaten Situation mit ähnlichen Anreizen konfrontieren und die Interpretationen sind daher nicht durch Drittvariableneffekte beeinträchtigt.

27 Hier wäre in weiterführenden Analysen zu untersuchen, ob dies speziell dann gilt, wenn es sich um *einseitige* Verbesserungen handelt; also insbesondere dann Konflikte auftreten, wenn sich Ego (Alter) durch den Umzug besser stellen kann, Alter (Ego) dagegen nicht. Nach der Verhandlungstheorie wären aufgrund der dadurch bedingten asymmetrischen Verschiebung der Verhandlungsmacht gerade dann Konflikte zu erwarten.

aufgeführt sind) nur bedingt: Wider Erwarten wird das Konfliktpotenzial durch das Vorliegen einer Ehe oder Wohneigentum nicht signifikant erniedrigt (H_{2b}), andererseits findet sich aber konform mit H_{2c} ein umso geringeres Konfliktpotenzial, je länger die Paare bereits zusammen wohnen und sich somit ‚aus nächster Nähe' kennen. Diese letztgenannten Befunde sind allerdings aufgrund der niedrigeren Fallzahlen, höheren Kollinearität und damit geringeren Varianz von Befragtenmerkmalen allesamt weniger belastbar. Beispielsweise korrelieren das Bestehen einer Ehe und die Dauer des Zusammenwohnens (r = 0,453; p = 0,000), was eine Trennung der Effekte erschwert (für eine deskriptive Übersicht über die Befragtenmerkmale siehe Tabelle 2). Für verlässlichere Aussagen wären daher höhere Fallzahlen auf Befragtenebene (oder gezieltere Rekrutierungen von unterschiedlicheren Paaren) erforderlich.

Hinreichende Varianz sieht das Design einer Paarbefragung jedoch für das Geschlecht der Akteure vor, was unserer letzten Hypothesenprüfung zugute kommt. Die verhandlungstheoretische Annahme lautet, dass sich weibliche und männliche Akteure *nicht* in der Gewichtung der Vignettenmerkmale unterscheiden (H_3) – nach rollentheoretischen Ansätzen ist dagegen stets ein stärkerer Einfluss *männlicher* Beschäftigungsmerkmale zu erwarten. Wir prüfen dies an dieser Stelle lediglich exemplarisch für die Umzugsneigung bei eigenem Jobangebot (Situation Ego) und wiederholen dazu die Modellschätzung getrennt für männliche und weibliche Befragte. Die Ergebnisse sind *Tabelle 4* zu entnehmen (aus Platzgründen sehen wir dort von einer Darstellung der Befragtenmerkmale ab; da wir nur jeweils Fälle mit der Situation Ego berücksichtigen, halbieren sich die Fallzahlen auf je 80 männliche und weibliche Befragte).

Die Koeffizientenwerte stimmen mehrheitlich bei männlichen und weiblichen Befragten gut überein, ein Likelihood-Ratio-Test weist entsprechend die Unterschiede in den Beschäftigungsmerkmalen als *insgesamt* nicht signifikant aus (Chi² [7] = 8,10; p = 0,316; Schätzung als gepooltes Modell mit Prüfung der Signifikanz von Interaktionstermen zwischen den Beschäftigungsmerkmalen und dem Geschlecht der Befragten). Einzeln geprüft ist lediglich der stärkere Einfluss ‚guter Beschäftigungsaussichten der Partner' bei männlichen Befragten signifikant. Inhaltlich bedeutet dieser Effekt, dass Männer den Beschäftigungsaussichten ihrer mitziehenden Partnerin eine *stärkere* Bedeutung zuweisen als umgekehrt Frauen denen ihrer Partner – was den rollentheoretischen Annahmen diametral entgegengesetzt ist.

Tabelle 4: Random-Intercept Modelle der Umzugsneigung, getrennt für weibliche und männliche Befragte, ausschließlich Situation ‚Ego'

	Umzugsneigung Ego	
	Männl. Befragte	Weibl. Befragte
Vignettenmerkmale		
Einkommensgewinn [10 Prozent]	0,316***	0,296***
Aufstiegschancen (Ref.: Keine)		
- Einige	0,725***	0,737***
- Viele	1,043***	1,021***
Pendelzeit (Stunden)	0,157+	-0,112
Nur mit dem Auto erreichbar (Ref.: Auch öffentl.)	-0,024	-0,151
Beschäftigungsauss. Alter am Zielort (Ref.: Gering)		
- Mittelmäßig	0,597**	0,268
- Gut	1,476***	0,761***
Verdienstaussichten Alter am Zielort (Ref.: Niedriger)		
- Gleich	0,570**	0,608***
- Höher	0,995***	0,789***
Befragtenmerkmale hier nicht dargestellt[a]		
Konstante	3,761+	2,404
Anzahl Fälle	800	796
	(80 Befragte)	(80 Befragte)
Varianzkomponenten		
- Befragtenebene (σ_v)	2,204***	1,831***
- Vignettenebene (σ_ε)	1,979	1,942

Random-Intercept-Modelle (Maximum-Likelihood-Schätzung) mit der abhängigen Variablen „Umzugsneigung" (Ratingskala von 0 „sehr ungerne" bis 10 „sehr gerne").
[a] Kontrolliert wurden dieselben Merkmale wie in den Modellen in Tabelle 2.
Signifikant für: p<0.001(***), p<0.01(**), p<0.05(*), p<0.1 (+) bei zweiseitigem Test.

Alles in allem sprechen die Befunde also eher für die Verhandlungstheorie, womit das empirische Phänomen weiblicher tied mover nicht der Erfüllung traditioneller Geschlechtsrollen, sondern allein den ‚wertlosen' Arbeitsmarktpositionen weiblicher Beschäftigter geschuldet wäre. Allerdings setzen diese Interpretationen die Validität unseres Instruments voraus und zudem die Annahme, dass Umzugsneigungen ein guter Prädiktor für Umzugsentscheidungen sind. Auf diese und weitere Grenzen des Designs geht das abschließende Fazit ein.

5 Diskussion und Fazit

Unsere Untersuchung hat beispielhaft einige Vorteile aufgezeigt, wie sie allgemein für Vignettenstudien und speziell ihren Einsatz in der Paarforschung gelten.

Abschließend sollen diese nochmals zusammengefasst werden, um anschließend auf die noch kaum benannten Beschränkungen einzugehen und den Forschungsbedarf aufzuzeigen.

Im wahrsten Sinne günstig ist, dass sich bereits mit wenigen Befragten aussagekräftige Ergebnisse erzielen lassen. Einsparungen an Befragtenzahlen ergeben sich durch die Vorlage von mehreren Vignetten pro Befragten, die Fallzahl testbarer (Umzugs-)Situationen steigt schließlich multiplikativ mit der Vignettenanzahl pro Befragten.[28] Hinzu kommt, dass mit dem experimentellen Design Zufallsstichproben entbehrlich werden: Für die kausalen Interpretationen ist es vielmehr entscheidend, dass die experimentellen Stimuli und damit Vignetten zufällig auf die Befragten verteilt werden. Da die Umzugsanreize in den Vignetten vorgegeben werden, kommen zugleich *alle* Doppelverdienerpaare für das Sample in Frage, also auch solche, die selbst noch keine Erfahrungen mit beruflichen Umzügen (oder überörtlichen Jobangeboten) aufweisen. Diese Verringerungen des Rekrutierungsaufwandes sind gerade dann nicht zu verachten, wenn die Erhebung durch die Befragung *beider* Partner vergleichsweise aufwändig ist.

Insbesondere für theoretisch motivierte Fragestellungen zahlt sich das experimentelle Design zugleich in einer bestmöglichen Trennbarkeit der kausalen Faktoren aus.[29] In unserem Anwendungsfall hat es sich als besonders vorteilhaft erwiesen, dass die Vignettenmerkmale nicht mit den Merkmalen der Befragten korreliert sind – alle Befragten werden unabhängig von ihren realen Arbeitsmarktpositionen mit denselben Stimuli konfrontiert. Erst die so erzeugten kontrafaktischen Situationen (Options- bzw. Machtzugewinn der Frau statt des Mannes) haben uns die Prüfung theoretischer Annahmen (wie die unterstellte Geschlechtsneutralität der Entscheidungen) erlaubt. Bei einer Verwendung tatsächlicher (statt hypothetischer) Umzugsentscheidungen wäre eine annähernd direkte und ‚varianzreiche' Beobachtung von Mobilitätsanlässen nur mit einem sehr großen Befragtensample und zugleich umfangreichen Frageprogramm erreichbar gewesen.

Ein bereits angesprochener Preis ist allerdings der vergleichsweise hohe Aufwand bei der Konstruktion der Vignetten und der Verwendung unterschiedlicher Fragebogenversionen. Das hohe Analysepotenzial setzt eine gut durchdach-

---

28 Allerdings erweist sich diese Aufstockung an Fallzahlen nur für die Prüfung der Vignettenmerkmale, nicht der Befragtenmerkmale von Vorteil – letztere sind schließlich gleichwohl pro Befragten konstant und daher nur durch Ausweitungen der Befragtenzahlen in ihrer Varianz zu maximieren. Schließlich lassen sich auch nicht alle Merkmale sinnvoll als Vignettendimensionen operationalisieren.

29 Zumal wenn wie im vorliegenden Fall mit einem fraktionalisierten Design gearbeitet wird. Mit diesem lässt sich simultan zur Unkorreliertheit die Varianz der Merkmale maximieren, was zusätzlich zu gut interpretierbaren Ergebnissen trotz kleiner Fallzahlen verhilft.

te Auswahl und Operationalisierung der Vignettendimensionen voraus (etwa auch deren Wortlaut betreffend) und verlangt dem Forscher mehrere miteinander verbundene Entscheidungen ab. So sind die zwischen der Anzahl von Dimensionen, Vignetten und Befragten bestehenden trade-offs zu bedenken (Beck und Opp 2001; Vieth 2003: 57).[30] Sollen wie hier Paare mit spiegelbildlichen und zugleich geschlechtsspezifischen Vignettentexten befragt werden, ist zudem die Programmierung aufwändig.

Schwierigkeiten der Umsetzung resultieren aber insbesondere noch aus den fehlenden anwendungsbezogenen Kriterien. Die wenigen in der Literatur zu findenden Empfehlungen (etwa zur sinnvollen Anzahl von Dimensionen, Levels und Vignetten) stützen sich bislang allesamt mehr auf plausible Überlegungen als auf theoretisch oder empirisch fundierte Erkenntnisse (vgl. Beck und Opp 2001; allerdings liegen für die Stichprobenbildung der Vignetten inzwischen entsprechende Abhandlungen vor, siehe Dülmer 2007; Steiner und Atzmüller 2006). Damit sind auch Zweifel an der internen Validität nicht zu entkräften, wie sie aus Reihenfolgeeffekten zwischen Dimensionen und Vignetten, der Ausblendung einzelner Dimensionen aufgrund von kognitiver Überforderung und/oder einer – inhaltsunabhängig – stärkeren Gewichtung von stark variierenden, damit auffälligeren Dimensionen resultieren können. Einzelne Effekte sind daher möglicherweise nicht nur inhaltlich, sondern ebenso methodisch zu interpretieren. Mehr Klarheit werden hier erst entsprechende Methodenstudien bieten.[31]

Die zentrale Beschränkung besteht aber sicherlich darin, dass sich lediglich geäußerte Handlungsbereitschaften, nicht aber Handlungen messen lassen. Hier offenbart sich die Kehrseite der Virtualität – die gemessenen Vignettenurteile (und ebenso ihre kausalen Determinanten) entsprechen nicht zwangsläufig den realen (Umzugs-)Entscheidungen. Die externe Validität steht dabei gleich in zweifacher Hinsicht in Frage: Es ist unklar, inwieweit in Experimenten gezeigtes Verhalten mit dem tatsächlichen, ‚externen' übereinstimmt; und hypothetisches

---

30 Eine höhere Anzahl an Dimensionen setzt entsprechend höhere Fallzahlen an Vignetten und/oder Befragten voraus und vice versa, um Einbußen der statistischen Effizienz (Unkorreliertheit und Varianz der Merkmale) und in der Folge Interpretierbarkeit der Ergebnisse zu verhindern. Ähnliche trade-offs bestehen zwischen der Anzahl von Urteilen pro einzelner Vignette und der Anzahl insgesamt eingesetzter, unterschiedlicher Vignetten: Beide erhöhen gleichermaßen die Effizienz, gehen aber zugleich zu Lasten voneinander (mehr Urteile pro einzelner Vignette bedeuten, dass bei fester Vignettenzahl pro Befragten weniger unterschiedliche Vignetten eingesetzt werden können [vgl. dazu auch Jasso 2006]).

31 Einige dieser Lücken im methodischen Wissensbestand zu füllen ist derzeit Ziel eines von der Deutschen Forschungsgemeinschaft (DFG) geförderten Projekts (Titel: „Der faktorielle Survey als Instrument zur Einstellungsmessung in Umfragen"; Projektleitung durch Thomas Hinz und Stefan Liebig; nähere Informationen unter http://www.uni-konstanz.de/hinz/?cont=faktorieller _survey&lang=de.

Verhalten muss sich nicht unbedingt mit realem decken (ausführlicher dazu Nisic und Auspurg in diesem Band). Die (Methoden-)Forschung steht auch diesbezüglich noch in ihren Anfängen (für erste Versuche der externen Validierung Eifler 2007; Groß und Börensen in diesem Band), so dass die Empfehlung derzeit allein lauten kann, diese Grenzen bei der Ergebnisinterpretation mit zu berücksichtigen. Auf unsere Studie übertragen bedeutet dies beispielsweise, dass sich keine Prognosen über absolute Umzugs*häufigkeiten* ableiten lassen – was aber auch nicht der Anspruch ist. Die gewonnenen Einblicke in die Entscheidungs*mechanismen* lassen sich gleichwohl als ein wesentlicher Fortschritt bei der anvisierten Überprüfung der Bargaining-Modelle werten.

Die ermutigenden Erfahrungen haben zwischenzeitlich zu einer Erweiterung der Untersuchung motiviert. Einerseits wurde eine Ausweitung der Befragtenstichprobe vorgenommen. Durch die Hinzunahme von Paaren mit Kindern soll die in unseren Daten bislang nur bedingt feststellbare vertrauensbildende Wirkung gemeinsamer Investitionen genauer geprüft werden.[32] Andererseits wurden die Vignetten in einem Split durch eine zusätzliche Dimension (die Kinderbetreuungsmöglichkeiten am Zielort) erweitert, um neben inhaltlichen Auswertungsinteressen der methodische Fragen nachzugehen, ob die Befunde dem Einbezug zusätzlicher Merkmale (und damit einer höhere Komplexität) standhalten. Die Erhebungen bei den knapp 170 zusätzlich befragten Paaren verliefen bislang wiederum ohne Auffälligkeiten, die statistischen Auswertungen stehen noch aus.

Abschließend bleibt festzuhalten, dass aus unserer Sicht die inhaltlichen Erträge den Aufwand der Vignettenkonstruktion durchaus rechtfertigen. Klassische Survey-Daten sind mit ihrer stärkeren Realitätsnähe weiterhin unentbehrlich, Vignettenexperimente helfen aber mit geringerem Befragungsaufwand die bislang nur rudimentär erfassten Entscheidungsprozesse aufzuklären. Das Potenzial der Methode scheint daher über das klassische Anwendungsgebiet der Norm- und Werteforschung hinauszureichen und bietet gerade der Familiensoziologie eine viel versprechende *zusätzliche* Option.

---

32 Zudem interessiert, ob sich die bekannte ‚traditionalisierende' Wirkung von Familiengründungen (dazu z. B. Schulz und Blossfeld 2006) auch im Antwortverhalten in Bezug auf die Vignetten widerspiegelt.

6 Literatur

Abraham, Martin, 2003: Die Stabilisierung von Partnerschaften durch bilaterale Investitionen. Das Beispiel der Unternehmensbesitzer. Zeitschrift für Soziologie 32, 50–69.

Abraham, Martin, 2006a: Berufliche Selbständigkeit: Die Folgen für Partnerschaft und Haushalt. Wiesbaden: VS Verlag für Sozialwissenschaften.

Abraham, Martin, 2006b: Empirische Forschung und Fortschritt in der Familienforschung: Koreferat zu Johannes Huininks Beitrag. Zeitschrift für Familienforschung 2, 253–259.

Auspurg, Katrin, und Martin Abraham, 2007: Die Umzugsentscheidung von Paaren als Verhandlungsproblem. Eine quasiexperimentelle Überprüfung des Bargaining-Modells. Kölner Zeitschrift für Soziologie und Sozialpsychologie 59, 271–293.

Beck, Michael, und Karl-Dieter Opp, 2001: Der faktorielle Survey und die Messung von Normen. Kölner Zeitschrift für Soziologie und Sozialpsychologie 53, 283–306.

Bernasco, Wim, und Deirdre Giesen, 2000: A Bargaining Approach to Specialization in Couples, in: Weesie, Jeroen, und Werner Raub (Hg.), The Management of Durable Relations. Theoretical Models and Empirical Studies of Households and Organizations. Amsterdam: Thela Thesis, 42–64.

Bielby, William T., und Denise D. Bielby, 1992: I Will Follow Him: Family Ties, Gender-Role Beliefs, and Reluctance to Relocate for a Better Job. American Journal of Sociology 97, 1241–1267.

Bird, Gerald A., und Gloria W. Bird, 1985: Determinants of Mobility in Two-Earner Families: Does the Wife's Income Count? Journal of Marriage and the Family 47, 753–758.

Blood, Robert O., und Donald M. Wolfe, 1960: Husbands & Wives. The Dynamics of Married Living. Glencoe: Free Press.

Blossfeld, Hans-Peter, Sonja Drobnic, und Götz Rohwer, 2001: Spouses' Employment Careers in (West)Germany, in: Blossfeld, Hans-Peter, und Sonja Drobnic (Hg.), Careers of Couples in Contemporary Societies. From Male Breadwinner to Dual Earner Families. Oxford: University Press, 54–76.

Boyle, Paul, Thomas J. Cooke, Keith Halfacree, und Darren Smith, 2001: A Cross-National Comparison of the Impact of Family Migration on Women's Employment Status. Demography 38, 201–213.

Brines, Julie, 1993: The Exchange Value of Housework. Rationality and Society 5, 302–340.

Brines, Julie, 1994: Economic Dependency, Gender, and the Division of Labor at Home. American Journal of Sociology 100, 652–688.

Brüderl, Josef, und Frank Kalter, 2001: The Dissolution of Marriages: The Role of Information and Marital-Specific Capital. Journal of Mathematical Sociology 25, 403–421.

Büchel, Felix, 2000: Tied Movers, Tied Stayers: The Higher Risk of Overeducation among Married Women in West Germany, in: Gustafsson, Siv S., und Danièle E. Meulders (Hg.), Gender and the Labour Market. Econometric Evidence of Obstacles to Achieving Gender Equality. London: McMillan Press, 133–146.

Cooke, Thomas J., 2003: Family Migration and the Relative Earnings of Husbands and Wives. Annals of Association of American Geographers 93, 338–349.

DaVanzo, Julie, 1981: Microeconomic Approaches to Studying Migration Decisions, in: De Jong, Gordon F., und Robert W. Gardner (Hg.), Migration Decision Making. Multidisciplinary Approaches to Microlevel Studies in Developing Countries. New York u. a.: Pergamon, 90–129.

Dülmer, Hermann, 2007: Experimental Plans in Factorial Surveys: Random or Quota Design? Sociological Methods & Research 35, 382–409.

Eifler, Stefanie, 2007: Evaluation the Validity of Self-Reported Deviant Behavior Using Vignette Analyses. Quality & Quantity 41, 303–318.

Engel, Uwe, 1998: Einführung in die Mehrebenenanalyse. Grundlagen, Auswertungsverfahren und praktische Beispiele. Opladen/Wiesbaden: Westdeutscher Verlag.

England, Paula, und George Farkas, 1986: Households, Employment, and Gender. A Social, Economic and Demographic View. New York: Aldine.

Faia, Michael, 1980: The Vagaries of the Vignette World: A Comment on Alves and Rossi. American Journal of Sociology 85, 951–954.

Greene, William H., 2003: Econometric Analysis. New Jersey: Prentice Hall.

Haas, Anette, 2000: Regionale Mobilität gestiegen. IAB-Kurzbericht Nr. 4 vom 18.4.2000. Institut für Arbeitsmarkt und Berufsforschung. Nürnberg: Bundesanstalt für Arbeit.

Harsanyi, John C., 1977: Rational Behavior and Bargaining Equilibrium in Games and Social Situations. Cambridge, Mass.: Cambridge University Press.

Hill, Paul B., und Johannes Kopp, 2004: Familiensoziologie. Grundlagen und theoretische Perspektiven. Wiesbaden: VS Verlag für Sozialwissenschaften.

Hox, Joop, Ita Kreft, und Piet Hermkens, 1991: The Analysis of Factorial Surveys. Sociological Methods & Research 19, 493–510.

Jasso, Guillermina, 2006: Factorial Survey Methods for Studying Beliefs and Judgments. Sociological Methods & Research 34, 334–423.

Jasso, Guillermina, und Murray Jr. Webster, 1999: Assessing the Gender Gap in Just Earnings and Its Underlying Mechanisms. Social Psychology Quarterly 62, 367–380.

Jürges, Hendrik, 1998a: Einkommen und Berufliche Situation von Doppelverdienern. Mitteilungen aus der Arbeitsmarkt- und Berufsforschung 31, 234–243.

Jürges, Hendrik, 1998b: Beruflich bedingte Umzüge von Doppelverdienern: Eine empirische Analyse mit Daten des SOEP. Zeitschrift für Soziologie 27, 358–377.

Jürges, Hendrik, 2005: The Geographic Mobility of Dual-Earner Couples: Do Gender Roles Matter? DIW Discussion Paper 474. Berlin. Deutsches Institut für Wirtschaftsforschung.

Jürges, Hendrik, 2006: Gender ideology, division of housework, and the geographic mobility of families. Review of Economics of the Household 4, 299–323.

Kalter, Frank, 1994: Pendeln statt Migration? Die Wahl und Stabilität von Wohnort-Arbeitsort-Kombinationen. Zeitschrift für Soziologie 23, 460–476.

Kalter, Frank, 1998: Partnerschaft und Migration. Zur theoretischen Erklärung eines empirischen Effekts. Kölner Zeitschrift für Soziologie und Sozialpsychologie 50, 283–309.

Kohlmann, Anette, und Johannes Kopp, 1997: Verhandlungstheoretische Modellierung des Übergangs zu verschiedenen Kinderzahlen. Zeitschrift für Soziologie 26, 258–274.

Kuhfeld, Warren F., 2005: Marketing Research Methods in SAS. Experimental Design, Choice, Conjoint and Graphical Techniques. Cary: SAS Institute.

Kuhfeld, Warren F., Tobias D. Randall, und Mark Garratt, 1994: Efficient Experimental Design with Marketing Research Applications. Journal of Marketing Research 31, 545–557.

Liebig, Stefan, und Steffen Mau, 2005: Wann ist ein Steuersystem gerecht? Zeitschrift für Soziologie 34, 468–491.

Long, Scott J., 1997: Regression Models for Categorical and Limited Dependent Variables. Thousand Oaks: Sage.

Lundberg, Shelly, und Robert A. Pollack, 2003: Efficiency in Marriage. Review of Economics of the Household 1, 153–167.

Mincer, Jacob, 1978: Family Migration Decisions. Journal of Political Economy 86, 749–773.

Nauck, Bernhard, 1989: Individualistische Erklärungsansätze in der Familienforschung: Die rational-choice-Basis von Familienökonomie, Ressourcen- und Austauschtheorie, in: Nave-Herz, Rosemarie, und Manfred Marefka (Hg.), Handbuch der Familien- und Jugendforschung: Band Familienforschung. Neuwied: Luchterhand, 45–61.

Ott, Erich, und Thomas Gerlinger, 1992: Die Pendlergesellschaft. Zur Problematik der fortschreitenden Trennung von Wohn- und Arbeitsort. Köln: Bund-Verlag.

Ott, Notburga, 1989: Familienbildung und familiale Entscheidungsfindung aus verhandlungstheoretischer Sicht, in: Wagner, Gert, Notburga Ott, und Hans-Joachim Hoffmann-Nowotny (Hg.), Familienbildung und Erwerbstätigkeit im demographischen Wandel. Berlin: Springer, 97–116.

Ott, Notburga, 1992: Intrafamily Bargaining and Household Decisions. Berlin u.a: Springer.

Ott, Notburga, 1993: Zum Rationalitätsverhalten familialer Entscheidungen, in: Born, Claudia, und Helga Krüger (Hg.), Erwerbsverläufe von Ehepartnern und die Modernisierung weiblicher Erwerbsverläufe. Weinheim: Deutscher Studien-Verlag, 25–51.

Ott, Notburga, 1998: Der familienökonomische Ansatz von Gary S. Becker, in: Pies, Ingo, und Martin Leschke (Hg.), Gary Beckers ökonomischer Imperialismus. Tübingen: Mohr Siebeck, 63–90.

Rossi, Peter H., und Andy B. Anderson, 1982: The Factorial Survey Approach. An Introduction, in: Rossi, Peter H., und Steven L. Nock (Hg.), Measuring Social Judgements: The Factorial Survey Approach. Beverly Hills: Sage, 15–67.

Rubinstein, Ariel, 1982: Perfect Equilibrium in a Bargaining Model. Econometrica 50, 97–109.

Schneider, Norbert F., Ruth Limmer, und Kerstin Ruckdeschel, 2002: Mobil, flexibel, gebunden. Familie und Beruf in der mobilen Gesellschaft. Frankfurt: Campus.

Schulz, Florian, und Hans-Peter Blossfeld, 2006: Wie verändert sich die häusliche Arbeitsteilung im Eheverlauf? Eine Längsschnittstudie der ersten 14 Ehejahre in Westdeutschland. Kölner Zeitschrift für Soziologie und Sozialpsychologie 58, 23–49.

Seyde, Christian, 2004: Beiträge und Sanktionen in Kollektivgutsituationen: Ein faktorieller Survey. Arbeitsbericht des Instituts für Soziologie 42. Leipzig: Universität Leipzig.

Shihadeh, Edward S., 1991: The Prevalence of Husband-Centered Migration: Employment Consequences for Married Mothers. Journal of Marriage and the Family 53, 432–444.

Snijders, Tom A. B., und Roel J. Bosker, 1999: Multilevel Analysis. An introduction to basic and advanced modeling. London u. a.: Sage.

Solga, Heike, und Christine Wimbauer, 2005: "Wenn zwei das Gleiche tun..." – Ideal und Realität sozialer (Un-)Gleichheit in Dual Career Couples. Eine Einleitung, in: Solga, Heike, und Christine Wimbauer (Hg.), "Wenn zwei das Gleiche tun...". Ideal und Realität sozialer (Un-)Gleichheit in Dual Career Couples. Opladen: Barbara Budrich, 9–26.

Steiner, Peter M., und Christiane Atzmüller, 2006: Experimentelle Vignettendesigns in Faktoriellen Surveys. Kölner Zeitschrift für Soziologie und Sozialpsychologie 58, 117–146.

Vieth, Manuela, 2003: Sanktionen in sozialen Dilemmata. Eine spieltheoretische Untersuchung mit Hilfe eines faktoriellen Online-Surveys. Arbeitsbericht Nr. 37 des Instituts für Soziologie. Leipzig: Universität Leipzig.

Vieth, Manuela, 2004: Reziprozität im Gefangenendilemma. Eine spieltheoretische Untersuchung mit Hilfe eines faktoriellen Online-Surveys. Arbeitsbericht des Instituts für Soziologie 40. Universität Leipzig: Institut für Soziologie.

Wooldridge, Jeffrey M., 2003: Introductory Econometrics. A Modern Approach. Mahson, Ohio: Thomson.

Faktorieller Survey und klassische Bevölkerungsumfrage im Vergleich – Validität, Grenzen und Möglichkeiten beider Ansätze

Natascha Nisic und Katrin Auspurg

Zusammenfassung[1]
Der Beitrag will die Belastbarkeit und Plausibilität von mittels Vignettenstudien erhobenen Verhaltensabsichten durch ihren Vergleich mit „traditionellen" Befragungsdaten zum tatsächlichen Verhalten prüfen. Am Beispiel von Umzugsentscheidungen in Doppelverdienerhaushalten werden Vor- und Nachteile beider Zugänge diskutiert und die inhaltlichen und methodischen Grundlagen eines solchen Vergleichs dargelegt. Als Datenbasis für die durchgeführten deskriptiven und multivariaten Auswertungen dienen ein zur Mobilitätsbereitschaft von Paarhaushalten durchgeführter Faktorieller Survey (vgl. Auspurg et al. in diesem Band) und das Sozio-ökonomische Panel (SOEP).
Diese Analysen kommen zu dem Ergebnis, dass die mittels fiktiver Situationsbeschreibungen erfragten Umzugsabsichten von weitgehend den gleichen Faktoren bestimmt werden, wie die tatsächlich erfolgten Umzüge im SOEP. Im abschließenden Fazit wird das Potenzial des Faktoriellen Surveys als Ergänzung zur herkömmlichen Befragung nochmals zusammenfassend diskutiert.

1 Einleitung

In der Psychologie und den Wirtschaftswissenschaften als Untersuchungsmethode seit jeher etabliert, finden experimentelle Verfahren auch in den Sozialwissenschaften zunehmend Verbreitung. Die Ursache dieses Trends mag in den Problemen traditioneller Umfrageforschung liegen, die zwar mit großen Fallzahlen und unzähligen wissenschaftlichen Erkenntnissen aufwarten kann, die aber dennoch für die Untersuchung bestimmter Fragestellungen an methodische Grenzen stößt. Insbesondere wenn es um die Abbildung empirisch schwer zugänglicher Phänomene oder seltener Konstellationen geht, sind klassische Surveydaten meist keine Lösung (Abraham 2006). Ein empirisches Beispiel für einen solchen „Problemfall" stellt die familiensoziologische Untersuchung beruf-

---
1 Für wertvolle Hinweise und Kommentare danken wir Thomas Hinz.

lich bedingter Mobilitätsprozesse dar, in der gleich mehrere methodische Probleme zusammentreffen. Zu den geringen Fallzahlen (überregionale Umzüge sind relativ seltene Phänomene) kommt das Problem der Selektivität: Mobile Personen zeichnen sich durch überdurchschnittliche Bildungsressourcen und Verdienstoptionen aus. Einkommensgewinne, die kausal auf einen Umzug zurückgeführt werden, stellen daher möglicherweise ein durch diese Selektivität bedingtes Artefakt dar, wären also auch ohne den Umzug eingetreten. Generell sind die konkreten Anreize und Folgen von Umzügen kaum zu identifizieren, womit aber zugleich zahlreiche soziologische Fragen ungelöst bleiben.

Hier bieten Verfahren der Vignettenanalyse (auch als Faktorieller Survey bekannt), bei denen die Befragten nach ihrem voraussichtlichen Verhalten in Bezug auf verschiedene (Umzugs-)Situationen befragt werden, einen Ausweg. Indem in diesen Situationsbeschreibungen bzw. „Vignetten" interessierende Merkmale systematisch variiert werden, lassen sich kausale Einflussfaktoren trennen und zugleich auch empirisch seltene Konstellationen erzeugen, die theoretisch besonders aufschlussreich sind (z. B. Frau statt Mann erhält ein überregionales Jobangebot). Beides macht es möglich, die Entscheidungsprozesse weitaus direkter zu beobachten, als dies mit den herkömmlichen Umzugsdaten der Fall ist. Gleichwohl ist das Verfahren nicht unumstritten – insbesondere die Gültigkeit und Handlungsrelevanz der aufgrund von fiktiven Situationsbeschreibungen gewonnenen Ergebnisse sind bisher zu wenig untersucht. Der folgende Beitrag unternimmt daher den Versuch einer externen Validierung der durch eine Vignettenstudie (vgl. Auspurg et al. in diesem Band) gewonnenen Befunde anhand eines großen repräsentativen Gegenspielers: dem Sozio-ökonomischen Panel (SOEP). Die fiktiven Umzugsneigungen in den Vignettensituationen werden mit dem tatsächlichen Umzugsverhalten der SOEP-Befragten verglichen. Dies ermöglicht es, Hinweise auf die Belastbarkeit von Vignettenstudien als weiterem methodischen Zugang in der Erforschung räumlicher Mobilität zu gewinnen.

Der Beitrag gibt zunächst (Kapitel 2) einen Einblick in den theoretischen und empirischen Forschungsstand zu Mobilitätsentscheidungen und stellt das hier bestehende Erkenntnisinteresse heraus. Kapitel 3 geht auf inhaltliche und methodische Probleme bisheriger Mobilitätsforschung ein und diskutiert Stärken und Schwächen von Vignettenbefragungen als alternativem Forschungszugang. Im Vordergrund stehen kritische Aspekte von Vignettenstudien, mit der Frage der externen Validität wird zugleich die grundsätzliche Vergleichbarkeit von Einstellungen und Verhalten angesprochen. Nachdem damit bereits erste inhaltliche Grundlagen für unsere Gegenüberstellung von Vignetten- und SOEP-Daten gelegt sind, beinhaltet das folgende Kapitel 4 ihre methodische Umsetzung: Es werden die Schätzmodelle, Datengrundlagen und inhaltlichen Hypothesen präzisiert. Kapitel 5 präsentiert schließlich die Ergebnisse der Analysen. Es zeigen sich trotz der Komplexität der Entscheidungssituationen, sowohl deskriptiv als auch multivariat, deutliche Übereinstimmungen in den Eigenschaften umzugsbereiter (Vignettendaten) bzw. umzugsmobiler Haushalte (SOEP-Daten). Dies lässt sich als starker Hinweis werten, dass die Vignetten trotz ihrer „Virtualität" durchaus realitätsbezogene und handlungsrelevante Antworten erzeugen. Der Beitrag endet mit einem Resümee zum Potential dieses Untersuchungsdesigns, speziell für die Analyse von räumlicher Mobilität im Haushaltskontext.

2 Theoretischer Hintergrund und Stand der Forschung

Die Untersuchung von Mobilitätsprozessen steht im Interesse zahlreicher sozialwissenschaftlicher Disziplinen und hat sich in einer Vielzahl empirischer und theoretischer Arbeiten niedergeschlagen (einschlägig für Deutschland u. a. Wagner 1989; Huinink und Wagner 1989; Haug 2000; Kalter 2000, 1997; Esser 1980; Strohmeier 1986). Aus soziologischer Perspektive liegt die Relevanz räumlicher Mobilität insbesondere in ihrer Bedeutung als Mittel und notwendige Begleiterscheinung sozialer Aufstiegsprozesse (Blau und Duncan 1967). Mobilität ermöglicht die Überwindung regional bedingter sozialer und ökonomischer Beschränkungen und die Nutzung besserer Opportunitäten an entfernten Orten. Obwohl es zur Erklärung von Mobilitätsphänomenen zahlreiche theoretische Ansätze gibt, dominieren in der Literatur handlungstheoretische Modelle, welche die Mobilitätsentscheidung als individuelles Kalkül der Individuen begreifen. In diesem Rahmen werden Vor- und Nachteile einer räumlichen Veränderung abgewogen, wobei neben monetären Gewinnen und Kosten auch soziale Konsequenzen des Umzugs, wie der Verlust sozialer Kontakte am Herkunftsort oder Eigenschaften des Wohnumfelds, die Entscheidung beeinflussen. Zentrale Bedeutung kommt jedoch den ökonomischen Determinanten zu, so setzen regionale Unterschiede im Lohnniveau und in der Nachfrage nach Arbeit wesentliche Anreize für die Mobilität von Individuen und Haushalten (Haas 2000; Bowles 1970).[2] Entsprechend der theoretischen Erwartung, dass die Migrationsgewinne für sie besonders hoch sind und sie ohnehin in überregionale Arbeitsmärkte eingebunden sind, zählen vor allem Hochqualifizierte zu den mobilen Bevölkerungsgruppen (Haas 2000; Büchel et al. 2002). Mobile Personen sind zudem im Mittel jünger als Immobile, was aufgrund ihres längeren Verbleibs im Erwerbs-

---

2 Aus Sicht der Humankapitaltheorie werden beruflich bedingte Umzüge insbesondere als individuelle Investition in das Humanvermögen beschrieben, die sich langfristig positiv auf das Lebenseinkommen auswirkt (Sjaastad 1962; Speare 1971). Erträge von Umzügen müssen demnach nicht sofort eintreten, sondern können durchaus erst in längerer Perspektive rentabel sein.

leben und damit „größeren Auszahlungs-Zeitraums" für Mobilitätsgewinne ebenfalls im Einklang mit den theoretischen Überlegungen steht.

Für die Erklärung von Mobilitätsentscheidungen im Haushaltskontext ist dieses Grundmodell vor allem von Mincer (1978) weiterentwickelt worden. Aus haushaltsökonomischer Sicht steht bei Mobilitätserwägungen nicht der individuelle Nutzen, sondern die Wohlfahrt des gesamten Haushalts im Mittelpunkt. Haushalte werden demnach dann mobil, wenn die addierten individuellen Nutzen die addierten Kosten der Mobilität übersteigen. So lässt sich die empirisch vorfindbare geringere Wahrscheinlichkeit von Fernumzügen bei Doppelverdienerhaushalten darauf zurückführen, dass der zu erwartende Verlust des Arbeitsplatzes eines Partners in der Regel nicht durch Einkommenszuwächse des anderen kompensiert werden kann (Jürges 1998a, 2005; Long 1974; Mincer 1978). Auch die relative Dominanz der Merkmale des männlichen Partners bei der familialen Wanderungsentscheidung wird vor diesem Hintergrund durch die insgesamt bessere Arbeitsmarktstellung und das höhere Lohnniveau von Männern erklärbar (Long 1974; Duncan und Perrucci 1976; Spitze 1984; Shihadeh 1991). Ebenso erscheinen in diesem Zusammenhang die mobilitätshemmende Wirkung von Wohneigentum (Kalter 1997) oder des Vorhandenseins von Kindern verständlich (Kalter 1997; Paulu 2001; Wagner 1989): Beide Merkmale erhöhen die psychischen und finanziellen Kosten eines Wohnortwechsels.

Gleichwohl finden sich zunehmend alternative Erklärungsansätze, die sich kritisch mit den Annahmen der Haushaltsökonomie auseinandersetzen. Hierzu gehören insbesondere verhandlungstheoretische Modelle, welche die Annahme konsensueller Entscheidungen im Haushalt und die Ausblendung partnerschaftsinterner Interaktions- und Aushandlungsprozesse bemängeln und stattdessen die Entscheidungsfindung als Ergebnis haushaltsinterner Verhandlungen sehen (allgemein zum Verhandlungsmodell: Ott 1992; Jürges 2005; Taylor 2006; für eine Anwendung auf Mobilitätsentscheidungen: Auspurg und Abraham 2007). Zum anderen sind Geschlechterrollenansätze zu nennen, welche die persistenten Geschlechterunterschiede im Kontext von Mobilitätsentscheidungen und Mobilitätsfolgen auf sozialisationsbedingte Unterschiede in den beruflichen Orientierungen der Geschlechter zurückführen (Shihadeh 1991; Bielby und Bielby 1992; Jürges 1998a). Obwohl diese Ansätze zusätzliches Erklärungspotenzial versprechen, ist es bisher kaum gelungen, ihre Hypothesen empirisch gegen die Erklärungen der Haushaltsökonomie zu testen. So lassen sich die beschriebenen geschlechtsspezifischen Befunde im Hinblick auf Determinanten und Folgen von Mobilität ebenso mit den auf strukturelle Unterschiede abzielenden geschlechtsneutralen haushaltsökonomischen und verhandlungstheoretischen Ansätzen vereinbaren, wie auch mit den auf geschlechtsspezifische Präferenzen gerichteten Rollenansätzen.

Trotz der Vielzahl an Untersuchungen mehren sich in der Mobilitätsliteratur daher die Klagen über den theoretischen Stillstand (vgl. z. B. Kalter 2000). Ein nicht unwesentlicher Anteil des schleppenden Fortschritts liegt in empirischen Umsetzungsproblemen begründet. Von Anfang an arbeitete sich die Forschungsrichtung an den methodischen Fallstricken ab, die dem Phänomen inhärent sind. Hierzu zählt vor allem das Problem der Selbstselektion (vgl. z. B. Antel 1980; Davanzo und Hosek 1981): Sind positive Einkommensentwicklungen infolge einer räumlichen Veränderung tatsächlich Effekte der theoretisch angenommenen „Umzugsinvestition", oder handelt es sich bei den Mobilen lediglich um eine besonders erwerbs- und karriereorientierte Gruppe, die ohne Mobilität ähnlich erfolgreich gewesen wäre? Eine Trennung dieser Effekte ist methodisch nicht trivial, erfordert sie doch entweder die Kontrolle aller Determinanten des individuellen Einkommenspotentials (auch über die Zeit) oder ein Schätzen des kontrafaktischen Zustands[3] – beides ein sehr ehrgeiziges Unterfangen (vgl. Kapitel 3). Noch deutlicher werden die Erkenntnisdefizite jedoch, wenn es um die oben beschriebenen Entscheidungsprozesse in Mehrpersonenhaushalten geht. Zwar sind die empirischen Befunde über die grundsätzlich geringere Mobilitätsneigung von Paarhaushalten eindeutig und übereinstimmend, ihre theoretische Erklärung ist es dagegen noch lange nicht. Ähnlich können die empirisch gut bestätigten negativen Effekte von Umzügen auf die Einkommens- und Erwerbschancen verheirateter Frauen (Maxwell 1988; Lichter 1983; Spitze 1984; Mincer 1978; Blackburn 2006) gleich mit mehreren theoretischen Modellen in Einklang gebracht werden. Grund für diese Unschärfe ist der Umstand, dass in der empirischen Wirklichkeit individuelle Unterschiede in der Arbeitsmarktposition stark mit dem Geschlecht korreliert sind. Dadurch lässt sich aber nur schwer entscheiden, ob ein Umzug zugunsten der Karriere des männlichen Partners eine haushaltsinterne Diskriminierung auf Basis von Geschlecht darstellt, eine auf externen Ressourcen basierende ungleiche Machtverteilung in der Partnerschaft widerspiegelt, oder lediglich das Resultat von Effizienzüberlegungen im Haushaltskontext ist (für eine ähnliche Diskussion siehe z. B. Jacobsen und Levin 2000). Dieses Unvermögen zwischen verschiedenen Ansätzen zu diskriminieren, ist wesentlich durch Beschränkungen auf herkömmliche Umfragedaten zum *tatsächlichen* Umzugsverhalten bedingt. Die mit diesem empirischen Zugang verbundenen Forschungsprobleme werden im Folgenden präzisiert.

---

3 Unter einem kontrafaktischen Zustand ist hier die Situation gemeint, die bei Umgezogenen ohne den Umzug eingetreten wäre; bei Immobilen umgekehrt der Zustand den sie erreicht hätten, wenn sie umgezogen wären.

3 Vignettenstudien als Alternative zur herkömmlichen Mobilitätsforschung

In diesem Kapitel werden zunächst die angeschnittenen Schwierigkeiten „herkömmlicher" Umfragedaten konkretisiert (Abschnitt 3.1), um dann im Kontrast dazu die Vor- und Nachteile einer alternativen Herangehensweise mit Vignetten zu diskutieren (Abschnitt 3.2). Kritisiert wird vor allem deren fragliche externe Validität, womit zugleich auch die grundsätzliche Frage der inhaltlichen Übereinstimmung von Einstellungen und Verhalten aufgeworfen wird. Letztere wird in Abschnitt 3.3 unter Rückgriff auf einschlägige Theorien behandelt, um damit eine erste Grundlage für den angestrebten empirischen Vergleich zu legen.

3.1 Methodische Herausforderungen herkömmlicher Mobilitätsforschung

Viele umfragebasierte Mobilitätsstudien stoßen bereits aufgrund von Fallzahlproblemen an methodische Grenzen. Umzüge sind seltene Ereignisse, so dass zumindest bei zufälligen Stichproben sehr viele Befragte notwendig sind, um hinreichende Fallzahlen zu beobachten. Multivariate Analysen sind dadurch erheblich eingeschränkt – subgruppenspezifische Untersuchungen können häufig schon auf Geschlechterebene nicht mehr sinnvoll durchgeführt werden.[4] Beobachtungen von Mobilitätsentscheidungen in den seltenen Paarkonstellationen mit umgekehrter Rollenverteilung (beispielsweise einer Alleinverdienerin und einem Hausmann) sind praktisch kaum möglich oder nur mit einem großen Aufwand zu realisieren (etwa ihrem gezielten Oversampling).[5] Gerade die empirische Untersuchung konkurrierender Theorien, wie sie in den geschlechtsneutralen Zugängen der ökonomischen Ansätze und den Geschlechterrollentheorien bestehen, wird dadurch sehr erschwert. Verschärft wird die Fallzahlenproblematik durch den Umstand, dass für die Untersuchung von Mobilitätsfragestellungen idealerweise mehrere Beobachtungszeitpunkte pro Person bzw. Haushalt, also Paneldaten vorliegen sollten. Die kausalen Faktoren für die Umzugs-

---

4   So gehen z. B. in die Analyse von Jürges (1998b: 239) zur Einkommensentwicklung von Frauen fünf Jahre nach dem Umzug für Westdeutschland nur noch 20 und für Ostdeutschland fünf Fälle ein – wobei der Datensatz bereits über die Wellen 1984-1996 gepoolt ist. Eine Fallzahl, die der Autor selbst als problematisch erachtet.

5   So finden sich für den gesamten Beobachtungszeitraum 1992-2005 und für alle Paarhaushalte (ohne weitere Sampleeinschränkungen) im SOEP gerade einmal neun umgezogene Haushalte mit einer Vollzeit erwerbstätigen Alleinverdienerin und einem nicht erwerbstätigen männlichen Partner mit Daten zum Zeitpunkt des Umzugs und dem Jahr davor. Für den umgekehrten Fall – umgezogenes Paar mit traditioneller Arbeitsteilung – werden dagegen 67 Fälle ausgewiesen (eigene Berechnungen).

entscheidung lassen sich größtenteils erst durch die zeitliche Entzerrung von Ursache und Folge bestimmen. Paneldaten werden häufig auch als Lösungsansatz gesehen, um dem oben beschriebenen Problem der Selbstselektion zu begegnen (Wooldridge 2002; Baltagi 2005). So kann durch einen intrapersonellen Vergleich der Zustände *ex ante* und *ex post* die eigenständige Wirkung des Umzugs – beispielsweise für die Einkommensentwicklung – identifiziert bzw. von den Eigenschaften der Person (wie ihrem generellen Einkommenspotential) getrennt werden. Jedoch leiden ausgerechnet Längsschnittstudien an umzugsbedingten Befragtenausfällen. So ist knapp ein Drittel der Panelmortalität im SOEP auf Umzüge zurückzuführen (Spieß und Pannenberg 2003).[6] Poolt man die Wellen 1992-2005 zusammen, erhält man für die in diesem Beitrag verwendete Grundgesamtheit (vgl. Kapitel 4) zwar eine Stichprobengröße von N=2.848[7], darunter sind aber gerade einmal 41 berufliche Haushaltsumzüge beobachtbar. Sind nun die durch den Umzug bedingten Ausfälle nicht zufällig, sondern unterscheiden sich diese Probanden systematisch von den im Panel verbliebenen Umgezogenen, ergibt sich zusätzlich das Problem verzerrter Schätzungen. Hinzu kommt, dass Längsschnittstudien generell in geringer Zahl vorhanden sind und meist keine oder nur wenig Informationen zur räumlichen Mobilität der Befragten enthalten. So ist das SOEP beispielsweise einer der wenigen Datensätze für Deutschland, der sich für die sozialwissenschaftliche Untersuchung von Mobilitätsfragestellungen im Haushaltskontext eignet.[8] Zwar stellt das SOEP einen langen Beobachtungszeitraum und zahlreiche interessierende Befragtenmerkmale bereit, der Aufwand für Datenaufbereitung und Datenmanagement ist allerdings beträchtlich.[9]

Für den theoretischen Forschungsstand wichtig, aber noch schwieriger, ist die Erfassung der vorangegangenen Umzugsanreize (statt allein der Umzüge und Umzugsfolgen) auf Basis von Surveys. Aufgrund dieses Problems stehen Mobi-

---

6 Die Angaben beziehen sich auf nicht erfolgreiche follow-ups zwischen der ersten und zweiten Welle der Stichproben A und B des SOEP, wie sie sich aufgrund umzugsbedingter Ausfälle ergeben (Spieß und Pannenberg 2003).

7 Es handelt sich hierbei um 2.848 Beobachtungszeitpunkte auf Haushaltsebene (für eine genauere Erläuterung siehe Kapitel 4.2)

8 Zwar gibt es andere Datensätze, die sowohl Längsschnitts- als auch Mobilitätsinformationen enthalten – diese sind jedoch in anderer Hinsicht limitiert. So sind z. B. im Familiensurvey neben der geringen Anzahl mobiler Haushalte die langen Abstände zwischen den Wellen problematisch, während die Datensätze des IAB kaum Informationen über den Haushaltskontext liefern.

9 Nicht ohne Grund gibt es inzwischen Programme, die eigens für das Datenmanagement und Datenhandling von Paneldatensätzen entwickelt wurden (Haisken-Denew und Hahn 2006). Der auch unter Verwendung solcher Programme verbleibende zeitliche Aufwand steht jedoch aufgrund der eben geschilderten grundsätzlichen empirischen und methodischen Umsetzungsprobleme kaum im Verhältnis zum Ertrag.

litätsstudien immer auch vor der Gefahr tautologisch zu argumentieren. So wird von den beobachteten positiven (Einkommens-)Konsequenzen eines Umzugs auf einen positiven Umzugsanreiz geschlossen und umgekehrt von einem nicht beobachteten Umzug auf einen nicht existierenden Umzugsanreiz gefolgert.[10] Für das Verständnis von Mobilitätsprozessen wäre eigentlich die Abbildung der kontrafaktischen Zustände notwendig – die Frage also, was beispielsweise ein Individuum oder ein Paar verdient hätte, wenn es umgezogen respektive geblieben wäre (Rabe 2006). Idealerweise ließe sich eine solche Frage über die getrennte Erfassung von Mobilitätsanreizen und Mobilitätsentscheidungen umsetzen. Auf diese Weise könnten insbesondere auch die Interaktions- und Entscheidungsprozesse im Haushalt besser aufgedeckt werden, da sich nicht nur die (kollektive) Reaktion – Umzug oder Mobilitätsverweigerung – beobachten ließe, sondern ebenso deren Determinanten in Form der potentiellen Verbesserungen. Im Rahmen surveybasierter Datengewinnung würde ein solcher Ansatz aber erfordern, dass in einer ersten Welle zunächst das Vorliegen von Mobilitätsanreizen erfragt wird, um dann in einer folgenden Periode zu erfassen, ob ein Umzug tatsächlich erfolgte.[11] Angesichts der ganzen Bandbreite und zeitlichen Unbestimmtheit möglicher Mobilitätsanreize sowie dem Anspruch, ausreichend große Fallzahlen zu generieren, ein kaum realisierbares Unterfangen. Hier werden nun auch die Grenzen von Paneldaten sichtbar, die zwar gegenüber Querschnittsuntersuchungen zahlreiche methodische Vorteile bieten, aber dennoch kein „Allheilmittel" sind: Zwar können für die Umgezogenen die Zustände *ex ante* und *ex post* verglichen werden, Informationen über kontrafaktische Zustände liegen jedoch auch im Paneldesign bislang nicht vor.[12] An dieser Stelle ist zu

---

10 Gerade der letzte Fall ist angesichts der Tatsache, dass der Großteil der Bevölkerung ja gerade nicht mobil ist, theoretisch problematisch. „We would add that this lack of understanding is attributable in large measure to a failure to ask the question, 'Why do people not move?'"(De Jong und Fawcett 1981: 43).

11 Ein ungefähres Beispiel für ein solches Vorgehen stellt die Erhebung „Migrationspotentiale" dar, die von 1993 bis 1995 am Mannheimer Zentrum für Europäische Sozialforschung (MZES) durchgeführt wurde (Kalter 1998, 1997). In dieser wurden – wie oben beschrieben – zunächst eine Reihe von Mobilitätsanreizen abgefragt, um dann in einer folgenden Welle zu überprüfen, ob tatsächlich ein Umzug stattgefunden hat. Diese Studie bietet zwar zahlreiche interessante Aufschlüsse zu Mobilitätsentscheidungen, ist jedoch als langfristiges Längsschnittprojekt nur mit hohem Aufwand umzusetzen. Die Grenzen dieses Designs zeigen sich aber auch darin, dass sich Anreize nur zu einem bestimmten Zeitpunkt erheben lassen, zwischen den Befragungswellen sich jedoch die Lebenssituation der Befragten ebenso wie die Anreizstruktur verändert haben können (Kalter 1998).

12 Sie lassen sich bestenfalls durch aufwändige, auf Selektionskorrekturen basierende Verfahren schätzen, die in der Fachliteratur nicht unumstritten sind (Bonjour 1997). Das gilt insbesondere für deren Anwendung im Panelmodell. Auch mit der (retrospektiven) Erfassung von Umzugsanreizen lässt sich die fehlende Information über kontrafaktische Zustände nicht vollständig auffangen, da diese generell nur schwer in der erforderlichen differenzierten Form erfragt werden

überlegen, ob nicht alternative Methoden der Informationsgewinnung Auswege bieten können. Die Rückbesinnung auf experimentelle Verfahren führt zum Design eines Faktoriellen Surveys, der versucht, die Vorteile herkömmlicher Befragungen mit denen von Experimenten zu kombinieren. Im Folgenden soll dieses Verfahren und seine Anwendbarkeit speziell für Mobilitätsfragestellungen diskutiert werden.

3.2 Vor- und Nachteile von Vignettenbefragungen

Inwieweit kann das Design eines Faktoriellen Surveys die geschilderten Probleme überwinden helfen? Das Verfahren und seine konkrete Umsetzung wurde bereits ausführlich in dem Beitrag von Auspurg et al. in diesem Band beschrieben, hier sollen daher lediglich die Vor- und Nachteile mit Fokus auf die Mobilitätsforschung diskutiert werden. Zunächst ist noch einmal das Grundprinzip zu vergegenwärtigen: Die Befragten beurteilen hypothetische Objekt- und Situationsbeschreibungen („Vignetten"), in denen einzelne Merkmale („Dimensionen") systematisch variiert werden. In unserem Fall werden beide Partner aus Doppelverdienerpartnerschaften mit Anreizen zu einem Haushaltsumzug konfrontiert (attraktives überregionales Jobangebot für einen der beiden Partner). Die Situationsbeschreibungen enthalten als variable Dimensionen den prozentualen Einkommensgewinn und die Karriereaussichten der neuen Stelle, die Pendelzeit und Erreichbarkeit mit öffentlichen Verkehrsmitteln sowie die Beschäftigungs- und Verdienstaussichten für den Partner (bzw. die Partnerin) am Zielort. Gefragt wird nach dem voraussichtlichen Verhalten in diesen Situationen (Neigung zum Pendeln und Umziehen; Wahrscheinlichkeit eines gemeinsamen Umzugs). Einzelnen Befragten werden in Faktoriellen Surveys gewöhnlich mehrere Vignetten vorgelegt. In unserem Fall kam eine Auswahl von 200 Vignetten aus dem „Universum" aller möglichen Merkmalskombinationen zum Einsatz, die auf 20 verschiedene Fragebogenversionen verteilt wurden (womit jeder Befragte zehn Vignetten zu beurteilen hatte).

Werden die nachfolgenden methodischen Standards erfüllt, bietet das Design gewisse Vorteile gegenüber der herkömmlichen Mobilitätsforschung. So können die häufig erst *ex post* unterstellten Umzugsanreize in Vignettenstudien gezielt und *ex ante* vorgegeben werden, was ihre Interpretation erleichtert. Durch die unabhängige Variation der Dimensionen sind diese nicht miteinander korreliert und es lassen sich somit Faktoren in ihrem Einfluss separieren, die in der

---

können, zum anderen kann sich die Anreizsituation zwischen Befragungszeitpunkt und beobachteter Mobilität geändert haben (siehe hierzu insbesondere Abschnitt 3.3 und vorhergehende Fußnote 11).

Realität oftmals konfundiert sind (wie etwa die Beschäftigungsaussichten der beiden Partner und ihr Geschlecht). Aufgrund dieser Unabhängigkeit kann das genaue Gewicht der einzelnen Merkmale für die Umzugsbereitschaft bestimmt werden und welche „trade-offs"[13] bestehen – haben also etwa die Karriereaussichten von Ego einen stärkeren Einfluss auf die Umzugsneigung als die Beschäftigungssaussichten von Alter? Technisch gesprochen stellt das Verfahren eine maximale Kontrolle über die Varianz interessierender Merkmale her, was insbesondere der gezielten Überprüfung von Theorien zugute kommt.

Dies gilt speziell dann, wenn die zufällige Verteilung der Fragebogenversionen und damit Vignetten auf die Befragten geglückt ist. Durch diese Randomisierung wird – wie in jedem anderen Experiment – der Einfluss von Drittvariablen ausgeschaltet (vgl. allgemein zu Experimenten Diekmann 2007; speziell zu Vignettenstudien Alexander und Becker 1978: 93ff.; Beck und Opp 2001: 300). Statistisch sind die Vignettenvariablen nicht mit Merkmalen der Befragten korreliert. Damit wird das in der Mobilitätsforschung gravierende Problem der Selbstselektion überwunden: Abgesehen von Zufallsfehlern werden alle Befragtengruppen mit denselben Stimuli konfrontiert. Effekte der Vignettendimensionen sind damit eindeutig diesen selbst (und keinen Drittvariablen) zuzuschreiben, geben also den reinen „Nettoeffekt" dieser Variablen wieder. Um dies anhand eines Beispiels zu veranschaulichen: Die Vignettenvorgaben sind unabhängig vom Geschlecht der Befragten, da die in den Vignetten abgebildeten Dimensionen (z. B. die erwarteten Beschäftigungsoptionen nach einem Umzug) zufällig auf die Befragten verteilt werden. Beeinflussen dann nur die Beschäftigungsaussichten von Männern, nicht aber die von Frauen, die Umzugsbereitschaft, weist dies eindeutig auf ein stärkeres Gewicht männlicher Optionen hin und damit auf ein *geschlechtsspezifisches* Entscheidungsverhalten. Mit Umfragedaten ist dagegen – wie oben ausgeführt – nicht auszuschließen, dass Umzüge zugunsten der männlichen Karriere allein dadurch bedingt sind, dass Männer überwiegend bessere berufliche Optionen haben. Eine Trennung dieser Effekte ist selbst mit Paneldaten und sehr hohen Fallzahlen nur ansatzweise erreichbar.

Womit ein weiterer wesentlicher Vorteil von Vignettenstudien angesprochen ist: Die Rekrutierung von umgezogenen Paaren wird entbehrlich und es lassen sich bereits mit wenigen Befragten hinreichende Fallzahlen für multivariate Analysen erzielen. Dies gilt speziell durch die Möglichkeit zur Vorgabe seltener Situationen. Um obiges Beispiel aufzugreifen: Die für eine hinreichende Varianz notwendigen, kontrafaktischen Konstellationen mit einer beruflichen Besserstellung der Frau (statt des Mannes) sind in der Realität nur mit einem

---

13 Ein trade-off besteht, wenn Personen bereit sind, auf bestimmte Eigenschaften eines Guts zu verzichten, um mehr von anderen Eigenschaften zu erhalten.

erheblichen Aufwand (und damit Kosten) aufzutreiben.[14] Durch die Integration in die Survey-Forschung beschränkt sich die Zielgruppe von Vignetten gleichwohl nicht auf die „üblichen Verdächtigen" experimentierwilliger Studierender, so liegen bereits gute Erfahrungen mit bevölkerungsrepräsentativen Stichproben vor (siehe z. B. Jasso und Opp 1997; Jasso und Webster 1997; Alves und Rossi 1978; Jann 2003; Mäs et al. 2005). Aufgrund des mehrfaktoriellen Designs lassen sich zugleich relativ komplexe und „realitätsnahe" Situationen schildern, womit einem weiteren Kritikpunkt an Labor-Experimenten begegnet wird. Das Verfahren scheint damit zumindest eine wertvolle Ergänzung zu herkömmlichen Surveydaten in einem kumulativen Forschungsprozess darzustellen (Abraham 2006).

Gleichwohl bestehen Kritikpunkte. Die Kehrseite empirisch seltener Fälle ist unweigerlich deren Künstlichkeit (vgl. hierzu speziell Faia 1980; für Gegenargumente Rossi und Alves 1980). Der Grad zu völlig unrealistischen Fällen ist oftmals dünn, was im Hinblick auf die Qualität der gewonnenen Daten kritisch ist. Nimmt man an, dass mit der Unplausibilität der Glaube an den Wert der Befragung und damit den Nutzen eigener Mitwirkung sinkt, sind als praktische Folge Befragungsabbrüche, oder noch problematischer, invalide Antworten zu erwarten (z. B. Response-Sets).[15]

Noch schwerer zu entkräften ist der Verdacht methodischer Artefakte, wie sie sich aus kognitionspsychologischen Theorien ableiten lassen. Stark variierende Merkmale könnten eine höhere Aufmerksamkeit der Befragten auf sich ziehen und daher – inhaltsunabhängig – stärker in deren Urteil einfließen. Für diesen so genannten „number of levels-Effekt" liegen für das verwandte Verfahren der Conjoint-Analyse schließlich bereits einschlägige Evidenzen vor (Wittink et al.

---

14 Daran haben auch die Bildungsexpansion und die in den letzten Jahrzehnten gestiegene Frauenerwerbstätigkeit wenig geändert. So ist beispielsweise bei den im SOEP 2002 erfassten westdeutschen Paaren lediglich in 4,5 Prozent der Fälle eine atypische Konstellation mit einer Vollzeit erwerbstätigen Frau und einem nicht oder lediglich halbtags beschäftigten Mann gegeben. In weiteren 6,5 Prozent sind die Frau Teilzeit und der Mann gar nicht beschäftigt (Trappe und Sørensen 2005: 12). Entsprechend liegt auch hinsichtlich des Einkommens nur bei einer Minderheit von deutlich unter zehn Prozent der Haushalte eine weibliche Hauptverdienerin vor (Anteil am Haushaltseinkommen von mindestens 60 Prozent) (Trappe und Sørensen 2005: 12, Abb. 1). Ähnlich liegt in der als besonders repräsentativ geltenden Stichprobe des Mikrozensus selbst bei einer Eingrenzung auf Akademikerpartnerschaften ohne Kinder im Jahr 1997 nur bei einer Minderheit von neun Prozent eine unübliche Erwerbskonstellation vor (beide Teilzeit oder gar nicht beschäftigt bzw. höherer Erwerbsumfang der Frau gegenüber ihrem männlichem Partner; vgl. Solga et al. 2005: 37).

15 Explizite Untersuchungen stehen bislang aus, nach unseren Erfahrungen provozieren aber Vignetten zumindest (wenn sie wie im vorliegenden Fall noch einen relativ hohen Realitätsgehalt aufweisen) keine auffälligen Abbruchquoten.

1982, 1989).[16] Gemäß dem für herkömmliche Itembatterien nachgewiesenen „primacy"- und „recency"-Effekten könnten Merkmale zudem allein dadurch ein höheres Gewicht erhalten, dass sie an erster oder letzter Position in den Vignetten stehen (Tourangeau et al. 2007: Kap. 8.3; Groves et al. 2004: 223f.; für Evidenzen bei der Conjoint-Analyse Perrey 1996).[17] Ähnlich könnte die mehrfache Bewertung ähnlicher Situationen zu Heuristiken führen, die von denen realer Entscheidungsprozesse abweichen, etwa in dem sich die Befragten auf ein möglichst konsistentes Antwortverhalten konzentrieren oder Reihenfolgeeffekte zwischen einzelnen Vignetten auftreten (Sniderman und Grob 1996: 381f.; für einen entsprechenden empirischen Befund Liebig 2001: 279). Hinzu kommen Lerneffekte, umgekehrt sind aber ebenso Ermüdungseffekte, damit zunehmend inkonsistente Antworten, zu befürchten. Allgemein ist unklar, wie Befragte bei einer kognitiven Überforderung reagieren: Nicht signifikante Faktoren spiegeln neben einer tatsächlichen Irrelevanz für die Befragten möglicherweise eine zu unauffällige Operationalisierung (Wason et al. 2002) oder Überforderung mit der mehrdimensionalen Bewertungsaufgabe wider. Solange einschlägige methodische Studien ausstehen, sind derartige Interpretationen kaum auszuschließen.[18]

Der Hauptkritikpunkt dürfte aber sicher darin bestehen, dass mit Vignetten per definitionem lediglich geäußerte Handlungsbereitschaften, nicht aber tatsächliche Handlungen gemessen werden. Nach dem Motto „gesagt ist noch nicht getan" werden Zweifel an der generellen Aussagekraft laut, die sich technischer unter dem Begriff „fragliche externe Validität" fassen lassen. Eine grundsätzliche Diskrepanz zwischen Intentionen und Handeln würde auch unsere geplante

---

16 Wobei neben kognitionspsychologischen ebenso statistische bzw. mathematische Erklärungen im Raum stehen (dazu Wittink et al. 1989). Im vorliegenden Fall wurde diesem Effekt weitgehend vorgebeugt, in dem auf eine möglichst ähnliche Anzahl an Ausprägungen der Dimensionen geachtet wurde. Dennoch ist nicht auszuschließen, dass etwa ein Teil des Einflusses des Einkommensgewinns auf die höhere Anzahl an Ausprägungen dieser Dimensionen zurückzuführen ist (fünf Ausprägungen; diese Maximalzahl wird ansonsten nur mehr von der Dimension Pendelzeit erreicht).

17 Dies ist insbesondere dann problematisch, wenn dadurch Unterschiede zwischen Subgruppen von Befragten hervorgerufen werden, die fälschlicherweise inhaltlich interpretiert werden. Einschlägige Untersuchungen zu Itemabfragen belegen Zusammenhänge des Erinnerungsvermögens von Antwortvorgaben mit den kognitiven Gedächtnisleistungen der Befragten, damit ihrem Alter und Bildungsstand (Schwarz und Knäuper 2006). Für Vignettenstudien stehen entsprechende Untersuchungen bislang aus, obgleich hier ähnliche Effekte durchaus plausibel erscheinen. Auf unsere Anwendung übertragen könnten beispielsweise schwächere Reaktionen älterer Befragter statt einer geringeren Relevanz der Merkmale ebenso die geringere Fähigkeit dieser Befragtengruppe widerspiegeln, sechs unterschiedliche Dimensionen zu einem konsistenten Urteil zusammenzuführen.

18 Eine Vielzahl der angesprochenen methodischen Aspekte wird aktuell im Rahmen eines von der Deutschen Forschungsgemeinschaft (DFG) finanzierten Projekts untersucht. Für nähere Informationen: http://www.uni-konstanz.de/hinz/?cont=faktorieller_survey&lang=de.

Gegenüberstellung von Vignettenurteilen und SOEP-Daten belasten (da dann beide Methoden *inhaltlich* verschiedene Aspekte messen, womit der vorliegende Beitrag zum sprichwörtlichen Vergleich von „Äpfeln und Birnen" verkommt). Aufgrund dieser inhaltlichen wie methodischen Relevanz ist diesem Aspekt ein eigener Abschnitt gewidmet.

3.3 Zum Zusammenhang von Intentionen und Verhalten

Vorliegende Panelstudien finden übereinstimmend, dass längst nicht alle Befragten ihre Umzugspläne umsetzen (es zeigen sich so genannte „unexpected stayers"), es andererseits aber auch eine nicht unwesentliche Rate an ungeplanten Umzüglern gibt (so genannte „unexpected movers"; für einen entsprechenden Literaturüberblick Kalter 1997: Kap. 6). Wie ist diese Kluft zu erklären und inwiefern korrespondieren überhaupt Intentionen mit dem entsprechenden Verhalten?

Für Antworten wird zumeist auf die „Theory of Reasoned Action" (TORA) und deren erweiterte Variante, die „Theory of Planed Action" (TOPA) von Ajzen und Fishbein zurückgegriffen (Ajzen und Fishbein 1980; Ajzen 1991, 1988; für eine Auslegung im Hinblick auf Umzüge Kalter 1997: Kap. 6.2). Dieses wohl geläufigste sozialpsychologische Konzept zum Zusammenhang von Einstellungen, Intentionen und Verhalten geht von einem direkten Einfluss der Intentionen auf das Verhalten aus (umso stärker die Intention, umso eher wird die entsprechende Handlung ausgeführt).[19] Dennoch auftretende Abweichungen werden über insgesamt drei Mechanismen begründet: (1) dem Vorliegen eines Messfehlers, in Form einer mangelnden inhaltlichen Übereinstimmung der gemessenen Intentionen und Verhalten; (2) Änderungen der Intentionen im Zeitverlauf aufgrund neuer Informationen bzw. Rahmenbedingungen; und (3) einer mangelnden Handlungskontrolle, aufgrund der Abhängigkeit von anderen Akteuren, fehlenden Ressourcen oder einem mangelnden praktischen Geschick. Es wird also eine im Kern mit nutzentheoretischen Ansätzen (Rational-Choice-Theorien) konsistente Erklärung geboten (ausführlicher dazu Kalter 1997): Es sind veränderte Randbedingungen – neue Informationen, Optionen oder Restriktionen – welche zu veränderten Kosten- und Nutzeneinschätzungen führen und infolgedessen eine abweichende, aber ebenso rationale Handlungsentscheidung bedingen. Gerade im Hinblick auf Umzüge sind derartige Entscheidungsumschwünge plausibel: So können z. B. unerwartete Wohnungs- oder Stellenkündigungen zu plötzlicher Wanderung führen, andererseits aber fehlende Opportunitäten wie Wohn-

---

19 Bei der TORA bilden Intentionen gar den einzigen *direkten* Bestimmungsfaktor für das Verhalten; bei der TOPA tritt zusätzlich noch die Handlungskontrolle hinzu.

und Arbeitsgelegenheiten geplante Umzüge vereiteln (zu entsprechenden empirischen Belegen Kalter 1997).

Was bedeutet dies im Hinblick auf unsere Vignettenstudie? Vignetten erlauben gegenüber herkömmlichen Item-Abfragen eine weitaus direktere (damit plastischere) Abfrage von Umzugsneigungen – beispielsweise liegen den Befragten bereits konkrete Angaben über die Wohn- und Beschäftigungsbedingungen am Zielort vor. Der Informationsstand dürfte also weitaus besser mit dem zum Zeitpunkt von Handlungsausübungen vergleichbar sein, was eine höhere inhaltliche Übereinstimmung von Intentionen und Verhalten erwarten lässt. Insgesamt rechtfertigt dies die Unterstellung der folgenden, für unsere empirischen Untersuchungen relevanten Grundannahme: *Bei validen Messungen besteht ein inhaltlich gleicher Einfluss erklärender Variablen auf die Umzugsabsichten (Vignettenurteile) und tatsächlichen Umzüge (SOEP-Daten).*[20]

Das TOPA-Modell gibt uns mit dem so genannten „Kompatibilitäts-Prinzip" zugleich eine methodische Richtlinie an die Hand (vgl. zu diesem z. B. Ajzen 1991, 1988). Es besagt, dass sich die Messungen von Intentionen und Verhalten auf exakt (1) die gleichen Handlungsziele und (2) Rahmenbedingungen beziehen sollten; in unserem Fall also z. B. auf (1) berufliche Umzüge (statt allgemein Umzüge) von (2) Doppelverdienerpaaren (statt Singles oder Erwerbslosen). Allgemein ist auf eine möglichst hohe Übereinstimmung in dem untersuchten inhaltlichen Gegenstand (dem Handlungsziel, Zeitpunkt der Messung und Rahmenbedingungen) sowie den Befragtenstichproben zu achten.

Bislang wurden Vignetten vor allem für die Norm- und Einstellungsmessung eingesetzt. Damit ist noch die kritische Frage zu diskutieren, ob wir statt Intentionen nicht vielmehr Einstellungen messen. Hohe oder geringe Mobilitätsbereitschaften würden dann möglicherweise allein die Akzeptanz einer entsprechenden Mobilitätsnorm (etwa in Form der erwarteten hohen Umzugsbereitschaft in der deutschen Gesellschaft, „ziehe dahin, wo die Jobs sind") durch die Befragten anzeigen. Die Relevanz von Einstellungen für das Verhalten ist aber nach einschlägigen Theorien und Befunden als gering einzuschätzen: Nach der „Low-Cost-Hypothese" von Diekmann und Preisendörfer (1998) sind sie etwa nur bei geringen (monetären und zeitlichen) Kosten verhaltensrelevant,

---

20 Beispielsweise sollte also ein bestehender Immobilienbesitz für Umzugsneigungen wie Umzüge gleichermaßen „bremsend" sein. Wobei noch Folgendes klar zu stellen ist: Vignetten erlauben selbst bei einer validen Messung von Intentionen noch kein weitem keine Prognose faktischer Umzüge. Schließlich treten in realen Entscheidungssituationen noch zahlreiche weitere Parameter hinzu, als sie in den Vignettendimensionen erfasst sind. Vor allem aber wäre hierzu noch eine Kenntnis der realen Randverteilungen der in den Vignetten vorgegebenen Merkmale erforderlich. Derartige Prognosen sind aber auch gar nicht das Analyseziel – der Anspruch besteht allein in validen Aussagen darüber, welches Gewicht einzelnen Merkmalen zukommt, um auf diese Weise zu theoretischem Fortschritt zu kommen.

oder genauer gesagt dann, wenn keine großen Kostendifferenzen zwischen den Alternativen bestehen. Gerade dies ist aber für überörtliche Umzugsentscheidungen kaum anzunehmen.[21] Hinzu kommt, dass die Messung von Einstellungen noch stärker als die von Intentionen mit der Gefahr eines sozial erwünschten Antwortverhaltens verbunden sein dürfte. Zwar werden Vignettenstudien oftmals als weniger anfällig für derartige Verzerrungen gehandelt (z. B. Alexander und Becker 1978: 95), überzeugende empirische Nachweise stehen aber bislang aus.[22]

Mögliche Diskrepanzen zwischen geäußerten Umzugsbereitschaften (Vignettenurteile) und tatsächlichen Umzügen (SOEP-Daten) können somit prinzipiell durch drei Mechanismen bedingt sein: (1) Es bestehen grundsätzliche inhaltliche Unterschiede in den Erklärungsfaktoren für Intentionen und Verhalten (womit die TOPA in ihren basalen Annahmen falsch läge); (2) die abgefragten Intentionen und Verhalten beziehen sich auf unterschiedliche Aspekte, da etwa die Umzugssituationen in den Vignetten anders oder zu ungenau spezifiziert wurden und daher nicht mit den konkreten Entscheidungssituationen im SOEP vergleichbar sind; und (3) Vignetten sind bereits nicht in der Lage, Intentionen valide zu erfassen.[23] Mögliche Diskrepanzen zwischen Vignettenmessungen und Umzugsdaten sind folglich nicht zwangsläufig als mangelnde Gültigkeit von Vignettenstudien zu deuten; eine hohe Übereinstimmung kann umgekehrt aber als ein deutlicher Hinweis auf ihre Realitätsbezogenheit und Validität gewertet werden.

Für Faktorielle Surveys stehen Versuche der Validierung mit Verhaltensdaten bislang aus. Eine Ausnahme bildet die Studie von Stefanie Eifler, welche die mittels Vignetten- und Beobachtungsdaten erhobenen Häufigkeiten abweichender (Überqueren roter Ampeln) und hilfreicher Verhaltensweisen (Aufgeben eines vermeintlichen „lost letters") abgleicht (Eifler 2007). Diskrepanzen treten insbesondere hinsichtlich der letzten Situation auf: In der Vignettenstudie geben

---

21 Neben den direkten Umzugskosten treten schließlich in der Regel hohe nichtmonetäre Kosten auf, etwa in Form aufwändiger Wohnungssuche, einem Verlust von ortsspezifischen Kapitalien und Sozialbeziehungen. Theoretisch lässt sich von hohen Transaktionskosten sprechen.

22 In unserem Fall könnte beispielsweise die Norm des „flexiblen Arbeitnehmers" zu einer allgemein hohen Angabe von Umzugsbereitschaften (bzw. Umzugseinstellungen) führen, welche sich dann aber speziell bei Paaren mit Immobilienbesitz aufgrund des hohen Aufwandes von Veräußerungen und Vermietungen nicht in entsprechendes Verhalten umsetzten würde. Die von uns gewählte Form persönlicher Interviews ist für einen solchen „social desirability effect" durchaus anfällig (Esser 1986). Der wenig „heikle" Gegenstand (es werden keine sensiblen Inhalte wie z. B. abweichende Verhaltensweisen erfragt) dürften ihn allerdings abschwächen.

23 Letzteres lässt sich nochmals in zwei Unteraspekte untergliedern: (a) dem Unvermögen von Vignetten, Intentionen (statt Einstellungen) zu messen und (b) grundsätzlichen Messproblemen in Form von sozialer Erwünschtheit, Reihenfolgeeffekten oder kognitiver Überforderung.

weitaus mehr Befragte an, sie würden einen gefundenen Brief zustellen, als dies dann in dem entsprechenden Feldexperiment (mit anderen Probanden) zu beobachten ist. Dies wird von der Autorin als deutlicher Hinweis auf die Verzerrung der Vignettenergebnisse durch soziale Erwünschtheit gedeutet. Wie im folgenden Kapitel 4 noch gezeigt wird, ist allerdings der Vergleich absoluter Werte nicht unproblematisch und das eigentliche Interesse von Vignettenstudien gilt auch vielmehr dem Aufdecken signifikanter Einflussfaktoren und deren relativem Gewicht. Gerade dieses Potenzial wurde aber durch das Design von vornherein ausgeschlossen (die Vignettenmerkmale wurden nicht variiert) und konnte folglich auch nicht validiert werden (für eine derartige Erweiterung siehe Groß und Börensen in diesem Band).

Es lohnt daher noch ein kurzer Blick auf die verwandten Verfahren der Conjoint-Analysen und Choice-Experimente. Diese versuchen ähnlich zum Faktoriellen Survey Design mittels hypothetischen, experimentell variierten Vorgaben und anschließender Abfrage von Entscheidungen die Präferenzstrukturen von Befragten herauszufinden.[24] Üblicherweise handelt es sich um Anwendungen aus der Marktforschung mit dem Ziel, optimale – d. h. mit möglichst hohen Absatzchancen versehene – Produkteigenschaften zu eruieren. Werden diese Produkte dann tatsächlich entwickelt, können Umsatzdaten zum tatsächlichen Käuferverhalten (z. B. Scannerdaten von Supermarktkassen) für einen Abgleich mit den vorab geäußerten Kaufbereitschaften herangezogen werden. Die Evidenzen sind bislang uneinheitlich, zeigen aber zum Teil hohe Übereinstimmungen der Einflussfaktoren auf die virtuellen „Stated Choices" mit denen der handfesteren „Revealed Choices" – und das selbst bei für sozial erwünschtes Antwortverhalten sensiblen Gegenständen, wie der Wahl umweltfreundlicher Verkehrsmittel oder der Bereitschaft, Aufpreise für ökologische Produkte zu zahlen (Blamey und Bennett 2001; für einen Überblick über den entsprechenden Forschungsstand Louviere et al. 2000: Kap. 13).[25] Ob sich unsere Vignettenstudie ähnlich gut bewährt, werden die Analysen der folgenden Abschnitte zeigen.

---

24 Aufgrund der starken Überlappungen werden Vignettenstudien (und ebenso Choice-Experimente) zum Teil als Unterarten der Conjoint-Analysen betrachtet.

25 Die Motivation zu derartigen Studien besteht hier vorwiegend im sogenannten „Data-Enrichment". Durch eine gemeinsame („gepoolte") Analyse von „Stated" und „Revealed Choice"-Daten soll von den höheren Fallzahlen und Vorteilen der beiden Methoden profitiert werden. Wechselseitige Validierungen fallen somit eher als Nebenprodukt des hierbei vorab durchzuführenden „Konsistenztests" an (siehe dazu speziell Louviere et al. 2000). Interessant ist noch zu erwähnen, dass für mögliche Abweichungen zwischen Intentionen und Verhalten sehr ähnliche Gründe diskutiert werden, wie die hier vorgestellten (für eine Auflistung Blamey und Bennett 2001).

4 Methodisches Vorgehen und Daten

Bislang wurde die Vergleichbarkeit von Vignetten- und SOEP-Daten auf einer inhaltlichen Ebene diskutiert. Aufgabe dieses Abschnittes ist es, hierauf aufbauend eine methodische Vergleichsbasis zu entwickeln. In einem Einschub werden zunächst die Schätzmodelle und abhängigen Variablen spezifiziert (Abschnitt 4.1). Es folgen Erläuterungen zu den Datengrundlagen, in deren Zusammenhang auch Hypothesen zur inhaltlichen Wirkung der verwendeten Variablen formuliert werden (Abschnitt 4.2).

4.1 Statistische Modelle und abhängige Variablen

In den SOEP-Daten sind die Umzüge von Haushalten zwischen einzelnen Befragungswellen erfasst. Mit dem Umzug ja/nein liegt eine dichotome abhängige Variable vor, adäquate statistische Modelle bilden daher Logit- oder Probit-Modelle. Für die hier interessierenden Entscheidungen bieten latente Wahrscheinlichkeitsmodelle eine besonders plausible Herleitung (Wooldridge 2003: 556f.; Long und Freese 2001: 200ff.). Für diese ist die Annahme grundlegend, dass Akteure ein Verhalten zeigen, sobald der erwartete (aber latente) Nutzen des Verhaltens den Wert von Null überschreitet – in unserem Fall also dann umziehen, wenn mit dem Umzug (abzüglich aller Kosten) ein Gewinn erzielt wird (Mincer 1978; siehe auch Kapitel 2 des vorliegenden Beitrags). Im Haushaltskontext sind Verfeinerungen dieses Entscheidungsprinzips durch verhandlungstheoretische Ansätze bzw. Bargaining-Modelle angebracht (vgl. Auspurg et al. in diesem Band). Nun ist es aber gerade ein Hauptmanko von Survey-Daten wie dem SOEP, dass zentrale Variablen für die dort unterstellten Austausch- und Verhandlungsprozesse nicht erfasst sind (wie z. B. die konkreten Umzugsanreize). Unser Vergleich wird sich daher zwangsläufig auf die in beiden Datenquellen gleichermaßen erfassten Personen- und Haushaltsvariablen und damit ein vereinfachtes Nutzenkalkül beschränken müssen. Für eine erste Abschätzung der externen Validität sollte dies gleichfalls aussagekräftig sein.

In einer einfachen linearen Modellierung lässt sich der Umzugsnutzen U_{ij} des Haushalts j im Jahr i (bzw. der Vignettensituation i) dann wie folgt formalisieren:

$$U_{ij} = \beta_0 + \gamma \ Z_{ij} + \delta \ G_j + v_j + \varepsilon_{ij} \quad (1)$$

β_0 bildet als Achsenabschnittsparameter den mittleren Umzugsnutzen aller Haushalte ab. Z ist ein Vektor, der im SOEP zeitveränderliche Eigenschaften und im Faktoriellen Survey die Vignettenmerkmale erfasst, G stellt dagegen einen

Vektor mit den in beiden Studien gleichermaßen erfassten, pro Haushalt konstanten Merkmalen dar. Mit dem Fehlerterm ε_{ij} werden weitere, nicht explizit modellierte Einflussfaktoren repräsentiert. Da auch im SOEP einzelne Fälle (Haushalte) mehrfach, nämlich für verschiedene Befragungswellen beobachtet werden, liegt analog zur Vignettenstudie eine Mehrebenenstruktur vor (dazu und dem Folgenden auch Auspurg et al. in diesem Band), die mit einem zusätzlichen befragtenspezifischen Fehlerterm v_j modelliert wird. Dieser enthält den Gesamteffekt aller unbeobachteten (über die Zeit bzw. Vignetten konstanten) personenspezifischen Einflüsse und drückt aus, dass manche Individuen eine höhere Umzugsneigung aufweisen als andere.

Mit den SOEP-Daten lässt sich allerdings das latente Nutzenkalkül der Gleichung (1) nicht beobachten, sondern lediglich, ob es den relevanten Schwellenwert von Null überschritten hat (also der Haushalt umgezogen ist). Unterstellt man für den Fehlerterm ε_{ij} eine logistische Verteilung, ergibt sich für die Umzugswahrscheinlichkeit P folgende Gleichung (siehe z. B. Wooldridge 2003: 556f.; Long und Freese 2001: 100ff.):

$$P_{ij} = (\Lambda(U_{ij}) = \Lambda(\beta_0 + \gamma\ Z_{ij} + \delta\ G_j + v_j) \qquad (2)$$

mit $\Lambda(\cdot)$ als Symbol für die logistische Verteilungsfunktion. Die Umzugswahrscheinlichkeiten werden durch diese zwischengeschaltete Funktion nicht mehr wie die ursprüngliche Nutzenfunktion linear durch die Haushaltsvariablen beeinflusst, sondern es besteht ein monotoner, S-förmiger Zusammenhang.[26] Gleichwohl sind anschauliche Interpretationen möglich: Positive (negative) Effekte von Variablen bedeuten stets einen positiven (negativen) Einfluss auf die Umzugswahrscheinlichkeit.

Um eine Parallele mit dem SOEP herzustellen, ist bei den Vignettendaten eine ähnliche – nicht lineare – Modellierung zu wählen. Wir greifen als abhängige Variable auf die *gemeinsame* Umzugswahrscheinlichkeit zurück (also die dritte Antwortskala; vgl. Auspurg et al. in diesem Band) und werten als eine hohe Umzugswahrscheinlichkeit des Haushalts, wenn *beide* Partner diese als hoch einschätzen (da andernfalls auch eine Trennung der Partner plausibel ist). Konkret wählen wir für beide einen Minimalwert von acht und damit eine beid-

---

26 Was gerade durch die Modellierung erreicht werden soll: Schließlich sind Linearität und Additivität selten plausible Annahmen für die Bestimmung von Wahrscheinlichkeiten. Im Fall von Umzugswahrscheinlichkeiten würden diese etwa unterstellen, dass das erste Kind denselben (negativen) Effekt hat wie jedes weitere Kind. Tatsächlich sollte aber eher die Tatsache einer Familiengründung an sich entscheidend sein, und nicht so sehr die Anzahl der Kinder.

seitig geäußerte Umzugswahrscheinlichkeit von mindestens 70 Prozent.[27] Auch hier lässt sich im Sinne des latenten Wahrscheinlichkeitsmodells annehmen, dass dieses Urteil nur dann gefällt wird, wenn das latente Nutzenurteil des Haushalts die Schwelle von Null überschritten hat.

Auch ohne das analoge Logit-Modell formal darzustellen, sollte leicht ersichtlich sein, dass – die Gültigkeit unserer Grundannahme qualitativ gleicher Einflüsse auf Intentionen und Verhalten unterstellt – die in beiden Studien enthaltenen Haushaltsvariablen G inhaltlich identische Einflüsse auf die mit den Vignetten- und SOEP-Daten gemessenen Umzugswahrscheinlichkeiten zeigen sollten. Aufgrund der nichtlinearen Logit-Modellierung ist dies allerdings noch nicht mit einer absoluten Übereinstimmung ihrer Koeffizientenwerte δ gleichzusetzen (da diese mit den unbekannten Fehlervarianzen bzw. Skalierungsparametern konfundiert sind; speziell zur Vergleichbarkeit von Logit-Koeffizienten über unterschiedliche Stichproben: Long und Freese 2001: 102; Allison 1999; Hoetker 2003).[28] Aufgrund des monotonen Zusammenhangs sollten diese Variablen aber zumindest identische Einflussrichtungen (und damit Vorzeichen ihrer Koeffizienten) zeigen und – sofern die beiden Stichproben sich ungefähr in den Varianzen der Variablen und Fallzahlen entsprechen – auch in ihren Signifikanzen ähneln. Weniger technisch formuliert erwarten wir, dass beide Modelle die gleichen Hypothesen bestätigen bzw. zurückweisen, wir also inhaltlich zu den gleichen Schlussfolgerungen kommen.

Aufgrund der in beiden Fällen gegebenen Mehrebenenstruktur (es werden pro Haushalt mehrere Vignettenurteile bzw. mehrere Befragungswellen beobachtet) greifen wir zur Schätzung jeweils auf Random-Intercept-Modelle zurück. Die relevanten Variablen und Eingrenzungen der Befragtenstichprobe werden im folgenden Abschnitt beschrieben.

4.2 Datengrundlage und Hypothesen

Eine ausführliche Darstellung der Vignettenstudie wurde bereits im Beitrag von Auspurg et al. in diesem Band geleistet. Die Unterschiede zu den dort beschrie-

---

27 Bei einem Wert von sechs wird zwar erstmalig die Wahrscheinlichkeit von 50 Prozent überschritten (die Skala weist Zehn-Prozent-Einheiten auf), es bestehen aber zugleich noch starke Indifferenzen zum Verbleiben am Herkunftsort – und damit eine hohe Wahrscheinlichkeit, dass das Kalkül „kippen" könnte. Bei einer Operationalisierung mit Werten größer als sieben verliert die abhängige Variable stark an Varianz. Da diesem Wert dennoch eine gewisse Beliebigkeit zukommt, führen wir Kontrollrechnungen mit alternativen Schwellenwerten durch. Diese Ergebnisse unterscheiden sich inhaltlich nicht.

28 Die Präzision der Schätzungen wird darüber hinaus durch die jeweiligen Varianzen der unabhängigen und abhängigen Variablen beeinflusst, was ebenfalls den direkten Vergleich der Koeffizientenwerte beeinträchtigt.

benen Analysen liegen allein in einer Einschränkung des Samples auf die 98 Paare mit einem Wohnort in Deutschland (schließlich handelt es sich beim SOEP auch nur um eine *deutschlandweite* Haushaltsbefragung) und einer differenten Operationalisierung der abhängigen Variable. Diese besteht hier in einer hohen angegebenen Umzugswahrscheinlichkeit des *Haushalts*, die wir – wie bereits angedeutet – gegeben sehen, wenn *beide* Partner die *gemeinsame* Umzugswahrscheinlichkeit mit mindestens 70 Prozent einschätzen (bei darunter liegenden Werten wird diese Dummy-Variable dagegen auf Null gesetzt). So gemessen trifft dies auf 7,5 Prozent (N=74) der Entscheidungen unserer Paare zu.[29] Mit den SOEP-Daten gilt es nun, eine möglichst hohe Korrespondenz zur Vignettenstudie herzustellen.

Beim SOEP handelt es sich um eine jährliche Wiederholungsbefragung privater Haushalte in Deutschland, die seit 1984 durchgeführt wird und seit 1990 auch Haushalte aus den Neuen Bundesländern umfasst (Wagner et al. 2007). Das SOEP bietet neben einem langen Beobachtungszeitraum eine Reihe von Variablen zur sozialen und ökonomischen Situation der Haushalte, womit es für sozialwissenschaftliche Studien zu einer wichtigen Datenquelle wird. Für die hier betrachtete Fragestellung ist das SOEP vor allem auch deshalb gut geeignet, weil es Variablen zur Umzugsmobilität der Befragten bereitstellt. Grundlage für unsere Analysen sind die Befragungsjahre 1992-2005. Das Paneldesign ermöglicht dabei zum einen eine Erhöhung der Fallzahlen (durch das so genannte Poolen der Befragungsjahre), gleichzeitig kann das Längsschnittdesign genutzt werden, um Einflussfaktoren und Wirkungen zeitlich und kausal zu trennen. Um nun eine bessere Vergleichbarkeit mit der Vignettenstudie zu gewährleisten, wird die auf einer geschichteten Zufallsstichprobe der deutschen Wohnbevölkerung beruhende Grundgesamtheit des SOEP auf die Merkmale der Befragtenstichprobe im Faktoriellen Survey eingeschränkt. In die Analysen gehen daher lediglich kinderlose Paare mit einem gemeinsamen Haushalt ein, bei denen beide Partner einen wöchentlichen Erwerbsumfang von mindestens 15 Stunden aufweisen und abhängig beschäftigt sind. Da sich die Altersspanne der Befragten im Faktoriellen Survey auf 20- bis 40-Jährige konzentriert, wurde auch im SOEP eine entsprechende Selektion vorgenommen. Die so eingeschränkte Befragtenstichprobe des SOEP umfasst 2.848 Beobachtungsjahre, die 1.109 Haushalten zugeordnet wer-

---

29 Diese verteilen sich auf insgesamt N=30 (30,6 Prozent) der insgesamt N=98 Paare in unserer Grundgesamtheit. Die mittlere gemeinsame Umzugsneigung der Partner beträgt in unserem Analysesample 2,8 Skalenpunkte, wobei diese über die verschiedenen Entscheidungssituationen innerhalb der Paare im Mittel um 1,7 Einheiten streut („within"-Streuung). Im Schnitt weichen die einzelnen Partner pro Vignette ca. 2,4 Antwortpunkte voneinander ab. Die Standardabweichung von dieser mittleren Differenz der Partner beträgt pro Paar im Durchschnitt 1,8 Punkte („within").

den können. Der Anteil der Befragungsjahre, in denen ein Umzug aus beruflichen Gründen stattgefunden hat, beträgt 1,4 Prozent (N=41). Die Zahl der beruflich umgezogenen Haushalte ist etwas geringer, da manche über die Befragungsjahre mehr als einmal den Wohnort aus beruflichen Gründen gewechselt haben (N=39).[30]

Alle unabhängigen Variablen wurden in strikter Anlehnung an die Operationalisierung im Faktoriellen Survey gebildet. Die abhängige Variable stellt im SOEP wie bereits angedeutet ein beruflicher Haushaltsumzug dar. Diese Variable nimmt den Wert Eins an, wenn ein Haushalt im jeweiligen Befragungsjahr aus beruflichen Gründen den Wohnort gewechselt hat, andernfalls den Wert Null.[31] Erzeugen die Vignetten realitätsbezogene und valide Antworten, sollten die in beiden Stichproben erfassten personen- und haushaltsspezifischen Merkmale aufgrund ihrer Rolle als strukturelle Rahmenbedingungen der Entscheidung eine vergleichbare Wirkung auf die mit den Vignetten gemessene *grundsätzliche* Mobilitätsbereitschaft und das im SOEP erfasste, tatsächliche Umzugsverhalten zeigen (da die konkreten Mobilitätsanreize wie erläutert ausgeblendet bleiben müssen, lassen sich nur die *generellen* Niveauunterschiede der Mobilitätsbereitschaft abgleichen). Anders ausgedrückt: Mit beiden Datenquellen sollten wir ähnliche Unterschiede zwischen mobilen und sesshaften Haushalten beobachten.

Als unabhängige Variablen werden in den Modellen eine Reihe von Haushalts- und Befragtenmerkmalen berücksichtigt, für die aufgrund von theoretischen Überlegungen und empirischen Befunde angenommen werden kann, dass sie die Umzugsneigung von Haushalten (hier sind das Doppelverdiener-Haushalte) beeinflussen. Da die Variablen von Partnern eines Haushalts häufig stark miteinander korreliert sind, werden statt der individuellen Merkmale relationale Variablen gebildet (z. B. das Durchschnittsalter in der Partnerschaft) oder es werden nur solche Merkmale in die Modelle aufgenommen, die genuin auf der Haushaltsebene angesiedelt sind (z. B. Ehe).

---

30 Aufgrund fehlender Werte insbesondere bei den unabhängigen Variablen ist die Zahl der umgezogenen Haushalte, die letztlich in die Analysen eingehen, geringer (siehe z. B. Tabelle 1 in Abschnitt 5.1). Insbesondere durch den Einschluss von Variablen, die Informationen zum Zeitpunkt t-1 enthalten, verringert sich die Fallzahl, da alle Haushalte ohne valide Informationen im Vorjahr aus den Berechnungen herausfallen. Somit können automatisch auch alle Umzüge aus dem Basisjahr 1992 nicht mehr in den Analysen berücksichtigt werden, weil für diese Fälle aufgrund des eingeschränkten Beobachtungszeitraums keine Informationen über das vorhergehende Jahr 1991 verfügbar sind.

31 Die generelle Erfassung residentieller Mobilität erfolgt im SOEP über die Frage, ob der Haushalt seit der letzten Welle umgezogen ist. Um nun beruflich bedingte Umzüge zu identifizieren, wird für den Zweck unserer Studie zusätzlich auf die Information zum Hauptmotiv des Umzugs zurückgegriffen (Antwortkategorie: „Umzug aus beruflichen Gründen"). Für eine ähnliche Operationalisierung und Diskussion verschiedener Umzugstypen siehe u. a. Jürges (1998a, b, 2005).

Für die berücksichtigten Variablen lassen sich die folgenden Annahmen formulieren: Der Besitz von Wohneigentum dürfte die Kosten eines Umzugs und damit die Bindung an den Wohnort erhöhen. Verheiratete Paare sollten sich gegenüber Unverheirateten eher für einen Umzug entscheiden, da individuelle Risiken des mitziehenden Partners – wie ein umzugsbedingter Arbeitsplatzverlust – durch die Sicherheit des Ehevertrages stärker aufgefangen werden. Die in Mobilitätsstudien häufig berücksichtigten Variablen zu Vorhandensein und Alter der Kinder haben im Rahmen dieser Untersuchung aufgrund der alleinigen Betrachtung von kinderlosen Paaren keine Relevanz. Für die hier betrachteten beruflich motivierten Umzüge sollten jedoch insbesondere erwerbsbezogene Merkmale eine Rolle spielen. Während mit zunehmendem Alter die möglichen Renditen eines Umzugs abnehmen, wird bei höher Gebildeten eine grundsätzlich stärkere Erwerbs- und Karriereorientierung angenommen. Entsprechend sollte sich in beiden Befragtenstichproben ein negativer Einfluss des Alters, aber ein positiver des Bildungsniveaus zeigen (als Indikator für letzteres werden die Jahre des Schulbesuchs verwendet). Hinter dem empirisch gut bestätigten positiven Einfluss des Bildungsstands (Haas 2000; Büchel et al. 2002) lässt sich aber ebenso ein reiner Selektivitätseffekt vermuten: Sind die Chancen, überhaupt einen Mobilitätsanreiz zu erhalten, stark mit der Bildung korreliert (weil beispielsweise höher Qualifizierte eher in überregionale Arbeitsmärkte eingebunden sind), kann der Bildungseffekt (allein) durch die ungleiche Verteilung der Anreizstruktur bedingt sein, und nicht durch eine grundsätzlich höhere Umzugsneigung Hochqualifizierter. In diesem Fall sollte sich der Einfluss der Bildung vor allem im SOEP zeigen – nicht dagegen im Faktoriellen Survey, in dem die Umzugsanreize ja zufällig auf die Befragten verteilt sind, somit nicht mit deren Bildung korrelieren.

Die Langfristigkeit und die damit einhergehende ökonomische Sicherheit eines unbefristeten Arbeitsverhältnisses sollten generell mobilitätshemmend wirken, ebenso die Dauer der Betriebszugehörigkeit, da mit einem umzugsbedingten Arbeitgeberwechsel betriebsspezifisches Humankapital verloren geht. Wie viele Studien zeigen, weisen Doppelverdienerpaare im Vergleich zu Paaren mit ausgeprägter innerfamiliärer Arbeitsteilung eine grundsätzlich niedrigere Mobilitätsbereitschaft auf, was damit erklärbar ist, dass die aus einem Umzug resultierenden Einkommenseinbußen des mitziehenden Partners die gemeinsamen Gewinne schmälern, bis hin zunichte machen (vgl. z. B. Jürges 2005; Long 1974; Mincer 1978). In dieser Logik sollten speziell Paare mit zwei Vollzeit-Erwerbstätigen Umzügen abgeneigt sein. Die Wirkung des Haushaltseinkommens lässt sich nicht eindeutig bestimmen, da mit höherem Einkommen zwar die Kosten eines Umzugs weniger ins Gewicht fallen, andererseits aber auch eine größere Unabhängigkeit von ökonomischen Zwängen einhergeht, die Spielräume für Mobilitätsverweigerungen lässt.

Im SOEP werden alle unabhängigen Variablen zum Zeitpunkt t-1 erfasst, um sicherzustellen, dass mögliche *Folgen* eines Umzugs, z. B. ein höheres Einkommen, nicht mit der Entscheidungssituation bzw. den Bedingungen *vor* dem Umzug vermischt werden. Dies entspricht auch der Befragungssituation im Faktoriellen Survey, bei dem die Befragten angehalten waren, ausgehend von ihrer gegenwärtigen Situation die in den Vignetten beschriebenen Umzugsfolgen zu bewerten.

5 Ergebnisse

5.1 Deskriptive Befunde

Bevor die Ergebnisse der multivariaten Analysen präsentiert werden, soll ein Blick auf die Verteilung interessierender Merkmale erste Aufschlüsse über die Bedeutung der eben beschriebenen Faktoren und die diesbezüglichen Unterschiede zwischen den beiden Befragungsdesigns liefern. Es werden hierzu jeweils Paare mit hoher gemeinsamer Umzugsbereitschaft (Faktorieller Survey) bzw. mit tatsächlich erfolgtem Umzug (SOEP) den immobilen Haushalten gegenübergestellt (siehe *Tabelle 1*).[32]

Zunächst fallen ausgeprägte Ähnlichkeiten zwischen beiden Samples in der Verteilung relevanter Merkmale in Abhängigkeit von der Mobilität(-sbereitschaft) ins Auge. Im Einklang mit vorliegenden Befunden zeigt sich eine starke Ortsbindung durch den Besitz von Immobilien: In beiden Stichproben ist der Anteil an Eigentümern unter den Nichtmobilen deutlich höher. Auffallend ist, dass Verheiratete im SOEP insgesamt zu einem deutlich höheren Prozentsatz vertreten sind. Der Grund hierfür dürfte vor allem in den unterschiedlichen Stichprobenbildungen liegen: Handelt es sich beim Faktoriellen Survey um ein nicht-zufälliges Sample, beruht das SOEP zwar auf einer geschichteten Zufallsstichprobe, die jedoch aufgrund der Anlage als Panel- und Haushaltsbefragung über die Zeit zu einer Überrepräsentation an stabilen und verheirateten Partnerschaften führt (auch die Differenzen im Einkommensniveau dürften auf die verschiedenen Verfahren der Stichprobenbildung zurückzuführen sein). In beiden Populationen sind dennoch kaum Differenzen im Hinblick auf die Mobilitätsbe-

---

32 Zu beachten ist, dass die Fälle hier und bei den folgenden Auswertungen jeweils nicht einzelne Paarhaushalte darstellen, sondern von diesen abgegebene Vignettenurteile bzw. zu ihnen vorliegende Beobachtungsjahre. Einzelne Paare kommen jeweils mehrfach im Datensatz vor, was in den statistischen Modellen berücksichtigt ist (vgl. dazu Abschnitt 4.1).

reitschaft in Abhängigkeit vom Familienstand erkennbar. Ebenso finden sich in beiden Befragungen kaum Unterschiede im Durchschnittsalter zwischen Mobilen und Immobilen. Hierzu ist allerdings anzumerken, dass die in den beiden Samples umfasste Altersspanne der 20- bis 40-Jährigen grundsätzlich die hochmobile Lebensphase repräsentiert, somit wenig Varianz erwarten lässt. Stärkere Differenzen zwischen Haushalten mit hoher Mobilitätsbereitschaft und nichtmobilen Haushalten zeigen sich dagegen für arbeitsmarktrelevante Merkmale. In beiden Befragungen wirkt ein beidseitig unbefristeter Arbeitsvertrag mobilitätshemmend – sowohl im SOEP als auch im Faktoriellen Survey findet dann in mehr als 70 Prozent der Fälle kein Umzug statt bzw. wird dieser abgelehnt. Auch die bereits verbrachte Arbeitszeit beim aktuellen Arbeitgeber deutet auf einen Zusammenhang mit der Umzugsbereitschaft hin. Mobile Paare haben durchschnittlich etwa ein (Faktorieller Survey) bzw. eineinhalb Jahre (SOEP) weniger im gegenwärtigen Betrieb verbracht als die immobile Vergleichsgruppe. Alle diese Befunde decken sich weitgehend mit den theoretischen Annahmen und dem bisherigen Forschungsstand.

Überraschend – wenn auch für beide Untersuchungspopulationen gleich – ist jedoch der im Vergleich zu den Immobilen höhere Anteil an Vollzeit erwerbstätigen Paaren bei den Mobilen. Dieses Ergebnis widerspricht auf den ersten Blick den theoretischen Überlegungen, die gerade diesen Paaren aufgrund der erschwerten Karrierekoordination eine verringerte Umzugsneigung unterstellen. Allerdings könnte es sich bei diesem Befund auch um den Ausdruck eines sehr selektiven Mechanismus handeln. Angesichts der Tatsache, dass ohnehin nur erwerbstätige Paare berücksichtigt sind, zeigen sich möglicherweise lediglich diejenigen umzugsbereit, die sich durch einen Umzug *drastisch* verbessern. Haben beide gute Verdienstoptionen am Zielort (da etwa in einen Ballungsraum mit prosperierendem Arbeitsmarkt umgezogen wird; vgl. Nisic 2008), übersteigt das Ausmaß der Einkommensverbesserung bei zwei Vollzeit-Verdienenden das von Paaren, in denen nur ein Partner einen hohen Erwerbsumfang aufweist.

Speziell bei diesen Paaren kann dann der gemeinsame Einkommensgewinn die Umzugskosten aufwiegen.[33] Gleichwohl bleiben diese Erklärungen spekula-

---

33 Gerade für den Faktoriellen Survey scheinen diese zwei gekoppelten Effekte plausibel – designbedingt können sich dort in einem Drittel der Fälle *beide* Partner am Zielort verbessern. Hinzu kommt, dass der in den Vignetten vorgegebene Mobilitätsanreiz in Form eines prozentualen Zuwachses des tatsächlichen Einkommens von einem der beiden Partner operationalisiert wurde. In Partnerschaften mit zwei Vollzeit-Erwerbstätigen ist der Einkommensgewinn dann auch absolut gesehen hoch; in anderen Partnerschaften wird dagegen das Jobangebot möglicherweise einem Teilzeit-Erwerbstätigen zugewiesen, was zwar prozentual den gleichen Gewinn bedeutet, absolut dagegen nicht. Hier besteht dann ein höheres Risiko, dass die Umzugsgewinne die Kosten nicht aufwiegen, was theoretisch zu einer Ablehnung des Umzugs führt. Auch dies kann also zur Fol-

tiv und bedürfen sie daher weiterer Untersuchungen. Ob das hier gewonnene Bild des Entscheidungsprozesses im Paarhaushalt und im Vergleich beider Untersuchungsstichproben zueinander auch in der multivariaten Analyse bestehen bleibt, zeigt der nächste Abschnitt.

Tabelle 1: Deskriptiver Vergleich zwischen Faktoriellem Survey und SOEP (Anteile und Mittelwerte unterschieden nach mobilen und nichtmobilen Haushalten)

	Faktorieller Survey				SOEP			
	kein Umzug[a]		Umzug[b]		kein Umzug		Umzug	
Variablen[c]	$N^{d)}$	Mean	$N^{d)}$	Mean	$N^{d)}$	Mean	$N^{d)}$	Mean
Wohneigentum	903	0.35	74	0.07	2774	0.23	40	0.07
Ehe	903	0.33	74	0.36	2774	0.42	40	0.47
Alter Ø	873	30.73	74	28.58	2650	29.27	38	29.55
Bildungsjahre Ø	903	12.91	74	13.42	2650	12.44	39	13.54
Beide unbefr. Arbeitsvertrag	903	0.76	74	0.55	2081	0.79	30	0.60
Betriebserfahrung Ø	893	5.49	74	4.52	2770	5.29	40	3.93
Beide Vollzeit	903	0.76	74	0.85	2774	0.88	40	0.95
Haushaltseinkommen	894	3431.60	74	3278.38	2701	2631.02	39	2693.38

a) Beide Partner schätzen gemeinsame Umzugswahrscheinlichkeit < 70 Prozent ein.
b) Beide Partner schätzen gemeinsame Umzugswahrscheinlichkeit ≥ 70 Prozent ein.
c) Im SOEP wurden die Variablen zum Zeitpunkt t-1 verwendet, um die Situation – ähnlich wie im Faktoriellen Survey – vor dem Umzug abzubilden. Ø: Die Variablen Alter, Bildungsjahre und Betriebserfahrung sind jeweils als Durchschnitt der Partner gebildet.
d) Ausgewiesen sind hier die Fallzahlen basierend auf den Beobachtungsjahren (SOEP) bzw. Einzelvignetten (Faktorieller Survey). Diese sind zwangsläufig höher als die tatsächliche Anzahl befragter Haushalte, da für jeden Haushalt mehrere Beobachtungen (Jahre, Vignetten) vorliegen, welche als einzelne Fälle in den Datensatz eingehen. Dasselbe Paar kann dann in einem Beobachtungsjahr oder in einer Vignettensituation zur Gruppe der Mobilen und in einem anderen Jahr bzw. auf Grundlage einer anderen Vignette zu den Nichtmobilen gehören. Die ausgewiesenen Anteilswerte und Mittelwerte sind daher immer auf 100% der Personenjahre bzw. Vignettenfälle gerechnet.

---

ge haben, dass die Umzugsneigung bei Paaren mit zwei Vollzeit-Erwerbstätigen höher ausfällt als bei Paaren mit stärkerer Arbeitsteilung.

5.2 Ergebnisse der multivariaten Untersuchungen

In der folgenden *Tabelle 2* sind die Ergebnisse der beiden Logit-Modelle dargestellt (Random-Intercept-Schätzungen). Um inhaltlich eingängigere Interpretationen der Schätzwerte zu ermöglichen, werden neben den Koeffizientenwerten die diskreten Wahrscheinlichkeitseffekte („discrete changes" bzw. „marginal effects") berichtet. Diese geben für kontinuierliche Variablen die durchschnittliche Veränderung der Umzugswahrscheinlichkeit wieder, die aus einer marginalen Veränderung der betreffenden unabhängigen Variablen (also etwa ihrer Veränderung um eine Einheit) resultiert.

Tabelle 2: Logistische Regressionen der Umzugswahrscheinlichkeiten (Random-Intercept Modelle)

	Faktorieller Survey Hohe Umzugswahrscheinlichkeit [a]		SOEP Umzug	
Variablen [b]	β	Marginaleffekt bzw. discrete change	β	Marginaleffekt bzw. discrete change
Wohneigentum	-1.707*	-0.039**	-1.460*	-0.014**
Ehe	0.555	0.022	0.594	0.010
Alter Ø	-0.081	-0.003	0.085	0.001
Beide Vollzeit erwerbstätig	1.543+	0.039	1.544*	0.015
Bildungsjahre Ø	0.064	0.002	0.163*	0.002*
Beide unbefr. Arbeitsvertrag	-1.001	-0.041*	-0.730+	-0.013*
Betriebserfahrung Ø	-0.007	-0.000	-0.146+	0.000
Haushaltseinkommen [1000 €]	0.082	0.003	-0.255	-0.004
Konstante	-2.532		-8.555**	
N (Vignetten bzw. Befragungsjahre)	928		2207	
N (Haushalte)	93		886	
σ_v	1.613		0.004	

+ p<0.1 *p<0.05 ** p<0.01.
[a] Beide Partner schätzen gemeinsame Umzugswahrscheinlichkeit ≥ 70 Prozent ein.
[b] Im SOEP wurden die Variablen zum Zeitpunkt t-1 verwendet, um die Situation – ähnlich wie im Faktoriellen Survey – vor dem Umzug abzubilden. Ø: Die Variablen Alter, Bildungsjahre und Betriebserfahrung sind jeweils als Durchschnitt der Partner gebildet.

Bei den „discrete changes" für dichotome erklärende Variablen handelt es sich um die Veränderung der Wahrscheinlichkeit, wenn die unabhängige Variable vom Wert Null (Merkmal liegt nicht vor) auf den Wert Eins (Merkmal liegt vor) wechselt.³⁴ Wie in Abschnitt 4.1 erläutert, können die Koeffizienten der auf unterschiedlichen Grundgesamtheiten basierenden Logit-Modelle lediglich im Hinblick auf die Richtung der Effekte (Vorzeichen) und (mit Einschränkung) bezüglich ihrer Signifikanz verglichen werden. Differenzen in der absoluten Größe der Schätzwerte stellen dagegen nicht zwangsläufig verschieden starke Einflüsse der Variablen dar – sie können ebenso allein Unterschiede in den nicht beobachtbaren Fehlervarianzen anzeigen (dazu Allison 1999; Hoetker 2003).

In Übereinstimmung mit den Befunden zahlreicher Mobilitätsstudien zeigt sich in beiden Befragungen ein negativer Effekt des Wohneigentums. Während das Modell des Faktoriellen Surveys mit einem Wahrscheinlichkeitseffekt von -0,039 eine durchschnittliche Senkung der Umzugswahrscheinlichkeit um knapp vier Prozentpunkte prognostiziert, verringert sich diese im SOEP-Modell um einen Prozentpunkt – nochmals ist aber darauf hinzuweisen, dass diese *absoluten* Werte allein modellintern interpretiert werden sollten (etwa in Relation zur Effektstärke anderer Variablen *desselben* Modells). Die Eheschließung erhöht zwar wie vermutet die Mobilitätsneigung der Paare, der Effekt ist jedoch in beiden Modellen nicht signifikant. Ebenso keine Einflüsse finden sich in beiden Modellen für das Durchschnittsalter und -einkommen der Haushalte. Da die Befragtensamples sehr altersselektiv sind (es sind nur relativ junge Paare erfasst), sind die Altersunterschiede möglicherweise zu gering, um für die Mobilitätsbereitschaft eine Rolle zu spielen. Im Hinblick auf den Nulleffekt des Einkommens kann es sich um das Ergebnis zweier gegenläufiger Einflüsse handeln, die sich gegenseitig aufheben. In dem Maße wie die Einkommenshöhe mobilitätsfördernd wirkt, weil die Kosten eines Umzugs leichter zu tragen sind, macht ein hohes Einkommensniveau auch die Sesshaftigkeit finanzierbar. Potenzielle Einkommensgewinne durch einen Umzug fallen schwächer ins Gewicht und bieten keinen ausreichenden Anreiz, um mögliche, insbesondere auch nichtmaterielle Verluste – etwa das Wegbrechen sozialer und verwandtschaftlicher Kontakte am Herkunftsort – aufzuwiegen.³⁵ Betrachtet man nun die erwerbsbezogenen Merkmale,

---

34 Für die Berechnung von Wahrscheinlichkeitseffekten in nicht-linearen Modellen gibt es unterschiedliche Vorgehensweisen. Bei der hier verwendeten Methode handelt es sich um den durchschnittlichen (marginalen) Effekt, ermittelt über alle Beobachtungen (mithilfe des ado „margeff" der Statistiksoftware Stata 10); alternativ ist eine Berechnung der marginalen Effekte am Mittelwert der Daten möglich. Für eine Diskussion zur Bevorzugung der ersten Variante – wie sie hier verwendet wird – siehe Bartus (2005).

35 Die Hypothesen beziehen sich hier ausschließlich auf die Wirkung des aktuellen Einkommens auf die Umzugswahrscheinlichkeit und nicht auf den Effekt des *durch Mobilität potenziell erzielbaren Einkommens* auf die Umzugsneigung. Zwar ist das durch einen Umzug erreichbare Einkommen eine zentrale Determinante des Entscheidungsprozesses, das potenzielle Einkommen ist aber im SOEP nicht erfasst. Beobachtet wird im SOEP lediglich das tatsächlich erreichte Einkommen der Umgezogenen, der Einschluss dieser Variable ins Modell würde ein gravierendes Endogenitätsproblem nach sich ziehen (die Einkommensgewinne sind nicht unabhängig von

bestätigt sich auch in der multivariaten Analyse der mobilitätshemmende Effekt eines sicheren Arbeitsverhältnisses beider Partner, der in beiden Modellen statistisch signifikant ist und die Wahrscheinlichkeit eines Haushaltsumzugs um vier (Faktorieller Survey) bzw. einen Prozentpunkt (SOEP) verringert. Die Effektstärken entsprechen dabei in beiden Modellen jeweils denjenigen des Immobilienbesitzes – was erwähnenswert ist, da sich dies statistisch unproblematisch als eine gute Übereinstimmung der beiden Modelle werten lässt.[36]

Unter Kontrolle dieser Faktoren verschwindet der deskriptiv zu beobachtende, negative Effekt der Betriebserfahrung. Dieser ist vermutlich bereits im Einfluss eines befristeten Arbeitsvertrags aufgefangen, da mit der Länge der Betriebszugehörigkeit auch die Wahrscheinlichkeit eines dauerhaften Anstellungsverhältnisses steigt. Wie sich schon in den deskriptiven Befunden angedeutet hat, findet sich auch in den multivariaten Untersuchungen die überraschend positive Wirkungsrichtung der Vollzeiterwerbstätigkeit beider Partner, wenngleich sie in beiden Befragungen – betrachtet man die Wahrscheinlichkeitseffekte – statistisch nicht bedeutsam ist. Methodisch hervorgerufen könnte dagegen der nur im SOEP vorfindbare, positive Bildungseffekt sein: Während dort der Effekt der Bildungsvariable auch die bildungsselektive Verteilung von Umzugsanreizen abbildet, sind diese im Faktoriellen Survey – designbedingt – mit der Bildung der Befragten unkorreliert. Geht man davon aus, dass es jenseits der selektiven Umzugsanreize keine nach Bildungsniveau differierende Umzugsneigung gibt, erscheinen diese Befunde durchaus plausibel.

Zum Vergleich durchgeführte Analysen mit einer alternativen Operationalisierung der abhängigen Variablen im Faktoriellen Survey (beidseitige Angabe der gemeinsamen Umzugswahrscheinlichkeit mit mindestens 60 oder 80 Prozent [statt wie hier 70 Prozent]) führen keineswegs zu substantiell anderen Ergebnissen.

Insgesamt lässt sich festhalten, dass sich die Ergebnisse beider Modelle weitgehend mit den theoretisch erwarteten Effekten decken und auch im Einklang mit bisherigen empirischen Befunden stehen. Zwar sind einige Effekte schwach und nicht signifikant, darin dürfte sich jedoch zum einen die Komplexität der Entscheidungssituation widerspiegeln, zum anderen muss beachtet wer-

---

der ohnehin zu erwartenden Einkommensentwicklung; vgl. z. B. Baltagi 2005: 133ff.). Hinzu kommt die Schwierigkeit, die Mobilitätsgewinne um Differenzen in den regionalen Lebenshaltungskosten zu bereinigen (was sich in den Vignetten durch die Vorgabe vergleichbarer Lebenshaltungskosten an beiden Orten umgehen ließ). Damit ist wiederum die generelle Problematik der Erfassung von Umzugsanreizen und kontrafaktischen Zuständen im Rahmen traditioneller Surveys angesprochen.

36 Schließlich sind relationale Vergleiche zwischen Koeffizienten (im Gegensatz zu absoluten) nicht durch die undeterminierbaren Fehlervarianzen belastet (Hoetker 2003: 22).

den, dass die Einschränkung des Untersuchungssamples auf junge, kinderlose Doppelverdienerpaare bereits einen großen Teil möglicher Variabilität unterbindet.

6 Zusammenfassung und Ausblick

Ziel der in diesem Beitrag durchgeführten Analysen war es, die Belastbarkeit und Plausibilität von vignettenbasiertem Antwortverhalten zu (Umzugs-)Intentionen durch einen Vergleich mit „traditionellen" Befragungsdaten zum tatsächlichen (Umzugs-)Verhalten zu prüfen. Trotz der hohen Fallzahlen und seiner Anlage als Panelbefragung kann mit den Daten des „Großprojekts" SOEP nicht hinreichend zwischen haushaltsökonomischen, verhandlungs- und geschlechtsrollentheoretischen Erklärungsansätzen für die (Im-)Mobilität von Haushalten diskriminiert werden. Grund hierfür sind die Seltenheit und Selektivität von Umzügen sowie die starke Korrelation von Arbeitsmarktpositionen mit dem Geschlecht der Befragten. Ebenso behindert die fehlende Erfassung von (abgelehnten) Umzugsanreizen den theoretischen Fortschritt. Gerade hier setzen Vignettenstudien an, indem sie die Umzugsanreize direkt und mehrdimensional vorgeben. Durch die unabhängige Variation der Vignettenmerkmale und ihre zufällige Verteilung auf die Befragten sind diese weder untereinander noch mit den Eigenschaften der Befragten korreliert. Dies erlaubt die kausale Trennung von Faktoren, die in der Realität stark konfundiert sind (und damit ebenso in den Befragungsdaten des SOEP). Mögliche Artefakte durch unkontrollierte, methodische Effekte (wie Reihenfolge- und Lerneffekte) und die Abfrage von lediglich Intentionen in fiktiven Situationen ziehen jedoch in Zweifel, ob sich mit dem Verfahren überhaupt valide Daten gewinnen lassen.

Unsere aus theoretischen Überlegungen und empirischen Befunden abgeleitete grundsätzliche Annahme war, dass sich trotz der zwischen dem SOEP und Faktoriellem Survey bestehenden Unterschiede in den Gegenständen (Handeln vs. Intentionen) und Untersuchungsdesigns die grundsätzliche Entscheidungslogik der Haushalte ähnlich abbilden sollte. Nach den einschlägigen Theorien von Ajzen und Fishbein sind schließlich analoge Einflüsse auf Intentionen und Verhalten anzunehmen und gerade die direkte Operationalisierung der Entscheidungssituationen in den Vignetten lässt eine hohe inhaltlich Übereinstimmung erwarten. Zur empirischen Umsetzung wurden auf Basis analog konstruierter Befragtenstichproben zwei inhaltlich (verwendete Variablen) und statistisch vergleichbare Modelle geschätzt. Beide stimmen nicht nur mit bisherigen Befunden der Mobilitätsforschung überein, sondern liefern entsprechend auch im Vergleich zueinander sehr ähnliche Resultate. Selbst die Ergebnisse, die von den üblichen in der Literatur berichteten Befunden abweichen, fallen in beiden Analysen analog aus – beispielsweise der kaum vorhandene Einfluss des Alters oder die überraschend hohe Umzugsneigung von Paaren mit zwei Vollzeit-Erwerbstätigen. Da diese beiden unerwarteten Resultate vor allem auf die besondere Selektion der Samples zurückzuführen sein dürften, können sie als ein weiterer Hinweis für die Belastbarkeit des Faktoriellen Surveys gewertet werden. Trotz der hypothetischen Situationsbeschreibungen in den Vignetten zeigen die Befragten ein Antwortverhalten, das konsistent ist mit dem theoretischen und empirischen Forschungsstand zur Mobilitätsbereitschaft von Haushalten als auch mit dem tatsächlichen Umzugsverhalten, wie es im SOEP erfasst ist.

Eine Analyse der Mobilitätsentscheidungen von Paarhaushalten im SOEP wäre an dieser Stelle jedoch weitgehend erschöpft. Nicht nur die kausale Wirkung der Mobilitätsanreize, auch die Interaktionsprozesse in der Partnerschaft sowie mögliche Geschlechtereffekte können auf seiner Datenbasis nur schwer ergründet werden.[37] Die theoretisch aufschlussreiche Trennung zwischen Geschlechtereffekten, Wirkungen ungleich verteilter Mobilitätsanreize, sowie Einflüssen partnerschaftlicher Verhandlungen ist kaum möglich. Hier bieten Befragungen auf Basis von Vignetten Einblicke, die sich aufgrund der methodischen Probleme herkömmlicher Surveys einer Erforschung entziehen: In den Situationsbeschreibungen können nicht nur individuelle Mobilitätsanreize gesetzt werden, sondern sie werden zugleich auch noch zufällig auf die Befragten verteilt. Rechnet man die durch das experimentelle Design gewonnenen methodischen Vorteile, sowie den vergleichsweise geringen Aufwand ihrer Realisierung und die Breite ihrer Anwendungsmöglichkeiten mit ein, erscheinen Vignettenbefragungen als äußerst attraktives und vielseitiges Forschungsdesign.

Nicht zuletzt ermutigen unsere Analysen dazu, das Verfahren auch in methodischer Hinsicht stärker zu erforschen. Aufgrund der sehr unterschiedlichen Samples blieb unser Vergleich unweigerlich auf wenige (oberflächliche) Variablen beschränkt. Die methodischen Kritikpunkte, welche sich von möglichen Reihenfolgeeffekten zwischen Vignetten(-dimensionen) und Lern- und Ermüdungserscheinungen über Verzerrungen durch soziale Erwünschtheit bis hin zu Artefakten aufgrund einer womöglich stärkeren Relevanz auffälliger Merkmale erstrecken, verdienen daher weitere Beachtung. Hier gilt es, durch entsprechende Methodenforschung Richtlinien zur Erhöhung der (internen) Validität zu erarbei-

---

37 Zwar ließen sich für die nähere Beleuchtung der Entscheidungsfindung in der Partnerschaft (nach Geschlecht) getrennte oder verschachtelte („nested") Modelle für die Partner berechnen, welche Aufschluss über die relative Bedeutung der Partnermerkmale für die Entscheidung bieten, dennoch bleiben grundlegende theoretische Fragen damit unbeantwortet. Eine so vorgehende Untersuchung auf Basis des SOEP findet sich bei Jürges (1998a).

ten.[38] Parallel erscheint es sinnvoll, Vignettenstudien – wie hier erprobt – durch die Konfrontation mit „härteren" Verhaltensdaten einer externen Validierung zu unterziehen. Selbst wenn er die Erhebung tatsächlichen Verhaltens nicht ersetzten kann, lässt sich vor dem Hintergrund der in diesem Beitrag gewonnenen ersten Hinweise auf seine Belastbarkeit, vom Faktoriellen Survey als einer ernstzunehmenden und wertvollen Ergänzung zur klassischen Befragung sprechen.

7 Literatur

Abraham, Martin, 2006: Empirische Forschung und Fortschritt in der Familienforschung: Koreferat zu Johannes Huiniks Beitrag. Zeitschrift für Familienforschung 2, 253–259.

Ajzen, Icek, 1988: Attitudes, personality and behaviour. Chicago: Dorsey Press.

Ajzen, Icek, 1991: The Theory of Planned Behavior. Organizational Behavior and Human Decision Processes 50, 179–211.

Ajzen, Icek, und Martin Fishbein, 1980: Understanding attitudes and predicting social behavior. Englewood Cliffs: Prentice-Hall.

Alexander, Cheryl S., und Henry Jay Becker, 1978: The Use of Vignettes in Survey Research. Public Opinion Quarterly 42, 93–104.

Allison, Paul D, 1999: Comparing Logit and Probit Coefficients Across Groups. Sociological Methods & Research 28, 186–208.

Alves, Wayne M., und Peter H. Rossi, 1978: Who Should Get What? Fairness Judgements of the Distribution of Earnings. American Journal of Sociology 84, 541–564.

Antel, John J., 1980: Returns to Migration: Literatur Review and Critique. Santa Monica: Rand Corporation.

Auspurg, Katrin, und Martin Abraham, 2007: Die Umzugsentscheidung von Paaren als Verhandlungsproblem. Eine quasiexperimentelle Überprüfung des Bargaining-Modells. Kölner Zeitschrift für Soziologie und Sozialpsychologie 59, 271–293.

Baltagi, Badi H., 2005: The Econometric Analysis of Panel Data. Weinheim: Wiley VCH-Verlag.

Bartus, Tamas, 2005: Estimation of marginal effects using margeff. Stata Journal 5, 309–329.

Beck, Michael, und Karl-Dieter Opp, 2001: Der faktorielle Survey und die Messung von Normen. Kölner Zeitschrift für Soziologie und Sozialpsychologie 53, 283–306.

Bielby, William T., und Denise D. Bielby, 1992: I Will Follow Him: Family Ties, Gender-Role Beliefs, and Reluctance to Relocate for a Better Job. American Journal of Sociology 97, 1241–1267.

---

38 Was zugleich dem Nutzer die praktische Umsetzung erleichtern dürfte. Auf eine Erarbeitung derartiger methodischer Empfehlungen zielt derzeit ein von der Deutschen Forschungsgemeinschaft (DFG) gefördertes Projekt. Für nähere Informationen: http://www.uni-konstanz.de/hinz/?cont=faktorieller_survey&lang=de.

Blackburn, McKinley L., 2006: The Impact of Internal Migration on Married Couples' Earnings in Britain, with a Comparison to the United States. ISER Working Paper 2006-24. Essex: Institute for Social and Economic Research.

Blamey, Russell, und Jeff Bennett, 2001: Yea-saying and Validation of a Choice Model of Green Product Choice, in: Bennett, Jeff, und Russell Blamey (Hg.), The Choice Modelling Approach to Environmental Valuation. Cheltenham Northampton: Edward Elgar, 179–201.

Blau, Peter M., und Otis D. Duncan, 1967: The American Occupational Structure. New York: John Wiley & Sons.

Bonjour, Dorothe, 1997: Lohndiskriminierung in der Schweiz. Eine ökonomische Untersuchung. Beiträge zur Nationalökonomie 83. Bern: Haupt.

Bowles, Samuel, 1970: Migration as Investment: Empirical Tests of the Human Investment Approach to Geographical Mobility. The Review of Economics and Statistics 52, 356–340.

Büchel, Felix, Joachim R. Frick und James C. Witte, 2002: Regionale und berufliche Mobilität von Hochqualifizierten: ein Vergleich Deutschland – USA, in: Bellmann, Lutz , und Johannes Velling (Hg.), Arbeitsmärkte für Hochqualifizierte. Beiträge zur Arbeitsmarkt- und Berufsforschung, 256. Nürnberg: Institut für Arbeitsmarkt- und Berufsforschung (IAB), 207–247.

Davanzo, Julie, und James R. Hosek, 1981: Does Migration Increase Wage Rates? An Analysis of Alternative Techniques for Measuring Wage Gains to Migration. Santa Monica: Rand Corporation.

De Jong, Gordon F., und James T. Fawcett, 1981: Motivations for Migration: An Assessment and a Value-Expectancy Research Model, in: De Jong, Gordon F., und Robert W. Gardner (Hg.), Migration Decision Making. New York: Pergamon, 13–58.

Diekmann, Andreas, 2007: Empirische Sozialforschung. Grundlagen, Methoden, Anwendungen. Reinbek b. Hamburg: Rowohlt.

Diekmann, Andreas, und Peter Preisendörfer, 1998: Umweltbewußtsein und Umweltverhalten in Low- und High-Cost-Situationen. Eine empirische Überprüfung der Low-Cost-Hypothese. Zeitschrift für Soziologie 27, 438–453.

Duncan, R. Paul, und Carolyn Cummings Perrucci, 1976: Dual Occupation Families and Migration. American Sociological Review 41, 252–261.

Eifler, Stefanie, 2007: Evaluating the Validity of Self-Reported Deviant Behavior Using Vignette Analyses. Quality & Quantity 41, 303–318.

Esser, Hartmut, 1980: Aspekte der Wanderungssoziologie. Assimilation und Integration von Wanderern, ethnischen Gruppen und Minderheiten. Darmstadt-Neuwied: Luchterhand.

Esser, Hartmut, 1986: Können Befragte lügen? Zum Konzept des „wahren Wertes" im Rahmen der handlungstheoretischen Erklärung von Situationseinflüssen bei der Befragung. Kölner Zeitschrift für Soziologie und Sozialpsychologie 38, 314–336.

Faia, Michael, 1980: The Vagaries of the Vignette World: A Comment on Alves and Rossi. American Journal of Sociology 85, 951–954.

Groves, Robert M., Floyd J. Fowler, Mick P. Couper, James M. Lepkowski, Eleanor Singer und Roger Tourangeau, 2004: Survey Methodology. Hoboken, New Jersey: Wiley.

Haas, Anette, 2000: Regionale Mobilität gestiegen. IAB-Kurzbericht Nr.4 vom 18.4.2000. Nürnberg: Institut für Arbeitsmarkt- und Berufsforschung (IAB).

Haisken-Denew, John P., und Markus Hahn, 2006: PanelWhiz: A Flexible Modularized Stata Interface for Accessing Large Scale Panel Data Sets. Mimeo.

Haug, Sonja, 2000: Klassische und neuere Theorien der Migration. MZES Arbeitspapier 30. Mannheim: Mannheimer Zentrum für Europäische Sozialforschung.

Hoetker, Glenn, 2003: Confounded coefficients: Acurately comparing logit and probit coefficients across groups. Working paper 03-0100. Illinois: University of Illinois, College of Business.

Huinink, Johannes, und Michael Wagner, 1989: Regionale Lebensbedingungen, Migration und Familienbildung. Kölner Zeitschrift für Soziologie und Sozialpsychologie 41, 644–668.

Jacobsen, Joyce P., und Laurence M. Levin, 2000: The effects of internal migration on the relative economic status of women and men. Journal of Socio-Economics 29, 291–304.

Jann, Ben, 2003: Lohngerechtigkeit und Geschlechterdiskriminierung: Experimentelle Evidenz. Arbeitspapier des Instituts für Soziologie. Zürich: ETH Zürich.

Jasso, Guillermina, und Karl-Dieter Opp, 1997: Probing the Character of Norms: A Factorial Survey Analysis of the Norms of Political Action. American Sociological Review 62, 947–964.

Jasso, Guillermina, und Murray Jr. Webster, 1997: Double Standards in Just Earnings for Male and Female Workers. Social Psychology Quarterly 60, 66–78.

Jürges, Hendrik, 1998a: Beruflich bedingte Umzüge von Doppelverdienern: Eine empirische Analyse mit Daten des sozio-ökonomischen Panels. Zeitschrift für Soziologie 27, 358–377.

Jürges, Hendrik, 1998b: Einkommen und berufliche Situation von Doppelverdienern nach Umzügen. Mitteilungen aus der Arbeitsmarkt und Berufsforschung 31, 234–243.

Jürges, Hendrik, 2005: The Geographic Mobility of Dual-Earner Couples: Do Gender Roles Matter? Discussion Paper 474 des DIW. Berlin: Deutsches Institut für Wirtschaftsforschung (DIW).

Kalter, Frank, 1997: Wohnortwechsel in Deutschland. Ein Beitrag zur Migrationstheorie und zur empirischen Anwendung von Rational-Choice Modellen. Opladen: Leske + Budrich.

Kalter, Frank, 1998: Partnerschaft und Migration. Zur theoretischen Erklärung eines empirischen Effekts. Kölner Zeitschrift für Soziologie und Sozialpsychologie 50, 283–309.

Kalter, Frank, 2000: Theorien der Migration, in: Mueller, Ulrich, Bernhard Nauck, und Andreas Diekmann (Hg.), Handbuch der Demographie 1. Modelle und Methoden. Berlin: Springer, 438–475.

Lichter, Daniel, 1983: Socioeconomic Returns to Migration Among Married Women. Social Forces 62, 487–503.

Liebig, Stefan, 2001: Lessons from Philosophy? Interdisciplinary Justice Research and Two Classes of Justice Judgments. Social Justice Research, 265–287.

Long, Larry, 1974: Women's Labor Force Participation and the Residential Mobility of Families. Social Forces 52, 342–348.

Long, Scott J., und Jeremy Freese, 2001: Regression Models for Categorial Dependent Variables using Stata. College Station: Stata Press.

Louviere, Jordan J., David A. Hensher, und Joffre D. Swait, 2000: Stated Choice Methods. Analysis and Application. Cambridge: Cambridge University Press.

Mäs, Michael, Kurt Mühler, und Karl-Dieter Opp, 2005: Wann ist man Deutsch? Empirische Ergebnisse eines faktoriellen Surveys. Kölner Zeitschrift für Soziologie und Sozialpsychologie 57, 112–134.

Maxwell, Nan, 1988: Economic Returns to Migration: Marital Status and Gender Differences. Social Science Quarterly 69, 108–121.

Mincer, Jacob, 1978: Family Migration Decisions. Journal of Political Economy 86, 749–773.

Nisic, Natascha, 2008: Labour Market Outcomes of Spatially Mobile Coupled Women: Why is the Locational Context Important? Mimeo.

Ott, Notburga, 1992: Intrafamily Bargaining and Household Decisions. Berlin u.a: Springer.

Paulu, Constance, 2001: Mobilität und Karriere. Eine Fallstudie am Beispiel einer deutschen Großbank. Wiesbaden: Deutscher Universitäts-Verlag.

Perrey, Jesko, 1996: Erhebungsdesign-Effekte bei der Conjoint-Analyse. Marketing – Zeitschrift für Forschung und Praxis 18, 105–116.

Rabe, Birgitta, 2006: Dual-earner Migration in Britain: Earnings gains, employment, and self-selection. ISER Working Paper 2006-01. Essex: Institute for Social and Economic Research.

Rossi, Peter H., und Wayne M. Alves, 1980: Rejoinder to Faia. American Journal of Sociology 85, 954–955.

Schwarz, Norbert, und Bärbel Knäuper, 2006: Kognitionspsychologie und Umfrageforschung: Altersabhängige Kontexteffekte, in: Diekmann, Andreas (Hg.), Methoden der Sozialforschung. Sonderheft 44 der Kölner Zeitschrift für Soziologie und Sozialpsychologie. Wiesbaden: Verlag für Sozialwissenschaften, 203–216.

Shihadeh, Edward S., 1991: The Prevalence of Husband-Centered Migration: Employment Consequences for Married Mothers. Journal of Marriage and the Family 53, 432–444.

Sjaastad, Larry A., 1962: The Costs and Returns of Human Migration. Journal of Political Economy 70, 80–93.

Sniderman, Paul M., und Douglas B. Grob, 1996: Innovations in Experimental Design in Attitude Surveys. Annual Review of Sociology 22, 377–399.

Solga, Heike, Alessandra Rusconi, und Helga Krüger, 2005: Gibt der ältere Partner den Ton an? Die Alterskonstellation in Akademikerpartnerschaften und ihre Bedeutung für Doppelkarrieren, in: Solga, Heike, und Christine Wimbauer (Hg.), „Wenn zwei das Gleiche tun ..." – Ideal und Realität sozialer (Un-)Gleichheit in Dual Career Couples. Opladen: Barbara Budrich, 27–52.

Speare, Alden, 1971: A Cost-Benefit Model of Rural to Urban Migration in Taiwan. Population Studies 25, 117–130.

Spieß, Martin, und Markus Pannenberg, 2003: Documentation of Sample Sizes and Panel Attrition in the German Socio Economic Panel (GSOEP) (1984 until 2002). Research Notes 28. Berlin: Deutsches Institut für Wirtschaftsforschung (DIW).

Spitze, Glenna, 1984: The Effect of Family Migration on Wives' Employment: How Long Does It Last? Social Science Quarterly 65, 21–36.

Strohmeier, Peter K., 1986: Migration und Familienentwicklung. Selektive Zuwanderung und die regionalen Unterschiede der Geburtenhäufigkeit, in: Zimmermann, Klaus F. (Hg.), Demographische Probleme der Haushaltsökonomie. Beiträge zur Quantitativen Ökonomie, Bd.9. Bochum: Brockmeyer, 159–181.

Taylor, Mark, 2006: Tied Migration and Subsequent Employment: Evidence from Couples in Britain. ISER Working Paper 2006-05. Essex: Insitute for Social and Economic Research.

Tourangeau, Roger, Lance J. Rips, und Kenneth Rasinski, 2007: The Psychology of Survey Response. Cambridge: Cambridge University Press.

Trappe, Heike, und Annemette Sørensen, 2005: Economic Relations between Women and Their Partners: An East-West-German Comparison after Reunification. DIW Discussion Paper 544. Berlin: Deutsches Institut für Wirtschaftsforschung (DIW).

Wagner, Gerd, Joachim R. Frick, und Jürgen Schupp, 2007: The German Socioeconomic Panel Study (SOEP). Scope, Evolution and Enhancements. Schmollers Jahrbuch (Journal of Applied Social Science Studies) 127, 139–169.

Wagner, Michael, 1989: Räumliche Mobilität im Lebensverlauf. Eine empirische Untersuchung sozialer Bedingungen der Migration. Stuttgart: Enke.

Wason, Kelly D., Michael J. Polonsky, und Michael R. Hyman, 2002: Designing Vignette Studies in Marketing. Australasian Marketing Journal 10, 41–58.

Wittink, Dick R., Lakshman Krishnamurthi, und Julia B. Nutter, 1982: Comparing derived importance weights across attributes. Journal of Consumer Research 8, 471–474.

Wittink, Dick R., Lakshman Krishnamurthi, und David J. Reibstein, 1989: The Effect of Differences in the Number of Attribute Levels on Conjoint Results. Marketing Letters 1, 113–123.

Wooldridge, Jeffrey M., 2002: Econometric Analysis of Cross Section and Panel Data. Cambridge, Mass.: MIT Press.

Wooldridge, Jeffrey M., 2003: Introductory Econometrics. A Modern Approach. Mahson, Ohio: Thomson.

Pendeln oder Umziehen? Entscheidungen über unterschiedliche Mobilitätsformen in Paarhaushalten

Martin Abraham und Thess Schönholzer

Zusammenfassung[1]
Der vorliegende Beitrag behandelt Mobilitätsentscheidungen in ‚double career'-Partnerschaften. Im Mittelpunkt steht die Frage, unter welchen Bedingungen sich ein Paar – bei einem arbeitsmarktbedingten Mobilitätsanreiz eines Partners – für eine Umzugs- oder eine Pendellösung entscheidet. Anhand spieltheoretischer Überlegungen wird diese Mobilitätsentscheidung als Dilemmasituation für das Paar modelliert, in der ein Partner eine unerwünschte Lösung akzeptieren muss. In dieser Situation können die Akteure auf Gerechtigkeitsvorstellungen zurückgreifen, die die Verhandlungen um eine faire Lösung steuern. Zur Überprüfung des Modells wurde auf Daten einer Paarbefragung zurückgegriffen, in deren Rahmen Vignettenexperimente durchgeführt wurden. Es zeigt sich wie erwartet, dass die monetären und nichtmonetären Kosten des Pendelns zusammen mit den Beschäftigungsaussichten des Partners am Zielort wesentliche Determinanten einer Mobilitätsentscheidung darstellen. Wir finden jedoch auch geschlechtsspezifische Unterschiede, die die Annahme einer generellen Norm des „männlichen Pendlers" in Partnerschaften stützen.

1 Einleitung

Mobilitätsentscheidungen in Partnerschaften werden in modernen Gesellschaften angesichts einer steigenden Frauenerwerbsquote, zunehmenden Mobilitätsanforderungen des Arbeitsmarktes und den steigenden Problemen durch arbeitsbedingte Verkehrsströme ein immer schwierigeres Thema für Paare und Familien. Insbesondere in ‚double career'-Partnerschaften stellt sich das Problem, wie im Lebenslauf die Erwerbskarrieren in zeitlicher und regionaler Hinsicht koordiniert werden können. Eine besondere Herausforderung ergibt sich in Situationen, in denen bessere Jobangebote für einen Partner nur durch regionale Mobilität wahrgenommen werden können. Inwiefern Paare in derartigen Situationen auf die

---

1 Wir danken Katrin Auspurg und Natascha Nisic für hilfreiche Anmerkungen.

‚klassische' Lösung eines Haushaltsumzugs oder die Option des Pendels eines Partners zurückgreifen ist Gegenstand dieses Beitrags.

Bei der Untersuchung dieser Frage stellt sich üblicherweise das Problem, dass mit den herkömmlichen ‚repräsentativen' Befragungsdesigns derartige Jobangebote nur selten direkt beobachtbar sind und diese Angebote immer noch ungleich zwischen den Geschlechtern verteilt sind. Aus diesem Grund wurde ein Vignettendesign im Rahmen einer Paarbefragung eingesetzt, das trotz kleiner Fallzahlen insbesondere die geschlechterbedingten Unterschiede empirisch zugänglich machen kann. Mit dieser Datengrundlage wird ein theoretisches Modell überprüft, das verhandlungstheoretische Aspekte mit geschlechtsspezifischen Normen verknüpft. Es zeigt sich, dass derartige Normen in diesem Fall vor allem die Entscheidungsspielräume der Frauen erweitern können. Der Buchbeitrag ist folgendermassen strukturiert: Zuerst wird der Forschungsstand von individuellen und paarbezogenen Mobilitätsentscheidungen dargestellt, dann folgt der Theorieteil, welcher Elemente der Spiel- und Verhandlungstheorie mit Gerechtigkeitsvorstellungen verknüpft. Im nächsten Abschnitt wird das Forschungsdesign näher vorgestellt und zuletzt werden die empirischen Resultate diskutiert.

2 Umziehen oder Pendeln: Zum Stand der Forschung

Trotz der langjährigen interdisziplinären Forschung über Mobilität und Mobilitätsentscheidungen lassen sich immer noch erstaunlich viele Forschungsdefizite beobachten, die wohl auch durch die eher schlechte Datenlage in diesem Bereich bedingt sind. Dies gilt besonders für Mobilitätsentscheidungen von Paaren und Familien, die bislang sowohl theoretisch wie empirisch unzureichend untersucht und verstanden wurden. Hier dominieren immer noch die im folgenden Unterkapitel skizzierten theoretischen und empirischen Analysen, die eine primär individuelle Entscheidung eines Akteurs in den Mittelpunkt stellen. Jedoch wurde gerade in den letzten Jahren im Bereich der Familienforschung zunehmend die Forschung über das Mobilitätsverhalten von Paaren und Haushalten verstärkt. Der Abschnitt 2.2 gibt hierzu einen Überblick, dabei zeigt sich jedoch, dass Untersuchungen zur Umzugsmobilität dominieren, die Abwägung verschiedener Mobilitätsformen in Paarbeziehungen jedoch bisher praktisch nicht untersucht wurden.

2.1 Individuelle Mobilitätsentscheidungen

Vor allem in der arbeitsmarktorientierten Mobilitätsforschung dominieren sowohl in empirischer wie theoretischer Hinsicht Analysen, die die Mobilitätsentscheidung als rationale Entscheidung von mehr oder minder isolierten Individuen begreifen. Das Interesse der Forscher gilt hier vor allem der Erklärung der regionalen Arbeitsplatzmobilität (z. B. Ommeren et al. 1997, 1999, 2000). Die Akteure kalkulieren die durch Mobilität zu erzielenden Lohngewinne in Relation zu den Mobilitätskosten und entscheiden sich auf dieser Basis für oder gegen einen regionalen Arbeitsplatzwechsel. Der theoretische Rahmen wird auch auf regionale Pendelbewegungen und deren Verhältnis zu Arbeitsmarktprozessen angewendet. Beispielsweise zeigt sich im Einklang mit Such- und Matchingtheorien, dass Arbeitnehmer längere Arbeitswege akzeptieren, je weniger Stellenangebote sie erhalten (Ommeren et al. 1997) oder, dass sich pro 10 Kilometern Pendeldistanz das Verbleiben an einer Arbeitsstelle um zwei Jahre reduziert (Ommeren et al. 1999). Zudem gibt es umfangreiche Literatur über das Ausmaß und die Gründe einer gewählten Pendeldistanz. Als gut bestätigtes Ergebnis zeigt sich, dass Frauen kürzere Arbeitswege zurücklegen als Männer (Johnston-Anumonwo 1992; Turner und Niemeier 1997; Clark et al. 2003; Weinberger 2005). Als Erklärung wird diesbezüglich immer wieder die größere Hausarbeitsbelastung von Frauen (Johnston-Anumonwo 1992; Turner und Niemeier 1997) oder – als strukturelles Argument – die größere Dichte von Frauenberufen im Einzugsgebiet des jeweiligen Wohnorts (Weinberger 2005) herangezogen. Die Thematik des Wohnortswechsels behandelt auch Kalter (1997). Mit spezifischen Daten von Wanderungsgedanken über Wanderungspläne bis zum Wanderungsverhalten testete er verschiedene theoretische Modelle. Als besonders Erfolg versprechend kristallisierte sich für ihn die individuelle Handlungstheorie des subjektiv erwarteten Nutzens heraus, um Wanderungsphänomene zu erklären (Kalter 1997: 234). Als Ergebnis seiner Untersuchung in Deutschland folgt er, dass „der Hauptgrund für die große Immobilität" (ebd.: 232) in den hohen Kosten liegt, welche im Entscheidungsprozess durch die Änderung des status quo anfallen. Dabei sind aber nicht alleine berufliche oder finanzielle Aspekte ausschlaggebend, sondern auch die familiäre Situation sowie die sozialen Kontakte und gesundheitliche Aspekte. In diesem Rahmen kann eine Umzugsentscheidung auch durch die Option des Pendelns verhindert oder hinausgezögert werden, wobei vor allem der letzte Effekt überwiegt (ebd.: 229ff).

Diese notwendiger Weise unvollständige Übersicht macht bereits deutlich, dass die individuelle Entscheidung für einzelne Mobilitätsformen relativ gut untersucht wurde. Sehr viel unbefriedigender ist der Forschungsstand im Hinblick auf die Frage, inwiefern unterschiedliche Mobilitätsformen untereinander substituierbar sind und wie derartige Entscheidungsprozesse aussehen. Einer der wenigen Arbeiten hierzu wurde von Kalter (1994) vorgelegt. Er untersuchte individuelle Wohnort-Arbeitsort-Kombinationen, wobei sein Hauptinteresse der

Frage galt, ob Fernpendeln[2] zunehmend eine Ersatzfunktion für Umzugsentscheidungen geworden ist. Er testete einen möglichen Mobilitätsübergang von Umzügen hin zu Pendeln anhand eines handlungstheoretischen Modells (mit Daten des SOEP von 1984-1990). Wie in der mikroökonomische Literatur üblich wird dabei der Arbeitsort als gegeben vorausgesetzt und nach der Wahl des Wohnortes gefragt (siehe Kalter 1994: 462 sowie Abraham und Nisic 2007). Bei konstanter Wohnqualität wählt eine Person ihren Wohnort derart, dass die Summe aus den Wohn- und Arbeitswegkosten minimal ist. Als Budgetrestriktionen kommen sowohl strukturelle wie individuelle Randbedingungen zum Tragen (Kalter 1994: 469). Aufgrund dieser Modellannahmen verglich Kalter in seiner empirischen Untersuchung ‚Fernpendler' mit Personen, die ihren Wohnort simultan mit ihrem Arbeitsplatz gewechselt haben (simultane Wechsler). Er fand, dass vor allem Personen mit Abitur und hohem Einkommen zu der Fernpendlergruppe zählen. Auch die Anwesenheit von Kindern im Haushalt, Eigentümeranteile und die Zugehörigkeit zum männlichen Geschlecht sowie ältere Personen ist bei Fernpendlern häufiger als in der Referenzgruppe der ‚simultanen Wechsler' zu beobachten (Kalter 1994: 471ff.). Haushalte mit Doppelverdienern hingegen weisen in seinen Analysen im Vergleich mit anderen Haushaltsgruppen sowohl als Fernpendler als auch als simultane Wechsler eine eingeschränkte Mobilität auf. Kalter geht zudem davon aus, dass die Beibehaltung einer Pendel-Kombination im Prinzip eine ständige Erneuerung der Wahl der Alternative ‚Pendeln' sei (ebd.: 474) und definiert Fernpendeln je nach Verweildauer in dieser Mobilitätsform als Vorbotenfunktion, Parkfunktion oder vor allem als Ersatzfunktion. Dabei konnte er zeigen, dass Pendelbewegungen zunehmend Umzüge ersetzen.

Gemeinsam ist den hier zitierten Untersuchungen, dass die Mobilitätsentscheidung primär als individuelle Entscheidung begriffen wird, Beziehung und Familie stellen (bestenfalls) Rahmenbedingungen dar, die die Kosten der Mobilität beeinflussen. Diese Sichtweise auf Mobilität wurde jedoch zunehmen kritisiert und führt zu einer expliziten Berücksichtigung des Beziehungsaspekts in Paar- und Familienhaushalten.

---

2 Je nach Studie schwankt die Angabe zu den Fernpendlern in Deutschland zwischen 2.5%-4.0% und in der Schweiz zwischen 1.7% und 2.0% (siehe z. B. Schneider et al. 2002, Haug und Schuler 2003, Frick et al. 2004). Fernpendeln wird in der einschlägigen Literatur definiert als 50km oder mehr, respektive mehr als eine Stunde für einen einfachen Arbeitsweg (siehe z. B. Wagner 1989; Kalter 1994, Carnazzi und Golai 2005).

2.2 Mobilitätsentscheidungen in Paarbeziehungen

Die verfügbare Literatur zu Mobilitätsentscheidungen von Paaren bezieht sich fast ausschliesslich entweder auf die Frage, ob ein Haushaltsumzug vorgenommen wird oder ob eine Person im Haushalt weitere Pendelstrecken auf sich nehmen soll. Eine Verknüpfung beider Aspekte fehlt sowohl in theoretischer wie empirischer Hinsicht. Bevor in Kapitel 3 ein eigener theoretischer Beitrag zu dieser Forschungslücke präsentiert wird, soll zunächst ein Überblick auf die jeweilige Mobilitätsliteratur in Paarbeziehungen skizziert werden.

2.2.1 Haushaltsumzüge in Partnerschaften

Am umfangreichsten stellt sich die Literaturlage für die Frage dar, unter welchen Bedingungen Paare und Familien einen Haushaltsumzug durchführen. Eines der ersten theoretischen Modelle für diese Frage legte Mincer (1978) auf Basis einer haushaltsökonomischen Betrachtung vor, in der die Umzugsentscheidung von der Maximierung des gemeinsamen Haushaltsnutzens abhängt. Besteht die Möglichkeit, an einem entfernten Ort den Gesamtnutzen des Haushalts zu optimieren, kommt es zu einem Umzug, weil der gemeinsame Nettonutzen durch die Mobilität vergrößert werden kann. Haushalte werden gemäß Mincer dann umzugsmobil, wenn die Summe des individuellen Nutzens aller Haushaltsmitglieder die entsprechende Summe der Kosten durch die Mobilität übersteigt.

Dieses Modell, in dessen Rahmen die Partnerschaft als Entscheidungseinheit fungiert, wurde zunehmend mit dem Argument kritisiert, dass Interessenskonflikte zwischen den Haushaltsmitgliedern vernachlässigt werden. Stattdessen wurden Verhandlungs- und tauschtheoretische Modelle vorgeschlagen, die kollektive Mobilitätsentscheidung aus den individuellen Interessen der Haushaltsmitglieder zu rekonstruieren versuchen (siehe dazu Ott 1989, 1992, 1998). Die Partner antizipieren den drohenden Konflikt, den eine Umzugsentscheidung mit sich bringt. Wird der Konflikt im Sinne von drohenden Kosten als zu groß erachtet, wird ein Umzug vermieden (siehe z. B. Kalter 1997, 1998; Auspurg und Abraham 2007). Die Beziehung zweier Partner wird dabei als Tauschverhältnis begriffen, dessen Tauschgewinne innerhalb der Partnerschaft verteilt werden müssen. Das Ergebnis dieser Verteilung steuert die relative Verhandlungsmacht der Tauschpartner, die durch externe Alternativen zur Partnerschaft beeinflusst wird. Je besser die möglichen Alternativen zu einer Tauschbeziehung für einen Partner, desto unabhängiger ist er/sie von der Beziehung und desto eher kann er/sie mit der impliziten Drohung einer Beziehungsauflösung einen größeren Teil des Tauschgewinnes für sich beanspruchen.

Alternativ zu diesen beiden eher ökonomischen Zugängen eines Umzugsentscheides wird zur Erklärung des Mobilitätsverhaltens auch die Rollentheorie verwendet (Bielby und Bielby 1992; Nivalainen 2004; Jürges 1998, 2005; Baldridge 2006). Während die oben erwähnten Ansätze Unterschiede zwischen den Partnern mit strukturellen Effekten des Arbeitsmarktes erklären, verweist die Rollentheorie auf verinnerlichte Präferenzen, welche von Gesellschaftsmitgliedern mittels Sozialisation von einer Generation zur nächsten weitergereicht werden. Aus diesbezüglich normativen Vorstellungen resultieren dann Erwartungen an das Verhalten von Männern und Frauen, was in der Folge auch im Mobilitätsverhalten Geschlechtereffekte verursachen kann.

Im Folgenden sollen ausgewählte empirische Ergebnisse bezüglich der Umzugsentscheidungen in Paarhaushalten dargestellt werden. Ein erster immer wieder bestätigter empirischer Befund ist, dass Doppelverdienerhaushalte generell weniger umzugsmobil sind als Haushalte mit nur einem Verdiener (Kalter 1998; Jürges 1998, 2005). Im traditionellen System des männlichen ‚Mainbreadwinners' und weiblichen ‚Housekeepers' erfolgt z. B. ein Umzug meist dann, wenn dadurch die Männerkarriere gefördert werden kann (Bielby und Bielby 1992; Nivalainen 2004; Jürges 2005; Baldridge 2006). Dieses Ergebnis, dass Frauen tendenziell ‚Tied Mover' sind, während Männer als ‚Mover' in ihre Karriere investieren können, bestätigt sich in egalitären Partnerschaften nicht. In Beziehungen, in welchen die Partner gleichwertige Geschlechterrollen vertreten, unterscheidet sich das Umzugsverhalten von Frauen nicht von jenem ihrer Partner (Bielby und Bielby 1992; Jürgens 2005). Egalitäre Partnerschaften finden sich zudem eher unter höher Gebildeten. Diese Gruppe zeigt zusätzlich weniger Umzugsmobilität im Vergleich mit weniger gut ausgebildeten Männern und Frauen (Jürges 2005), wobei dieses Resultat nicht durchwegs bestätigt wird (siehe Baldrige 2006). Neuste Studien zeigen, dass Frauen als Umzugsverliererinnen eher der Vergangenheit angehören und sie vermehrt als Gewinner aus einer Umzugsentscheidung hervorgehen. Dies wird mit der Angleichung des Bildungsniveaus von Frauen an das der Männer begründet.

2.2.2 Alternative Mobilitätsformen in Paarbeziehungen

Weit weniger gut untersucht als Haushaltsumzüge sind alternative Mobilitätsformen in Paarbeziehungen und Familienhaushalten. Schon für die Frage, in welchem Umfang derartige Mobilitätsformen auftreten, kann für den deutschsprachigen Raum praktisch nur auf eine Studie zurückgegriffen werden. Die Ergebnisse von Schneider et al. (2002) deuten im Allgemeinen darauf hin, dass verschiedene Alternativen von mobilen Lebensformen zu einem Umzug in Mehrpersonenhaushalten gelebt werden. Neben Fernpendlern betrachten die Autoren sog. Shuttles, d. h. Lebensformen, in denen ein Partner einen Zweithaushalt unterhält, aber an den Wochenenden an den gemeinsamen Haupthaushalt zurückkehrt. Eine weitere Kategorie sind die Varimobilen. Bei dieser Gruppe existiert zwar nur ‚ein' gemeinsamer Wohnsitz, aber mindestens ein Partner hat einen variablen Arbeitsplatz, was dazu führt, dass Nächte unter der Woche außerhalb des gemeinsamen Wohnsitzes verbracht werden. Eine andere Art von Umzugsalternative stellt die Fernbeziehung dar. Bei dieser Mobilitätsform haben beide Partner einen eigenen Wohnsitz und das ‚Zueinanderpendeln' wird beziehungsspezifisch gelöst, was im Englisch treffend mit ‚living apart together' umschrieben wird. Bezüglich der Jobmobilität und der Mobilitätsentscheidung auf Paarebene finden Ommeren et al. (1998) z. B., dass die Jobmobilität positiv und die Wohnmobilität negativ mit der Distanz zwischen zwei Arbeitsplätzen eines Doppelverdienerpaares zusammenhängen. Zudem existiert eine an psychologischen Ansätzen orientierte Literatur darüber, welche Folgen eine Mobilitätsentscheidung zugunsten des Pendelns eines Partners auf eine Beziehung ausübt. Pendeln wird hier aber nicht als Arbeitsweg verstanden, es handelt sich vielmehr – wie von Schneider et al. (2002) beschrieben – um die Gruppe der Shuttles mit zwei Wohnsitzen, zwischen denen ein Partner pendelt. Mögliche Auswirkungen in Paarhaushalten dieser Mobilitätsform sind zum Beispiel eine traditionelle Hausarbeitsteilung (Anderson und Spruill 1993) oder ein geringeres Ausmaß an familienbezogenem Stress für den pendelnden Partner (Bunker et al. 1992). Bezüglich der Scheidungshäufigkeit von Shuttles fanden Rindfuss und Stephen (1990), dass nach drei Jahren Paare mit dieser Mobilitätsform sich fast zwei mal so häufig scheiden lassen als Paare mit beiden Partnern am selben Wohnsitz.

Als Fazit dieser Diskussion des Forschungsstandes lässt sich festhalten, dass die Mobilität von Paar- und Familienhaushalten theoretisch wie empirisch zu wenig untersucht wurde. Dies gilt insbesondere für die Frage, in welchem Verhältnis unterschiedliche Mobilitätsformen zueinander stehen und wie in Partnerschaften über die Wahl zwischen solchen Mobilitätsformen entschieden wird. Im nächsten Kapitel folgt nun ein eigener Vorschlag, wie die Entscheidung zwischen den Mobilitätsalternativen ‚Umzug versus Pendeln' innerhalb von Partnerschaften theoretisch modelliert werden kann.

3 Die Wahl zwischen Mobilitätsformen als diskretes Verhandlungsproblem

Mobilitätsentscheidungen sind grundsätzlich komplexer Natur, die sich in der Regel stark zwischen verschiedenen Situationen unterscheiden können. Um diese Komplexität etwas aufzubrechen wollen wir uns im Folgenden auf eine spezifische Situation konzentrieren, die durch eine Reihe von Grundannahmen geprägt ist. Unser Ziel ist es, theoretisch wie empirisch beruflich induzierte Mobilitätsanreize in Partnerschaften mit doppelter Erwerbstätigkeit zu analysieren. Ein Partner – wir nennen sie oder ihn im folgenden Ego, bekommt einen besseren Arbeitsplatz an einem anderen Ort angeboten. Die Annahme des Angebotes hat zur Folge, dass Mobilität notwendig wird, wobei zwei unterschiedliche Formen der Mobilität – Umzug oder Pendeln – möglich sind. Wir gehen weiter davon aus, dass dieses Angebot für Ego grundsätzlich interessant ist und sie bzw. er die Stelle gerne annehmen möchte. Auf der anderen Seite hat der andere Partner – wir nennen diesen Alter – eine Präferenz dafür, am alten Ort zu bleiben. Ein Umzug würde für Alter bedeuten, die alte Erwerbstätigkeit aufzugeben und eine neue Stelle am Zielort suchen zu müssen. Je nach Eigenschaften des lokalen Arbeitsmarktes und der Zufriedenheit mit der existierenden Stelle am Ausgangsort kann dies mehr oder weniger unattraktiv sein. Ceteris paribus müsste Alter jedoch erst einmal Transaktionskosten der Mobilität wie z. B. die Aufgabe der Stelle, des Freundeskreises etc. tragen, ohne wie Ego einen sicheren Gewinn erwarten zu können. Da nun mit dem Pendeln von Ego eine alternative Mobilitätsform existiert, nehmen wir an, dass Alter diese Option des Pendelns aufgrund der genannten Unsicherheiten präferieren würde.

Diese Ausgangssituation lässt sich spieltheoretisch modellieren. Beide Akteure haben individuell zwei Entscheidungsoptionen: Ego kann sich jeweils dafür entscheiden zu pendeln oder dauerhaft an den Zielort zu ziehen. Alter kann einem Umzug zustimmen oder von Ego fordern, zum Pendler zu werden.[3] Unterschiedliche Entscheidungen – also z. B. Ego möchte Umziehen, Alter möchte eine Pendelbeziehung – führen zu Konflikten, die generell als schlechteste Alternative bewertet werden, da sie die Beziehung belasten und ohne Lösung zu einer Trennung führen könnten. Abbildung 1 zeigt die Struktur dieser interdependenten Entscheidungssituation unter den gegebenen Annahmen, wobei die grundsätzlichen Präferenzen durch Buchstaben gekennzeichnet sind. Es gilt dass T am stärksten und P am geringsten präferiert wird.

Abbildung 1: Payoff-Matrix ‚battle of sexes'

		ALTER	
		akzeptiert Ego's Pendeln	wünscht Umzug
EGO	akzeptiert eigenes Pendeln	S / T	P / P
	wünscht Umzug	P / P	T / S

Mit T > S > P

---

3 Um das Modell möglichst einfach zu halten, wollen wir an dieser Stelle von der Möglichkeit abstrahieren, dass beide umziehen und Alter zurück an den alten Ort pendeln könnte. Wir werden bei der Interpretation der empirischen Ergebnisse jedoch auf diese Möglichkeit zurückkommen.

Asynchrone Entscheidungen für die Spieler, die zu erheblichen Konflikten in der Partnerschaft führen, sind grundsätzlich für beide die schlechteste Option, da Ego entweder auf den attraktiven Job verzichten oder die Beziehung aufgelöst werden muss. Beide würden eine gemeinschaftliche Lösung vorziehen, allerdings sind die Präferenzen hinsichtlich der verbleibenden Zustände asymmetrisch verteilt. Es wird angenommen, dass Ego einen gemeinschaftlichen Umzug präferieren würde, um die Belastungen des Pendelns zu vermeiden, während Alter eine Pendelbeziehung vorzieht, um am alten Ort bleiben zu können. Um Missverständnisse zu vermeiden soll hier nochmals betont werden, dass es sich um ein abstraktes Modell handelt, das der Komplexität realer Entscheidungen in Partnerschaften sicherlich nicht gerecht wird. Es kann jedoch dazu dienen, Entscheidungsmuster für bestimmte Situationen deutlich zu machen und diese empirisch zu untersuchen.

Das skizzierte Spiel ist in der Literatur unter dem Namen ‚battle of sexes' bekannt und steht allgemein für Situationen, in denen zwei Akteure einen Vorteil aus einer (Tausch-)Beziehung erhalten können, dieser gemeinsame Gewinn aber aufgrund der fehlenden Teilbarkeit des Gewinns asymmetrisch verteilt werden muss (vgl. z. B. Schelling 1960; Voss 2001: 110). Dieses Spiel hat keine eindeutige Lösung, da zwei mögliche optimale Zustände (d. h. paretooptimale Gleichgewichte) existieren, die Spieler jedoch über keine Regel verfügen, welches Gleichgewicht nun gewählt werden soll (Voss 2001: 110).[4] Das Basismodell ist demnach nicht dazu geeignet, direkt eine Vorhersage über die Mobilitätsentscheidung in der Partnerschaft zu treffen. Stattdessen kann es als Ausgangspunkt für die Suche nach Mechanismen verwendet werden, die die Akteure in solchen Situationen einsetzen, um ihren Entscheidungskonflikt zu lösen.

Vor diesem Hintergrund ist es hilfreich, die skizzierte Entscheidungsstruktur als diskretes Verhandlungsproblem zu verstehen. Verhandlungsmodelle gehen davon aus, dass ein gemeinsamer Tauschgewinn – bildlich gesprochen ein Kuchen – unter den Tauschpartnern aufgeteilt werden muss. Verhandelt wird

---

4 Dies ist insofern nicht ganz korrekt, als die Spieltheorie die Möglichkeit zulässt, durch so genannte gemischte Strategien gemischte Gleichgewichte zu realisieren. Die Spieler wählen dabei eine Strategie mit einer anzugebenden Wahrscheinlichkeit p aus, die den Erwartungswert der payoffs maximiert. Inhaltlich macht dies für Entscheidungssituationen Sinn, die immer wieder auftauchen und deren asymmetrische Erträge durch den Zufallsentscheid über die Zeit hinweg ausgeglichen werden können. Die Lösung des beim battle of sexes immer wieder angeführte Beispiels einer gemeinsamen Freizeitgestaltung (sie möchte ins Kino, er zum Fussball, aber beide wollen in jedem Fall zusammen etwas unternehmen) könnte dann der Münzwurf sein, der über die Zeit hinweg zu einer Gleichverteilung der Aktivitäten führt. Offensichtlich kann dies für die Mobilitätsentscheidung aber keine Lösung sein, da derartige Situationen im Lebenslauf eher selten auftreten und keine langfristige Gleichverteilung zu erwarten ist. Zudem ist eine Lösung aus gemischten Strategien im Vergleich zu einem Gleichgewicht aus reinen Strategien immer suboptimal (Voss 2001: 110).

darüber, in welche Stücke der Kuchen geteilt wird. Entscheidend für das Ergebnis ist dabei die Verhandlungsmacht, die ein Akteur in diesen Prozess einbringen kann. Diese Verhandlungsmacht kann entweder als verfügbare Alternativen zur bestehenden Tauschbeziehung oder als das Verhältnis der in eine Beziehung eingebrachten Ressourcen konzipiert werden (z. B. Ott 1992, Auspurg und Abraham 2007).

Im Gegensatz zu diesen klassischen Verhandlungsmodellen ist in unserem Fall die Aufteilung des Kuchens in zwei asymmetrische Stücke schon vorgegeben, verhandelt wird nur noch darüber, wer das größere Stück bekommt. Dennoch kann das Konzept der Verhandlungsmacht einen Mechanismus beschreiben, der von den Akteuren genutzt werden kann, das kollektive Entscheidungsproblem zu lösen. Im Kern geht die Aushandlung zwischen den Partnern um die Frage, wer durch Nachgeben weniger zu verlieren hat: Sind die Nachteile für Ego durch das Pendeln schwerer zu gewichten als die Nachteile, die Alter durch einen Umzug hätte? Wie schwer wiegt der Zugewinn an Zufriedenheit und Karrierechancen für Ego im Vergleich zu der Aufgabe des gegenwärtigen Arbeitsplatzes und dem Risiko einer neuen Suche durch Alter? Ein derartiger Vergleich kann durch zwei Mechanismen gesteuert werden: Erstens können die Partner versuchen, sich gegenseitig Entschädigungen anzubieten, dabei wird derjenige seine präferierte Mobilitätsform durchsetzen, der die höhere ‚Zahlungsbereitschaft' aufweist. Dieser Mechanismus setzt jedoch entscheidend voraus, dass die Partner (a) über Möglichkeiten für derartige Seitenzahlungen verfügen und (b) diese dann verbindlich erfolgen. Wie gerade die dynamische Verhandlungstheorie zeigt, ist letzteres ein zentrales Problem. Ego kann Alter z. B. eine höhere Beteiligung an der Haushaltsarbeit versprechen, dieses Versprechen kann Alter jedoch kaum durch einen verbindlichen Vertrag absichern. Durch ‚Seitenzahlungen' an den Partner dessen Zugeständnis zu erkaufen, ist demnach für rationale Akteure immer mit einem erheblichen Glaubwürdigkeitsproblem verbunden (Ott 1989; 1992; 1998).

Die zweite Möglichkeit der Auflösung des Dilemmas beruht dagegen auf der Annahme, dass die Partner eine Vorstellung über eine gerechte Lösung des Problems besitzen. Eine derartige Gerechtigkeitsvorstellung impliziert, dass die Verhandlungsmacht eines Akteurs von den von ihm zu tragenden potenziellen Kosten einer möglichen Lösung abhängt. Je höher diese Kosten bei einem Verzicht auf die präferierte Mobilitätsform, desto eher wird sich ceteris paribus der Akteur unter Berufung auf eine ‚gerechte' Lösung durchsetzen können. Die Differenz zwischen den Zuständen am Ziel- und Ausgangsort bzw. die Bedingungen der Mobilität wird so zum Indikator für die relative Verhandlungsmacht der Tauschpartner.

Dies führt zu zwei zentralen Hypothesen:

> H1: Je aufwändiger die Pendelsituation für Ego, desto eher wird ein Umzug für beide Akteure akzeptabel.
>
> H2: Je besser die Aussichten für Alter am Zielort des möglichen Umzugs, desto geringer die Verhandlungsmacht von Alter und desto eher wird eine Umzugslösung angestrebt.

Diese Hypothesen beruhen dabei auf einer situativen Ausgestaltung einer von den Akteuren angewandten Gerechtigkeitsvorstellung. Die Akteure bewerten verschiedene vor- und nachteilige Dimensionen der Situation für beide Seiten und versuchen, diese ‚gerecht' in die Entscheidung einfließen zu lassen. Dabei kann das zugrunde liegende Gerechtigkeitsprinzip bzw. das Ausmaß, in dem verschiedene Dimensionen gegeneinander abgewogen werden, individuell und zwischen einzelnen Paaren unterschiedlich sein.[5]

Allerdings werden die relevanten Gerechtigkeitsvorstellungen auch gesellschaftlich beeinflusst sein. Dies würde bedeuten, dass jenseits der situativen Faktoren Vorstellungen darüber existieren, dass es nicht gerecht (oder anderweitig nicht opportun) wäre, bestimmten Personen(gruppen) eine bestimmte Mobilitätsform aufzuerlegen. Für unseren Anwendungsfall müssten sich in einer Gesellschaft allgemeine Vorstellung darüber entwickelt haben, ob eher Ego oder Alter hinsichtlich der Mobilitätsentscheidung nachgeben sollte. Solche Vorstellungen können sich insbesondere am Geschlecht von Ego bzw. Alter orientieren. Aus der empirischen Mobilitätsforschung ist bekannt, dass erwerbstätige Frauen grundsätzlich kürzere Wege zur Arbeit zurücklegen und weniger häufig lange Strecken pendeln als Männer (Johnston-Anumonwo 1992; Turner und Niemeier 1997; Clark et al. 2003; Weinberger 2005). Dies kann als Hinweis interpretiert werden, dass es geschlechtsspezifische Mobilitätsmuster gibt, die durch entsprechende geschlechtsspezifische Erwartungen gestützt werden können. Dahinter kann z. B. eine allgemein akzeptierte Vorstellung stehen, dass Frauen eher durch Hausarbeit und die Kindererziehung belastet sind und es daher nicht gerecht bzw. sinnvoll ist, ihnen auch noch längere Arbeitswege aufzubürden.

---

5 Dabei handelt es sich wohl weniger um die Frage der Verteilungsgerechtigkeit, da die Spielstruktur bereits zwei ungleiche Verteilungsmöglichkeiten vorgibt. Vielmehr handelt es sich hier um die Frage der Verfahrensgerechtigkeit, d. h. wie die Akteure zu einer Entscheidung kommen. Das „Wie" umfasst hier vor allem das Problem, welche Dimensionen in die Entscheidung einfließen sollen und wie diese für jede Person gewichtet werden.

Vor diesem Hintergrund könnte vermutet werden, dass Pendellösungen eher angestrebt werden, wenn Männer einen Mobilitätsanreiz erhalten, während bei Frauen eher ein Umzug angestrebt werden sollte. Konkret bedeutet dies:

H3: Frauen in der Rolle von Alter werden von ihren Männern in der Rolle von Ego eher erwarten, dass diese pendeln, als dies Männer in der Rolle von Alter umgekehrt tun.

H4: Frauen in der Rolle von Ego sind im Hinblick auf ihre Entscheidung freier als ihre männlichen Pendants, da letztere mit einer Norm des männlichen Pendlers konfrontiert sind.

4 Design und Operationalisierungen

4.1 Der faktorielle Survey

Zur Überprüfung der Hypothesen wurde in Deutschland und der Schweiz eine Vignettenbefragung durchgeführt. Befragt wurden so genannte ‚Dinks'[6] – Haushalte mit zwei erwerbstätigen Partnern ohne Kinder. Eine Vignettenbefragung, auch ‚faktorieller Survey' genannt, gleicht einer quasiexperimentellen Messung (vgl. Beck und Opp 2001). Den Probanden werden anstelle des sonst üblichen eindimensionalen Items mehrere komplexe Situationen zur Beurteilung präsentiert. Diese Situationen bezogen sich in unserem Fall auf Stellenangebote, welche einem Partner (Ego) offeriert wurden. Der jeweils andere erwerbstätige Partner im Haushalt (Alter) hatte seinerseits dieselben Situationen wie für Ego aus seiner Sicht zu beurteilen. Die beiden Partner wurden getrennt befragt, und die Stellenangebote in den Vignetten bezogen sich immer auf Ego, wobei für jedes befragte Paar die Rollen von Ego und Alter zufällig Mann und Frau zugewiesen wurden. Die Vignettensituationen enthielten sechs verschiedene Dimensionen, welche sich zu zwei Drittel auf Ego und zu einem Drittel auf Alter bezogen. Die Dimension des Nettoeinkommens für Ego konnte realitätsnah abgebildet werden, indem der Einkommensgewinn auf Basis des tatsächlichen Nettogehalts variiert wurde (für Details zum Untersuchungsdesign vgl. Auspurg et al. in diesem Band).

Die beiden hier verwendeten Antwortskalen enthalten die individuellen Mobilitätsvarianten, welche Ego zur Verfügung standen, um zum neuen Arbeitsort zu gelangen. Die Befragten konnten jeweils angeben, wie stark sie in der beschriebenen Situation einen Umzug oder Pendeln in Betracht ziehen würden.

---

6 Double income no kids.

Abbildung 2: Beurteilungsskalen der Vignetten (an Ego gerichtet)

Wie gerne würden **Sie selbst** die Stelle annehmen und **pendeln**? (Skala A)
sehr ungerne 1 2 3 4 5 6 7 8 9 10 11 sehr gerne
☐ ☐ ☐ ☐ ☐ ☐ ☐ ☐ ☐ ☐ ☐

Wie gerne würden **Sie selbst** die Stelle annehmen und **umziehen**? (Skala B)
sehr ungerne 1 2 3 4 5 6 7 8 9 10 11 sehr gerne
☐ ☐ ☐ ☐ ☐ ☐ ☐ ☐ ☐ ☐ ☐

4.2 Abhängige Variablen

Die Bildung der relevanten abhängigen Variablen geschah in zwei Etappen. In einem ersten Schritt wurde die Präferenz für das jeweilige Stellenangebot eruiert. Diese ergibt sich aus dem Maximum der beiden Skalen. Durch die Fragestellung „Wie gerne würden Sie selbst die Stelle annehmen und pendeln" (bzw. „...und umziehen"), konnte aus dem Antwortverhalten auch herausgelesen werden, ob jemand überhaupt Interesse an der angebotenen Stelle hatte. Wurden bei einer Vignette auf beiden Skalen A und B der minimale Wert 1 angekreuzt, signalisierte die Person, dass sie kein Interesse an dem Angebot zeigte. Die Präferenz der Befragten galt infolgedessen dem status quo und die in den Vignetten dargestellten Veränderungen wurden in toto abgelehnt. Wurde auf einer der beiden Skalen A oder B der Wert 1 überschritten, wurde damit zum Ausdruck gebracht, dass ein gewisses Interesse an dem Stellenangebot besteht, wobei offen bleibt, durch welche Mobilitätsform es realisiert werden könnte. Das Ausmass der Präferenz von Ego für die angebotene Stelle ergibt sich somit aus dem maximalen Wert, der über beide Mobilitätsformen hinweg als Präferenz angekreuzt wurde. Dieser Index hat folglich dieselben Ausprägungen wie Skala A oder B aber mit den Extrempunkten 1 ‚nicht an dem Stellenangebot interessiert' und 11 ‚sehr am Stellenangebot interessiert'.

$$Jobpräferenz = Maxima\{SkalaA, SkalaB\} \qquad (1)$$

Unser eigentliches Ziel besteht jedoch in der Frage, welche Mobilitätsform gewählt wird und nicht, ob das neue Jobangebot attraktiver erscheint oder gewählt wird. Daher soll bereits durch eine entsprechende Konstruktion der abhängigen Variable die Attraktivität der neuen Stelle konstant gehalten werden. Die reine ‚Mobilitätspräferenz' ergibt sich somit aus:

$$Mobilitäts\,präferenz = \frac{SkalaA - SkalaB}{Jobpräferenz} \quad (2)$$

Von der Wahrscheinlichkeit des Pendelns wurde der auf der Umzugsskala angegebene Wert abgezogen und das Resultat durch die Stellenpräferenz geteilt. Jene Vignetten, in welcher die Jobpräferenz gemäß Gleichung (1) nur den minimalen Wert 1 aufwies und somit überhaupt kein Interesse an einem Stellenwechsel vorlag, wurden in der Mobilitätsvariable nicht weiter berücksichtigt.[7] Die Variable beinhaltet folglich nur jene Fälle, bei welchen eine der beiden Wahrscheinlichkeiten von Skala A oder B grösser als der minimale Wert von 1 ist. Je mehr der Wert der so gebildeten kontinuierlichen Mobilitätsskala gegen Eins geht, umso eher würde sich ein Befragter für das Pendeln entscheiden. Geht im Gegenteil dazu die Mobilitätspräferenz gegen minus Eins, dann kommt Pendeln immer weniger in Frage und stattdessen wird ein Umzug präferiert. Dadurch, dass jene Vignetten ohne Jobpräferenz in der Mobilitätsvariable nicht berücksichtigt sind, repräsentiert der Wert Null nur jene Fälle, die bezüglich der Mobilitätsform indifferent sind, sich also nicht zwischen Umziehen oder Pendeln entscheiden konnten oder wollten (in Skala A und B von Abbildung 2 denselben Wert grösser 1 angekreuzt hatten). Die Extremwerte Eins und minus Eins werden aufgrund der Skalenkonstruktion (1 bis 11) nicht erreicht, stattdessen ergeben sich Minima bzw. Maxima von plus/minus 0.91.[8]

---

[7] Von den insgesamt 3643 beantworteten Vignetten weisen 305 Vignetten von Ego und 243 Vignetten von Alter keine Jobpräferenz auf (zusammen 15%).

[8] Wie Abbildung 3 zeigt, ist die Verwendung dieser Skala in einem linearen Modell nicht ganz unproblematisch. Die alternative Berechnung diskreter Analysemodelle mit einer ordinalen Variante der abhängigen Variable ergab jedoch keine substantielle Abweichung von den unten präsentierten Ergebnissen, so dass wir annehmen, dass die speziellen Eigenschaften unseres Index zu keiner Verzerrung der Ergebnisse führen.

Abbildung 3: Verteilung der abhängigen Variablen[9]

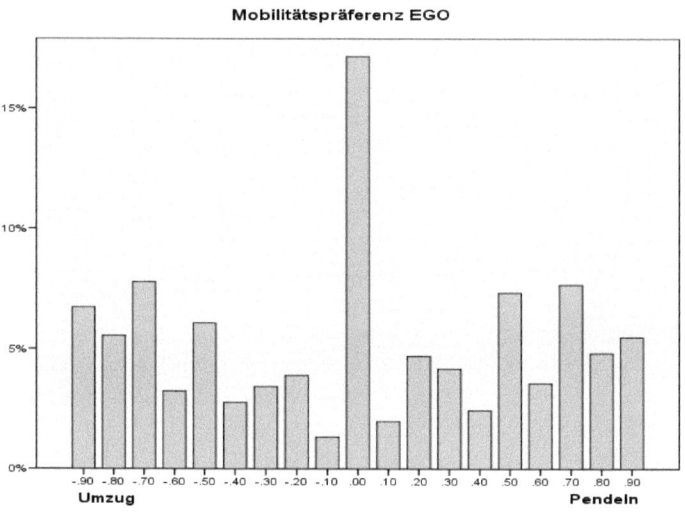

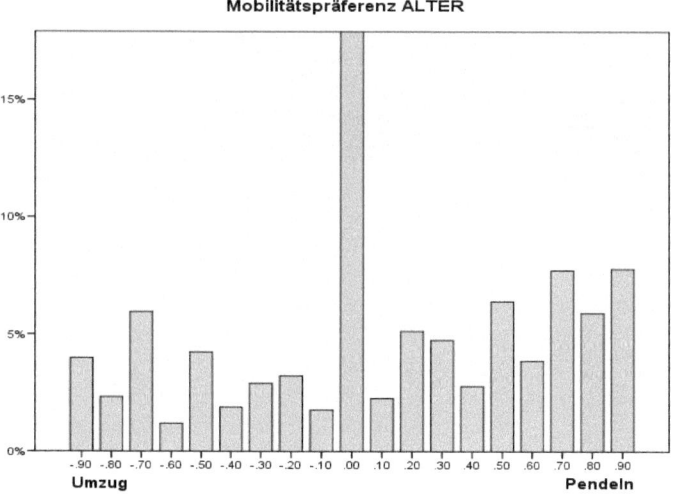

---

9 In der Ego-Gruppe resultierten 17.15%, in der Alter-Gruppe 25.84% indifferente Mobilitätsurteile.

5 Analyse und Resultate

Die zur Überprüfung der Hypothesen herangezogenen Daten besitzen aufgrund der Vignettenstruktur das Problem, dass die Annahme der Unabhängigkeit der einzelnen Fälle – hier also die Vignetten – verletzt wird. Da jeder Befragte mehrere Vignetten beantwortet, werden die Eigenschaften des Befragten simultan mehrere Vignettenurteile beeinflussen. Um für die dadurch verursachte Verzerrung der Schätzung zu korrigieren, greifen wir auf ein Random-Intercept-Modell zurück, dass die Mehrebenenstruktur der Daten berücksichtigt. Eine genauere Darstellung und Diskussion der Datenstruktur und des Schätzmodells kann dem Beitrag von Auspurg et al. in diesem Band entnommen werden.

Tabelle 1 zeigt nun die Ergebnisse der Schätzungen von insgesamt sechs Modellen. Die ersten beiden Modelle beinhalten die Schätzung des Pendelns gegen die Alternative der Umzugsneigung über alle Paare jeweils getrennt für Ego (erhält das Jobangebot) und Alter (müsste mitziehen). Positive Vorzeichen geben an, dass eher eine Pendellösung angestrebt wird, negative Vorzeichen verweisen auf die Tendenz, eher einen Umzug anzustreben.

Es fällt auf, dass die Verbesserungen für Ego in Form von Einkommensgewinnen und verbesserten Aufstiegschancen keinen Effekt auf die Wahl zwischen den beiden Alternativen ‚Umzug' oder ‚Pendeln' besitzen. Dies entspricht auch den zu erwartenden Ergebnissen, da die Attraktivität der Stelle ja durch die abhängige Variable konstant gehalten wird und die Gewinne für Ego in jedem Fall – d. h. entweder durch Umzug oder durch eine Pendelsituation – realisiert werden. Den stärksten Einfluss haben über alle Modelle wenig überraschend die beiden Variablen, die die Pendelbedingungen beschreiben. Je länger der Weg und je weniger öffentliche Verkehrsmittel verfügbar sind, desto attraktiver wird ein Umzug und umso weniger wahrscheinlich wird eine Pendellösung. Dies gilt für beide Akteure, daher bestätigt sich unsere erste Hypothese vorläufig, dass der Pendelaufwand für Ego von beiden Seiten als Umstand betrachtet wird, der einen Umzug eher fördert.

Auch die zweite Hypothese findet eine erste Bestätigung anhand der Daten: Gute Beschäftigungs- und Verdienstaussichten von Alter am Zielort führen für beide Akteure eher zu einer größeren Attraktivität eines Umzugs. Interessant ist hier der Umstand, dass Ego deutlich zurückhaltender als Alter auf gute Bedingungen für den Partner am Zielort reagiert. Dies bedeutet inhaltlich, dass hier ein Konfliktpotenzial in der Partnerschaft besteht (vgl. hierzu Auspurg et al. in diesem Band). Alter erwartet von Ego eine stärkere Berücksichtigung der eigenen Situation am Zielort als Ego tatsächlich zu geben bereit ist.

Tabelle 1: Random-Intercept Modelle der Mobilitätsbereitschaft (Pendeln = positiv, Umzug = negativ)

	Alle Ego (Modell 1a)	Alle Alter (Modell 1b)	Ego Männer (Modell 2a)	Alter Frauen (Modell 2b)	Ego Frauen (Modell 3a)	Alter Männer (Modell 3b)
Vignettenmerkmale						
Einkommensgewinn [10 Prozent]	0.01	-0.01	0.02+	-0.00	-0.00	-0.01
Aufstiegschancen (Ref.: keine)						
- einige	-0.01	0.02	-0.01	0.00	-0.02	0.03
- viele	0.01	0.04	0.03	0.05	-0.01	0.01
Pendelzeit (Stunden)	-0.34***	-0.27***	-0.36***	-0.30***	-0.31***	-0.24***
Nur mit dem Auto erreichbar (Ref.: ÖV erreichbar)	-0.09***	-0.05**	-0.06*	-0.02	-0.13***	-0.08**
Beschäftigungsausssichten Alter am Zielort (Ref.: gering)						
- mittelmäßig	-0.02	-0.12***	-0.04	-0.20***	0.00	-0.05
- gut	-0.07**	-0.28***	-0.12***	-0.38***	-0.01	-0.19***
Verdienstaussichten Alter am Zielort (Ref.: niedriger)						
- vergleichbar	-0.04+	-0.07***	-0.04	-0.05	-0.05	-0.09**
- höher	-0.07**	-0.20***	-0.07*	-0.19***	-0.07*	-0.21***
Befragtenmerkmale						
Geschlecht (1=Frau)	-0.01	-0.04	---	---	---	---
Verheiratet (1=ja)	0.01	0.03	-0.03	0.03	0.07	0.07
Einkommen [1000.- CHF]	-0.04**	-0.00	-0.03*	-0.01	-0.04 *	0.02
Wohneigentum (1=ja)	0.27***	0.15*	0.22**	0.21**	0.32**	0.04
Gegenwärtige Arbeitszeit Alter (in Stunden pro Woche)	0.01	0.01	0.01	0.00	0.00	0.01
Anteil Hausarbeit Alter in %	0.02	0.00	-0.01	0.02	0.04	-0.02
Autobesitz (1=ja)	0.10**	0.06	0.14**	0.08+	0.03	0.04
Wohnort in der Schweiz (Ref.: in Deutschland)	0.13	-0.02	0.19+	0.19+	0.02	-0.21
Konstante	0.16	-0.02	0.09	-0.06	0.36	-0.01
Anzahl Fälle[a]	165	166	82	83	83	83
Varianzkomponenten						
- Befragtenebene (σ^2_u)	0.28	0.27	0.24	0.22	0.30	0.28
- Vignettenebene (σ^2_e)	0.35	0.34	0.36	0.35	0.33	0.33

Random-Intercept-Modelle (Maximum-Likelihood-Schätzung) mit der abhängigen Variable ‚Pendeln (positiv) vs Umzug (negativ)'. Signifikant für: p<0.001(***), p<0.01(**), p<0.05 (*), p<0.1 (+) bei zweiseitigem Test.
[a] Aufgrund von fehlenden Werten reduzieren sich die Fallzahlen auf 166.

Im Hinblick auf die Befragtenmerkmale kann generell festgehalten werden, dass diese nur wenig zur Erklärung der Entscheidung ‚Umzug vs Pendeln' beitragen können. Repliziert werden kann der aus der Mobilitätsforschung gut bestätigte Befund, dass Wohneigentum die Umzugsneigung hemmt und daher eher zu einer Pendellösung führt. Zudem zeigt sich, dass ein höheres Haushaltseinkommen mit einer höheren Umzugsbereitschaft von Ego einhergeht. Schliesslich erhöht die Verfügbarkeit eines PKWs im Haushalt die Akzeptanz des Pendelns, wobei dies vor allem ein Effekt der männlichen Umzugsgewinner ist.

Im Gesamtmodell erweist sich schließlich die Geschlechtervariable als nicht signifikant, Männer und Frauen unterscheiden sich also im Schnitt nicht hinsichtlich ihrer Entscheidung bzw. ihren Erwartungen für oder gegen eine Mobilitätsform. Daher muss unsere dritte Hypothese vorläufig abgelehnt werden, die einen Niveaueffekt des Geschlechts hinsichtlich der Erwartungen an den Partner formuliert.

Dieser Befund bedeutet jedoch noch nicht, dass Männer und Frauen nicht unterschiedlich auf bestimmte Einflussfaktoren hinsichtlich dieser Entscheidung reagieren. Unsere letzte Hypothese stellt genau auf diesen Umstand ab, der durch geschlechtsspezifische Modelle beleuchtet werden kann. Hier zeigt sich zwischen den Modellen 2 und 3 ein substantieller Unterschied: Wie in Modell 2a zu erkennen, berücksichtigen die den Mobilitätsanreiz erhaltenden Männer die Beschäftigungsaussichten ihrer weiblichen Partner dergestalt, dass gute Aussichten die Umzugsneigung steigern. Betrachtet man die weiblichen Pendants (Modell 3a), so haben die Beschäftigungsaussichten der mitziehenden Männer für die Frauen in der Rolle von Ego praktisch keinen Effekt. Inhaltlich bedeutet dies, dass Frauen für die Entscheidung über die jeweilige Mobilitätsform keine Rücksicht auf die Beschäftigungssituation der Männer am Zielort nehmen. Dies wird unseres Erachtens nur durch die Annahme erklärbar, dass Frauen im Falle einer Umzugsentscheidung davon ausgehen, dass der Partner dann zum alten Ort zurück pendelt. Dies wird auch in Abbildung 4 deutlich, die neben dem geschilderten geschlechtsspezifischen Zusammenhang auch aufzeigt, dass Frauen unabhängig von der Situation des Mannes generell eher zu einem Umzug neigen (allerdings auf niedrigem Niveau). Dagegen weist die steil von links oben nach rechts unten fallende Linie der Männer darauf hin, dass diese bei schlechten Aussichten der Frauen im Schnitt eher zu einer Pendellösung tendieren, während gute Aussichten eher zu einer Umzugserwartung führen.

Abbildung 4: Zusammenhang von Stellenaussichten von ALTER und der von EGO präferierten Mobilitätsform

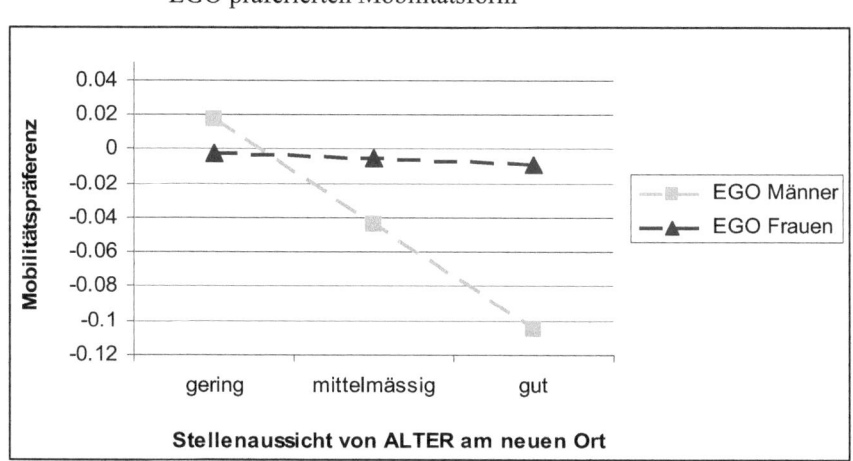

Ob diese höhere ‚Entscheidungsunabhängigkeit' der Frauen wirklich durch eine geschlechtsspezifische Norm des ‚männlichen Pendlers' verursacht wird, kann auf Basis der hier zur Verfügung stehenden Daten nicht getestet werden. Dazu müssen weitere Untersuchungen abgewartet werden, die das Vorliegen einer derartigen Norm direkt testen.

6 Diskussion

Ziel dieses Beitrages war es, die Mobilitätsentscheidungen von ‚double career'-Paaren auf der Basis eines Vignettendesigns mit einer – im Vergleich zu repräsentativen Analysen – kleinen Stichprobe zu untersuchen. Im Mittelpunkt stand vor allem die Frage, unter welchen Bedingungen ein Paar bei einem Mobilitätsanreiz für nur einen der beiden Partner einen Umzug oder eine Pendellösung in Betracht zieht. Obwohl immer wieder davon ausgegangen wird, dass das Pendeln zum Arbeitsplatz über weite Strecken eine Alternative zum Haushaltsumzug darstellt, existieren nur wenige Studien, die dieses Problem empirisch betrachten. Darüber hinaus fehlen Analysen vollkommen, wie die Entscheidung über verschiedene Mobilitätsformen in Paarhaushalten gefällt werden.

Unsere Ergebnisse zeigen erstens, dass die Bedingungen des Pendelns und die Aussichten des Partners am neuen Zielort wesentliche Dimensionen der Entscheidung darstellen, die jedoch von den Partnern unterschiedlich gewichtet werden. Damit wird ein um Gerechtigkeitserwägungen erweitertes Verhandlungsmodell empirisch gestützt, das neben der Verhandlungsmacht auch Gerechtigkeitsvorstellungen in der Partnerschaft mit einbezieht. Zweitens lassen sich Hinweise darauf finden, dass dieser Prozess auch von allgemeinen geschlechtsspezifischen Normen des Mobilitätsverhaltens geleitet sein kann. Frauen sind in ihrer Entscheidung für eine Mobilitätsform weniger abhängig von der Situation des Mannes. Dies kann mit dem Umstand erklärt werden, dass Frauen die Pendelsituation an den Mann ‚weiter reichen' können. Inwiefern dies tatsächlich eine gesellschaftliche Norm darstellt, müssen jedoch weitere Untersuchungen zeigen.

Am Beispiel der geschlechtsspezifischen Effekte von Mobilitätsentscheidungen in Paarbeziehungen lässt sich jedoch ein wesentlicher Vorteil quasiexperimenteller Designs demonstrieren. Trotz kleiner Fallzahlen können seltene Konstellationen – wie hier die Frau als potenzielle Mobilitätsgewinnerin – valide und mit deutlich geringerem Aufwand untersucht werden als in großen Datensätzen, die dafür nur über die aufwändige Prozedur des Oversamplings erschlossen werden können. Kleine experimentelle Stichproben können daher *zusätzlich* zu den großen repräsentativen Datensätzen von erheblichem Nutzen für die sozialwissenschaftliche Forschung sein.

7 Literatur

Abraham, Martin und Natascha Nisic (2007): Regionale Bindung, räumliche Mobilität und Arbeitsmarkt – Analysen für die Schweiz und Deutschland. Schweizerische Zeitschrift für Soziologie, Vol. 33, (1), 69–87.

Anderson, Elaine, A. and Spruill, Jane, W. (1993): The Dual-Career Commuter Family: A Lifestyle on the Move. Marriage and Family Review, Vol. 19, Issue ½, 131–147.

Auspurg, Katrin und Martin Abraham (2007): Die Umzugsentscheidung von Paaren als Verhandlungsproblem. Eine quasiexperimentelle Überprüfung des Bargaining-Modells. Kölner Zeitschrift für Soziologie und Sozialpsychologie 59, 271–293.

Baldridge, David C., Kimberly A. Eddleston and John F. Veiga (2006): Saying 'no' to being uprooted: The impact of family and gender on willingness to relocate. Journal of Occupational and Organizational Psychology, 79, 131–149.

Beck, Michael und Karl-Dieter Opp (2001): Der faktorielle Survey und die Messung von Normen. Kölner Zeitschrift für Soziologie und Sozialpsychologie 53, 2: 283–306.

Bielby William T. and Denise D. Bielby (1992): I Will Follow Him: Family Ties, Gender-Role Beliefs, and Reluctance to Relocate for a Better Job. American Journal of Sociology Vol. 97, No. 5: 1241–1267.

Bunker, Barbara, B. et al. (1992): Quality of Life in Dual-Career Families: Commuting Versus Single-Residence Couples. Journal of Marriage and the Family 54, 399–407.

Carnazzi, Weber Sara und Sylvie Golay (2005): Interne Migration in der Schweiz. Neuchâtel: Bundesamt für Statistik.

Dülmer, Hermann (2007): Experimental Plans in Factorial Surveys. Random or Quota Design? Sociological Methods & Research, Vol. 35, No. 3, 382–409.

Frick et al., Roman; Philipp Wüthrich; René Zbinden und Mario Keller (2004): Pendlermobilität in der Schweiz – Eidgenössische Volkszählung. Neuchâtel, Bundesamt für Statistik.

Green, A.E. (1997): A Question of Compromise? Case Study Evidence on the Location and Mobility Strategies of Dual Career Households. Regional Studies 31, 641–657.

Haug, Werner und Martin Schuler (2003): Pendelverkehr – Neue Definition der Agglomerationen, Pressekonferenz vom 15.5.2003, Bundesamt für Statistik.

Jasso, Guillermina (2004): Factorial-Survey Methods for Studying Beliefs and Judgments. Unpublished Manuscript. In Departement of Sociology. New York: New York University.

Johnston-Anumonwo, Ibipo (1992): The influence of household type on gender differences in work trip distance. The Professional Geographer 44, 161–169.

Jürgens, Hendrik (1998b): Beruflich bedingte Umzüge von Doppelverdienern. Zeitschrift für Soziologie 27: 358–377.

Jürgens, Hendrik (2005): The Geographic Mobility of Dual-Earner Couples: Do Gender Roles Matter? DIW Discussion Papers 474. Berlin, Deutsches Institut für Wirtschaftsforschung.

Kalter, Frank (1994): Pendeln statt Migration. Die Wahl und Stabilität von Wohnort-Arbeitsort-Kombinationen. Kölner Zeitschrift für Soziologie und Sozialpsychologie 3: 460–476.

Kalter, Frank (1997): Wohnortswechsel in Deutschland. Ein Beitrag zur Migrationstheorie und zur empirischen Anwendung von Rational-Choice-Modellen. Opladen, Leske und Budrich.

Kalter, Frank (1998): Partnerschaft und Migration. Zur theoretischen Erklärung eines empirischen Effekts. Kölner Zeitschrift für Soziologie und Sozialpsychologie 50: 283–309.

Kalter, Frank (2000): Theorien der Migration. S. 438–475 in Mueller, Ulrich, Bernhard Nauck und Andreas Diekmann: Handbuch der Demographie 1. Modelle und Methoden. Berlin u. a.: Springer.

Liebig, Stefan und Steffen Mau (2002): Einstellungen zur sozialen Mindestsicherung. Ein Vorschlag zur differenzierten Erfassung normativer Urteile. Kölner Zeitschrift für Soziologie und Sozialpsychologie 54, 109–134.

Mäs, Michael und Kurt Mühler und Karl-Dieter Opp (2005): Wann ist man Deutsch? Empirische Ergebnisse eines faktoriellen Surveys. Kölner Zeitschrift für Soziologie und Sozialpsychologie 57, 1: 112–134.

Mincer, Jacob (1978): Family Migration Decisions. Journal of Political Economy 86: 749–773.

Nivalainen, Satu (2004): Determinants of family migration: short moves vs. long moves. Journal of Population Economics, 17, 157–175.

Ommeren, Jos N. van, Piet Rietveld und Peter Nkjkamp (1997): Commuting: In Search of Jobs and Residences. Journal of Urban Economics 42, 402–421.

Ommeren, Jos N. van, Piet Rietveld und Peter Nkjkamp (1998): Spatial moving behavior of two-earner households. Journal of regional science, 38, 1, 23–41.

Ommeren, Jos N. van, Piet Rietveld und Peter Nkjkamp (1999): Job Moving, residential Moving, and Commuting: A Search Perspective. Journal of Urban Economics, 46, 230–253.
Ommeren, Jos N. van, Piet Rietveld und Peter Nkjkamp (2000): Job mobility, residential mobility and commuting: A theoretical analysis using search theory. Annals of Regional Science. 34, 213–232.
Ommeren, Jos N. van, Piet Rietveld und Peter Nkjkamp (2002): A bivariate duration model for job mobility of two-earner households. European Journal of Operational Research 137, 574–587.
Ott, Notburga (1989): Familienbildung und familiale Entscheidungsfindung aus verhandlungstheoretischer Sicht. In: Wagner, Gert, Notburga Ott, Hans-Joachim Hoffmann-Nowotny (Hrsg). Familienbildung und Erwerbstätigkeit im demographischen Wandel. Berlin, Springer.
Ott, Notburga (1992): Intrafamily Bargaining and Houshold Decisions. Berlin u. a., Springer.
Ott, Notburga (1998): Der familienökonomische Ansatz von Gary S. Becker. S. 63–90: In: Ingo Pies und Martin Leschke (Hrsg). Gary Beckers ökonomischer Imperialismus. Tübingen: Mohr Siebeck.
Rindfuss, Ronald, R. und Stephen, Elizabeth, H. (1990): Martial Noncohabitation: Separation Does Not Make the Heart Grow Fonder. Journal of Marriage and the Family, 52, 259–270.
Rouwendal, Jan (1999): Spatial job search and commuting distances. Regional Science and Urban Economics 29, 491–517.
Rouwendal, Jan (2004): Search Theory and Commuting Behavior. Growth and Change, Vol. 35, No. 3, 391–418.
Schelling, Tom (1960): The strategy of conflict. Cambridge, Harvard University Press.
Schneider et al., Norbert F.; Ruth Limmer und Kerstin Ruckdeschel (2002): Mobil, flexibel, gebunden. Familie und Beruf in der mobilen Gesellschaft, Frankfurt, Campus.
Turner, Tracy and Debbie Niemeier (1997): Travel to work and household responsibility: new evidence. Transportation 24, 397–419.
Voss, Thomas (2001): Game-Theoretical Perspectives on the Emergence of Social Norms. In: Michael Hechter und Karl-Dieter Opp (Hrsg.): Social Norms. New York, Russell Sage Fundation.
Weinberger, Rachel (2005): Is shorter still better? An updated analysis of gender, race, and industrial segregation in San Francisco Bay Area commuting patterns.
Wooldridge, Jeffrey M. (2003): Introductory Econometrics. A Modern Approach. Mason/Ohio: Thomson/South-Western.

Ist das neunte amerikanische Berufungsgericht liberaler als die anderen Bundesberufungsgerichte?

Andreas Broscheid

Zusammenfassung
Das amerikanische Bundesberufungsgericht für den neunten Kreis – zuständig für Berufungsfälle im Westen der Vereinigten Staaten – wird von konservativen Kritikern häufig als linksgerichtet charakterisiert. Dieses Kapitel untersucht mit Hilfe bayesianischer Modelle richterlichen Verhaltens, ob diese Beschreibung allgemein zutrifft. Im Ergebnis findet sich, dass die Richterinnen und Richter des neunten Kreises im Durchschnitt von liberaleren Präsidenten und Senatoren ernannt worden sind als die Richter(innen) anderer Kreise, ihre Ideologie aber einen geringeren Einfluss auf ihr Entscheidungsverhalten hat als in anderen Kreisen.

1 Einleitung

Ob ein Datensatz groß oder klein ist hängt oft von der zu untersuchenden Fragestellung ab. Selbst Datensätze, die absolut gesehen als groß erscheinen, können klein sein, wenn sie dazu verwandt werden müssen, kontingente Zusammenhänge zu untersuchen, die normalerweise die Schätzung von Maximum Likelihood-Modellen mit vielen Parametern verlangen. In diesem Kapitel wird ein Beispiel einer solchen Untersuchung mit scheinbar großem N vorgestellt. Obwohl die Fallzahl auf den ersten Blick groß erscheint, verlangt die Fragestellung die Schätzung einer großen Anzahl von Schätzparametern, die mit Maximum Likelihood-Verfahren nicht verlässlich geschätzt werden können, da die relativ geringe Fallzahl bei großen Parameterzahlen asymptotische Aussagen nicht zulässt. Als methodologisch begründbare Alternative stelle ich deshalb die Ergebnisse einer bayesianischen Schätzung der Parameterverteilungen vor.

Die Fragestellung, der in diesem Kapitel nachgegangen wird, bezieht sich auf Entscheidungsmuster in amerikanischen Bundesberufungsgerichten (*U.S. Courts of Appeals*). In der überwiegenden Mehrheit der Gerichtsfälle, die unter amerikanischem Bundesrecht entschieden werden, stellen die Bundesberufungsgerichte praktisch die höchste Instanz dar: Da der amerikanische *Supreme Court* fast vollkommene Diskretion über die Auswahl der von ihm zu entscheidenden

Fälle besitzt – und tatsächlich auch mittlerweile nur etwa 150-350 Fälle pro Sitzungsperiode entscheidet (für deutlich weniger als 100 dieser Fälle wird eine schriftliche Begründung vorgelegt) – werden nur etwa 0,04 % aller Berufungsgerichtsentscheidungen vom Supreme Court überprüft.[1] Bundesberufungsgerichte spielen also eine wichtige Rolle im amerikanischen politischen System, auch wenn ihre Entscheidungen in den Medien weniger Beachtung finden als die des Supreme Court.

Trotz der geringeren Beachtung, die einzelne Berufungsgerichtsentscheidungen in den Medien erhalten, hat sich im letzten Jahrzehnt eine höchst politisierte öffentliche Diskussion über das Entscheidungsverhalten der Berufungsgerichte ergeben, in der einigen Berufungsgerichten ideologische Entscheidungen vorgehalten werden. Verbunden mit dieser Diskussion ist eine erhöhte Politisierung des Prozesses, mit dem Berufungsrichter vom Präsidenten ernannt und vom U.S.-Senat bestätigt werden (wobei unklar ist, ob die Politisierung Auslöser oder Folge der Diskussion ist). So wurden in der jüngsten Vergangenheit mehrere von Präsident Bush ernannte Kandidaten durch Filibuster[2] demokratischer Senatoren blockiert, was von republikanischer Seite zu der Drohung führte, den Filibuster bei richterlichen Ernennungen abzuschaffen (Epstein und Segal 2005).

Die Frage ideologischen Entscheidungsverhaltens ist gerade in den amerikanischen Berufungsgerichten wichtig, da diese dezentral in Kreisen (*Circuits*) organisiert sind, und von den Berufungsgerichten beschlossene Präzedenzfälle in ihren jeweiligen Kreisen Gültigkeit haben, solange der Supreme Court sie nicht revidiert. Dies bedeutet, dass verschiedene Kreise in einzelnen rechtlichen Fragen verschiedenen Präzedenzfällen folgen müssen, was problematisch hinsichtlich der Rechtssicherheit und rechtlichen Einheitlichkeit im Bundessystem sein kann. Sollten zudem Präzedenzentscheidungen mit der ideologischen Ausrichtung der entscheidenden Richter erklärt werden können, so kommt zu dem Vorwurf uneinheitlicher Gesetzesinterpretation der der willkürlichen Entscheidungsfindung hinzu.

---

1 Im September 2006 endenden Berichtsjahr entschieden die amerikanischen Bundesberufungsgerichte 67.582 Fälle; im folgenden Jahr entschied der Supreme Court 358 Fälle, davon 74 mit von den Richtern gezeichneten schriftlichen Begründungen. Etwa 83% von Supreme Court-Entscheidungen sind Berufungen von Bundesberufungsgerichtsentscheidungen (Administrative Office of the United States Courts 2008; Baum 2007: 10).

2 U.S.-Senatoren haben das Recht, ohne Zeit- und thematische Einschränkungen Reden zu Gesetzesvorlagen zu halten. Dieses Recht kann dazu ausgenutzt werden, Senatsentscheidungen zu blockieren; diese Taktik wird als ein „Filibuster" (also eine Freibeuterei) bezeichnet. (Der „Rekord" wurde im Jahr 1957 von Senator Thurmond aufgestellt, der mit einer 24 Stunden und 18 Minuten dauernden Rede ein Zivilrechtsgesetz zu blockieren suchte.) Ein Filibuster kann mit einem Votum von 60 Senatoren beendet werden. Praktisch bedeutet dies, dass Gesetze im Senat von einer 3/5-Mehrheit verabschiedet werden müssen. (Oleszek 1996: 249ff.)

Der Vorwurf ideologischer Entscheidungsfindung wird vor allem von konservativer Seite gegenüber dem Berufungsgericht des neunten Kreises gemacht, das für Bundesentscheidungen in den Staaten Alaska, Arizona, Kalifornien, Hawaii, Idaho, Montana, Nevada, Oregon und Washington zuständig ist. Die Vorwürfe beziehen sich dabei in der Regel auf liberale Entscheidungen in für viele amerikanische Konservative identitätsbestimmenden Streitsachen. So entschied der neunte Kreis etwa, dass ein vielerorts öffentlich rezitierter Fahnenschwur (die sogenannte *Pledge of Allegiance*) gegen die von der Verfassung verlangte Trennung von Kirche und Staat verstößt, wenn er in staatlichen Schulen rezitiert wird (Hatch 2002). In anderen Entscheidungen schränkte das Gericht die Strafverfolgung des medizinischen Einsatzes von Marihuana und der aktiven Sterbehilfe ein (Adler 2004; Amar und Amar 2002), erlaubte die Errichtung exklusiver Schulen für hawaiische Eingeborene (Fein 2006) und verbot einer Schule, disziplinarische Maßnahmen gegen Schüler zu ergreifen, die am Rande des olympischen Fackellaufs durch ihren Ort (im Vorfeld der Olympiade 2002) ein Transparent mit der Aufschrift „Bong Hits 4 Jesus" enthüllten (Bork 2007). Der Verweis auf vermeintlich liberale Entscheidungen wird oft durch den Hinweis untermauert, dass Entscheidungen des neunten Kreises häufiger als die anderer Kreisgerichte vom Supreme Court in Revision aufgehoben werden, was als Hinweis darauf verstanden wird, dass Entscheidungen des neunten Kreises nicht mit dem amerikanischen juristischen *Mainstream* übereinstimmen (Price 2002).

Beruhen diese Argumente auf selektiver Wahrnehmung oder verweisen sie auf Beispiele eines allgemeinen Entscheidungsmusters? Interessanterweise gibt die wissenschaftliche Literatur nur wenige und bruchstückhafte Antworten. Eine ganze Reihe von Autoren weisen darauf hin, dass es zu den liberalen Entscheidungen des neunten Kreises Gegenbeispiele konservativer Entscheidungen gibt (Chemerinsky 2003). Systematische Untersuchungen des Entscheidungsverhaltens im neunten Kreis sind allerdings seltener. Songer et al. (2000) untersuchen regionale Unterschiede im Entscheidungsverhalten der Bundesberufungsgerichte, aber sie analysieren nicht den neunten Kreis im Besonderen. Susan Haires Studie des neunten Kreises kommt einer systematischen Untersuchung der Unterschiede zwischen dem neunten und den anderen Kreisen am nächsten. Sie findet, dass in Bürgerrechtsfragen Richter, die von demokratischen Präsidenten ernannt wurden, im neunten Kreis mit größerer Wahrscheinlichkeit liberale Entscheidungen fällen als vergleichbare Richter in anderen Kreisen (Haire 2006). Der Unterschied zwischen dem neunten und den anderen Kreisen ist allerdings nur eine untergeordnete Fragestellung in Haires Artikel, und ihre Ergebnisse beziehen sich nur auf relativ spezialisierte und politisierte rechtliche Fragestellungen. Eine allgemeine Untersuchung steht noch aus, und das vorliegende Kapitel versucht einen weiteren Beitrag dazu zu leisten.

2 Was heißt hier ideologisch?

Die genannten Polemiken gegen vermeintlich links-ideologische Entscheidungen im neunten Kreisgericht liefern keine einheitliche und operationalisierbare Definition ideologischen Entscheidungsverhaltens von Richterinnen und Richtern, aber sie geben Anhaltspunkte, denen Sozialwissenschaftler(innen) folgen können. Ein Kritikpunkt bezieht sich auf die Entscheidungen: Konservative kritisieren links-liberale Entscheidungen. Zudem wird von Konservativen häufig kritisiert, dass im neunten Kreis die Richter(innen) *selbst* liberaler seien – also ein Argument über die politischen Einstellungen der Richter(innen) zusätzlich zum Argument über ihre Entscheidungen. Ein weiteres Argument ist, dass liberale Richterinnen und Richter im neunten Kreis in größerem Maße als in anderen Kreisen ihren politischen Überzeugungen gegenüber juristischen Argumenten den Vorzug geben. Ferner wird argumentiert, dass der neunte Kreis als Ganzes Einfluss nimmt auf die Entscheidungen der Richter(innen). Somit wird auch das Entscheidungsverhalten konservativer Richter(innen) im neunten Kreis auf liberalere Bahnen gelenkt. Welche Hypothesen können wir von diesen Argumenten ableiten?

2.1 „Linke" Entscheidungen

Aus dem ersten Argument lässt sich die Hypothese ableiten, dass die Proportion liberaler Entscheidungen im neunten Kreis höher ist als in anderen Kreisen. Diese Hypothese hat mehrere Schwächen, die sowohl theoretischer als auch praktischer Natur sind:

Erstens besteht die Frage, ob Entscheidungen systematisch als liberal und konservativ klassifiziert werden können. Zum einen ist es in vielen Fällen nicht klar, ob etwa eine Entscheidung zugunsten eines Patentantrags als liberal oder konservativ gelten soll. Zum anderen werden in der Forschungspraxis solche Fälle, wenn ideologische Entscheidungsmuster untersucht werden sollen, einfach ignoriert. Die klassischen quantitativen Studien richterlichen Entscheidungsverhaltens konzentrieren sich deshalb auf Fälle, die gut in den amerikanischen politischen Diskurs eingebettet sind, vor allem solche, die sich mit Zivil- und Bürgerrechten und/oder der Interpretation der Verfassung befassen. Solch ein Fokus kann deshalb leicht die Politisierung richterlichen Verhaltens überschätzen.

Zweitens führt die Einteilung von liberalen und konservativen Entscheidungen zu einer allzu vereinfachten Sichtweise von Ideologien. So werden etwa Entscheidungen, die die Redefreiheit einschränken, als konservativ klassifiziert, und solche Entscheidungen, die die Ausübung der Redefreiheit schützen, als liberal eingeschätzt. Aber solche Klassifikationen übergehen natürlich, dass Ideologien nicht eindimensional und homogen sind. So erfahren individuelle

Freiheiten starke Unterstützung Libertär-Konservativer, während Liberale oft willens sind, die Redefreiheit im Fall von sogenannter *Hate Speech* einzuschränken.

Eine mögliche Lösung des letzteren Problems ist eine Sichtweise, die Urteile in Gerichtsfällen nur als relativ liberal oder konservativ einteilt und Fälle selbst als liberaler oder konservativer klassifiziert. So lässt sich etwa in einem Fall, in dem es um einen Versuch der Regierung geht, eine Zeitung zu zensieren,[3] eine Entscheidung zugunsten der Zeitung als liberaler ansehen als eine Entscheidung zugunsten der Regierung. Ebenso kann man in einem Fall, in dem es um eine Privatklage gegen beleidigende Satire geht, einen Richterspruch zugunsten der Satiriker als liberal klassifizieren, im Vergleich zur (möglichen) Entscheidung zugunsten des Beleidigten.[4] Zusätzlich ist der erste Fall als Ganzer konservativer als der zweite Fall, da aus konservativer Sicht (zumindest im amerikanischem Diskurs) in jenem eher einer liberalen Entscheidung zugestimmt werden kann, da es um einen klaren, von der Regierung erwirkten Bruch der Pressefreiheit geht, während es in diesem lediglich um einen Privatdisput geht und nicht um Zensur.

Gerichtsentscheidungen werden in der Literatur demnach nicht als liberal oder konservativ, sondern als mehr oder weniger liberal/konservativ klassifiziert, wobei dies vom Vergleich der möglichen Entscheidungen und den faktischen und rechtlichen Fragestellungen des Falles abhängt (Segal 1984). Diese Forschungspraxis führt aber zu weiteren Problemen mit der genannten Hypothese: Sollte der neunte Kreis tatsächlich eine höhere Proportion liberaler Entscheidungen verabschieden als die anderen Kreise, so bedeutet dies nicht *notwendigerweise*, dass der Kreis liberaler und/oder ideologischer ist als andere Kreise; es ist ebenso möglich, dass die Richter(innen) im neunten Kreis liberalere Fälle entscheiden müssen.

Eine Möglichkeit, die Fallzusammensetzung beim Vergleich der Entscheidungsmuster verschiedener Kreise in Betracht zu ziehen, ist die statistische Kontrolle faktischer Charakteristika von Fällen. Solche *Fact Pattern-Analysen* sind vor allem in der Supreme Court-Forschung angewandt worden (Segal 1984; Songer und Haire 1992). Im vorliegenden Fall sind sie praktisch nicht möglich, da die Fallzusammensetzung zu heterogen ist, als dass Fallcharakteristika systematisch und vergleichbar in die Analyse einbezogen werden könnten. Der Leser muss also die Ergebnisse der vorliegenden Studie unter dem Vorbehalt rezipieren, dass Fallcharakteristika nicht kontrolliert werden.

---

3   Siehe beispielsweise den sogenannten Fall der Pentagon-Papiere im amerikanischen Supreme Court, *New York Times v. United States* (403 U.S. 713, 1971).
4   Beispiel: *Hustler Magazine v. Falwell* (485 U.S. 46, 1988).

Ein weiteres Problem der Untersuchung als liberal oder konservativ klassifizierter Gerichtsentscheidungen ist, dass die Begründung der Entscheidung außer Acht gelassen wird. Eine als liberal klassifizierte Entscheidung kann beispielsweise mit einer schriftlichen Begründung versehen sein, die auf einer eher als konservativ zu bezeichnenden juristischen Argumentation beruht, die in der Zukunft als Präzedenzfall zu konservativen Entscheidungen führen kann. Bisher haben nur wenige quantitative Studien amerikanischer Gerichte die Begründungen von Gerichtsentscheidungen einbezogen (Corley et al. 2005). Auch wenn dieses Manko die Gültigkeit der Forschungsergebnisse einschränken mag, so ist doch zu erwarten, dass die hypothetischen Entscheidungsmuster, wenn sie tatsächlichen Entscheidungsmustern entsprechen, in den binär kodierten Entscheidungen wiederzufinden sind.

2.2 Liberale Richter(innen) und ideologische Entscheidungsmuster

Die Behauptung, der neunte Kreis sei ein auffällig liberaler Kreis geht über die Hypothese, die einen höheren Anteil liberaler Entscheidungen im neunten Kreis postuliert, deutlich hinaus. Zusätzlich wird von Kritikerinnen und Kritikern des vermeintlich liberalen Entscheidungsmusters behauptet, dass die Richter(innen) des neunten Kreises liberaler sind als die anderer Kreise, und dass ihre Ideologie Gerichtsentscheidungen beeinflusst. Dieses Argument lässt sich in zwei verbundenen Hypothesen zusammenfassen: Der Anteil liberaler Richter(innen) im neunten Kreis ist höher als in anderen Kreisen *und* die Ideologie der Richter(innen) beeinflusst deren Entscheidungsfindung; und/oder der Einfluss von Ideologie auf Entscheidungsfindung ist im neunten Kreis stärker ausgeprägt als in den anderen Kreisen.

Das Argument, ideologische Überzeugungen von Richtern(innen) beeinflussten deren Entscheidungen, geht auf einen theoretischen Ansatz zurück, der als *Attitudinal Model* bezeichnet wird (Segal und Spaeth 2002). Das Attitudinal Model behauptet, dass richterliche Entscheidungen als eine Kombination von Fallcharakteristika und richterlichen Ideologien erklärt werden können: Richter(innen) entscheiden solche Fälle, die konservativer sind als ihre Ideologie, mit einer liberalen Entscheidung und vice versa. In den oben genannten Beispielen, in denen es um Zensur und Beleidigung ging, war der Zensur-Fall konservativer als der Beleidigungsfall; gemäß des Attitudinal Models hieße das, dass im Zensurfall selbst Konservative willens sind, eine liberale Entscheidung zu fällen, während im Beleidigungsfall nur die liberaleren Richter(innen) eine liberale Entscheidung unterstützten.

Obwohl das Attitudinal Model in Bezug auf den amerikanischen Supreme Court entwickelt worden ist und empirische Unterstützung erfahren hat, so ist es empirisch erfolgreich (wenn auch mit Einschränkungen) auf untere Berufungsgerichte angewandt worden (Songer und Haire 1992). Die Einschränkungen ergeben sich dadurch, dass in den Berufungsgerichten, die dem Supreme Court unterstehen, verschiedene Faktoren den Einfluss richterlichter Ideologie einschränken: Viele „untere" Berufungsfälle sind Routineentscheidungen, die ideologisch nicht definiert sind – vom Supreme Court werden solche Fälle in der Regel nicht zur Entscheidung angenommen; die Berufungsgerichte müssen vom Supreme Court gesetzten Präzedenzregeln folgen, selbst wenn dies zu Entscheidungen führt, die nicht den ideologischen Überzeugungen der Richter(innen) entsprechen.

Der Zusammenhang zwischen richterlicher Ideologie und liberalen Entscheidungen ist deshalb von zentraler Bedeutung in der Kritik des neunten Kreises, da ein hoher Anteil liberaler Entscheidungen vor allem dann, wenn er die Folge liberaler richterlicher Ideologien ist, Besorgnis erregt. In diesem Fall bestünde zumindest der Anschein, dass die Richter(innen) nicht unpolitischen juristischen Standards folgten, sondern zumindest teilweise ihrer politischen Überzeugung. In einer Demokratie wäre ein solches Verhalten von Seiten nicht gewählter, auf Lebenszeit ernannter Richter(innen) problematisch. Ist der hohe Anteil liberaler Entscheidungen nicht die Folge richterlicher Ideologie, so untergräbt dies die Kritik.

2.3 Liberale Normen, liberales Publikum, liberale Strategien

Neben der Möglichkeit, dass im neunten Kreis liberale Richter(innen) ideologisch geprägte Entscheidungen treffen, muss in Betracht gezogen werden, dass Faktoren, die das Gericht als Ganzes charakterisieren, unabhängig von den politischen Überzeugungen einzelner Richter(innen) zu liberalen Entscheidungen führen können. Demnach ist zu erwarten, dass selbst konservative Richter(innen) im neunten Kreis liberalere Entscheidungen verabschieden als vergleichbare Richter(innen) in anderen Kreisen. Verschiedene solcher Faktoren, die auf Kreisebene wirksam sein mögen, lassen sich theoretisch begründen:

Die verschiedenen Bundesberufungsgerichte setzen Präzedenzfälle, die für ihren Kreis gültig sind. Zwar können diese Präzedenzfälle vom Supreme Court verworfen werden, aber dies geschieht, wie bereits erwähnt, selten. So ist es möglich, dass die Präzedenzfälle in einem Kreis im Ganzen zu liberaleren Entscheidungen führen als in anderen Kreisen, und dass selbst konservative Richter(innen) relativ liberale Entscheidungen fällen. Aufgrund der Heterogenität von Präzedenz- und Folgefällen ist es sehr schwer, den Einfluss jener auf diese systematisch zu untersuchen. Studien von Klein (2002), Sisk et al. (1998) und Wrabley (2006) deuten jedoch darauf hin, dass Bundesberufungskreise ihren eigenen Präzedenzfällen folgen, und dass dies tatsächlich zu Unterschieden in der Rechtsprechung führen kann. Entscheidungen der Bundesberufungsgerichte werden nicht von Einzelrichter(inne)n gefällt, sondern von Richtergremien. Die überwiegende Mehrheit der Entscheidung wird von jeweils drei Kreisrichter(inne)n, die aus der (von Kreis zu Kreis unterschiedlichen) Gesamtzahl der Berufungsrichter(innen) per Zufall ausgewählt werden, getroffen. Eine geringe Zahl von Entscheidungen wird zudem von allen Richter(inne)n des Kreises in sogenannten *En Banc-Entscheidungen* in Revision genommen,[5] beispielsweise wenn zwei Richtergremien einander widersprechende Entscheidungen gefällt haben. Es ist deshalb plausibel, dass Richter(innen) sich gegenseitig in vielfacher Hinsicht beeinflussen. Klein (2002: 75) beispielsweise zeigt, dass die professionelle Reputation einer Richterin die Wahrscheinlichkeit erhöht, mit der eine neue rechtliche Regel, die diese einer Entscheidung zugrunde gelegt hat, von anderen Richtern eines Kreises angenommen wird. Baum (2006) postuliert, dass das Bedürfnis nach Wertschätzung durch die eigenen Kollegen Richter(innen) dazu führt, sich gegenseitig zu beeinflussen.

Während für Klein (2002) und Baum (2006) Reputation eine zentrale Erklärungsvariable ist, so deuten eine Reihe anderer Studien auf strategisches Verhalten als Mechanismus, der zu wechselseitiger Beeinflussung von Richter(inne)n führt. Da eine Entscheidung von mindestens einer Mehrheit der entscheidenden Richter(innen) gefällt werden muss, sind Kompromisse häufig notwendig, und Richter(innen) sind möglicherweise dazu gezwungen, Entscheidungen mit zu tragen, denen sie nicht (oder nur teilweise) zustimmen können. Dies gilt vor allem für die Entscheidungsbegründungen, deren Formulierung Anlass zur Verhandlung und Kompromisslösung geben mag. Maltzman et al. (2000) und Epstein und Knight (1998) haben im Fall des Supreme Courts dokumentiert, dass strategisches Verhalten im Prozess der Urteilsbegründung vorkommt.

In Bundesberufungsgerichten wird strategisches Verhalten zudem von der Tatsache beeinflusst, dass Urteile weiter in Berufung gehen können – sie können im Supreme Court oder im Kreis selbst (als En Banc-Entscheidung) revidiert werden. Letzteres führt möglicherweise zu strategischen Entscheidungen in Richtergremien, in denen Richter(innen) der Kreisminderheit die Mehrheit stellen. Um zu vermeiden, dass sie im En Banc-Verfahren von den Richter(inne)n des gesamten Kreises umgestimmt werden, ist es theoretisch möglich, dass das Minderheitsgremium, entgegen den Präferenzen der Richter(innen), der Kreismehrheit folgt. Dies ist besonders dann zu erwarten, wenn sich im Gremium

---

5 Eine Ausnahme stellt der neunte Kreis dar, der wegen seiner Größe – 23 Richter – auf En Banc-Entscheidungen verzichtet und statt dessen kritische Entscheidungen in sogenannten Mini-En Bancs, in denen nicht alle Richter des Kreises teilnehmen, überprüft (Cohen 2002).

zudem ein Richter oder eine Richterin befindet, der oder die zur Kreismehrheit gehört und durch ein Minderheitsvotum Aufmerksamkeit auf die Entscheidung ziehen kann (Kastellec 2007; Van Winkle 1997). Auf die Kreisgerichte übertragen, führt die Annahme strategischen Verhaltens zu der Hypothese, dass in einem Kreis mit einer Mehrheit an liberalen Richter(inne)n, konservative Richter(innen) liberalere Entscheidungen unterstützen als in einem Kreis, in dem sie die Mehrheit bildeten (und umgekehrt).

3 Daten

Die Grundlage der Analyse bilden Urteilsdaten bundesstaatlicher Berufungsgerichte, die ein Team um Donald Songer gesammelt und kodiert hat (Songer 2005). Songers Daten umfassen die Jahre 1926 bis 1996 und basieren auf einer Stichprobe von 30 Fällen pro Kreis und Jahr (15 vor 1960). Zusätzliche Daten wurden einer Folgestudie entnommen, die die Songer-Studie für die Jahre 1997-2002 replizierte (Kuersten und Haire 2007). Unter anderem geben die Songer/Kuersten/Haire-Daten Auskunft darüber, ob eine Entscheidung liberal oder konservativ entschieden wurde und welche Richter(innen) an ihr beteiligt waren. Die vorliegende Studie untersucht ausschließlich Urteile, die von Gremien dreier Richter(innen) entschieden worden sind; En Banc-Entscheidungen werden nicht in Betracht gezogen, da sie relativ selten sind.

Da die Debatte um den neunten Kreis seit den Neunzigerjahren des letzten Jahrhunderts an Schärfe zugenommen hat, vor allem seit der Clinton-Administration, die eine große Zahl von Bundesrichter(inne)n ernannte, werden hier ausschließlich Entscheidungen analysiert, die von 1993 bis 1999 entschieden wurden. Zudem wird versucht, Routineentscheidungen, in denen politische Faktoren keine Rolle spielen, aus der Analyse auszuschließen. Die Songer- und Kuersten/Haire-Datensätze beinhalten von vornherein ausschließlich Entscheidungen, die mit veröffentlichter Begründung verabschiedet wurden.[6] Zusätzlich beinhaltet die vorliegende Analyse nur Fälle, die mindestens eines der folgenden Merkmale kontroverser Entscheidungen aufweisen: (a) Das Berufungsgericht verwirft die Entscheidung der unteren Instanz; (b) die Berufungsgerichtsentscheidung ist nicht einstimmig, oder ihre Begründung ist nicht einstimmig; (c) es

---

6 Mehr als die Hälfte aller Entscheidungen der bundesstaatlichen Berufungsgerichte werden nicht „veröffentlicht", was bedeutet, dass sie nicht als Präzedenzfall verwendet werden dürfen. Trotz der Tatsache, dass die Entscheidungen nicht offiziell veröffentlicht werden, sind sie dennoch erhältlich, etwa im Federal Appendix (Wasby 2005).

gibt mindestens einen Amicus Curiae-Brief[7]; oder (d) das Berufungsgericht erklärt ein Gesetz verfassungswidrig.

Für die politische Ausrichtung einzelner Richter(innen) werden Daten verwendet, die von Giles et al. (2001) und Epstein et al. (2007) erstellt worden sind. Giles et al. messen die politische Ausrichtung einzelner Berufungsrichter(innen) auf der Grundlage von Ideologiemaßen des ernennenden Präsidenten und von Senatoren, die im Ernennungsprozess eine zentrale Rolle spielen: Aufgrund des Prinzips der *Senatorial Courtesy* blockiert der Senat die Ernennung von Richter(inne)n, denen die Senatoren des Staates, zu dem ein Richter/eine Richterin ernannt wird, nicht zustimmen.[8] Die Ideologien der Präsidenten und Senatoren werden mit NOMINATE Common Space-Scores gemessen.[9]. Sind zum Zeitpunkt der Richterernennung der Präsident und mindestens eine(r) der Senator(inn)en des Staates, zu dem ein(e) Richter(in) ernannt wird,[10] in der gleichen Partei, so wird die Richterideologie mit der Common Space-Score des Senators/der Senatorin gemessen (wenn beide Senator(inn)en zur Partei des Präsidenten gehören, so wird der Mittelwert beider Common Space-Scores verwandt). Gehören die Senator(inn)en nicht zur Partei des Präsidenten, so wird die Richterideologie mit der Common Space-Score des Präsidenten gemessen. Die daraus resultierende richterliche Ideologieskala ist kontinuierlich und reicht von -1 (dem liberalen Extrem) bis 1 (dem konservativen Extrem). Die Daten können von Lee Epsteins Web-Site heruntergeladen werden (Epstein 2008).

Die Giles et al.-Skala misst streng genommen nicht die Ideologie der Richter(innen), sondern die Ideologien der Akteure, die an der Ernennung der Richter(innen) beteiligt waren (Sisk und Heise 2005). Ihre Verwendung muss mit der

---

7 Amicus Curiae-Briefs sind Eingaben von Drittparteien; diese deuten darauf hin, dass Interesse an der Berufungsentscheidung über die direkt beteiligten Parteien hinausgeht.

8 Berufungsgerichtskreise umfassen zwar mehrere Staaten, dennoch gibt es ein informelles Einverständnis darüber, welche Richterstellen im Kreis den einzelnen Staaten zukommen (Giles et al. 2001).

9 Common Space-Scores (Poole 1998; Poole und Rosenthal 1997) haben sich als Standardmaß der politischen Positionen von Kongressabgeordneten bewährt. Poole und Rosenthal verwenden ein räumliches Abstimmungsmodell zur Schätzung der ideologischen Positionen aller Kongressabgeordneten, wobei die Positionen der Abgeordneten sowie die politische Verortung der Gesetzesalternativen als Schätzparameter errechnet werden. Das Verfahren ähnelt einer Faktoranalyse, nur dass an Stelle der Korrelations- oder Kovarianzmatrix die Abstimmungsdatenmatrix (für/gegen ein Gesetz pro Abgeordneter und Gesetz) zur Schätzung verwandt wird. Die politische Position von Präsidenten wird durch eine Analyse der Gesetze ermittelt, zu denen der Präsident Stellung genommen hat. Die von Poole und Rosenthal ermittelten Common Space-Scores sind zweidimensional; Giles et al. (2001) und Epstein et al. (2007) verwenden nur die erste der beiden Dimensionen (die der liberal/konservativen Ideologiedimension entspricht.)

10 Die Bundesberufungsgerichtskreise umfassen zwar mehrere Staaten, aber einzelne Richter haben ihren Sitz in einem dieser Staaten und werden deshalb informell diesen Staaten zugeordnet.

Annahme begründet werden, dass Ideologie im richterlichen Ernennungsprozess ein zentrales Kriterium ist, und dass die Ideologie der beteiligten Akteure der der Richter(innen) entspricht. Die Tatsache, dass der Ernennungsprozess in den letzten Jahren immer mehr politisiert worden ist, erhöht deshalb die Validität des Maßes. Dennoch ist Ideologie nicht das einzige Kriterium – professionelle Qualifikationen und Patronage bzw. Parteipolitik sind Beispiele weiterer Selektionskriterien (Epstein und Segal 2005). The Giles et al.-Skala hat dagegen den Vorteil, dass sie unabhängig ist vom Entscheidungsverhalten der Richter(innen). Der zirkuläre Schluss, dass liberale Richter(innen) liberale Entscheidungen fällen, die diese zu liberalen Richter(inne)n machen, lässt sich also Vermeiden. Zudem zeigen Giles et al., dass ihr Maß konstruktvalide ist, da es mit dem Entscheidungsverhalten von Berufungsrichter(inne)n korreliert (Giles et al. 2002).

4 Analyse

4.1 Liberale Entscheidungen?

Die Hypothese, dass die Proportion liberaler Entscheidungen im neunten Kreis höher ist als in den anderen Kreisen, lässt sich unter einem bayesianischen Ansatz mit dem Beta-binomialen Modell, das in Broscheid (in diesem Band: Teil II) vorgestellt wird, testen. Dabei wird angenommen, dass die Zahl der beobachteten konservativen Entscheidungen in Kreis k, r_k, binomialverteilt ist, mit gegebener Beobachtungszahl in Kreis k, N_k, und der zugrundeliegenden Proportion konservativer Entscheidungen im Kreis, π_k. Als a priori-Verteilung von π_k wird eine Beta(1,1)-Verteilung angenommen (also eine Gleichverteilung auf [0,1]).

Tabelle 1 fasst die Schätzergebnisse zusammen. Die Kreise lassen sich grob in drei Gruppen einteilen: Sechs Kreise (der vierte, fünfte, siebte, achte, zehnte und DC-Kreis) sind vergleichsweise konservativ, mit Höchstdichteintervallen (HDIs) von mindestens 40% bis 70% konservativer Entscheidungen; zwei Kreise (der dritte und der sechste) sind deutlich liberaler, mit HDIs unter 30% bis 52% konservativer Entscheidungen; und die restlichen Kreise, einschließlich des neunten, liegen dazwischen. Die letzte Spalte in Tabelle 1 benennt die Wahrscheinlichkeiten, mit der der neunte Kreis liberaler ist als die anderen Kreise. Diese Wahrscheinlichkeiten übersteigen bei acht der 11 Kreise den Wert 0,5; allerdings sind sie moderat – lediglich im Vergleich mit dem DC-Kreis ist der neunte Kreis mit einer Wahrscheinlichkeit von mehr als 0,9 liberaler. Es lässt sich also schließen, dass eine Untersuchung reiner Entscheidungsmuster, ohne Beachtung der richterlichen Ideologie, konservativen Kritikern keine starke empirische Unterstützung liefert. Der neunte Kreis ist zwar liberaler als die meisten anderen Kreise, aber andere Kreise weisen stärker „ideologisch" ausgeprägte Entscheidungsmuster auf.

Tabelle 1: Proportion konservativer Entscheidungen

Kreis	Median	0.025	0.975	N	P(9<x)
DC	0,61	0,50	0,72	75	0,91
1	0,54	0,38	0,68	39	0,67
2	0,48	0,35	0,62	50	0,46
3	0,39	0,29	0,51	74	0,14
4	0,60	0,45	0,74	43	0,86
5	0,57	0,44	0,70	52	0,81
6	0,39	0,26	0,52	52	0,14
7	0,56	0,41	0,70	43	0,74
8	0,59	0,43	0,73	39	0,82
9	0,49	0,36	0,62	51	-
10	0,58	0,42	0,74	34	0,81
11	0,51	0,35	0,67	35	0,59

DIC=74,7
Spalten 2-4 benennen a posteriori-Mediane und Höchstdichteintervalle eines beta-binomialen Modells der Proportion konservativer Entscheidungen; Spalte 5 bestimmt die Fallzahl pro Kreis, und Spalte 6 die a posteriori-Wahrscheinlichkeit, mit der die Proportion konservativer Entscheidungen im 9. Kreis geringer ist als in anderen Kreisen.

4.2 Liberale Richter(innen)?

Um die Richterideologie in den verschiedenen Kreisen zu untersuchen, ist es sinnvoll, den Median der Richterideologien im Kreis oder im entscheidenden Richtergremium zu untersuchen. Dies ist damit zu begründen, dass im Common Law-System Gerichtsfälle die Richter(innen) mit zwei wohl definierten Alternativen konfrontieren, und die Urteilsfällung (wenn auch nicht die Urteilsbegründung) daher als eindimensional angesehen werden kann. Gemäß formaler Rational Choice-Modelle des Mehrheitsentscheidungsverhaltens führt dies zu Entscheidungen, die der Median-Entscheidungsträger bevorzugt (Feld und Grofman 1987; siehe auch Arndt in diesem Band). Bei En Banc-Entscheidungen ist deshalb der Kreismedian ausschlaggebend, während der Gremien-Median in normalen Drei-Richter-Entscheidungen zu beachten ist.

Tabelle 2 gibt Median Giles/Hettinger/Peppers-Ideologiewerte in den 12 Kreisen für den Zeitraum von 1993 bis 1999 an.[11] Gemessen an den Gesamtmedianen der Kreise ist der neunte Kreis in der Tat unter den liberalsten Kreisen

---

11 Ich danke meiner wissenschaftlichen Hilfskraft Rachel Mulheren dafür, diese Daten in analysierbare Form gebracht zu haben.

(zusammen mit dem zweiten, dritten und achten Kreis – und 1998 und 1999 auch dem sechsten Kreis). Auf konservativer Seite lassen sich vor allem der DC-Kreis und der erste, vierte und fünfte Kreis benennen.

Um die ideologische Verteilung der Drei-Richter-Gremien zu untersuchen, wurde eine Simulation der Gremienverteilung auf Grundlage der vorhandenen Richterdaten durchgeführt. Da Richtergremien durch Zufallsverfahren zusammengestellt werden, wurden für jedes Jahr 1000 Zufallsstichproben von jeweils drei Richter(inne)n aus dem Datensatz gezogen und der Median ihrer Ideologieskalen ermittelt.[12] Die „Gremien"-Spalte in Tabelle 2 benennt den Median der simulierten Richtergremien pro Kreis. Dies bestätigt den Schluss, der schon aufgrund der Kreismediane gezogen wurde: Der neunte Kreis ist under den liberalsten Kreisen, obschon sich zeigt, dass der Gremienmediane im 2. Kreis noch liberaler ist als der des 9. Kreises.

Tabelle 2: Median Richterideologie

	1993	1994	1995	1996	1997	1998	1999	Gremium
DC	0,528	0,528	0,528	0,528	0,528	0,528	0,528	0,53
1.	0,251	0,446	0,251	0,251	0,445	0,229	0,229	0,45
2.	0,150	0,053	-0,053	-0,283	-0,283	-0,341	-0,341	-0,28
3.	0,027	0,026	0,026	0,026	0,026	0,026	0,026	0,03
4.	0,406	0,406	0,406	0,406	0,406	0,253	0,066	0,26
5.	0,528	0,466	0,466	0,466	0,399	0,399	0,399	0,47
6.	0,372	0,315	0,315	0,372	0,228	-0,228	-0,228	0,26
7.	0,249	0,379	0,249	0,249	0,249	0,249	0,132	0,25
8.	0,147	0,147	0,147	0,147	0,191	0,147	0,147	0,15
9.	0,013	0,013	0,103	0,074	-0,161	-0,209	-0,322	-0,16
10.	0,254	0,254	0,247	0,247	0,247	0,247	0,241	0,25
11.	0,406	0,406	0,406	0,414	0,368	0,368	0,329	0,41

Mediane der Giles/Hettinger/Peppers-Variable pro Jahr und Kreis (Epstein et al.-Kodierung: -1 ist das liberale Extrem, +1 das konservative Extrem); „Gremium" schätzt die Median-Ideologie des durchschnittlichen Richtergremiums, basierend auf Zufalls-Simulation von 1000 Richtergremien pro Jahr.

Es sollte daran erinnert werden, dass das Ideologiemaß, das hier verwendet wird, nur indirekt und hypothetisch etwas über die Ideologie der Richter(innen) aussagt. Wörtlich genommen weisen die hier dargestellten Ergebnisse lediglich darauf hin, dass verschiedene Präsidenten und Senatoren die Ernennung von Richter(inne)n der verschiedenen Kreise kontrollierten. Ob diese Unterschiede

---

12 Computercode wird auf Anfrage zur Verfügung gestellt.

mit der Urteilsfällung korrelieren ist eine andere Frage, die im Folgenden genauer untersucht wird.

4.3 Ideologisches Entscheidungsverhalten?

Hier sollen die verschiedenen Argumentationsstränge in einem statistischen Modell integriert werden, wobei die Kernfrage ist, ob die schon beobachteten Unterschiede in der Proportion konservativer und liberaler Entscheidungen in den verschiedenen Gerichtskreisen auf die Ideologie der Richter(innen) zurückzuführen sind, ob sie den Einfluss der politischen Zusammensetzung des gesamten Kreises reflektieren, oder ob sie durch andere kreisspezifische Faktoren erklärbar sind.

Grundlage der Schätzung ist ein Logit-Modell der Wahrscheinlichkeit einer konservativen Entscheidung in Fall i in Kreis k, $\pi_{i,k}$:

$$\pi_{i,k} = \frac{1}{1+e^{-z_{i,k}}},$$

$$z_{i,k} = \beta_k^0 + \beta_k^1 Gremienmedian_i + \beta_k^2 Kreismedian_i.$$

Die Analyseeinheit ist hier die einzelne Gerichtsentscheidung. Der Vergleich zwischen den Kreisen wird dadurch vorgenommen, dass die Beta-Parameter für jeden Kreis einzeln geschätzt werden. Beispielsweise gibt β_9^2 an, in welchem Maße der Median der Richterideologien (der hier pro Jahr gemessen wird) im neunten Kreis die Wahrscheinlichkeit einer konservativen Entscheidung beeinflusst. Ist β_9^2 positiv, so deutet dies darauf hin, dass die Gesamtideologie der Kreisrichter(innen) zusätzlich zur Ideologie der entscheidenden Richter(innen) die Entscheidung bestimmt. Ist β_9^2 größer als der entsprechende Parameter in anderen Kreisen, so bedeutet dies, dass der neunte Kreis als Ganzer ideologischer ist als die anderen Kreise. Ähnlich lässt sich β_9^1 interpretieren; er benennt, in welchem Maße die Ideologie der entscheidenden Richter(innen) das Urteil beeinflusst. Ist er größer als der entsprechende Parameter anderer Kreise, so hat die Ideologie der entscheidenden Richter(innen) einen größeren Einfluss auf Entscheidungen im neunten Kreis als in anderen Kreisen; ist er aber kleiner, so kann geschlossen werden, dass sich die liberalere Identität der Richter(innen) im neunten Kreis nicht so stark in liberale Entscheidungen umsetzt, wie dies in anderen Kreisen der Fall wäre. Ist β_9^0 negativer als die entsprechenden Parameter anderer Kreise, so bedeutet das, dass das neunte Kreisgericht zum einen liberalere Entscheidungen trifft als andere Kreise, und dass diese Tendenz nicht (ausschließlich) durch die liberale Ideologie der Richter(innen) zu erklären ist.

Zusätzlich zum Vergleich verschiedener Kreise ermöglicht die Ermittlung der Parameterschätzer, verschiedene der oben diskutierten Hypothesen über ideologische Entscheidungsmuster zu bewerten: Ist β_k^1 positiv und alle anderen Parameter gleich 0, so bedeutet dies, dass Unterschiede zwischen den Kreisen allein auf die Ernennung der Richter(innen) und ihr Entscheidungsverhalten in Drei-Richter-Gremien zurückzuführen ist: Liberalere Kreise haben liberalere Richtergremien, aber ansonsten unterscheiden sie sich nicht von anderen Kreisen.

Ist β_k^2 positiv, so bedeutet dies, dass die Präsenz liberaler oder konservativer Richter(innen) im Kreis Einfluss auf Richtergremien hat, in denen sie nicht vertreten sind. Wenn das kollegiale Publikum im Baumschen Sinne Einfluss auf das Entscheidungsverhalten von Richter(inne)n ausübt, so sollte dies in den β_k^2-Parametern zu erkennen sein. Schließlich zeigt β_k^0, ob Faktoren außerhalb der Richterideologien – im Kreis oder im Gremium – Einfluss auf die Entscheidungsfindung ausüben. Unterscheiden sich die Kreise lediglich in Bezug auf β_k^0, so deutet dies darauf hin, dass nichtideologische Faktoren – Präzedenzfälle, juristische Normen, usw. – zu Unterschieden zwischen den Kreisen führen.

Wie in Tabelle 1 ersichtlich ist, ist trotz der relativ hohen Gesamtbeobachtungszahl die Zahl der Beobachtungen pro Kreis zu klein für die Schätzung individueller Logit-Modelle in jedem Kreis. Aus diesem Grund wird hier eine bayesianische Schätzung des Modells durchgeführt, das aus den folgenden Komponenten besteht:

(1) Die abhängige Variable – eine binäre Variable, die das Urteil in Fall i und Kreis k als konservativ oder liberal kodiert (wobei eine konservative Entscheidung als '1' kodiert wird und eine liberale Entscheidung als '0'). Diese Variable ist Bernoulli-verteilt:

$$P(Y|\theta) = \prod \pi_{i,k}^{Y_{i,k}} (1-\pi_{i,k})^{(1-Y_{i,k})},$$

wobei $\pi_{i,k}$ oben definiert ist. Dies ist also die Datenwahrscheinlichkeit, bedingt durch den Parametervektor θ (siehe Broscheid zu Bayesianischen Ansätzen in diesem Band), der in diesem Fall aus den Beta-Parametern der verschiedenen Kreise besteht:

$$\theta = \left(\beta_0^0, \beta_1^0, \ldots, \beta_{11}^0, \beta_0^1, \ldots, \beta_{11}^1, \beta_0^2, \ldots, \beta_{11}^2\right)$$

(das Subskript '0' bezeichnet den zum DC-Kreis gehörigen Parameter).

(2) Die a-priori-Verteilungen der Beta-Parameter. Hier wird angenommen, dass die Parameter unabhängig voneinander normalverteilt sind, mit Mittelwert α und Standardverteilung σ:

$$\beta_k^0 \sim N(\alpha_0, \sigma_0)$$
$$\beta_k^1 \sim N(\alpha_1, \sigma_1)$$
$$\beta_k^2 \sim N(\alpha_2, \sigma_2)$$

Die α- und σ-Parameter werden Hyperparameter genannt, da sie nicht direkt im Datenmodell vorkommen, sondern gebraucht werden, um die A priori-Verteilungen der eigentlichen Schätzparameter zu definieren.

(3) Die a-priori-Verteilungen der Hyperparameter. Hier werden relativ nichtinformative Verteilungen angenommen – Normalverteilungen mit Mittelwert Null und großer Varianz für die α-Hyperparameter und eine breite Gleichverteilung für σ:

$$\alpha_0, \alpha_1, \alpha_2 \sim N(0, 10)$$
$$\sigma_0, \sigma_1, \sigma_2 \sim U[0, 1000]$$

Die Verwendung von Hyperparametern führt zur Schätzung eines bayesianischen hierarchischen Modells. Solch ein Modell wird häufig angewandt, wenn verschiedene Parameterverteilungen für verschiedene Datengruppen geschätzt werden sollen. Die Schätzung selbst wurde numerisch mit einem Gibbs-Sampler durchgeführt; dazu wurden die Programme R und OpenBUGS verwendet.[13] Um zu gewährleisten, dass der Gibbs-Sampler die gesamten Parameterverteilungen

---

13 OpenBUGS ist die quelloffene Version des Programms BUGS (Bayesian inference Using Gibbs Sampling); es ist erhältlich unter http://mathstat.helsinki.fi/openbugs/. R ist ebenfalls kostenlos und quelloffen und kann unter der Adresse http://cran.r-project.org/ heruntergeladen werden. OpenBUGS kann in R mit Hilfe verschiedener von Andrew Gelman entwickelter Plugins (http://www.stat.columbia.edu/~gelman/bugsR/) eingesetzt werden. Der Autor stellt die von ihm verwendeten BUGS und R Codes auf Anfrage zur Verfügung.

beschreibt und nicht in einem Teil der Verteilungen "hängen bleibt", wurden drei parallele Simulationen durchgeführt mit jeweils 200.000 Iterationen; von jeder Simulationskette wurden die ersten 100.000 Iterationen verworfen und vom Rest jeder 300. Parametervektor gespeichert. Dies bedeutet, dass pro Parameter 999 Simulationswerte zur Beschreibung der a posteriori-Verteilungen zur Verfügung stehen. Eine Analyse der $\hat{R}$-Konvergenzstatistiken (Gelman et al. 1995) bestätigt, dass die drei Simulationsketten in der Tat konvergieren.

Tabelle 3 fasst die Ergebnisse zusammen. Zuerst fällt auf, dass die β_0-Parameter nahe 0 sind und es zwischen den Kreisen in dieser Hinsicht wenige Unterschiede gibt. Die mit $P(\beta > 0)$ betitelte Spalte gibt die Wahrscheinlichkeit wieder, mit der ein Parameter größer als 0 ist (funktional entspricht dies dem Signifikanztest in Maximum Likelihood-Schätzungen). Demnach sind lediglich die Parameter des dritten und sechsten Kreises mit mindestens 90-prozentiger Wahrscheinlichkeit kleiner als Null. Die mit $P(\beta(9) < \beta(x))$ betitelte Spalte gibt die Wahrscheinlichkeiten wieder, mit denen der Parameter des neunten Kreises kleiner ist als die der anderen Kreise. Diese Wahrscheinlichkeiten sind im Bezug auf β^0 sehr gering; im Vergleich zu den meisten anderen Kreisen ist der neunte Kreis, wenn man Richterideologie kontrolliert, mit höherer Wahrscheinlichkeit konservativer als liberaler. Die einzigen Ausnahmen sind dabei der vierte, achte, zehnte und DC-Kreis; aber auch in diesen Fällen ist die Wahrscheinlichkeit, dass der neunte Kreis liberaler ist, zu niedrig als dass dies als Evidenz dafür genommen werden kann, dass der neunte Kreis liberaler ist als die anderen Kreise.

Tabelle 3: Hierarchisches Logit-Modell konservativer Entscheidungen

	E(ß)	S.D.(ß)	0,025	0,975	P(ß>0)	P[ß(9)<ß(x)]	ePCP	ePCP(Null)
ß$_0$								
DC-Kreis	-0,1	0,2	-0,5	0,5	0,32	0,51	0,55	0,52
1. Kreis	-0,1	0,2	-0,5	0,3	0,26	0,45	0,52	0,50
2. Kreis	-0,1	0,2	-0,4	0,3	0,29	0,49	0,50	0,50
3. Kreis	-0,2	0,2	-0,6	0,1	0,07	0,28	0,52	0,52
4. Kreis	-0,1	0,2	-0,5	0,4	0,32	0,50	0,52	0,52
5. Kreis	-0,1	0,2	-0,5	0,3	0,29	0,47	0,51	0,51
6. Kreis	-0,2	0,2	-0,7	0,1	0,10	0,30	0,52	0,52
7. Kreis	-0,1	0,2	-0,5	0,3	0,29	0,49	0,51	0,51
8. Kreis	0,0	0,2	-0,4	0,4	0,38	0,55	0,51	0,51
9. Kreis	-0,1	0,2	-0,4	0,3	0,31	-	0,50	0,50
10. Kreis	-0,1	0,2	-0,4	0,4	0,34	0,53	0,51	0,51
11. Kreis	-0,1	0,2	-0,6	0,3	0,21	0,41	0,51	0,50
ß$_1$								
DC-Kreis	0,9	0,4	0,2	1,7	0,99	0,74		
1. Kreis	0,9	0,6	-0,1	2,4	0,97	0,72		
2. Kreis	0,5	0,6	-0,1	1,4	0,81	0,52		
3. Kreis	1,0	0,6	0,1	2,5	0,98	0,77		
4. Kreis	0,8	0,5	-0,1	2,0	0,95	0,68		
5. Kreis	0,5	0,5	-0,6	1,4	0,87	0,54		
6. Kreis	0,6	0,4	-0,3	1,4	0,92	0,60		
7. Kreis	0,7	0,5	-0,4	1,8	0,92	0,64		
8. Kreis	0,8	0,6	-0,4	2,1	0,92	0,66		
9. Kreis	0,5	0,5	-0,8	1,3	0,83	-		
10. Kreis	0,7	0,5	-0,3	1,7	0,92	0,64		
11. Kreis	0,7	0,6	-0,5	1,8	0,91	0,61		
ß$_2$								
DC-Kreis	0,7	0,5	-0,4	1,7	0,92	0,59		
1. Kreis	0,7	0,7	-0,6	2,1	0,86	0,58		
2. Kreis	0,5	0,6	-1,0	1,5	0,79	0,50		
3. Kreis	0,6	0,7	-0,8	2,0	0,85	0,55		
4. Kreis	0,7	0,6	-0,4	1,8	0,87	0,58		
5. Kreis	0,7	0,6	-0,4	1,9	0,90	0,60		
6. Kreis	0,5	0,6	-0,7	1,6	0,84	0,53		
7. Kreis	0,6	0,7	-0,7	2,0	0,85	0,57		
8. Kreis	0,7	0,8	-0,6	2,3	0,87	0,58		
9. Kreis	0,4	0,8	-1,3	1,7	0,78	-		
10. Kreis	0,7	0,7	-0,4	2,2	0,89	0,59		
11. Kreis	0,6	0,6	-0,7	1,8	0,86	0,55		

N=587 DIC=808,9 Total ePCP=52

Abhängige Variable: ‚1'-konservative Entscheidung, ‚0'-liberale Entscheidung; $E(\beta)$: Durchschnitte der A posteriori-Parameterverteilungen; $S.D.(\beta)$: Standardabweichungen der A posteriori-Parameterverteilungen; 0,025, 0,975: SDIs der A posteriori-Parameterverteilungen; $P(\beta > 0)$: Wahrscheinlichkeit, dass Parameter größer als 0 ist;

$P(\beta(9) < \beta(x))$: Wahrscheinlichkeit, dass der Parameter des neunten Kreises kleiner ist als der des x. Kreises; ePCP: durchschnittliche Wahrscheinlichkeit korrekter Urteilsvorraussage durch das Modell; ePCP(Null): Wahrscheinlichkeit korrekter Urteilsvorraussage durch Vergleichsmodell (siehe Tabelle 1). Modelldetails werden im Text besprochen.

Die Zusammensetzung des entscheidenden Richtergremiums hat in den meisten Kreisen einen deutlichen Einfluss auf das Urteil. Im ersten, dritten, vierten, sechsten, siebten, achten, zehnten, elften und DC-Kreis ist der β^1-Parameter mit über 90-prozentiger Wahrscheinlichkeit größer als Null. Interessanterweise ist diese Wahrscheinlichkeit im neunten Kreis deutlich geringer (0,83). Zudem ist der Parameter des neunten Kreises mit mehr als 50-prozentiger Wahrscheinlichkeit kleiner als der aller anderen Kreise. Obwohl die Richter(innen) des neunten Kreises liberaler sind als die vieler anderer Kreise, ist der Einfluss ihrer Ideologie im Ganzen geringer als in den anderen Kreisen.

Der β^2-Parameter ist nur im fünften und im DC-Kreis mit über 90-prozentiger Wahrscheinlichkeit über Null. Das bedeutet, dass die Gesamtideologie des Kreises nur in diesen beiden relativ konservativen Kreisen mit einigermaßen hoher Wahrscheinlichkeit die Urteile beeinflusst. Interessanterweise hat gerade der neunte Kreis den kleinsten β^2-Parameter. Das Argument, besonders liberale Richter(innen) drängten im neunten Kreis konservativere Richter(innen) in die liberale Ecke, wird von den Daten nicht bestätigt.

Insgesamt deuten die Ergebnisse in Tabelle 3 darauf hin, dass die Unterschiede zwischen den Gerichtskreisen nicht überbetont werden sollten. Dies zeigt sich etwa in der Gesamtqualität des Modells im Vergleich mit einfacheren Modellen. Wie in Broscheid zu Bayesianischen Ansätzen (in diesem Band) erwähnt wird, sind Modelle mit kleineren DICs zu bevorzugen. Im Fall des hierarchischen Modells ist das DIC von 808,9 deutlich größer als das des einfachen betabinomialen Modells in Tabelle 1, was darauf hinweist, dass die erhöhte Komplexität des hierarchischen Modells keinen entsprechenden Erkenntniszuwachs bietet. Die gleiche Schlussfolgerung lässt sich ziehen, wenn man die Genauigkeit der von den verschiedenen Modellen erstellten Urteilsvorhersagen vergleicht. Zu diesem Zweck wurde *für jedes Urteil* die Wahrscheinlichkeit ermittelt, mit der das hierarchische Modell eine konservative Entscheidung vorhersagte (genauer: der Mittelwert aller Wahrscheinlichkeiten, die mit den 999 analysierten Gibbs-Sampler Parametervektoren errechnet werden konnten). Auf dieser Grundlage wurde dann die Wahrscheinlichkeit einer korrekten Vorhersage bzw. Urteilsklassifikation berechnet – war das tatsächliche Urteil konservativ, so wurde die Wahrscheinlichkeit einer konservativen Entscheidung genommen, war das Urteil aber liberal, so wurde diese Wahrscheinlichkeit von 1 subtrahiert. Die durchschnittliche Wahrscheinlichkeit einer korrekten Urteilsvorhersage wird Herron folgend ePCP (expected proportion correctly predicted) tituliert (Herron 1999). In Tabelle 3 werden die ePCP-Werte jedes Kreises mit den entsprechenden Werten verglichen, die vom Modell in Tabelle 1 produziert werden (Spalte „ePCP(Null)"). Es ist deutlich, dass das komplexere Modell nur minimale Verbesserungen darstellt. Interessanterweise wird die Vorhersagequalität lediglich im DC-Kreis deutlich verbessert.

4.4 Schlussfolgerungen

Ist das Bundesberufungsgericht des neunten Kreises liberaler als die anderen Kreise? Die Ergebnisse der empirischen Analyse bestätigen, dass es bei der Antwort darauf ankommt, wie ein liberales Gericht definiert wird. Wenn man die Proportion liberaler Entscheidungen in den verschiedenen Berufungskreisen vergleicht (siehe Tabelle 1), so zeigt sich, dass die meisten Kreise konservativer, aber einige Kreise auch liberaler sind als der neunte. In absoluten Zahlen ist die Proportion liberaler Entscheidungen im neunten Kreis nicht dramatisch höher als in konservativeren Kreisen.

Wird die ideologische Ausrichtung der verschiedenen Kreise unter dem Gesichtspunkt der Richterideologie untersucht, zeigen sich deutlichere Unterschiede. Wird die Ideologie des Median-Richters als Maß des Kreisliberalismus genommen, so gehört der neunte Kreis zu den liberalsten Kreisen des Landes. Dieselbe Schlussfolgerung ergibt sich aus einer Untersuchung der zu erwartenden Median-Ideologien in den entscheidenden Gremien jeweils dreier Richter(innen). Dennoch muss dieses Ergebnis unter dem Vorbehalt gesehen werden, dass das verwendete Maß der Richterideologie lediglich ein Proxymaß ist, das direkt die politische Ausrichtung der Akteure (Präsidenten und Senator(inn)en) misst, die am richterlichen Ernennungsprozess beteiligt sind. Die Tatsache, dass gemessen an den Richter(inne)n der neunte Kreis liberaler ist als die anderen Kreise, weist genau genommen nur darauf hin, dass Richter(innen) im neunten Kreis vor allem von Demokraten ernannt wurden. Sie weist zudem darauf hin, dass das gesamte politische Klima an der amerikanischen Westküste liberaler ist als in anderen Teilen des Landes.

Schließlich wurde untersucht, ob die Ideologien der Richter(innen) in den Entscheidungsgremien für Unterschiede zwischen den Kreisen verantwortlich sind, oder ob es weitergehende, nicht durch Richterideologie erklärbare Unterschiede gibt. Wie die Ergebnisse in Tabelle 3 zeigen, deutet alles darauf hin, dass die Richterideologie die Kreisunterschiede erklärt; wären weitere Faktoren im Spiel, so hätten sie sich in unterschiedlicheren β^0-Parametern niedergeschlagen. Dennoch zeigt sich im fünften und im DC-Kreis, dass die Median-Ideologie der gesamten Kreisrichter(innen) die Entscheidungen in diesen Kreisen beeinflusst. Da diese Kreise zwei der konservativsten Kreise sind, bedeutet dies, dass Entscheidungen in diesen Kreisen konservativer sind, als die Ideologien der entscheidenden Richter(innen) vermuten lassen. Interessanterweise ist der neunte Kreis, wenn man den Einfluss der Ideologie der entscheidenden Richter(innen) betrachtet, einer der am wenigsten ideologischen Kreise. Die Ideologien der entscheidenden Richter(innen) und des gesamten Kreises haben einen geringeren Einfluss als in den anderen Kreisen.

5 Zusammenfassung

Es mag verwundern, dass eine Studie mit 587 Datenpunkten in einem Band zu Studien mit kleinen Fallzahlen Platz nimmt. Aber welche Fallzahl aus analytischer Perspektive klein ist, hängt von der Komplexität des zu schätzenden Modells ab und von den Methoden, mit denen das Modell geschätzt werden kann. Im vorliegenden Fall verlangt die Untersuchung potentiell ideologischen Entscheidungsverhaltens in den amerikanischen Bundesberufungsgerichten die Schätzung von drei Parametern pro Gerichtskreis, was bei einer Fallzahl von 34 bis 75 Urteilen pro Kreis mit Maximum Likelihood-Methoden nicht verlässlich durchführbar ist. Bayesianische Methoden können unter solchen Bedingungen allerdings angewandt werden, wie hier demonstriert wird.

Natürlich hätte die Zahl der Beobachtungen in diesem Beispiel vergrößert werden können, zum Beispiel durch Einschluss weiterer Jahre. Aber dies hätte die Analyse über die Clinton-Jahre ausgeweitet und komplexere Modelle verlangt, da die politischen Rahmenbedingungen dann stärker variierten. Gerade die Tatsache, dass der neunte Kreis von der Clinton-Regierung geringeren politischen Druck erfuhr als von den beiden Bush-Regierungen, macht es ja so bedeutungsvoll, dass dieser vermeintlich linke Kreis gerade während der Clinton-Jahre mit geringerer Wahrscheinlichkeit ideologische Entscheidungen fällte als die anderen Kreise (wie Tabelle 3 zeigt).

Das vorliegende Beispiel zeigt auch, dass kleine Fallzahlen nicht unbedingt nur eine bedauernswerte Beschränkung des Untersuchungsgegenstands darstellen, sondern das Ergebnis der Konzentration auf kritische Fälle sein können, die hilft, Kontrollvariablen konstant zu halten und Schätzmodelle zu vereinfachen. Dies folgt dem Ruf Christopher Achens, durch kritische Fallauswahl statistische Modelle zu vereinfachen und somit besser verständlich zu machen (Achen 2000). Obwohl die bayesianischen Schätzprozesse vielen als kompliziert erscheinen mögen und von den Forschenden weitere analytische Annahmen erfordern als herkömmliche Methoden, so sind ihre Ergebnisse intuitiver als etwa die eines Signifikanztests. So ist es im vorliegenden Fall beispielsweise möglich, die

Wahrscheinlichkeit zu benennen, mit der die Ideologie entscheidender Richter(innen) einflussreicher im neunten Kreis ist als in einem beliebigen anderen Kreis. Wie steht es nun mit der vermeintlichen linken Ausrichtung des neunten Kreises? Die vorliegenden Ergebnisse legen Skepsis nahe. Die Richter(innen) des neunten Kreises sind im Allgemeinen zwar liberaler als die der meisten anderen Kreise, ihr Entscheidungsverhalten in einer Stichprobe von Urteilen während der Clinton-Jahre ist jedoch weniger ideologisch geprägt als das anderer Kreise. Die konservative Kritik am vermeintlich ideologischen Kreisgericht scheint aus dieser Perspektive unangebracht, und es verwundert, dass nicht andere Kreise, etwa der dritte, stärker im Fokus der Kritik stehen. Die Kritik scheint das Ergebnis von den Medien spektakulär präsentierter Einzelfälle zu sein.

Aber vielleicht ist die Untersuchung einer Zufallsauswahl von Urteilen auch fehl am Platze, und die Untersuchung sollte sich mehr auf einzelne, kontroverse rechtliche Fragen konzentrieren – etwa die Trennung von Kirche und Staat, oder die Rechte Angeklagter. Dies ist mit den vorliegenden Daten nicht möglich und soll zukünftigen Untersuchungen überlassen bleiben. Natürlich ist es auch möglich, dass einzelne spektakuläre Fälle von größerer Bedeutung sind als das allgemeine Entscheidungsverhalten der Richter(innen); in diesem Falle wäre aber kein Platz für eine systematische Untersuchung dieses Entscheidungsverhaltens.

6 Literatur

Achen, Christopher H., 2000: Warren Miller and the Future of Political Data Analysis, in: Political Analysis 8, 142–146.
Adler, Jonathan H., 2004: Suicidal Folly, in: National Review Online, 19.08., http://www.nationalreview.com/adler/adler200408190835.asp.
Administrative Office of the United States Courts, 2008: 2007 Annual Report of the Director: Judicial Business of the United States Courts. Washington, DC: U.S. Government Printing Office.
Amar, Akhil Reed/Amar, Vikram David, 2002: The Ninth Circuit on Free Speech, Federalism and Medicinal Marijuana, in: Findlaw, 13.11., http://writ.news.findlaw.com/amar/20021113.html.
Baum, Lawrence, 2006: Judges and Their Audiences. A Perspective on Judicial Behavior. Princeton: Princeton University Press.
Baum, Lawrence, 2007: The Supreme Court. Ninth Edition. Washington, DC: CQ Press.
Bork, Robert H., 2007: 'Thanks a Lot.' Free speech and high schools, in: National Review, 16.04., 24–25.
Chemerinsky, Erwin, 2003: The Myth of the Liberal Ninth Circuit, in: Loyola of Los Angeles Law Review 37,

Cohen, Jonathan Matthew, 2002: Inside Appellate Courts. The Impact of Court Organization on Judicial Decision Making in the United States Courts of Appeals. Ann Arbor: University of Michigan Press.
Corley, Pamela C./Howard, Robert M./Nixon, David C., 2005: The Supreme Court and Opinion Content: The use of the Federalist Papers, in: Political Research Quarterly 58, 329–340.
Epstein, Lee, 2008: The Judicial Common Space (Web Site), in: http://epstein.law.northwestern.edu/research/JCS.html.
Epstein, Lee/Knight, Jack, 1998: The Choices Justices Make. Washington,DC: Congressional Quarterly Press.
Epstein, Lee/Martin, Andrew D./Segal, Jeffrey A./Westerland, Chad, 2007: The Judicial Common Space, in: Journal of Law, Economics, and Organization 23, 303–325.
Epstein, Lee/Segal, Jeffrey A., 2005: Advice and Consent. The Politics of Judicial Appointments. Oxford: Oxford University Press.
Fein, Bruce, 2006: Race separation ratified, in: Washington Times, 26.12, A16.
Feld, Scott L./Grofman, Bernard, 1987: Necessary and Sufficient Conditions fora Majority Winner in n-Dimensional Spatial Voting Games: An Intuitive Geometric Approach, in: American Journal of Political Science 31, 709–728.
Gelman, Andrew/Carlin, John B./Stern, Hal S./Rubin, Donald B., 1995: Bayesian Data Analysis. London: Chapman & Hall.
Giles, Michael W./Hettinger, Virginia A./Peppers, Todd, 2001: Picking Federal Judges: A Note on Policy and Partisan Selection Agendas, in: Political Research Quarterly 54, 623–641.
Giles, Michael W./Hettinger, Virginia A./Peppers, Todd, 2002: Measuring the Preferences of Federal Judges: Alternatives to Party of the Appointing President, Manuskript.
Haire, Susan B., 2006: Judicial Selection and Decisionmaking in the Ninth Circuit, in: Arizona Law Review 48, 267–185.
Hatch, Orin G., 2002: A circuitous court; Pledge decision is judicial activism, in: Washington Times, 02.07., A17.
Herron, Michael C., 1999: Postestimation Uncertainty in Limited Dependent Variable Models, in: Political Analysis 8, 83–98.
Kastellec, John P., 2007: Panel Composition and Judicial Compliance on the U.S. Courts of Appeals, in: Journal of Law, Economics, and Organization 23, 421–441.
Klein, David E., 2002: Making Law in the United States Courts of Appeals. Cambridge University Press.
Kuersten, Ashlyn K./Haire, Susan B., 2007: Update to the Appeals Court Database (1997-2002), in: http://www.cas.sc.edu/poli/juri/appctdata.htm.
Maltzman, Forrest/Spriggs, James F./Wahlbeck, Paul J., 2000: Crafting Law on the Supreme Court. New York: Cambridge University Press.
Oleszek, Walter J., 1996: Congressional Procedures and the Policy Process. Fourth Edition. Washington, D.C.: CQ Press.
Poole, Keith T., 1998: Estimating a Basic Space from a Set of Issue Scales, in: American Journal of Political Science 42, 954–993.
Poole, Keith R./Rosenthal, Howard, 1997: Congress: A Political-Economic History of Roll Call Voting. New York: Oxford University Press.

Price, Joyce Howard, 2002: 9th Circuit's rulings frequently overturned, in: Washington Times, 28.06., A16.
Segal, Jeffrey A., 1984: Predicting Supreme Court Cases Probabilistically: The Search and Seizure Cases, 1962-1981, in: American Political Science Review 78, 891–900.
Segal, Jeffrey A./Spaeth, Harold J., 2002: The Supreme Court and the Attitudinal Model Revisited. Cambridge: Cambridge University Press.
Sisk, Gregory C./Heise, Michael, 2005: Judges and Ideology: Public and Academic Debates About Statistical Measures, in: Northwestern University Law Review 99, 743–803.
Sisk, Gregory C./Heise, Michael/Morriss, Andrew P., 1998: Charting the Influences on the Judicial Mind: An Empirical Study of Judicial Reasoning, in: New York University Law Review 73, 1377–1500.
Songer, Donald R., 2005: The United States Courts of Appeals Data Base, in: http://www.cas.sc.edu/poli/juri/appctdata.htm.
Songer, Donald R./Haire, Susan, 1992: Integrating Alternative Approaches to the Study of Judicial Voting: Obscenity Cases in the U.S. Courts of Appeals, in: American Journal of Political Science 36, 963–982.
Songer, Donald R./Sheehan, Reginald S./Haire, Susan B., 2000: Continuity and Change on the United States Courts of Appeals. Ann Arbor: University of Michigan Press.
Van Winkle, Steven R., 1997: Dissent as a Signal: Evidence from the U.S. Courts of Appeals. Paper prepared for delivery at the annual meeting of the American Political Science Association, August 29, Washington, D.C., Manuskript.
Wasby, Stephen L., 2005: Publication (Or Not) of Appellate Rulings: An Evaluation of Guidelines, in: Seton Hall Circuit Review 2, 41–117.
Wrabley, Colin E., 2006: Applying Federal Court of Appeals' Precedent: Contrasting Approaches to Applying Court of Appeals' Federal Law Holdings and Erie State Law Predictions, in: Seton Hall Circuit Review 3, 1–29.

Wie weit kommt man mit einem Fall? Die Simulation internationaler Verhandlungen am Beispiel der Amsterdamer Regierungskonferenz 1996

Frank Arndt

Zusammenfassung
Die aus der induktiven Statistik bekannte Problematik kleiner Fallzahlen ist im Bereich der sozialwissenschaftlichen Computersimulation kaum thematisiert worden. Dies ist insofern erstaunlich, da Simulationsstudien, die auf einer kleinen Anzahl empirischer Fälle beruhen, keine Seltenheit sind. Im Gegensatz zur statistischen Analyse werden jedoch durch die Simulation selbst Fälle produziert, so dass oftmals eine indirekte Erhöhung der Fallzahl möglich ist. Der vorliegende Beitrag veranschaulicht exemplarisch anhand eines Anwendungsbeispiels, inwiefern kleine Fallzahlen in einer Simulationsstudie eine Rolle spielen und welche Probleme (und auch Möglichkeiten) sich in Hinblick auf interne und externe Validität eines Simulationsmodells ergeben. Als Anwendungsbeispiel wird eine Studie von Arndt (2008) vorgestellt, in der anhand eines formalen tausch- und verhandlungstheoretischen Modells die Amsterdamer EU-Regierungskonferenz 1996/97 nachsimuliert wird, die also mit der Anzahl von $N = 1$ empirischen Fällen arbeitet.

1 Einleitung

In den letzten Jahren wird die Notwendigkeit der empirischen Überprüfung formaler Modelle in den Sozialwissenschaften zunehmend anerkannt, was sich in einem steigenden Anteil derjenigen Fachpublikationen zeigt, die formale Modellbildung und empirische Forschung miteinander verbinden (Aldrich und Alt 2003). Dies gilt nicht nur für klassische Gleichgewichtsmodelle, sondern auch für dynamische Modelle der agentenbasierten Computersimulation. Die Validität der Modelle muss sich an der Genauigkeit messen lassen, mit der sie gesellschaftliche Phänomene reproduzieren können (Aldrich und Alt 2003; Marks 2007; Stokman und Berveling 1998). „The extent to which the *mDGP* is a good representation of the *rwDGP* is evaluated by comparing the simulated outputs of the *mDGP* with the real-world observations of the *rwDGP*. In what follows, we call this procedure *empirical validation*"[1] (Fagiolo et al. 2007: 200). Achen (2006) geht sogar noch einen Schritt weiter. Oftmals gibt es konkurrierende formale Modelle, die die Erklärung des gleichen Phänomens für sich beanspruchen. Durch parallele empirische Validierung kann überprüft werden, welches der Erklärungsmodelle die beste Erklärung liefert. „[G]iven a series of models, and given a data set to which all the models apply, which model fits best" (Achen 2006: 271)?

Die Validierung eines Modells oder die parallele Validierung mehrerer Modelle ist nur auf Basis einer empirischen Datengrundlage möglich. Mit der Forderung, Simulationsmodelle mit Hilfe empirischer Daten zu initialisieren, zu kalibrieren und zu validieren und auf diesem Weg aus der Theorie abgeleitete Hypothesen zu testen, rückt die Problematik der kleinen Fallzahlen auch für die Computersimulation ins Blickfeld. Zwar sind kleine Fallzahlen für die Computersimulation auch im ‚klassischen' Sinne ein Problem. Generell muss der Begriff der Fallzahlen im Anwendungskontext der Computersimulation jedoch weiter gefasst werden als in der statistischen Analyse. Neben der Anzahl empirischer Fälle können Fallzahlen verschiedene Aspekte des Modells betreffen, z. B. die Anzahl der simulierten Einheiten oder der durchgeführten Simulationsläufe. Fallzahlen sind nicht nur für die externe Validität (die Generalisierbarkeit), sondern auch für die interne Validität (die Gültigkeit des Modells für die untersuchten Fälle) relevant. Die Problematik kleiner Fallzahlen für die Computersimulation wurde bisher kaum thematisiert. Eine erste Systematisierung findet sich bei Saam (in diesem Band).

Im folgenden Beitrag werden – in Anlehnung an den Aufsatz von Saam – anhand eines Anwendungsbeispiels verschiedene Aspekte kleiner Fallzahlen thematisiert und die angewendeten Modellierungsstrategien und Lösungen vorgestellt. Als Fallbeispiel dient eine Simulationsstudie von Arndt (2008) zu Tausch in Verhandlungen, in der ein formales Tausch- und Verhandlungsmodell (TVM) entwickelt und anhand empirischer Daten zum Endgame der Amsterdamer EU-Regierungskonferenz von 1996/97 überprüft wird. Die Anzahl der empirischen Fälle ist damit N = 1.

Zunächst werden in Abschnitt 2.1 und 2.2 Fragestellung und theoretischer Hintergrund der Simulationsstudie vorgestellt, Abschnitt 2.3 geht kurz auf die Daten ein, die zur empirischen Überprüfung herangezogen werden. Im Anschluss wird das formale Modell umrissen (Abschnitt 2.4). Kapitel 3 befasst sich mit dem Aspekt kleiner Fallzahlen: Es werden Strategien vorgestellt, mit denen der Problematik der kleinen Fallzahlen begegnet werden kann. Die indirekte

---

[1] Die beiden Abkürzungen mDGP und rwDGP stehen für „*m*odel *D*ata *G*enerating *P*rocess" und „*r*eal *w*orld *D*ata *G*enerating *P*rocess".

Erhöhung der Fallzahl (also die Erhöhung der simulierten Fälle) kann sowohl zur Lösung von theoretischen Problemen (Abschnitt 3.1), als auch bei der empirischen Überprüfung des formalen Modells (Abschnitt 3.2 und 3.3) vorteilhaft sein. Abschnitt 3.4 schließlich stellt eine Strategie vor, die externe Validität des Modells beim klassischen Problem kleiner Fallzahlen zu beurteilen.

2 Modellierung internationaler Verhandlungen

2.1 Wie kommen internationale Verträge zustande?

Internationale Verhandlungen gewinnen an Bedeutung: Angesichts zunehmend globaler Probleme ist es nötig, Lösungen zu finden, die über die einzelnen Nationalstaaten hinausgehen. Ein Beispiel hierfür ist das Kyoto-Protokoll (1997), in dem erstmals verbindliche Obergrenzen für den CO_2-Ausstoß festgelegt werden und damit einen Schritt im Kampf gegen die globale Erwärmung darstellt. Dass die Ergebnisse internationaler Verhandlungen direkt für die Bürger relevant werden können, zeigt sich auch an der Entwicklung der Europäischen Union. Das konstitutionelle Gefüge der EU wird durch internationale Verträge gestaltet (von Paris 1951 bis Lissabon 2007), wobei Reformen dieser Verträge – wie z. B. die Aufnahme des Schengener Abkommens in den Vertrag von Amsterdam – nach wie vor auf intergouvernementaler Ebene ausgehandelt werden müssen. Die Einstimmigkeitsanforderung und die steigende Anzahl an Mitgliedstaaten machen intensive und oft schwierige Verhandlungen nötig. Internationale Verhandlungen sind komplexe Interaktionen, in denen für eine Vielzahl von Problemen Lösungen gefunden werden müssen, wobei verschiedene – oft konfligierende – Einzelinteressen aufeinandertreffen. Zu Beginn ist kaum absehbar, in welche Richtung die Verhandlung gehen wird und ob am Schluss ein Erfolg verzeichnet werden kann.

Welches Ergebnis resultiert nun also, wenn gleichberechtigte Verhandlungspartner mit unterschiedlichen Interessen aufeinander treffen? Und wie kommt dieses Ergebnis zustande, d. h. wie funktioniert die Aggregation der individuellen Präferenzen zu einer gemeinsamen, von allen akzeptierten Position? Das ist die Fragestellung der hier vorgestellten Simulationsstudie. Im Rahmen der Rational Choice Theorie sollen die Anreizstrukturen von (internationalen) Verhandlungen herausgearbeitet werden und darauf aufbauend ein formales Tausch- und Verhandlungsmodell entwickelt werden.

Die Studie folgt dem Anspruch der nomothetischen Wissenschaft (vgl. Saam in diesem Band), anhand eines theoretischen Modells allgemeine Aussagen zum Forschungsgegenstand – also zu internationalen Regierungsverhandlungen – abzuleiten. Gleichzeitig gilt der Anspruch der empirischen Forschung, die theoretischen Annahmen an realen Fällen zu überprüfen. Gerade im Bereich der internationalen Regierungsverhandlungen sind die Möglichkeiten der empirischen Überprüfung begrenzt. Es fehlt an Daten, die die nötige Qualität und Detailliertheit aufweisen, um theoretische Verhandlungsmodelle zu testen. In der hier vorgestellten Studie wird daher nur auf einen Fall zurückgegriffen: die EU-Regierungskonferenz von Amsterdam 1996/97.

Zahlreiche theoretische Modelle zur Erklärung kollektiver Entscheidungen wurden bereits entwickelt, wie z. b. das Median-Voter-Modell (Black 1948), das Zeuthen-Harsanyi-Modell (Harsanyi 1956, 1977), das Coleman-Modell (1990) und natürlich die Nash-Verhandlungslösung (Nash 1950, 1953). Hierbei handelt es sich vorwiegend um analytische Modelle, deren Ergebnis sich in erster Linie an Eigenschaften der Verhandlungslösung orientieren (Pareto-Kriterium). Doch oftmals widersprechen reale Verhandlungsergebnisse den von den Modellen formulierten Anforderungen. Die hier vorgestellte Studie folgt der Generalthese, dass für die gute Vorhersage von Verhandlungsergebnissen der Verhandlungsverlauf explizit im theoretischen Modell berücksichtigt werden muss (siehe z. B. Brams 2000; Muthoo 1999; Saam et al. 2004). Damit rücken die Interaktionsmöglichkeiten der Akteure ins Blickfeld. Politischer Tausch, Konzessionen, zwischenstaatliche Kooperation und Kompromisse oder auch Blockaden: die Staaten haben viele Möglichkeiten zu agieren und zu reagieren und dadurch auf die Verhandlungssituation einzuwirken. Es soll gezeigt werden, dass durch den Einfluss des Verhandlungsverlaufs die Abweichung vom ‚optimalen' Verhandlungsergebnis erklärt werden kann.

Im folgenden Kapitel werden drei Konzepte vorgestellt, die in der hier vorgestellten Studie bei der Modellierung von internationalen Verhandlungen verwendet werden. Es handelt sich hierbei um eine Auswahl und nicht um eine erschöpfende Darstellung des Modells (dies gilt auch für Abschnitt 2.4). Für eine vollständige Modellbeschreibung siehe Arndt (2008: Kap 4.2).

2.2 Theoretische Konzepte zur Modellierung von Verhandlungen

Der in der Fragestellung geforderte sequenzielle Erklärungsansatz erfordert die Dynamisierung der Verhandlungsprozesse auch im (Simulations-) Modell. Die Verhandlung wird nicht wie in Gleichgewichtsmodellen als nur eine Entscheidung (nämlich die über das Verhandlungsergebnis) interpretiert, sondern der Fokus wird auf die Interaktionen der Verhandelnden im Verhandlungsverlauf gerichtet. Diese können z. B. Entscheidungen darüber sein, eine Konzession zu machen, einen Kompromiss vorzuschlagen oder aber auch mit anderen Akteuren mit ähnlichen Interessen eine gemeinsame Position zu formulieren. Eine konsequente Dynamisierung kann daher nur über eine Mikrofundierung des Modells erfolgen. Durch ‚lokale' Entscheidungen der Akteure wird die Verhandlungssituation so lange transformiert, bis eine Lösung für das Verhandlungsproblem gefunden wird (oder die Verhandlung endgültig scheitert). Der Effekt einzelner Entscheidungen auf das Verhandlungsergebnis ist jedoch von den Verhandelnden vorab nicht klar kalkulierbar.[2] Die Dynamiken, die auf diese Weise durch den sequenziellen Charakter von Verhandlungen bedingt werden und deren Veränderungen in Abhängigkeit von den Rahmenbedingungen, sind daher für die Erklärung von Verhandlungsergebnissen von großem Interesse (Richards 2000).

Diese Überlegungen lassen sich weiter zuspitzen: Wenn der Verhandlungsverlauf als Sequenz von Entscheidungen relevant ist für die Erklärung des Verhandlungsergebnisses, dann sollte ein Modell, das diese Sequenzialität berücksichtigt, bessere Vorhersagen machen können als ein Gleichgewichtsmodell. Für die Überprüfung dieser Annahmen in Simulationsexperimenten lässt sich folgende Hypothese formulieren:

(H1) Wenn im theoretischen Modell die Dynamik der Verhandlung berücksichtigt wird, kann das Verhandlungsergebnis besser vorhergesagt werden, als es mit statischen Modellen möglich ist.

Ein allgemeines Verhandlungsmodell, das auf komplexe Verhandlungssituationen mit vielen Verhandlungsgegenständen angewendet werden soll, muss die Möglichkeit von Kompromissen berücksichtigen (Coleman 1990; Henning 2000; MacDonagh 1998; Pruitt und Carnevale 1993; Scharpf 1988; Sebenius 1983; Stokman und van Oosten 1994; Tajima und Fraser 2001). Ein besonderer Fokus der Fragestellung liegt daher auf Tausch in Verhandlungen. Verhandler haben immer dann einen Anreiz zum Tausch, wenn sie bei zwei Verhandlungsgegenständen unterschiedliche Präferenzen haben, sich aber die Intensität dieser Präferenzen so unterscheidet, dass eine komplementäre Situation entsteht. Das Nachgeben des jeweils anderen Verhandlers in einem der beiden Verhandlungsgegenstände überkompensiert den Nutzenverlust durch die eigene Konzession, so dass durch den Tausch für beide Verhandler ein Nutzengewinn zu erzielen ist.

Allerdings sind bestimmte strukturelle Voraussetzungen nötig, um Tausch zwischen Verhandlungsgegenständen zu ermöglichen und wahrscheinlich zu machen. In großen Verhandlungen, wie beispielsweise der Amsterdamer Regierungskonferenz 1996/97, werden sehr viele Verhandlungsgegenstände diskutiert (insgesamt waren es 46!), so dass es nötig ist, die verschiedenen Verhandlungs-

---

2   Hierbei können auch Pfadabhängigkeiten eine Rolle spielen, da zu Beginn in der konkreten Situation getroffene Entscheidungen sich nachhaltig auf alle zukünftigen Zustände der Verhandlung auswirken (Ackermann 2001; Greener 2005; Krasner 1984; Pierson 2000).

gegenstände in unterschiedlichen Fachausschüssen zu behandeln. In einer solchen Situation ist kaum Tausch zwischen Verhandlungsgegenständen zu erwarten. Dieser wird nur dann wahrscheinlich, wenn mehrere Probleme von den gleichen Personen bearbeitet werden, so dass Tauschpotenzial überhaupt erst erkannt werden kann. Dies ist im Endgame der Amsterdamer Regierungskonferenz (dem nachsimulierten Verhandlungsbeispiel) der Fall: In dieser letzten Verhandlungsphase werden 18 besonders problematische, bis dahin ungelöste Verhandlungsgegenstände bearbeitet, wobei hier direkt die Staats- und Regierungschefs bzw. deren persönliche Delegierte aufeinander treffen. Durch die Verhandlungsgegenstände übergreifenden Gespräche kann Kompromisspotenzial erkannt und genutzt werden.

Die dynamisch-sequenzielle Modellierung von Verhandlungen erfordert auch eine spezifische Konzeption dessen, *was* in einer Verhandlung getauscht wird. Analytische Tauschmodelle wie das Coleman-Modell operationalisieren Tausch in einer Verhandlung als Tausch von politischen Kontrollanteilen (Kontrolltausch), bei dem jeder Tauschpartner bei dem Verhandlungsgegenstand, an dem er das geringere Interesse hat, seine Stimme dem Tauschpartner überlässt. Die Kontrolleinheiten werden über Gleichgewichtspreise bewertet und gehandelt. Eine solche Operationalisierung ist im Rahmen der dynamisch-sequenziellen Modellierung nicht praktikabel, denn Gleichgewichtspreise können für Einzelentscheidungen nicht berechnet werden. Damit ist auch der Tausch von Kontrollanteilen nicht sinnvoll umsetzbar.[3] Für die sequenziell-dynamische Modellierung ist es daher nötig, auf eine geringere Abstraktionsstufe zu gehen. Die kleinste Einheit, über die eine Entscheidung getroffen wird, ist nicht ein Anteil an politischer Kontrolle, sondern die Konzession in Bezug auf einen Verhandlungsgegenstand. Entsprechend wird nicht mehr der Tausch von Kontrollanteilen, sondern der Tausch von Konzessionen zugrunde gelegt. Diese Art von Tausch wurde bereits von Stokman und van Oosten (1994) formal modelliert.[4]

Ebenso wie bei der Verhandlungsdynamik sollte, wenn Tausch in Verhandlungen tatsächlich eine Rolle spielt, ein Modell, das diese Tauschprozesse berücksichtigt, bessere Vorhersagen machen als ein Modell, das keine Tauschprozesse zulässt. Dieser Zusammenhang lässt sich in folgender Hypothese zusammenfassen:

---

3 Im Fall der einstimmigen Verhandlung ist der Tausch von Kontrollanteilen aufgrund unstetiger Nachfragefunktionen ohnehin problematisch (Stoiber 2003; Schnorpfeil 1996)

4 Das hier vorgestellte Modell baut grundsätzlich auf der Modellierung von Stokman und van Oosten auf, nimmt aber weit reichende Modifikationen vor. Eine genaue Gegenüberstellung der beiden Modelle findet sich in Arndt (2008: Kap. 4.2).

(H2) Wenn im Verhandlungsmodell Tausch explizit berücksichtigt wird, kann eine bessere Vorhersage des Verhandlungsergebnisses erzielt werden, als wenn Tausch nicht berücksichtigt wird.

Die letzte Hypothese, die vorgestellt werden soll, bezieht sich auf die situative Bereitschaft der Verhandler, von ihrer ursprünglichen oder derzeitigen Verhandlungsposition abzurücken oder diese beizubehalten (Risikobereitschaft). Muss sich ein Verhandler entscheiden, ob er in einer konkreten Situation eine Konzession macht oder auf einen Tauschvorschlag eingeht, so wird er seine eigene Verhandlungsposition zunächst dahingehend einschätzen, ob sie leicht durchzusetzen ist oder nur gegen großen Widerstand. Hat ein Verhandler die Erwartung, dass seine präferierte Position resultiert, ohne dass er selbst aktiv werden muss (z. B. wenn die meisten der anderen Verhandlungsteilnehmer ebenfalls diese Position vertreten) wird er kaum zu einem Einsatz von Ressourcen (z. B. durch Tausch oder Konzession) bereit sein (Henning 2000). Die Attraktivität einer Entscheidungsalternative (z. B. eines Tauschangebotes) hängt damit nicht nur von der Anreizstruktur der konkreten Verhandlungssituation, also den absoluten Kosten- und Nutzenkalkulationen, sondern auch von den Erwartungen über den weiteren Verhandlungsverlauf ab. Diese Bewertungskomponente wird unter dem Begriff der Risikobereitschaft gefasst. Zur Bestimmung der Risikobereitschaft in Verhandlungen wurden verschiedene Konzepte entwickelt (Abdollahian und Alsharabati 2003; Bueno de Mesquita 1981, 1985, 1994; Harsanyi 1956, 1977; Saam et al. 2004) auf die an dieser Stelle jedoch nicht eingegangen werden kann. Die konkrete Implementierung der Risikobereitschaft und ihrer Auswirkung auf die Tausch- und Konzessionsentscheidungen wird in Abschnitt 2.4 beschrieben. Auch hier lässt sich der oben beschriebene Zusammenhang wieder als Hypothese formulieren, die dann in Modellexperimenten überprüft werden kann.

(H3) Wenn ein Erklärungsmodell für Verhandlungen die Risikobereitschaft der Akteure berücksichtigt, dann ist die Vorhersage des Modells besser, als wenn die Risikobereitschaft nicht berücksichtigt wird.

Ausgehend von den drei hier vorgestellten Hypothesen wird ein Tausch- und Verhandlungsmodell entwickelt, mit dem das Verhandlungsergebnis der Amsterdamer Regierungsverhandlung 1996/97 erklärt werden soll.

2.3 Die Daten zur Amsterdamer Regierungskonferenz

Das empirische Beispiel, anhand dessen das theoretische Modell überprüft wird, ist das Endgame der Amsterdamer Regierungskonferenz 1996/97. Im Rahmen der DFG-Forschergruppe ‚Institutionalisierung Internationaler Verhandlungssysteme' wurde diese Verhandlung am Mannheimer Zentrum für Europäische Sozialforschung ausführlich dokumentiert (Thurner et al. 2002). Diese Datengrundlage eignet sich aufgrund ihres Umfangs und ihrer Detailliertheit, um einerseits Initialisierungswerte für Simulationsexperimente zu liefern, und andererseits die Simulationsergebnisse anhand des tatsächlichen Verhandlungsausgangs zu validieren.

Die Verhandlung lässt sich in zwei Phasen einteilen, das ‚Normal game' und das ‚Endgame'. Im ‚Endgame', das mit dem Gipfel von Dublin im Dezember 1996 beginnt, verbleiben von den ursprünglich 46 nur noch 18 ungelöste und besonders konfliktäre Verhandlungsgegenstände. Der hier verwendete Datensatz liefert Informationen über diese 18 Verhandlungsgegenstände zu Beginn des Endgames und über das Verhandlungsergebnis. Die Delegierten der EU-Mitgliedstaaten wurden sowohl zu den Positionen ihrer Regierung als auch zum relativen Interesse an den Verhandlungsgegenständen persönlich befragt. Nach der Beendigung der Verhandlung und der Unterzeichnung des Amsterdamer Vertrages durch die Mitgliedstaaten wurden schließlich die Verhandlungsergebnisse erhoben und kodiert.

Die inhaltliche Dimension aller Verhandlungsgegenstände der Amsterdamer Verhandlung ist die Vertiefung der europäischen Integration (Thurner et al. 2002: 30). Jeder der Verhandlungsgegenstände weist mindestens zwei Verhandlungsoptionen auf: den Satus quo als konservative Position und mindestens ein Reformvorschlag, der auf eine stärkere Integration der Europäischen Union abzielt. Stehen mehrere Reformvorschläge zur Verfügung werden diese entsprechend der Reichweite des Vorschlags (also dem Ausmaß der damit verbundenen Integration) im Verhandlungsraum ordinal angeordnet – ausgehend vom Status quo bis hin zur Verhandlungsoption mit der stärksten Integrationswirkung. Den verschiedenen Verhandlungsoptionen der einzelnen Verhandlungsgegenstände sind in den Datensätzen numerische Werte zugewiesen. Jeder Verhandlungsgegenstand wird als eindimensionaler euklidischer Verhandlungsraum begriffen, der jeweils auf das Einheitsintervall [0, 1] normiert ist. Die Verhandlungsoptionen sind so kodiert, dass jeweils derjenigen Verhandlungsoption, die die stärkste Integration nach sich ziehen würde, der Wert 1 zugewiesen ist, der Verhandlungsoption mit der geringsten Integrationswirkung (in der Regel der Status quo) der Wert 0. Optionen zwischen den beiden Extrempolen 0 und 1 werden äquidistant verteilt.

Auch den Interessen der Staaten werden numerische Werte zugewiesen. Die Delegierten wurden im Interview dazu aufgefordert, insgesamt 100 Punkte auf die Verhandlungsgegenstände zu verteilen, um deren relative Wichtigkeit für ihre Regierung darzulegen, so dass dieser Wert auch als Prozentangabe interpretierbar ist. Im Datensatz können die Interessen der Staaten daher wie die Verhandlungsoptionen auf Werte im Intervall [0, 1] normiert werden, d. h. dass sich die Interessen eines Staates über alle Verhandlungsgegenstände auf den Wert eins aufsummieren.

2.4 Das Tausch- und Verhandlungsmodell (TVM)

Das zur Simulation der Amsterdamer Regierungskonferenz entwickelte Modell nimmt zwei Phasen im Verhandlungsverlauf an, eine Tausch- und eine Verhandlungsphase. Diese Phasen werden in zwei getrennten, jedoch aneinander anschließenden Modulen simuliert.

Das Verhandlungssystem: Ausgangspunkt für die Tauschphase ist ein geschlossenes Verhandlungssystem, in dem alle Akteure und Ressourcen enthalten sind und externe Ressourcen nicht verwendet werden können. Das Verhandlungssystem besteht aus a Verhandlungsgegenständen ($a = 1, \ldots, 18$), mit jeweils l_a ordinalen Verhandlungsoptionen $(x_{1a}, \ldots, x_{la})$ die äquidistant über das Intervall [0, 1] verteilt sind. Der Status quo SQ_a, ist immer als Verhandlungsposition enthalten. Akteure im Verhandlungssystem sind i Staaten I ($i = 1, \ldots, 15$), die zu jedem Verhandlungsgegenstand eine Idealposition P_{ia} formulieren und ein bestimmtes Interesse (Salienz) s_{ia} an jedem Verhandlungsgegenstand haben. Das Interesse eines Staates ist über alle Verhandlungsgegenstände des Verhandlungssystems auf den Wert eins normiert ($\Sigma_a s_{ia} = 1$).

Die Staaten sind gegenseitig vollständig über ihre Idealpositionen und Interessen informiert. Mögliche Konzessionen z orientieren sich an den vorgegebenen Verhandlungsoptionen, so dass eine Konzession als Schritt zur nächsten Verhandlungsoption in Richtung der Idealposition des Tauschpartners aufgefasst wird. Die Konzessionsgröße bei einem Verhandlungsgegenstand z_a ergibt sich folglich aus dem Abstand der Verhandlungsoptionen Δx_a, der wiederum von der Anzahl der Verhandlungsoptionen l_a abhängt ($z_a = \Delta x_a = 1/l_a - 1$). Jeder Verhandlungsgegenstand kann in mehrere Tauschgeschäfte involviert sein.

Tauschbedingungen: Für den bilateralen Konzessionstausch lassen sich drei grundlegende Bedingungen zusammenfassen.

Bedingung 1: Die Akteure, die an dem Tausch beteiligt sind, müssen auf die Entscheidung über das Verhandlungsergebnis Einfluss ausüben können, also bei allen Verhandlungsgegenständen eine positive Entscheidungsmacht v haben. In dem hier verwendeten empirischen Beispiel ist diese Bedingung immer erfüllt, da aufgrund der Einstimmigkeitsregel für konstitutionelle Reformen in der europäischen Union von einer Gleichverteilung des Einflusses über alle Staaten ausgegangen wird ($v_{ia} > 0$).

Bedingung 2: Beide Verhandlungsteilnehmer, die am Tausch beteiligt sind, sollen bei dem Verhandlungsgegenstand, bei dem sie eine Konzession nachfragen, ein positives, von null verschiedenes Interesse haben (s_{ia}, $s_{jb} > 0$).

Bedingung 3: Tausch ist genau dann für beide Akteure profitabel und wird folglich in Betracht gezogen, wenn die Interessen beider Akteure komplementär sind ($s_{ia} < s_{ib} \wedge s_{jb} < s_{ja}$).

Die Bestimmung des Tauschnutzens: Sind die Bedingungen 1-3 erfüllt, haben die Akteure einen Anreiz zu tauschen. Grundlage zur Bestimmung des Tauschnutzens des Akteurs i U_i ist eine einfache räumliche und eingipflige Nutzenfunktion, bei der der Nutzen einer Option bei steigender Distanz zur Idealposition linear abnimmt. Der erwartete Nutzen einer Verhandlungsoption P_a bei gegebener Idealposition P_{ia} bestimmt sich als:

$$U_i(P_a) = 1 - |P_{ia} - P_a| \tag{1}$$

Da die Nutzenfunktion einen linearen Zusammenhang zwischen der Entfernung einer Verhandlungsoption und der Idealposition annimmt, lässt sich der Nutzen $U_i(z_{jb})$ eines Akteurs i von einer Konzession eines anderen Akteurs z_j beim Verhandlungsgegenstand b über die Konzessionsgröße ausdrücken. Da aber der Nutzen auch zusätzlich von der Präferenzintensität abhängen soll, wird dieser Wert darüber hinaus mit dem Interesse s gewichtet. Äquivalent wird der Nutzenverlust bestimmt, den ein Akteur i bei einer eigenen Konzession bei Verhandlungsgegenstand a in Kauf nehmen muss.

$$U_i(z_{jb}) = z_{jb} \cdot s_{ib} \, , \; U_i(z_{ia}) = -z_{ia} \cdot s_{ia} \tag{2}$$

Schließlich beziehen die Akteure bei der Bestimmung ihres Nutzens eine weitere subjektive Komponente mit ein: ihre Risikobereitschaft. Im Grundkonzept wird die Bestimmung der Risikobereitschaft dem Zeuthen-Harsanyi-Modell entnommen. Ein Akteur wägt bei einer Verhandlung zwischen verschiedenen Kostenfaktoren ab: Soll er bei einem Verhandlungsgegenstand a nachgeben, die Position des Verhandlungspartners akzeptieren und die Kosten der Konzession in Kauf nehmen, oder soll er weiterhin auf seiner Verhandlungsposition verharren und damit das Scheitern der Verhandlung riskieren – das ebenfalls mit Kosten verbunden wäre? Da diese Kosten von den jeweils aktuellen Verhandlungspositionen P_{ia} und P_{ja} abhängen wird zusätzlich ein Index t eingeführt.[5] Die Risikobereitschaft r_{iat} eines Akteurs i bei einem Verhandlungsgegenstand a zum Zeit-

---

5 In der vollständigen Modellbeschreibung sind alle Zusammenhänge dynamisiert (vgl. Arndt 2008: Kap. 4.2). In der bisherigen Darstellung wurde der Übersichtlichkeit halber auf den Zeitbezug verzichtet.

punkt t ergibt sich folglich zunächst als Quotient aus den Kosten der Annahme und den Kosten der Hartnäckigkeit. Damit ist die Risikobereitschaft ein Indikator für die Einschätzung der eigenen aktuellen Verhandlungsstärke bei Verhandlungsgegenstand a: Je größer der Nutzenverlust, den ein Akteur bei der Konzession in Kauf nehmen müsste, im Verhältnis zum Nutzenverlust ist, den er bei der Konfliktauszahlung (Beibehaltung des SQ) erleiden würde, desto weniger Anreiz hat er, auf den anderen Akteur zuzugehen.

$$r_{iat} = |P_{iat} - P_{jat}| / |P_{iat} - SQ_a| \qquad (3)$$

Die Risikobereitschaft ist keine konstante Größe. Je nachdem, bei welchen Verhandlungsgegenständen die Staaten tauschen wollen und welche Tauschgeschäfte bereits durchgeführt wurden, ergeben sich unterschiedliche Einschätzungen der Situation. Die Risikobereitschaft beeinflusst die Wahrnehmung der Akteure bezüglich ihrer Gewinne und Verluste beim Tausch. Eine hohe Risikobereitschaft bedeutet, dass sich ein Akteur sehr sicher ist, dass er seine Verhandlungsposition in der Verhandlung durchsetzen kann. Die Risikobereitschaft wirkt sich daher je nachdem, ob ein Akteur selbst eine Konzession macht oder ein anderer Staat mit einer Konzession auf ihn zukommt, unterschiedlich aus. Ist die Risikobereitschaft hoch, wird die eigene Konzession z_{iat} als kostspielig empfunden, die Konzession des Tauschpartners z_{jbt} aber als geringer Nutzenzuwachs. Ist die Risikobereitschaft klein verhält es sich genau anders herum. Um diesen Zusammenhang darzustellen, wird zur Bestimmung des Nutzengewinns bei einem Tauschangebot der Wert $U_i(z_{jbt})$ der eigenen Konzession eines Akteurs (also der Nutzenverlust) mit dem Kehrbruch der Risikobereitschaft potenziert, der Wert $U_i(z_{iat})$ der Konzession des Tauschpartners mit dem einfachen Wert (vgl. Gleichung 2).

$$U^r_i(z_{jbt}) = U_i(z_{jbt})^{r_{ibt}}, \; U^r_i(z_{iat}) = U_i(z_{iat})^{1/r_{iat}} \qquad (4)$$

Der Tauschnutzen U_{iabt} des Akteurs i ergibt sich als Summe aus den Kosten $U^r_i(z_{iat})$ und dem Nutzen $U^r_i(z_{jbt})$. Der Gesamtnutzen des Tauschs, also der Nutzen, den beide am Tausch beteiligten Akteure i und j insgesamt über den Tausch bei den Verhandlungsgegenständen a und b zum Zeitpunkt t erzielen können, ergibt sich dann aus der Summe der Nutzenbilanzen beider Koalitionen, die am Tausch teilhaben.

Mit den Tauschbedingungen sind die Voraussetzungen angegeben, die für individuelle Tauschmöglichkeiten gegeben sein müssen. Nun ist es möglich, das gesamte Tauschpotenzial im Verhandlungssystem zu bestimmen. Dazu wird für alle Akteurspaare und Paare von Verhandlungsgegenständen überprüft, ob die Tauschbedingungen zutreffen. Von allen potenziellen Tauschbeziehungen, für die das der Fall ist, wird diejenige mit dem höchsten gemeinsamen Nutzengewinn ausgewählt und der Tausch durchgeführt. Die Staaten, die an dem Tausch beteiligt sind, erhalten neue Positionen und der Tausch ist damit abgeschlossen. Dieser Tauschprozess wird so oft wiederholt, bis im Verhandlungssystem kein Tauschpotenzial mehr vorhanden ist. Das Tauschpotenzial entwickelt sich dynamisch mit den Interaktionen der Akteure im Verhandlungssystem. Die neuen Positionen der Staaten nach dem Tausch sind jeweils Ausgangslage für einen weiteren Tauschvorgang.

Verhandlungsphase: Das Tauschpotenzial im Verhandlungssystem ist nicht unbegrenzt: Es ist zwar prinzipiell möglich, dass die Akteure allein durch Tauschhandlungen zu einer gemeinsamen Position kommen, allerdings ist dies weder notwendig noch wahrscheinlich. Wenn kein Akteur mehr zu tauschen bereit ist, geht das Modell in eine ‚Verhandlungsphase' über.[6] Die aus dem Tauschprozess resultierenden Positionen werden zur Initialisierung des dynamisierten Zeuthen-Harsanyi-Modells herangezogen (Saam et al. 2004). Die Ergebnisse des Verhandlungsmodells werden als endgültige Ergebnisse des hier vorgestellten Modells betrachtet.

Das dynamisierte Zeuthen-Harsanyi-Modell ist ein Verhandlungsmodell für zwei Spieler. Daher ist der eigentlichen Verhandlungsphase eine Koalitionsbildungsphase vorgeschaltet, in der sich aus den Verhandlungsteilnehmern zwei Koalitionen bilden.[7] Diese beiden Koalitionen verhandeln als kollektive Akteure gegeneinander. Allerdings nähern sich die Akteure nicht mehr über Tausch an, sondern nur noch über Konzessionen (nicht kooperativ).

Kriterium für eine Konzessionsentscheidung ist hier ebenfalls die Risikobereitschaft, der das gleiche Modellierungsprinzip wie im Tauschmodell zugrunde liegt (siehe Gleichung 3):[8] Immer diejenige Koalition, die eine geringere Risikobereitschaft aufweist, macht eine Konzession in Richtung des Verhandlungsgeg-

---

6 Die Aufteilung des Modells in zwei Phasen ergibt sich direkt aus der Erweiterung des Modells von Stokman und van Oosten (1994): Die Tauschprozesse führen nur dazu, dass die Ausgangspositionen verändert werden, aber nicht direkt zu einer Verhandlungslösung. Wenn das Tauschpotenzial ausgeschöpft ist, müssen die Akteure also noch einmal einen anderen Verhandlungsmodus anwenden, um tatsächlich zu einem Ergebnis zu kommen. Im Modell von Stokman und van Oosten wird zu diesem Zweck der gewichtete Mittelwert der aktuellen Verhandlungspositionen gebildet.

7 Für eine Beschreibung und eine formale Darstellung des Koalitionsbildungsprozesses siehe Saam et al. (2004).

8 Bei der Bestimmung der Risikobereitschaft im Modell von Saam et al. spielen noch weitere Faktoren eine Rolle, auf die hier nicht eingegangen werden soll. Für eine genaue Beschreibung siehe Saam et al. (2004).

ners. Allerdings ist dieser Konzessionsprozess nicht deterministisch gestaltet:[9] Die Akteure haben nur unvollständige Information über die Risikobereitschaft des jeweils anderen Akteurs und können sich auch irren. Technisch wird dies so umgesetzt, dass die Risikobereitschaft des Gegners vor dem Vergleich durch einen Zufallsprozess ‚verzerrt' wird. Schätzen beide Akteure die Risikobereitschaft des jeweils anderen höher ein als die eigene Risikobereitschaft, kann es auch dazu kommen, dass beide Akteure gleichzeitig eine Konzession machen.

3 Problematik der kleinen Fallzahlen und empirische Überprüfung

An welchen Stellen spielen nun im Rahmen dieses Modells kleine Fallzahlen eine Rolle? Die Thematik der kleinen Fallzahlen betrifft sowohl die allgemeine Fragestellung als auch die Strategie der empirischen Überprüfung. Spezifische Probleme, die in dieser Studie durch kleine Fallzahlen entstehen, werden in den folgenden vorgestellt und anhand von Beispielen illustriert.

3.1 Komplexität und Fallzahlen als theoretisches Problem

Bei einem komplexen sozialen Phänomen wie einer internationalen Verhandlung ist neben der direkten Erhöhung auch eine indirekte Erhöhung der Fallzahlen möglich, indem der Einzelfall disaggregiert wird. In der hier vorgestellten Simulationsstudie wird das theoretische Modell anhand nur eines empirischen Falles überprüft. Durch Disaggregation konnten für diesen einen Fall mehrere Datenpunkte generiert werden. Die Verschiebung des Fokus von der Verhandlung als monolithischem Ganzen auf die einzelnen Verhandlungsgegenstände führt zu einer indirekten Erhöhung der Fallzahl. Im Normal Game wurde durch diesen einfachen ‚Trick' die Fallzahl von $N = 1$ auf $N = 46$, im Endgame von $N = 1$ auf $N = 18$ erhöht. Denkbar wäre sogar eine noch weitere indirekte Erhöhung, indem man die Staaten als Akteure disaggregiert und stattdessen (oder zusätzlich) die zuständigen Ministerien mit ihren Präferenzen und Interessen zugrunde legt. Diese Möglichkeit ist nicht nur reines Gedankenspiel: Das Projekt, in dem die Daten zur Amsterdamer Regierungskonferenz erhoben wurden, schließt die Positionen der Ministerien und deren informelle Koordination bzw. Kooperation mit ein (vgl. Thurner et al. 2002).

Die Anforderung an das Modell, die sich aus dem theoretischen Fokus auf den Verhandlungsverlauf ergibt, führt weiterhin zu der Notwendigkeit, die Fallzahlen gegenüber anderen (analytischen) Modellen zu erhöhen. Strategien sind

---

9 Im Tauschmodul berücksichtigen die Verhandlungsteilnehmer nur ihre eigene Risikobereitschaft. Daher wird dort diesbezüglich kein Zufallsprozess benötigt.

hierbei die Mikrofundierung des Modells und die dynamische Modellierung des Verhandlungsprozesses. ‚Einfache' analytische Modelle[10], wie z. B. die Nash-Verhandlungslösung, zielen auf das Verhandlungsergebnis ab und modellieren letztlich nur eine einzige Entscheidung. Die Vorhersage für das Verhandlungsergebnis wird aus (erstrebenswerten) Eigenschaften des Verhandlungsergebnisses abgeleitet. Damit wird aus theoretischer Perspektive nur die abschließende kollektive Entscheidung berücksichtigt, Einzelentscheidungen während der Verhandlung werden ignoriert. Um den Anspruch zu erfüllen, den Verhandlungsverlauf in das theoretische Modell zu integrieren, ist jedoch die Modellierung einzelner Entscheidungen unerlässlich. Hierfür ist gegenüber den analytischen Modellen eine Erhöhung der Fallzahl nötig: Nicht mehr nur die endgültige Entscheidung wird durch das Modell erklärt, sondern auch die vielen Einzelentscheidungen der Verhandlungsparteien im Verlauf einer Verhandlung werden in den theoretischen Rahmen des Modells aufgenommen.

Dies wird durch eine konsequente Mikrofundierung der Entscheidungsprozesse in der Verhandlung und die dynamische Modellierung der Entscheidungsabfolge erreicht. Die Anzahl der Entscheidungen wird nicht exogen vorgegeben, sondern ergibt sich direkt aus den Anreizstrukturen, die durch die Präferenzen und Interessen der Akteure induziert werden. Die Simulation endet erst, wenn durch die individuellen Tausch- und Konzessionsentscheidungen eine gemeinsame Lösung erreicht werden konnte. Bei 15 Verhandlungsteilnehmern und 18 Verhandlungsgegenständen fällt die Anzahl der Einzelentscheidungen wesentlich größer aus als die letztendlich getroffene (einzelne) kollektive Entscheidung.

Diese Beispiele zeigen, dass der Aspekt der Fallzahlen in der Computersimulation schon bei der Formulierung des Forschungsproblems relevant werden kann. Die (indirekte) Erhöhung der Fallzahlen durch die Verschiebung des Fokus auf die einzelnen Verhandlungsgegenstände und den Verhandlungsprozess kann die Anzahl der Datenpunkte erheblich erhöhen und damit die Grundlage der empirischen Überprüfung verbreitern. Zudem kann sie auch zur Lösung theoretischer Probleme beitragen.

3.2 Fallzahlen und Stabilität der Simulationsergebnisse

Die oben beschriebenen Schritte fallen bereits in die konzeptionelle Phase des Forschungsprozesses. Die folgenden Abschnitte widmen sich der empirischen Überprüfung des oben vorgestellten theoretischen Modells mit der Methode der

---

10 Mit einfachen Modellen ist nicht gemeint, dass es sich um theoretisch oder mathematisch unterkomplexe Modelle handelt. Kriterium ist hier vielmehr, im welchem Umfang die Komplexität der Verhandlung (also z. B. deren Verlauf) im Modell selbst repräsentiert wird.

agentenbasierten Computersimulation. Ziel ist die Validierung des Simulationsmodells und die Überprüfung von aus der Theorie abgeleiteten Hypothesen.

Die Bestimmung eines eindeutigen Simulationsergebnisses ist ein notwendiger Schritt, um das Modell einer empirischen Prüfung zu unterziehen. Ziel der empirischen Validierung eines theoretischen Modells ist zunächst die Erhöhung der internen Validität: Es soll überprüft werden, inwieweit mit dem Modell ein empirisches Phänomen reproduziert werden kann. Nur wenn die Modellvorhersage mit dem tatsächlichen Verhandlungsergebnis in hohem Maße übereinstimmt, kann potenziell eine gute theoretische Erklärung vorliegen. Zur Bestimmung der Modellgüte werden in der vorgestellten Studie zwei Maßzahlen verwendet: die Euklidische Distanz d, um die Genauigkeit der Vorhersage, der Korrelationskoeffizient r nach Pearson, um die Art des Zusammenhangs zu überprüfen.[11] Da sich aufgrund der Normierung der Verhandlungsgegenstände auf das Intervall [0, 1] für das Endgame die maximal mögliche Abweichung vom Verhandlungsergebnis berechnen lässt (d_{max} = 3,37), kann für eine anschaulichere Interpretation statt der absoluten euklidischen Distanz zusätzlich der Anteil d/d_{max} der Abweichung der Vorhersage an der maximal möglichen Abweichung angegeben werden.

Die erste Problematik, die sich bei der empirischen Überprüfung in Bezug auf kleine Fallzahlen stellt, ist die Bestimmung einer eindeutigen Vorhersage. Die Ergebnisse von Simulationsmodellen sind in der Regel nicht deterministisch wie diejenigen analytischer Modelle. Dies ist durch die Anwendung von Zufallsprozessen im Simulationsmodell bedingt, mit denen beispielsweise unvollständige Information modelliert werden kann. In Abschnitt 2.4 ist genau ein solcher Zufallsprozess beschrieben.[12] In der zweiten Phase des Simulationsmodells (wenn also keine Tauschanreize mehr bestehen), machen die Verhandler genau dann eine Konzession, wenn sie eine subjektiv im Vergleich zum Verhandlungsgegner geringere Risikobereitschaft haben. Allerdings ist die tatsächliche Risikobereitschaft eines Verhandlungsteilnehmers nur ihm selbst bekannt, so dass sich jeder Verhandler nur Erwartungen über die Risikobereitschaft des anderen Verhandlers bilden kann. Diese Erwartungsbildung wird über einen Zufallsprozess modelliert, bei dem der Verhandlungsteilnehmer die gegnerische Risikobereitschaft über-, aber auch unterschätzen kann.[13] Der Zufallsprozess führt dazu, dass die Ergebnisse verschiedener Simulationsläufe, die sich nur durch den

---

11 Natürlich sind diese beiden Maße nicht unabhängig voneinander. Gerade bei weniger guten Vorhersagen liefert aber die Berücksichtigung beider Maßzahlen eine bessere Einschätzung der Modellgüte.
12 Das Modell enthält noch weitere Zufallsprozesse, auf die aber an dieser Stelle nicht eingegangen wird. Siehe hierfür Arndt (2008: Kap. 4.2).
13 Eine genaue Beschreibung findet sich bei Saam et al. (2004)

Startwert des Zufallsgenerators unterscheiden, zu unterschiedlichen Ergebnissen führen. Ein einzelner Simulationslauf führt daher zu verzerrten bzw. unvollständigen Ergebnissen. Werden mehrere Simulationsläufe durchgeführt, ergibt sich dagegen eine Verteilung von Ergebnissen. Für jedes Simulationsexperiment müssen so viele Simulationsläufe berechnet werden, dass die Verteilung und damit die zentrale Tendenz der Ergebnisse stabil bleibt. Erst dann kann das endgültige Simulationsergebnis für ein Experiment ermittelt werden (vgl. Axelrod 1987; Saam in diesem Band).

Abbildung 1: Bestimmung des Simulationsergebnisses

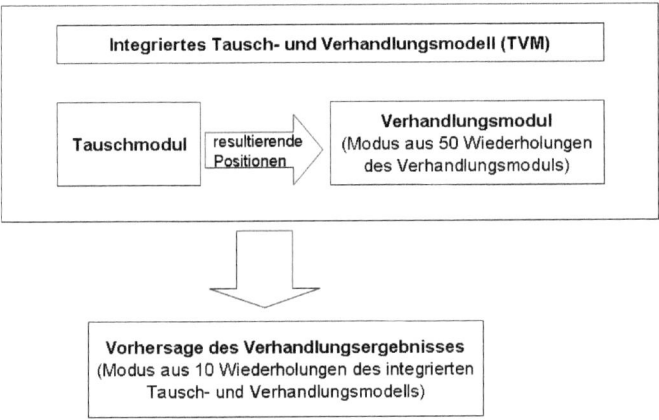

In der hier vorgestellten Studie wird der Modus der resultierenden Verteilung (also das am häufigsten auftretende Ergebnis) als endgültiges Simulationsergebnis interpretiert. Um zu stabilen Ergebnissen zu kommen, hat sich ein mehrstufiges Vorgehen als praktikabel erwiesen (vgl. Abbildung 1). Die Ergebnisse beider Modellteile werden unterschiedlich stark durch Zufallsprozesse beeinflusst. Das Tauschmodul ist Zufallsprozessen gegenüber relativ stabil und weist in seinen Ergebnissen nur geringe Schwankungen auf. Dagegen haben die Zufallsprozesse im Verhandlungsmodul wesentlich stärkere Auswirkungen. In einem einzelnen Simulationslauf werden beide Module durchlaufen. Allerdings wird, um ein stabiles Ergebnis zu erhalten, das Verhandlungsmodul für die aus dem Tauschmodul resultierenden Verhandlungspositionen nicht nur einmal, sondern N = 50 Mal durchgeführt. Der Modus aus diesen 50 Iterationen wird als Ergebnis des gesamten Simulationslaufes interpretiert. Insgesamt werden N = 10 Wiederholungen dieses Gesamtlaufes durchgeführt. Auch hier wird der Modus als das Ergebnis interpretiert. Um zum endgültigen Ergebnis zu kommen, müssen also für jedes Simulationsexperiment N = 510 Einzelläufe berechnet werden (die Anzahl N = 510 setzt sich aus N = 1·10 Läufen des Tauschmodells und N = 10·50 = 500 Läufen des Verhandlungsmodells zusammen). Diese Anzahl ist ausreichend, um ein stabiles Ergebnis zu erzielen. Vergleicht man beispielsweise fünf Modellvarianten, sind insgesamt 2550 Simulationsläufe nötig.

Dieses Beispiel zeigt, dass die Wahl der Fragestellung und des theoretischen Ansatzes sich durchaus auf die Anzahl der benötigten Fälle auswirken kann. Die Notwendigkeit, diese große Anzahl von Simulationsläufen durchzuführen, ist Folge des Wechsels von der analytischen zur dynamischen Modellierung und liegt damit im Interesse an der Verhandlungsdynamik begründet. Allerdings ist die Erhöhung der Fallzahl im Sinne von Simulationsläufen ein technischer Vorgang, der meist keine theoretischen Implikationen nach sich zieht, sondern vorwiegend auf die Stabilität der Ergebnisse abzielt.[14]

3.3 Fallzahlen, theoretische Varianz und Simulationsexperimente

Neben der Varianz in den Ergebnissen, die durch Zufallsprozesse im Modell induziert wird, kann auch die gezielte Variation theoretischer Annahmen zu unterschiedlichen Vorhersagen eines empirischen Phänomens führen. In Abschnitt 2.4 werden drei Hypothesen vorgestellt, die Einfluss auf das Verhandlungsergebnis haben können: die Verhandlungsdynamik, die Risikobereitschaft der Akteure und politischer Tausch in der Verhandlung. Die theoretischen Zusammenhänge aus den Hypothesen können formalisiert und für die Simulation direkt in den Programmcode übertragen werden. Damit ist es möglich, die Hypothesen in Simulationsexperimenten zu überprüfen, da sich die in das Programm übertragenen theoretischen Annahmen problemlos an- und abschalten lassen. Entsprechend lässt sich die Vorhersagekraft von Modellvarianten, in die bestimmte theoretische Annahmen (oder Kombinationen von theoretischen Annahmen) integriert wurden, miteinander vergleichen. Ein Vergleich ist aber auch gegen ein Null-Modell möglich, das mit minimalen theoretischen Annahmen auskommt und damit hilft, den Wirkungsgrad der theoretischen Konzepte zu ermitteln (Achen 2006).

Dieses Vorgehen ist nicht auf Varianten eines Modells begrenzt. Es ist auch möglich, alternative Erklärungsmodelle aus der Literatur heranzuziehen. Fallzahlen sind in diesem Sinne nicht Verhandlungsteilnehmer, Verhandlungsgegen-

---

14 Dies kann z. B. dann der Fall sein, wenn eine zweigipflige Verteilung resultiert und somit das Ergebnis nicht mehr eindeutig festlegbar ist. Es ist durchaus möglich, dass ein solches Ergebnis aus theoretischer Perspektive sinnvoll ist, z. B. wenn soziale Systeme aufgrund von Pfadabhängigkeiten sehr unterschiedliche Dynamiken (und damit Ergebnisse) entwickeln können. Dies ist aber in dem hier vorgestellten Modell nicht der Fall.

stände oder Verhandlungen, die real stattgefunden haben. Vielmehr ist hier als Fall die Kombination theoretischer Annahmen innerhalb eines Erklärungsmodells zu sehen. Es werden also anhand eines empirischen Falles (N = 1) nicht M = 1 sondern M > 1 mögliche (unterschiedliche) Erklärungsmodelle gegenübergestellt. Die Ergebnisse dieser Experimente sind direkt miteinander vergleichbar, da sie alle am selben empirischen Fall überprüft werden.

Dieses Vorgehen verfolgt zwei Ziele: Zum einen liefert die Gegenüberstellung verschiedener Modelle eine größere Varianz in den theoretischen Annahmen, die für die Überprüfung bestimmter Hypothesen benötigt wird. Soll beispielsweise überprüft werden, ob ein dynamisches Simulationsmodell oder ein klassisches Gleichgewichtsmodell besser geeignet ist, das Verhandlungsergebnis zu erklären, kann dies nicht allein mit einem dynamischen Modell überprüft werden. Zum anderen bedeutet der Vergleich mit anderen Modellen einen ‚härteren' Test des neu entwickelten Modells. Es geht darum, mit einem neuen Modell eine bessere theoretische Erklärung zu erreichen. Simulationsmodelle (vor allem agentenbasierte Modelle) haben in der Regel den Anspruch, soziale Phänomene realistischer abzubilden und sind daher oft weniger sparsam in den theoretischen Annahmen. Gerade bei der Entwicklung komplexer dynamischer Modelle sollte daher eine größere Übereinstimmung mit dem empirischen Fall erzielt werden als durch sparsamere Modelle, die in der Literatur etabliert sind. Ist dies nicht möglich oder die Erklärung sogar schlechter, so ist das sparsamere (analytische) Erklärungsmodell vorzuziehen.

In der hier vorgestellten Studie werden beide Vergleichsmöglichkeiten angewendet um verschiedene Hypothesen zu testen. Der Vergleich von Modellvarianten bezieht sich auf die Hypothesen, dass mit der Berücksichtigung der Verhandlungsdynamik (H1) und der Risikobereitschaft (H3) eine bessere Vorhersage des tatsächlichen Verhandlungsergebnisses erzielt werden kann. Um die Auswirkung der theoretischen Annahmen auf die Vorhersagen zu überprüfen werden Simulationsläufe für vier verschiedene Modellvarianten durchgeführt (vgl. Tabelle 1): ein Null-Modell (Basis), jeweils ein Modell, in dem die in der Hypothese formulierte theoretische Annahme integriert ist (Modell 1 und 2) und ein Modell, in dem die beiden Annahmen kombiniert werden (Modell 3).

Die Ergebnisse unterstützen die theoretischen Annahmen aus H1 und H3: Das Basismodell macht von allen Varianten die schlechteste Vorhersage (r = 0,49), wohingegen sich mit der Integration der theoretischen Annahmen bessere Ergebnisse erzielen lassen. Die Integration der Risikobereitschaft erhöht den Korrelationskoeffizienten auf r = 0,60, die der dynamischen Modellierung sogar auf r = 0,80. Auch die Kombination beider Annahmen führt zu einem Ergebnis, das zu einem hohen Grad mit dem tatsächlichen Verhandlungsergebnis übereinstimmt (r = 0,81). Obwohl die Integration jeder der beiden Annahmen eine positive Wirkung auf die Erklärungskraft des Modells zeigt (und dadurch beide Hypothesen durch die Modellexperimente bestätigt werden), ist der Effekt der dynamischen Modellierung stärker ausgeprägt. Die Berücksichtigung des Verhandlungsverlaufs trägt am meisten zur Verbesserung der Vorhersagen und damit zur theoretischen Erklärung bei.

Tabelle 1: Vergleich der Modellvarianten des Tausch- und Verhandlungsmodells

Modell	Risikobereitschaft	Dynamik	Vorhersagegüte (r)		
			r	d	d/d_{max}
Basis			0,49	1,22	0,36
1	x		0,60	1,13	0,33
2		x	0,80	0,85	0,25
3	x	x	0,81	0,84	0,25

Allerdings ist dies ein Ergebnis innerhalb einer Modelllogik. Durch den Vergleich mit anderen analytischen Modellen kann dieser Zusammenhang einem weiteren Test unterworfen werden. Tabelle 2 stellt die Erklärungsgüte des Mean Voters (Pappi und Henning 1998), des Median Voters (Black 1948), des Tauschmodells von Stokman und van Oosten (1994), des Henning-Modells (Henning 2000) und des hier vorgestellten Tausch- und Verhandlungsmodells (Arndt 2008) für die Amsterdamer Regierungskonferenz 1996/97 gegenüber.[15] Auch im Modellvergleich zeigt sich, dass das vollständig dynamisierte Tausch- und Verhandlungsmodell zu einer genaueren Vorhersage führt als es mit analytischen Modellen möglich ist.[16] Der Unterschied in der Vorhersagegüte zwischen dem Modell mit der schlechtesten Vorhersage (Mean Voter, r = 0,48) und der zweitbesten Vorhersage (Henning-Modell, r = 0,58) ist dabei sogar geringer als derjenige zwischen der zweitbesten Vorhersage und derjenigen des Tausch- und Verhandlungsmodells (r = 0,81).

Im Modellvergleich kann nun auch die Hypothese 2 überprüft werden, nämlich ob Tausch in der Verhandlung eine Rolle spielt. Die in Tabelle 2 gegenüber gestellten Modelle gehören zwei Kategorien an. Mean-Voter und Median-Voter

---

15 Die Ergebnisse des Zeuthen-Harsanyi-Modells und des Tauschmodells von Stokman und van Oosten basieren auf eigenen Berechnungen, die Ergebnisse des Mean Voters, des Median Voters und des Henning-Modells finden sich in Linhart und Thurner (2002).

16 Eine Zwischenposition nimmt das Tauschmodell von Stokman und van Oosten ein, das im Prinzip auch einen dynamischen Tauschprozess annimmt. Allerdings ist die Dynamisierung des Tauschs nicht konsequent und die nachfolgende Entscheidungsregel statisch. Es handelt sich also nicht um ein analytisches Modell, ist aber auch nicht als sequenziell-dynamisches Modell zu werten. Für eine ausführliche Darstellung dieser Kritik siehe Arndt (2008: Kap. 4.1).

sind Issue-by-Issue-Modelle, mit denen das Ergebnis für jeden Verhandlungsgegenstand einzeln ermittelt wird. Tausch spielt hier aus der theoretischen Perspektive keine Rolle. In allen anderen Modellen wird Tausch explizit als Interaktion zwischen den Akteuren modelliert. Es ist damit möglich, einen generellen Vergleich der Vorhersagegüte von Modellen mit und ohne die Tauschannahme durchzuführen. Auch Hypothese H2 wird bestätigt. Unabhängig von der genauen Spezifikation der Modelle machen Tauschmodelle bessere Vorhersagen für das Endgame der Amsterdamer Regierungskonferenz als Issue-by-Issue-Modelle.

Tabelle 2: Vergleich der Vorhersage des Tausch- und Verhandlungsmodells mit alternativen Erklärungsmodellen

Modell	Mean Voter	Median Voter	Stokman/ van Oosten	Henning Modell	TVM
r	0,48	0,52	0,56	0,58	0,81
d	1,23	1,55	1,23	1,19	0,85
d/d_{max}	0,37	0,46	0,37	0,35	0,25

Trotz der allgemeinen Tendenz, dass Tauschmodelle bessere Vorhersagen für das Anwendungsbeispiel liefern, unterscheiden sich die Vorhersagen der Tauschmodelle untereinander stark. Wie lässt sich dieser Unterschied in der Vorhersagegüte interpretieren? Aufschluss hierüber kann der systematische Vergleich der Vorhersagen mit dem Verhandlungsergebnis liefern. Um die Analyse übersichtlicher zu machen werden die Verhandlungsgegenstände nach der Größe des tatsächlichen Verhandlungsergebnisses in fünf Gruppen (Quintile) eingeteilt. Jeweils innerhalb dieser Gruppen kann das durchschnittliche Verhandlungsergebnis sowie die (jeweils) durchschnittliche Modellvorhersage berechnet werden. Die Gruppenmittelwerte des tatsächlichen Verhandlungsergebnisses können nun mit den Gruppenmittelwerten des Tausch- und Verhandlungsmodells (Abbildung 2) und denjenigen der Vergleichsmodelle (Abbildung 3) verglichen werden.

Abbildung 2: Vergleich des Tausch- und Verhandlungsmodells mit dem tatsächlichen Verhandlungsergebnis – Mittelwerte

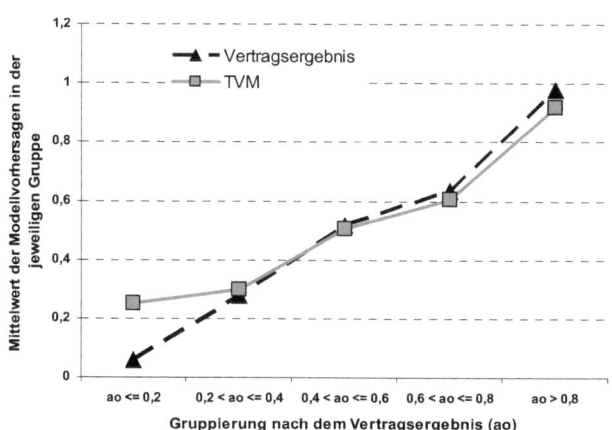

Abbildung 3: Vergleich der Vergleichsmodelle mit dem tatsächlichen Verhandlungsergebnis – Mittelwerte

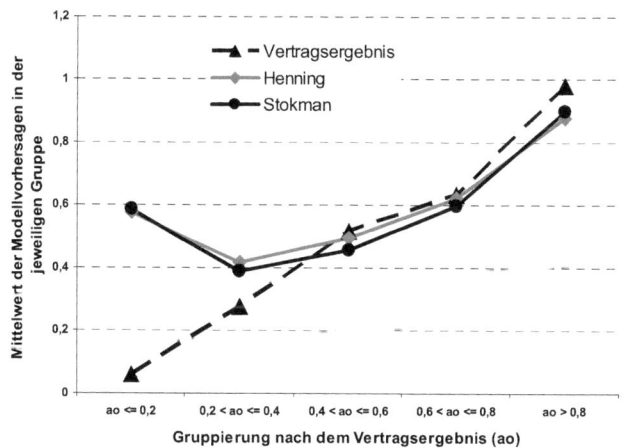

Es zeigt sich, dass die Vorhersagen der alternativen Tauschmodelle gerade bei den Verhandlungsgegenständen, in denen in der realen Verhandlung nur geringe

Reformen durchgesetzt werden konnten, die tatsächlichen Ergebnisse weit überschätzen. Die in der Abbildung sichtbare Systematik der Über- und Unterschätzung der tatsächlichen Verhandlungsergebnisse deutet darauf hin, dass die Vergleichsmodelle ‚zu viel' Tausch in der Verhandlung zulassen. Die Verhandlungsteilnehmer, deren Idealpunkt der Status quo ist (in der Regel die numerische Position 0), geben diese sichere Position nur dann auf, wenn sie dafür an anderer Stelle profitieren können. Werden die Verhandlungsergebnisse auf und nahe dem Status quo überschätzt, heißt das, dass die Verhandlungsteilnehmer aufgrund der Modellannahmen den Status quo eher aufgeben als das in der Verhandlung wirklich der Fall war: es wird zu viel getauscht. Die Vergleichsmodelle sind daher bezüglich der Überwindung des Status quo durch Reformen eindeutig zu ‚optimistisch'. Die Bedingungen für den Tausch im Tausch- und Verhandlungsmodell sind wesentlich restriktiver als die der beiden anderen Tauschmodelle, der Tausch verläuft weniger ‚reibungslos' und es kommt nur zu einer geringen Anzahl an Tauschakten.[17] Daher kann das Tausch- und Verhandlungsmodell gerade die Vorhersagen der Positionen auf oder nahe dem Status quo besser erklären.

Dieser Abschnitt zeigt, dass die Überprüfung von Hypothesen, ja sogar die Überprüfung verschiedener formaler Modelle durchaus auch mit nur einem empirischen Fall möglich ist. Hierzu bedarf es aber oft der indirekten Erhöhung der Fallzahlen. Die zur Überprüfung benötigte Varianz wird in diesem Fall nicht empirisch, sondern über die theoretischen Annahmen erreicht.

3.4 Fallzahlen und Übertragbarkeit der Ergebnisse

Die Intention der Studie ist nicht nur die Verhandlungen zu erklären, die zum Amsterdamer Vertrag geführt haben, sondern allgemeine Aussagen über Verhandlungen abzuleiten. Es wird also die Übertragung auf andere empirische Fälle angestrebt. Wie lässt sich dieser nomothetische Anspruch untermauern?

Die in den vorangehenden Abschnitten vorgestellten Maßnahmen zielen auf eine indirekte Erhöhung der Fallzahlen ab, die die interne Validität des vorgestellten Modells überprüfen und gewährleisten sollen. Die Erhöhung der empirischen Fallzahl ist dagegen in diesem Anwendungsbeispiel nicht ohne weiteres möglich. Zwar bietet des Tausch- und Verhandlungsmodell eine gute Erklärung der hier untersuchten Verhandlung – der EU-Regierungskonferenz von Amsterdam 1996/97 – es ist aber nicht ohne weiteres davon auszugehen, dass die Ergebnisse für alle möglichen Verhandlungen gültig sind. Das klassische Problem der kleinen Fallzahlen ist durch die indirekte Erhöhung von Fallzahlen und die

---

17 Für eine ausführlichere Erläuterung siehe Arndt (2008: Kap. 5.1.3.2).

Steigerung der Modellkomplexität nicht zu lösen. In einem weiteren Schritt ist daher zu überdenken, inwieweit die Ergebnisse übertragbar sind, welche Einschränkungen zu berücksichtigen sind und welche Maßnahmen ergriffen werden können, um die externe Validität des Modells besser beurteilen zu können.

Problematisch an kleinen Fallzahlen ist, dass der vorliegende Fall nicht unbedingt repräsentativ ist in dem Sinne, dass die für die empirische Überprüfung interessierenden Eigenschaften für die Großzahl der Fälle ebenfalls charakteristisch sind. Ist diese Voraussetzung gravierend verletzt handelt es sich bei dem empirischen Fall um einen Sonderfall (Ausreißer), und die an diesem Fall gezeigten theoretischen Zusammenhänge lassen sich nicht (oder nur bedingt) verallgemeinern.

Lösen lässt sich dieses Problem nur durch die Erhöhung der Fallzahlen. Ist dies nicht ohne weiteres möglich, können zumindest die Charakteristika des verwendeten empirischen Falls untersucht werden. Die Idee dahinter ist, dass sich mit Hilfe theoretischer Modelle anhand des analysierten Falls Phänomene reproduzieren lassen, die aus sozialwissenschaftlichen Theorieansätzen bekannt sind. Durch diese theoretische Rückbindung lässt sich überprüfen, ob sich der untersuchte Fall so stark von anderen Verhandlungssituationen (oder sogar allgemeinen sozialen Situationen) unterscheidet, dass die dort in der Regel beobachteten Zusammenhänge in diesem Einzelfall *nicht* gelten. Natürlich kann dies nicht als Ersatz für eine breite empirische Überprüfung gelten, diese Strategie kann aber klare Hinweise darauf geben, ob eine Verallgemeinerung der Ergebnisse problematisch ist. Im Folgenden wird ein Beispiel vorgestellt, in dem die hier beschriebene Strategie zur Anwendung kommt. Das Beispiel ist so gewählt, dass es sich auf einen Hauptaspekt der Studie – den Tausch – bezieht, da hierüber schließlich Aussagen gemacht werden sollen.

Ein in der Literatur häufig dargestellter Zusammenhang befasst sich mit der Auswirkung von Tausch in der Verhandlung auf das Verhandlungsergebnis. Tausch ist ein Mittel um Verhandlungen voranzutreiben, indem so genannte Win-Win-Situationen ausgelotet und auf diese Weise das Reformpotenzial erhöht wird. Ein solch kooperativer Verhandlungsstil wird oft unter dem Begriff ‚Integrative Bargaining' gefasst (vgl. z. B. Conceição-Heldt 2006; Pruitt 1981; 1983; Pruitt und Lewis 1977; Raiffa et al. 2002; Walton und McKersie 1965). Ein integrativer Verhandlungsstil, der eine für alle Teilnehmer vorteilhafte Lösung sucht, kann aufgrund der höheren Effizienz der Lösungen Blockaden und Scheitern in Verhandlungen verhindern und damit weiter gehende Veränderungen gegenüber dem Status quo erreichen. Dieser Zusammenhang lässt sich knapp in einer weiteren Hypothese zusammenfassen:

(H4) Je mehr in einer Verhandlung getauscht wird, desto weiter reichende Reformen können im Verhandlungsergebnis durchgesetzt werden.

Diese Hypothese sollte sich auch anhand des hier verwendeten empirischen Beispiels bestätigen lassen. Hierfür kann wieder die im vorangegangenen Abschnitt vorgestellte Strategie, verschiedene theoretische Annahmen gegenüberzustellen, angewendet werden.

Um diese Hypothese zu überprüfen, wird Varianz in Hinblick auf zwei Aspekte benötigt: das Ausmaß des Tauschvolumens in einer Verhandlung und die Reichweite der beschlossenen Reformen. Es ist in diesem Rahmen weder möglich noch beabsichtigt, die benötigte Varianz über empirische Fälle bereitzustellen. Ziel ist es, die theoretischen Annahmen zu variieren und die Auswirkung auf die Vorhersage zu beobachten. In diesem kontrafaktischen Design (Fearon 1991, Morgan und Winship 2007) wird also nicht das tatsächliche Tauschvolumen variiert, sondern es wird untersucht, ob sich die theoretische Vorhersage in Abhängigkeit des Tauschvolumens der Hypothese entsprechend verändert.

Die inhaltliche Dimension aller Verhandlungsgegenstände der Amsterdamer Verhandlung ist die Vertiefung der europäischen Integration. Um zu bewerten, wie weit reichend die Reformen sind, die mit dem Verhandlungsergebnis beschlossen werden, kann einfach der Mittelwert des Verhandlungsergebnisses über alle Verhandlungsgegenstände gebildet werden. Dies gilt natürlich nicht nur für das tatsächliche Verhandlungsergebnis, sondern auch für die Vorhersagen theoretischer Erklärungsmodelle.

Wie in Abschnitt 3.3 gezeigt, unterscheiden sich die verschiedenen Erklärungsmodelle in Hinblick auf das Tauschvolumen, das aufgrund der theoretischen Annahmen zugelassen wird. Das größte Tauschvolumen weist dabei das Henning-Modell auf, bei dem Tausch unter den optimalen Marktbedingungen stattfindet. Modelle, die bilateralen Tausch zwischen den Akteuren zugrunde legen sind in dieser Hinsicht restriktiver. Das geringste Tauschvolumen hat das hier vorgestellte Tausch- und Verhandlungsmodell, dessen Tauschbedingungen am restriktivsten sind. Um noch weitere Vergleichspunkte zu haben, kann für die Vorhersage der bilateralen Tauschmodelle zudem der Tausch unterdrückt werden. Das Modell von Stokman und van Oosten ohne Tausch entspricht dann dem Mean Voter, das Tausch- und Verhandlungsmodell dem dynamisierten Zeuthen-Harsanyi-Modell. Zu beachten ist, dass der Mean Voter trotz der Issue-by-Issue-Modellierung implizit Tausch zwischen den Verhandlungsgegenständen annimmt. Daher sollte der Mean Voter für die Verhandlung ein größeres Reformpotenzial voraussagen als das dynamisierte Zeuthen-Harsanyi-Modell.

Tabelle 3 gibt jeweils den Mittelwert über alle Vorhersagen eines Verhandlungsmodells an und die Ergebnisse entsprechen der oben formulierten Hypothese. Dies zeigt, dass sich ein in der Literatur anerkannter, empirisch evidenter Zusammenhang – nämlich dass politischer Tausch Reformen vorantreibt – auch mit dem hier untersuchten Fall bestätigen lässt. Dadurch wird die Annahme gestützt, dass sich die Amsterdamer Verhandlung in dieser Hinsicht nicht eklatant von anderen Verhandlungen unterscheidet.[18]

Tabelle 3: Mittelwert der Vorhersage aller Verhandlungsgegenstände für Modelle mit unterschiedlichem Tauschvolumen

Modell	Mittelwert der Vorhersage
Henning	0,62
Stokman und van Oosten	0,61
TVM	0,56
Verhandlungsergebnis	0,55
Stokman und van Oosten (ohne Tausch)	0,54
TVM (ohne Tausch)	0,43

Dies heißt nicht, dass sich die hier vorgestellten Ergebnisse auf alle möglichen Verhandlungen übertragen lassen. Generell müssen hier die Restriktionen berücksichtigt werden, die im Modell selbst enthalten sind. Beispielsweise ist Tausch selbst an Voraussetzungen gebunden, die vorab erfüllt sein müssen. In Abschnitt 2.2 wurde als Voraussetzung für Tausch genannt, dass mehrere Verhandlungsgegenstände von einem Gremium behandelt werden. Nur so kann Tauschpotenzial überhaupt erkannt werden.

4 Fazit

Das Anwendungsbeispiel zeigt, dass die Thematik kleiner Fallzahlen verschiedene Aspekte einer Simulationsstudie betreffen kann. In der vorgestellten Studie spielen sie in drei Fällen eine Rolle: Sie betreffen (1) die Anzahl der modellierten Fälle, (2) die Anzahl der empirischen Fälle und (3) die Anzahl der Simulationsläufe (und damit der Ergebnisse).

Viele der daraus entstehenden Probleme können durch die indirekte Erhöhung von Fallzahlen, beispielsweise durch die Erhöhung der Modellkomplexität durch Dynamisierung und Mikrofundierung, gelöst werden. Diese Strategien

---

18 An dieser Stelle soll nur dieses Beispiel vorgestellt werden. Aus der Tauschtheorie lassen sich aber weitere allgemeine Hypothesen ableiten, die für die Amsterdamer Regierungskonferenz überprüfen lassen. Generell sollte bei der Wahl der Hypothesen bei der theoretischen Rückbindung darauf geachtet werden, dass sie sich (a) möglichst auf diejenigen Aspekte bezieht, über die später Aussagen gemacht werden sollen und dass sie (b) möglichst allgemein gehalten werden.

ermöglichen sogar Simulationen, die auf sehr wenigen empirischen Fällen basieren (sogar N = 1). Die in der Simulation generierten Daten liefern ausreichend Varianz, um Forschungshypothesen und sogar verschiedene formale Modelle empirisch zu überprüfen.

Einschränkend muss hinzugefügt werden, dass die indirekte Erhöhung von Fallzahlen zwar die interne Validität verbessern kann, auf die externe Validität von Modellen aber keinen Einfluss hat. Das klassische Problem der Statistik mit kleinen Fallzahlen kann daher durch die vorgestellten Modellierungsstrategien nicht gelöst werden. Mit kontrafaktischen Experimenten, wie in Abschnitt 3.4 vorgestellt, sind nur schwache Tests möglich, die Hinweise für die Bewertung der externen Validität geben können. Verallgemeinerungen aufgrund der empirischen Überprüfung anhand nur eines Falles müssen daher sorgfältig abgewogen werden und sollten theoretisch gut eingebettet sein.

Was kann man nun aus dieser Simulationsstudie mit der Fallzahl N = 1 für die Amsterdamer Verhandlung und Verhandlungen allgemein lernen? Im knappen Rahmen dieses Aufsatzes ist nur eine kurze Zusammenfassung der Ergebnisse möglich. Als zentrales Ergebnis lässt sich hervorheben, dass die Ergebnisse dieser Studie die These untermauern, dass bei der theoretischen Erklärung von Verhandlungen dynamische Prozesse berücksichtigt werden sollten. Die Dynamisierung des Tausch- und Verhandlungsmodells ist im empirischen Fallbeispiel maßgeblich für die guten Vorhersagen verantwortlich. Der Verhandlungsverlauf mit seinen situativen Entscheidungen spielt vermutlich eine größere Rolle als bisher in der formalen Theoriebildung angenommen wurde. Der Aushandlungsprozess formt das Verhandlungsergebnis, das von den Verhandlungsteilnehmern zum Teil auch dann akzeptiert wird, wenn es für sie unvorteilhaft ist. Damit wird nicht die Entscheidungsrationalität der Verhandelnden in Frage gestellt. Als Entscheidung wird nur nicht mehr das endgültige Verhandlungsergebnis modelliert, sondern die Interaktionen, die zu dem Verhandlungsergebnis führen. Es ist aus theoretischer Perspektive eben nicht ausreichend, die Ergebnisrationalität zum Maßstab zu machen. Insofern es Studien gibt, bei denen Gleichgewichtsmodelle gute Vorhersagen für Verhandlungsergebnisse machen (vgl. z.B. Thomson et al. 2006), sollte sich die weitere Forschung mit der Frage beschäftigen, unter welchen Bedingungen Gleichgewichtsmodelle und unter welchen anderen Bedingungen dynamische Modelle bessere Vorhersagen für Verhandlungsergebnisse machen.

Ein zweites zentrales Ergebnis ist, dass Tausch im Endgame der Amsterdamer Regierungskonferenz 1996/97 eine wichtige Rolle spielte. Tauschmodelle machen für diesen empirischen Fall bessere Vorhersagen als Modelle, die Tausch nicht explizit modellieren. Eine gute theoretische Erklärung ist jedoch nur dann möglich, wenn die Tauschkonzeption an die Bedingungen, unter denen politischer Tausch im Verhandlungssystem stattfindet, angepasst wird. Für Verhandlungen ist entsprechend der bilaterale Konzessionstausch angemessener als die Modellierung eines Tauschmarktes für Kontrollanteile, da die für die Entstehung von Marktprozessen erforderlichen Voraussetzungen nicht erfüllt sind. Tausch wirkt dabei als ‚Reformmotor' in Verhandlungen. Es konnte gezeigt werden, dass die Reichweite von Reformen zunimmt, je mehr Tausch von einem Erklärungsmodell zugelassen wird. Tausch ist damit ein Mittel, um die Blockadehaltung einzelner Verhandlungsteilnehmer zu überwinden. Bemerkenswert daran ist, dass diese ihre Blockadeposition aus eigenem Interesse heraus aufgeben und nicht, weil sie durch Argumente von einer anderen Position überzeugt werden konnten. Für die Verhandlungsergebnisse der Amsterdamer Regierungskonferenz 1996/97 könnte man nun in Detailanalysen der Simulationsergebnisse überprüfen, welche Blockaden durch welche einzelnen Tauschakte überwunden werden konnten. Diese Ergebnisse könnten dann den umfangreichen beschreibenden Darstellungen zum Verhandlungsablauf (MacDonagh 1998, Weidenfeld 1998) gegenübergestellt werden.

Generell lässt sich mit der hier vorgestellten Studie demonstrieren, dass durch die systematische Interpretation der Ergebnisse, die anhand nur eines Falles generiert wurden, auch allgemeine Aussagen abgeleitet werden können. Gleichzeitig werden aber die Grenzen für die Übertragbarkeit deutlich. Ein oben schon genanntes Beispiel ist, das Tausch nur unter bestimmten Bedingungen stattfinden kann: Bei einer strikten Issue-by-Issue-Agenda ist Tausch gar nicht möglich. Durch die theoretische Strukturierung des Problems im Rahmen der Modellbildung lassen sich jedoch gezielt Hypothesen bilden, unter welchen Bedingungen die hier untersuchten (und bestätigten) Hypothesen zutreffen und wann dies nicht zu erwarten ist. So sollte die Anwendung eines Tauschmodells bei Issue-by-Issue-Verhandlungen zu schlechten Vorhersagen führen. Solche Hypothesen können der Ausgangspunkt für weitere Forschung sein.

5 Literatur

Abdollahian, Mark und Alsharabati, Carole, 2003: Modeling the strategic effects of risk and perceptions in linkage politics, in: Rationality and Society 15, 113–135.
Achen, Christopher H., 2006: Evaluating political decision-making models, in: Thomson, Robert, Stokman, Frans N., Achen, Christopher H. und König, Thomas (Hrsg.), The European Union Decides. Cambridge: Cambridge University Press.
Ackermann, Rolf, 2001: Pfadabhängigkeit, Institutionen und Regelreform. Tübingen: Mohr Siebeck.
Aldrich, John und Alt, James, 2003: Introduction, in: Political Analysis 11 (Special Issue: Empirical Implications of Theretical Models), 309–315.
Axelrod, Robert, 1987: Die Evolution der Kooperation. München: Oldenbourg.

Brams, Steven J., 2000: Game theory: Pitfalls and opportunities in applying it to international relations, in: International Studies Perspectives 1, 221–232.

Coleman, James, 1990: Foundations of Social Theory. Cambridge: The Belknap Press of Harvard University Press.

Fearon, James D., 1991: Counterfactuals and Hypothesis Testing in Political Science, in: World Politics 43(2), 169–195.

Greener, Ian, 2005: The Potential of Path Dependence in Political Studies, in: Politics 25(1), 62–72.

Harsanyi, John C., 1956: Approaches to the Bargaining Problem Before and After the Theory of Games: A Critical Discussion of Zeuthen's, Hicks', and Nash's Theories, in: Econometrica 24, 144–157.

Harsanyi, John C., 1977: Rational behavior and bargaining equilibrium in games and social situations. Cambridge: Cambridge University Press.

Henning, Christian, 2000: Macht und Tausch in der europäischen Agrarpolitik. Eine positive Theorie kollektiver Entscheidungen. Frankfurt a. M.: Campus.

Krasner, Stephen D., 1984: Approaches to the State, in: Comparative Politics 16(2), 223–246.

MacDonagh, Bobby, 1998: Original Sin in a Brave New World. Dublin: Institute of European Affairs.

Marks, Robert Ernest, 2007: Validating Simulation Models: A General Framework, in: Computational Economics 30(3, Special Issue): 265–290.

Morgan, Stephen L. und Winship, Christopher, 2007: Counterfactuals and Causal inference. Methods and Principles for Social Research. Cambridge: Cambridge University Press

Muthoo, Abhinay, 1999: Bargaining Theory with Applications. Cambridge: Cambridge University Press.

Nash, John F., 1950: The Bargaining Problem, in: Econometrica 18(2), 155–162.

Nash, John F., 1953: Two-Person Cooperative Games. Econometrica 21(1), 128–140.

Pierson, Paul, 2000: Increasing Returns, Path Dependence, and Study of Politics, in: The American Political Science Review 94, 251–267.

Pruitt, Dean G., 1983: Achieving Integrative Agreements, in: Bazerman, Max H. und Lewicki, Roy J. (Hrsg.) Negotiating in Organizations. Beverly Hills: Sage Publications

Pruitt, Dean G. und Carnevale, Peter J., 1993: Negotiation in Social Conflict. Buckingham: Open University Press

Richards, Diana (Hrsg.), 2000: Political complexity: Nonlinear models of politics. Ann Arbor: University of Michigan Press.

Saam, Nicole J., Thurner, Paul W. und Arndt, Frank, 2004: Dynamics of International Negotiations. A Simulation of EU Intergovernmental Conferences. Mannheim: Arbeitspapiere – Mannheimer Zentrum für Europäische Sozialforschung / Nr. 78.

Scharpf, Fritz W., 1988: The Joint-Decision Trap: Lessons from German Federalism and European Integration, in: Public Administration 66, 239–278.

Schnorpfeil, Willi, 1996: Sozialpolitische Entscheidungen der Europäischen Union. Modellierung und empirische Analyse kollektiver Entscheidungen des europäischen Verhandlungssystems. Berlin: Ducker & Humblot.

Sebenius, James K., 1983: Negotiation Arithmetic: Adding and Subtracting Issues and Parties, in: International Organization 37, 281–316.

Stoiber, Michael, 2003: Die nationale Vorbereitung auf EU-Regierungskonferenzen. Interministerielle Koordination und kollektive Entscheidung. Frankfurt a.M.: Campus.

Stokman, Frans N. und van Oosten, Reinier, 1994: The Exchange of Voting Position: An Object-Oriented Model of Policy Networks, in: Bueno de Mesquita, Bruce und Stokman, Frans N. (Hrsg.), European Community Decision Making. Models, Applications, and Comparisons. New Haven: Yale University Press.

Tajima, May und Fraser, Niall M., 2001: Logrolling Procedure for Multi-Issue Negotiation, in: Group Decision and Negotiation 10, 217–235.

Thomson, Robert, Stokman, Frans N., Achen, Christian H. und König, Thomas (Hrsg.), 2006: Evaluating political decision-making models The European Union Decides. Cambridge: Cambridge University Press

Thurner, Paul W., Pappi, Franz U. und Stoiber, Michael, 2002: EU Intergovernmental Conferences. A Quantitative Analytical Reconstruction and Data-Handbook of Domestic Preference Formation, Transnational Networks, and Dynamics of Compromise during the Amsterdam Treaty Negotiations. Mannheim: Arbeitspapiere – Mannheimer Zentrum für Europäische Sozialforschung / Nr. 60.

Weidenfeld, Werner, 1998: Amsterdam in der Analyse. Gütersloh: Verlag Bertelsmann Stiftung

Freundschafts- und Ratgebernetzwerke unter Studienanfängern

Andreas Techen

Zusammenfassung

Erhebungen von Freundschafts- und Ratgebernetzwerken unter Studienanfängern liefern Datenmaterial für unterschiedliche Theorie- und Forschungsperspektiven. Vorgestellt werden Strukturtheorien interpersoneller Beziehungen, Theorien zur Entstehung von Freundschaftsbeziehungen und verschiedene Konzepte zum Sozialkapital in Netzwerken. Letztere werden in der Analyse eines selbst erhobenen Datensatzes ausführlich diskutiert. Die Zentralität in Freundschafts- und Ratgebernetzwerken von Studienanfängern wird dabei im Wesentlichen durch die Variablen Alter, Geschlecht, Wohnort der Eltern und durch die allgemeine Kontaktfreudigkeit determiniert. Ein theoretisch begründeter Zusammenhang zwischen der Netzwerkposition eines Akteurs und seinem Studienerfolg konnte anhand des erhobenen Datensatzes jedoch nicht eindeutig hergestellt werden.

1 Einführung

Der Beginn ihres Studiums bringt den Studienanfängern viel Neues: Neue Themen, neue Orte, neue Lehrformen und vor allem viele neue Kontakte, die für die Orientierung im Hochschulalltag wichtig sind. Dabei entstehen neue soziale Netzwerke, die gerade in den ersten ereignisreichen Wochen des Studiums sehr dynamisch sein können. Die Erforschung dieser Beziehungsnetzwerke ist schon seit langem Gegenstand der sozialen Netzwerkanalyse. Die unter dem Schlagwort „Newcomb Fraternities" bekannte Untersuchung studentischer Freundschaftsnetzwerke von Newcomb (1961), ist einer der Klassiker der Netzwerkanalyse, der noch bis heute immer wieder als Analysebeispiel für verschiedenste Fragestellungen herangezogen wird (Trappmann et al. 2005: 18). Während dieser Datensatz methodisch zwar äußerst vielseitig verwendbar und für die Entwicklung der Netzwerkanalyse sehr bedeutsam ist, so ist seine inhaltlich-soziologische Aussagekraft durch das restriktive Forschungsdesign begrenzt, da z. B. die ausgewählten Studenten mietfrei unter einem Dach lebten und dabei die „alltäglichen" Bedingungen der Studienanfänger weitgehend ausgeblendet wurden. Dieses Forschungsdesign war für Newcombs Forschungsinteresse im Kontext der Balancetheorien von Heider (1958) zweifelsfrei sehr zielführend und auch notwendig, doch für eine Vielzahl neuer soziologischer Forschungsfragen stößt das Datenmaterial an inhaltliche Grenzen.

Spätere Studien zu Freundschaftsnetzwerken unter Studienanfängern (Hummell und Sodeur 1984; Erdem und Öztas 2007) heben zwar diese Künstlichkeit des Forschungsdesigns auf, fokussieren ihre Analysen aber weiterhin auf einzelne strukturelle Aspekte der erhobenen Netzwerke. Datensätze zu Freundschafts- und Ratgebernetzwerken weisen ein enorm vielfältiges Analysepotential auf, das für verschiedene soziologische Forschungsinteressen und theoretische Ansätze zugänglich gemacht werden kann. Das Ziel der vorliegenden Arbeit ist es, dieses Analysepotential aufzuzeigen: Welche theoretischen Zugänge bieten sich für eine Analyse von Freundschafts-und Ratgebernetzwerken unter Studierenden an? Welche konkreten Forschungsfragen lassen sich daraus ableiten und welche Erkenntnisse können aus derartigen Datensätzen gewonnen werden?

Dazu werden im folgenden Abschnitt drei ganz unterschiedliche soziologische Forschungsperspektiven ausführlich diskutiert, die bei der Analyse von Freundschafts- und Ratgebernetzwerken unter Studienanfängern relevant sein können. Dazu gehören die Strukturtheorien interpersoneller Beziehungen, mikro- und makrosoziologische Theorien zur Entstehung von Freundschaftsbeziehungen und die Analyse von Netwerkpositionen aus der Perspektive des Sozialkapitalbegriffes und ihr Zusammenhang zum individuellen Erfolg eines Akteurs.

Im dritten Abschnitt der vorliegenden Arbeit wird eine Erhebung von Freundschafts- und Ratgebernetzwerken unter Studienanfängern der Universität Kiel vorgestellt und der entstandene Datensatz beschrieben. Einige deskriptive Ergebnisse zu den erhobenen Netzwerken folgen dann im vierten Abschnitt, bevor für eine weitergehende Diskussion der Daten im fünften Abschnitt zwei konkrete Forschungsfragen beispielhaft ausgewählt werden. Dabei richtet sich der Fokus auf die Akteursperspektive, in der die Determinanten individueller Netzwerkpositionen und ihr Zusammenhang mit dem Studienerfolg analysiert werden.

2 Forschungs- und Theorieperspektiven

Das netzwerkanalytische Instrumentarium ist äußerst umfangreich und vielseitig und damit auf eine Fülle von Fragestellungen anwendbar. Die Anwendung dieses Instrumentariums ist durch das reichhaltige Angebot an Analysesoftware zudem vergleichsweise einfach und schnell. Doch liegt darin auch eine große Gefahr, welche der Netzwerkanalyse häufig angelastet wird: Die Versuchung, schnelle und theoretisch unausgereifte Ergebnisse zu produzieren, ist sehr groß. Der

Vorwurf der theorielosen Netzwerkanalyse ist somit nahe liegend. Dabei ist die Netzwerkanalyse durchaus theoriekompatibel – und das auf sehr vielfältige Weise. Die folgenden Forschungsperspektiven für die Untersuchung von Freundschafts- und Ratgebernetzwerken unter Studienanfängern geben Beispiele für theoriegeleitete netzwerkanalytische Sozialforschung.

2.1 Strukturtheorien interpersoneller Beziehungen

Netzwerkanalytische Instrumente setzen an verschiedenen Ebenen sozialer Systeme an. Sie analysieren die Netzwerkeinbettung individueller Akteure, beschreiben die Eigenschaften von Dyaden und Triaden im Netzwerk, untersuchen hierarchische Strukturen und Cliquenbildung und geben Informationen über die Struktureigenschaften von Gesamtnetzwerken. Eine besondere Herausforderung stellt dabei die Verbindung zwischen der Mikro- und Makroebene sozialer Systeme dar. Große Popularität erlangten deshalb stochastische Modelle, mit deren Hilfe über die Transitivitäts- und Symmetrieeigenschaften kleinster Teilgruppen Strukturaussagen für das Gesamtnetzwerk getroffen werden können (Holland und Leinhardt 1979). Eingebettet in eine Strukturtheorie individueller Beziehungen erheben sie den Anspruch, die analytische Brücke zwischen den verschiedenen Ebenen sozialer Systeme herstellen zu können (Hummell und Sodeur 1984).

Den Ausgangspunkt dieser Modelle bildet Heiders kognitive Balancetheorie (1946; 1958) und die strukturelle Variante nach Newcomb (1961). Soziale Akteure versuchen intransitive oder kognitiv unausgeglichene Beziehungen zu beseitigen und dabei neue Beziehungen aufzubauen, die das Maß der Transitivität oder kognitiven Ausgeglichenheit ihrer Beziehungsumwelt erhöhen (Hummell und Sodeur, 1991). Kognitiv unausgeglichene Beziehungen liegen bei abweichenden Bewertungen zweier verbundener Akteure gegenüber einem Einstellungsobjekt vor. Beispiel: Personen A und B sind miteinander verbunden – A mag Rockmusik, B aber nicht. Intransitive Beziehungen in Triaden sind dagegen durch eine strukturelle Unausgeglichenheit geprägt: A mag B, B mag C aber C mag A nicht.

Seit Newcombs Studie zu studentischen Netzwerken war die Balancetheorie das klassische Forschungsinteresse derartiger Untersuchungen. In einer umfangreichen Studie analysierten Hummell und Sodeur (1984) die Strukturentwicklung sozialer Netzwerke von Studienanfängern eines ausgewählten Fachbereichs in den ersten neun Wochen des Studiums.

Basis solcher Analysen bilden dabei stochastische Modelle, die die Anwendung klassischer Hypothesentests ermöglichen. Dabei werden die empirisch beobachteten strukturellen Eigenschaften der Dyaden und Triaden eines Netzwerkes mit den Eigenschaften von „Zufallsnetzwerken" verglichen. Während in

Dyaden vor allem die Symmetrie von Freundschaftsbeziehungen untersucht werden kann, findet in Triaden der Triadenzensus Anwendung: Da jede Triade aus bis zu sechs gerichteten Beziehungen (Kanten) und damit 6 geordneten Paaren bestehen kann, lassen sich für Triaden $2^6 = 64$ mögliche Zustände ermitteln. Davon sind unbeschriftet allerdings nur 16 Zustände (Isomorphenklassen) unterscheidbar. Beim Triadenzensus wird nun jede einzelne beobachtete Triade einer Isomorphenklasse zugeordnet. Diese Triadentypen können nun ausgezählt und mit den Häufigkeiten verglichen werden, die sich in einem Zufallsmodell ergeben hätten (Holland und Leinhardt 1970, 1975; Trappmann et al. 2005: 171-208).

2.2 Entstehung von Freundschaftsbeziehungen

Daten über Freundschaftsnetzwerke von Studienanfängern bieten eine geeignete Grundlage für die Überprüfung von Theorien zur Erklärung von Freundschaftsbeziehungen.

Hier ist im Wesentlichen zwischen sozialpsychologischen und sozialstrukturellen Theorien zu unterscheiden.

Ausgangspunkt der sozialpsychologischen Theorien der Freundschaftsformation bildet die viel beachtete Studie von Lazarsfeld und Merton (1954) zu Freundschaftsbeziehungen in Wohngebieten mit unterschiedlichen ethnischen Bevölkerungszusammensetzungen. Dabei konnte zwischen Freundespaaren eine auffallend hohe Übereinstimmung hinsichtlich der Einstellung zur ethnischen Durchmischung von Wohngebieten beobachtet werden, die als Wertehomophilie bezeichnet wurde.

Lazarsfeld und Merton (1954) gehen davon aus, dass sich zwei einander unbekannte Personen zunächst zufällig treffen. Je höher der Grad ihrer Ähnlichkeit, desto höher ist die Wahrscheinlichkeit, dass sich diese Personen erneut treffen. Es besteht also ein positiver Zusammenhang zwischen der Homophilie zweier Personen und der zukünftigen Interaktionswahrscheinlichkeit. Freundschaftswahlen stellen sich demnach als eine bewusste Selektion durch die Individuen hinsichtlich der Ähnlichkeit ihrer potentiellen Partner dar (Wolf 1996: 64-74).

Makrosoziologische Theorien zur Freundschaftsformation führen die empirisch beobachtbare Homophile nicht auf bewusste Selektion ähnlicher Interaktionspartner zurück, sondern auf Merkmale der Sozialstruktur. Nach der Fokustheorie von Feld (1981) können soziale Beziehungen nicht entstehen, solange sich nicht durch soziale Kontexte Gelegenheiten dazu ergeben. Gelegenheitsstrukturen entstehen dabei aus der Klumpung sozialer Beziehungen (Foki), die durch Selektionsprozesse gebildet werden und dadurch relativ ähnliche Personen zusammenführen: Studierende, die zur selben Zeit eine Vorlesung besuchen, schaffen dadurch die Gelegenheit, sich kennen zu lernen. Spielten nun für die einzelnen Akteure ähnliche Beweggründe für ihre Wahl eine Rolle (Überscheidung mit einer anderen Vorlesung, Busfahrpläne, Nebenjobs etc.), ist dadurch ebenfalls eine hohe Homophilie unter den Studierenden dieser Vorlesung zu erwarten – ohne dass sie von den Teilnehmern gezielt angestrebt wurde (Wolf 1996: 74-82).

Es dürfte nicht überraschen, dass sich aus der Zusammenführung dieser zunächst sehr unterschiedlichen Theorieansätze eine *zweistufige Theorie zur Freundschaftsformation* ableiten lässt (Verbrugge 1977). Dabei hängt in der ersten, sozialstrukturell geprägten Stufe des Modells die Wahrscheinlichkeit für das Zusammentreffen zweier Akteure von ihrer räumlichen und sozialen Nähe ab. Erst in der zweiten, sozialpsychologisch geprägten Stufe werden aus Bekannten über interindividuelle Anziehung Freunde. „Der soziale Kontext bestimmt die Struktur des Bekanntschaftsnetzes, individuelle Selektion auf der Basis von Attraktivität die Struktur des Freundschaftsnetzes" (Wolf 1996: 84).

Ein differenzierteres Modell der Freundschaftswahl formuliert Jackson (1977), welches stark an den Ansatz von Thibaut und Kelley (1959) zur Erklärung von Gruppenbildungsprozessen als Ergebnis einer Kosten-Nutzen-Analyse erinnert. Eine Freundschaft wird demnach aufgenommen und unterhalten, wenn sie für beide Interaktionspartner einen Nutzen hat, der durch Gewährung reziproker Dienste, ökonomischer Unterstützung, Informationsaustausch oder durch die Erschließung neuer Personenkreise generiert wird. Unter der Berücksichtigung von Zeit- und Opportunitätskosten und der monetären Kosten, die durch das Aufsuchen des Freundes entstehen, wählt ein Akteur diejenige Freundschaft aus, die bei gegebenen Aufwand den höchsten Nutzen erwarten lässt.

Ähnliche Ressourcenausstattungen von Personen begünstigen dabei die Entstehung von Freundschaften, da durch sie der wechselseitige Austausch von z. B. Einladungen erleichtert wird, und sich ihre, mit der Ressourcenausstattung korrelierenden Wertvorstellungen ähneln. Ungleiche Ressourcenausstattungen können zu ungleichen Austauschbeziehungen und damit Machtgefällen führen, die die Entstehung von Freundschaften behindern. Darüber hinaus hat die Ausstattung mit Ressourcen einen Einfluss auf die Gelegenheitsstrukturen der Freundschaftsformation, da über sozial-räumliche Segregation Personen mit ähnlicher Ausstattung näher beieinander wohnen und sich damit mit einer hohen Wahrscheinlichkeit begegnen werden (Wolf 1996: 85f.). Die Betrachtung von Freundschaftswahlen aus der Kosten-Nutzen-Perspektive bringt zusätzlich eine strategische Komponente in die theoretische Analyse ein. Der Nutzen aus einer Freundschaft hängt dabei auch von der Ressourcenausstattung in Form von Sozialkapital des Partners ab. Damit fließt vor allem auch die Netzwerkposition des potentiellen Freundes in die Freundschaftswahl mit ein.

2.3 Netzwerkposition, Sozialkapital und Erfolg

Im vorherigen Abschnitt wurde bereits die Bedeutung von Sozialkapital für die Entstehung von Freundschaftsbeziehungen erwähnt. Hinter der Metapher „Sozialkapital" steht ganz allgemein die Botschaft, dass Akteure mit guter Eingebundenheit in ihrem Netzwerk erfolgreicher agieren, da soziale Beziehungen und die Unterstützung durch andere Akteure Wettbewerbsvorteile generieren können (Coleman 1988; Burt 2000).

Für die Operationalisierung der „Eingebundenheit" ist dabei zwischen zwei grundlegenden Konzeptionen von Sozialkapital zu unterscheiden.

Auf der Kollektivebene bildet sich Sozialkapital in kohäsiv strukturierten Netzwerken heraus, die sich durch starke Beziehungen zwischen den Akteuren, hohe Netzwerkdichte und Multiplexität sowie durch geringe Pfaddistanzen und Zentralisierung auszeichnen (Bonding Social Capital). Durch stark ausgeprägte Verhaltensnormen und gegenseitiges Vertrauen bleiben die öffentlichen, materiellen und immateriellen Gruppenressourcen erhalten und werden Mitgliedern des Netzwerkes zugänglich gemacht. Nach diesem Verständnis bildet sich Sozialkapital über die interne Struktur des Gesamtnetzwerkes und lässt sich darüber operationalisieren (Coleman 1988; Borgatti et al. 1998).

Aus der individualistischen Perspektive resultiert das Sozialkapital eines Akteurs aus seiner eigenen Position im Netzwerk. In Kommunikationsnetzwerken lässt sich die Netzwerkposition eines Akteurs sehr einfach über die Anzahl der verbundenen Akteure bestimmen. Versteht man unter Sozialkapital die Anzahl der beeinflussbaren Akteure und der potentiellen Informationslieferanten, die ein Akteur erreichen kann, lässt sich ein positiver Zusammenhang zwischen Sozialkapital und der Zentralität eines Akteurs herleiten (Bonacich 1987). Daraus resultiert die Eigenschaft des kumulativen Vorteils, der als Matthäuseffekt vor allem in der Forschung zu wissenschaftlichen Zitationen bekannt ist (Merton 1968): Akteure mit hoher Zentralität zeichnen sich durch eine hohe Attraktivität aus und werden demnach häufig von anderen Akteuren gewählt. Dadurch steigt wiederum ihre Zentralität und Attraktivität und sie werden in Folge von weiteren Akteuren gewählt.

Im Unterschied dazu formuliert Burt (1992, 2000) einen Sozialkapitalbegriff, der in Netzwerken Anwendung findet, die stärker durch Konkurrenzsituationen und ökonomisch orientierte Beziehungen (*sozialer Tausch*) geprägt sind (Bridging Social Capital). In der Theorie der „Strukturellen Löcher" richtet sich seine Aufmerksamkeit auf die „Löcher" zwischen den Gruppen eines Netzwerkes und auf die Möglichkeiten der Informationskontrolle und Generierung von Tauschgewinnen für die Akteure, die in der Lage sind, diese Löcher zu überbrücken. „Social Capital is created by a network in which people can broker connections between otherwise disconnected segments" (Burt 2000: 31).

Die Studie von Erdem und Öztas (2007) überträgt diese unterschiedlichen Konzeptionen von Sozialkapital auf studentische Freundschaftsnetzwerke und nutzt sie als Analyseperspektiven für eine Befragung unter 313 Studierenden. Der Schwerpunkt dieser Studie liegt dabei in der Beschreibung des Sozialkapitals und seiner zeitlichen Entwicklung. Ein Großteil des Analysepotentials zum Sozialkapital in studentischen Netzwerken bleibt dabei jedoch ungenutzt. Dazu gehört insbesondere die Untersuchung der Determinanten individueller Eingebundenheit und des Zusammenhangs zwischen Sozialkapital und individuellem Erfolg eines Akteurs. Der fünfte Abschnitt dieser Arbeit gibt dazu weitere Analysebeispiele.

3 Beschreibung der Daten

Grundlage der Analysen sind zwei Erhebungen des Freundschafts- und Ratgebernetzwerkes der Studienanfänger im Bachelor-Studiengang Soziologie zu zwei Zeitpunkten im Wintersemester 2007/2008. Zu beiden Zeitpunkten wurden jeweils 91 von insgesamt 104 Erstsemester-Studierenden schriftlich befragt. Die erste Erhebung wurde in der vierten Woche des Semesters und damit zu einem sehr frühen Zeitpunkt durchgeführt. Die zweite Befragung erfolgte in der zehnten Woche des Semesters, nachdem die Studierenden mit einer Midterm-Klausur bereits erste Prüfungserfahrungen gesammelt hatten.

Grundlage der Erhebung waren jeweils zweiseitige standardisierte Fragebögen, die von den Studierenden zu Beginn einer Tutoriumssitzung beantwortet wurden. Die Teilnahme an der Befragung war den Studierenden freigestellt, wurde jedoch von keiner der anwesenden Personen abgelehnt.

Die Netzwerke wurden dabei mit Hilfe einer vollständigen und alphabetisch sortierten Namensliste aller eingeschriebenen Soziologie-Studenten erhoben, in der die Studierenden diejenigen Kommilitonen markierten, mit denen Sie in Beziehung standen. Dabei wurden entsprechend der Tabelle 1 zwischen Kontakt,- Ratgeber,- Freundschafts- und Interessensnetzwerken unterschieden.

Die Frage zum Kontaktnetzwerk verfolgt das Ziel, das allgemeine Bekanntschaftsnetzwerk der Studierenden zu erheben. Durch die Formulierung dieser Frage lässt sich das Bekanntschaftsnetzwerk klar als Kommunikationsnetzwerk definieren und abgrenzen, ohne sich dabei auf einzelne Kommunikationsmedien zu konzentrieren. Beim Ratgebernetzwerk wurde durch die beiden verwendeten Fragen zwischen einem organisations- und einem vorlesungsbezogenen Netzwerk unterschieden, da aufgrund der Andersartigkeit der Informationen auch der Kreis möglicher Informationslieferanten unterschiedlich sein könnte.

Tabelle 1: Operationalisierung studentischer Netzwerke

Kontaktnetzwerk	Von welchen Kommilitonen hast Du schon die Handy-Nr. / E-Mail-Adresse bzw. mit wem bist Du im StudiVZ verbunden?
Ratgebernetzwerk	Wen fragst Du, wenn Du Fragen zu der Organisation deines Studiums hast? Wen fragst Du, wenn Du etwas aus der Vorlesung nicht verstanden hast?
Freundschaftsnetzwerk	Wen würdest Du gerne zu Deinem Geburtstag einladen?
Interessennetzwerk	Mit welchen Kommilitonen teilst Du ähnliche Interessen?

Um die Freundschaftsnetzwerke abzufragen, wurde die Frage nach der Geburtstagseinladung eingesetzt, da diese am deutlichsten den privaten Charakter von Freundschaftsbeziehungen unterstreicht. Diese klassischen Netzwerkebenen wurden um die Frage nach dem Interessensnetzwerk ergänzt, da dieses aus Sicht der sozialpsychologischen Theorien zur Freundschaftsformation von Bedeutung ist. Darüber hinaus wurde ebenfalls abgefragt, welche Personen die Befragten bereits vor ihrem Studium kannten.

Tabelle 2: Deskriptive Beschreibung der Variablen

Merkmal	N	Mittelwert	St.-abw.	Min.	Max.
Geschlecht (1 = weiblich)	91	0,64	–	0	1
Alter in Jahren	91	22,79	3,24	19	35
Nebenjob	89	0,50	–	0	1
Teilnahme an Einführung durch Fachschaft	91	0,70	–	0	1
Wichtigkeit von Kontakten zu anderen Kommilitonen (1 = unwichtig bis 4 = sehr wichtig)	91	2,97	0,76	1	4
"Studium ist stressig" (1 = trifft nicht zu bis 4 = trifft zu)	79	2,72	0,87	1	4
Wohnort der Eltern am Studienort	78	0,20	–	0	1
Elternteile mit Hochschulabschluss	74	0,65	0,80	0	2
Wöchentlicher Zeitaufwand für das Studium in Stunden	67	11,01	8,47	0	32
Erreichte Punktzahl in der Klausur am Semesterende	83	54,5	5,33	42	67

Neben den Beziehungen zu den Kommilitonen wurden außerdem einige soziodemographische und studiumsbezogenen Variablen erhoben. Die für die folgenden Analysen relevanten Variablen und ihre Verteilungen werden in Tabelle 2 vorgestellt.

Demnach sind fast zwei Drittel der Befragten weibliche Studierende. 70 Prozent der Studienanfänger haben an den Einführungsveranstaltungen teilgenommen, die von den Fachschaften veranstaltet wurden, 56 Prozent arbeiten neben dem Studium und 80 Prozent der befragten Studierenden kommen nicht aus Kiel. Betrachtet man die Ausbildung der Eltern, so hat in einem Drittel der Fälle mindestens ein Elternteil ebenfalls studiert – in 15 Prozent der Fälle haben beide Elternteile eine Hochschule besucht.

Neben dem Fach Soziologie ist jeder Studierende in einem weiteren Fach eingeschrieben. Tabelle 3 zeigt, dass der Großteil der Befragten das Fach Pädagogik als Zweitfach belegt hat und ansonsten das Spektrum der Zweitfächer sehr weit gestreut ist.

Tabelle 3: Zweitfächer der Studierenden

Zweitfach	Anteil der Studierenden in %
Pädagogik	40
Politik	12
Fremdsprachen	11
Sport	8
Ethnologie	8
Deutsch	7
Islamwissenschaft	5
Sonstige	5
Sprachwissenschaft	4

Die netzwerkbezogenen Fragen blieben in beiden Erhebungen unverändert, um in der Untersuchung der dynamischen Entwicklung der Netzwerke die Vergleichbarkeit zu gewährleisten. Unterschiedlich waren dagegen die Fragen zu den soziodemographischen Merkmalen der Studierenden. Diese wurden auf die beiden Erhebungszeitpunkte aufgeteilt, da diese als weitgehend unveränderlich gelten. Die Zuordnung zwischen den Antworten der beiden Erhebungen war hierbei gewährleistet, da die Fragebögen, wie in netzwerkanalytischen Untersuchungen üblich, nicht anonymisiert waren. Dadurch war es auch möglich, die Antworten der Befragung mit den Ergebnissen einer Soziologie-Klausur zu verknüpfen, an der am Ende des Semesters alle Befragten teilnahmen. Somit existiert auch eine Variable, die über die erreichte Punktzahl in der Klausur den Studienerfolg objektiv und aussagekräftig misst (siehe Tabelle 2). Da keine personenbezogenen Auswertungen erstellt werden, ist die Anonymität der Angaben der Studierenden sowie ihrer Studienleistungen gewährleistet.

Die besondere Qualität des Datensatzes für die soziologische Netzwerkforschung zeigt sich unter zwei verschiedenen Aspekten:

Zum einen kann bei dem vorliegenden Datensatz nahezu von einer Vollerhebung der untersuchten Population gesprochen werden, die gerade für Netzwerkuntersuchungen sehr wertvoll ist. Anders als in den bereits erwähnten Studien von Hummell und Sodeur (1984) und Erdem und Öztas (2007) wurde in dieser Untersuchung das Netzwerk nicht egozentriert, sondern als Gesamtnetzwerk erhoben, das zudem über die vollständige Namensliste klar definiert und abgegrenzt war.

Zum anderen liefert der Datensatz einen Einblick in die Dynamik eines neu entstehenden Netzwerkes und ermöglicht dabei Aussagen über die Entstehung und Entwicklung von Freundschafts- und Ratgebernetzwerken. Im Unterschied zu Newcomb (1961) sowie Hummell und Sodeur (1984) erfolgt die Befragung nicht wöchentlich, sondern in einem längeren Zeitabstand, um längerfristige Tendenzen zu erfassen. Weiteres wichtiges Merkmal der Untersuchung ist die Betonung der alltäglichen Rahmenbedingungen und der sozialen Herkunft der Studierenden, die als Determinanten der individuellen Netzwerkentwicklung im Zentrum des Forschungsinteresses stehen.

Bei der Interpretation der Ergebnisse sind allerdings auch Effekte zu berücksichtigen, die aus zwei unterschiedlichen Problemen resultieren:

Das Problem der Anonymität ist eine grundsätzliche Schwierigkeit netzwerkanalytischer Forschungsdesigns, die sich nur schwer lösen lässt. Da die Befragten ihre Antworten unter der Angabe ihres Namens geben, könnte hier die Tendenz von sozial erwünschtem Antwortverhalten besonders stark ausgeprägt sein. Diesem Problem kann nur durch den Aufbau einer größtmöglichen Vertraulichkeit entgegengewirkt werden. Dazu wurde den Studierenden ausführlich erklärt, in welcher Form ihre Antworten ausgewertet wurden, und wodurch die Anonymität ihrer Angaben gegenüber Dritte gewährleistet war. Dabei wurde auf Fragen zu der Erhebung intensiv eingegangen.

Außerdem begrenzt sich die Erhebung ausschließlich auf das Fach Soziologie. Da alle Studierenden noch in einem Zweitfach eingeschrieben sind, wird nicht ihr gesamtes studienbezogenes Netzwerk erfasst, sondern lediglich der „soziologische Teil". Viele der folgenden Analysen zielen jedoch auf die Wechselwirkung zwischen der individuellen Netzwerkeinbettung und dem Studienerfolg im Fach Soziologie, so dass die Netzwerkbeziehungen zu den Kommilitonen des Zweitfaches von geringerer Relevanz sind.

4 Deskriptive Ergebnisse zur Struktur der erhobenen Netzwerke

Der Analyse individueller Netzwerkpositionen soll eine kurze Beschreibung wichtiger struktureller Eigenschaften des Gesamtnetzwerkes vorangestellt werden.[1] Wie aus Tabelle 4 ersichtlich, sind alle Netzwerke durch eine sehr geringe Dichte und Zentralität gekennzeichnet, die zwar zwischen den beiden Erhebungen zunimmt, aber immer noch auf einem niedrigen Niveau bleibt. Im Kontaktnetzwerk werden in der zweiten Erhebung 4,6 Prozent aller theoretisch möglichen Beziehungen realisiert – damit ist dieses Netzwerk am dichtesten strukturiert. Wird dieses mit einem Netzwerk verglichen, in dem ein Akteur an allen bestehenden Beziehungen beteiligt ist, so ist es mit einem degree-basierten Zentralitätswert von 17,4% in der zweiten Erhebung verhältnismäßig dezentral organisiert, weist aber unter allen Netzwerkebenen den höchsten Zentralitätswert auf. Am wenigsten deutlich bildet sich das Interessennetzwerk heraus – was vermutlich darauf zurückzuführen ist, dass sich die Studierenden noch nicht gut genug kannten.

Tabelle 4: Allgemeine Merkmale der Netzwerke in der 1. und 2. Erhebung

Netzwerk		N	Dichte	Degree Zentralisierung	Komponenten
Kontakt	1	91	0,022	0,093	26
	2	91	0,046	0,174	10
Ratgeber (Organisation)	1	91	0,016	0,100	31
	2	91	0,026	0,106	13
Ratgeber (Vorlesung)	1	91	0,015	0,091	35
	2	91	0,028	0,125	16
Freundschaft	1	91	0,016	0,067	32
	2	91	0,025	0,099	25
Interessen	1	91	0,010	0,052	41

Während die Netzwerke in der ersten Erhebung noch weitgehend verstreut und brüchig erscheinen, zeigt die Anzahl der Komponenten in der Tabelle 4, dass die Netzwerke im Laufe der Zeit deutlich zusammenwachsen. So besteht das vorlesungsbezogene Ratgebernetzwerk in der ersten Erhebung noch aus 35 unverbundenen Teilen – im Laufe der zweiten Erhebung können diese Teile integriert und damit auf eine Zahl von 16 verringert werden.

---

1 Die Anwendung der Netzwerkanalytischen Instrumente erfolgte mit Hilfe der Analysesoftware UCINET 6 (Borgatti et al. 2002),

Abbildung 1: Das Kontaktnetzwerk (Cutpoint-Akteure in grau)

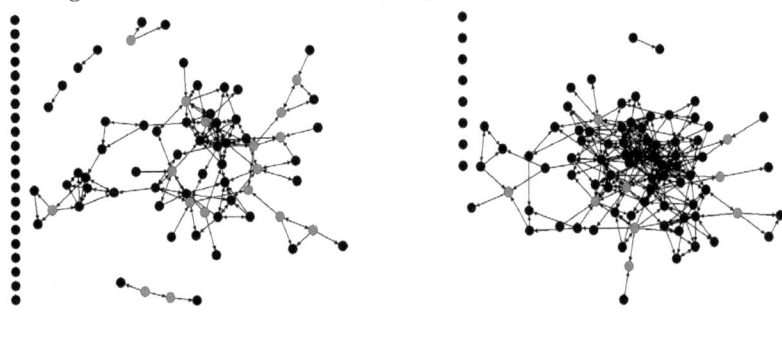

          1. Erhebung   *2. Erhebung*

Darüber hinaus nimmt auch die Zahl der Cutpoint-Akteure im Laufe der Zeit ab. Diese Akteure stellen die Verbindung zwischen zwei Teilen des Netzwerkes dar, die ansonsten unverbundene Komponenten wären. In den graphischen Darstellungen der Netzwerke in den Abbildungen 1 bis 3 sind diese Cutpoint-Akteure grau dargestellt. Interpretiert man Cutpoint-Akteure als Bruchstellen in einem Netzwerk, so zeigen die graphischen Darstellungen sehr deutlich, wie sich die Netzwerke im Laufe der Zeit stabilisieren – auch wenn in der zweiten Erhebung immer noch unverbundene Akteure existieren. Die unverbundenen Akteure sind als Punkte am linken oberen Rand der jeweiligen Abbildung dargestellt.

Abbildung 2: Das Ratgebernetzwerk (Cutpoint-Akteure in grau)

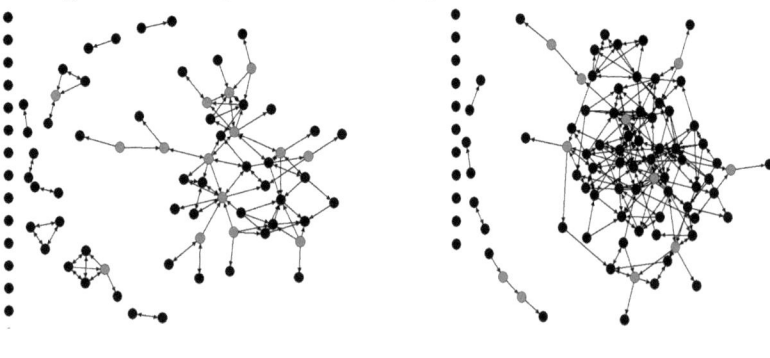

          1. Erhebung   *2. Erhebung*

Abbildung 3: Das Freundschaftsnetzwerk (Cutpoint-Akteure in grau)

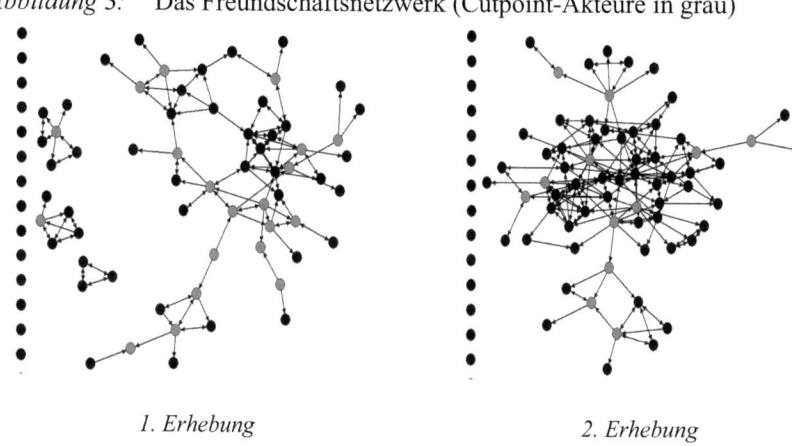

1. Erhebung *2. Erhebung*

5 Empirische Evidenz zu Freundschaftswahlen und Studienerfolg

Der zweite Abschnitt dieser Arbeit gab einen Überblick über verschiedene theoretische Zugänge für eine Analyse von Freundschafts- und Ratgebernetzwerken unter Studienanfängern. Aufbauend auf diesen Ausführungen werden im Folgenden zwei konkrete Forschungsfragen und dazugehörige Hypothesen entwickelt und anhand des vorgestellten empirischen Materials überprüft. Grundlage der ausgewählten Forschungsfragen bilden die individuelle Netzwerkposition eines Akteurs und ihre Bedeutung für dessen Sozialkapitalausstattung (Abschnitt 2.3):

1. Welches sind die Determinanten individueller Netzwerkpositionen und welchen Einfluss haben die alltäglichen Rahmenbedingungen eines Studierenden auf seine „Attraktivität" im Netzwerk?
2. Lässt sich tatsächlich ein Zusammenhang zwischen Sozialkapital und individuellem Erfolg nachweisen? Welche Operationalisierung von Sozialkapital ist am besten geeignet, um den Studienerfolg zu erklären?

5.1 Individuelle Netzwerkpositionen

Betrachtet man die Wahl der Freunde und Ratgeber von Studierenden als eine Kosten-Nutzen-Abwägung, sollten zur Messung der Entstehung neuer Netzwerke verschiedene Indikatoren herangezogen werden, die dem Akteur den Nutzen potentieller Beziehungen signalisieren. Die Hypothesen 1 bis 3 benennen solche Indikatoren, von denen aus theoretischer Sicht eine hohe Aussagekraft bezüglich des Nutzens aus einer möglichen Beziehung erwartet werden kann.

H1: Studierende, die an einer Einführungsveranstaltung der Fachschaft teilgenommen haben, verfügen hilfreiche Informationen und Kontakte, die Ihre Attraktivität und damit Zentralität im Netzwerk erhöhen.

H2: Studierende, deren Eltern ebenfalls studiert haben, sind akademisch stärker sozialisiert und verfügen über allgemeine Informationen über das System Hochschule, die Ihre Attraktivität und damit Zentralität im Netzwerk erhöhen.

H3: Studierende, deren Eltern am Studienort leben, kennen den Sozialraum ihrer Stadt und besitzen über besondere Ortskenntnisse, die Ihre Attraktivität und damit Zentralität im Netzwerk erhöhen.

Die folgenden Regressionsmodelle verfolgen das Ziel, die Determinanten der individuellen „Attraktivität" eines Akteurs zu identifizieren, und damit die Frage zu beantworten, welche Studierende als attraktive Ratgeber bzw. Freunde angesehen werden. Neben den Hypothesenvariablen, sind zur Kontrolle auch weitere Variablen in den Modellen enthalten, auf die später noch ausführlich eingegangen wird.

Die Attraktivität bzw. Zentralität eines Akteurs ergibt sich aus der Anzahl seiner eingehenden Beziehungen (Indegree). Studierende, die beispielsweise häufig als Ratgeber genannt werden, weisen einen hohen Indegree auf und werden demnach als „attraktiv" bezeichnet. Der Indegree stellt damit eine metrisch skalierte abhängige Variable dar (Tabelle 5).

Tabelle 5: Verteilung der Zentralitätswerte (Indegree) für alle Netzwerke

	N	Mittelwert	St.-Abw.	Min.	Max.
Kontaktnetzwerk	1	91	2,00	2,26	0	10
	2	91	4,10	4,02	0	15
Ratgeber	1	91	1,35	1,64	0	8
	2	91	2,53	2,32	0	11
Freundschaftsnetzwerk	1	91	2,26	2,24	0	10

Die multivariaten Regressionsmodelle werden sowohl für das Kontaktnetzwerk als auch für das Freundschafts- und Ratgebernetzwerk der ersten und zweiten Erhebung gerechnet. Das Ratgebernetzwerk bezieht sich dabei auf „Fragen zur

Vorlesung" (siehe Tabelle 1). Grundsätzlich wäre hier auch das organisationsbezogene Ratgebernetzwerk möglich, doch aufgrund der hohen Korrelation zwischen diesen beiden Netzwerken (siehe Tabelle 6) ist die Analyse eines Netzwerkes ausreichend. Außerdem ist anzunehmen, dass das organisationsbezogene Ratgebernetzwerk im Laufe der Zeit an Relevanz verlieren wird.

Tabelle 6: QAP-Matrixkorrelation (Ähnlichkeit) der erhobenen Netzwerkebenen

		Kontakt	Ratgeber (Organisation)	Ratgeber (Vorlesung)	Geburtstag
Kontaktnetzwerk	1	1,000			
	2	1,000			
Ratgeber (Organisation)	1	0,571	1,000		
	2	0,565	1,000		
Ratgeber (Vorlesung)	1	0,519	0,732	1,000	
	2	0,578	0,767	1,000	
Freundschaftsnetzwerk	1	0,562	0,615	0,633	1,000
	2	0,582	0,578	0,591	1,000

Zu den in den Ergebnistabellen angegebenen Modellkoeffizienten ist noch anzumerken, dass die Angabe der t-Werte und das dazugehörige Signifikanzniveau in Vollerhebungen weder notwendig, noch im herkömmlichen Sinn interpretierbar sind. Dennoch werden diese Werte als heuristisches Mittel zur Bewertung der statistischen Zusammenhänge herangezogen.

Die vorliegenden Regressionsmodelle weisen für das Kontaktnetzwerk (Tabelle 7) einen negativen Zusammenhang zwischen dem zentrierten Alter eines Studierenden und seiner Attraktivität auf, der in der zweiten Erhebung deutlich zunimmt: So verliert ein Akteur im Modell c der zweiten Erhebung mit jedem Jahr über dem Alterdurchschnitt 0,38 Kontakte. In den Ratgeber- und Freundschaftsnetzwerken nimmt dieser Effekt an Stärke und Evidenz ab (Tabelle 8 und 9).

Weibliche Studierende zeichnen sich vor allem im Kontaktnetzwerk der ersten Erhebung durch eine zentralere Netzwerkposition aus. Demnach haben Frauen im Durchschnitt rund einen Kontakt mehr als Männer. Hierbei ist jedoch zu beachten, dass der Zusammenhang zwischen Geschlecht und Indegree lediglich darauf zurückzuführen sein könnte, dass die überwiegend weiblichen Studierenden mit Zweitfach Pädagogik einen sehr hohen Anteil der Befragten ausmachen (siehe Tabelle 3).

Tabelle 7: Attraktivität der Akteure (Indegree) im Kontaktnetzwerk (t-Werte in Klammern)

	1. Erhebung			2. Erhebung		
	a	b	c	a	b	c
Konstante	1,28	1,14	0,94	3,57	3,34	2,60
Alter	-0,15 (-1,68)	-0,15 (-1,95)	-0,19 (-2,44)*	-0,26 (-1,49)	-0,27 (-1,68)	-0,38 (-2,82)**
Geschlecht (1= weiblich)	1,04 (2,01)*	1,01 (2,22)*	0,93 (2,14)*	1,16 (1,14)	1,11 (1,20)	0,85 (1,08)
Teilnahme an Einführung der Fachschaft	0,63 (1,17)	0,54 (1,14)	0,15 (0,31)	1,44 (1,36)	1,28 (1,32)	-0,12 (-0,13)
Nebenjob	-0,87 (-1,59)	-0,57 (-1,18)	-0,60 (-1,30)	-1,89 (-1,76)	-1,38 (-1,40)	-1,50 (-1,80)
Stress im Studium	-0,20 (-0,70)	-0,18 (-0,71)	-0,20 (-0,85)	-0,04 (-0,07)	-0,01 (-0,01)	-0,10 (-0,23)
Studium der Eltern	-0,39 (-1,15)	-0,38 (-1,29)	-0,21 (-0,73)	-1,11 (-1,68)	-1,1 (-1,83)	-0,50 (-0,96)
Eltern wohnen am Studienort	0,86 (1,30)	1,28 (2,17)*	0,87 (1,47)	2,10 (1,62)	2,83 (2,35)*	1,33 (1,26)
Wichtigkeit von Kontakten zu Kommilitonen	–	1,27 (4,43)**	1,17 (4,22)**	–	2,19 (3,73)**	1,83 (3,66)**
Zweitfach Pädagogik	–	–	1,17 (2,57)*	–	–	4,19 (5,13)**
R^2 (korrigiertes R^2)	0,20 (0,12)	0,39 (0,32)	0,45 (0,37)	0,17 (0,07)	0,32 (0,23)	0,52 (0,45)

*= p < 0,05   ** = p < 0,01   N=72

Da das Zweitfach und die geschlechtsspezifische Homophilie auf die Bildung der Netzwerke einen großen Einfluss hat, wäre zu erwarten, dass Pädagogik-Studierende in dieser Population überdurchschnittlich große Kontaktnetzwerke haben und allein dadurch einen höheren Indegree als ihre Kommilitonen mit anderen Zweitfächern aufweisen. Wird das Modell auf die Dummy-Variable „Zweitfach Pädagogik" kontrolliert (Modell c), verringert sich demnach auch die Stärke und die Evidenz des Effektes.

Tabelle 8: Attraktivität der Akteure (Indegree) im Ratgebernetzwerk (t-Werte in Klammern)

	1. Erhebung			2. Erhebung		
	a	b	c	a	b	c
Konstante	0,58	0,54	0,51	0,29	2,17	1,85
Alter	-0,08 (-1,39)	-0,09 (-1,49)	-0,09 (-1,49)	-0,13 (-1,29)	-0,13 (-1,43)	-0,18 (-2,12)*
Geschlecht (1= weiblich)	0,55 (1,61)	0,53 (1,57)	0,53 (1,57)	0,47 (0,83)	0,45 (0,84)	0,33 (0,68)
Teilnahme an Einführung der Fachschaft	0,93 (2,59)*	0,84 (2,26)*	0,84 (2,26)*	0,66 (1,11)	0,58 (1,05)	-0,16 (-0,03)
Nebenjob	-0,53 (-1,46)	-0,44 (-1,22)	-0,44 (-1,22)	-0,52 (-0,87)	-0,27 (-0,47)	-0,32 (-0,61)
Stress im Studium	0,02 (0,13)	0,03 (0,16)	0,03 (0,14)	0,23 (0,73)	0,24 (0,85)	0,20 (0,77)
Studium der Eltern	-0,43 (-1,93)	-0,43 (-1,96)	-0,40 (-1,79)	-0,86 (-2,34)*	-0,86 (-2,50)*	-0,60 (-1,86)
Eltern wohnen am Studienort	1,21 (2,76)**	1,34 (3,07)**	1,28 (2,80)**	1,63 (2,23)*	2,00 (2,90)**	1,36 (2,06)*
Wichtigkeit von Kontakten zu Kommilitonen	–	0,39 (1,84)	0,38 (1,75)	–	1,11 (3,31)**	0,96 (3,07)**
Zweitfach Pädagogik	–	–	0,17 (0,49)	–	–	1,79 (3,52)**
R^2 (korrigiertes R^2)	0,24 (0,16)	0,28 (0,19)	0,28 (0,18)	0,14 (0,04)	0,27 (0,17)	0,39 (0,30)

*= p < 0,05   ** = p < 0,01   N=72

Die Teilnahme an der Einführungsveranstaltung durch die Fachschaft hat vor allem im Ratgeber- und Freundschaftsnetzwerk einen erheblichen Einfluss, der allerdings in der zweiten Erhebung an Bedeutung verliert. Demnach erhalten Teilnehmer, verglichen mit Nicht-Teilnehmern, in der ersten Erhebung durchschnittlich fast eine zusätzliche Wahl in das Ratgebernetzwerk ihrer Kommilitonen. Diese Veranstaltungen stellen also eine geeignete Starthilfe für den Aufbau von Freundschafts- und Ratgebernetzwerken dar, deren Wirkung allerdings schon nach kurzer Zeit nachlässt, da sie möglicherweise im Laufe der Zeit durch andere Eigenschaften überlagert wird. Die Hypothese H1 kann damit vorläufig weitgehend durch die Daten bestätigt werden.

Studierende mit einem Nebenjob zeichnen sich in allen Modellen durch einen geringeren Indegree aus, als ihre Kommilitonen die keinem Nebenjob nachgehen müssen. Am stärksten ist dieser Effekt im allgemeinen Kontaktnetzwerk zu beobachten – hier erhalten in Modell c Studierende mit Nebenjob durchschnittlich 1,5 weniger Wahlen in das Kontaktnetzwerk ihrer Kommilitonen.

Tabelle 9: Attraktivität der Akteure (Indegree) im Freundschaftsnetzwerk (t-Werte in Klammern)

	1. Erhebung			2. Erhebung		
	a	b	c	a	b	c
Konstante	0,67	0,61	0,62	2,38	2,27	2,05
Alter	-0,10 (-1,70)	-0,10 (-1,82)	-0,10 (-1,76)	-0,11 (-1,15)	-0,11 (-1,27)	-0,15 (-1,71)
Geschlecht (1 = weiblich)	0,33 (0,93)	0,31 (0,94)	0,31 (0,94)	0,26 (0,47)	0,23 (0,45)	0,16 (0,31)
Teilnahme an Einführung der Fachschaft	0,91 (2,51)*	0,87 (2,52)*	0,88 (2,41)*	0,40 (0,70)	0,33 (0,61)	-0,09 (-0,16)
Nebenjob	-0,21 (-0,56)	-0,07 (-0,20)	-0,07 (-0,19)	-0,91 (-1,57)	-0,66 (-1,21)	-0,70 (-1,33)
Stress im Studium	0,00 (0,02)	0,13 (0,07)	0,14 (0,08)	-0,81 (-0,27)	-0,06 (-0,22)	-0,09 (-0,33)
Studium der Eltern	-0,33 (-1,48)	-0,33 (-1,54)	-0,34 (-1,52)	-0,39 (-1,09)	-0,39 (-1,16)	-0,21 (-0,63)
Eltern wohnen am Studienort	1,20 (2,70)**	1,39 (3,25)**	1,41 (3,13)**	1,18 (1,66)	1,53 (2,29)*	1,08 (1,62)
Wichtigkeit von Kontakten zu Kommilitonen	–	0,58 (2,80)**	0,59 (2,77)**	–	1,06 (3,27)**	0,96 (3,02)**
Zweitfach Pädagogik	–	–	-0,34 (-0,11)	–	–	1,24 (2,40)*
R^2 (korrigiertes R^2)	0,21 (0,12)	0,30 (0,21)	0,29 (0,19)	0,11 (0,01)	0,24 (0,14)	0,30 (0,20)

*= $p < 0,05$ **= $p < 0,01$ N=72

Der Einfluss des subjektiven Stressempfindens der Studierenden auf die Zentralität der Akteure ist dagegen sehr niedrig und auch mit unbestimmten Vorzeichen – je nach Netzwerkebene und Erhebungszeitpunkt.

Gemäß der Hypothese H2 wurde ein positiver Zusammenhang zwischen der Attraktivität eines Akteurs und seiner akademischen Sozialisation erwartet. Tatsächlich ist dieser Effekt (Studium der Eltern) jedoch in allen Modellen negativ und zeigt sich am deutlichsten im Ratgebernetzwerk der zweiten Erhebung. Studierende mit studierten Eltern werden demnach weniger häufig um Rat gefragt. Die Hypothese muss demnach zurückgewiesen werden.

Interessant ist allerdings der Effekt des Wohnortes der Eltern (H3). Obwohl deutlich in der Minderheit (siehe Tabelle 2), erhalten Studierende, deren Eltern am Studienort wohnen, in nahezu allen Modellen und Netzwerken durchschnittlich bis zu zwei zusätzliche Wahlen aus dem Netzwerk ihrer Kommilitonen. Auch dieser Zusammenhang verliert an Stärke, wenn auf das Zweitfach kontrolliert wird.

Da die Zentralität im Netzwerk auch durch eine allgemeine Kontaktfreudigkeit der Akteure erklärt werden kann, wird durch das Modell b auf die zentrierte Variable „Wichtigkeit von Kontakten zu Kommilitonen" kontrolliert, die anhand einer 4-stufigen Skala erhoben wurde. Der Einfluss dieser Variablen ist vor allem im Kontakt- und Freundschaftsnetzwerk erwartungsgemäß hoch und zeigt gerade in der zweiten Erhebung eine besonders hohe Effektstärke.

Die analysierten Determinanten der Attraktivität führen zu insgesamt guten Schätzungen der individuellen Indegree-Zentralitäten. Dabei lässt sich das Kontaktnetzwerk der zweiten Erhebung besonders zufriedenstellend modellieren (R^2 = 0,52). Unter den drei analysierten Modellen liefert jeweils das Modell c die genaueste Schätzung, mit einem Anteil von 30 bis 52 Prozent der erklärten Streuung an der Gesamtstreuung der abhängigen Variablen. Daraus resultiert die besondere Bedeutung des Zweitfaches für Bildung von Freundschafts- und Ratgebernetzwerken, die durch die ungleiche Verteilung der Zweitfächer unter den Studierenden bedingt ist. Darüber hinaus scheint die allgemeine Kontaktfreudigkeit eine entscheidende Determinante für die Netzwerkgröße zu spielen, die die Bedeutung der anderen Variablen besonders in der zweiten Erhebung weitgehend in den Schatten stellt.

5.2 Individuelle Netzwerkposition und Studienerfolg

Wurde soeben die Attraktivität der Akteure über ihre persönlichen und studiumsbezogenen Merkmale erklärt, geht es nun darum, den Einfluss der Attraktivität eines Akteurs auf seinen Studienerfolg nachzuweisen. Wie bereits in Abschnitt 2.3 diskutiert, lässt sich die Attraktivität von Netzwerkpositionen unterschiedlich bewerten – je nachdem, ob man ein Netzwerk eher als Kommunikations- oder Tauschnetzwerk interpretiert. Um dieser Diskussion gerecht zu werden, soll im Folgenden der Zusammenhang zwischen Netzwerkposition und Studienerfolg eines Akteurs auf der Basis beider Konzepte des Sozialkapitals geschätzt werden, um dann die Erklärungskraft der Konzepte für den untersuchten Datensatz vergleichen zu können.

Unter der Annahme eines Kommunikationsnetzwerks lässt sich Sozialkapital über ein degree-basiertes Zentralitätsmaß operationalisieren (Abschnitt 2.3). Relevant sind hier vor allem die ausgehenden Beziehungen eines Akteurs (Outdegree). Demnach verfügen Akteure die viele Personen als Kontakte, Ratgeber oder Freunde benennen können über eine hohe Sozialkapitalausstattung. Die Tabelle 10 gibt einen Überblick über die Verteilung der Outdegrees der zweiten Erhebung, die die Grundlage für die folgenden Modelle bildet.

Tabelle 10: Verteilung des Outdegrees und der EffSize (Burt 1992) für alle Netzwerke der zweiten Erhebung

		N	Mittelwert	St.-Abw.	Min.	Max.
Kontaktnetzwerk	Outdegree	91	4,10	4,44	0	16
	EffSize	91	4,09	3,75	0	16
Ratgeber	Outdegree	91	2,53	2,85	0	15
	EffSize	91	3,23	2,85	0	13
Freundschaftsnetzwerk	Outdegree	91	2,26	2,68	0	10
	EffSize	91	2,64	2,61	0	11

Unter der Annahme von Tauschnetzwerken (Abschnitt 2.3) bildet sich die unabhängige Variable aus der von Burt (1992) entwickelten Maßzahl Effective Size (EffSize). Die EffSize von Ego resultiert dabei aus der Differenz zwischen der Anzahl aller mit Ego verbundenen Akteure (In- und Outdegree) und deren durchschnittliche Anzahl an ein- und ausgehenden Beziehungen (Tabelle 10). Ist ein Akteur also mit vielen zentralen Akteuren verbunden, so wirkt sich das im Sinne der Theorie der „Strukturellen Löcher" negativ auf die EffSize aus. Ein Beispiel:

Person A ist mit zehn Akteuren verbunden, die ihrerseits im Durchschnitt mit acht Akteuren in Beziehung stehen – daraus gibt sich für A eine EffSize von 10-8=2. Person B ist dagegen mit fünf Akteuren verbunden, die ihrerseits mit durchschnittlich zwei Akteuren verbunden sind. Person B hat also mit 5-2=3 einen höheren EffSize als Person A, obwohl A mehr Akteure direkt erreicht als B.

Vor diesem theoretischen Hintergrund werden nun für Freundschafts- und Ratgebernetzwerke unter Studienanfängern folgende Hypothesen formuliert:

H4: Das Sozialkapital hat, gemessen an den Varianten des Outdegree und des EffSize einen positiven Einfluss auf den individuellen Studienerfolg eines Akteurs.

H5: Für den individuellen Studienerfolg kommt es überwiegend auf das Ratgebernetzwerk eines Akteurs an. Demzufolge hat das Sozialkapital im Ratgebernetzwerk eine größere Erklärungskraft, als das Kontakt- und Freundschaftsnetzwerk.

H6: Das Ratgebernetzwerk von Studienanfängern ist eher als ein Kommunikations- und weniger als ein Tauschnetzwerk organisiert. Demzufolge hat der Outdegree eines Akteurs eine größere Erklärungskraft für seinen Studienerfolg als die EffSize.

Zusammenfassend lässt sich die These formulieren, dass der individuelle Erfolg eines Studierenden am besten durch die Anzahl seiner ausgehenden Beziehungen im Ratgebernetzwerk erklärt werden kann – und dass dieser Zusammenhang positiv ist.

Für die Analyse des Studienerfolges wird die erbrachte Punktzahl in einer Soziologie-Klausur am Ende des Semesters als abhängige Variable herangezogen.

In einem ersten Schritt soll für einen Vergleich der Sozialkapitalkonzepte der Zusammenhang zwischen Studienerfolg und Sozialkapital in bivariaten Modellen geschätzt werden (Tabelle 11). Als unabhängige Variable wird dafür der Outdegree und die EffSize in den Kontakt- Freundschafts- und Ratgebernetzwerken verwendet.

Tabelle 11: Individueller Studienerfolg (Punktzahl in der Klausur) und Sozialkapital (bivariat)

	Koeffizient	t-Wert	Konstante	R^2
Outdegree: Kontakt	0,28	2,16*	53,29	0,05
Outdegree: Ratgeber	0,24	1,17	53,86	0,02
Outdegree: Freundschaft	0,42	1,99*	53,48	0,09
EffSize: Kontakt	0,27	1,81	53,31	0,04
EffSize: Ratgeber	0,36	1,76	53,27	0,04
EffSize: Freundschaft	0,63	2,96**	52,74	0,10

* = $p < 0,05$ ** = $p < 0,01$ N=83

Dabei zeigt sich, wie in Hypothese 4 erwartet, in allen Modellen ein positiver Zusammenhang zwischen Sozialkapital und Studienerfolg. Anders als in der Hypothese 5 erwartet, zeigt sich dieser Zusammenhang jedoch in den Freundschaftsnetzwerken am deutlichsten. Demnach hat die Position im Freundschaftsnetzwerk einen größeren Einfluss auf den Studienerfolg, als die Position im Kontakt- oder Ratgebernetzwerk. Über Freundschaftsbeziehungen lässt sich folglich ein größerer Erfolg generieren, als über reine Ratgeberbeziehungen.

Tabelle 12: Determinanten des individuellen Studienerfolgs (Punktzahl in der Klausur)

	a	b	c
Konstante	51,77	51,40	50,90
Alter	-0,30 (-1,16)	-0,25 (-0,97)	-0,23 (-0,91)
Geschlecht (1= weiblich)	-2,57 (-1,71)†	-2,58 (-1,72)†	-2,37 (-1,60)
Nebenjob	1,89 (1,17)	2,08 (1,28)	1,89 (1,19)
Stress im Studium	-0,78 (-0,84)	-0,62 (-0,66)	-0,60 (-0,65)
Studium der Eltern	0,98 (0,97)	0,96 (0,95)	0,95 (0,96)
Eltern wohnen am Studienort	-0,51 (-0,25)	-0,32 (-0,16)	-0,45 (-0,22)
Wöchentlicher Zeitaufwand für das Studium in Stunden	0,17 (1,84)†	0,14 (1,57)	0,14 (1,53)
Zweitfach Pädagogik	1,94 (1,27)	1,18 (0,70)	1,07 (0,68)
Outdegree: Freundschaft	–	0,19 (1,04)	–
EffSize: Freundschaft	–	–	0,51 (1,76)†
R^2 (korrigiertes R^2)	0,14 (0,01)	0,16 (0,02)	0,19 (0,05)

† = $p < 0,10$ N=63

Ein ebenfalls unerwartetes Ergebnis bringt der Vergleich zwischen dem Outdegree und der EffSize: Anders als in Hypothese 6 scheint die EffSize einen größeren Einfluss auf den Studienerfolg zu haben, als die Anzahl der ausgehenden Beziehungen. Erhöht sich die EffSize im Freundschaftsnetzwerk eines Akteurs um 1, so resultieren daraus 0,63 zusätzliche Punkte in der Klausur – eine zusätzliche Freundschaftswahl erhöht dagegen die erreichte Punktzahl um 0,42 Punkte. Um aus seinem persönlichen Netzwerk Vorteile ziehen zu können, kommt es für Ego also nicht in erster Linie auf die direkten Beziehungen an, sondern vor allem auf die Anzahl der Beziehungsalternativen der mit Ego verbundenen Akteure.

Um den Einfluss weiterer Variablen auf den individuellen Erfolg eines Akteurs zu testen, werden in Tabelle 12 die Einflüsse des Outdegrees und der EffSize im Freundschaftsnetzwerk auf die Variablen Alter, Geschlecht, Nebenjob, Stress im Studium, Bildung, Wohnort der Eltern, Zeitaufwand und das Zweitfach Pädagogik kontrolliert.

Unter der Kontrolle dieser Variablen geht der Einfluss der Netzwerkposition deutlich zurück und verliert an Einfluss. EffSize weist einen signifikanten Einfluss auf den Studienerfolg lediglich auf dem 10% Niveau auf. Ähnlich starke Effekte gehen auch vom Geschlecht der Studierenden und vom wöchentlichen Zeitaufwand für das Studium aus. Die Modellgüte ist demnach nicht sonderlich hoch; Effekte auf dem sonst üblichen 5% Niveau können nicht ausgewiesen werden.

Zusammenfassend ist festzuhalten, dass der empirische Test der Hypothesen H 4 bis H 6 zum Zusammenhang zwischen Netzwerkposition und Studienerfolg nicht ganz zufrieden stellend ist. Auch wenn ein positiver Zusammenhang eindeutig ist, decken sich die gefundenen Ergebnisse nicht mit den theoretischen Vorüberlegungen. Auffällig ist dabei die Sensibilität des gefundenen Zusammenhangs gegenüber der Kontrolle zusätzlicher Variablen wie dem Geschlecht und das Zweitfach. Auch die generell geringe Erklärungskraft der hier vorgestellten Modelle deutet darauf hin, dass sich der Studienerfolg auf die vorgeschlagene Weise nur schwer modelltheoretisch erklären lässt.

6 Schlussbetrachtung

Empirische Daten zu Freundschafts- und Ratgebernetzwerken unter Studienanfängern können die Grundlage für eine Vielzahl sozialwissenschaftlicher Fragestellungen bilden und lassen sich mit verschiedenen theoretischen Perspektiven verknüpfen. Die hier vorgestellten Ergebnisse geben Hinweise auf die Determinanten der individuellen Netzwerkposition und dem Zusammenhang zwischen Netzwerkposition und Studienerfolg.

Zahlreiche Forschungsfragen, die sich aus den in Abschnitt 2 vorgestellten theoretischen Perspektiven herleiten lassen, blieben dabei jedoch unbeantwortet. Zu den interessantesten Fragestellungen gehören:

Wie verhalten sich strukturelle und individuelle Variablen zur Erklärung von Freundschaftsbeziehungen? In welcher Weise und bis zu welchem Zeitpunkt wirken die Gelegenheitsstrukturen auf die Freundschaftsentstehung und ab wann werden diese Einflüsse von der individuellen Selektion auf Basis der Ähnlichkeit und Attraktivität der Akteure überlagert?

1. Welche Bedeutung kommt der Homophilie bei der Entstehung von Freundschafts- und Ratgebernetzwerken zu? Hierbei scheint insbesondere die geschlechtsspezifische Homophilie und geschlechtspezifisches Verhalten bei der Wahl der Freunde und Ratgeber eine entscheidende Rolle zu spielen, um die Struktur der Netzwerke zu erklären.
2. Mit welchem Prozess lässt sich die zeitliche Entwicklung des individuellen Sozialkapitals eines Akteurs vergleichen? Denkbar wäre zum Beispiel die Wirkung von Sozialkapital als kumulativer Vorteil, der über die individuellen Kosten-Nutzen-Analysen attraktive Studierende mit hohem Sozialkapital immer attraktiver werden lässt (Mattäus-Effekt).

Die vorgestellten theoriegeleiteten Forschungsperspektiven und die unter Abschnitt 5 diskutierten Analysebeispiele stellen, wie bereits erwähnt, nur einen kleinen Ausschnitt der Forschungsfragen dar, für die der vorliegende Datensatz ein geeignetes Datenmaterial bereitstellt.

Völlig unerwähnt blieb beispielsweise das große Potential, das in der Analyse von Positionen und Rollen in studentischen Freundschafts- und Ratgebernetzwerken steckt. Ebenso liefert der erhobene Datensatz eine gute Grundlage für die Analyse der Eigenschaften multiplexer Beziehungen sowie für die Entstehung und Entwicklung von Teilgruppen.

Weiterhin ausbaufähig ist die Eignung des Datensatzes für netzwerkanalytische Instrumente, die die dynamische Entwicklung von Netzwerken untersuchen. Notwendig dafür sind jedoch weitere Erhebungen des Netzwerkes – eine dritte Welle befindet sich gerade in der Entwicklung. Insbesondere für die Überprüfung der Theorien der Freundschaftsformation (Abschnitt 2.2.) und der Strukturtheorien interpersoneller Beziehungen (Abschnitt 2.1) wird dieses zusätzliche Datenmaterial von großem Wert sein.

7 Literatur

Bonacich, Phillip, 1987: Power and Centrality. A familiy of measures, in: American Journal of Sociology 92, 1170–1182.

Borgatti, Stephen/Jones, Candace/Everett, Martin, 1998: Network Measures of Social Capital, in: Connections 21, 26–36.

Borgatti, Stephen/Everett, Martin/Freeman Linton C., 2002: Ucinet 6 for Windows. Software for Social Network Analysis. Harvard: Analytic Technologies.

Burt, Ronald S, 1992: Structural Holes. The social Structure of Competition, Cambridge: Harvard University Press.

Burt, Ronald S, 2000: The Network Structure of Social Capital, in: Staw Barry. M./Sutton Robert. I. (Hrsg.): Research in Organizational Behavior. Amsterdam/London/New York: Elsevier Science JAI, 345–423.
Coleman, James S., 1988: Social Capital in the Creation of Human Capital, in: American Journal of Sociology 94, 95–120.
Erdem, Tevfik/Öztas, Nail 2007: The Friendship and Study Networks of Public Administration Students, in: Friemel, Thomas N. (Hrsg.): Applications of Social Network Analysis. Konstanz: UVK, 31–51.
Feld, Scott L., 1981: The Focused Organisation of Social Ties, in: American Journal of Sociology 86, 1015–1035.
Heider, Fritz, 1946: Attitudes und Cognitive Organization, in: Journal of Psychology 21, 107–112.
Heider, Fritz, 1958: The Psychology of Interpersonal Relations. New York: Wiley.
Holland, Paul W./Leinhardt, Samuel, 1970: A method for detecting structure in sociometric data, in: American Journal of Sociology 70, 492–513.
Holland, Paul W./Leinhardt, Samuel, 1975: Local structure in social networks, in: Heise, David, R (Hrsg.): Sociological Methodology, San Francisco: Jossey-Bass, 1–45.
Holland, Paul W./Leinhardt, Samuel, 1979: Structural Sociometry, in: Holland, Paul W./ Leinhardt, Samuel (Hrsg.): Perspectives on Social Network Research, New York: Academic Press, 63–68.
Hummell, Hans J./Sodeur, Wolfgang, 1984: Interpersonelle Beziehungen und Netzwerkstruktur. Bericht über ein Projekt zur Analyse der Strukturentwicklung unter Studienanfängern, in: Kölner Zeitschrift für Soziologie und Sozialpsychologie 36, 511–557.
Hummell, Hans J./Sodeur, Wolfgang, 1991: Modelle des Wandels sozialer Beziehungen in triadischen Umgebungen., in: Esser, Hartmut/Troitzsch, Klaus G. (Hrsg.): Modellierung sozialer Prozesse. Bonn: Informationszentrum Sozialwissenschaften, 695–733.
Jackson, Robert M., 1977: Social Structure and Process in Friendship Choice, in: Fischer, Claude S. et al.: Networks and Places. New York/London: Free Press, 59–78.
Lazarsfeld, Paul F./Merton, Robert K., 1954: Friendship as Social Process: A Substantive and Methodological Analysis, in: Berger, Morroe/Abel, Theodore/Page, Charles H. (Hrsg.): Freedom and Control in Modern Society. Toronto et al.: Van Nostrand, 18–66.
Merton, Robert K., 1968: The Matthew Effect in Science, in: Science 159, 56–63.
Newcomb, Theodore M., 1961: The Acquaintance Process. New York: Holt, Rinehart and Winston.
Thibaut, John.W./Kelley, Harold H., 1959: The social psychology of groups. New York: Wiley.
Trappmann, Mark/Hummell, Hans J./Sodeur, Wolfgang, 2005: Strukturanalyse sozialer Netzwerke. Konzepte, Modelle, Methoden. Wiesbaden: VS Verlag.
Verbrugge, Lois M., 1977: The Structure of Adult Friendship Choices, in: Social Forces 56, 576–597.
Wolf, Christof 1996: Gleich und gleich gesellt sich. Individuelle und strukturelle Einflüsse auf die Entstehung von Freundschaften. Hamburg: Verlag Dr. Kovac.

Studentische Fachkulturen und Lebensstile – Reproduktion oder Sozialisation?

Werner Georg, Carsten Sauer und Thomas Wöhler

Zusammenfassung
Studierende unterscheiden sich in ihrer Freizeitgestaltung, ihrem Geschmack und den persönlichen Studienmotiven voneinander. Inwieweit diese Unterschiede auf die soziale Herkunft oder das soziale Umfeld zurückzuführen und darüber hinaus distinkte Fachkulturen feststellbar sind, steht im Fokus dieser Studie. Die Analysen stützen sich auf Daten eines Web-Surveys, in dem 540 Konstanzer Studierende der Fachbereiche Soziologie, Rechts- und Naturwissenschaften befragt wurden. Durch Faktoren- und Latent Class Cluster Analysen können vier unterschiedliche studentische Lebensstile ermittelt werden. Die Gruppenzugehörigkeit wird weniger von der sozialen Herkunft und mehr von der fachspezifischen Sozialisation und dem Geschlecht determiniert.

1   Einleitung

Für Studierende hat die Universität neben der Wissensvermittlung vor allem eine Sozialisationsfunktion. Studentinnen und Studenten verbringen ihre Freizeit hauptsächlich mit KommilitonInnen, und im Studium selbst werden ihnen die Routinen und Wertvorstellungen ihres Fachbereichs vermittelt. Diese studentischen Fachkulturen tragen zur Habitusbildung der zukünftigen Akademiker bei (vgl. Apel 1989). Huber et al. (1983) gehen so weit, darin die „wichtigste gesellschaftliche Aufgabe bzw. Funktion der Hochschulbildung" zu sehen. Diese studentischen Fachkulturen sind in Klischees allgegenwärtig: der Jurastudent mit Polohemd und Golfsack auf dem Rücksitz seines BMWs, der Soziologe mit langen Haaren und Augenringen von der letzten Party und der Naturwissenschaftler mit Birkenstocksandalen und ohne Interesse an Dingen, die nicht sein Fach betreffen.

Die Fachkulturforschung in den 1970er und 1980er Jahren des letzten Jahrhunderts hat sich damit beschäftigt, die Sozialisationsfunktion der Universitäten, die Distinktion unterschiedlicher studentischer Fachkulturen, sowie Unterschiede in der Studienmotivation und der Studienfachwahl zu untersuchen (Apel 1989; Windolf 1992). Im Fokus unserer Analysen steht deshalb die Frage, inwieweit heute noch distinkte Fachkulturen in Form unterschiedlicher Lebensstile von Studierenden verschiedener Fachbereiche existieren.

Der Artikel beginnt mit der Darstellung der theoretischen Konzepte und empirischen Befunde innerhalb der Fachkultur- und Lebensstilforschung, die vor allem an die Arbeiten von Pierre Bourdieu anknüpfen (Abschnitte 2 und 3). In einem nächsten Schritt werden die forschungsleitenden Fragen, an denen sich die Analysen orientieren, formuliert (Abschnitt 4). Nach einer Beschreibung des Datensatzes (Abschnitt 5) wird das hier verwendete Auswertungsverfahren, die Latent Class Cluster Analyse, erläutert (Abschnitt 6) und Ergebnisse unserer Analysen präsentiert (Abschnitt 7). Hierbei werden zunächst mittels Hauptkomponentenanalysen Faktoren gebildet, die anschließend in ein Mischverteilungsmodell Eingang finden. Der Aufsatz schließt mit einer Diskussion der Ergebnisse.

2 Studienfachkultur als Folge selektiver Studienfachwahl und universitärer Sozialisation

Der französische Soziologe Pierre Bourdieu untersuchte bereits in seinen frühen Schriften die soziale Ungleichheit im französischen Bildungssystem (Bourdieu und Passeron 1971). Verschiedene Studienfächer weisen demnach deutliche Unterschiede in ihrer gesellschaftlichen Reputation auf, sodass sie in eine hierarchische Reihenfolge gebracht werden können. Als Folge der Unterschiede in der Reputation und Tradition der einzelnen Fächer lässt sich außerdem empirisch feststellen, dass sich die Studienrichtungen hinsichtlich ihrer Zusammensetzung der Studierenden unterscheiden. Bourdieu und Passeron (1971) zeigen, dass die soziale Herkunft eine zentrale Rolle bei der Wahl des Studienfachs spielt. Studienfächer, wie etwa Medizin oder Jura, die auf eine lange Fachtradition zurückblicken können und deren Absolventen in der Gesellschaft einen hohen sozialen Stellenwert genießen, rekrutieren den größten Anteil an Akademikerkindern, und stehen somit in der Hierarchie der Fächer an erster Stelle. Sozial- und Geisteswissenschaften verfügen dahingegen über das niedrigste Prestige und weisen den höchsten Anteil an Studierenden aus den unteren Schichten auf (Bourdieu und Passeron 1971).

Dass dies nicht nur für das französische Bildungssystem gilt, wird von Köhler (1992) nachgewiesen, der ähnliche Ergebnisse für Deutschland replizieren kann. Bourdieu und Passeron (1971) erklären diesen Zusammenhang dadurch, dass sich herkunftsspezifische Effekte auch in den Universitäten durchschlagen und so die soziale Ungleichheit verstärken.

In der Hochschulforschung ist, insbesondere zu Beginn der 90er Jahre des letzten Jahrhunderts, die Frage diskutiert worden, ob die Wahl des Studienfaches, wie Bourdieu dies unterstellt, Ausfluss der Reproduktionsbemühungen unterschiedlicher Klassenfraktionen ist (Apel 1989; Preißer 1990), oder ob hier vorwiegend die persönliche Neigung zum Tragen kommt, die relativ unabhängig vom sozialen Schichtungssystem ist (Windolf 1992).

Windolf (1992) fand lediglich geringe Effekte der sozialen Herkunft auf die Studienfachwahl. In seiner Untersuchung wurden im Rahmen von logistischen Regressionen bei Kontrolle von fachkulturellen Motiven, der Art des Schulabschlusses, der Schulnoten und des Geschlechts nur geringe Effekte der sozialen Herkunft auf die Entscheidung für ein spezifisches Fach gefunden, allerdings waren die untersuchten Studienmotive ein bedeutsamer Faktor für die Entscheidung. Als Motive, ein Studium zu beginnen, werden drei zentrale Gründe angeführt: (a) Intrinsische Motive zeigen sich durch ein originäres Fachinteresse und den damit verbundenen Fragestellungen. (b) Extrinsisch motivierte Studierende richten sich auf spätere Karriere- und Verdienstmöglichkeiten aus. (c) Soziale Motive orientieren sich an der Maxime, anderen Menschen helfen und die Gesellschaft verändern zu wollen. Georg (2005) fand für die Zeit zwischen 1985 und 2004 im Rahmen von multinomialen Logitmodellen beim Vergleich der sozialen Herkunft und der Motive der Fachwahl einen etwa 10-mal stärkeren Effekt der Studienmotive.

Ausgehend von den empirischen Befunden und theoretischen Folgerungen von Bourdieu und Passeron (1971) entwickelte sich in Deutschland seit den 1980er Jahren das Konzept der „Studienfachkultur" (Apel 1989; Huber et al. 1983; Preißer 1990). Die zentrale These dieser Forschungsrichtung besteht darin, dass sich Studienfächer bzw. –fachrichtungen nicht nur durch ihr spezifisches Fachwissen unterscheiden, sondern auch verschiedene Lebensstile und fachspezifische Habitus vermitteln. In empirischen Vergleichen von verschiedenen Fächern konnten Unterschiede in alltagsästhetischen Präferenzen (Apel 1989) und Wertorientierungen (Multrus 2004; Windolf 1992) von Studierenden nachgewiesen werden.

3 Studentische Lebensstile und soziale Herkunft

Der Begriff des Lebensstils erlebte in der Soziologie einen ersten Höhepunkt zu Beginn des 20. Jahrhunderts. Zu nennen ist hier zunächst Thorstein Veblen (1991 [1899]), der den Lebensstil der Mußeklasse (*leisure class*) untersuchte und zwischen demonstrativer Muße (*conspicuous leisure*) in Form von Zeitverschwendung und demonstrativem Konsum (*conspicuous consumption*) auf der Ebene von teuren, aber zweckfreien Gütern unterschied. Georg Simmel (1977 [1900]) beschrieb den „Stil des Lebens" der Moderne, indem er auf eine zunehmende Entfremdung zwischen der „objektiven Kultur" (dem Universum der

Wissensbestände und Artefakte) und der „subjektiven Kultur", dem Modus der jeweiligen subjektbezogenen Aneignung hinwies. Bei Max Weber (1997 [1922]) schließlich findet sich die Unterscheidung von (sozio-ökonomischer) Klasse und (sozio-kulturellem) Stand, auf die Bourdieu sich explizit in der Differenzierung zwischen dem Raum der sozialen Positionen und dem Raum der Lebensstile bezieht (Bourdieu 1982: 12).

In enger Verbindung zum Begriff des Lebensstils steht das von Bourdieu entwickelte Konzept des Habitus. Dieser beschreibt gewisse Handlungsdispositionen, welche in der frühen Sozialisationsphase durch Eltern und das soziale Umfeld vermittelt werden. In späteren Lebensphasen steuert dieser Habitus die Handlungen, die als Reaktion auf neue Situationen hervorgebracht werden (Bourdieu 1982: 277). Dem bewussten Zugang und der aktiven Kontrolle bleibt er allerdings weitgehend verborgen. Der passende Habitus, den man am Lebensstil seines Trägers erkennt, ist das entscheidende Kriterium für soziale Inklusion. Da der Habitus in der frühen Phase der menschlichen Entwicklung geformt wird, drückt er vor allem die soziale Herkunft des Trägers aus, weshalb auch häufig von Klassenhabitus gesprochen wird. In einigen Studien konnte ein Effekt des durch die Herkunftsfamilie vermittelten kulturellen Kapitals auf den Erfolg im Bildungssystem nachgewiesen werden (De Graaf et al. 2000; De Graaf 1986; DiMaggio 1982; Georg 2004). Studierende aus oberen Schichten verfügen über eine bessere habituelle Passung zwischen Herkunfts- und Fachkultur (Zinnecker 1989) und haben so einen kompetitiven Vorteil.

Die verschiedenen Klassen, nach Bourdieu sind es drei, und Klassenfraktionen pflegen also unterschiedliche Lebensstile: Während sich die kulturelle Kapitalfraktion der herrschenden Klasse durch einen hochkulturellen Geschmack und Lebensstil auszeichnet, was sich im Besuch von Theaterveranstaltungen, Ausstellungen und Opern ausdrückt, führt die mittlere Klasse einen Lebensstil, der ersteren imitiert, während in der unteren Klasse der Gefallen an trivialem Vergnügen, in Form von Volksfesten und Sportveranstaltungen im Vordergrund steht.

Insofern müssten sich Studierende unterschiedlicher sozialer Herkunft hinsichtlich ihres Geschmacks unterscheiden. Diejenigen, deren Eltern aus der kulturellen Fraktion der herrschenden Klasse kommen, führen demnach einen Lebensstil, der sich an hochkulturellen Aktivitäten und Maßstäben orientiert. Solche Studierende wiederum, deren Eltern aus der unteren Klasse stammen, weisen zwar ein ähnliches Bildungsniveau und Fachwissen auf, orientieren sich in Geschmacksfragen aber an anderen Maßstäben. Der Grund dafür liegt nach Bourdieu in der Trägheit des Habitus (Hysteresis). Er passt sich nur langsam an veränderte Lebensbedingungen an und spiegelt so immer ein Stück Vergangenheit wider.

Ob die Klassenlage und der Lebensstil in dieser Weise verknüpft sind, wird insbesondere in Becks Individualisierungsthese (1986) angezweifelt. Er geht von einer Entkopplung dieser Beziehung zwischen den ökonomischen Strukturen und den subjektiven Vorlieben aus. Prüfbar wird diese These, wenn man die strukturellen Variablen mit Gruppierungen nach Lebensstilen vergleicht. Schulze (1992) wies in einer Studie für das Deutschland der 1980er Jahre nach, dass die Alltagsästhetik stärker durch die Faktoren *Bildung* und *Alter* als durch den *Beruf* und das *Einkommen* bestimmt wird. Andere Studien können die Schlüsse aus der Individualisierungsthese nicht oder nur partiell empirisch nachweisen (Müller 1997; Schnell und Kohler 1995).

US-amerikanische Studien machen eine Veränderung sozialer Abgrenzungsprozesse innerhalb der bildungsnahen Personengruppen aus. Bryson (1996) und Peterson und Kern (1996) zeigen anhand des Musikgeschmacks, dass hoch gebildete Gruppen zunehmend Geschmackselemente bildungsfernerer Schichten vereinnahmen, während es umgekehrt den bildungsfernen Schichten nicht gelingt, die Kultur bildungsnaher Schichten zu adaptieren. Während also nach Bourdieus Theorie der hochkulturelle Geschmack sich von dem trivialen Geschmack der unteren Klasse abgrenzt (Distinktion), kann in den letzten Jahren festgestellt werden, dass das Selbstverwirklichungsmilieu den Übergang zum „kulturellen Allesfresser" vollzieht (Hartmann 1999). Zahlreiche amerikanische Studien können diesen Zusammenhang nicht nur für den Musikgeschmack, sondern auch für Freizeitaktivitäten nachweisen (Holbrook et al. 2002; Sullivan und Katz-Gerro 2007).

Die Studierenden gehören diesem Selbstverwirklichungsmilieu an. Diesen Annahmen zufolge wird es keine Studierenden geben, die ausschließlich Hochkultur konsumieren, sondern vielmehr unterschiedliche, teilweise gegensätzliche Interessen und Vorlieben aus allen Bereichen der Kultur miteinander verbinden. Darüber hinaus wird postuliert, dass es keinen Zusammenhang zwischen dem praktizierten Lebensstil und der sozialen Herkunft gibt, da allein die persönliche Bildung und das Alter als stilbildend betrachtet werden.

Engler (1993; 2005) untersucht den Einfluss des Geschlechts auf studentische Lebensstile. Sie kommt zu dem Ergebnis, dass jene Lebensstilmerkmale, die sich auf die studentische Wohnkultur beziehen, hauptsächlich durch die Studienfachzugehörigkeit differenziert werden. Bei Lebensstilmerkmalen, die Bezug zum Körper aufweisen, wie Kleidung und Ernährung, wirkt das Geschlecht als dominantes Differenzierungskriterium. Diese Unterschiede lassen sich weder durch die unterschiedlichen späteren Berufspositionen, noch durch die soziale Herkunft erklären. Sie deuten vielmehr auf verinnerlichte Dispositionen hin, die im Zusammenhang mit dem Geschlecht stehen (Engler 2005).

4 Forschungsleitende Fragen

Im Vordergrund dieses Beitrags stehen vier Fragen, die sich auf verschiedene Bereiche des studentischen Lebens beziehen. Da die angewendeten Analyseverfahren explorative Methoden zur Datenstrukturierung sind, werden nicht in klassischer Weise kausale Hypothesen formuliert. Vielmehr stellen wir forschungsleitende Fragen, die durch die einzelnen Auswertungsschritte beantwortet werden.

Welche Dimensionen in Geschmack, Freizeitgestaltung und Motivation lassen sich bei den Studierenden feststellen?

In der Befragung wurden verschiedene Itembatterien zu den Themen Musik-, Einrichtungs- und Kleidungsgeschmack, zur Freizeitgestaltung und der Wichtigkeit verschiedener Motive für ein Studium formuliert. Die Annahme besteht, dass diese direkt abgefragten Items auf latente Variablen verweisen. Um die Daten zu strukturieren, werden deshalb Faktoren für die verschiedenen Lebensbereiche ermittelt und etikettiert.

Welche typischen studentischen Lebensstile gibt es?

Die aus den Faktoranalysen gewonnenen Dimensionen von Geschmacks- und Freizeitgestaltung sowie Studienmotiven bilden in ihrer Kombination einen bestimmten Lebensstil. Als typische Varianten wären nach Bourdieu verschiedene Gruppierungen zu erwarten. Beispielsweise könnte es eine Gruppe Studierender mit ausschließlich hochkulturellen Interessen geben, die sich in einem anspruchsvollen Musikgeschmack und entsprechenden Freizeitaktivitäten äußern. Diese sollten wiederum in starker Abgrenzung zu trivialen Kulturprodukten stehen: Eine Person, die klassische Musik hört und häufig ins Theater geht, lehnt vermutlich deutsche Schlager und Kneipentouren ab.

Die alternative Position von Bryson (1996) würde zu anderen Lebensstilclustern kommen. Da sich die gebildete Schicht nicht von Trivialschemata fernhält, ist vielmehr zu erwarten, dass es generell kulturell aktive Gruppen gibt und andere Gruppen, die nur über eingeschränkte ästhetische Präferenzen verfügen.

Ist der Lebensstil durch die soziale Herkunft geprägt?

Bourdieu folgend spiegelt der Lebensstil den Klassenhabitus wider. Deshalb müsste es unterschiedliche Lebensstile in verschiedenen Klassenfraktionen geben. Die alternative Annahme nach Schulze (1992) besteht darin, dass der Lebensstil die Bildung und Altersstruktur des Milieus widerspiegelt. Insofern sind hier keine berufsbezogenen Effekte der sozialen Herkunft auf die ästhetischen Präferenzen zu erwarten.

Studentische Fachkulturen und Lebensstile 355

Gibt es distinkte studentische Lebensstile zwischen verschiedenen Fachrichtungen? Den theoretischen Überlegungen von Bourdieu zu Folge ist der Lebensstil Ausdruck eines bestimmten Habitus, der durch die soziale Herkunft geprägt ist. Außerdem wird das Studienfach nicht frei gewählt, sondern knüpft an die Reproduktionsstrategien der Herkunftsfamilie an (Bourdieu und Passeron 1971). Insbesondere die Kinder aus oberen Schichten werden also ein Fach wie Jura studieren, die unteren Schichten eher in den Sozialwissenschaften zu finden sein. Insofern wäre zu erwarten, dass sich bestimmte Lebensstile in den verschiedenen Fachgruppen besonders häufig finden.

5 Datenbasis

Die Datenbasis, die unseren Berechnungen zu Grunde liegt, ist eine Online-Befragung, die im Sommersemester 2007 an der Universität Konstanz durchgeführt wurde. Der Fragebogen wurde im Rahmen eines Projektseminars zu studentischen Fachkulturen von den Teilnehmerinnen und Teilnehmern in weiten Teilen selbst entwickelt. Der inhaltliche Schwerpunkt bei der Entwicklung des Fragebogens lag auf Geschmacks- und Lebensstilkomponenten die aus Theorien der Lebensstilforschung abgeleitet wurden, sowie einigen soziodemographischen Merkmalen und Herkunftsvariablen. Für diese Onlinebefragung wurden Studierende der Fachbereiche Rechtswissenschaft, Soziologie und Naturwissenschaften (Chemie und Physik) per E-Mail kontaktiert. Da jedem Studierenden zu Beginn seines Studiums eine E-Mail-Adresse der Hochschule eingerichtet wird, wurde diese zur Kontaktaufnahme verwendet. Die Versendung der E-Mails konnte so auf die Personen eingeschränkt werden, die zu diesem Zeitpunkt in den jeweiligen Fachbereichen immatrikuliert waren. Personen, deren Universitäts-Account inaktiv war, konnten nicht erreicht werden. Die Respondenten wurden in einem elektronischen Anschreiben über die Inhalte der Befragung und den Verwendungszweck der Daten informiert und per Link zum Fragebogen weitergeleitet, wobei über ein individuelles Passwort sichergestellt war, dass nur jeweils einmal teilgenommen werden konnte. Bereits in diesem Anschreiben wurde darauf hingewiesen, dass unter allen Teilnehmern ein iPod verlost wird. Zwischen der E-Mail-Versendung und dem Erhalt der auswertbaren Daten lagen ca. zwei Wochen, wobei die meisten Studierenden innerhalb weniger Tage den Fragebogen ausfüllten. Ein Reminder wurde nach einer Woche verschickt, worauf sich der Rücklauf nochmals erheblich erhöhte. Bei einer Rücklaufquote von 21%[1] ergibt

---

1 Die Berechnung basiert auf den offiziellen Immatrikulierungen (Universität Konstanz 2007), über die tatsächlich erreichten Studierenden kann keine Aussage getroffen werden.

sich ein Datensatz mit 530 Fällen, 165 Jurastudierende, 179 Soziologiestudierende und 186 Physik- bzw. Chemiestudierende. Während die Netto-Rücklaufquote bei Naturwissenschaftlern und Soziologen mit 31% bzw. 33% zufriedenstellend war, betrug sie bei Juristen lediglich 12%. Geschlecht und Alter der immatrikulierten Studierenden entsprechen jedoch in etwa den Gruppenmittelwerten des Samples. Die für die Analysen herangezogenen Items sind fast vollständig von den Befragten beantwortet worden. Lediglich die Frage nach dem Berufsstatus der Eltern erwies sich als schwierig zu beantworten, da eine komplexe Fragenbatterie verwendet wurde. Daher haben wir hier eine erhebliche Anzahl an fehlenden Werten (86), was bei der Interpretation der Ergebnisse bezüglich dieser Variablen berücksichtigt werden muss. Ansonsten waren fehlende Werte nicht problematisch.

6 Latent-Class-Cluster Analyse

Für die Zuordnung von Objekten zu Gruppen werden häufig Clusteranalysen benutzt (Bacher 1994; Eckes und Rossbach 1980). Der Nachteil bei den meisten implementierten Algorithmen kann darin gesehen werden, dass es sich hierbei eher um heuristische Sortierroutinen handelt, als um ein explizites statistisches Modell. So sind bei diesen Verfahren eine Reihe von Entscheidungen zu treffen, die sich nicht modelltheoretisch begründen lassen und trotzdem zu unterschiedlichen Ergebnissen führen können. Zunächst muss ein Ähnlichkeits- oder Distanzmaß ausgewählt werden (so stehen beispielsweise im Programm CLUSTAN insgesamt 40 Ähnlichkeitsmaße zur Verfügung), das auf einer spezifischen Metrik (etwa City-Block Metrik, (quadrierte) euklidische Distanz, Minkowski Metrik) beruht (Bacher 1994: 198; Eckes & Rossbach 1980: 36f.). Sodann muss die Clustermethode im engeren Sinn selektiert werden (partitionierende Verfahren, hierarchisch-agglomerative Verfahren wie single linkage und complete linkage oder hierarchisch divisive Verfahren). Schließlich existieren auch keine befriedigenden Kriterien für eine eindeutige Auswahl der Clusteranzahl.

Insbesondere seit den 90er Jahren des 20. Jahrhunderts hat sich aufgrund der Zunahme an Rechnerkapazität eine Alternative zu den traditionellen Clusteranalysen entwickelt, die ursprünglich auf Lazarsfeld und Henry (1968) zurückgeht und unter den Bezeichnungen „profile analysis" (Muthen und Muthen 1998-2007: 119), „finite mixture model" (Vermunt und Magidson 2005a) oder „model-based clustering" (Fraley und Raftery 1998) in die Literatur Eingang fand. Diese Methode kann als eine Erweiterung der Latenten Klassenanalyse (LCA) auf kontinuierliche Daten angesehen werden und hat in ihrer allgemeinsten Form folgende Formulierung (Vermunt und Magidson 2002: 90):

$$f(y_i) = \sum_{x=1}^{K} P(x) f(y_i \mid x) \tag{1}$$

Hierbei repräsentiert y_i den Wert einer Person auf einer manifesten Variablen, K die Anzahl der latenten Klassen und $P(x)$ die Wahrscheinlichkeit, zu der latenten Klasse x zu gehören. Weiterhin wird hinsichtlich $f(y_i|x)$ angenommen, dass die manifesten Variablen einer klassenspezifischen multivariaten Normalverteilung folgen. Mit anderen Worten handelt es sich hier um ein probabilistisches Mischverteilungsmodell, in dem die Objekte mit unterschiedlicher Wahrscheinlichkeit den einzelnen Klassen angehören, die jeweils über eine eigene Wahrscheinlichkeitsdichtefunktion verfügen. Ein Vorteil von Mischverteilungsmodellen besteht darin, dass für die Auswahl der Klassenanzahl unterschiedliche inferenzstatistische und informationstheoretische Kriterien zur Verfügung stehen. In Simulationsstudien hat sich dabei das Bayesian Information Criterion (BIC) als bestes informationstheoretisches Maß für die Bestimmung der korrekten Klassenanzahl erwiesen (Nylund et al. 2007: 31; Roeder und Wasserman 1997):

$$\text{BIC} = -2 \log L + (\log N)\, \text{npar} \tag{2}$$

Das BIC wird folglich aus dem doppelt Negativen der Likelihoodfunktion, zu dem das Produkt aus dem Logarithmus der Stichprobengröße und der Anzahl der geschätzten Parameter addiert wird, berechnet (Bozdogan 1987). Der kleinste BIC-Wert zeigt jeweils die optimale Klassenanzahl an.

Das folgende Mischverteilungsmodell wurde mit dem Programm Latent GOLD, Version 4.0 (Vermunt und Magidson 2005a) berechnet. Bei der Extraktion der latenten Klassen wurde die Cluster-Struktur der Stichprobe (Juristen, Soziologen, Naturwissenschaftler) insofern berücksichtigt, als bei der Parameterschätzung die Samplegewichte im Rahmen einer Pseudo-Likelihoodschätzung eingingen und die Standardschätzfehler unter Verwendung eines Sandwich-Schätzers korrigiert wurden (Vermunt und Magidson 2005b: 97). Fehlende Werte wurden nach dem von Little und Rubin (1987) vorgeschlagenen EM-Algorithmus imputiert. Bei der Interpretation der Effekte des multinomialen logistischen Modells ist zu berücksichtigen, dass keine Dummy-, sondern eine Effektkodierung der abhängigen Variablen vorliegt, d. h., die einzelnen Koeffizienten nicht mit einer Kategorie verglichen werden, sondern mit dem (geometrischen) Mittelwert aller Kategorien und folglich als Abweichung von diesem Mittelwert aufgefasst werden müssen; eine weitere Folge dieser Kodierung ist, dass sich alle Koeffizienten einer Kovariaten auf Null summieren.

7 Ergebnisse

7.1 Dimensionen von Geschmack, Freizeitverhalten und Studienmotivation

Zunächst werden die Ergebnisse der Faktorenanalysen präsentiert, die eine Antwort auf unsere erste Forschungsfrage nach den Geschmacks-, Freizeit- und Motivationsdimensionen liefern, wobei auf die Beschreibung der Methode aus Platzgründen verzichtet wird.[2]

Die Bereiche Studienmotivation, Kleidungs- und Wohnstil sind bereits in vorherigen Studien untersucht worden (Windolf 1992; Huber et al. 1983; Bourdieu 1982), weshalb wir uns bei der Bezeichnung der Faktoren an deren Terminologie orientiert haben. Die Bereiche Freizeitgestaltung und Musikstil gehen weitestgehend auf unsere eigene Terminologie zurück. Die Studienmotivation wurde, genauso wie die Variablen zu ästhetischen Präferenzen und Freizeitgestaltung, über eine Itembatterie erfragt, in der die Respondenten einzelne Aussagen oder Stile auf einer 4er Skala (1: trifft nicht zu; 4 trifft zu; bzw. 1: gefällt mir überhaupt nicht; 4: gefällt mir sehr gut) bewerten sollten. Bei der Festlegung der adäquaten Faktorenzahl wurde zumeist eine Entscheidung aufgrund des Scree-Plots, weniger jedoch unter Verwendung des Eigenwertkriteriums getroffen. Die Faktorlösungen wurden jeweils einer orthogonalen Varimax-Rotation unterzogen.

Studienmotivation, Kleidungs- und Wohnstil

In Bezug auf die Studienmotivation können drei verschiedene zentrale Motive unterschieden werden, die bereits aus vorherigen Studien (Windolf 1992) und den Analysen der Arbeitsgruppe Hochschulforschung (Georg 2005) bekannt sind (Tabelle 1). Eine *extrinsische Studienmotivation* besteht in den erwarteten Konsequenzen eines Studiums, wie dem Einkommen (0,85), der Arbeitsplatzsicherheit (0,80), dem sozialen Prestige (0,67) und einem bestimmten Beruf (0,67). Die Motivation speist sich also aus dem Nutzen, den das Studium für spätere Karrierepläne hat und weniger aus den Inhalten des Studienfaches. *Intrinsisch* motiviert sind hingegen Studierende, deren Interesse sich primär auf das Studienfach (0,78) und seine Wissensbestände bezieht. Hier steht die wissenschaftliche Ausbildung und nicht ein konkreter Karriereplan im Vordergrund. Die Entwicklung von Fähigkeiten und Interessen (0,73), den eigenen Horizont zu erweitern (0,71) und eine gute wissenschaftliche Ausbildung zu erhalten (0,59) sind für diese Studierenden wichtig. Darüber hinaus besteht ein Interesse, Gleichgesinnte kennen zu lernen (0,53). Die *sozial-traditionale* Verpflichtung als Motiv besteht

---

2   Eine Beschreibung des Verfahrens der Faktorenanalyse liefert Cooper (1983).

zum einen aus dem Bedürfnis, anderen Menschen helfen zu wollen (0,69), und zum anderen darin eine Familientradition fortzusetzen (0,50).

Tabelle 1: Faktoren und Faktorladungen der Hauptkomponentenanalyse für die Lebensstildimensionen Studienmotivation, Kleidungsstil und Wohnstil

Studienmotivation	Extrinsische Motivation	gutes Einkommen erzielen (0,85) sicherer Arbeitsplatz (0,80) festes Berufsziel erreichen (0,67) eine hohe gesellschaftliche Position erreichen (0,67)
	Intrinsische Motivation	Interesse für das Fach (0,78) Entwicklung von Fähigkeiten und Interessen (0,73) Horizont erweitern (0,71) gute wissenschaftliche Ausbildung (0,59) Gleichgesinnte kennenlernen (0,53)
	Sozial-traditionale Motivation	anderen Menschen helfen (0,69) Familientradition (0,50)
Kleidungsstil	Markenorientierung	Designerladen (0,79) Boutique (0,75) Kaufhaus (-0,63)
	Kreativ-improvisiert	Second Hand (0,80) Selbstgemacht (0,80)
	Versand	Internet (0,82) Versandhaus (0,74)
	Bekannte Modeketten	bekannte Modeketten (0,95)
Wohnungsstil	Gepflegt-stilvoll	Sauber und ordentlich (0,75) Komfortabel (0,73) Improvisiert-auszugsbereit (-0,52) Stilvoll (0,43)
	Praktisch-improvisiert	Praktisch-funktional (0,87) Improvisiert-auszugsbereit (0,56) Stilvoll (-0,43)
	Kreativ-harmonisch	Fantasievoll-individuell (0,87) Harmonisch (0,65)
	Nüchtern-klassisch	Klassisch (0,78) Nüchtern-diskret (0,72)

Im Bereich des alltagskulturell-gegenständlichen Geschmacks werden der Kleidungserwerb und der Wohnstil betrachtet, zwei Dimensionen des Lebensstils, welche schon durch Bourdieu (1982) beschrieben wurden, und an dessen Operationalisierung wir uns vor allem gehalten haben.

Tabelle 2: Faktoren und Faktorladungen der Hauptkomponentenanalyse für die Lebensstildimensionen Musikstil und Freizeitgestaltung

Musikstil	Varianten Rock	Metal (0,78) Punk (0,72) Gothic (0,68) Independent (0,66) Rock (0,61) Rap/RnB (-0,47)
	Kultivierte Vielfalt	Jazz/Blues/Swing (0,77), Lateinamerikanisch (0,72) Klassik (0,63) Weltmusik (0,59)
	Trivialmusik	Oldies (0,72) Pop (0,59) Country (0,52) Schlager (0,51)
	Techno	Trance/House (0,88) Elektronisch (0,81)
Freizeitgestaltung	Hochkultur	Konzerte (klassisch) besuchen (0,74) Museen (0,74) Theater (0,73) Ausstellungen und Galeriebesuche (0,72) klassische Musik hören (0,69) Yoga (0,48) anspruchsvolle Lektüren (0,42)
	Sozialkontakte und Musik	mit Freunden ausgehen (0,75) Konzerte (Rock/Pop) besuchen (0,63) Rock/Pop-Musik hören (0,55) Tanzen gehen (0,54) Besuch empfangen (0,45)
	Entspannung und Konsum	Shopping (0,61) TV (Informations-, Unterhaltungssendungen) (0,53/0,63) Instrument spielen (-0,51) Essen gehen (0,48)

Während der erste Faktor *(Markenorientierung)* einen kostspieligen Geschmack (Designerladen 0,79 und Boutique 0,75) repräsentiert, der sich stark von dem Gewöhnlichen abgrenzt (Kaufhaus -0,63), repräsentiert der zweite Faktor *(Kreativ-improvisiert)* eher die alternative und kostengünstigere Orientierung, die

Kreativität (Second Hand 0,80) und eigene Arbeit fordert (Selbstgemacht 0,80). Der dritte Faktor *Versand* birgt hingegen die bequemere Variante des Einkaufs „von zu Hause" aus und bezieht sich auf Bestellungen bei Versandhäusern (0,74) oder aus dem Internet (0,82). Das Item *Bekannte Modeketten* bildet den letzten Faktor und repräsentiert den konventionellen und kostengünstigen Kleidungserwerb.

Der Wohnstil zielt auf die Kriterien bei der Einrichtung der Wohnung oder des Zimmers ab. Der Wohnstil *Gepflegt-stilvoll* zeichnet sich dadurch aus, dass Sauberkeit und Ordnung (0,75) eine Grundvoraussetzung bilden, die Einrichtungsgegenstände selbst komfortabel (0,73) und gleichzeitig stilvoll (0,43) sind, wobei improvisiertes und „auszugbereites" wohnen abgelehnt werden (-0,52). Diese Attribute beschreiben allerdings den nächsten Wohnstil (*Praktisch-improvisiert*) sehr gut (0,56), wobei er darüber hinaus auf eine praktisch-funktionale Einrichtung (0,87), die nicht stilvoll sein muss (-0,43), rekurriert. Beim Wohnstil *Kreativ-harmonisch* steht das Wohlfühlen in den eigenen vier Wänden im Vordergrund, weshalb hier harmonische (0,65), fantasievolle und individuelle (0,87) Komponenten im Mittelpunkt stehen. Einen Gegenpol dazu bildet der vierte Faktor (*Nüchtern-klassisch*), der einen distanzierten und weniger emotionalen Wohnstil beschreibt und sich durch nüchtern-diskrete (0,72) und klassische Einrichtung (0,78) auszeichnet.

Musikstil und Freizeitgestaltung

Tabelle 2 zeigt die Faktorlösungen für die Lebensstildimensionen Musikstil und Freizeitgestaltung. Der Faktor *Varianten Rock* umfasst alle Musikrichtungen, die durch die Instrumente Gitarre und Schlagzeug geprägt sind, wobei hier insbesondere antikonventionelle Musikrichtungen wie Metal (0,78), Gothic (0,68) und Punk (0,72) am stärksten laden. Dieser Faktor grenzt sich insbesondere von den Stilen Rap und R&B ab (-0,47). Der Faktor *Kultivierte Vielfalt* beinhaltet anspruchsvollere klassische Musik (0,63) und Varianten von Jazz, Blues und Swing (0,77) sowie Stile, die durch unterschiedliche kulturelle Einflüsse wie Weltmusik (0,72) und Lateinamerikanische Musik (0,72) geprägt sind.

Im Gegensatz dazu finden sich konventionelle Popmusik (0,59) sowie einfache Melodien in Form von Schlagern (0,51), Country (0,52) und Oldies (0,72) im dritten Musikstil *Trivial*. Der letzte Faktor *Techno* fasst mit Trance/House (0,88) und Elektronisch (0,81) die Musikrichtungen zusammen, die mit Computern erzeugt werden.

Die Freizeitgestaltung von Studierenden lässt sich durch drei Faktoren abbilden. Der Faktor *Hochkultur* repräsentiert anspruchsvolle Freizeitbeschäftigungen wie Museums- oder Theaterbesuche (0,74 und 0,73), Konsum von klassischer Musik (0,69) und anspruchsvoller Lektüre (0,42) sowie das Beschäftigen mit Körpererfahrungstechniken wie Yoga (0,48). Darüber hinaus werden Ausstellungen und Galerien (0,72) sowie klassische Konzerte (0,74) besucht.

Im Gegensatz dazu lädt Faktor *Sozialkontakte und Musik* auf jugendkulturelle Aktivitäten wie Freunde treffen (0,75), Besuch empfangen (0,45), Rock/PopMusik hören (0,55), Konzerte dieser Musikrichtung besuchen (0,63), sowie Tanzen gehen (0,54). Während diese beiden Faktoren hauptsächlich aktive Freizeitgestaltung in sich binden, ist der letzte Faktor (*Entspannung und Konsum*) einerseits durch passiven Konsum von TV-Sendungen aus dem Informations- und Unterhaltungsbereich (0,53 und 0,63) und andererseits durch Konsumverhalten in Form von Shopping (0,61) und Essen gehen (0,48) geprägt. Kreative Tätigkeiten wie ein Instrument zu spielen (-0,51) sind in der Freizeit nicht eingeplant.

7.2 Beschreibung der Lebensstilgruppen

Die aus der Faktorenanalyse erhaltenen Faktorwerte dienen als Grundlage des Mischverteilungsmodells, in dem die Reduktion der Daten analog zur Clusteranalyse auf Fallebene stattfindet. Dieser Auswertungsschritt dient dazu, die zweite Forschungsfrage nach den typischen studentischen Lebensstilen zu beantworten. Da es sich um eine explorative Methode handelt, muss im ersten Schritt, wie oben beschrieben, die passende Anzahl der zu extrahierenden Klassen ermittelt werden. Diese Entscheidung erfolgt aufgrund des BIC-Wertes. Nach dessen Maßgabe ist eine 4-Cluster-Lösung für die Repräsentation der Daten am angemessensten.[3]

Im Folgenden werden die einzelnen latenten Cluster, die in Tabelle 3 dargestellt sind, näher beschrieben. Da es sich bei Faktorwerten um z-transformierte Variablen handelt, geben die Mittelwerte die Abweichung vom auf 0 standardisierten Gesamtmittelwert in Standardeinheiten wieder. Das bedeutet, dass die Werte zwischen den Clustern verglichen werden können, wobei negative Werte eine überdurchschnittliche Ablehnung des jeweiligen Faktors bedeutet, positive Werte stellen eine überdurchschnittliche Zustimmung dar.

Cluster 1: *Antikonventionelles Moratorium* (31% der Stichprobe)

Deutlich wird bei dieser Gruppe eine Tendenz zu, teilweise subkulturell verankerten, Varianten von (harter) Rockmusik (0,43), eine Reduzierung der Wohnungseinrichtung auf rein praktisch-funktionale Elemente (0,39), den Kauf der Kleidung in Second Hand-Läden oder zum Selbst-Schneidern (0,31) sowie eine, am Fach und an der Wissenschaft orientierte, intrinsische Studienmotivati-

---

3 Clusterzahl (BIC-Wert): 1 (26.417), 2 (26.087), 3 (25.976), **4 (25.952)**, 5 (26.043)

on (0,24). Die Distinktionsrichtung dieser Fachkultur bezieht sich dabei auf alles Konventionell-Etablierte und „oberflächlich" Konsumorientierte: der Kauf der Kleidung bei bekannten Modeketten (-0,66) wird ebenso abgelehnt wie der Besuch von Designerläden und Boutiquen (-0,25), ein an Konsum und Entspannung orientiertes Freizeitverhalten oder eine gepflegte und stilvolle Wohnung (-0,46).

Eine Abgrenzung findet auch von Studierenden statt, die sich nur an Einkommen und Karriere orientieren (*extrinsische Studienmotivation* -0,39) oder vom Konsum einfacher, eingängiger Musik (Country, Pop, Schlager und Oldies - 0,31). Damit verdeutlicht diese Gruppe eine Nähe zu einer entpflichteten Protestkultur unter Ablehnung etablierter-konsumorientierter Fachkulturen.

Cluster 2: *Kreative Kultiviertheit* (26% der Stichprobe)

Dominant ist bei dieser Fachkultur eine Präferenz für preiswerte, aber trendbewusste Kleidung (*Bekannte Modeketten* 0,66; *Kreativ-improvisiert* 0,55), eine harmonische, phantasievoll-individuelle Wohnung (0,65) und ein an Sozialkontakten und Musikkonsum (0,42) sowie Entspannung und Konsum (0,32) orientiertes Freizeitverhalten. Eine Tendenz zu kulturellen und sozialen Belangen lässt sich zudem im Musikgeschmack (*Kultivierte Vielfalt* 0,34), dem Freizeitverhalten (*Hochkultur* 0,31) sowie der Studienmotivation (*Sozial-traditional* 0,22) feststellen. Auf Ablehnung stoßen in dieser Klasse sowohl eine extrinsische Studienmotivation (-0,33) als auch eine nur praktische (-0,26) oder nüchterne (-0,24) Wohnungseinrichtung. Die Grundthemen, die in diesem Lebensstil anklingen, bewegen sich somit im Bereich von Stilbewusstsein, Kreativität und kulturell-sozialer Orientierung.

Cluster 3: *Kulturdistanzierte Materialisten* (25% der Stichprobe)

„Ich will ein gutes Einkommen, einen sicheren Arbeitsplatz und einen hohen sozialen Status", auf diesen Kern lässt sich die Philosophie dieser Gruppe reduzieren. Dabei besitzen die Studierenden in dieser Klasse eine ausgeprägte Distanz zu kulturellen Interessen in ihrer Freizeit (*Hochkultur* -0,86) und im musikalischen Bereich (*kulturelle Vielfalt* -0,68). Zudem wird Kreativität im Wohnbereich (-0,39) und bezüglich der Kleidung (*Kreativ-Improvisiert* -0,57) deutlich abgelehnt. Sowohl eine fachbezogene als auch eine soziale Motivation ihres Studiums liegt den kulturdistanzierten Materialisten fern (-0,25 bzw. -0,33); ebenso werden eine nüchtern-klassische Wohnungseinrichtung (-0,33) und unterschiedliche Varianten von Rockmusik (-0,30) mit Skepsis betrachtet. Zusammenfassend lässt sich die Stoßrichtung dieser Fachkultur als materialistischer Zugang zum Studium, unter gleichzeitiger Distanz zu kulturellen und kreativen Interessen beschreiben.

Tabelle 3: Profil der 4 Cluster-Lösung der Latent Class Cluster Analyse: Mittelwerte der Indikatoren

		Cluster 1	Cluster 2	Cluster 3	Cluster 4
	Anteil	0,31	0,26	0,25	0,19
Studien-motivation	Extrinsische Motivation	-0,39	-0,33	0,35	0,68
	Intrinsische Motivation	0,24	0,11	-0,25	-0,21
	Soziale-Traditional Motivation	-0,14	0,22	-0,33	0,35
Kleidungsstil	Markenorientierung	-0,25	-0,16	-0,15	0,81
	Kreativ-improvisiert	0,31	0,55	-0,57	-0,53
	Versand	0,06	0,10	0,15	-0,43
	Bekannte Modeketten	-0,66	0,66	0,21	-0,14
Wohnungs-stil	Gepflegt-stilvoll	-0,46	0,07	0,26	0,34
	Praktisch-improvisiert	0,39	-0,26	-0,03	-0,26
	Kreativ-harmonisch	-0,12	0,65	-0,39	-0,16
	Nüchtern-klassisch	-0,01	-0,24	-0,33	0,74
Freizeit	Hochkultur	-0,01	0,31	-0,86	0,73
	Sozialkontakt und Musik	-0,18	0,42	-0,15	-0,11
	Entspannung und Konsum	-0,58	0,32	0,21	0,28
Musik-geschmack	Rockvarianten	0,43	0,06	-0,30	-0,38
	Kultivierte Vielfalt	0,07	0,34	-0,68	0,34
	Trivialmusik	-0,31	0,09	0,15	0,18
	Techno*	-0,05	-0,15	-0,02	0,33

Angegeben sind die Abweichungen der Indikatorenmittelwerte vom Gesamtmittelwert; Indikatoren sind z-standardisiert.
*: Wald Test für Mittelwertunterschiede nicht signifikant (p>0,05)
Cluster 1: Antikonventionelles Moratorium
Cluster 2: Kreative Kultiviertheit
Cluster 3: Kulturdistanzierte Materialisten
Cluster 4: Karriere, Prestige und Hochkultur

Cluster 4: *Karriere, Prestige und Hochkultur* (19% der Stichprobe)
Die Propagandisten dieses Lebensstils legen besonders Wert auf den Kleiderkauf in Designerläden und Boutiquen (0,81), eine nüchtern-diskrete und klassische (0,74) oder gepflegt-stilvolle Wohnung (0,34) sowie hochkulturelle Freizeitaktivitäten wie anspruchsvolle Lektüre und den Besuch von Ausstellungen und Galerien, klassischen Konzerten, Theatern und Museen (0,72). Ihre Stu-

dienmotivation bezieht sich auf die Karriere (*extrinsisch* 0,68) und die Fortführung einer Familientradition bzw. soziale Motive (0,35). Im Bereich der musikalischen Interessen dominieren kultivierte Vielfalt (0,34) und unterschiedliche Varianten von Techno (0,33). Die Distinktionsrichtung dieser Gruppe ist vorwiegend im Bereich der Kleidung angesiedelt: sowohl der Kauf in Second Hand-Läden (-0,53) als auch im Versandhandel (-0,43) sind verpönt; ebenso werden teils subkulturell orientierte Varianten von Rockmusik abgelehnt (-0,38). Der lebensweltliche Kern dieses Lebensstils zielt auf beruflichen Erfolg und Karriere, die Übereinstimmung mit legitimen Lebensstildimensionen der Modalkultur (insbesondere im Bereich von Freizeit, Kleidung und Wohnung), sowie die Aneignung von symbolischem Kapital in Form von Prestige.

Betrachtet man die vier Fachkulturen im Profilvergleich, so fällt auf, dass insbesondere die Beteiligung an hochkulturellen Freizeitaktivitäten, das Kaufen der Kleidung bei Modeketten oder im Second-Hand Laden, eine extrinsische Studienmotivation, eine Präferenz für kultivierte Vielfalt im Musikbereich und für Konsum und Unterhaltung in der Freizeit zwischen den Merkmalsprofilen unterscheiden.

Vor dem Hintergrund der bourdieuschen Habitusfiguren (Bourdieu 1982: 212 ff.) stehen die Fachkultur des *antikonventionellen Moratoriums* und *Karriere, Prestige und Hochkultur* insofern in einem Distinktionsverhältnis, als sich erstere auf den heterodoxen Lebensstil des „asketischen Aristokratismus" (Bourdieu 1982) der kulturellen Kapitalfraktion der herrschenden Klasse bezieht, während letztere deutlich den orthodoxen, an legitimen Kulturgütern orientierten Geschmack der ökonomischen Fraktion repliziert.

7.3 Einfluss der sozialen Herkunft und des Studienfachs

Die letzten beiden von uns formulierten forschungsleitenden Fragen nach dem Einfluss der sozialen Herkunft und der Fachzugehörigkeit werden in diesem Abschnitt beantwortet. Nach Bourdieu würde man erwarten, dass sowohl der familiäre Hintergrund, als auch das Studienfach prägend auf den Lebensstil wirken. Um diese Annahme zu testen, wurde im Rahmen des oben beschriebenen Modells der Einfluss verschiedener Kovariaten auf die latenten Klassen geschätzt. Im Rahmen der Latent Class Cluster Analyse geschieht dies nicht in der Weise, dass erst die Klassen gebildet werden und dann als abhängiges Merkmal für eine multinomiale Regression dienen. Die klassenspezifische Verteilungsfunktion wird stattdessen, gegeben die Kovariaten, als *bedingte Verteilung* geschätzt; insofern ändert sich auch das klassenspezifische Messmodell, wenn Prädiktoren hinzugefügt oder entfernt werden. Um die fachlichen und sozialstrukturellen Kontexte der latenten Klassen vorherzusagen, wurden folgende Merkmale als Kovariaten verwendet:

- der Berufsstatus des Vaters nach einer von Hoffmeyer-Zlotnik (1993) entwickelten fünf-stufigen Skala (1 = un- und angelernte Arbeiter – 5 = leitende Angestellte und selbständige Akademiker)
- die Tatsache, ob mindestens ein Elternteil einen Hochschulabschluss hat (Hochschulabschluss = 1)
- die Anzahl der Bücher im elterlichen Haushalt als Proxy für das objektivierte Kulturkapital der Familie (logarithmiert)
- die Fachzugehörigkeit (Referenzgruppe: Jura)
- das Geschlecht (weiblich = 1).

Neben dem Berufsstatus wurden also Maße für das kulturelle Kapital, die Fachzugehörigkeit und das Geschlecht aufgenommen. Letzteres, weil Geschlecht allgemein als wichtige Determinante für den Lebensstil gilt (Engler 1993, 2005, s.o.). Die Ergebnisse sind in Tabelle 4 dargestellt.

Tabelle 4: Multinomiale logistische Regression

Kovariaten	Cluster 1	Cluster 2	Cluster 3	Cluster 4
Berufsstatus Vater	0,16	-0,13	-0,04	0,02
Hochschulabschluss	-0,24	0,27	-0,25*	0,21
Geschlecht (w=1)	-1,28*	1,78*	-0,37	-0,14
Anzahl Bücher Eltern (log)	0,23	0,15	-0,28*	-0,11
Jura	(Referenz)			
Soziologie	1,03*	-0,01	-0,33*	-0,70*
Naturwissenschaften	0,93*	-0,12	-0,05	-0,76*
Konstante	-1,24	-1,15	2,23*	0,16
N	530			

AV: Clusterzugehörigkeit. Effektkodierung: daher summieren sich die Koeffizienten auf Null, die Koeffizienten geben Abweichung vom Mittelwert aller Kategorien an.
*: signifikant (p<0,05) vom Mittelwert aller Kategorien verschiedene Kategorien. Die Regression ist ein Teil des gesamten statistischen Modells, weshalb keine gesonderten Gütemaße angegeben werden können.
Cluster 1: Antikonventionelles Moratorium
Cluster 2: Kreative Kultiviertheit
Cluster 3: Kulturdistanzierte Materialisten
Cluster 4: Karriere, Prestige und Hochkultur

Zunächst fällt auf, dass, bis auf die Klasse der *kulturdistanzierten Materialisten*, kein Hintergrundmerkmal der elterlichen Familie einen Effekt auf die Zugehörigkeit zu einer der latenten Klassen ausübt. Dieser Befund steht in Kontrast zu der bourdieuschen Annahme, die Kultur der Fächer reproduziere soziale Ungleichheit durch differenzielle Passung zwischen Herkunftshabitus und fachkulturellem Habitus. Im Fall der *kulturdistanzierten Materialisten* ist ein sehr interessanter, aber spiegelverkehrter Zusammenhang zur Reproduktionsthese feststellbar: bei einem elterlichen Hochschulabschluss reduziert sich die Wahrscheinlichkeit in dieser Gruppe zu sein. Es handelt sich bei dieser Klasse also um eine bildungsferne (sowohl den Schulabschluss, als auch die Anzahl der Bücher im elterlichen Haushalt betreffend) Aufsteigergruppe, die sich, unter Verzicht auf „überflüssigen" Ballast in Form von Kultur und Stilisierung, auf das „Wesentliche" konzentriert, nämlich eine Studienmotivation, die sich auf ein hohes Einkommen, einen sicheren Arbeitsplatz und einen hohen sozialen Status bezieht. Dieser Zusammenhang existiert unter Kontrolle des Studienfaches und des Geschlechts.

Unabhängig von diesen Hintergrundmerkmalen gibt es jedoch deutliche Zusammenhänge zwischen den Studienfächern und einzelnen Klassen: die Wahrscheinlichkeit zur Gruppe des *antikonventionellen Moratoriums* zu gehören ist für Soziologiestudierende wesentlich höher als für Studierende der Rechtswissenschaften. Für die Gruppe *Karriere, Prestige und Hochkultur* ist der Zusammenhang umgekehrt: hier ist die Wahrscheinlichkeit der Zugehörigkeit für Soziologen und Naturwissenschaftler deutlich niedriger. Die Klasse der *kulturdistanzierten Materialisten* besteht hauptsächlich aus Studierenden der Natur- und Rechtswissenschaften, wobei Soziologiestudierende mit geringerer Wahrscheinlichkeit in dieser Gruppe zu finden sind.

7.4 Zusammensetzung der Lebensstilgruppen

Während bei dem *antikonventionellen Moratorium* ein ähnlicher Anteil von männlichen Soziologiestudierenden und Naturwissenschaftlern zu verzeichnen ist, sind Studierende der Rechtswissenschaften und Studentinnen in der Minderheit. Es handelt sich hier also um eine von Studierenden der Fächer Soziologie und Naturwissenschaften dominierte, männliche Gruppe. Anders ist dies bei der Gruppe *Kreative Kultiviertheit*, die fast vollständig aus Studentinnen besteht (Tabelle 5: 98 Prozent) und das modale Cluster der Soziologiestudierenden repräsentiert (49 Prozent). Da diese beiden Gruppen in einigen Bereichen wie Studienmotivation, Musikgeschmack und Freizeitverhalten ziemlich ähnlich sind, kann man beide als typische studentische Lebensstile interpretieren, wobei die Hauptunterschiede in genuin geschlechtsspezifischen Vorlieben für Wohnungseinrichtung und Kleidung festzumachen sind. Die Jurastudierenden sind deutlich unterrepräsentiert in diesen beiden Gruppen (10 und 25 Prozent). Die *kulturdistanzierten Materialisten* setzen sich hauptsächlich aus Studierenden der Fachbereiche Naturwissenschaften und Jura zusammen, wobei etwas mehr männliche Studierende (61 Prozent) dieser Gruppe angehören als weibliche. Die Klasse *Karriere, Prestige und Hochkultur* schließlich ist eine Domäne der Jurastudierenden (67 Prozent).

Tabelle 5: Zusammensetzung der Cluster, prädizierte und deskriptive Anteile und Mittelwerte

	Cluster 1	Cluster 2	Cluster 3	Cluster 4
Berufsstatus Vater	3,7	3,6	3,5	3,7
Hochschulabschluss der Eltern	60%	68%	48%*	74%
Anzahl Bücher (log)	6,2	6,1	5,6*	6,2
Soziologie	38%*	49%	24%*	18%*
Naturwissenschaften	52%*	26%	39%	15%*
Juristen	10%*	25%	37%	67%*
Weiblich	12%*	98%*	39%	42%
Bücher der Studierenden	164	180	120	156
Alter	24,2	22,7	22,9	24,0
Fachsemester	6,1	5,6	5,5	6,0
Hochschulsemester	7,1	6,5	6,3	7,5
Abiturnote	2,0	2,1	2,1	2,1
Miete	249 €	260 €	233 €	270 €
Geld von Eltern	337 €	372 €	316 €	410 €

*: $p<0,05$ in multivariater Analyse, die oberen Werte geben die prädizierten Werte der multivariaten Analyse an, die unteren Werte sind deskriptive Beschreibungen der Clusterzusammensetzung, angegeben sind Mittelwerte oder Anteile.
Cluster 1: Antikonventionelles Moratorium
Cluster 2: Kreative Kultiviertheit
Cluster 3: Kulturdistanzierte Materialisten
Cluster 4: Karriere, Prestige und Hochkultur

Die Gruppen unterscheiden sich außerdem durch weitere Merkmale, die nicht als Determinanten in die Analyse eingegangen, in Tabelle 5 allerdings mit ihren jeweiligen Mittelwerten aufgeführt sind. Während es nur geringe Unterschiede in der Abiturnote, der Altersstruktur und der Semesterzahl zwischen den Gruppen gibt, finden sich Unterschiede in der Anzahl der Bücher, der Höhe der Miete und der finanziellen Unterstützung durch die Eltern. Die wenigsten Bücher besitzt das kulturdistanzierte Cluster 3 (120 Bücher im Mittel). Diese haben auch die geringsten Ausgaben für Mieten vorzuweisen, wobei hier der Unterschied zu Cluster 4 relativ hoch ausfällt (Mittelwert von 233 Euro im Vergleich zu 270

Euro). Die monatliche finanzielle Zuwendung durch die Eltern fällt in den Gruppen ebenfalls unterschiedlich hoch aus. Das als *Kulturdistanzierte Materialisten* bezeichnete Cluster bekommt am wenigsten finanzielle Unterstützung von den Eltern (316 Euro), die Gruppe *Karriere, Prestige und Hochkultur* mit Abstand am meisten (410 Euro). Die ersten beiden Gruppen bilden bezüglich dieser Maßzahlen jeweils mittlere Kategorien.

8 Diskussion und Fazit

Wie lassen sich nun unsere eingangs gestellten Forschungsfragen beantworten? Wir haben mit Faktoranalysen gezeigt, welche Dimensionen sich in Bezug auf ästhetische Präferenzen, Freizeitgestaltung und Motivation von Studierenden unterscheiden lassen. Mit dem Verfahren der Latent Profile Analyse konnten vier distinkte studentische Lebensstile ermittelt werden. Wovon sind diese geprägt? Die Annahme war, dass die soziale Herkunft und die universitäre Fachrichtung den Lebensstil der Studierenden prägen. Unsere Ergebnisse legen nahe, dass man dies differenzierter betrachten und als dritten Einfluss das Geschlecht hinzunehmen sollte.

1. Die sozial-kulturelle Herkunft (Hochschulabschluss in der Familie und Anzahl der Bücher im elterlichen Haushalt) der Studierenden hat nur einen Einfluss auf den Lebensstil des *kulturdistanzierten Materialisten*, jedoch spiegelverkehrt zur Theorie Bourdieus nach der ein sozialer Aufstieg durch Aneignung kulturellen Kapitals stattfindet. Dieser „Aufstiegskanal", der sich durch die hohe extrinsische Motivation der Studierenden zeigt, funktioniert durch die Abstoßung sämtlichen Ballastes in Form von kulturellen Interessen und Aktivitäten. Außerdem wird auch bei der Studienfachwahl eher ein Studiengang gewählt (Jura oder Naturwissenschaften), der ein hohes Einkommen verspricht. In keiner Gruppe spielt die Schicht des Vaters für die Zugehörigkeit zu einer der latenten Klassen eine Rolle. Das bedeutet, dass sich die Lebensstile unabhängig von der sozial-ökonomischen Situation der Herkunftsfamilie entwickeln. Allerdings ist fraglich, ob die hier gewählte Messung der sozialen Schicht anhand der elterlichen Berufe (nach Hoffmeyer-Zlotnik 1993) über die nötige Trennschärfe verfügt, auch die vielen fehlenden Werte können diesbezüglich einen Einfluss haben.
2. Die fachspezifische Sozialisation besitzt einen wesentlich deutlicheren Einfluss auf den Lebensstil als die soziale Herkunft, was an den Gruppen *Antikonventionelles Moratorium* und *Karriere, Prestige und Hochkultur* erkennbar ist. Dabei wird deutlich, dass sich Studierende der Fachrichtungen Soziologie und Naturwissenschaften vor allem von denen des Fachbereichs

Jura unterscheiden. Das Hochkulturcluster, welches überwiegend von Jurastudierenden besetzt ist, verfügt über einen distinkten Lebensstil. Allerdings wird auch hier eine Musikrichtung (*Techno*) gehört, die nicht in das Hochkulturschema passt. Insofern liefern die jüngeren US-amerikanischen Theorien mit der These des „kulturellen Allesfressers" alternative Interpretationen, wobei dieser Typus in seiner Reinform ebenfalls nicht auftaucht.

3. Dritter Einflussfaktor auf Lebensstile ist das Geschlecht, welches die Cluster *Antikonventionelles Moratorium* und *Kreative Kultiviertheit* zu Gegenpolen macht. Die Unterschiede werden vor allem in Geschmacks- und Freizeitkontexten, weniger in der Motivationsstruktur deutlich. Insofern kann hier von genderspezifischen studentischen Lebensstilen gesprochen werden, die für die jeweiligen Geschlechter typische Verhaltensmuster repräsentieren. Die geschlechtsspezifische Sozialisation besitzt demnach einen bedeutenden Einfluss auf den Lebensstil.

Die Fachkulturforschung postuliert einen wesentlich stärkeren Zusammenhang zwischen Studium und Lebensstil sowie Motivationsstruktur als aus unseren Daten hervorgeht, in denen lediglich die Gruppe der Jurastudierenden als weitestgehend fachspezifische Gruppe ausgemacht werden konnte. Dies liegt zum einen an methodischen Unterschieden der bisherigen Forschung zur vorliegenden Studie. Die in der Fachkulturforschung verwendeten Verfahren (Clusteranalysen, Diskriminanz- und Korrespondenzanalysen) basieren nicht auf analytischen Modellen. Insbesondere die Clusteranalyse verstellt den Blick auf die tatsächlichen Strukturen, da sie eindeutige Klassifikationen vornimmt. In unserem Verfahren werden Wahrscheinlichkeiten für Gruppenzugehörigkeiten geschätzt und somit konservativere Datenstrukturierungen vorgenommen. Zum anderen können die weniger trennscharfen Befunde daher rühren, dass die Veränderungen in der universitären Ausrichtung (interdisziplinäre Studiengänge, Massenuniversitäten) die Linien zwischen den einzelnen Fachbereichen verwischen und so die studentische Kultur zunehmend egalitärer wird.

9 Literatur

Apel, Helmut, 1989: Fachkulturen und studentischer Habitus. Eine empirische Vergleichsstudie bei Pädagogik- und Jurastudierenden in: Zeitschrift für Sozialisationsforschung und Erziehungssoziologie 9, 2–22.

Bacher, Johann, 1994: Clusteranalyse. München: Oldenbourg.

Beck, Ulrich, 1986: Die Risikogesellschaft: Auf dem Weg in eine andere Moderne. Frankfurt a.M.: Suhrkamp.

Bourdieu, Pierre, 1982: Die feinen Unterschiede. Frankfurt a.M.: Suhrkamp.

Bourdieu, Pierre/Passeron, Jean-Claude, 1971: Die Illusion der Chancengleichheit: Untersuchungen zur Soziologie des Bildungswesens am Beispiel Frankreichs. Stuttgart: Klett.

Bozdogan, Hamparsum, 1987: Model Selection and Akaike's Information Criterion (AIC): The General Theory and its Analytical Extensions, in: Psychometrika 52, 345–370.

Bryson, Bethany, 1996: Anything but Heavy Metal: Symbolic Exclusion and Musical Dislikes, in: American Sociological Review 61, 884–899.

Cooper, John C. B., 1983: Factor Analysis: An Overview, in: The America Statistician 37(2), 141–147.

De Graaf, Nan Dirk/De Graaf, Paul/Kraaykamp, Gerbert, 2000: Parental Cultural Capital and Educational Attainment in the Netherlands: A Refinement of the Cultural Capital Perspective, in: Sociology of Education 73, 92–111.

De Graaf, Paul, 1986: The Impact of Financial and Cultural Resources on Educational Attainment in the Netherlands, in: Sociology of Education 59, 237–246.

DiMaggio, Paul, 1982: Cultural Capital and School Success: The Impact of Status Culture Participation on the Grades in the US High Schools, in: American Sociological Review 47, 189–201.

Eckes, Thomas/Rossbach, Helmut, 1980: Clusteranalysen. Stuttgart: Kohlhammer.

Engler, Steffanie, 1993: Fachkultur, Geschlecht und soziale Reproduktion: eine Untersuchung über Studentinnen und Studenten der Erziehungswissenschaft, Rechtswissenschaft, Elektrotechnik und des Maschinenbaus. Weinheim: Deutscher Studien Verlag.

Engler, Steffanie, 2005: Studentische Lebensstile und Geschlecht, in: Bremer, Helmut/Lange-Vester, Andrea (Hrsg.), Soziale Milieus und Wandel der Sozialstruktur : die gesellschaftlichen Herausforderungen und die Strategien der sozialen Gruppen. Wiesbaden: VS Verlag für Sozialwissenschaften, 169–185.

Fraley, Chris/Raftery, Adrian E., 1998: How many Clusters? Which Clustering Method? – Answers via Model-Based Cluster Analysis, in: The Computer Journal 41(8), 578–588.

Georg, Werner, 2004: Cultural Capital and Social Inequality in the Life Course, in: European Sociological Review 20, 333–344.

Georg, Werner, 2005: Studienfachwahl: Soziale Reproduktion oder fachkulturelle Entscheidung?, in: ZA-Information 57, 61–83.

Hartmann, Peter H., 1999: Lebensstilforschung. Darstellung, Kritik und Weiterentwicklung. Opladen: Leske+ Budrich.

Hoffmeyer-Zlotnik, Jürgen H. P., 1993: Operationalisierung von „Beruf "als zentrale Variable zur Messung von sozio-ökonomischem Status, in: ZUMA-Nachrichten 32, 135–141.

Holbrook, Morris B./Weiss, Michael J./Habich, John, 2002: Disentangling Effacement, Omnivore, and Distinction Effects on the Consumption of Cultural Activities: An Illustration, in: Marketing Letters 13, 345–357.

Huber, Ludwig/Liebau, Eckart/Portele, Gerhard/Schütte, Wolfgang, 1983: Fachcode und studentische Kultur. Zur Erforschung der Habitusausbildung in der Hochschule, in: Becker, Egon (Hrsg.), Reflexionsprobleme der Hochschulforschung. Weinheim: Blickpunkt Hochschuldidaktik 75, 144–170.

Köhler, Helmut, 1992: Bildungsbeteiligung und Sozialstruktur in der Bundesrepublik: zu Stabilität und Wandel der Ungleichheit von Bildungschancen. Berlin: Max-Planck-Institut für Bildungsforschung.

Lazarsfeld, Paul F., und Neill W. Henry, 1968: Latent Structure Analysis. Boston: Houghton Mifflin.
Little, Roderick J.A., und Donald B. Rubin, 1987: Statistical Analysis with Missing Data. New York: Wiley.
Müller, Walter, 1997: Sozialstruktur und Wahlverhalten. Eine Widerrede gegen die Individualisierungsthese, in. Kölner Zeitschrift für Soziologie und Sozialpsychologie 49, 747–760.
Multrus, Frank, 2004: Fachkulturen. Dissertation: Universität Konstanz.
Muthen, Linda K./Muthen, Bengt O., 1998-2007: Mplus: Statistical Analysis with Latent Variables: User's Guide. Los Angeles: Muthen & Muthen.
Nylund, Karen L./Asparouhov, Tihomir/Muthen, Bengt O., 2007: Deciding on the Number of Classes in Latent Class Analysis and Growth Mixture Modeling: A Monte Carlo Simulation Study, in: Structural Equation Modeling 14, 535–569.
Peterson, Richard A./Kern, Roger M., 1996: Changing Highbrow Taste: From Snob to Omnivore, in: American Sociological Review 61, 900–907.
Preißer, Rüdiger, 1990: Studienmotive oder Klassenhabitus?, in: Zeitschrift für Sozialisationsforschung und Erziehungssoziologie 10, 53–71.
Roeder, Kathryn/Wasserman, Larry, 1997: Practical Bayesian Density Estimation Using Mixtures of Normals, in: Journal of the American Statistical Association 92, 894–902.
Schnell, Rainer/Kohler, Ulrich, 1995: Empirische Untersuchung einer Individualisierungshypothese am Beispiel der Parteipräferenz von 1953-1992, in: Kölner Zeitschrift für Soziologie und Sozialpsychologie 47, 634–657.
Schulze, Gerhard, 1992: Die Erlebnisgesellschaft. Frankfurt a.M.: Campus.
Simmel, Georg, 1977 [1900]: Philosophie des Geldes. Berlin: Duncker & Humblot.
Sullivan, Oriel/Katz-Gerro, Tally, 2007: The Omnivore Thesis Revisited: Voracious Cultural Consumers, in: European Sociological Review 23, 123–137.
Universität Konstanz, Universitätsverwaltung, 2007: Statistik über die Studierenden der Universität Konstanz. Studienjahr 2006/2007, 2. Studienabschnitt (Sommersemester), in: http://www.ub.uni-konstanz.de/kops/volltexte/2007/3219/.
Veblen, Thorstein, 1991 [1899]: The Theory of the Leisure Class. Fairfield, NJ: Kelley.
Vermunt, Jeroen K./Magidson, Jay, 2002: Latent Class Cluster Analysis, in: Hagenaars, Jacques A/McCutcheon, Allan L. (Hrsg.), Applied Latent Class Analysis. Cambridge: Cambridge University Press, 89–106.
Vermunt, Jeroen K./Magidson, Jay, 2005a: Latent Gold 4.0 User's Guide. Belmont: Statistical Innovations.
Vermunt, Jeroen K./Magidson, Jay, 2005b: Technical Guide for Latent GOLD 4.0: Basic and Advanced. Belmont: Statistical Innovations.
Weber, Max, 1997 [1922]: Wirtschaft und Gesellschaft: Grundriss der verstehenden Soziologie. Tübingen: Mohr.
Windolf, Paul, 1992: Fachkultur und Studienfachwahl: Ergebnisse einer Befragung von Studienanfängern, in: Kölner Zeitschrift für Soziologie und Sozialpsychologie 44, 76–98.
Zinnecker, Jürgen, 1989: Projekt Bildungsmoratorium. Unveröffentlichter Projektantrag an die DFG.

Rechtfertigungen und Bagatelldelikte: Ein experimenteller Test

Heiko Rauhut, Ivar Krumpal und Mandy Beuer

Zusammenfassung[1]

Während frühere kriminologische Theorien von kategorialen Unterschieden zwischen kriminellen und nicht-kriminellen Personen ausgingen, wird in der Neutralisationstheorie argumentiert, dass die Grenzen zwischen Normalität und Abweichung subtiler seien. Straffällige unterschieden sich vielmehr darin, Rechtfertigungen für ihre Straftaten zu lernen. Mit experimentellen Designs konnte mittlerweile gezeigt werden, dass die kognitive Verfügbarkeit von Rechtfertigungen auf die Neigung wirkt, schwere Gewaltdelikte zu begehen. Jedoch blieb eine Erforschung von Rechtfertigungen für die erheblich häufiger vorkommenden Alltagsdelikte bislang weitgehend unberücksichtigt. Wir überprüfen mit Hilfe von Kontexteffekten, inwiefern Rechtfertigungen auf die Bereitschaft der Begehung der drei Alltagsdelikte Schwarzfahren, Diebstahl und Körperverletzung wirken. Hierfür wurden in der Leipziger Innenstadt 180 Personen im Alter zwischen 15 und 75 Jahren mit einem standardisierten Fragebogen befragt. Der Zusammenhang zwischen der Zustimmung zu Rechtfertigungen und der Verhaltensneigung sollte gemäß der Theorie in derjenigen Fragebogenversion stärker sein, in der Rechtfertigungen zuerst gefragt wurden. Unsere Befunde lassen jedoch darauf schließen, dass Rechtfertigungen bei Alltagsdelikten einen geringeren Einfluss auf abweichendes Verhalten haben, als dies bei schwerwiegenderen Delikten der Fall ist.

1 Einleitung

Inwiefern unterscheiden sich kriminelle von nichtkriminellen Personen? Ist nicht ein gewisses Maß an abweichendem Verhalten sogar normal? Lombroso ([1895] 2006) war einer der ersten, der kriminelles Verhalten empirisch untersuchte, um damit eine allgemeine, erklärende Theorie von Kriminalität aufstellen zu können. Er sammelte Datenmaterial, um zu zeigen, dass Kriminelle sowohl körperlich als auch geistig Zurückgebliebene aus einem vorherigen evolutionären Stadium

---

[1] Wir danken Gerd Bohner und Kurt Mühler für wertvolle Hinweise und Anregungen, sowie Nadine Jünger und Jana Müller für Unterstützung bei der Datenerhebung.

seien. Diese recht extreme Position konnte sich zwar empirisch nicht halten,[2] doch wurde die Idee kategorialer Unterschiede zwischen Kriminellen und Nichtkriminellen in der Soziologie aufgegriffen. In der Subkulturtheorie (Cohen 1955; Cloward und Ohlin 1960) wurde das Konzept biologischer Unterschiede auf verschiedene soziale Wertsysteme übertragen. Es wird diskutiert, dass Kriminelle einem anderen Wertesystem anhingen, welches sich gegen die allgemein geteilten Vorstellungen und Normen der Gesellschaft richte. Hierdurch erkläre sich ihr abweichendes Verhalten. Braucht es jedoch eine so starke Annahme? Bereits Durkheim ([1897] 1951) argumentierte, für jede Gesellschaft sei ein gewisses Maß an Kriminalität normal. Becker (1968) formalisierte dieses Argument, indem er zeigte, dass es sich für eine Gesellschaft gar nicht lohne jegliches kriminelle Verhalten abzuschrecken, sondern dass bestimmte Straftaten besser unverfolgt und ungestraft blieben. Sykes und Matza (1957) erörterten in einem einflussreichen Aufsatz, dass die Unterschiede zwischen kriminellen und konformen Akteuren erheblich subtiler seien, als bislang angenommen. Während der Großteil der Straffälligen den meisten allgemein geteilten Wertvorstellungen der Gesellschaft anhinge, bestehe der entscheidende Unterschied darin, inwiefern Akteure entsprechende Rechtfertigungen gelernt hätten und anwenden könnten. Solche Rechtfertigungen befreiten von dem inneren Konflikt zwischen konformen Werten und delinquentem Verhalten und ermöglichten erst die Abweichung.

In qualitativen Studien konnte die Wirksamkeit solcher Rechtfertigungen demonstriert werden. Alvarez (1997) und Cohen (2002) zeigen, dass Rechtfertigungen bei den Verbrechen des zweiten Weltkrieges eine große Rolle gespielt haben. De Young (1988) illustriert mit Inhaltsanalysen der Mitteilungsblätter von Pädophilen-Organisationen, dass Kindesmissbrauch häufig mit Rechtfertigungen der Täter einhergeht. Ein typisches Muster in diesen Bekanntmachungen ist die Verharmlosung von Sex mit Kindern. Beispielsweise wird dort dargestellt, dass sich die Kinder den Sex ebenso wünschten und dass diese Handlungen eine besondere Form der Hingabe und Liebe darstellten. Thompson und Harred (1992) zeigen mit ethnographischen Interviews, wie Striptease-Tänzerinnen mit Hilfe von Rechtfertigungen das Stigma ihres Berufes überwinden. Die Tänzerinnen heben ihre positive Funktion für die Gesellschaft hervor, indem sie einwenden, sie würden eine Art Therapie für ihre Kunden bieten. Diese wiederum schütze die Gesellschaft vor sexuellen Übergriffen und Vergewaltigungen, weil sich die Kunden durch die Show sexuell „entladen" würden. Cromwell und Thurman (2003), Copes (2003) und Topalli (2005, 2006) untersuchten mit Hilfe von Interviews, wie sich Straffällige mittels Neutralisierungen im Hinblick auf

---

2 Vgl. für einen aktuellen Überblick Macionis (2007: 223 ff.).

ihr abweichendes Verhalten verteidigen und wie sich weitere Einflussvariablen wie Normakzeptanz und Delinquenzhäufigkeit auswirken. Qualitative Studien sind als Voruntersuchungen und zur Exploration eines Theoriegebildes sinnvoll und hilfreich, dennoch erlauben sie kaum Generalisierungen.

Eine Reihe von quantitativen Studien prüfte den Effekt rechtfertigender Kognitionen auf abweichendes Verhalten mit Hilfe von Umfragedaten. Doch quantitative Studien ohne experimentelle Variationen erlauben nur begrenzte Aussagen über kausale Effekte. Es ist jedoch möglich, in einer innovativen Weise experimentelle Methoden mit Befragungsmethoden zu verknüpfen. Bohner et al. (1998) haben dies für das Delikt Vergewaltigung durchgeführt. Hierbei werden rechtfertigende Kognitionen als Vergewaltigungsmythen bezeichnet. Sie untersuchten die Beziehung zwischen Vergewaltigungsmythenakzeptanz von Männern und deren Neigung zu sexueller Nötigung. Über die experimentelle Variation der Fragereihenfolge beider Dimensionen wurde die Richtung des Zusammenhangs zwischen Vergewaltigungsmythenakzeptanz und der Neigung zu Vergewaltigungen ermittelt. Der stärkste Zusammenhang ergab sich für die Gruppe der Befragten, die zuerst die Vergewaltigungsmythen beurteilen und anschließend ihre persönliche Neigung zu sexueller Nötigung angeben sollten. Diese Methode eines kausalen Tests hat sich in der Sozialpsychologie bei der Erforschung des Delikts Vergewaltigung in Bezug auf die Neutralisationstheorie durchgesetzt (Bohner 1998; Chiroro et al. 2004; Bohner et al. 2005; Bohner et al. 2006; Eyssel et al. 2006). Es existieren jedoch kaum experimentelle Studien zu den Konsequenzen von Neutralisierungen auf die Neigung zu Alltagsdelikten wie Schwarzfahren, Diebstahl und Körperverletzung. Als eine der wenigen verwendeten Norbert Schwarz und Andreas Bayer (1989) die Methode der experimentellen Variation der Fragereihenfolge und bestätigten damit die Wirkung von Neutralisierungen auf die Neigung zu abweichendem Verhalten für die Delikte Wechselgeldmitnahme, Schwarzfahren und Diebstahl.

Wir greifen diese Methode in unserer Studie auf und testen die Wirkung von Neutralisierungen für Delikte, die eine geringere Schwere aufweisen als die Delikte in den meisten bisherigen Forschungsarbeiten. Die vorliegende Studie untersucht entsprechend den kausalen Einfluss der kognitiven Verfügbarkeit von Neutralisierungen auf die subjektive Neigung zu den Delikten Schwarzfahren, Diebstahl und Körperverletzung. Hierbei folgen wir dem experimentellen Design der Untersuchung von Bohner et al. (1998).

Zu Beginn legen wir kurz die theoretischen Grundlagen der Neutralisationstheorie dar und nehmen Bezug auf die unterschiedlichen wissenschaftstheoretischen Untersuchungsmöglichkeiten. Im Anschluss daran werden wir unsere Leithypothese sowie die Mechanismen des experimentellen Verfahrens vorstellen. Nachfolgend illustrieren wir die methodischen Details unserer Studie und präsentieren die Ergebnisse der statistischen Analysen. Abschließend diskutieren wir anhand der gefundenen Resultate Forschungsausblicke.

2 Theoretischer Hintergrund der Neutralisationstheorie

Im Jahre 1957 fand mit der Publikation der Neutralisationstheorie von Gresham Sykes und David Matza ein Umdenken in der kriminologischen Forschung statt. Als Gegenstück zu Albert Cohens Subkulturentheorie (1955) beruht diese auf der Annahme, dass eine abweichend handelnde Person wenigstens partiell mit der dominanten sozialen Ordnung verbunden ist. Die vorherrschenden Regeln oder Normen werden jedoch individuell verschieden ausgelegt, sodass sie bezüglich ihrer Gültigkeit nach Zeit, Ort, Person und sozialen Umständen ein hohes Maß an Flexibilität aufweisen. Diese Auslegungsfreiheit erlaubt es dem potentiellen Delinquenten die moralische Schuld für seine Tat zu rechtfertigen. *„[...M]uch delinquency is based on what is essentially an unrecognized extension of defenses to crimes, in the form of justifications for deviance that are seen as valid by the delinquent but not by the legal system or the society at large"* (Sykes und Matza 1957: 666). Das Individuum entwickelt für sein normwidriges Verhalten ein Set von Begründungen, um seine Verpflichtung auf die geltenden sozialen Normen abzuschwächen und somit abweichend handeln zu können. Die Hauptaufgabe der Rechtfertigungen besteht also darin, die kognitive Dissonanz (Festinger 1957) zu verringern, welche durch den Widerspruch zwischen den internalisierten Normen und der geplanten oder bereits durchgeführten abweichenden Handlung hervorgerufen wird, um das Individuum auf diese Weise von Schuldgefühlen oder Kontroversen im Selbstbild zu befreien. Dabei werden zwei Arten von Rechtfertigungen unterschieden: Einerseits können sie in Form von Neutralisierungen *vor* der devianten Handlung auftreten und andererseits als Rationalisierungen im *Nachhinein*; die Begriffe Rechtfertigung und Neutralisierung werden innerhalb dieses Artikels äquivalent verwendet. Sykes und Matza proklamieren insgesamt fünf solcher Techniken der Neutralisierung: (1) Die Ablehnung der Verantwortung, (2) die Dementierung des Schadens, (3) die Verneinung des Opfers, (4) die Verurteilung der Verurteilenden sowie (5) die Berufung auf höhere Werte/Instanzen (Sykes und Matza 1957: 667ff.). Über das Erlernen dieser Techniken, welche keine oppositionelle Werteeinstellung gegenüber der Gesamtgesellschaft darstellen, wird es dem Individuum ermöglicht, sich delinquent zu verhalten.

3 Empirische Evidenzen anhand von Umfragedaten

Die ersten quantitativen Überprüfungen der Neutralisationstheorie wurden durch Querschnittsuntersuchungen mittels Umfragedaten durchgeführt. Matza (1964) zeigte, dass in einer Befragung von Jugendlichen durchschnittlich nur 2% der Befragten Gewalt befürworteten. Ball (1966) fand daraufhin heraus, dass jedoch die Akzeptanz von neutralisierenden Einstellungen bei jugendlichen Straffälligen höher war als bei der Kontrollgruppe von Schülern. Mitchell und Dodder (1983) erfragten das delinquente Verhalten von Schülern und männlichen Jugend-Häftlingen bezüglich unterschiedlich schwerwiegender Delikte sowie ihre Zustimmung zu Neutralisierungen für vorgegebene Situationsbeschreibungen. Sie konnten einen Zusammenhang von Deliktschwere und Neutralisierungstendenz ermitteln; letztere fiel bei moderaten Delikten am stärksten, bei schweren mäßig und bei leichten Delikten am geringsten aus. Bezogen auf die Akzeptanz von Neutralisierungen im Allgemeinen konnten sie keine eindeutigen Ergebnisse feststellen; sie variierte je nach Deliktschwere und Neutralisierungstyp, wobei „Verneinung des Opfers" über alle Delikte hinweg die größte Zustimmung fand. Costello (2000) untersuchte anhand von Daten des Richmond Youth Survey den Zusammenhang von straffälligem Verhalten, Verbundenheit mit gesellschaftlichen Normen und dem Selbstbild von Jugendlichen. Sie konnte zeigen, dass Neutralisierungen zum Schutz des Selbstkonzeptes genutzt werden. Je mehr die Jugendlichen an die gesellschaftlichen Normen gebunden waren, desto eher griffen sie zu Neutralisierungen um ihr deviantes Verhalten zu rechtfertigen und damit ihr Selbstwertgefühl zu schützen.[3]

Die Mehrzahl der Querschnittsstudien konnte folglich einen Effekt von Neutralisierungen auf abweichendes Verhalten bestätigen, wobei dieser für gewöhnlich schwach ausfiel. Insbesondere ist jedoch innerhalb von Querschnittstudien die Abschätzung eines kausalen Effekts von Neutralisierungen auf abweichendes Verhalten problematisch: *„[W]hat if the correlation found in all the reported [cross sectional] studies does not reflect the impact of prebehavioral neutralizations on behavior but instead indicate the impact of untoward behavior on postbehavioral rationalizations [...]?"* (Fritsche 2005: 491). Längsschnittanalysen sind dementsprechend erheblich besser geeignet für den Nachweis kausaler Effekte, da sie die Veränderungen der Effekte im Zeitverlauf modellieren können. Shields und Whitehall (1994) fragten 116 inhaftierte Jugendliche zu ihrer

---

3 Dieser Effekt kann sowohl über die Neutralisationstheorie, als auch über die Dissonanztheorie von Festinger (1957) hergeleitet werden: Die Jugendlichen vermeiden kognitive Dissonanz zwischen ihrer devianten Handlung und dem eigentlich normkonformen Selbstbild, indem sie ihr vorangegangenes Verhalten legitimieren bzw. wie in diesem Fall mittels Neutralisierungen entschuldigen.

Akzeptanz von neutralisierenden Einstellungen. Sie konnten zeigen, dass diejenigen Jugendliche, die rückfällig wurden, zuvor eine stärkere Zustimmung zu Neutralisationen äußerten. Diese Effekte verschwanden jedoch nach der Kontrolle von anderen Faktoren wie krimineller Vergangenheit oder familiären Problemen. Agnew (1994) untersuchte mit einem repräsentativen Datensatz von Jugendlichen in den USA die Wirkung von Neutralisierungen auf abweichendes Verhalten im Zeitverlauf. Er konnte zeigen, dass die vorausgehende Zustimmung zu neutralisierenden Eistellungen spätere deviante Verhaltensweisen erklärt.

Dennoch ist auch bei Panelstudien ein Nachweis kausaler Effekte problematisch, da etliche beobachtete und unbeobachtete Störvariablen auf die Korrelationen zwischen Neutralisierungen und abweichendem Verhalten wirken können.

4 Die Entwicklung einer experimentellen Methode

Die erfolgversprechendste Methode, das Problem der Kausalität zu lösen, ist die experimentelle Überprüfung der Neutralisationstheorie. Das Experimentaldesign ermöglicht es, die Varianz der unabhängigen Variablen vor der Datenerhebung zu kontrollieren, indem die Befragten zufällig auf verschiedene Experimentalkonditionen aufgeteilt werden. Somit kann der Effekt unterschiedlicher Konditionen auf anschließend gemessene, abhängige Variablen unverzerrt von Einflüssen von Drittvariablen geschätzt werden.

Experimente zu deviantem Verhalten sind jedoch selten. Dies liegt hautsächlich daran, dass es ethisch problematisch ist Individuen in Situationen zu bringen, in denen sie sich kriminell verhalten sollen. Eine Möglichkeit, dieses Problem zu vermeiden, besteht darin nur leichte Vergehen zu beobachten. Bersoff (1999) hat in einem Experiment die Versuchspersonen überbezahlt und daraufhin beobachtet, inwiefern sie auf diese Überbezahlung hinweisen und das Geld zurückgeben. Die Versuchspersonen wurden verschiedenen Gruppen zugeteilt, in denen sie zuvor mit unterschiedlichen Neutralisierungen konfrontiert wurden. Es konnte ein Effekt der Neutralisierungen bestätigt werden, in dem die Rückgabequoten zwischen den Konditionen zwischen 10% und 90% variierten. Fritsche (2002) untersuchte ökologisches Fehlverhalten. Es wurden Versuchspersonen eingeladen mit dem Hinweis, es handele sich um eine Studie zu Internetkommunikation. Die Versuchspersonen haben mit einer eingeweihten Person gechattet, die sie in unterschiedlichem Maße mit Neutralisierungen zu umweltschädigendem Verhalten konfrontierte. Es konnte gezeigt werden, dass diejenigen Personen, die mit vielen neutralisierenden Einstellungen konfrontiert wurden, nach Beendigung des Experiments bei der Getränkeauswahl eher zu den Dosengetränken griffen, als zu den Flaschengetränken.

Rechtfertigungen und Bagatelldelikte: Ein experimenteller Test

Das Problem experimenteller Studien zu abweichendem Verhalten besteht darin, dass aufgrund ethischer Aspekte nur relativ unproblematische Vergehen analysiert werden können. Allerdings ist es möglich, in fiktiven Situationen die Neigung zu abweichendem Verhalten abzufragen. Es bleibt zunächst das Problem, eine experimentelle Variation von Rechtfertigungen zu erzielen. Man mag vielleicht denken, es sei kaum realisierbar, systematisch die kognitive Verfügbarkeit von Rechtfertigungen bei den Versuchspersonen zu variieren. Doch es ist möglich, die aus der Survey Methodology bekannten und häufig ungewollten Kontexteffekte nutzbar zu machen und damit für inhaltliche Fragestellungen einzusetzen. Versuchspersonen in der Experimentalgruppe werden zuerst nach Ihrer Zustimmung zu Rechtfertigungen gefragt und anschließend nach ihrer Neigung, sich selber abweichend zu verhalten. In der Kontrollgruppe wird diese Reihenfolge vertauscht. Unterschiede in den Antworten bei unterschiedlichen Fragereihenfolgen werden als Kontexteffekt bezeichnet. Durch dieses Vorgehen wird systematisch die kognitive Verfügbarkeit von Rechtfertigungen variiert. Da die Befragten per Zufallsverfahren auf eine Experimental- und Kontrollgruppe zugeteilt werden, kann ein kausaler Effekt von Rechtfertigungen auf abweichendes Verhalten geschätzt werden.

Zurückzuführen ist der zu erwartende Effekt auf den Prozess der Informationsverarbeitung und Urteilsbildung im Gedächtnis. Die Beziehung von Variablen, hier Neutralisierungen und Verhaltensneigung, ist immer kontextabhängig. Bei der Interpretation einer Frage und der Generierung einer Antwort verfügt der Befragte nicht über alle potentiell relevanten Informationen; sein Urteil beruht folglich eher auf den Informationen, die ihm zuerst in den Sinn kommen. Informationen, über die er kürzlich nachgedacht hat, werden demgemäß mit größerer Wahrscheinlichkeit erinnert als solche, deren letzte Aktivierung deutlich weiter zurückliegt (Schwarz und Bayer 1989: 4). Vorangestellte Fragen können das Antwortverhalten zu Folgefragen beeinflussen, wenn sie inhaltlich relevant sind und wegen ihrer leichten Abrufbarkeit als bedeutsamer eingestuft werden (vgl. Tversky und Kahneman 1974). Dementsprechend kann der Einfluss von Neutralisierungen auf die Verhaltensneigung getestet werden, indem die kognitive Verfügbarkeit von Neutralisierungen experimentell zwischen den Versuchsgruppen variiert wird. Die Experimentalgruppe beurteilt zunächst ein Set von Neutralisierungen und gibt im Anschluss daran ihre Neigung zu delinquentem Handeln an. Bei der Angabe der individuellen Verhaltensneigung sind die rechtfertigenden Kognitionen, welche kurz zuvor aktiviert wurden, zugänglicher als andere Gedächtnisinhalte („priming effect"; vgl. Higgins et al. 1977; Gillund und Shiffrin 1984; Sloman et al. 1988) und können die Antwort – auch ohne die bewusste Wahrnehmung des Befragten – beeinflussen (Strack 1992: 24f.). Die Befragten der Kontrollgruppe verfügen zwar ebenfalls über ein mehr oder weniger ausgebildetes Repertoire an neutralisierenden Überzeugungen, jedoch werden diese nicht explizit bei der Urteilsbildung aktiviert; ihre Antworten beruhen daher auf einem vielfältigen Set von Einstellungen und Wissensgehalten. Befragte, die Neutralisierungen vor der Angabe ihrer Verhaltensneigung beurteilen sollten, müssten also eine größere Neigung zum gegebenen abweichenden Verhalten aufweisen als solche, denen diese Neutralisierungen bei der Einschätzung ihrer Verhaltensneigung nicht zur Verfügung standen. Entsprechend sollte auch der Zusammenhang zwischen Neutralisierungen und der Neigung zu abweichendem Verhalten für diejenigen Befragten stärker ausfallen, denen die Neutralisierungen vor der Verhaltensabfrage kognitiv verfügbar gemacht wurden, als bei denen, die als erstes ihre Verhaltensneigung angeben und im Anschluss daran die Neutralisierungen beurteilen sollten.

Aufgrund des experimentellen Designs und seiner besonderen Eigenschaften können zur Prüfung der Wirkung von Neutralisierungen auf die Verhaltensneigung zwei unterschiedliche Testverfahren angewendet werden: *Erstens* kann über den Vergleich der *Mittelwerte* zwischen den Experimentalkonditionen auf einen Neutralisations-Effekt geschlossen werden. Aufgrund der kognitiven Verfügbarkeit von Neutralisierungen werden Befragte in der Experimentalkondition eher ihre Neigung zu abweichendem Verhalten zugeben. Es wird also durch eine Präsentation von möglichen Neutralisierungen die Wahrnehmung der sozialen Erwünschtheit manipuliert. Durch die kognitive Verfügbarkeit von Rechtfertigungen nehmen Befragte die abweichenden Verhaltensweisen als weniger unerwünscht wahr und geben entsprechend eine größere Neigung zu Delinquenz zu, als wenn ihnen nicht zuvor Rechtfertigungen vorgelegt wurden. Dieser Effekt äußert sich über Differenzen in den Mittelwerten zwischen Experimental- und Kontrollgruppe in der zugegebenen Neigung zu abweichenden Verhaltensweisen.

Zweitens kann aus dem Vergleich der *Korrelationen* zwischen Neutralisierungen und den Verhaltensneigungen auf einen Kausalzusammenhang geschlossen werden. Ein erwarteter Unterschied zwischen den Korrelationen lässt sich wiederum über die soziale Erwünschtheit erklären. Anders als bei der Analyse von Mittelwertdifferenzen können die Unterschiede in den Korrelationen zwischen Neutralisierungen und Verhaltensneigung auf eine individuell unterschiedliche Sensitivität gegenüber sozialer Erwünschtheit zurückgeführt werden: Jede Person besitzt eine mehr oder weniger stark ausgebildete Feinfühligkeit gegenüber sozialer Erwünschtheit. Der durch die Normen und Werte einer Gesellschaft erzeugte Konformitätsdruck führt dazu, dass Befragte im Interview in einem gewissen Maße nicht gemäß ihrer persönlichen Einstellungen antworten, sondern auf eine sozial erwünschte Weise. Über die Positionierung von Neutralisierungen vor der Verhaltensabfrage kann diese Sensitivität abgeschwächt werden. Die rechtfertigenden Kognitionen ermöglichen dem Befragten, sich partiell vom Konformitätsdruck zu befreien und damit eine Verhaltensneigung zu zeigen, die kongruent zur Beurteilung der Neutralisierungen ausfällt. Befragte, die zuerst ihre Neigung zu abweichendem Verhalten angeben sollen, können den Druck, konform zu handeln, nicht über Neutralisierungen abbauen und antworten deshalb vorwiegend sozial erwünscht; dies führt zu einem Widerspruch zwischen der Beurteilung der Neutralisierungen und der Verhaltensneigung. Entsprechend sollte die Korrelation zwischen Neutralisierungen und Verhaltensneigung größer sein, wenn den Befragten rechtfertigende Kognitionen zur Verfügung standen bevor sie ihre Neigung zu abweichendem Verhalten angeben.

5 Forschungsstand zur experimentellen Überprüfung der Neutralisationstheorie

Gerd Bohner und andere Wissenschaftler (Bohner 1998; Bohner et al. 1998; Chiroro et al. 2004; Bohner et al. 2005; Bohner et al. 2006; Eyssel et al. 2006) haben sich in zahlreichen Studien diese Überlegungen zu Nutze gemacht, um zu prüfen, inwiefern die Akzeptanz von Vergewaltigungsmythen mit der selbstberichteten Neigung zu sexuellem Missbrauch zusammenhängt. *„However, rape myths are defined as descriptive or prescriptive beliefs about rape [...] that serve to deny, trivialize or justify sexual aggression by men against women"* (Bohner 1998: 14). Bohner et al. machten sich dabei den in den Sozialwissenschaften sonst als störend betrachteten Kontexteffekt zur Informationsaktivierung zunutze. *„[A] potential causal variable such as RMA [rape myth acceptance] can exert an effect on behavioral intentions only to the extent that it is cognitively accessible – the relationship between RMA [rape myth acceptance] and RP [rape proclivity] should thus be heightened if the causal variable is made accessible before assessing the variable that is causally affected"* (Bohner et al. 2005: 819). Aus diesem Grund variierten sie die Fragereihenfolge von Vergewaltigungsmythen und Vergewaltigungsneigung innerhalb zweier Versuchsgruppen. In einem der ersten Experimente (Bohner et al. 1998) konnte über die Berechnung von Korrelationen zwischen Mythenakzeptanz und Neigung die Vermutung bestätigt werden, dass der Zusammenhang beider Variablen stärker ist, wenn die Rechtfertigungen zuerst beurteilt wurden und damit bei der Einschätzung der individuellen Neigung kognitiv verfügbar waren. Die Forschung zu Vergewaltigungsmythen hat sich in den letzten Jahren dahingehend verändert, dass neben dem Haupteffekt auch andere Parameter in die Untersuchungen integriert wurden. Beispielsweise wurde von Chiroro et al. (2004) die vermittelnde Wirkung „sexueller Erregung" vs. „der Freude am Dominieren der Frau" auf die Beziehung zwischen Mythenakzeptanz und Vergewaltigungsneigung analysiert.

Ein Jahr später überprüften Bohner et al. (2005), ob „vorausgegangene sexuelle Nötigung" als Indikator für die chronische Zugänglichkeit von Mythenakzeptanz angesehen werden kann. Des Weiteren wurde der Einfluss von angeblichen Mythenwerten anderer Befragter auf die eigene Mythenakzeptanz und Neigung untersucht (Bohner et al. 2006) sowie auch die Auswirkung der Variation des Levels dieser „Fremd-Mythenakzeptanz" (hoch vs. niedrig) auf die eigene Vergewaltigungsneigung (Eyssel et al. 2006).

Da sowohl qualitative als auch quantitative Quer- und Längsschnittstudien nicht in der Lage sind den Nachweis der kausalen Beziehung zwischen Neutralisierungen und Verhaltensneigungen zu erbringen, bedienen wir uns nun in unserer Untersuchung eines experimentellen Designs, welches sich weitestgehend an der Studie von Bohner et al. (1998) orientiert. Der weitere Vorteil dieses Forschungsdesigns im Vergleich zu Feldexperimenten besteht darin, dass neben leichteren auch schwerere Delikte ohne ethische Bedenken analysiert werden können.

Wie eben aufgezeigt, ist das Forschungsfeld der Vergewaltigungsmythen in den vergangenen Jahren umfangreich untersucht und mit vielfältigen theoretischen Konzepten erweitert worden. Im Bereich der Alltagskriminalität steckt die Forschung jedoch noch in den Kinderschuhen. Delikte wie Schwarzfahren, Diebstahl und Körperverletzung sind in der Bevölkerung weit verbreitet, dennoch sind sie Neuland für einen experimentellen Test der Neutralisationstheorie. Norbert Schwarz und Andreas Bayer (1989) sind die ersten (und unseres Wissens nach die Einzigen), die die Wirkung von Neutralisierungen bei Bagatelldelikten wie Wechselgeldmitnahme, Schwarzfahren und Diebstahl im Experiment überprüft haben. Auch sie variierten die Reihenfolge, in der die Neutralisierungsbatterien beurteilt bzw. die Neigung zum jeweiligen Delikt angegeben werden sollten, zwischen zwei Experimentalgruppen. Entsprechend der Theorie sollten diejenigen Personen eine höhere Deliktwahrscheinlichkeit berichten, denen zuvor die Neutralisierungstechniken kognitiv verfügbar waren, als solche, die erst im Anschluss die Rechtfertigungen beurteilen konnten (Schwarz und Bayer 1989: 10). Über Mittelwertvergleiche zwischen den beiden Gruppen konnten Schwarz und Bayer ihre Annahmen bestätigen. In zweierlei Hinsicht muss die Untersuchung jedoch kritisiert werden: Einerseits sind die verwendeten Situationsbeschreibungen nicht gut gelungen, da in den Beschreibungen der Delikte bereits neutralisierende Aussagen verwendet wurden und es so schwer fällt, die Effekte zwischen Neutralisierungen und der Deliktneigung unabhängig zu schätzen. Andererseits wurde kein Interaktionseffekt zwischen Neutralisierungen, berichteter Delinquenzneigung und der Fragereihenfolge geschätzt. Dies wäre jedoch der strengste Test der Neutralisationstheorie, da er auf individueller Ebene den Effekt schätzt. Wir knüpfen dementsprechend an Schwarz und Bayer (1989) an und erweitern deren Untersuchung.

6 Herleitung der Forschungshypothesen

Wir verwenden folgende allgemeine *Annahmen* und daraus sich ergebende Design-Spezifikationen, um den Neutralisationseffekt in unserer Studie zu schätzen. Wir nehmen an, dass ein Fragereihenfolgeeffekt von Neutralisierungen auf abweichendes Verhalten auftritt, welcher über die Variation der kognitiven Verfügbarkeit von Rechtfertigungen erzeugt wird. Eine solche Manipulation der Fragereihenfolge ist mit Hilfe der Randomisierung der Stichprobe in eine Experimental- und eine Kontrolgrupe und der damit einhergehenden Erstellung von zwei Fragebogenversionen realisierbar. Den Befragten werden zu den Delikten Schwarzfahren, Diebstahl und Körperverletzung Neutralisierungen präsentiert, und es erfolgt die Abfrage der persönlichen Neigung zu den jeweiligen Delikten. Die Reihenfolge, in der die Neutralisierungen beurteilt und die Verhaltensneigung angegeben werden sollen, unterscheidet sich zwischen den beiden Versuchsgruppen. In der Experimentalgruppe beurteilen Befragte zuerst Neutralisierungen und geben anschließend ihre Neigung zu den abweichenden Verhaltensweisen an, in der Kontrollkondition wird diese Abfolge umgekehrt. Wir nehmen an, dass somit ein kausaler Effekt von Neutralisationen auf die Einstellung zu abweichendem Verhalten geschätzt werden kann. Aus diesen allgemeinen Annahmen leiten wir die folgenden zwei Hypothesen ab:

Hypothese 1: Die *Korrelationen* zwischen den Neutralisierungen für abweichendes Verhalten und den Neigungen zu abweichendem Verhalten sind größer, wenn die Neutralisierungen vor den Neigungen abgefragt werden.

Hypothese 2: Befragte geben eine größere Neigung zu abweichendem Verhalten an, wenn Sie zuerst nach ihrer Befürwortung von neutralisierenden Einstellungen gefragt werden, und daraufhin nach ihren Neigungen, diese Verhaltensweisen auszuführen, als wenn die Reihenfolge umgekehrt ist.

Die vorhergesagten Effekte in den Hypothesen 1 und 2 werden für alle abgefragten Delikte, also für Schwarzfahren, Diebstahl und Körperverletzung erwartet.
Während Schwarzfahren und Diebstahl Eigentumsdelikte darstellen, nimmt Körperverletzung eine Sonderstellung ein. Als Handlung, bei der einer anderen Person körperlicher Schaden zufügt wird, ist sie am ehesten mit dem Gewaltdelikt Vergewaltigung in Beziehung zu setzen. In diesem Fall ist ein Vergleich zu den Ergebnissen Bohners et al. (1998) denkbar. Bezüglich des Schwarzfahrens

und des Diebstahls ist eine Gegenüberstellung mit der Studie von Schwarz und Bayer (1989) möglich. Problematisch bleibt jedoch, dass diese Autoren keine umfangreichen und damit kaum vergleichbaren statistischen Analysen durchgeführt haben.

7 Experimentelles Design

Im August 2006 wurden innerhalb einer schriftlichen Befragung mit einem standardisierten Fragebogen und anwesendem Interviewer 180 Personen in der Leipziger Innenstadt befragt. Die Befragten wurden von den Interviewern bewusst und gemäß einem nach Alter (15 – 75 Jahre) und Geschlecht aufgegliederten Quotenplan ausgewählt. Die Anonymität der Befragung konnte aufgrund der gewählten Vorgehensweise besonders glaubhaft zugesichert werden.

Innerhalb des Fragebogens wurden die Themenkomplexe zum Schwarzfahren, Diebstahl und zur Körperverletzung mit einer kurzen Situationsbeschreibung eingeleitet, welche das jeweilige Delikt in neutraler Form umschreibt. Diese Schilderungen sollten den Befragten in das Geschehen hineinversetzen, sodass der interpretative Spielraum so gering wie möglich ausfällt. Die Formulierungen zu den einzelnen Delikten sind in Tabelle 1 aufgeführt.

Tabelle 1: Situationsbeschreibungen zur Veranschaulichung der Delikte

Delikt	Situationsbeschreibung
Schwarzfahren	Eine Person steht an einer Haltestelle. Sie steigt in die Straßenbahn ein und fährt wissentlich ohne gültigen Fahrausweis in die Innenstadt.
Diebstahl	Eine Person betritt die Verkaufsräume einer großen Ladenkette. In einem unbeobachteten Moment steckt sie sich eine Ware im Wert von 75€ in die Tasche und verlässt das Geschäft.
Körperverletzung	Zwei Personen A und B unterhalten sich. Nach kurzer Zeit kommt es zum Streit zwischen den beiden. Die Situation gerät außer Kontrolle, schließlich schlägt Person A die Person B nieder.

Weiterhin wurde die Zustimmung der Befragten zu den neutralisierenden Aussagen für jedes der einzelnen Delikte ermittelt. Dies geschah über insgesamt drei Variablen: Als erstes sollten die Befragten das jeweilige kriminelle Verhalten bewerten, welches in der Situationsbeschreibung vorgestellt wurde. Damit kann auf die generelle Normakzeptanz eines Befragten geschlossen werden. Danach sollten die Befragten einschätzen, wie häufig eine solche delinquente Handlung auftritt. Diese Variable gibt Auskunft über die angenommene Regelmäßigkeit mit der ein solches kriminelles Verhalten durchschnittlich von anderen ausgeführt wird. Als letztes sollten die Befragten ihre individuelle Neigung zum vorliegenden abweichenden Verhalten angeben. Die Verhaltensneigung spiegelt die Handlungsbereitschaft sowie darüber die Konformität des Befragten wieder und stellt damit die wichtigste abhängige Variable dieses Experimentes dar. Zur Prüfung der Neutralisationstheorie und damit zur Umsetzung des Kontexteffektes wurde der Fragebogen in zwei Versionen unterteilt. In der Version der Experimentalgruppe wurden als erstes die Rechtfertigungssätze zum jeweiligen Delikt angeboten, welche inhaltlich entsprechend der Neutralisationstechniken Sykes und Matzas (1957) formuliert worden sind. Für jedes Delikt wurde über eine Batterie von fünf Items die Nachvollziehbarkeit der Neutralisierungen erfasst. Die Befragten sollten jedes Item als Rechtfertigung der Person ansehen, welche innerhalb der Situationsbeschreibung die jeweilige Straftat begeht, und angeben, ob sie diese als 1 „überhaupt nicht nachvollziehbar" bis 7 „voll und ganz nachvollziehbar" einschätzen.

Tabelle 2 gibt einen Überblick über alle verwendeten Neutralisierungs-Items, eine Zuordnung um welche Neutralisierungstechniken es sich handelt und die Ergebnisse der Hauptkomponenten-Faktorenanalyse für jede deliktspezifische Itembatterie. Die Faktorladungen zeigen, dass die entwickelten Items valide die zu messende Dimension abbilden. Durch zusätzliche Analysen kann die Validität der Items weiter abgesichert werden. So zeigt der Screeplot einer Hauptkomponenten-Faktorenanalyse aller Neutralisationsitems, dass sich die Items gut mittels drei Dimensionen abbilden lassen, die jeweils den drei unterschiedlichen Delikten entsprechen. Weiterhin zeigen die Faktorladungen der rotierten Hauptkomponentenlösung aller Items, dass die Neutralisierungsitems für jedes Delikt jeweils am höchsten auf die eigene Dimension des jeweiligen Delikts und vergleichsweise niedrig auf die anderen beiden Dimensionen laden. Schließlich weist die Item-Analyse mit Cronbachs Alpha auf eine gute Reliabilität der Items hin. Cronbach`s Alpha liegt bei $\alpha=0{,}65$ für die Neutralisierungen zum Schwarzfahren, bei $\alpha=0{,}76$ für die Neutralisierungen zum Diebstahl und bei $\alpha=0{,}81$ für die Neutralisierungen zur Körperverletzung. Die Verhaltensdimension wurde mit drei verschiedenen Variablen gemessen; der Verhaltenseinschätzung anderer Personen, der Verhaltensbeurteilung und der eigenen Verhaltensneigung. Bei der Faktorenanalyse dieser drei Variablen ergaben sich bei allen Delikten für die Verhaltenseinschätzung so geringe Ladungen, dass sie aus der statistischen Analyse ausgeschlossen wurde. Weil sich für die Verhaltensbeurteilung und -neigung bei der Auswertung ähnliche Ergebnisse einstellten, werden ausschließlich die Ergebnisse zur Verhaltensneigung erörtert.

Tabelle 2: Itemformulierungen sowie Faktorladungen für die verschiedenen Neutralisierungstechniken je Delikt

Schwarzfahren

Neutralisierungstechnik	Item	Faktorladung
Verneinung des Opfers	Die Preise der Fahrscheine sind unverschämt hoch.	0,64
Dementierung des Schadens	Die Verkehrsbetriebe haben so viel Geld, dass ein Schwarzfahrer gar nicht auffällt.	0,71
Berufung auf höhere Werte	Man hat das Recht auf einen unentgeltlichen öffentlichen Nahverkehr.	0,67
Verurteilung der Verurteilenden	Die Verkehrsbetriebe versuchen sich mit der ständigen Fahrpreiserhöhung zu bereichern.	0,73
Ablehnung der Verantwortung	Es gibt einfach zu wenig Automaten und Verkaufsstellen, an denen man sich Fahrscheine kaufen kann.	0,46

Diebstahl

Neutralisierungstechnik	Item	Faktorladung
Verneinung des Opfers	Die Waren sind so teuer, dass man sie sich nicht leisten kann.	0,73
Dementierung des Schadens	Die Ladenkette verdient Millionen, da fällt die fehlende Ware gar nicht auf.	0,79
Berufung auf höhere Werte	Solange man die Ware nicht für sich behält, sondern verschenkt, ist es in Ordnung.	0,68
Verurteilung der Verurteilenden	Die Kaufhäuser sind fast alle nur dadurch groß geworden, dass sie die kleinen Geschäfte kaputt gemacht haben.	0,67
Ablehnung der Verantwortung	Wenn das Überwachungspersonal so unaufmerksam ist, kommt man einfach in Versuchung.	0,72

Körperverletzung

Neutralisierungstechnik	Item	Faktorladung
Verneinung des Opfers	Es ist angemessen jemanden zu schlagen, wenn man von ihm zuvor beschimpft wurde.	0,86
Dementierung des Schadens	Solange niemand ernsthaft verletzt wird, ist es in Ordnung zuzuschlagen.	0,79
Berufung auf höhere Werte	Man hat das Recht seine Ehre auch mit Gewalt zu verteidigen.	0,80
Verurteilung der Verurteilenden	Wenn selbst die Polizei ab und an ihren Willen mit Gewalt durchsetzt, dann darf man es selber auch tun.	0,73
Ablehnung der Verantwortung	Wenn man von jemandem über die Maßen provoziert wird, kann man sich manchmal nicht beherrschen.	0,67

Anmerkung: Abgebildet sind die Faktorladungen für eine Hauptkomponenten-Faktorenanalyse. Die Rechtfertigungs-Items sind gemäß der Neutralisationstechniken Sykes und Matzas (1957) selbst formuliert. Einzig die Neutralisierung „Verurteilung der Verurteilenden" für Diebstahl ist weitgehend von Schwarz und Bayer (1989) übernommen.

Die Formulierung der Fragen und Skalen zu den einzelnen Verhaltensvariablen sind in Tabelle 3 dargestellt. In der Version der Kontrollgruppe wurde die Reihenfolge von Neutralisierungen und Verhaltensvariablen umgekehrt. Die Formulierungen der beiden Versionen sind in jedem Punkt identisch.

Tabelle 3: Formulierung der Fragen und Skalen der Verhaltensvariablen.

Verhaltensvariablen	Frage	Skala
Verhaltensbeurteilung	Wie beurteilen Sie das Verhalten der Person?	1 „überhaupt nicht gerechtfertigt" bis 7 „voll und ganz gerechtfertigt"
Verhaltenseinschätzung	Stellen Sie sich 100 Personen in der gleichen Situation vor. Wie häufig würden Sie ein ähnliches Verhalten erwarten?	1 „sehr selten" bis 7 „sehr häufig"
Verhaltensneigung	Würden Sie sich in der gleichen Situation genauso verhalten?	1 „auf gar keinen Fall" bis 7 „auf jeden Fall"

Im vierten Komplex des Fragebogens erfolgte die Aufnahme einiger demografischer Variablen wie Alter, Geschlecht, Bildungsabschluss, soziale Position und Einkommen. Um nun systematische Unterschiede zwischen der Experimental- und Kontrollgruppe auszuschalten und entsprechend einen kausalen Effekt schätzen zu können, wurden die Befragten auf die jeweiligen Fragebogenversionen über einen zuvor spezifizierten Zufallsmechanismus randomisiert. Dieser Zufallsmechanismus nahm auf den angewendeten Quotenplan Rücksicht, der nach Alter und Geschlecht quotierte.

8 Interpretation der Ergebnisse

Zur Untersuchung von Hypothese 1 werden Korrelationsvergleiche durchgeführt. Bereits Bohner et al. (1998) stellten bei ihren Analysen fest, dass die Korrelation zwischen der Vergewaltigungsmythenakzeptanz und der Neigung zu sexueller Nötigung in der Experimentalgruppe größer war, die zuerst die Vergewaltigungsmythen beurteilen und anschließend ihre individuelle Vergewaltigungsneigung angeben sollte. Zur Prüfung der Relation von Neutralisierungen und Verhaltensneigung in unserer Studie wurden zunächst die fünf Neutralisierungen eines jeden Deliktes mittels der Regressionsmethode zu einer Faktorskala zusammengefasst.[4] Im Anschluss daran wurde getrennt nach den Fragebogenversionen für jedes Delikt die Korrelation zwischen der Neutralisierungsskala und der Verhaltensneigung berechnet.

Tabelle 4: Korrelation zwischen der Neutralisierungsskala und der Verhaltensneigung zum jeweiligen Delikt, unterschieden nach Fragebogenversion.

	Schwarzfahren	Diebstahl	Körperverletzung
Zuerst Neutralisierungen (A)	0,26	0,33	0,60
	(0,016)	(0,001)	(0,000)
	89	90	90
Zuerst Verhalten (B)	0,49	0,56	0,48
	(0,000)	(0,000)	(0,000)
	89	90	89
p (A>B)	0,968	0,971	0,143

Anmerkung: Version A: Erst Neutralisierungen, dann Verhaltensabfrage; Version B: Erst Verhaltensabfrage, dann Neutralisierungen. Abgebildet sind Pearson'sche Korrelationskoeffizienten, die jeweiligen p-Werte in Klammern und darunter die zugehörigen Fallzahlen. Die p-Werte für die Hypothese Kor(A) > Kor(B) stehen in der letzten Zeile. Für die Formel der z-Statistik zur Hypothese A>B und den zugehörigen p-Wert vgl. Bortz (1999: 209ff.). Z- und p-Werte sind für einseitige Tests berechnet und wurden in Stata 9.2 geschätzt.

Tabelle 4 zeigt zunächst unabhängig von der Fragebogenversion für alle drei Delikte signifikante Zusammenhänge zwischen der Zustimmung zu Neutralisierungen und der Neigung zu entsprechenden delinquenten Verhaltensweisen. Für

---

4 Die Regressionsmethode ist eine von drei Methoden, die Faktorbetagewichte aus einer Faktoranalyse mit Hauptachsenverfahren zu bestimmen und damit den unterschiedlichen Einfluss der jeweiligen Items in der Skala zu ermitteln. Während das Hauptkomponentenverfahren keine Fehlerterme der Items annimmt, berücksichtigt das Hauptachsenverfahren Messfehler. Diese Messfehler führen dazu, dass wir keine exakten Faktorenbetagewichte und Faktorenwerte berechnen können. Demzufolge müssen wir diese Gewichte mit Hilfe der Regressions-, Bartlett- oder Anderson-Rubin Methode schätzen. Wir haben uns für die Regressionsmethode entschieden. Die Regressionsmethode verwendet eine Kleinste-Quadrate-Schätzung. Hierbei wird die Summe der quadrierten Fehlerterme der Faktorenbetagewichte minimiert. Die Bartlett-Methode verwendet eine gewichtete Kleinste-Quadrate-Schätzung und die Anderson-Rubin Methode verwendet eine gewichtete Kleinste-Quadrate-Schätzung unter der Restriktion, dass die zu ermittelnden Skalen orthogonal sind. Für eine ausführlichere Darstellung der Konstruktion von Faktorskalen siehe insbesondere Arminger (1979: 116) und Langer (im Erscheinen).

den Test von Hypothese 1 für das Delikt Körperverletzung zeigt es sich, dass die Korrelation zwischen den Neutralisierungen und der Neigung zur Körperverletzung in der „Zuerst Neutralisierungen"-Version wie erwartet stärker, jedoch nicht signifikant ist (p=0,143). Bei unserem schwersten Delikt Körperverletzung wirken Neutralisierungen somit ähnlich wie bei Vergewaltigungen. Hier können die Resultate von Bohner et al. (1998) am ehesten bestätigt werden. Beim Schwarzfahren und Diebstahl verhält es sich dagegen umgekehrt; hier ist der Zusammenhang zwischen den beiden Variablen für solche Befragte stärker, die als erstes ihre Neigung zur jeweiligen Straftat und danach die Nachvollziehbarkeit der Neutralisierungen angeben. Somit kann bei den milderen Delikten Schwarzfahren und Diebstahl Hypothese 1 nicht bestätigt werden.

Die zweite Hypothese wird über den Vergleich der Mittelwerte der Verhaltensneigung zwischen den beiden Fragebogenversionen getestet. Schwarz und Bayer (1989) konnten signifikante Mittelwertdifferenzen zwischen den Versuchsgruppen ihrer Studie zeigen. Personen, denen vor der Verhaltensabfrage Neutralisationstechniken kognitiv verfügbar waren, berichteten durchschnittlich eine höhere Deliktbereitschaft als solche, die nicht veranlasst wurden über Neutralisationen nachzudenken. Aufgrund der unzureichenden Dokumentation ihrer Analysen ist eine Gegenüberstellung mit unserer Untersuchung jedoch kaum möglich. Der Vergleich zwischen den Mittelwerten der Verhaltensneigungen in den beiden Versuchsgruppen fiel in unserer Studie für Schwarzfahren und Diebstahl nicht signifikant aus (siehe Tabelle 5). Entsprechend der Neutralisationstheorie sollte der Mittelwert der Verhaltensneigung zur Körperverletzung in der „Zuerst Neutralisierungen"-Version größer sein als in der „Zuerst Verhalten"-Version. Diese Erwartung lässt sich für die untersuchte Stichprobe empirisch bestätigen. Allerdings erreicht das empirische Signifikanzniveau lediglich einen Wert von p=0,116. Somit sind der Verallgemeinerbarkeit des Befundes Grenzen gesetzt. Bohner et al. (1998) konnten ebenso keine Mittelwertunterschiede in der Vergewaltigungsneigung zwischen den Befragten der zwei Experimentalbedingungen nachweisen (Bohner et al. 1998: 261, 264).

Analog zu den Befunden der Korrelationsberechnungen und der durchgeführten t-Tests kann die Gültigkeit der Neutralisationstheorie für Eigentumsdelikte wie Schwarzfahren und Diebstahl nicht bestätigt werden. Für die Körperverletzung können die Korrelations- und Mittelwertvergleiche zwar keine signifikanten Ergebnisse liefern, dennoch wird aber die vermutete Richtung der Wirkung von Neutralisierungen auf die Verhaltensneigung deutlich.

Im Unterschied zur Untersuchung von Schwarz und Bayer (1989), welche ausnahmslos Studenten in ihre Studie aufnahmen, die zudem ein Höchstalter von schätzungsweise 30 Jahren hatten, sind unserem Experiment Personen im Alter von 15 bis 75 Jahren vertreten – ein Vergleich fällt deshalb besonders schwer. Es ist jedoch anzunehmen, dass sich Personen in ihrer Neigung zu abweichendem Verhalten und ihrer Beeinflussbarkeit durch Neutralisierungen entsprechend ihres Alters unterscheiden. Möglicherweise haben Neutralisierungen bei jungen Personen eine größere Wirkung als bei älteren. Im Folgenden möchten wir deshalb einen möglichen vermittelnden Einfluss des Alters auf die Einschätzung von Neutralisierungen und deren Beziehung zur individuellen Verhaltensneigung analysieren. Erneut soll nun Hypothese 1 über einen Vergleich der Korrelationen zwischen den Neutralisierungen und der Verhaltensneigungen getestet werden. Diese Korrelationen werden jedoch nun getrennt nach den Fragebogenversionen und außerdem getrennt nach den beiden Altersgruppen verglichen.

Tabelle 5: T-Test zum Vergleich der Mittelwerte der Verhaltensneigungen je Delikt zwischen den Fragebogenversionen

	Schwarzfahren	Diebstahl	Körperverletzung
Zuerst Neutralisierungen (A)	2,09 (90)	1,22 (90)	1,60 (90)
Zuerst Verhalten (B)	2,08 (90)	1,23 (90)	1,40 (90)
Differenz (A-B)	0,01	- 0,01	0,20
p (A>B)	0,482	0,538	0,116

Anmerkung: Version B: erst Verhaltensabfrage, dann Neutralisierungen; Version A: erst Neutralisierungen, dann Verhaltensabfrage. Abgebildet sind die Mittelwerte der Verhaltensneigung (Skala: 1 „Auf gar keinen Fall" bis 7 „Auf jeden Fall"), in Klammern die jeweiligen Fallzahlen, darunter die Differenz dieser Mittelwerte sowie die p-Werte für die Hypothese $\bar{x}$ (A) > $\bar{x}$ (B).

Wie in Tabelle 6 ersichtlich, fallen die Resultate kontrovers aus. Beim *Schwarzfahren* ist die Korrelation bei den Befragten mit einem Alter von 30 Jahren oder älter nach wie vor in der „Zuerst Verhalten"-Version deutlich größer. Für die Befragten unter 30 Jahren kehrt sich der Zusammenhang um; entsprechend der Theorie fällt die Korrelation in der „Zuerst Neutralisierungen"-Version jetzt größer aus, allerdings nur bei einem p-Wert von 0,137. Dennoch kann behauptet werden, dass das Alter beim Schwarzfahren einen Effekt auf die Beeinflussbarkeit durch Neutralisierungen hat und somit vorwiegend die jüngeren Befragten bei der Angabe ihrer Verhaltensneigung von den angebotenen Rechtfertigungen Gebrauch machen. Im Falle des *Diebstahls* ändert sich für die älteren Befragten die Relation nicht, bei den jüngeren sind die Korrelationen zwischen Neutralisierungen und Verhaltensneigung jedoch in den beiden Fragebogenversionen nahezu identisch; die Neutralisierungen scheinen bei der Entscheidung zur Verhaltensneigung für beide Altersgruppen keine Rolle zu spielen. Bei *Körperverletzung* kehrt sich das Verhältnis für die Gruppe derjenigen, die 30 Jahre und älter sind, um. Hier ist die Korrelation zwischen Neutralisierungen und Verhaltensneigung in der „Zuerst Neutralisierungen"-Version größer, gleichwohl nicht signifikant; für unter 30-Jährige Befragte unterscheiden sich die Korrelationen zwischen den beiden Versuchsgruppen erneut nur marginal. Im Gegensatz zu den Ergebnissen beim Schwarzfahren kann aus denen zur Körperverletzung geschlussfolgert werden, dass sich primär die älteren Befragten bei der Beantwortung ihrer Verhaltensneigung der bereitgestellten Neutralisierungen bedienen.

Tabelle 6: Korrelation zwischen den deliktspezifischen Neutralisierungsskalen und Verhaltensneigungen in Abhängigkeit des Alters und der Fragebogenversion

	Schwarzfahren		Diebstahl		Körperverletzung	
	30 J. & älter	unter 30 J.	30 J. & älter	unter 30 J.	30 J. & älter	unter 30 J.
Zuerst Neutralisierungen (A)	0,13	0,55	0,22	0,70	0,46	0,81
	(0,326)	(0,004)	(0,080)	(0,000)	(0,000)	(0,000)
	63	26	64	26	64	26
Zuerst Verhalten (B)	0,48	0,28	0,51	0,71	0,32	0,80
	(0,000)	(0,201)	(0,000)	(0,000)	(0,008)	(0,000)
	66	23	67	23	66	23
p (A>B)	0,986	0,137	0,968	0,532	0,178	0,457

Anmerkung: Version A: Erst Neutralisierungen, dann Verhaltensabfrage. Version B: Erst Verhaltensabfrage, dann Neutralisierungen. Abgebildet sind Pearson'sche Korrelationskoeffizienten, die jeweiligen p-Werte in Klammern und darunter die zugehörigen Fallzahlen. Die p-Werte für die Hypothese Kor(A) > Kor(B) stehen in der letzten Zeile. Für die Formel der z-Statistik zur Hypothese A>B und den zugehörigen p-Wert vgl. Bortz (1999: 209ff.). Z- und p-Werte sind für einseitige Tests berechnet und wurden in Stata 9.2 geschätzt.

Zusätzlich zu den Korrelationsberechnungen wurde ebenso Hypothese 2 getestet, indem Mittelwertunterschiede und deren t-Tests in Abhängigkeit der Fragebogenversion und zusätzlich in Abhängigkeit der beiden Altersgruppen berechnet wurden (eine entsprechend erweiterte Analyse zu Tabelle 5). Bei allen drei Delikten ergab sich weder für die Befragten unter 30 Jahren noch für die 30-Jährigen und älteren Befragten eine signifikante Differenz der durchschnittlichen

Verhaltensneigung zwischen den Experimentalgruppen. Aus diesem Grund wird auf eine tabellarische Darstellung der einzelnen Ergebnisse verzichtet. Eine allgemeingültige Erklärungsgrundlage können das Alter bzw. die vorgestellten Altersgruppen angesichts der widersprüchlichen Ergebnisse zwischen den einzelnen Delikten nicht bieten. Auch keine weitere der aufgenommenen demografischen Variablen ist in der Lage zu erklären, warum die Neutralisierungen im Falle der milderen Delikte Schwarzfahren und Diebstahl nicht auf die Verhaltensneigung wirken.

9 Diskussion

Innerhalb unseres Experiments variierten wir die Fragereihenfolge zur Zustimmung von Rechtfertigungen für abweichende Verhaltensweisen und der entsprechenden Neigung, diese Verhaltensweisen auszuführen. Damit untersuchten wir die Hypothese, dass der Zusammenhang zwischen Rechtfertigungen und der Neigung zu delinquentem Verhalten bei denjenigen Personen stärker ist, denen Rechtfertigungsstrategien vor der Verhaltensabfrage verfügbar waren als bei solchen, denen keine Rechtfertigungen vor der Angabe ihrer Verhaltensneigung vorgestellt wurden. Für diesen Test entwickelten wir Skalen, die sich mittels Cronbach's α und Faktorenanalysen als reliabel und valide erwiesen. Unabhängig von der Fragebogenversion zeigten einfache Korrelationen zwischen Rechtfertigungen und der Neigung zu deviantem Verhalten durchweg starke und signifikante Zusammenhänge.

Der Vergleich der Korrelationen zwischen Rechtfertigungen und Verhaltensneigungen für die beiden Versuchsgruppen zeigte hingegen einzig bei dem schweren Delikt Körperverletzung einen schwachen Effekt in die erwartete Richtung. In diesem Fall ergab sich eine größere Korrelation zwischen den Rechtfertigungen und der Verhaltensneigung wenn zuerst nach Rechtfertigungen gefragt wurde; dies jedoch nur mit einem empirischen Signifikanzniveau von $p<0,15$. Auf die noch milderen Delikte Schwarzfahren und Diebstahl konnte der Zusammenhang, wie er bei Vergewaltigungen häufig angetroffen wird, nicht übertragen werden. Des Weiteren ergaben sich bei den t-Tests für alle Delikte keine signifikanten Unterschiede zwischen den Mittelwerten der Verhaltensneigungen zwischen den beiden Experimentalkonditionen. Damit können die Untersuchungsergebnisse von Bohner et al. (1998) zu Vergewaltigungen anhand unserer Daten nicht auf Bagatelldelikte übertragen werden: Bei milderen Delikten führen verfügbare entschuldigende Kognitionen offenbar nicht zu einer stärkeren Neigung, Straftaten zu begehen. Dass jedoch die ausbleibenden Effekte auf unser Messinstrument zurückgehen, ist nicht zu vermuten, da es sich als reliabel, valide und prädiktiv erwiesen hat. Die weiterführenden Analysen unter Einbezug demografischer Variablen, exemplarisch vorgestellt für das Alter, konnten die divergierenden Ergebnisse zwischen den Delikten nicht aufklären. Unsere Befunde legen den Schluss nahe, dass für die Gültigkeit der Neutralisationstheorie eine Einschränkung nach Deliktschwere vorgenommen werden muss. Es ist möglich, dass Neutralisierungen eher bei schweren Delikten wie Vergewaltigung sowie mäßig bei Körperverletzung wirken, jedoch bei Bagatelldelikten wie Schwarzfahren und Diebstahl einen schwächeren Effekt haben. Offenbar können rechtfertigende Kognitionen vor allem bei folgenschweren Straftaten den Konformitätsdruck einer Person abschwächen und zu einer erhöhten Verhaltensneigung führen. Dagegen scheinen leichte Delikte resistenter gegenüber legitimierenden Überzeugungen zu sein, so dass kognitiv verfügbare Neutralisierungen dort kaum zu einer zusätzlichen Befreiung von Schuldgefühlen und damit zu einer erhöhten delinquenten Handlungsbereitschaft führen.

In zukünftigen experimentellen Untersuchungen sollten weitere Variablen aufgenommen werden. Insbesondere sollte die vorherige Delinquenz zu den analysierten Delikten gemessen werden. Gegebenenfalls verfügen Personen, die ein Delikt bereits begangen haben, über ein System von Rechtfertigungen, welches bei Konfrontation mit selbigem Delikt automatisch aktiviert wird, so dass angebotene Neutralisierungen als überflüssig verdrängt werden würden. So wäre es möglich zu erklären, warum die Neutralisierungen im Falle des Schwarzfahrens und des Diebstahls, welche in der Bevölkerung stark und über die Sozialstruktur nahezu gleichmäßig verteilt sind, keine Wirkung auf die Verhaltensneigung erzielen konnten. Die experimentelle Forschung zur Neutralisationstheorie sollte entsprechend verstärkt bei solchen Bagatelldelikten anknüpfen, um die gefundenen Widersprüche zu beseitigen und den Unterschied zu schweren Delikten deutlicher herauszuarbeiten.

Schließlich haben unsere Befunde auch praktische Implikationen für die empirische Sozialforschung, so etwa für die Konstruktion von Fragebögen. Aus der Survey Methodology ist bekannt, dass der Fragekontext und die Fragereihenfolge das Antwortverhalten der Interviewten beeinflussen können (Groves et al. 2004). Dies kann, wie gezeigt, gezielt genutzt werden um inhaltliche sozialwissenschaftliche Theorien experimentell zu testen bzw. methodische Effekte zu zeigen (vgl. auch Schwarz und Sudman 1992; sowie Krumpal et al. 2008). Andererseits drohen bei inhaltlichen Fragestellungen häufig unintendierte methodische Artefakte die mit der soziologischen Kernhypothese ungewollt konfundiert sind. Diese Gefahr besteht insbesondere bei der populären Form der Mehrthemenbefragung in sogenannten „Omnibus-Surveys". Deshalb sollte bei sozialwissenschaftlichen Datenerhebungen der Fragekontext und die Frageabfolge sorgfältig überdacht und mögliche Kontexteffekte aufgrund der Frageabfolge im Rahmen von Pretests evaluiert werden.

10 Literatur

Alvarez, Alexander, 1997: Adjusting to genocide: The techniques of neutralization and the holocaust. Social Science History 21: 141–178.

Agnew, Robert, 1994: The techniques of neutralization and violence. Criminology 32: 555–580.

Arminger, Gerhard, 1979: Faktorenanalyse. Stuttgart: Teubner.

Ball, Richard A.,1966: An empirical exploration of neutralization theory. Criminologica 4: 22–32.

Becker, Gary A., 1968: Crime and punishment. An economic approach. Journal of Political Economy 76:169–217.

Bersoff, David M., 1999: Why good people sometimes do bad things: Motivated reasoning and unethical behavior. Personality and Social Psychology Bulletin 25: 28–39.

Bohner, Gerd, 1998: Vergewaltigungsmythen: Sozialpsychologische Untersuchungen über täterentlastende und opferfeindliche Überzeugungen im Bereich sexueller Gewalt. Landau: Verlag Empirische Pädagogik.

Bohner, Gerd, Christopher I. Jarvis, Friederike Eyssel und Frank Siebler, 2005: The causal impact of rape myth acceptance on men's rape proclivity: Comparing sexually coercive and noncoercive men. European Journal of Social Psychology 35: 819–828.

Bohner, Gerd, Marc-André Reinhard, Stefanie Rutz, Sabine Sturm, Bernd Kerschbaum und Dagmar Effler, 1998: Rape myths as neutralizing cognitions: Evidence for a causal impact of anti-victim attitudes on men's self-reported likelihood of raping. European Journal of Social Psychology 28: 257–268.

Bohner, Gerd, Frank Siebler und Jürgen Schmelcher, 2006: Social norms and the likelihood of raping: Perceived rape myth acceptance of others affects men's rape proclivity. Personality and Social Psychology Bulletin 32: 286–297.

Bortz, Jürgen, 1999: Statistik für Sozialwissenschaftler. 5. vollst. überarb. u. aktualis. Aufl. Berlin: Springer-Verlag.

Chiroro, Patrick, Gerd Bohner, G. Tendayi Viki und Christopher I. Jarvis, 2004: Rape myth acceptance and rape proclivity. Expected dominance versus expected arousal as mediators in acquaintance-rape situations. Journal of Interpersonal Violence 19: 427–442.

Cloward, Richard A. und Ohlin, Lloyd E., 1960: Delinquency and Opportunity. New York: Free Press.

Cohen, Albert K., 1955: Delinquent boys. Glencoe, Illinois: The Free Press.

Cohen, Stanley, 2001: States of denial: Knowing about atrocities and suffering. Oxford: Blackwell Publishers.

Copes, Heith, 2003: Societal attachments, offending frequency and techniques of neutralization. Deviant Behavior 24: 101–127.

Costello, Barbara, 2000: Techniques of neutralization and self-esteem: A critical test of social control and neutralization theory. Deviant Behavior 21: 307–329.

Cromwell, Paul und Quint Thurman, 2003: The devil made me do it: Use of neutralizations by shoplifters. Deviant Behavior 24: 535–550.

De Young, Mary, 1988: The indignant page: Techniques of neutralizations in the publications of pedophile organizations. Child Abuse & Neglect 12: 583–591.

Durkheim, Emile, [1897] 1951: Suicide. New York: Free Press.
Eyssel, Friederike, Gerd Bohner und Frank Siebler, 2006: Perceived rape myth acceptance of others predicts rape proclivity: Social norm or judgmental anchoring? Swiss Journal of Psychology 65: 93–99.
Festinger, Leon, 1957: A theory of cognitive dissonance. Stanford, CA: Stanford University Press.
Fritsche, Immo, 2002: Die Verhaltensrelevanz von Rechenschaftslegung. Experimentelle Testung der Neutralisationstheorie im Kontext umweltschädigenden Verhaltens. Dissertation, Universität Magdeburg.
Fritsche, Immo, 2005: Predicting deviant behavior by neutralization: Myths and findings. Deviant Behavior 26: 483–510.
Gillund, Gary und Richard M. Shiffrin, 1984: A retrieval model for both recognition and recall. Psychological Review 91: 1–67.
Groves, Robert M., Floyd J. Fowler, Jr., Mick P. Couper, James M. Lepkowski, Eleanor Singer und Roger Tourangeau, 2004: Survey Methodology. Hoboken, New Jersey: John Wiley and Sons.
Higgins, E. Tory, William S. Rholes und Carl R. Jones, 1977: Category accessibility and impression-formation. Journal of Experimental Social Psychology 13: 141–154.
Krumpal, Ivar, Heiko Rauhut, Dorothea Böhr und Elias Naumann, 2008: Wie wahrscheinlich ist "wahrscheinlich"? Zur subjektiven Einschätzung und Kommunikation von Viktimisierungswahrscheinlichkeiten. Methoden, Daten und Analysen: Zeitschrift für empirische Sozialforschung (MDA) 2:3–27.
Langer, Wolfgang, im Erscheinen: LISREL-Modelle. Eine Einführung für Forschung und Praxis. Wiesbaden: Verlag für Sozialwissenschaften.
Lombroso, Cesare, [1895] 2006: Criminal man. Durham: Duke University Press.
Macionis, John J., 2007: Sociology. Harlow: Prentice Hall.
Matza, David, 1966: Delinquency and Drift. 2nd edition. New York, London, Sidney: John Wiley and Sons.
Mitchell, Jim und Richard A. Dodder, 1983: Types of neutralization and types of delinquency. Journal of Youth and Adolescence 12: 307–318.
Schwarz, Norbert und Andreas Bayer, 1989: Variation der Fragereihenfolge als Instrument der Kausalitätsprüfung. Eine Untersuchung zur Neutralisationstheorie devianten Verhaltens. ZUMA-Arbeitsbericht 89: 1–23.
Schwarz, Norbert und Seymour Sudman, 1992: Context Effects in Social and Psychological Research. New York: Springer-Verlag.
Shields, Ian W. und Georga C. Whitehall, 1994: Neutralization and delinquency among teenagers. Criminal Justice and Behavior 21: 223–235.
Sloman, Steven A., C. A. Gordon Hayman, Nobuo Ohta, Janine Law und Endel Tulving, 1988: Forgetting in primed fragment completion. Journal of Cognition 14: 223–239.
Strack, Fritz, 1992: "Order effects" in survey research: activation and information functions of preceding questions. S. 23–47 in: Norbert Schwarz und Seymour Sudman (Hg.), Context effects in social and psychological research. New York: Springer-Verlag.
Sykes, Gresham und David Matza, 1957: Techniques of neutralization: a theory of delinquency. American Sociological Review 22: 664–670.

Thompson, William E.und Jackie L. Harred, 1992: Topless dancers: Managing stigma in a deviant occupation. Deviant Behavior 13: 291–311.

Topalli, Volkan, 2005: When being good is bad: an expansion of neutralization theory. Criminology 43: 797–836.

Topalli, Volkan, 2006: The seductive nature of autotelic crime: How neutralization theory serves as a boundary condition for understanding hardcore street offending. Sociological Inquiry 76: 475–501.

Tversky, Amos und Daniel Kahneman, 1974: Judgment under uncertainty – heuristics and biases. Science 185: 1124–1131.

Sozialer Status und Hup-Verhalten. Ein Feldexperiment zum Zusammenhang zwischen Status und Aggression im Strassenverkehr

Ben Jann

Zusammenfassung[1]
Der Frage nach dem Zusammenhang zwischen sozialem Status und Aggressionsverhalten im Straßenverkehr wurde bereits verschiedentlich mit Hilfe des so genannten Hup-Experiments nachgegangen. Die Zeit, die vergeht, bis ein durch ein experimentelles Fahrzeug an der Weiterfahrt gehinderter Verkehrsteilnehmer die Hupe betätigt, wird dabei als (umgekehrt proportionaler) Indikator für das Ausmaß an geäußerter Aggression verwendet. Während bisherige Studien jeweils nur auf den blockierenden *oder* den blockierten Verkehrteilnehmer fokussierten, wird im vorliegenden Beitrag argumentiert, dass es sich um soziale Interaktionen handelt, in denen das Zusammenspiel der Eigenschaften beider Akteure für die unternommenen Handlungen von Bedeutung ist. Es werden Ergebnisse eines in der Schweiz durchgeführten Feldexperiments ($N = 123$) berichtet, die dafür sprechen, dass das Ausmaß an Aggression allgemein mit größerer sozialer Distanz zunimmt, und Aggression nicht, wie man aufgrund von Befunden zum Zusammenhang zwischen Status und Aggression in anderen Kontexten erwarten würde, vor allem gegenüber statustieferen Akteuren ausgedrückt wird.

1 Einleitung

In einem in den USA durchgeführten Feldexperiment ($N = 74$) verwendeten Doob und Gross (1968) die Hup-Reaktionszeiten von Autofahrern und -fahrerinnen, die an einer Verkehrsampel durch ein Experimentalfahrzeug an der Weiterfahrt gehindert wurden, als Indikator für Aggression: je kürzer die Reaktionszeit, desto größer das Ausmaß an geäußerter Aggression. Doob und Gross setzten zwei verschiedene Fahrzeuge zur Blockierung des Verkehrswegs ein, mit denen unterschiedlicher sozialer Status signalisiert wurde. Da die Responsezeiten

---

1 Mein Dank geht an Renato Marioni und Stephan Suhner für ihre Unterstützung bei der Feldarbeit sowie an Elisabeth Coutts, Andreas Diekmann und Axel Franzen für ihre hilfreichen Hinweise und Kommentare.

signifikant kürzer waren, wenn ein Fahrer oder eine Fahrerin durch das Auto mit dem tiefen sozialen Status blockiert wurde, folgerten Doob und Gross, dass der Status des Frustrators (d. h. des blockierenden Fahrzeugs) in negativer Beziehung steht zu der gegenüber dem Frustrator ausgedrückten Aggression. Deaux (1971) fand einen ähnlichen (allerdings nicht-signifikanten) Effekt in einer Replikation des Experiments. Eine weitere, in Japan durchgeführte Replikation liefert Yazawa (2004; der Effekt trat jedoch nur auf, wenn sich am blockierenden Fahrzeug kein Fahrschüler-Schild befand). Der Befund von Doob und Gross wird zudem durch eine Studie von McGarva und Steiner (2000) gestützt, in der Fahrzeuglenker aggressiver auf eine Provokation durch einen Verkehrsteilnehmer mit tiefem Status reagierten als auf eine Provokation durch einen Verkehrsteilnehmer mit hohem Status. In einer australischen Replikation des Hup-Experiments durch Bochner (1971) ließ sich hingegen keine Beziehung zwischen den Hup-Zeiten und dem Status des Frustrators beobachten, wobei in dieser Studie die Validität der Statusvariation (mit Hilfe eines am Fahrzeug angebrachten Fahrschüler-Schilds) zweifelhaft ist. Weiterhin berichten Chase und Mills (1973) einen Effekt in die umgekehrte Richtung: In ihrem in den USA durchgeführten Hup-Experiment erzeugten Frustratoren mit höherem Status signifikant schnellere Hup-Reaktionen als Frustratoren mit tiefem Status.

Im Gegensatz zu Doob und Gross führten Diekmann et al. (1996) ein Experiment durch mit dem Ziel zu evaluieren, inwieweit der soziale Status des Aggressors (d. h. eines mit einer Frustration konfrontierten Akteurs) einen Einfluss auf die Tendenz hat, in aggressiver Weise zu reagieren. Wiederum wurden Verkehrsteilnehmer an einer Ampel an der Weiterfahrt gehindert und die Hup-Reaktionszeiten gemessen ($N = 57$; das Experiment wurde in Deutschland durchgeführt). Anstatt den Status des blockierenden Fahrzeugs (d. h. des Frustrators) zu variieren, wurde nun jedoch der soziale Status des blockierten Fahrzeugs (d. h. des Aggressors) gemessen. Das Resultat der Studie von Diekmann et al. war, dass zwischen dem Status des Aggressors und dem Ausmaß an Aggression eine positive Beziehung besteht (mit Ausnahme der tiefsten Statusklasse, in der die Hup-Reaktionszeiten ebenfalls relativ kurz waren).

Zusammenfassend wurde also einerseits beobachtet, dass blockierende Fahrzeuge mit tiefem Status schnellere Reaktionen und somit ein höheres Maß an Aggression auslösen als Frustratoren mit hohem Status (wobei der Befund allerdings nur teilweise repliziert werden konnte). Andererseits reagierten Aggressoren mit hohem Status schneller, und somit aggressiver, auf ein blockierendes Fahrzeug als Aggressoren mit tiefem Status.

Da es sich bei den betrachteten Ereignissen um soziale Interaktionen zwischen zwei Akteuren handelt, stellt sich jedoch die Frage, inwieweit das Verhalten nicht nur von Eigenschaften des einen oder anderen Akteurs per se beeinflusst wird, sondern das Zusammenspiel der Eigenschaften beider Akteure verhaltensrelevant ist. Meiner Meinung nach greifen die bisherigen Studien zu kurz, weil sie sich nur entweder auf den Frustrator oder den Aggressor konzentrieren. Die Annahme liegt nahe, dass vor allem auch die Statusdifferenz zwischen den beiden Akteuren das Ausmaß an ausgedrückter Aggression bestimmt und nicht nur der Status des einen oder anderen Akteurs an sich.

Verschiedene Hypothesen über die Auswirkung der Statusdifferenzen sind dabei denkbar. Empirische Resultate sprechen dafür, dass Aggression in der „Hackordnung" normalerweise eher abwärts fließt. Beispielsweise findet Sloan (2004), dass Angestellte Aggression eher gegenüber Untergebenen äußern als gegenüber Vorgesetzten. Aus Sicht eines rationalen Akteurs kann solches Verhalten sinnvoll sein, wenn Status mit Sanktionsmacht verbunden ist. So ist aggressives Verhalten gegenüber Vorgesetzten risikoreicher als gegenüber Untergegeben, da es für Vorgesetzte einfacher ist, zum Beispiel eine Versetzung oder Entlassung zu erwirken, als für Untergebene. Diese Argumentationsweise lässt sich allerdings nicht unbedingt auf das Verhalten im Straßenverkehr übertragen, da nicht klar ist, inwieweit sich die Sanktionsmacht von Verkehrsteilnehmern nach ihrem allgemeinen sozialen Status richtet. Ein Zusammenhang lässt sich hier höchstens indirekt vermuten, indem beispielsweise ein Akteur mit höherem sozialem Status in einem Rechtsstreit über einen Vorfall im Straßenverkehr mehr Ressourcen (z. B. bessere Anwälte) mobilisieren und so seine Erfolgschancen möglicherweise erhöhen kann. Unter Umständen ist es aber auch so, dass sozial höher gestellten Akteuren ungeachtet der situativen Bedingungen Sanktionsmacht in generalisierter Form zugerechnet wird. In diesem Fall würden höher gestellte Akteure von ihrer allgemeinen sozialen Stellung auch in Fällen profitieren, in denen die soziale Stellung gar nicht direkt handlungsrelevant ist.

Letztere Argumentation setzt die Annahme voraus, dass die Akteure nicht oder nur sehr begrenzt zu einer situationsbezogenen Bewertung der eigenen Handlungsmöglichkeiten und der Handlungsmöglichkeiten des Gegenübers fähig sind. Dies ist zu bezweifeln. Geht man umgekehrt davon aus, dass Akteure sehr wohl beurteilen können, wann sie die Sanktionen eines sozial höher Gestellten zu befürchten haben, dann kann bezüglich des Zusammenhangs zwischen sozialem Status und Aggression im Straßenverkehr eine etwas andere Erwartung formuliert werden. Wenn im Straßenverkehr vom sozialen Status keine besonderen Sanktionsmöglichkeiten ausgehen und dies von den Verkehrsteilnehmern auch so erkannt wird, dann verliert der soziale Status seine vertikal ordnende Funktion und ist nur noch ein Indikator horizontaler Differenzierung.

Man könnte nun vermuten, dass der soziale Status somit für aggressives Verhalten im Straßenverkehr irrelevant ist, dagegen sprechen allerdings folgende Überlegungen. Aus der sozialpsychologischen Forschung zu sozialer Kategorisierung und Verhalten zwischen Gruppen ist bekannt, dass große Differenzen in der Behandlung von Personen bestehen je nach dem, ob sie zur „ingroup" oder zur „outgroup" gezählt werden (z. B. Tajfel et al. 1971; Turner et al. 1979; Tajfel 1982; Brewer und Kramer 1985). Insgesamt scheint es, dass sich Personen, die sich als sozial näher stehend fühlen, wohlwollender, kooperativer und somit weniger aggressiv behandeln als Personen, die wenig gemein haben: "... there are grounds for expecting that the number and strength of real-life conflicts can be substantially reduced when the participants are willing and able to find any cues, any reason to think of the other(s) as belonging to the same category, sharing the same fate, and thus being true partners rather than opponents" (Grzelak 1988: 310).[2] Übertragen auf den Zusammenhang zwischen sozialem Status und Aggression im Straßenverkehr bedeutet dies, dass sich die Verkehrsteilnehmer allgemein umso aggressiver behandeln, je größer die Statusdifferenz zwischen den beiden Akteuren ist, zumal sozialer Status als eine relativ starke Determinante sozialer Kategorisierung angesehen werden kann (vgl. z. B. Hechter 1987: 176) und sozialer Status im Straßenverkehr anhand der Fahrzeuge relativ leicht identifizierbar ist. Die Richtung der Differenz, also ob der Aggressor höher gestellt ist als der Frustrator oder umgekehrt, spielt dabei eine untergeordnete Rolle.

Zusammenfassend sollen also hier zwei Hypothesen gegenüber gestellt werden. Die erste Hypothese weist sozialem Status auch im Straßenverkehr eine hierarchisch ordnende Funktion zu und besagt, dass Aggression vor allem von statushöheren gegenüber statustieferen Verkehrteilnehmern Ausdruck findet (Hypothese 1). Gemäß der zweiten Hypothese hat der soziale Status im Strassenverkehr hingegen nur eine horizontal differenzierende Wirkung, so dass das Ausmaß an Aggression allgemein mit der Statusdifferenz zwischen den Verkehrteilnehmern zunimmt (Hypothese 2). Die Resultate von Doob und Gross (1968) und Diekmann et al. (1996) lassen keine Schlüsse bezüglich der beiden Hypothesen zu, da jeweils nur Statusinformationen über den Frustrator *oder* den Aggressor vorliegen. Benötigt wird vielmehr ein Design, bei dem beide Größen in Betracht gezogen werden.

---

2 Interessant sind in diesem Zusammenhang auch zum Beispiel die Laborexperimente von Miller et al. (1998) zur Kooperation zwischen Personen mit dem gleichen Geburtstag oder die E-Mail-Experimente von Oates und Wilson (2002) und Guéguen (2003) zum Hilfeverhalten zwischen Personen mit dem gleichen Namen. Weiterhin ist aus der soziologischen Netzwerkforschung das als Homophilie bezeichnete Phänomen bekannt, nach dem sich eine Verbindung (z. B. eine Freundschaft) zwischen zwei Personen umso eher ergibt, je ähnlicher sich die Personen sind (vgl. den Überblick in McPherson et al. 2001).

2 Methode

Zur Prüfung der Hypothesen wurde ein Feldexperiment durchgeführt, in dem ähnlich wie in der Studie von Doob und Gross (1968) Verkehrsteilnehmer an einer Ampel mit Hilfe eines Experimentalfahrzeugs blockiert und die Hup-Reaktionszeiten gemessen wurden. Obwohl die Validität von Hupreaktionen als ein Maß für Aggression zuweilen angezweifelt wird (McGarva und Steiner 2000; Ellison-Potter et al. 2001), hat sich die Methode durchaus als nützlich erwiesen, um aggressives Verhalten unter lebensnahen Bedingungen zu erforschen (vgl. auch Baron 1976). Neben den bereits erwähnten Studien wurden Hup-Experimente zum Beispiel eingesetzt zur Messung des Einflusses von Nationalität (Forgas 1976), aggressiver oder mit Aggression inkompatibler Stimuli (Turner et al. 1975; Baron 1976; Halderman und Jackson 1979; McDonald und Wooten 1998), Anonymität (Ellison et al. 1995), Umgebungstemperatur (Kenrick und MacFarlane 1986; Baron 1976), oder weiterer situativer Stimuli (Shinar 1998; McGarva et al. 2006).

Nach einem Pretest wurde das Experiment im Frühjahr 1995 jeweils am Morgen an zwei aufeinanderfolgenden Samstagen in Bern an einer Kreuzung mit moderatem Verkehrsaufkommen durchgeführt. Am ersten Tag wurde ein Fahrzeug der Luxusklasse als Frustrator eingesetzt (schwarzer Audi A6 2.6 L, Jahrgang 1995), am zweiten Tag ein Fahrzeug mit eher tiefem Status (dunkelblauer VW-Golf Cl Typ III, Jahrgang 1989). Die Verkehrsbedingungen waren ähnlich an beiden Tagen, die Wetterlage am zweiten Tag jedoch leicht schlechter. Ein experimenteller Versuch wurde initiiert, wenn es gelang das Experimentalfahrzeug an vorderster Steller an der Ampel zu positionieren und nur ein nachfolgender Personenwagen anwesend war.[3] Nachdem die Ampel auf Grün umschaltete, blieb das Experimentalfahrzeug bis zu einer Hup-Reaktion des nachfolgenden Verkehrsteilnehmers stehen. Im Innern des Experimentalfahrzeugs befanden sich ein Fahrer und zwei Beobachter (alle männlich). Ein Beobachter erfasste mit Hilfe einer Stoppuhr die Zeit vom Umschalten der Ampel bis zur Hupreaktion. Der zweite Beobachter notierte einige Merkmale des blockierten Verkehrsteilnehmers wie Geschlecht und ungefähres Alter des Lenkers bzw. der Lenkerin und Marke, Modell und Status des Fahrzeugs. Der Status des Fahrzeugs wurde nur grob in eine von drei hierarchischen Kategorien (tief, mittel, hoch) eingeteilt. Wenn ein Verkehrteilnehmer innerhalb der 12-sekündigen Grünphase der Ampel

---

3   Die Präsenz weiterer Verkehrsteilnehmer könnte einen Einfluss auf das Hup-Verhalten haben. Zumindest zeigen Yinon und Levian (1995), dass sich die Wahrscheinlichkeit von Verkehrsübertretungen bei Vorhandensein von seitlich oder nachfolgend positionierten Fahrzeugen erhöht. Weiterhin liefern Baxter et al. (1990) Hinweise, dass das Verhalten eines Lenkers von der Präsenz von Passagieren beeinflusst wird (siehe auch Shinar und Compton 2004). Dem Vorhandensein von Beifahrern wurde in der vorliegenden Studie jedoch leider keine Beachtung geschenkt.

nicht reagierte, wurde der Fall als zensiert markiert. Insgesamt konnten 123 gültige Versuche realisiert werden (rund 60 pro Tag), wovon 26 eine zensierte Hupzeit aufwiesen.

Aufgrund der Zensierung der Daten lieg eine statistische Auswertung mit Hilfe der Methoden der Ereignisanalyse nahe (vgl. auch Diekmann et al. 1996: 763). Zur Schätzung von Median-Responsezeiten verwende ich die Product-Limit-Methode (Kaplan-Meier-Schätzer). Für die multivariate Analyse bietet sich die semi-parametrische Cox-Regression an (Propotional-Hazard-Modell; vgl. Cox 1972; einführend z. B. Blossfeld und Rohwer 2001).[4] Im Cox-Modell wird die Hazardrate $r(t)$ des Hupens – das heißt, die Wahrscheinlichkeit zu Zeitpunkt t zu hupen unter der Bedingung, dass bis dahin noch nicht gehupt wurde – modelliert als

$$r(t) = h(t) \exp(X\beta)$$

wobei $h(t)$ eine unspezifizierte Basis-Hazardrate und X ein Vektor mit Prädiktoren ist. Der zu schätzende Koeffizientenvektor β enthält die (proportionalen) Effekte der Prädiktoren auf die Hazardrate $r(t)$. In der folgenden Analyse werde ich potenzierte (entlogarithmierte) Koeffizienten berichten, also $\exp(\beta)$ anstatt β, da sich diese auf anschauliche Weise als Multiplikatoreffekte auf die Hazardrate interpretieren lassen. Wie man leicht an der gegebenen Formel erkennen kann, beruht die Cox-Regression auf der Annahme proportionaler Hazardraten. Abweichungen von dieser Annahme wurden für den vorliegenden Fall nach den in Blossfeld und Rohwer (2001: 240ff.) vorgeschlagenen Verfahren geprüft und als vernachlässigbar befunden.

3 Resultate

Tabelle 1 zeigt die Median-Hupzeiten nach Status von Frustrator und Aggressor. Wie man erkennt, werden weder die Resultate von Doob und Gross (1968) noch die Ergebnisse von Diekmann et al. (1996) repliziert. Erstens ist für die Kondition mit dem Frustrator mit hohem Status keine Erhöhung der Median-Responsezeiten zu beobachten (Fußzeile in Tabelle 1).[5] Zweitens zeigt sich auch

---

4 Von einer Reihe parametrischer Modelle (Exponential-, Gompertz-, Weibull-, log-logistisches, log-normales und Sichel-Modell) erwies sich das Weibull-Modell als am passendsten für die vorliegenden Daten (interessanterweise mit einem Schätzergebnis, das auf eine über die Zeit linear anwachsende Hazardrate hinweist). Die Resultate unterscheiden sich jedoch kaum von den Ergebnissen der Cox-Regression, weshalb hier auf eine Darstellung verzichtet wird.

5 Das Ausbleiben dieses Effekts könnte unter Umständen auf Unterschiede in der Wetterlage zurückzuführen sein. Wie bereits erwähnt, war das Wetter am ersten Tag, als die Versuche mit

keine Verringerung der Hupzeiten mit steigendem Status des Aggressors (letzte Spalte in Tabelle 1).

Tabelle 1: Median-Hup-Reaktionszeit in Sekunden (Product-Limit-Schätzer) nach Status des Frustrators und Status des Aggressors (Gruppengröße und Anzahl zensierte Beobachtungen in Klammern)

Status des Aggressors	Status des Frustrators		Total
	Tief	Hoch	
Tief	7.6 (17; 5)	4.9 (14; 2)	6.4 (31; 7)
Mittel	8.4 (33; 8)	6.4 (35; 4)	6.4 (68; 12)
Hoch	6.0 (12; 2)	6.4 (12; 5)	6.4 (24; 7)
Total	6.5 (62; 15)	6.4 (61; 11)	6.4 (123; 26)

Betrachtet man jedoch die ersten beiden Spalten der Tabelle, fällt auf, dass für die Kombinationen mit maximaler Statusdifferenz die kürzesten Median-Hupzeiten vorliegen. Die Resultate sprechen somit eher für Hypothese 2, nach der das Ausmaß an geäußerter Aggression allgemein mit größerer Statusdiskrepanz zunimmt. Hypothese 1, die besagt, dass Aggression in der Statushierarchie abwärts fließt, wird nur in der Situation mit dem Frustrator mit tiefem Status unterstützt, nicht aber in der Kondition mit dem Frustrator mit hohem Status, in der die Ergebnisse der Hypothese entgegengesetzt sind.

Die Medianschätzer in Tabelle 1 liefern nur einen groben deskriptiven Eindruck, weshalb ich mich nun den Ergebnissen der Cox-Regressionen zuwende. Ein Grund für die Verwendung von Regressionsmodellen ist auch, dass im Gegensatz zur experimentellen Variation des Status des Frustrators der Status des Aggressors nicht randomisiert wurde. Beim Status des Aggressors handelt es sich also um eine Beobachtungsvariable und nicht um einen experimentellen Faktor, so dass der Effekt der Variable durch Drittvariablen konfundiert sein kann. Regressionsmodelle liefern einen einfachen Ansatz, um solche Einflüsse von (beobachteten) Drittvariablen zu kontrollieren.

Modell 1 in Tabelle 2 dient zur Prüfung der Statuseffekte, die von Doob und Gross (1968) und Diekmann et al. (1996) berichtet wurden. Es ist wiederum klar ersichtlich, dass im vorliegenden Experiment beide Effekte nicht repliziert wur-

---

dem Experimentalfahrzeug mit hohem Status durchgeführt wurden, etwas besser (d. h. wärmer). Aufgrund der Ergebnisse von Kenrick und MacFarlane (1986) und Baron (1976) könnte man an wärmeren Tagen aggressiveres Verhalten und somit kürzere Hupzeiten erwarten (siehe auch Anderson 1989). Dies könnte einem Effekt des Status des Frustrators entgegengewirkt haben. Da von der Temperatur jedoch nur ein Niveau-Effekt zu erwarten ist, bleiben die Hypothesen über die Auswirkungen der Statusunterschiede zwischen Frustrator und Aggressor unberührt.

den. Die Schätzer in Modell 1 zeigen sogar eher in die umgekehrte Richtung (allerdings statistisch nicht signifikant): In der Kondition mit dem Frustrator mit hohem Status waren die Hup-Zeiten eher kürzer (Erhöhung der Hazardrate des Hupens um rund 20%); Aggressoren mit mittlerem oder hohem Status reagierten eher langsamer als Aggressoren mit tiefem Status (Verringerung der Hazardrate um rund 20 bzw. fast 40%).

Tabelle 2: Hup-Reaktionszeiten in Abhängigkeit von Status, Geschlecht und Alter (Cox-Regressionen; z-Werte in Klammern)

$N = 123$ (26 zensiert)	Modell 1		Modell 2		Modell 3	
Frustrator mit hohem Status	1.23	(0.95)	0.76	(–0.75)	1.15	(0.67)
Status des Aggressors (Ref.: tief):						
– mittel	0.79	(–0.91)				
– hoch	0.62	(–1.38)				
Statusdifferenz (Aggressor minus Frustrator; –2 bis 2)			0.79	(–1.39)		
Absolute Statusdifferenz (0 bis 2)					1.42*	(2.16)
Aggressor weiblich	0.56*	(–2.06)	0.56*	(–2.08)	0.64	(–1.64)
Alterskategorie Aggressor (Ref.: 31 bis 54 Jahre):						
– 18 bis 30 Jahre	1.30	(0.88)	1.30	(0.88)	1.45	(1.27)
– über 55 Jahre	1.55+	(1.70)	1.55+	(1.72)	1.72*	(2.07)
Likelihood-Ratio χ^2	10.82+		10.82+		13.52*	

Anmerkungen: Dargestellt sind entlogarithmierte Koeffizienten (Multiplikatoreffekte auf die Hazardrate).
+ $p < 0.10$, * $p < 0.05$.

In den Modellen 2 und 3 in Tabelle 2 werden mit Hilfe von Indikatoren für die Statusdifferenz zwischen Aggressor und Frustrator die beiden eingangs aufgestellten Hypothesen getestet. Für Hypothese 1 (Aggression fließt abwärts) wird die Statusdifferenz so operationalisiert, dass ein höherer Status des Aggressors mit positiven Werten einhergeht und die Werte negativ werden, wenn der Aggressor einen tieferen Status hat als der Frustrator.[6] Gemäß Hypothese 1 wird ein

---

6 Die Variable ist von –2 bis 2 skaliert. Wert –2 steht für die Kombination mit dem Frustrator mit hohem Status und einem Aggressor mit tiefem Status; –1 steht für hoch/mittel; 0 für hoch/hoch oder tief/tief; 1 für tief/mittel; 2 für tief/hoch. Aus Vereinfachungsgründen wird im Modell ein

positiver Effekt dieser Variable auf die Hazardrate (d. h. ein Multiplikatoreffekt größer 1) erwartet. Für Hypothese 2 (soziale Distanz erhöht Aggression) wird die absolute Statusdifferenz verwendet. Die Statusvariable in Modell 3 ist also gleich Null, wenn Aggressor und Frustrator den gleichen Status haben, und nimmt positive Werte an, wenn sich der Status der beiden Akteure unterscheidet.[7] Wenn Hypothese 2 zutrifft, dann sollte für die absolute Statusdifferenz ein positiver Effekt auf die Hazardrate zu beobachten sein.

Hypothese 1 kann nicht bestätigt werden. Der Effekt der Statusdifferenz zeigt sogar in die umgekehrte Richtung (Verringerung der Hazardrate um rund 20% pro Erhöhung der Statusdifferenz um eine Einheit). Eine Erhöhung des Status des Aggressors im Vergleich zum Status des Frustrators geht in dem vorliegenden Experiment also eher mit einer Verlängerung der Hup-Reaktionszeit bzw. einer Verringerung des Aggressionsniveaus einher. Dieser Effekt ist allerdings nicht signifikant. Die zweite Hypothese, nach der das Aggressionsniveau allgemein mit größeren Statusunterschieden zunimmt, wird hingegen durch die Schätzergebnisse für Modell 3 deutlich unterstützt. Pro Einheit auf der Differenzskala nimmt die Hazardrate des Hupens um rund 40% zu. Je unterschiedlicher also der Status von Aggressor und Frustrator, desto schneller sind die Hupreaktionen bzw. desto höher ist das Ausmaß an ausgedrückter Aggression.[8]

In den Modellen in Tabelle 3 kann weiterhin ein Effekt des Geschlechts des blockierten Verkehrsteilnehmers beobachtet werden, der jedoch nicht in allen Modellen signifikant ist. Für Frauen ist die Hazardrate des Hupens den Ergebnissen nach rund 40% tiefer als für Männer, Frauen haben in dem Experiment also tendenziell weniger aggressiv reagiert als Männer. Dieses Resultat deckt sich mit den Befunden von Doob und Gross (1968) und Shinar (1998, Experiment III; vgl. auch Ellison-Potter et al. 2001, die in einem Experiment mit einem Fahr-

---

linearer Effekt geschätzt. Mit einer flexibleren Modellierung (z. B. mit separaten Parametern für die einzelnen Abstufungen) ergeben sich keine anderen Schlussfolgerungen.

7 Die Werte der Variable sind 0 bei keiner Statusdifferenz (tief/tief, hoch/hoch), 1 bei einer mittleren Statusdifferenz (tief/mittel, hoch/mittel), und 2 bei einer grossen Statusdifferenz (tief/hoch, hoch/tief). Wiederum wird der Einfachheit halber ein linearer Effekt modelliert; die Verwendung separater Parameter für die einzelnen Kategorien fördert keine zusätzlichen Erkenntnisse zu Tage.

8 In Modell 3 wird von einem symmetrischen Effekt ausgegangen. Die Annahme ist also, dass der Effekt unabhängig davon ist, ob der Frustrator oder der Aggressor den höheren Status hat. Um zu prüfen, ob sich der Effekt je nach Richtung der Statusdifferenz unterscheidet, habe ich ein weiteres Modell mit einem zusätzlichen Term für die Interaktion zwischen dem Status des Frustrators und der Statusdifferenz geschätzt. Der Interaktionsterm war zwar recht substanziell, erwies sich aber als nicht signifikant. Deskriptiv sind die Resultate so, dass sich für beide Richtungen der Statusdifferenz ein positiver Effekt auf die Hazardrate ergibt, der Effekt aber deutlich (jedoch wie gesagt nicht signifikant) stärker ausfällt, wenn der Aggressor einen tieferen Status hat als der Frustrator. Die Aggression floss in dem Experiment also eher „nach oben".

Simulator aggressiveres Verhalten von Männern beobachteten, oder die groß angelegte Beobachtungsstudie von Shinar und Compton 2004, in der sich ebenfalls ein entsprechender Geschlechtseffekt zeigte). In verschiedenen anderen Replikationen des Hup-Experiments erwies sich der Effekt des Geschlechts – obwohl zumeist in die gleiche Richtung zeigend – als nicht signifikant (Deaux 1971; Chase und Mills 1973; Turner et al. 1975; Forgas 1976; Kenrick und MacFarlane 1986; Ellison et al. 1995; Diekmann et al. 1996; Shinar 1998, Experiment IV). Zusammenfassend ist festzuhalten, dass das Geschlecht wahrscheinlich einen Einfluss auf milde Formen von Aggression im Straßenverkehr (wie beispielsweise Hupen) hat, der Effekt aber wohl eher klein ist und möglicherweise von situativen Faktoren wie etwa dem Geschlecht des Frustrators oder der Anwesenheit und den Merkmalen von Beifahrern abhängt. Gemäß Hennessy und Wiesenthal (2001) sind stärkere Unterschiede zwischen Männern und Frauen zu erwarten, wenn es um schwerwiegendere Verhaltensformen geht („driver violence"), wie zum Beispiel die Verfolgung anderer Verkehrsteilnehmer oder die Beschädigung von Fahrzeugen.

Schließlich weisen die Ergebnisse in Tabelle 2 darauf hin, dass junge und, etwas überraschend, ältere Verkehrsteilnehmer aggressiver auf die Blockierung durch das Experimentalfahrzeug reagierten (nur teilweise signifikant). Da keine spezifischen Erwartungen bezüglich des Effekts des Alters formuliert wurden, werden diese Ergebnisse hier auch nicht weiter interpretiert. Mit Bezug auf die stereotype Vorstellung aggressiver männlicher Junglenker könnte man möglicherweise einen Interaktionseffekt zwischen Alter und Geschlecht vermuten (Shinar 1998; Hauber 1980; Richman 1972). In den Daten sind jedoch keine Anzeichen eines solchen Zusammenhangs erkennbar (nicht dargestellt).

4   Diskussion

Die Ergebnisse des besprochenen Feldexperiments weisen darauf hin, dass das Ausmaß an ausgedrückter Aggression in einer Alltagssituation positiv mit der Statusdiskrepanz zwischen den beteiligten Akteuren zusammenhängen kann (Hypothese 2). So waren die Hup-Reaktionszeiten signifikant länger, wenn ein Verkehrsteilnehmer an einer Ampel durch ein Fahrzeug mit ähnlichem Status blockiert wurde, als wenn sich der Status der beiden Fahrzeuge deutlich unterschied. Die alternative Hypothese, die besagt, dass Aggression vor allem von statushöheren gegenüber statustieferen Akteuren ausgedrückt wird (Hypothese 1), konnte hingegen nicht bestätigt werden.

Die bisherigen Befunde von Doob und Gross (1968) und Diekmann et al. (1996) scheinen auf den ersten Blick eher Hypothese 1 zu unterstützen (schnellere Hupzeiten bei einem Frustrator mit tiefem Status bzw. bei einem Aggressor mit hohem Status), so dass sich die Frage nach der Verträglichkeit mit den hier präsentierten Ergebnissen stellt. Bei genauerer Betrachtung erkennt man jedoch, dass auch die bisherigen Resultate durchaus mit der Hypothese eines positiven Zusammenhangs zwischen Aggression und der allgemeinen Statusdifferenz kompatibel sind. In der Studie von Diekmann et al. (1996) wurde ein Fahrzeug der „unteren Mittelklasse" zur Blockierung der anderen Verkehrsteilnehmer verwendet. Die „untere Mittelklasse" ist auch gerade diejenige Kategorie, für die in dem Experiment die längsten Hup-Reaktionszeiten gemessen wurden. Die Hupreaktionen in der „Unterklasse" wie auch in den höheren Klassen waren schneller (und zwar umso mehr, je größer die Statusdifferenz zum Experimentalfahrzeug ausfiel). Unter der Bedingung, dass hauptsächlich Verkehrsteilnehmer mit höherem Status blockiert wurden, passt Hypothese 2 auch zu den Ergebnissen des Experiments von Doob und Gross (1968), wo der Frustrator mit tiefem Status aggressivere Reaktionen auslöste.[9] Wird also in einem Hup-Experiment nur der Status des Frustrators in Betracht gezogen, dann hängt das Ergebnis des Experiments von der Statusverteilung bei den Versuchsteilnehmern ab. Sind Aggressoren mit hohem Status übervertreten, ergeben sich gemäß Hypothese 2 Resultate wie in Doob und Gross (1968) oder Deaux (1971); gelangen hauptsächlich Verkehrsteilnehmer mit tiefem Status in die Stichprobe, sind Resultate wie in Chase and Mills (1973) zu erwarten (vgl. Einleitung). Die Hypothese liefert somit vielleicht sogar eine Erklärung für die kontroversen bisherigen Befunde.

Ein zentraler Punkt in der Argumentationskette von Hypothese 2 ist die Sanktionsmacht von statushöheren gegenüber statustieferen Akteuren bzw. deren Absenz in der betrachteten Alltagssituation. Der Grund, warum Aggression im Hup-Experiment nicht „abwärts fließt" liegt also darin, dass sozialer Status in dieser Situation nicht oder höchstens sehr indirekt mit Sanktionsmacht verbunden ist. Ausgehend von diesen Überlegungen und den vorliegenden empirischen Befunden lässt sich somit eine konditionale Hypothese über den Zusammenhang zwischen Status und Aggression formulieren: Aggression findet allgemein mit zunehmender sozialer Distanz leichter Ausdruck, wird aber von statustieferen gegenüber statushöheren Akteuren gehemmt, wenn mit dem sozialen Status Sanktionsmacht gegenüber tiefer gestellten Akteuren einhergeht. Die Hypothese ließe sich durch Experimente prüfen, in denen das mit dem sozialen Status verbundene Sanktionspotential variiert wird. Aus noch allgemeinerer Perspektive wäre interessant zu untersuchen, inwieweit sich die Hypothese auch auf prosozi-

---

9 Wobei allerdings Doob und Gross (1968) keine Angaben zum Status der blockierten Verkehrsteilnehmer machen. Gemäss persönlicher Auskunft von Anthony Doob sind die Originaldaten des Experiments, die Einzelheiten zu den blockierten Fahrzeugen enthalten hätten, leider nicht mehr auffindbar.

ale bzw. kooperative Verhaltensweisen übertragen lässt (vgl. z. B. die Studie von Hecht 1991 zum Zusammenhang zwischen sozialem Status und dem Hilfeverhalten auf einem Parkplatz). Wie wirkt sich soziale Statusnähe auf prosoziales Verhalten zwischen Akteuren aus? Inwieweit wird das Kooperationsverhalten durch die Sanktionsmacht sozial höher Gestellter moderiert?

Zuletzt ist noch darauf hinzuweisen, dass die Resultate des vorgestellten Feldexperiments eine weitere Interpretation zulassen. Wie in Fußnote 8 erläutert, war der beobachtete Effekt der Statusdifferenz deutlich (jedoch statistisch nicht signifikant) stärker, wenn der Aggressor einen tieferen Status hatte als der Frustrator (Aggression „gegen oben"). Dies legt eine „Vergeltungshypothese" nahe: Bei Wegfall der Sanktionsmacht dreht sich der Zusammenhang zwischen Status und Aggression um, so dass nun statustiefere Akteure ihrer Aggression gegenüber statushöheren freien Lauf lassen und sich so für die in anderer Situation erfahrene „Unterdrückung" revanchieren. Inwieweit diese Hypothese zutreffen ist, wäre mit geeigneten Replikationen zu prüfen.

5 Literatur

Anderson, Caig A., 1989: Temperature and Aggression: Ubiquitous Effects of Heat on Occurrence of Human Violence. Psychological Bulletin 106, 74–96.

Baron, Robert A., 1976: The Reduction of Human Aggression: A Field Study of the Influence of Incompatible Reactions. Journal of Applied Social Psychology 6, 260–274.

Baxter, James S., Antony S. R. Manstead, Stephen G. Stradling, Karen A. Campbell, James T. Reason und Dianne Parker, 1990: Social facilitation and driver behaviour. British Journal of Psychology 81, 351–360.

Blossfeld, Hans-Peter, und Götz Rohwer, 2001: Techniques of Event History Modeling. New Approaches to Causal Analysis. Mahwah, NJ: Lawrence Erlbaum.

Bochner, 1971: Inhibition of Horn-Sounding as a Function of Frustrator's Status and Sex: An Australian Replication and Extension of Doob and Gross (1968). Australian Psychologist 6, 194–199.

Brewer, Marilynn B., und Roderick M. Kramer, 1985: The psychology of intergroup attitudes and behavior. Annual Review of Psychology 36, 219–243.

Chase, Lawrence J., und Norbert H. Mills, 1973: Status of frustrator as a facilitator of aggression: A brief note. The Journal of Psychology 84, 225–226.

Cox, D. R., 1972: Regression Models and Life-Tables (with discussion). Journal of the Royal Statistical Society (Series B) 34, 187–220.

Deaux, Kay K., 1971: Honking at the intersection: a replication and extension. The Journal of Social Psychology 84, 159–160.

Diekmann, Andreas, Monika Jungbauer-Gans, Heinz Krassnig und Sigrid Lorenz, 1996: Social Status and Aggression: A Field Study Analyzed by Survival Analysis. The Journal of Social Psychology 136, 761–768.

Doob, Anthony N., und Alan E. Gross, 1968: Status of frustrator as an inhibitor of horn-honking responses. The Journal of Social Psychology 76, 213–218.

Ellison, Patricia A., John M. Govern, Herbert L. Petri und Michael H. Figler, 1995: Anonymity and Aggressive Driving Behavior: A Field Study. Journal of Social Behavior and Personality 10, 265–272.

Ellison-Potter, Patricia, Paul Bell und Jerry Deffenbacher, 2001: The Effects of Trait Driving Anger, Anonymity, and Aggressive Stimuli on Aggressive Behavior. Journal of Applied Social Psychology 31, 431–443.

Forgas, Joseph P., 1976: An unobtrusive study of reactions to national stereotypes in four European countries. The Journal of Social Psychology 99, 37–42.

Grzelak, Janusz, 1988: Conflict and Cooperation. S. 288–312 in: Hewstone, Miles, Wolfgang Stroebe, Jean-Paul Codol und Geoffry M. Stephenson (Hg.), Introduction to Social Psychology. A European Perspective. Oxford: Blackwell.

Guéguen, Nicolas, 2003: Help on the web: the effect of the same first name between the sender and the receptor in a request made by e-mail. The Psychological Record 53, 459–466.

Halderman, B. L., und T. T. Jackson, 1979: Naturalistic study of aggression: aggressive stimuli and horn-honking: a replication. Psychological Reports 45, 880–882.

Hauber, Albert R., 1980: The social psychology of driving behaviour and the traffic environment: research on aggressive behaviour in traffic. International Review of Applied Psychology 29, 461–474.

Hecht, Marvin A., 1991: Effect of car status on helping behavior in the parking lot. Psychological Reports 68, 899–907.

Hechter, Michael, 1987: Principles of group solidarity. Berkeley: University of California Press.

Hennessy, Dwight A., und David L. Wiesenthal, 2001: Gender, Driver Aggression, and Driver Violence: An Applied Evaluation. Sex Roles 44, 661–676.

Kenrick, Douglas T., und Steven W. MacFarlane, 1986: Ambient temperature and horn honking: A field study of the heat/aggression relationship. Environment and Behavior 18, 179–191.

McDonald, Peter J., und Scott A. Wooten, 1988: The Influence of Incompatible Responses on the Reduction of Aggression: An Alternative Explanation. The Journal of Social Psychology 128, 401–406.

McGarva, Andrew R., und Michelle Steiner, 2000: Provoked driver aggression and status: a field study. Transportation Research Part F 3, 167–179.

McGarva, A. R., M. Ramsey und S. A. Shear, 2006: Effects of driver cell-phone use on driver aggression. The Journal of Social Psychology 146, 133–146.

McPherson, Miller, Lynn Smith-Lovin und James M Cook, 2001: Birds of a Feather: Homophily in Social Networks. Annual Review of Sociology 27, 415–444.

Miller, Dale T., Julie S. Downs und Deborah A. Prentice, 1998: Minimal conditions for the creation of a unit relationship: the social bond between birthdaymates. European Journal of Social Psychology 28, 475–481.

Oates, Kerris, und Margo Wilson, 2002: Nominal kinship cues facilitate altruism. Proceedings of the Royal Society B 269, 105–109.

Richman, Joel, 1972: The motor car and the territorial aggression thesis: some aspects of the sociology of the street. The Sociological Review 20, 5–27.

Shinar, David, 1998: Aggressive driving: the contribution of the drivers and the situation. Transportation Research Part F 1, 137–160.

Shinar, D., und R. Compton, 2004: Aggressive driving: an observational study of driver, vehicle, and situational variables. Accident Analysis and Prevention 36, 429–437.

Sloan, Melissa M., 2004: The Effects of Occupational Characteristics on the Experience and Expression of Anger in the Workplace. Work and Occupations 31, 38–72.

Tajfel, Henri, M. G. Billig, R. P. Bundy und Claude Flament, 1971: Social Categorization and intergroup behaviour. European Journal of Social Psychology 1, 149–177.

Tajfel, Henri, 1982: Social psychology of intergroup relations. Annual Review of Psychology 33, 1–39.

Turner, Charles W., John F. Layton und Lynn Stanley Simons, 1975: Naturalistic Studies of Aggressive Behavior: Aggressive Stimuli, Victim Visibility, and Horn Honking. Journal of Personality and Social Psychology 31, 1098–1107.

Turner, J. C., R. J. Brown und H. Tajfel, 1979: Social comparison and group interest in ingroup favouritism. European Journal of Social Psychology 9, 187–204.

Yazawa, Hisashi, 2004: Effects of inferred social status and a beginning driver's sticker upon aggression of drivers in Japan. Psychological Reports 94, 1215–1220.

Yinon, Yoel, und Emanuel Levian, 1995: Presence of Other Drivers as a Determinant of Traffic Violations. The Journal of Social Psychology 135, 299–304.

AutorInnen- und HerausgeberInneninformationen

Abraham, Martin, 1964, Prof. Dr. rer. pol., Professur für Soziologie und Empirische Sozialforschung (Schwerpunkt Arbeitsmarktsoziologie) an der Rechts- und Wirtschaftswissenschaftlichen Fakultät der Friedrich-Alexander-Universität Erlangen Nürnberg. Forschungsgebiete: Familie, Sozialstruktur und Ungleichheit, Wirtschafts- und Organisationssoziologie, empirische Methoden.

Arndt, Frank, 1976, Dr. rer. soc., Dipl. Soz., Wissenschaftlicher Mitarbeiter am Mannheimer Zentrum für Europäische Sozialforschung, Universität Mannheim, Forschungsgebiete: Politische Soziologie, Organisationssoziologie, Verhandlungstheorie, Tauschtheorie, Methodologie, Computersimulation.

Auspurg, Katrin, 1974, Dipl. Soz., wissenschaftliche Mitarbeiterin am Lehrstuhl für empirische Sozialforschung mit Schwerpunkt Demoskopie des Fachbereichs Soziologie der Universität Konstanz. Forschungsgebiete: Methoden der empirischen Sozialforschung, Bildungs- und Arbeitsmarktsoziologie, Familiensoziologie.

Beuer, Mandy, 1983, Studium der Soziologie (M.A.) am Institut für Soziologie der Universität Leipzig, Forschungsschwerpunkte: Abweichendes Verhalten, quantitative Methoden der empirischen Sozialforschung.

Börensen, Christina, 1983, Dipl.-Soz., wissenschaftliche Mitarbeiterin am Bayerischen Staatsinstitut für Hochschulforschung und Hochschulplanung, Forschungsschwerpunkte: Methoden der empirischen Sozialforschung, Bildungssoziologie.

Broscheid, Andreas, 1968, Ph.D., Assistant Professor, Department of Political Science, James Madison University. Forschungsschwerpunkte: Politik in den Vereinigten Staaten, vor allem Gerichtswesen.

Buche, Antje, 1980, studentische Hilfskraft am Institut für Sozialwissenschaften der Christian-Albrechts-Universität Kiel, Studium der Soziologie (M.A.), Forschungsschwerpunkte: Arbeits- und Berufssoziologie, Bildungssoziologie, Methoden der empirischen Sozialforschung.

Carstensen, Johann, 1984, studentische Hilfskraft am Institut für Sozialwissenschaften der Christian-Albrechts-Universität Kiel, Studium der Soziologie (M.A.), Stipendiat der Studienstiftung des deutschen Volkes, Forschungsschwerpunkte: Methoden der empirischen Sozialforschung, Mediensoziologie, soziale Ungleichheit.

Georg, Werner, 1953, Prof. Dr., Arbeitsbereich Empirische Sozialforschung mit dem Schwerpunkt Hochschulforschung, Universität Konstanz, Forschungsschwerpunkte: Bildungssoziologie, Sozialstrukturanalyse, Soziale Ungleichheit, Lebensstile und Milieus, Kindheits- und Jugendsoziologie, Empirische Sozialforschung.

Gross, Christiane, 1977, Dipl.-Soz, wissenschaftliche Mitarbeiterin am Institut für Sozialwissenschaften der Christian-Albrechts-Universität Kiel, Forschungsschwerpunkte: Methoden der empirischen Sozialforschung, Wissenschafts- und Bildungssoziologie, Medizin- und Gesundheitssoziologie.

Groß, Jochen, 1977, M.A., wissenschaftlicher Mitarbeiter am Institut für Soziologie der Ludwig-Maximilians-Universität München, Forschungsschwerpunkte: Methoden der empirischen Sozialforschung, Rational-Choice Soziologie, Politische Soziologie, insbesondere Wahlforschung.

Hinz, Thomas, 1962, Prof. Dr., Professur für empirische Sozialforschung mit Schwerpunkt Demoskopie an der Universität Konstanz. Forschungsgebiete: Methoden der empirischen Sozialforschung, Arbeitsmarktsoziologie, Sozialstrukturanalyse, Organisations- und Wirtschaftssoziologie, Bildungssoziologie.

Jann, Ben, 1972, Dr., Assistent an der Professur für Soziologie der ETH Zürich, Forschungsschwerpunkte: Methoden und Statistik, Arbeitsmarkt, soziale Ungleichheit.

Jungbauer-Gans, 1963, Prof. Dr. rer. pol., Professur für Allgemeine Soziologie am Institut für Sozialwissenschaften der Christian-Albrechts-Universität Kiel, Forschungsschwerpunkte: Soziologie sozialer Ungleichheit, Bildungssoziologie, Gesundheitssoziologie, qualitative und quantitative Methoden der empirischen Sozialforschung.

Kriwy, Peter, 1970, Dr. phil., Dipl.-Soz., Wissenschaftlicher Mitarbeiter am Institut für Sozialwissenschaften der Christian-Albrechts-Universität Kiel, Forschungsschwerpunkte: Methoden empirischer Sozialforschung, Medizin- und Gesundheitssoziologie.

Krumpal, Ivar, 1975, Master of Arts in Public Policy and Management (M.A.), wissenschaftlicher Mitarbeiter an der Universität Leipzig, Institut für Soziologie, Theorie und Theoriegeschichte (Prof. Thomas Voss), Forschungsschwerpunkte: Survey Methodology (insbesondere quantitativ), sozial erwünschtes Antwortverhalten in Bevölkerungsumfragen, empirische Wahlforschung, Theorie rationalen Handelns.

Nisic, Natascha, 1977, Dipl. Soz., wissenschaftliche Mitarbeiterin am Lehrstuhl für Soziologie und empirische Sozialforschung (Schwerpunkt Arbeitsmarktsoziologie) an der Rechts- und Wirtschaftswissenschaftlichen Fakultät der Friedrich-Alexander-Universität Erlangen Nürnberg. Forschungsschwerpunkte: Arbeitsmarktsoziologie, Familiensoziologie, Soziale Ungleichheit, Methoden der empirischen Sozialforschung.

Rauhut, Heiko, 1977, Master of Science in Social Research Methods (Sociology), wissenschaftlicher Assistent an der ETH Zürich, Professur für Soziologie, insbesondere Modellierung und Simulation (Prof. Dirk Helbing), Forschungsschwerpunkte: Soziale Normen, abweichendes Verhalten, Sanktionen, Rational-Choice Theorie, quantitative Methoden der empirischen Sozialforschung.

Saam, Nicole J., 1964, Prof. Dr. phil., Professorin für Methoden der empirischen Sozialforschung an der Staatswissenschaftlichen Fakultät der Universität Erfurt; Forschungsschwerpunkte: Methoden der empirischen Sozialforschung, insbesondere Modellbildung und Simulation, Organisationssoziologie, insbesondere Organisationsberatung, Politische Soziologie.

Sauer, Carsten, 1978, M.A., Wissenschaftlicher Mitarbeiter, Universität Duisburg-Essen, Forschungsschwerpunkte: Bildungssoziologie, Arbeitsmarktsoziologie, soziale Ungleichheit, Empirische Sozialforschung

Schönholzer, Thess, 1964, lic.rer.soc., Assistentin am Lehrstuhl für Sozialstrukturanalyse, Institut für Soziologie der Universität Bern, Forschungsschwerpunkte: Sozialstruktur und Ungleichheit, räumliche Mobilität.

Techen, Andreas, 1980, Diplom-Sozialökonom, Doktorandenstipendium des Landes Schleswig-Holstein, Institut für Sozialwissenschaften der Universität Kiel, Forschungsschwerpunkte: Soziale Netzwerkanalyse, Empirische Sozialforschung, Soziale Ungleichheit, Spieltheorie, Organisationssoziologie, Religionssoziologie.

Wagner, Simone, 1977, Dr. rer. soc., akademische Mitarbeiterin, Universität Konstanz, Fachbereich Geschichte und Soziologie, Arbeitsbereich für empirische Sozialforschung, Forschungsschwerpunkte: Methoden und Techniken der empirischen Sozialforschung Wirtschafts- und Organisationssoziologie Rational-Choice-Soziologie. Ab 1. Sept. 2008 wissenschaftliche Mitarbeiterin im Bayerischen Landesamt für Statistik und Datenverarbeitung.

Wöhler, Thomas, 1980, M.A., Center for Doctoral Students in Social and Behavioral Sciences (CDSS) an der Graduate School for Economics and Social Sciences (GESS), Universität Mannheim, Forschungsschwerpunkte: soziale Beziehungen, Bildungssoziologie, Migration und Integration.

VS Forschung | VS Research
Neu im Programm Soziologie

Ulrich Brinkmann / Hae-Lin Choi /
Richard Detje / Klaus Dörre / Hajo Holst /
Serhat Karakayali / Catharina Schmalstieg
**Strategic Unionism:
Aus der Krise zur Erneuerung?**
Umrisse eines Forschungsprogramms
2008. 181 S. Br. EUR 19,90
ISBN 978-3-531-15782-5

Walter Gehres / Bruno Hildenbrand
Identitätsbildung und Lebensverläufe bei Pflegekindern
2008. 148 S. Br. EUR 29,90
ISBN 978-3-531-15400-8

Karin Sanders / Hans-Ulrich Weth (Hrsg.)
Armut und Teilhabe
Analysen und Impulse zum Diskurs
um Armut und Gerechtigkeit
2008. 225 S. Br. EUR 39,90
ISBN 978-3-531-15762-7

Olaf Schnur (Hrsg.)
Quartiersforschung
Zwischen Theorie und Praxis
2008. 354 S. (Quartiersforschung)
Br. EUR 39,90
ISBN 978-3-531-16098-6

Martin Schommer
Wohlfahrt im Wandel
Risiken, Verteilungskonflikte
und sozialstaatliche Reformen in
Deutschland und Großbritannien
2008. 342 S. Br. EUR 39,90
ISBN 978-3-531-16021-4

Steffen Sigmund / Gert Albert / Agathe
Bienfait / Mateusz Stachura (Hrsg.)
**Soziale Konstellation
und historische Perspektive**
Festschrift für M. Rainer Lepsius
2008. 492 S. (Studien zum
Weber-Paradigma) Geb. EUR 59,90
ISBN 978-3-531-15852-5

Susanne Strauß
**Volunteering and
Social Inclusion**
Interrelations between Unemployment
and Civic Engagement in Germany and
Great Britain
2008. 290 pp. (Life Course Research)
Softc. EUR 35,90
ISBN 978-3-8350-7021-9

Erhältlich im Buchhandel oder beim Verlag.
Änderungen vorbehalten. Stand: Juli 2008.

www.vs-verlag.de

VS VERLAG FÜR SOZIALWISSENSCHAFTEN

Abraham-Lincoln-Straße 46
65189 Wiesbaden
Tel. 0611.7878 - 722
Fax 0611.7878 - 400

MIX
Papier aus verantwortungsvollen Quellen
Paper from responsible sources
FSC® C105338

If you have any concerns about our products,
you can contact us on
ProductSafety@springernature.com

In case Publisher is established outside the EU,
the EU authorized representative is:
**Springer Nature Customer Service Center GmbH
Europaplatz 3, 69115 Heidelberg, Germany**

Printed by Libri Plureos GmbH
in Hamburg, Germany